中药制造测量学

吴志生　乔延江　主编

科学出版社

北京

内 容 简 介

智能制造是中国制造强国战略的重要议题之一。中药是我国具有原创优势的科技资源。中药智能制造是未来制造业发展的核心研究内容之一。中药制造测量学是实现数字化、网络化和智能化的中药智能制造的基础。经过成果总结凝练，编者提出了中药制造测量学这一交叉学科，旨在发展中药制造相关的测量原理、策略、方法与技术，研制各类仪器、装置及相关软件，以精准获取中药制造物质组成、分布、结构与性质的时空变化规律。中药制造测量学是研究中药制造质量"安全、有效、稳定可控"的一门交叉应用学科。本书介绍了中药制造工程概论，中药制造工程近红外测量仪器，中药制造工程近红外测量装备集成，中药制造工程近红外建模，中药制造近红外光谱解析，中药制造近红外方法可靠性，并在新概念、新方法和新技术介绍的基础上，提供了中药制造提取、水解和浓缩等10个单元的近红外测量控制应用案例，通过案例展示了中药制造测量学的理论、技术、方法和应用。本书理论联系实际、案例丰富，为读者全面阐述了中药制造测量学的核心思想、理论与关键技术。

本书可作为中药学及智能制造相关学科课程的主干教材或工具书，也可作为中药学及智能制造从业人员的参考书。

图书在版编目（CIP）数据

中药制造测量学 / 吴志生，乔延江主编. —北京：科学出版社，2022.1
ISBN 978-7-03-069687-8

Ⅰ. ①中… Ⅱ. ①吴… ②乔… Ⅲ. ①中成药–制药工业–测量学
Ⅳ. ①TQ461

中国版本图书馆 CIP 数据核字（2021）第 174644 号

责任编辑：刘　亚 / 责任校对：王晓茜
责任印制：肖　兴 / 封面设计：北京图阅盛世文化传播有限公司

科 学 出 版 社 出版
北京东黄城根北街 16 号
邮政编码：100717
http://www.sciencep.com

北京九天鸿程印刷有限责任公司 印刷
科学出版社发行　各地新华书店经销
*
2022 年 1 月第　一　版　开本：787×1092　1/16
2022 年 1 月第一次印刷　印张：32 1/4　插页：2
字数：750 000

定价：198.00 元
（如有印装质量问题，我社负责调换）

编 委 会

序 一

当今世界正经历百年未有之大变局，加快科技创新是推动高质量发展的需要，中药现代化离不开制造技术转型升级，离不开在制造测量控制理论和实践工作的学科交叉融合。吴志生研究员致力于中药质量控制及智能制造研究，其团队研究水平居国内前列。该团队基于15年的成果总结，针对中药制造质量属性可测与中药制造质量属性可控的基本科学问题，创造性地提出了新兴交叉学科中药制造测量学和中药制造信息学，提出并完善了其理论研究体系，梳理了中药制造测量控制理论与实践应用。该书语言流畅且学术性强，可作为中药学新兴交叉学科的工具书。

中国工程院 院士
中国科学院合肥物质科学研究院学术委员会主任
中国科学院安徽光学精密机械研究所学术所长

2021 年 10 月 14 日于安徽

序　二

　　坚持面向世界科技前沿、面向经济主战场、面向国家重大需求、面向人民生命健康,新时代中医药事业更要牢牢把握四个面向发展方向和机遇。吴志生研究员长期从事中药制造质量控制研究,针对中药制造质量属性可测与中药制造质量属性可控的基本科学问题,提出了新兴交叉学科中药制造测量学和中药制造信息学,相关研究处于国内领先水平。该书系统整理了团队多年相关研究成果,为传统中药学科注入了新鲜的血液,其发展和应用颇具推广意义。

中国工程院　院士

国医大师

北京中医药大学王琦书院院长

国家中医体质与治未病研究院院长

2021 年 10 月 14 日于北京

前　言

中医药学是中华文明的一个瑰宝，凝聚着中国人民和中华民族的博大智慧。党和政府高度重视中医药工作，特别是党的十八大以来，习近平总书记强调，要遵循中医药发展规律，传承精华，守正创新，加快推进中医药现代化、产业化。李克强总理指出，大力推动中医药人才培养、科技创新和药品研发，推动中医药在传承创新中高质量发展。

可以说中医药迎来了最好的时代，从中国首部中医药法《中华人民共和国中医药法》出台，到《中共中央国务院关于促进中医药传承创新发展的意见》(以下称《意见》)系列引导性法规政策文件发布。尤其是，《意见》指出，大力推动中药质量提升和产业高质量发展，促进中药饮片和中成药质量提升，加强中成药质量控制，促进现代信息技术在中药生产中的应用，提高智能制造水平。

当今世界正经历百年未有之大变局，加快科技创新不仅是推动高质量发展的需要，而且是构建新发展格局的需要，因此我国经济社会发展比过去任何时候都更加需要科学技术。新时代中医药事业更要牢牢把握"四个面向"发展方向和机遇，坚持面向世界科技前沿、面向经济主战场、面向国家重大需求、面向人民生命健康。

中药制造测量学是中药学科坚持"四个面向"再认识论提高，理论和实践工作的学科交叉融合。中药制造测量学源于学科交叉、方法集成、装备研制及信号关联。中药制造测量学旨在发展中药制造相关的测量原理、策略、方法与技术，研制各类仪器、装置及相关软件，以精准获取中药物质组成、分布、结构与性质的时空变化规律，是中药制造质量"安全、有效、稳定可控"的重要保障。

本书是北京中医药大学中药信息工程研究中心长期研究的成果。第一章概述中药制造工程测量科学的基本内容；第二章介绍中药制造工程近红外测量仪器的原理与构造，并对中药近红外光谱测量的影响因素和仪器检测性能进行评价；第三章介绍中药制造工程近红外测量装备集成平台，并对平台适用性进行系统评价；第四章介绍中药制造工程近红外建模方法，并对该方法的稳健性进行评价；第五章介绍中药制造近红外光谱解析方法和中药活性成分群近红外光谱解析结果；第六章介绍中药制造近红外方法的可靠性评价和误差传递研究方法；第七章介绍中药制造 10 个单元的近红外测量控制实例。

本书在全体编委共同努力下完成，编写过程中得到编者单位和领导的大力支持，也离不开北京中医药大学研究生的辛勤付出，在此一并表示感谢。本书编写过程中还参考了一些文献和书籍，在此向编写人员和原作者表示诚挚的谢意。

本书涉及学科领域较多，可能存在一些不妥之处，殷切希望广大读者指正，以便不断修订完善。

编　者

2021 年 1 月

目　　录

第一章　中药制造工程概论

伴随着新一轮产业革命的转变，德国国家工程院提出"工业 4.0 计划"，欧洲联盟(以下简称"欧盟")提出"未来工厂计划"，美国政府提出"制造业行动计划"等概念，我国正采取积极的政策态势推动先进制造业发展，并于 2015 年 5 月 8 日国务院印发了中国制造相关发展战略。在科技创新体系生态化和产业革命背景下，医药制造业是中国制造的重点领域。从中国制造相关战略内容要求出发，制药行业"智能制造"是制造业产业革命的国家战略领域之一。

1.1　朝向过程系统工程的中药制造高质量发展战略

1.1.1　概述

中药制造工业是我国医药行业中拥有自主知识产权的民族产业。围绕国家打造"健康中国"战略目标，加快发展中药制造这一民族产业，实现中药制造工业数字化、网络化和智能化是中医药人的愿望。自动化和信息化融合是实现中药制造行业装备智能化与制造过程智能化的重要组成部分。其一，中药制造工业智能测量是制造自动化和信息化融合前提。中药制造工业智能测量必须具备制造装备过程在线分析能力、自动化感知能力、自学习与自决策能力及自适应与自执行能力，即"四种能力"。其二，中药制造工业智能化控制是实现制造自动化和信息化融合的基础。中药制造工业必须建立基于物联网技术、大数据技术、云计算技术等信息物理系统的智能化控制体系，才能实现中药制造过程控制的数字化、智能化。

目前，中药制造工业多为分批/间歇生产制造，制造过程鲜有进行质量评价，制造过程数据是一座座"孤岛"，整个制造过程尚未形成完整和规范的质量控制体系，无法有效用于制造过程控制与管理决策[1]。结合国际先进制造工程技术进展，随着质量源于设计(quality by design，QbD)[2]、连续制造等先进制药理念的提出与实施，中药制造工业发展迎来了前所未有的发展机遇。

中药制造工业应采用先进制药技术，从顶层设计的层次谋划中药制造工业发展战略，实现中药制造工业的创新驱动。随着学科的发展和技术的进步，无论是"中药工业 4.0"的战略性构想，还是中药制造工业从数字制造迈向连续、智慧制造的时代要求，确切地说是从以工艺单元质量为核心转向以产品品质工程为目标的设计转变时代要求，正向制造过程的自动化、信息化和智能化的综合集成发展，这其实就是过程系统工程学科的研究范畴[3]。

1.1.2　基于系统科学和方法论认识我国中药制造工业

人的思维方式经历了从古代经验思维、牛顿为代表的还原论思维，到注重整体的系统科学思维发展。系统科学思想已成为现代科学思维方式的主流，恩格斯指出，15世纪以来的自然科学，由于还原分析方法占了主导地位，所以形成了最近几个世纪特有的局限性，即形而上学的思想方式。而随着自然科学进入大综合的阶段，自然科学不可避免地从还原论思维方式复归到辩证的思维。

中药制造工业同样是在单元测量概念的基础上建立起来的，很少考虑如何把过程单元联系起来形成一个完整的过程系统。但在工业设计开发中药制造工艺系统时，不仅要选择所需单元质量，更重要的是从整体设计该过程并使之达到较高品质。把系统科学思维引入中药制造工业当中，从制药过程的整体性出发，先综合，后分析，最后再形成一个新级别的综合。其中，需要从中药制造过程系统的内部要素之间的关系和作用，把握它们之间的系统结构；从中药制造过程系统的整体性结构和功能，把握它们的整体效应；从制造过程系统组成要素与整体的关系和作用，揭示制造过程系统中质量传递的现象、本质及其规律。因此，把制造工业看作系统，运用系统工程技术分析和综合是中药制造工业发展的必然趋势。

钱学森指出，系统工程是"组织管理系统的规划、研究、制造、试验和使用的科学方法，是一种对所有系统都具有普遍意义的科学方法"[4]。随着系统工程、信息技术等的发展，过程系统工程被老一辈科学家提出，20世纪90年代初在中国系统工程学会理事长钱学森建议下，成立了以成思危为主任的中国系统工程学会过程系统工程专业委员会，该委员会横跨11个部委，其核心功能是过程系统的组织、计划、协调、设计、控制和管理，其目的是总体达成技术及经济上的最优化，以符合可持续发展的要求。

目前，与其他行业相比，中药制造工业技术还有许多特殊问题有待解决和落实。虽然目前已经可以看到不少从概念上描绘的框图与战略构想，但在没有真正落实之前，一切也都仅是概念而已。这一切都有待踏踏实实的探索与不断完善，切勿过早地打上中药工业完成"智能制造"的标签。当然，根据目前中药制造工业自动化与信息化的水平与现状，中药制造工业正朝向过程信息化、数字化、智能化综合集成发展，形成物质流、能量流和信息流的联结网络，即中药制造工程系统。可将系统工程的思想、方法用于解决中药制造过程系统的设计、工程开发、监测与控制等问题，以便形成中药制造过程系统工程。

1.1.3　中药制造过程质量控制助力产业转型

2010年10月9日，工业和信息化部、卫生部和国家食品药品监督管理局三部门联合印发了《关于加快医药行业结构调整的指导意见》，其主要任务之一就是调整中药产业技术结构，根据中药特点，以药物效用最大化、安全风险最小化为目标，加快现代技术在中药制造中的应用，推广先进的提取、分离、纯化、浓缩、干燥、制剂和过程质量控制技术。2019年我们承接了中国科学技术协会"智能制造助力中药产业发展"政策建议类项目，提出了中药制造过程质量控制领域核心问题，智能制造助力中药产业发展需要聚焦当前中药传统制造的痛点与难点，明确需求，提出目标，并给出政策层面可行的解决措施，如设立专项、构建平台等。

中药制造过程质量控制是由中药学、化学、数学、管理学、信息学和自动化控制等多学科交叉渗透而形成的一个崭新的研究领域。我们提出中药制造过程质量控制技术是实现信息化与智能感知的有效手段。在我国加速医药工业化进程的关键时期，中药制造过程质量控制技术是实现制造智能化测量的基础，是保证中药产品质量稳定可控的有效手段，是学科重点研究领域之一。在这样的大环境和中药制造自动化程度不断提高的大背景下，实施中药制造过程质量控制是中药学研究的重要内容。基于"顶层设计"这一系统工程学的理念，中药制造过程质量控制从中药制造全局出发，对制造的各个过程单元、要素进行统筹考虑和系统设计，最终实现中药质量安全、有效、稳定和可控。

近年来，化学测量学科飞速发展，从静态分析到动态分析、从有损分析到无损分析、从离线分析到在线分析，其关注点是实时质量监测。中药制造过程质量控制立足于对中药制造过程系统的关键工艺参数、关键质量属性等进行实时质量监测，并对制造过程进行反馈和优化控制，提供生产的科学数据支撑。近红外光谱技术是目前中药制造过程质量控制领域发展最快、应用最广、最受瞩目的技术之一。目前几乎所有类型的近红外光谱测量技术都有用于过程分析的报道，特别是在中药制造工业的应用研究日趋广泛。

各个国家药品管理部门也相继出台了一系列与近红外应用相关的指导文件，如《欧洲药典》(European Pharmacopoeia, EP)，《美国药典》(United States Pharmacopoeia, USP)，《中国药典》*2020 版，药物分析科学组(Pharmaceutical Analytical Sciences Group，PASG)，欧洲药品评价局(European Agency for the Evaluation of Medicinal Products，EMEA)等。因此，中药制造工程近红外装备、建模与应用是实现中药制造过程质量控制的基础，更是解决中药制造过程质量控制中关键技术问题的重要手段。

随着中药学学科内涵和外延的丰富，以及对过程分析认识的深入，中药制造工程测量科学已成为中药学的交叉学科，其主要研究内容包括以下五个方面。

(1) 中药制造工程测量抽样(sampling)方法研究：包括离线(off line)抽样理论与方法、现场(at line)抽样理论与方法、在线(on line)抽样理论与方法、原位(in line)抽样理论与方法，其共同目标是解决抽样的代表性问题。

(2) 中药制造工程测量理论和方法开发验证研究(analytical theory，method development and validation)：包括多变量特点的过程测量理论研究、两类误差测量理论研究、总体误差测量理论及相关测量方法开发验证研究等，其最终目的是形成适宜于中药复杂性体系的完备理论框架和生产过程质量控制方法学。

(3) 中药制造工程质量设计和优化控制研究(process design，process optimum)：包括过程建模与仿真研究，过程监控与诊断研究，过程优化控制研究，风险控制策略研究等，以期提高中药产品质量、降耗节能，最终提升中药产品市场竞争能力。

(4) 中药制造工程化学计量学研究：包括中药制造复杂体系的特征信息提取研究、过程控制模型研究、模式识别研究等，使研究人员从海量制造数据中获取有用的信息。

(5) 中药制造工程测量技术和装备自动化研究：包括过程测量装备研制、实时监控关键技术研究(如取样界面)、中药生产装备研究等，通过集成中药原料、成品和所有生产环节的工业大数据，实现对整个过程监控和理解的目的。

上述研究内容，既自成一体，又相互影响，每一部分内容对中药制造工程测量科学

---

* 即《中华人民共和国药典》(以下简称《中国药典》)

体系的成功建立都将产生重要影响。

1.2　以近红外为示范的中药制造工程测量学

1.2.1　概述

当前，中药制造工程测量科学还处于刚刚起步阶段，鲜有提供必要的关键质量参数和工艺条件参数的数据输出，更无法提供对整个制造质量属性进行优化控制的数据输入。实现中药制造工业过程智能化，首先必须提升中药制造工业过程的自动化、模型化与网络化的水平。制造工业智能化控制是实现智能制造自动化和信息化的基础。伴随中国制造战略的提出与实施，积极开发并应用先进的过程控制技术，如自动化控制技术、模块先进控制技术、模糊控制技术等，对于保证产品质量的稳定可控，增强中药产品核心竞争力具有重要意义。

中药制造过程系统工程由若干过程单元组成，各单元按照既定的工艺路线组合连接而成。当前，中药制造过程系统最大的挑战在于如何实现中药生产系统层次之间的集成和"无缝链接"，即过程系统工程集合。在时间和空间尺度上，中药制造过程系统工程已逐渐朝向宏观和微观两极延伸，也朝向供应链管理方向发展，过程集成扩展到中药原料有效利用、减少排废和过程监测与控制等。随着新一轮科技革命和中国制造业布局进程的加速，急需过程系统工程理论、方法论和技术的创新发展，以便能对中药制造工业发展起到理论指导作用。

1.2.2　中药制造过程系统工程与测量科学

中药制造过程是指从原料药到生产过程共性关键环节，包括提取、浓缩、醇沉、收醇、配液、干燥、制粒、混合、压片、包衣到成品等一系列的工艺单元。以清开灵注射液工艺单元为例说明制剂共性环节，如图 1-1 所示。在中药工业生产中，制造过程可以

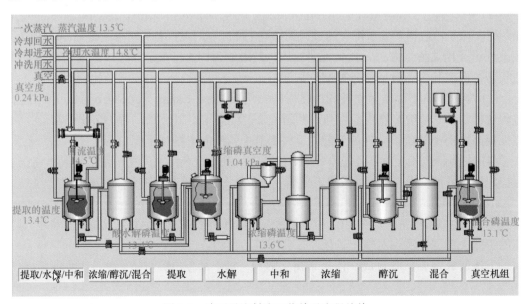

图 1-1　清开灵注射液工艺单元流程总貌

由一系列工艺单元以串行、并行或混合的方式构成。无论是整条制造生产线还是单一的制剂工艺单元都可以最终抽提一些关键的变量要素。

当前，中药生产企业的生产方式多为分批生产，各工艺单元物料的投放及环节间物料运转多为人工操作，生产过程未进行或仅对少数关键环节的中间体采用离线方式进行过程质量检测，无法及时获取中间体及工艺过程的质量信息，整个生产过程尚未形成完整和规范的过程质量控制体系[5,6]。

2007年，人用药品注册技术规范国际协调会议(International Conference on Harmonization of Technical Requirements for Registration of Pharmaceuticals for Human Use，ICH)Q8中提出了"质量源于设计(即 QbD)"的理念，将药品质量控制模式前移到生产过程，从设计的层次建立药品从原料、中间过程、成品的质量风险管理和预警方案，达到生产过程的目标一致、管理协调、结构统一及生产规范化。QbD研究方法提出了关键质量属性(critical quality attribute，CQA)和关键工艺参数(critical process parameter，CPP)。经过团队多年研究总结凝练，中药关键质量属性和中药关键工艺参数的定义如下。

中药关键质量属性：中药产品质量具有合适的限度或范围的物理、化学、生物性质特征。

中药关键工艺参数：中药生产工艺中影响中药关键质量属性，需进行重点监测或控制的变量。

中药关键质量属性和中药关键工艺参数的共同特性是"关键性"。中药关键质量属性用以描述药材、赋形剂、中间体和产品的关键性质，如中药原料或中间体的纯度、浓度、相对密度、制剂的剂量等，这些性质与中药制剂的安全性和有效性密切相关。中药关键工艺参数是所有中药工艺参数中对产品质量产生影响的关键参数，不同中药工艺环节有不同的中药关键工艺参数，如中药工艺中乙醇沉淀过程的关键工艺参数为加醇速度和转速等[7]。

目前，随着中药生产自动化程度的提高，我国大型中药制造企业已经实现过程的连续化、管道化、关键工艺参数的原位在线化。然而，中药关键质量属性的在线分析与控制尚处于探索阶段。作者认为，中药制造工程测量科学应首先重点通过化学分析、物理分析、微生物分析、数学分析及风险分析等多源信息融合方式对中药关键质量属性进行评价，明晰共性工艺单元的过程质量信息，揭示生产全过程的关键质量指标传递规律，逐步实现基于质量风险最小的中药全程质量控制。

近年来，测量化学学科飞速发展，其中过程分析化学(process analytical chemistry，PAC)的快速发展极大地推动了过程测量技术的研究和应用。这一学术思想的提出使得学术界同行、跨国制药公司、仪器仪表跨国企业等更加关注过程分析领域。近三年，Web of Science 数据库收录的以"process analytical technology (PAT)"为关键词的论文也高达1100篇。在管理层面，2004年美国食品药品管理局(Food and Drug Administration，FDA)以指导文件的形式向所有制药企业发出了通知，支持将过程分析技术(process analytical technology，PAT)作为现行生产质量管理规范(cGMP)更广泛的开创性组成部分。

FDA把过程分析技术定义成一个体系，包括设计、测量和控制加工制造过程，并通过对原料、中间产品的关键品质和性能特征的过程监测，从而确保最终产品的质量。2008

年，FDA 新的工艺验证指南草案中再次提到，通过 PAT 提供更高程度的工艺控制和工艺优化，并强调制造过程分析是建立在对生产过程深刻理解的基础上进行的工艺控制优化与设计。FDA 认为，在生产过程中使用 PAT，可提高对生产过程和产品的理解及控制，从而使产品质量得到保障。采用这种方式，产品的质量能够在整个生产过程中得到控制，而不是到最后检验时才得以了解。由此，产生了 QbD 的新理念，即产品质量是生产过程设计出来的，而不是检验出来的。

我国药品监管部门同样认识到生产过程质量控制的重要性。2008 年 1 月 9 日，国家食品药品监督管理局出台的《中药注册管理补充规定》中，首次对中药研制提出明确工艺技术参数的要求，并且纳入保证中药质量的控制环节中。这一举措结合药材、成品的质量指标检测，从根本上解决了中药质量的不稳定和不均一问题。在中药领域，根据中药特点，以药物效用最大化、安全风险最小化为目标，加快现代技术在中药生产中的应用，推广先进的提取、分离、纯化、浓缩、干燥、制剂和过程质量控制技术。2019 年 10月，在全国中医药大会召开之际，习近平总书记、李克强总理分别对中医药工作作出了重要指示和批示，强调要遵循中医药发展规律，传承精华，守正创新。10 月 26 日，中共中央、国务院印发《关于促进中医药传承创新发展的意见》(以下简称《意见》)。《意见》指出，传承创新发展中医药是新时代中国特色社会主义事业的重要内容，是中华民族伟大复兴的大事。至书稿出版，国家药品监督管理局药品审评中心落实习总书记指示，已发布《中药复方制剂生产工艺研究技术指导原则(试行)》，《中药均一化研究技术指导原则(试行)》等相关政策文件。

在这样的大环境和中药生产自动化程度不断提高的大背景下，制造过程的连续化、管道化及测量技术的在线化将是中药制造的发展方向。当前，中药生产企业的生产方式多为分批生产，各工艺环节物料的投放及环节间物料运转多为人工操作，工艺参数依靠人工经验进行控制，整个生产过程未形成完整和规范的过程质量控制体系。中药生产中的质量控制主要采用放行检验，或对少数关键环节的中间体采用离线方式进行质量指标检测，无法及时获取中间体及工艺过程的质量信息，造成生产管理的滞后，严重制约了整个中药制造产业的发展。中药制造产业作为大中药产业重要组成部分，其发展的缓慢性影响了整个大中药产业的发展。

基于"顶层设计"这一系统工程学的理念，中药制造工程测量学从中药生产全局出发，对生产的各个过程单元、要素进行统筹考虑和系统设计，最终实现中药质量安全、有效、稳定和可控。中药制造工程测量是由中药学、化学、数学、管理学、信息学和自动化控制等多学科交叉渗透而形成的一个崭新的研究领域，已不再是简单的化学成分分析，而是包含了化学分析、物理分析、微生物分析、数学分析及风险分析等多元分析手段的新兴分析领域。中药制造工程测量学立足于中药制造过程复杂性特点，对生产过程的工艺参数、质量指标等关键单元进行实时测量，并对生产过程进行反馈和优化控制，实现中药生产过程实时、在线、可靠的质量控制目标，为中药制造乃至整个中药产业的发展提供支撑。

中药制造工程测量技术指从传统测量技术到能提供实时或接近实时测量的过程分析技术。色谱、光谱、波谱学和成像技术等是过程分析科学的学科基础。在所有的过程分析技术中，红外光谱(infrared spectroscopy，IR)(包括近红外(near-infrared，NIR))及成像技术(imaging technology)[8-12]、激光诱导击穿光谱(laser induced breakdown spectroscopy，LIBS)[13-17]、太赫兹光谱(terahertz spectroscopy，THz)、超声波成像(ultrasonic imaging)、拉曼光谱及拉曼成像(Raman spectroscopy and Raman imaging)和磁共振成像(magnetic resonance imaging，MRI)成为过程分析科学中活跃的研究技术领域。

　　从过程分析技术角度来看，光谱类仪器是过程分析技术中一个重要分支，尤其是近红外光谱技术。当然，需要指出的是 PAT 不能简单视作近红外技术，近红外技术也不能直接等同于 PAT。近红外光谱是近十年来中药制造过程关键质量属性过程分析中发展突出的技术。它属于分子振动光谱，主要反映了有机物分子中 C—H、N—H、O—H 等含氢基团的倍频与合频吸收。NIR 满足了制造过程分析技术快速、无损、可靠、简便的要求，作为制造过程质量分析技术具有优越性。

1.2.3　中药制造工程近红外质量控制

　　没有确切的数字化表征，就无法对制造工业过程系统进行智能化研究。2013 年 11 月，张伯礼院士发表文章指出："应以量化模型代替药工经验，精准控制工艺参数，确保制造工艺精密度，提升中药制造工艺品质。"我们提出了中药制造过程系统工程这一研究领域。以中药制造过程质量稳定可控为基础，以传感/谱学/成像联用技术、多变量分析之信息技术、实时监测共性技术为支撑，构建中药制造过程系统工程[18]。近些年，团队徐冰副教授采用清开灵注射液工业制造过程的质量数据，建立了多变量统计过程控制的清开灵注射液制造过程控制方法，解决了清开灵注射液制造过程中栀子和金银花等相关工艺过程控制的问题，反映了清开灵注射液工业制造过程的质量信息；吴志生研究员在中药传统制剂智能制造国家重大专项资助下，建立了基于多变量统计过程控制和多传感器的同仁牛黄清心丸智能制造体系。此外，中药制造工业过程生产流程长，优化控制对象较多，研究进一步将过程性能指数应用于中药生产过程能力分析，为中药制造工业过程控制提供方法手段[19]。

　　其中，中药制造工程近红外质量控制部分工作简列如下，谨供同行斧正。

　　(1) 提出了中药制造工程实时监测误差理论，创建基于奈曼-皮尔逊监测理论的多变量检测限和多变量定量限计算方法，创建基于总误差理论的多变量模型可靠性方法；建立了中药制造工程质量实时监测的模型准确性轮廓方法验证，实现了准确性、精密度、风险性、线性、定量限、检测限和不确定性的多源信息融合目标，解决了实时监测模型的可靠性问题[20,21]。

　　(2) 针对多变量模型构建与性能提升，首创实时监测的全局模型构建与评价方法，发现中药制造工程质量实时监测的多变量误差传递规律[22,23]。

　　(3) 建立浓度扰度的差谱、二维相关光谱及密度泛函理论的实时监测中药制造有效成分的信息辨识技术[24,25]。

　　(4) 以声光可调型和微电子阵列型为例，构建了中药制造工程质量实时监测的适宜性技术；以配方颗粒、中药注射液过程等为例，实现了浓度、湿度、温度、密度、包衣厚度、粒径等指标/属性的中药质量实时监测，设计研发具有自主知识产权的中药制造质量实时在线监测预处理工程技术[26-28]。

1.3 结　语

随着中药制造领域采集和存储的过程变量和产品质量数据日益庞大，需要利用数理统计方法对生产过程数据进行处理与质量评价，如多变量统计过程控制(multivariate statistical process control，MSPC)方法。统计过程控制(statistical process control，SPC)是将数学统计测量理论用于工业生产过程，对产品进行过程质量控制。SPC 最早可追溯到 1924 年，当时在美国贝尔实验室工作的 Dr. Shewart 运用统计方法绘制了世界上第一张单变量统计过程控制图——Shewart 图。

进一步，建立基于物联网技术、大数据技术、云计算技术等信息物理系统的智能化控制技术，采用非接触式检测技术、嵌入式技术、无线通信技术等，实现中药制造工业自动化和信息化。目前，我国中药制造企业在自动化基础建设和应用方面都有很大进步，如信息技术已应用于一些中药制造企业生产过程中，从而减少了人为操作过程中出现的差异性，实现生产的自动化，最终保障中药产品质量。

从这个意义上讲，信息技术中的系统建模是保障中药制造工业质量稳定可控的核心和必由之路。我们深知整个中药制造工业过程都是分立的，存在许多信息孤岛。在进行过程质量优化控制的时候需要将相互分割的过程单元联系起来，通过中药制造建模和信息技术实现中药制造工业生产过程质量的均一性和稳定性。我们也在国内率先提出了中药制造工业生产过程"系统建模"等概念，建立了用于中药实际生产过程的系统建模和优化控制，实现了工艺过程的系统建模、监控和优化，达到稳定终产品质量的目的，为中药制造工业过程控制提供研究示范。

参 考 文 献

[1] 吴志生, 徐冰, 王耘, 等. 朝向过程系统工程的中药制药工业发展战略[J]. 中华中医药杂志, 2016, 31(9): 3417-3419.

[2] Li J, Qiao Y J, Wu Z S, et al. Nanosystem trends in drug delivery using quality-by-design concept[J]. Journal of Controlled Release, 2017, 256(28): 9-18.

[3] 成思危, 杨友麒. 过程系统工程的发展和面临的挑战[J]. 现代化工, 2007, (4): 1-6, 8.

[4] 钱学森. 创建系统学[M]. 太原: 山西科学技术出版社, 2001.

[5] 史新元, 张燕玲, 王耘, 等. 中药生产过程中质量控制的思考[J]. 世界科学技术-中医药现代化, 2008, (5): 121-125.

[6] 王馨, 徐冰, 徐翔, 等. 中药质量源于设计方法和应用:过程分析技术[J]. 世界中医药, 2018, 13(3): 527-534.

[7] 徐冰, 史新元, 乔延江, 等. 中药制剂生产工艺设计空间的建立[J]. 中国中药杂志, 2013, 38(6): 924-929.

[8] Miao X S, Cui Q Y, Wu H H, et al. New sensor technologies in quality evaluation of Chinese materia medica: 2010–2015[J]. Acta Pharmaceutica Sinica B, 2017, 7(2): 137-145.

[9] Wu Z S, Peng Y F, Chen W, et al. NIR spectroscopy as a process analytical technology (PAT) tool for monitoring and understanding of a hydrolysis process[J]. Bioresource Technology, 2013, 137: 394-399.

[10] Li Q Q, Zeng J Q, Lin L, et al. Low risk of category misdiagnosis of rice syrup adulteration in three botanical origin honey by ATR-FTIR and general model[J]. Food Chemistry, 2020, 332: 127356.

[11] 周璐薇, 吴志生, 史新元, 等. 中药关键质量属性快速评价:近红外化学成像可视化技术[J]. 世界科学技术-中医药现代化, 2014, 16(12): 2568-2574.

[12] 吴志生, 陶欧, 程伟, 等. 基于光谱成像技术的乳块消素片活性成分空间分布及均匀性研究[J]. 分析化学, 2011, 39(05): 628-634.

[13] Liu X N, Huang J M, Wu Z S, et al. Microanalysis of multi-element in *Juncus effusus* L. by LIBS technique. Plasma Science and Technology, 2015, 17(11): 904-906.

[14] 刘晓娜, 史新元, 贾帅芸, 等. 基于 LIBS 技术对 4 种珍宝藏药快速多元素分析[J]. 中国中药杂志, 2015, 40(11): 2239-2243.

[15] 刘晓娜, 张乔, 史新元, 等. 基于 LIBS 技术的树脂类药材快速元素分析及判别方法研究[J]. 中华中医药杂志, 2015, 30(5): 1610-1614.

[16] 刘晓娜, 吴志生, 乔延江, 等. LIBS 快速评价产品质量属性的研究进展及在中药的应用前景[J]. 世界中医药, 2013, 8(11): 1269-1272.

[17] 刘晓娜, 史新元, 贾帅芸, 等. 基于 LIBS 技术的藏药"佐太"快速元素分析研究[J]. 世界科学技术-中医药现代化, 2014, 16(12): 2582-2585.

[18] 吴志生, 史新元, 徐冰, 等. 中药质量实时检测:NIR 定量模型的评价参数进展[J]. 中国中药杂志, 2015, 40(14): 2774-2781.

[19] 徐冰. 中药制剂生产过程全程优化方法学研究[D]. 北京中医药大学, 2013.

[20] 吴志生. 中药过程分析中 NIR 技术的基本理论和方法研究[D]. 北京中医药大学, 2012.

[21] Wu Z S, Ma Q, Lin Z Z, et al. A novel model selection strategy using total error concept[J]. Talanta, 2013, 107: 248-254.

[22] 赵娜. 基于系统科学的中药 NIR 定量建模方法及其稳健性研究[D]. 北京中医药大学,2016.

[23] 杜晨朝. 基于系统建模的中药 NIR 模型设计与解析方法研究[D]. 北京中医药大学,2018.

[24] 彭严芳. 近红外光谱特征吸收波段解析方法研究[D]. 北京中医药大学,2014.

[25] 裴艳玲. 三类中药常见化学成分 NIR 光谱解析研究[D].北京中医药大学,2015.

[26] 隋丞琳. 中药提取过程在线 NIR 分析平台的开发与适用性研究[D]. 北京中医药大学,2013.

[27] 杨婵. 中药配方颗粒总混均匀度智能在线控制研究[D]. 北京中医药大学,2016.

[28] Wu Z S, Shi X Y, Wan G, et al. MEMS- NIR validation of different sampling modes and sample sets coupled with multiple models[J]. Planta Medica, 2015, 81: 167-174.

第二章 中药制造工程近红外测量仪器

近红外光谱技术在我国的研究和应用起步较晚，20 世纪 70 年代才开始了近红外光谱技术的应用基础研究。到了 90 年代，我国已经在很多领域开始应用近红外光谱技术，主要是石油、化工、农业、烟草等。其中，陆婉珍等在近红外光谱的研究与应用方面做出了突出贡献，使近红外技术在我国发展迅速。但是现在我国近红外光谱研究使用的仪器仍然依靠国外进口，价格昂贵，这制约了近红外光谱技术在我国的发展。因此，加强对近红外光谱仪的开发对于我国近红外测量技术的发展十分重要。

近红外光谱仪器种类繁多，按照用途可分为实验室光谱仪、便携式光谱仪和在线光谱仪等；按照分光系统可分为固定波长滤光片型、光栅色散型、傅里叶变换型、声光可调滤光器型等。即便同一类型的仪器，来自不同厂商，其仪器结构也具有一定差异。经过多年的科学发展，近红外光谱测量硬件平台的测样附件已经完备，各式各样的附件可满足不同类型、形态、大小样本的测量需求。

本章主要介绍近红外测量仪器光谱测量机制与基本构造、主要性能指标、分光类型和测样附件。在此基础上，介绍制造工程中光程、粒径、温度和溶剂对中药近红外光谱测量的影响研究，并对中药制造工程近红外光谱测量仪器的检测性能进行评价，为不同需求的近红外测量提供参考。

2.1 近红外光谱仪器原理与构造

2.1.1 光谱测量机制

NIR 是指波长在 780～2526nm 范围内的电磁波，主要是由 C—H、N—H 和 O—H 等含氢基团的倍频与组合频的吸收谱带组成。该谱区信号容易提取，信息量相对丰富，绝大多数物质在近红外区都有响应。但也存在一些不足，如吸收强度较弱，信噪比低，谱峰重叠严重等。基于上述问题，一般无法使用 NIR 技术直接对样本进行定性或定量分析，而需要通过对样本的光谱及其物化参数进行关联，建立数学模型后才可预测样本组成和性质。因此，NIR 是一种间接的测量技术。该技术的推广应用不仅依赖于准确稳定的硬件技术(即近红外光谱仪)，而且需要能够有效提取信息，建立稳健的校正模型的软件技术(即化学计量学)。

近红外光谱属于分子振动吸收光谱，可根据光谱的波长和强度来进行物质的定性和定量测量。对于均匀或透明的药材提取液以及液体制剂等的分子光谱测量，其吸光度与样本吸光物质浓度呈线性关系，符合朗伯-比尔定律，是光谱定量测量的理论基础。然而，对于很多固态样本的测量常采用漫反射方式。漫反射光谱法中的漫反射光是指入射光中能进入样本内部，经过多次反射、折射、散射及吸收后返回样本表面的光。漫反射光在传播过程中与样本内部分子发生作用，携带有丰富的样本组成和结构信息。因而，漫反射光的强度与样本组分的含量并不符合朗伯-比尔定律，此时可以采用 Kubelka-Munk 理论阐释吸光度与样本吸光物质浓度的关系。

1. 朗伯-比尔定律

根据朗伯-比尔定律，对于特定的波长，近红外光谱仪器的测量响应值(r)为透射光强度I，其满足

$$I = I_0 \times 10^{-\sum_{i=1}^{n} a_i c_i l} \tag{2-1}$$

其中，c 为样本成分浓度；a 为吸光系数(波长的函数)；n 为溶液中物质成分个数；l 为光程；I_0 为入射光强度。对式(2-1)两边求导，可得到被测成分单位浓度变化所引起的净光谱信号变化，即被测成分 k 的测量灵敏度(S_k)的表达式为

$$S_k = \frac{r^*}{c_k} \left| \frac{dI}{dc_k} \right| = \ln 10 \, Il \left[\sum_{i=1}^{n} a_i \frac{dc_i}{dc_k} \right] = \ln 10 \, I_0 10^{-\sum_{i=1}^{n} a_i c_i l} \, l \left[\sum_{i=1}^{n} a_i \frac{dc_i}{dc_k} \right] \tag{2-2}$$

其中，r^*表示净响应信号(net analyte signal)，即在总测量响应信号 r 中对回归建模真正起作用的响应信号；c_k 为被测成分 k 的浓度；样本中被测成分的浓度变化 k 引起的光强变化；$\frac{dI}{dc_k}$ 表示样本中被测成分 k 的浓度变化引起的成分 i 的浓度变化相关值。

在通常的测量情况下，样本中被测成分浓度变化与其他成分的浓度变化之间不存在相关性，或者只会引起部分成分的浓度相关变化，此时可以将式(2-2)中$\left[\sum_{i=1}^{n} a_i \frac{dc_i}{dc_k} \right]$项进行简化。例如，当被测成分与其他成分之间不存在浓度变化相关性时，则有

$$\frac{dc_i}{dc_k} = \begin{cases} 1, & i = k \\ 0, & i \neq k \end{cases} \tag{2-3}$$

因此式(2-2)可以简化如下：

$$S_k = \frac{r^*}{c_k} \left| \frac{dI}{dc_k} \right| = \ln 10 \, Il a_k = \ln 10 \, I_0 10^{-\sum_{i=1}^{n} a_i c_i l} \, l a_k \tag{2-4}$$

可见测量灵敏度与光程、入射光强以及被测物各成分的浓度、吸光系数有关。在其他测量因素(包括被测样本、建模波长和光谱仪器特性)固定的情况下，测量灵敏度主要由光程决定。因此选择合适的光程，可以使测量灵敏度达到最大。但是上述公式亦表明灵敏度与光程并非简单的线性关系，实际测量时并非光程越大越好。

2. Kubelka-Munk 理论

1931 年 Kubelka 和 Munk 发表了用于漫反射测量的 Kubelka-Munk 方程，为漫反射技术应用奠定了基础[1]。Kubelka-Munk 理论为描述辐射在涂料层上的漫反射现象提出了双

流传输模型，该模型因假设直观、简单，对于漫反射光谱测量具有较好的适应性而广泛采用。有研究表明，近红外漫反射光谱在进行样本含量测定时，样本的散射系数与样本的粒径有关，因此根据 Kubelka-Munk 理论中 $f(R_\infty)=k/s$ 与散射系数和吸收系数同时相关，其样本粒径的大小和分布等物理因素的变化对漫反射光的强度有一定的影响。

Kubelka-Munk 理论建立在基于如图 2-1 所示的连续模型假设上，使用无限薄层的微分方程描述反射光的性质。I 和 J 分别表示向下和向上两个方向的辐射。取 dx 为无限小的薄层，通过 dx 层向下的辐射流量因散射和吸收过程而减小，而通过 dx 层向上的辐射流量由于散射过程而增大。

由此得到如下微分方程：

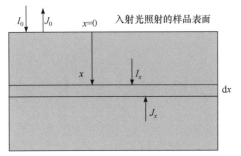

图 2-1　Kubelka-Munk 双流传输理论模型

$$\frac{dI}{dx} = -(k+s)I + sJ \tag{2-5}$$

$$\frac{dJ}{dx} = -(k+s)J + sI \tag{2-6}$$

式中，k 和 s 分别为吸收系数和散射系数。设

$$a = (s+k)/s \tag{2-7}$$

则得到

$$\frac{dI}{sdx} = -aI + J \tag{2-8}$$

$$\frac{dJ}{sdx} = aJ + I \tag{2-9}$$

根据漫反射率定义：

$$R_x = J_x / I_x \tag{2-10}$$

对 R 求导得

$$\frac{dR}{R^2 - 2aR + 1} = sdx \tag{2-11}$$

对上述方程从 $x=0 \to x$ 进行积分，得到

$$sx = \left[\frac{1}{p-q} \ln\left(\frac{R-P}{R-q} \right) J \right]_0^x \tag{2-12}$$

式中，$p = a + \sqrt{a^2-1}$ 和 $q = a - \sqrt{a^2-1}$。

当样本厚度趋向无限大($x \to \infty$)时，

$$(1 - R_\infty)^2 / (2R_\infty) = a - 1 = k/s \tag{2-13}$$

其中

$$R_\infty = k + s - \sqrt{k^2 + 2ks} \tag{2-14}$$

故 Kubelka-Munk 方程为

$$f(R_\infty) = (1 - R_\infty)^2 / (2R_\infty) = \frac{k}{s} \tag{2-15}$$

当散射系数 s 不变时，$f(R_\infty)$ 与吸收系数 k 呈线性关系，所以 Kubelka-Munk 方程与样本浓度呈线性关系，即正比，所以有

$$f(R_\infty) = k/s = \varepsilon c/s = bc \tag{2-16}$$

这种表达方式与朗伯-比尔定律相似，不同的是系数 b 不仅与摩尔系数及光程有关，还与样本的散射系数有关,样本的粒径大小及分布和形状等多种因素均影响样本对光的散射。

2.1.2　仪器基本构造

近红外光谱测量仪器硬件平台由光学系统、电子系统、机械系统和计算机系统等组成。近红外光谱仪是近红外光谱测量硬件平台的核心，主要由光源、分光系统、测样附件和检测器等构成(图 2-2)[2]。常用的光源为卤钨灯，是填充稀有气体(如氙气或氪气)内含有卤族元素(多为碘或溴)或卤化物的充气白炽灯，外壳通常采用石英材质，性能稳定且价格较低。发光二极管(light-emitting diode，LED)是一种新型光源，可以设定波长范围，适用于在线分析。通常，高亮度单色发光二极管使用砷铝化镓(GaAlAs)等材料，其光谱覆盖 $600 \sim 900$nm，超高亮度单色发光二极管使用铟砷化镓(InGaAs)等材料，其光谱覆盖 $1000 \sim 1600$nm。

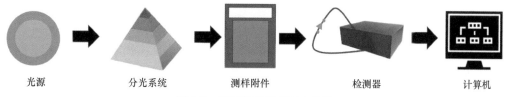

光源　　　　　分光系统　　　　　测样附件　　　　　检测器　　　　　计算机

图 2-2　近红外光谱仪基本构造

分光系统是影响近红外光谱仪性能参数的关键因素。分光系统，也称"单色器"，是将由不同波长的"复合光"分开为一系列"单一"波长的"单色光"的器件。然而，理想的 100% 的单色光是不可能达到的，通过分光系统获得的单色光实际上是具有一定"纯度"的单色光，即该单色光具有一定的宽度(有效带宽)。有效带宽越小，测量的灵敏度越高，选择性越好，分析物浓度与光学响应信号的线性相关性也越好。测样附件是近红外光谱测量硬件平台上承载样本的器件。近红外光谱仪可根据样本的性状、物理性质和测量环境选用不同测试方式和测样附件。一般不需要预处理，现场分析和在线分析可根据测试方法选择对应的光纤探头或流通池作为测样附件。

检测器的作用是将样本测量获得的近红外光信号转变为电信号，再通过 A/D 转换转变为数字信号进行输出。近红外光谱测量硬件平台的检测器分为单点检测器和阵列检测器两种类型。检测器的性能受构成材料、使用条件等的影响，主要性能指标包括响应范围、灵敏度、线性范围等。在短波区域多采用硅(Si)检测器或电荷耦合阵列(charge-coupled device array，CCD)检测器；在长波区域多采用硫化铅(PbS)或铟砷化镓(InGaAs)或二极管阵列(photodiode array，PDA)检测器。在实际应用中，为了提高检测器的灵敏度，扩展响应范围，使用时往往采用半导体或液氮进行制冷，以保持较低的恒定温度。表 2-1 给出了

近红外光谱测量检测器及其主要性能指标情况[2]。

表 2-1　近红外光谱测量检测器及其主要性能指标说明表

检测器	类型	响应范围/μm	响应速度	灵敏度	备注
PbS	单点	1.0～3.2	慢	中	非线性高
PbS	阵列	1.0～3.0	慢	中	可用半导体制冷器制冷
InSb	单点	1.0～5.5	快	很高	必须用液氮制冷
PbSe	单点	1.0～5.5	中	中	可用半导体制冷器制冷
PbSe	阵列	1.5～5.0	中	中	可用半导体制冷器制冷
Ge	单点	0.8～1.8	快	高	可用半导体制冷器制冷
HgCdTe	单点	1.0～14.0	快	高	用液氮制冷
Si	单点	0.2～1.1	快	中	可在常温下使用
Si(CCD)	阵列	0.7～1.1	快	中	可在常温下使用
InGaAs(标准)	单点	0.8～1.7	很快	高	可用半导体制冷器制冷
InGaAs(标准)	阵列	0.8～1.7	很快	高	可用半导体制冷器制冷
InGaAs(扩展)	阵列	0.8～2.6	很快	高	可用半导体制冷器制冷

2.1.3　主要性能指标

近红外光谱测量仪器的性能指标包括波长范围、分辨率、波长准确性、波长重复性、吸光度准确性、吸光度重复性、吸光度噪声、杂散光、扫描速度和采样间隔等，具体介绍如下[3]。

1. 波长范围

波长范围是指近红外光谱测量仪器能够有效检测的光谱波长范围。通常波长范围被分为两段：700～1100nm的短波(short wave, SW)区域和1100～2500nm的长波(long wave, LW)区域。近红外光谱随波长变化的特性如图 2-3 所示。短波区域的光透射性强，且具有较强的抗污能力，但短波区域吸光系数小，信息量相对较小，测量复杂体系中较低含量组分的精度可能会下降；长波区域吸光系数高，灵敏度高，较短波区域信息丰富。

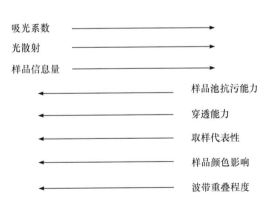

图 2-3　近红外光谱随波长变化的特性示意图
从左到右波长由短到长，箭头方向表示对应的性能或影响增强

2. 分辨率

分辨率是指近红外光谱仪器可以分辨的最小波长间隔，该指标主要取决于仪器分光系统的性能。对于光栅扫描型仪

器，其分辨率主要取决于狭缝，狭缝越小，截取的波段越窄，分辨率越高，但同时光通量下降，噪声增大。傅里叶变换型近红外光谱仪无狭缝的限制，仪器的分辨率仅取决于干涉器中动镜移动的距离，分辨率越高，扫描速度越慢。

在实际应用中，近红外光谱仪器的分辨率并非越高越好，一般分辨率选用 16cm⁻¹ 或 10nm 就可以满足绝大多数测量对象的应用要求。但对于结构特征十分相近的复杂样本，需要提高仪器的分辨率以得到准确的测量结果。

3. 波长准确性

波长准确性是指近红外光谱仪器显示波长与实际波长之间的准确性，一般由测定标准物质某一谱峰的波长与该谱峰的标定波长之差表示。由于近红外光谱测量是通过已知样本所建立的模型来测量未知样本，如果不能保证仪器的波长准确性，不同测定光谱就会因仪器波长的移动而使整组光谱数据产生偏移。因此，波长准确性对于样本的准确测量，以及保证近红外光谱仪器间的模型传递非常重要。

对于光栅扫描型仪器，通常要求在长波区域的波长准确性优于±1.0nm，在短波区域的波长准确性优于±0.5nm。傅里叶变换型仪器分辨率较高，具有较好的波长准确性，通常优于±0.1cm⁻¹。

4. 波长重复性

波长重复性是体现近红外光谱仪器稳定性的重要指标之一，通过标准物质中某一谱峰位置波长或波数多次测量的标准偏差来表示。该指标对于校正模型的建立、测量结果的准确性以及模型传递具有较大的影响。对于光栅扫描型仪器，通常要求波长重复性优于 0.04nm，对于傅里叶变换型仪器则应优于 0.02cm⁻¹。

5. 吸光度准确性

吸光度准确性同样是体现近红外光谱仪器稳定性的重要指标之一，通过标准物质的吸光度与该物质标定值之差来表示。对于同一台光谱仪，波长和吸光度准确性并非关键性指标，只要有稳定的波长重复性和吸光度重复性，便可建立优秀的校正模型。然而，若将一台仪器上建立的校正模型直接用于另一台仪器，则波长和吸光度的准确性变得尤为重要。

6. 吸光度重复性

吸光度重复性直接影响近红外光谱仪器光谱测量的可靠性，是近红外检测中至关重要的一个指标。通过在同一条件下对同一样本连续在同一台仪器上进行多次光谱测量之间的差异来表示，通常使用整个光谱区间或某一特征谱峰的吸光度标准偏差来表征。一般要求吸光度重复性优于 0.0004AU。

7. 吸光度噪声

吸光度噪声是近红外光谱仪器的重要指标，直接影响仪器对信息的分辨能力以及测量结果的准确性，尤其对低吸光度样本、噪声的影响更加显著。吸光度噪声通常在零吸光度，即光路中没有样本的情况下测量光谱，通过峰/峰值测量来表示。一般近红外光谱仪的噪声水平要小于 $5×10^{-5}AU$。

对比不同类型仪器的噪声时，应注意扫描时间和分辨率的影响。同类型仪器需在相同的测试条件下才具有可比性。由于检测器等因素的限制，噪声、吸光度的重复性及准确性在整个近红外波长范围内也有差异，通常仪器所测波长范围两端的噪声较高。

8. 杂散光

杂散光是指未透过样本而到达检测器的光，或虽通过样本但不是用于对样本进行光谱扫描的单色入射光，是影响吸光度和浓度之间线性关系的主要因素之一，通过没有吸收样本时到达检测器的吸光度来表示。杂散光的存在，使测出的吸光度比真实值低。在强吸收谱带处，杂散光造成的影响是严重的，甚至可能导致错误的结论，但对高透过率的弱谱带的影响较小。

杂散光主要是由光学器件表面的缺陷、光学系统设计不良及机械零件表面处理不佳等因素引起的，尤其对于色散型近红外光谱仪，杂散光的控制非常关键，往往是导致仪器测量出现非线性的主要原因。

9. 扫描速度

扫描速度是指在一定的波长范围内完成 1 次扫描所需要的时间。不同类型仪器的扫描速度有很大差别。例如，多通道阵列型近红外光谱仪的扫描速度是 1 次/20ms，速度较快；傅里叶变换型近红外光谱仪的扫描速度约在 1 次/s；传统光栅扫描型仪器的扫描速度相对较慢，目前较快的扫描速度约为 1 次/0.5s。在保证仪器稳定可靠的前提下，扫描速度快的优势在于可迅速测量样本及多次光谱累加测量可显著提高信噪比。

10. 采样间隔

采样间隔是指连续记录的两个光谱信号间的波长差。采样间隔越小，样本信息越丰富，但光谱存储空间也越大，而采样间隔过大则可能丢失样本信息。比较合适的数据采样间隔设计应当小于仪器的分辨率。

2.1.4 分光类型

常见的分光类型主要有色散型、LDE 光源型和傅里叶变换型，其中色散型包括滤光片型、光栅扫描型、声光可调滤光器(acoust-optic tunable filter，AOTF)型，傅里叶变换型主要包括反射镜干涉型(如迈克耳孙干涉仪)、偏振干涉型(如双 Wollaston 棱镜偏振干涉)(图 2-4)。第一台近红外光谱分光系统是 20 世纪 50 年代后期出现的滤光片型分光系统。70 年代中期至 80 年代，光栅扫描型分光系统开始应用。80 年代中后期到 90 年代的中前期，傅里叶变换型分光系统开始应用，称为第三代分光技术。90 年代中期，二极管阵列技术的近红外光谱仪开始应用。90 年代末，来自航天技术的 AOTF 问世，被称为是"90年代近红外光谱仪最突出的进展"，表 2-2 总结了不同近红外光谱仪的优缺点。

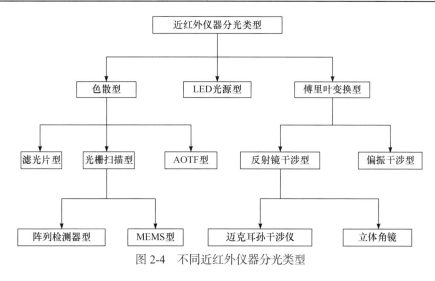

图 2-4　不同近红外仪器分光类型

表 2-2　不同近红外光谱仪的优缺点

仪器类型	优点	缺点
滤光片型	成本低，光通量大，坚固耐用	有移动部件，波长数目有限
光栅扫描型	分辨率较高，全谱扫描	有移动部件，重现性差
AOTF 型	体积小，扫描速度快	对射频和温度敏感
LED 光源型	体积小，无移动部件，坚固	波长数目有限，精度有限
傅里叶变换型	快速扫描，高分辨率	有移动部件，对环境敏感
阵列检测器型	无移动部件，快速扫描	波长数目有限，对温度敏感
MEMS 型	体积小，光通量大	波长数目有限

1. 滤光片型近红外光谱仪

　　滤光片型近红外光谱仪，其核心技术是采用干涉滤光片进行光学分光。干涉滤光片是建立在光学薄膜干涉原理上的精密滤光器件，因此，滤光片型近红外仪器产生波长范围相当窄的单色光，其半波带宽可在 10nm 以下，基本能达到单色器的分光质量。滤光片型近红外光谱仪器可分为固定式滤光片和可调式滤光片两种形式，其中固定式滤光片型是近红外光谱仪最早的设计形式。仪器工作时，由光源发出的光通过滤光片后得到一定宽带的单色光，与样本作用后到达检测器。由于滤光片数量有限，此类仪器只能在单一或者少数几个波长下测定，不仅灵活性差，而且波长稳定性和重现性差，很难测量复杂体系的样本。

　　针对固定式滤光片型仪器波长单一的问题，出现了可调式滤光片型仪器。该类仪器采用滤光轮，可针对特定的应用需求，在转盘上设计安装多个近红外干涉滤光片(一般含有 6~44 个)，通过转动转盘，便可依次测量样本在多个波长处的光谱数据，灵活方便(图 2-5)。滤光片被称为第一代分光技术，滤光片型近红外光谱仪体积小，便于携带，主要用作便携式专用测量仪，如粮食水分测定仪，且制造成本低，适合大范围推广。

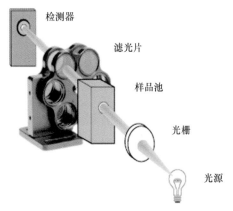

图 2-5　可调式滤光片型近红外光谱仪原理图

2. 光栅扫描型近红外光谱仪

光栅扫描型近红外光谱仪，采用棱镜或光栅作为分光元件，利用机械刻划或全息原理形成周期性变化的空间结构，不同波长的光在通过光栅时会因衍射和多光束干涉而形成色散。该类型光谱仪的检测器根据光路设计和使用的不同，又有光栅扫描单通道(图 2-6)和固定光路阵列检测(图 2-7)之分。

为获得较高分辨率，现代光栅扫描型仪器多采用全息凹面光栅作为分光元件。这类仪器与化学分析常用的紫外可见光谱仪具有相同的光学设计，只要更换紫外光谱仪的光源、光栅、滤光片和检测器就可构成近红外光谱仪。当前，在过程分析化学上的运用，主要采用凹面全息光栅，与平面光栅相比，具有重复性好的优点；但是也有诸多缺点，例如光谱扫描较慢，波长的重现性差，内部移动部件多，最大的缺点是连续使用易磨损而影响波长的精度和重现性。光栅被称为第二代分光技术。

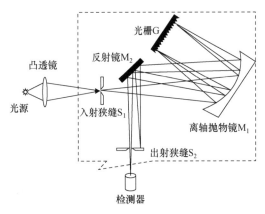

图 2-6　光栅扫描单通道型近红外光谱仪的
光路原理图

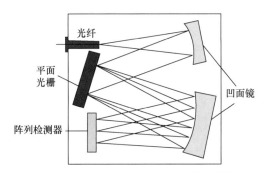

图 2-7　固定光路阵列检测型近红外光谱仪的
光路原理图

3. 傅里叶变换型近红外光谱仪

傅里叶变换型近红外光谱仪，其核心部件是迈克耳孙干涉仪，由动静两种反射镜和分束器组成。光源发出的光经准直后成为平行光，按 45° 角入射分光束。其中一半强度的光被分光束反射，部分射向固定镜，而另一半强度的光透过分光束射向动反射镜，与射向固定镜的光束汇合，形成具有干涉光特性的相干光。当动反射镜不断运动时，可得到不同光程差的光。当光的峰值同相位时，光的强度被加强；当光的峰谷值同相位时，光的强度被抵消减弱。因此，对于一个纯单色光，在动反射镜不断运动中得到的是强度不断变化的余弦干涉波，从而得到干涉图。最后，对干涉图进行傅里叶变换，将空白光源的强度按频率分布，由二者的比值即得样本的近红外光谱图(图 2-8)。

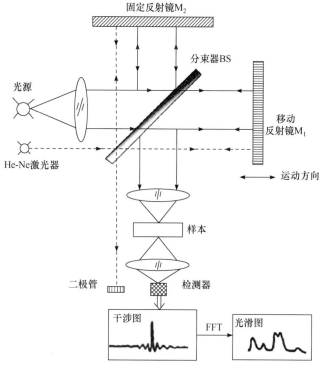

图 2-8　傅里叶变换型近红外光谱仪的光路原理图

傅里叶变换型近红外光谱仪所用的光学元件少，没有光栅或棱镜分光器，降低了光的损耗，而且通过干涉进一步增加了光的信号，因此到达检测器的辐射强度大，信噪比高。该仪器采用傅里叶变换对光的信号进行处理，避免了电机驱动光栅分光时带来的误差，所以重现性比较好。相较于色散型仪器在任一瞬间只能测试很窄的频率范围，且一次完整的数据采集需要 10～20min，傅里叶变换型近红外光谱仪是按照全波段进行数据采集的，得到的光谱是对多次数据采集求平均后的结果，而且完成一次完整的数据采集只需要 1s 至数秒。但是由于傅里叶变换型近红外光谱仪干涉计中动镜的存在，仪器的在线可靠性受到限制，特别是此类仪器对于放置环境有非常严格的要求，比如室温、湿度、杂散光、振动等。傅里叶变换被称为第三代分光技术。

4. 发光二极管型近红外光谱仪

发光二极管型近红外光谱仪采用 LED 作为光源。单个 LED 光源所发出的光的中心波长和带宽(30～50nm)是确定的，可以将其单独作为稳定的光源使用，也可将多个相邻波长的 LED 光源组合，得到在确定范围内连续波长的光源。20 世纪 90 年代中期，发光二极管阵列技术的近红外光谱仪逐渐开始应用。

发光二极管型近红外光谱仪的典型光路原理如图 2-9 所示。LED 光通过相应的窄带滤光片形成单色的近红外光，经菲涅耳透镜会聚到被测样本上，与样本作用后由检测器

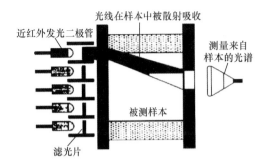

图 2-9 发光二极管型近红外光谱仪的典型光路原理图

接收。这种近红外光谱仪有固定的光栅扫描方式,用 LED 作为光源,由不同的二极管产生不同的波长,但是波长的范围和分辨率有限,波长通常不超过 1750nm,由于该波段检测到的都是样本的三级和四级倍频,样本的摩尔吸收系数比较低,因此需要的光程也较长。二极管器件体积小,消耗低,只需要几个二极管就能将光谱仪制成价格低廉的测量仪器,并且适用于过程分析。发光二极管阵列被称为第四代分光技术。

5. 声光可调滤光器型近红外光谱仪

声光可调滤光器(AOTF)型近红外光谱仪,其核心技术采用了声光可调滤光器,与普通的单色器相比,声光调制通过超声射频的变化实现光谱扫描。该类型光谱仪的工作原理是利用声波在各向异性介质中传播时对入射到传播介质中的光的布拉格衍射作用,声光可调滤光器由单轴双折射晶体(通常采用的材料为 TeO$_2$),黏合在单轴晶体一侧的压电换能器,以及作用于压电换能器的高频信号源组成,当输入一定频率的射频信号时,AOTF 会对入射多色光进行衍射,从中选出波长为 λ 的单色光,单色光的波长 λ 与射频频率 f 有一一对应的关系,只要通过电信号的调谐即可快速、随机改变输出光的波长。其工作原理见图 2-10。

AOTF 为全固态分光器件,无移动部件,抗振性能好,光谱仪光学部件采用全密封设计;仪器装备的外部防尘和仪器内部的温度湿度集成控制装置,对环境影响(如温度、湿度、粉尘等)不敏感,仪器工作稳定;并且此类仪器采用电子信号控制扫描,波长切换快,重现性好,程序化的波长控制满足了实时快速检测的需要;扫描范围广,可实现全光谱扫描,还可以在扫描范围内任意选定一组波长扫描,而不必进行全谱扫描,对于固定的工业应用模式,可以极大地节省测量时间;建立模型速度快,模

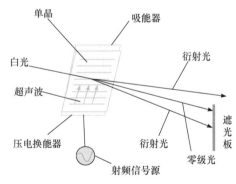

图 2-10 AOTF 型近红外光谱仪工作原理图

型的传递性好(可以很方便地进行不同仪器间的转移)。这些特点使得 AOTF 技术比较适合在线和现场光谱的实验要求,因此选择此仪器进行在线的定量考察。

6. 微机电系统型近红外光谱仪

近红外光谱仪分光技术的发展如图 2-11 所示。微机电系统(MEMS)型近红外光谱仪,其核心技术采用超辐射发光二极管作为光源。超辐射发光二极管是介于激光器和发光二极管之间的半导体器件,能量是传统卤钨灯的 10^6 倍。采用 LIGA(lithographie galvanoformung abformung)技术加工光学元件,使得光学元件整体长度仅有 14mm。该类

型光谱仪同时采用 Fabry-Perot 干涉仪作为单色器件，使得近红外光谱技术具有较高的分辨率。其分光模块结构如图 2-12 所示。微机电系统成功应用于近红外光谱分光系统，对近红外光谱技术的发展具有重大意义。该类仪器无机械移动部件，可靠性高，重复性好，对振动和冲击不敏感，抗振性好。

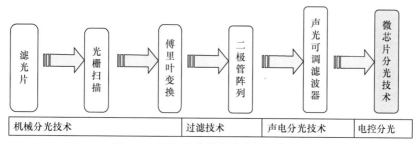

图 2-11　近红外光谱仪分光技术的发展

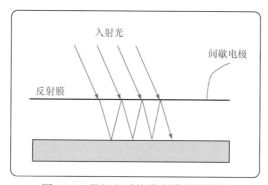

图 2-12　微机电系统分光模块结构图

2.1.5　测样附件

近红外光谱仪测量方法可分为透射式、透反射式、透漫射式和漫反射式等(图 2-13)[4]。对于均匀且流动性好的液体样本，如汽油、白酒和药品注射剂等，多采用

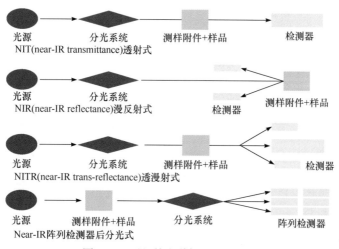

图 2-13　近红外光谱仪器测量方法

透射测量池进行测量；对于颗粒、粉末和织物等固体样本，如谷物、饲料和药片等，多采用漫反射积分球进行测量；对于浆状、黏稠状和含有悬浮颗粒的液体，如牛奶、涂料和油漆等，多采用透漫射式测量池进行测量。随着检测器和分光技术的发展，装备阵列检测器的光栅扫描型便携式近红外光谱仪在制药、农业和食品等领域获得广泛关注。其采用后分光模式，光源所发出的光先经过样本，通过色散后聚焦在阵列检测器同时被检测。

1. 透射和透反射式测样附件

透射和透反射测量方式主要用于均匀的流动性好的液体样本，如汽油、白酒等。将待测样本置于检测器与光源之间，检测器检测到的是透射光或者光与样本分子表面相互作用后的光，由于检测光装载着有关样本结构与组成的信息，因而根据入射光与透射光的比例关系，就可以获得样本在近红外区的吸收光谱。如果待测样本是透明溶液，光在样本中经历的光程一定，样本组分的浓度与透射光强度之间的关系符合朗伯-比尔定律。

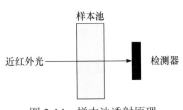

图 2-14　样本池透射原理

进行近红外透射测量时，一般将样本放于样本池中，样本池可由石英、玻璃、CaF_2 等材料制成。在短波区域通常使用较长光程的样本池(20～50mm)，在长波区域通常使用较短光程的样本池(0.5～5mm)(图 2-14)，或采用浸入式透射光纤探头进行测量(图 2-15)，其基本原理均是近红外光透过固定光程的样本后，载有一定的样本信息到达检测器。对于均匀澄清无散射效应的液体样本来说，测量得到的吸收光谱符合朗伯-比尔定律，特定波长下的光谱吸收强度与光程有关。

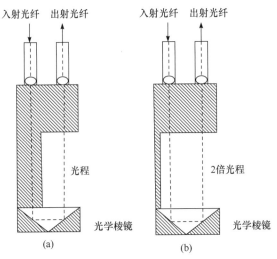

图 2-15　透射(a)和透反射(b)光纤探头

2. 漫反射式测样附件

漫反射测量方式主要用于固体颗粒、粉末、纸张和织物等样本，如谷物、饲料、肉类等。漫反射光是光进入样本内部后，经过多次反射、折射、衍射、吸收后返回表面的光，因此不仅负载了样本的组成信息，也包含了样本的结构信息。在进行化学成分测定时，其样本粒径的大小和分布等物理因素均对漫反射光的强度有一定的影响，因而漫反射光的强度与样本组分的含量并不简单符合朗伯-比尔定律。在近红外光谱测量中，漫反射是反射光谱的主要方式，几乎可用于各类样本的测量。

在使用漫反射方式测量样本时，应注意保持每次装样的一致性，如颗粒大小、样本的松紧度等。可使用标准重量的压件，将样本压实以保证松紧度。此外还应保证样本厚度近红外光谱无法穿透。漫反射测量方式的附件主要包括以下 3 种。

1) 普通漫反射测样附件

如图 2-16 所示，为一种普通的漫反射测样附件光路原理图。单色器的光垂直照射在样本池或样本瓶中盛放的样本上，并使用 2 个或 4 个检测器在 45°角方向收集反射光。为得到重复性和再现性好的光谱数据，减少样本不均匀性的影响，样本池通常被设计为可旋转式或上下往复运动式。

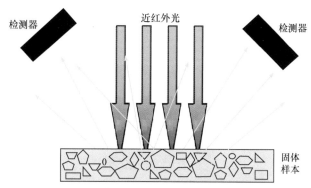

图 2-16　普通漫反射测样附件光路原理图

2) 积分球

积分球是具有高反射性内表面的空心球体，又称光度球、光通球等，可测量固体和小颗粒的样本，如图 2-17 所示。球壁上开一个或几个窗孔，用作进光孔和放置检测器的接收孔。积分球的内壁上涂以理想的漫反射材料(如 MgO 或 $BaSO_4$)，使得进入积分球的光经过内壁涂层多次反射，在内壁上形成均匀照度。检测器放置在积分球的出口，不易受到入射光束波动的影响。为进一步提高反射光收集率，也可在积分球上使用多个检测器。光线由输入孔入射后，在球内部被均匀地反射及漫射，在球面上形成均匀的光强分布，因此输出孔所得到的光线为非常均匀的漫反射光束。

积分球的反射光收集率在一定程度上优于普通的漫反射测样附件，从而可得到信噪比高、重复性好的光谱。积分球可提供内参比，制成伪双光束的近红外光谱仪。积分球的载样器件可采用通用的漫反射样本杯，也可选用一次性样本瓶。使用旋转式样本杯或样本瓶有利于获得稳定可靠的漫反射光谱。

3) 光纤漫反射探头

光纤漫反射探头可用来测量多种类型的固体样本，如谷物、塑料、水果、药片等，可直接插入原料桶或包装袋对样本进行测量，非常方便。漫反射多采用光纤束来收集样本漫反射的光，如 $n×m$ 光纤束，n 根光源光纤(source fiber)用来传输来自光源或单色器的光，使之照射到待测样本上，m 根检测光纤(detector fiber)则用来收集样本的漫反射光，并传输回光谱仪，近红外漫反射光纤探头见图 2-18。光纤束的排列有多种方式，既有规则排列，如内圈光纤作检测光纤，外圈光纤作光源光纤，或检测光纤和光源光纤均匀间隔排列，也有无规则随意排列。

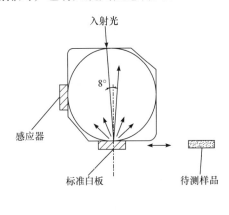

图 2-17　积分球漫反射附件光路原理图　　　　图 2-18　近红外漫反射光纤探头

光纤探头可安装各种类型的吹扫附件，对其上黏附的粉末等污染物进行自动吹扫，这种探头经过特殊设计，可用于工业过程的在线分析。另有一种光纤探头将一个或多个(2～4个)光源与收集反射光的光纤集成为一体，该结构可方便地实现光谱仪的小型化，且光源的能量利用率也相对较高，特别适合于野外现场的光谱测量，还可以用于在线分析。

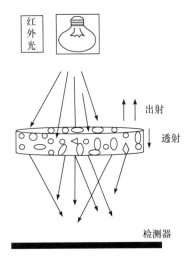

图 2-19　透漫射式装置示意图

3. 透漫射式测样附件

透漫射式测量方式主要用于浆状、黏稠状以及含有悬浮物颗粒的液体，如牛奶、涂料和油漆等。与均匀透明液体相比，当一束平行光照射到这些样本时，除了吸收外，还产生光的散射。透射测样附件，如比色皿和透(反)射式光纤探头可以对这类液体进行测量。而对于一些透光性较差的固体样本，如谷物(玉米、小麦、大豆等)等固体农作物颗粒和高分子(如聚丙烯等)样本，也可以通过透漫射的方式进行测量。该装置示意图如图 2-19 所示。通常采用穿透力较强的短波区域(700～1100nm)，该波段的光学材料和检测器成本相对较低，可制成价格低廉的专用测量仪。仪器厂商一般可提供多用途的光程范围为 5～30mm 的透射式颗粒样本槽或粉末样本盘。通常需要样本槽上下或左右运动，样本盘旋转运动，以获得代表性强的光谱。

2.2　光程对中药近红外光谱测量的影响

近红外光谱谱带较宽、强度较弱，而且谱峰重叠。在中药液体制剂中，指标性成分往往含量较低，相对于水在近红外谱区的强吸收，指标性成分的吸收信号非常微弱。要想从中提取微弱的信号进行测量，就必须选择合适的测量条件以提高测量灵敏度，即提高单位被测组分浓度变化所引起的被测光谱信号强度的变化。选择合适的光程是提高测量灵敏度的重要方法。若能筛选出指标性成分的最佳检测光程，则可确保所获取的光谱数据更有利于有效信息的提取，进一步保证定量检测的准确性。

通过理论推导可知，在其他测量因素(包括被测样本、建模波长和光谱仪器特性)固定的情况下，测量灵敏度主要由光程决定，而且两者并非线性关系，因此并不能通过简单地增加光程来增加灵敏度。同时近红外光谱每个波长下的最佳光程不同，因此一方面可以采用筛选波段的方式，另一方面可以选用待测组分对应吸收波长处的最佳光程来提高预测精度。本节[5]以清开灵注射液中指标成分黄芩苷定量测量为例，考察不同光程对黄芩苷含量近红外测量结果的影响。

1) 试剂与仪器

清开灵注射液(批号：011402A，011403A，011706A)购自北京中医药大学药厂，黄芩苷对照品(批号：110777～201005)购自中国食品药品检定研究院。甲醇为色谱级，购自 Fisher 公司；磷酸为色谱级，购自 Fisher 公司；水为纯净水。Antaris I 傅里叶变换近红外光谱仪(美国 Thermo Nicolet 公司)，配备 RESULT3.0 光谱采集软件。Agilent 1100 高效液相色谱仪，包括四元泵、真空脱气泵、自动进样器、柱温箱、DAD 二极管阵列检测器。

2) 样本制备及近红外光谱采集

取三批清开灵注射液，每个批次取三个样本，将每个样本用纯净水分别稀释至 1，2，3，4(单位为 mg/mL)四个浓度水平，共得 36 个样本。将样本溶液分别取适量注入直径为 6mm 和 8mm 的样本管进行光谱采集。光谱采集条件均为：透射模式，以仪器内置背景为参比，扫描范围为 4000～10000cm^{-1}，分辨率为 8cm^{-1}，扫描次数 32 次，每个样本重复扫描三次，计算平均光谱。

3) 近红外光谱数据处理

数据处理采用 TQ Analyst 8.0 光谱分析软件。采用偏最小二乘回归方法进行全波段(4000～10000cm^{-1})建模。同时对比 7 种不同预处理方法，包括原始光谱、一阶微分、一阶微分+ SG(Savitzky-Golay)平滑、一阶微分+Norris 平滑、二阶微分、二阶微分+SG 平滑、二阶微分+Norris 平滑，筛选出最佳预处理方式。

4) 样本集的划分

为消除样本集划分过程中主观因素的影响，本研究在 MATLAB 7.0 操作环境下，采用 Kennard-Stone 法进行样本集的划分，选取 24 个样本作为校正集(也称训练集)，选取 12 个样本作为验证集，校正集和验证集样本中黄芩苷浓度分布范围见表 2-3。

表 2-3　校正集和验证集样本中黄芩苷浓度分布范围

光程	样本集类型	样本数	浓度范围/(mg/mL)	平均值/(mg/mL)	标准偏差/(mg/mL)
6mm	校正集	24	0.88～3.78	2.32	1.11
	验证集	12	0.90～3.64	2.20	0.91
8mm	校正集	24	0.88～3.78	2.47	1.03
	验证集	12	0.88～3.69	1.91	0.99

5) 清开灵注射液的近红外光谱测量

不同光程下采集到的清开灵注射液的近红外吸收光谱见图 2-20。由原始光谱可以看出，在 7500～4000cm^{-1} 波段，清开灵注射液有较强的吸收，但是 6mm 和 8mm 光程下的吸收强度明显不同。

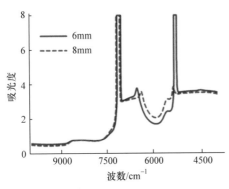

图 2-20　清开灵注射液的近红外吸收光谱图

两个光程下的光谱在 7200～7050cm^{-1}，6560～6420cm^{-1} 和 5390～5280cm^{-1} 等处均具有明显的吸收峰，其中 7200～7050cm^{-1} 和 5390～5280cm^{-1} 处的吸收主要与 O—H 基团和 C—H 基团的一级倍频和组合频有关，6560～6420cm^{-1} 处主要与清开灵注射液中 N—H 基团的一级倍频有关。这些强吸收主要是由于清开灵注射液中含有苷类、有机酸和氨基酸等成分。

此外，在不同波段下，两类光谱的差异也各不相同。按照理论推导，所有波段处的吸光度应随光程逐渐增大，其中在 6500～5370cm^{-1}，8mm 光程的吸收强度大于 6mm 的；然而在 7090～6500cm^{-1} 和 5370～4000cm^{-1}，8mm 光程的吸收强度却小于 6mm 的。

6) 光程对模型性能的影响

表 2-4 为不同光程采集的光谱数据经预处理后所建模型的性能。由表可知，对于 6mm 光程，采用原始光谱所建模型的拟合能力最好，此时校正集决定系数 R_C^2 为 0.989，校正均方根误差(root mean square error of calibration，RMSEC)为 0.16。其余 6 种光谱预处理方式下所建模型拟合能力相近，其 R_C^2 为 0.918～0.928，RMSEC 为 0.41～0.43。

对于 8mm 光程，其原始光谱、一阶微分+SG 平滑、一阶微分+Norris 平滑、二阶微分、二阶微分+Norris 平滑光谱建模结果相近，R_C^2 为 0.973～0.986，RMSEC 为 0.17～0.23，说明所建模型具有很好的拟合能力和内部稳健性。一阶微分光谱建模结果相对较好，其 R_C^2 为 0.845，RMSEC 为 0.53。

实验结果表明，同一体系在不同光程下采集的数据，经相同光谱预处理后所建模型的效果不同，但对每一光程均是原始光谱所建的模型最好，其 R_P^2 和残差预测偏差(residual predictive deviation，RPD)值较高，且预测均方根误差(root mean square error of prediction，RMSEP)处于较低水平，表明原始光谱包含的信息对于建模最有效。其中，当光程为 6mm 时，采用偏最小二乘回归结合原始光谱建立的黄芩苷定量模型最好，该模型预测值和参考值之间的相关关系见图 2-21。

表 2-4 不同光程下的清开灵注射液 NIR 建模结果比较

光程	预处理方法	R_C^2	RMSEC	RMSECV[1]	$R_\mathrm{P}^{2[2]}$	RMSEP	RPD
6mm	原始光谱	0.989	0.16	0.45	0.993	0.12	7.65
	二阶微分	0.926	0.41	0.47	0.909	0.44	2.05
	一阶微分+Norris 平滑	0.928	0.41	0.52	0.894	0.47	1.93
	二阶微分+Norris 平滑	0.926	0.41	0.52	0.888	0.48	1.89
	一阶微分+SG 平滑	0.920	0.43	0.53	0.884	0.49	1.86
	一阶微分	0.918	0.43	0.51	0.882	0.50	1.83
	二阶微分+SG 平滑	0.919	0.43	0.52	0.881	0.50	1.83
8mm	原始光谱	0.978	0.21	0.62	0.926	0.36	2.73
	一阶微分+SG 平滑	0.975	0.22	0.50	0.921	0.40	2.49
	一阶微分+Norris 平滑	0.973	0.23	0.51	0.902	0.43	2.32
	一阶微分	0.845	0.53	0.77	0.917	0.49	2.03
	二阶微分+SG 平滑	0.844	0.54	0.78	0.921	0.50	1.98
	二阶微分+Norris 平滑	0.984	0.18	0.48	0.874	0.50	1.97
	二阶微分	0.986	0.17	0.89	0.879	0.63	1.56

① RMSECV 为交叉验证均方根。

② R_P^2 为预测集决定系数。

上述研究分析了近红外光谱的光程对清开灵注射液中黄芩苷含量检测的影响，并考察了不同预处理方法对建模的影响。结果表明，同一体系在不同光程下采集的数据，经相同光谱预处理后所建模型的效果不同。在每一光程下，均为原始光谱建模效果最好，且相比于 8mm 光程，6mm 光程更适于清开灵注射液中黄芩苷的测定。结果证明光程变化对基于近红外光谱的黄芩苷定量测量的确有一定的影响，选择适合于待测组分的光程能够更有效地实现准确的定量检测。

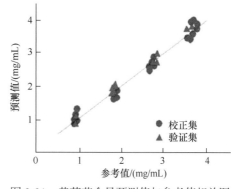

图 2-21 黄芩苷含量预测值与参考值相关图

2.3 粒径对中药近红外光谱测量的影响

样本的粒径影响近红外的穿透特性和反射特性，粒径不同，近红外光在样本中的光程不同。研究表明样本的散射系数与样本的粒径有关，散射系数随粒径的增加而减小。因此，样本粒径及其分布的变化必然引起吸光度的变化。图 2-22 是不同粒径样本近红外光光程概图，由图可知，待测样本越细致均匀，反射率越大。当样本粒径较大时，其光学表面粗糙，影响传感系统呈现投射层的物理深度，影响检测系统对样本表面的反应，从而影响检测的灵敏度及准确度。

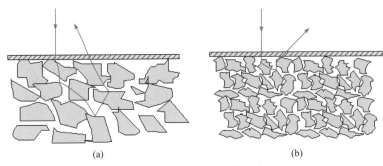

图 2-22　不同粒径样本近红外光光程概图

2.3.1　粒径对中药材近红外光谱测量的影响

1) 实验样本与制备

为充分研究粒径对中药材近红外光谱的影响，本节[6]以多种类型的中药材，包括根及根茎类、皮类、花类、果实类和全草类中药材为研究载体(表 2-5)，考察粒径对中药材近红外光谱测量的影响。每种中药材取约 60g，首先粉碎过 20 目筛，将所得粉末混合均匀后按照"四分法"平均分成 4 份，然后再分别粉碎过 60 目、80 目、100 目和 120 目筛，并将所得样本分别命名为 60 目样本、80 目样本、100 目样本和 120 目样本。

表 2-5　实验选用的中药材种类及所属部分

药材所属部位	种类
根及根茎类(纤维性)	柴葛根、黄芪、柴胡
根及根茎类(粉性)	粉葛根、山药
皮类	黄柏、合欢皮
果实类	川楝子
花类	槐花
全草类	荆芥

2) 实验仪器及光谱采集条件

Antaris I 傅里叶变换近红外光谱仪(美国 Thermo Nicolet 公司)，配备 RESULT 3.0 光谱采集软件。不同样本近红外光谱的采集：从每种中药材的不同粒径样本中取出 3 份样本(体积相同)用于近红外测量。近红外光谱采集条件为：积分球漫反射方式，以仪器内置背景为参比，扫描范围为 4000~10000cm^{-1}，分辨率为 8cm^{-1}，扫描次数 64 次，每个样本重复扫描三次，取平均光谱。

装样误差的测定：以柴葛根、柴胡、山药为载体，考察样本装样过程中所引入的误差。每个粒径平行取出 3 份样本，将每个样本采集完近红外光谱后，倒出重新测定，重复测定 6 次。计算 6 次测定光谱每个波长点下的相对标准偏差，用以评价 6 次测定中重装样带来的随机误差。

3) 不同种类中药材不同粒径样本的近红外光谱图

根据 Kubelka-Munk 方程，反射率与样本的散射系数 S 成反比，散射系数 S 与样本的粒径成反比，因此可推断 log(1/*R*)应该正比于样本粒径。然而对于考察的所有中药材，上述结论仅适用于一级倍频区(FOR，7100～5000cm⁻¹)和组合频区(CR，5000～4000cm⁻¹)；而在二级倍频区(SOR，7100～10000cm⁻¹)，log(1/*R*)随粒径的变化因药材而异，且不同药材的吸光度受粒径变化的影响程度各不相同。

对于不同的药材，粒径对其近红外光谱的影响是不同的。对于密度较大的根茎类药材及果实类药材，其样本相对紧密。而对于槐花和荆芥等质地较轻的药材，其样本颗粒间有很大空隙，更易受到静电影响，对近红外光谱造成极大干扰。然而对于任一中药材，粒径对近红外光谱的影响均与波段有关，在组合频区、一级倍频区和二级倍频区各有不同，具体分析如下。

(1) 根茎类及果实类药材。柴葛根、黄芪、粉葛根、山药、柴胡、川楝子等中药材的近红外原始光谱图，分别见图 2-23。这类药材的近红外光谱受样本粒径的影响大致相同。以柴胡为例，图 2-24 利用相对标准偏差(relative standard deviation，RSD)描述了不同近红外波段下粒径变化对近红外光谱的影响程度，其中组合频区 RSD=0.035～0.049，一级倍频区 RSD=0.017～0.035，二级倍频区 RSD=0.009～0.017，表明波长越大，受粒径影响越

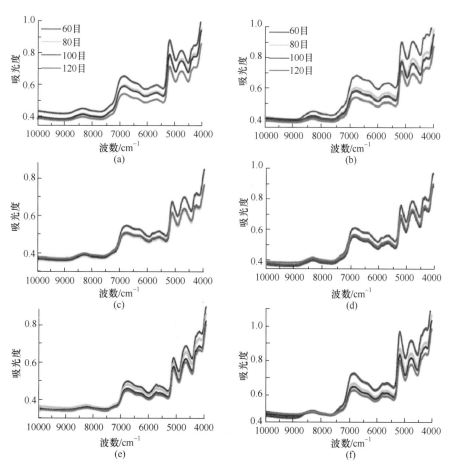

图 2-23　不同粒径根茎类及果实类药材的近红外原始光谱图
(a) 柴葛根；(b) 黄芪；(c) 粉葛根；(d) 山药；(e) 柴胡；(f) 川楝子

大。图 2-23 也表明了吸光度与粒径具有较强的相关性，其中在一级倍频区和组合频区，即粒径越大，吸光度越大，表明了在测定化学成分含量时消除粒径因素干扰的重要性；而在二级倍频区，吸光度受粒径影响较小，且变化因药材而异。

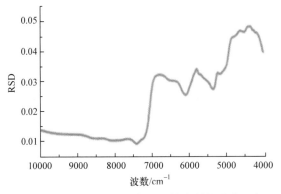

图 2-24　粒径变化对柴胡近红外光谱的影响程度

(2) 皮类药材。对比图 2-25 与图 2-24，黄柏及合欢皮的原始光谱图受粒径的影响与根茎类药材相似，且不同波段受粒径的影响均控制在 RSD<0.05。在一级倍频区和组合频区，黄柏的近红外光谱与柴胡相似。吸光度与粒径呈正相关关系；而在二级倍频区，吸光度受粒径影响较小。

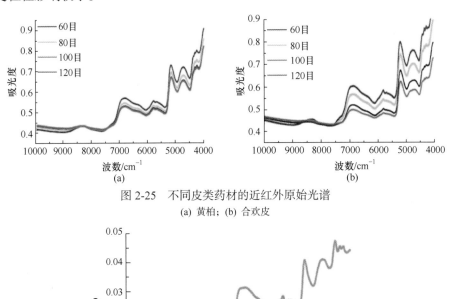

图 2-25　不同皮类药材的近红外原始光谱
(a) 黄柏；(b) 合欢皮

图 2-26　粒径变化对黄柏近红外光谱的影响程度

(3) 花类及全草类药材。在一级倍频区和组合频区，槐花与荆芥的近红外光谱图(图 2-27)受粒径的影响与根茎类药材和皮类药材相似；而在二级倍频区，槐花与荆芥的近红外光谱图受粒径的影响与根茎类药材和皮类药材有较大不同。二级倍频区的粒径变化对槐花近红外光谱的影响程度(RSD=0.025～0.04)(图 2-28)与组合频区(RSD=0.034～0.043)相近，而一级倍频区(RSD= 0.018～0.025)受粒径变化的影响最小。

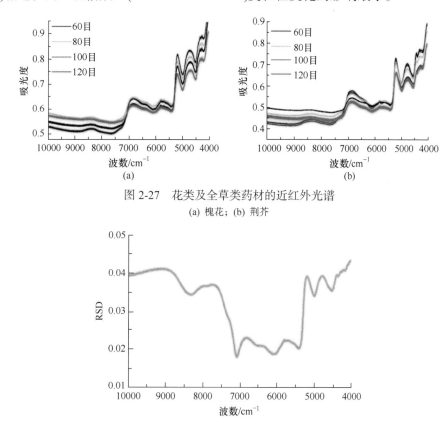

图 2-27　花类及全草类药材的近红外光谱

(a) 槐花；(b) 荆芥

图 2-28　粒径变化对槐花近红外光谱的影响程度

4) 装样误差的考察

山药、柴胡和柴葛根样本重装样的光谱差异性见图 2-29、图 2-30 和图 2-31。可以看

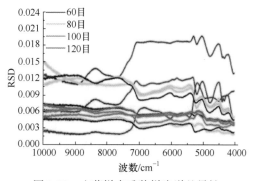

图 2-29　山药样本重装样光谱差异性

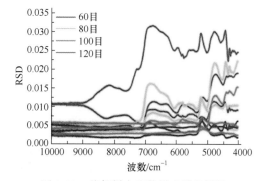

图 2-30　柴胡样本重装样光谱差异性

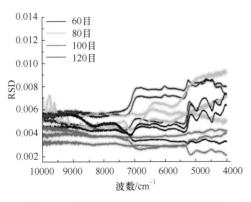

图 2-31　柴葛根样本重装样光谱差异性

出，所有样本重装样的 RSD 小于 3%，说明当粉碎目数大于 60 目时，装样误差较小。对于不同的药材及对于同一药材不同装样的样本，重装样光谱差异性有所不同。但是可以明显看出样本粒径越小，重装样光谱差异性越小，对于过 100 目及 120 目的样本，RSD 小于 1%。对于大颗粒样本，不同次数的重装样光谱差异性有较大不同，这主要是由于大粒径样本在混合时难以保证均匀。而且，光谱重复性因波段而异，这主要是由于不同的波段对粒径变化的响应不同。

上述研究考察了粒径因素对不同种类中药材近红外漫反射光谱的影响，并考察了不同粒径样本的装样误差。通过实验可得到以下结论：

近红外光谱不同波段(组合频区、一级倍频区、二级倍频区)受粒径的影响不同。对于所有考察药材，包括根茎类、果实类、皮类和花类药材，其组合频区和一级倍频区的近红外光谱强度与粒径成正比，而且随着波长增大，受粒径的影响越大；而在二级倍频区，近红外光谱强度受粒径影响并无特定规律。

不同类型的药材受粒径影响有所差异。对于根茎类、果实类和皮类药材，其二级倍频区受粒径的影响相对较小，而槐花和荆芥等中药材近红外光谱的二级倍频区受粒径影响较大。这主要是由于针对不同质地的药材，其粉末样本的混匀程度及受静电的影响不同。当药材质地较轻或含纤维量较高时，其大颗粒样本与小颗粒样本间的差异要大于质地较重或淀粉质颗粒样本。这些现象也表明，在实际应用中应充分考虑不同药材的具体特点选择合适的处理方法。

对不同样本装样误差的考察发现，当粉碎目数大于 60 目时，装样误差较小(RSD<3%)，且不同波段有较大差异；当粉碎目数大于 100 目时，所有波段的装样误差变小(均小于 1%)，且基本无差异。

2.3.2　粒径对中药近红外定量模型的影响

柴胡为伞形科植物柴胡 *Bupleurum chinense* DC. 或狭叶柴胡 *Bupleurum scorzonerifolium* Willd.的干燥根，按其性状不同，分别习称北柴胡、南柴胡。柴胡为传统常用中药，应用历史久远，具有疏散退热、舒肝、升阳等功效。其主要活性成分为柴胡皂苷，因此本节[7]以柴胡中柴胡皂苷 a(Saikosaponin a，SSa)的定量测量为研究对象，考察粒径对纤维性根茎类中药材的近红外定量测量结果。

1) 样本来源及制备

共收集三个产地、6 个批次柴胡样本(表 2-6)。从每个批次取约 10g 柴胡药材，粉碎过 40 目筛，然后将所得粉末按"四分法"分成 5 份，其中三份分别继续粉碎过 65 目、80 目、100 目筛，剩余 1 份用作含量测定。按此法每个批次制得如表 2-6 所示的样本数，每个目数均有 30 个样本。

表2-6 不同批次柴胡的样本信息

批次	产地	家种/野生	样本数
1	陕西	—	5
2	山西	—	4
3	山西	家种	5
4	山西	野生	5
5	山西	野生	6
6	河北	家种	5

2) 仪器与试剂

Antaris I 傅里叶变换近红外光谱仪(美国 Thermo Nicolet 公司)，配备 RESULT 3.0 光谱采集软件。Agilent 1100 高效液相色谱仪 (HPLC)，包括四元泵、真空脱气泵、自动进样器、柱温箱、DAD 二极管阵列检测器。柴胡皂苷 a 对照品购自上海融禾医药科技发展有限公司；色谱级乙腈(德国默克公司)；纯净水(杭州娃哈哈集团有限公司)。

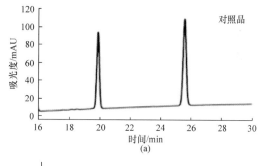
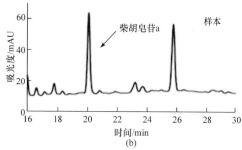

3) 近红外光谱的采集

从每个目数每个样本中取出 3 份样本(体积相同)用于近红外测量。近红外光谱采集条件均为：积分球漫反射方式，以仪器内置背景为参比，扫描范围为 4000～10000cm^{-1}，分辨率为 8cm^{-1}，扫描次数 64 次，每个样本重复扫描三次，计算平均光谱。

4) 柴胡中柴胡皂苷的含量测定结果

图 2-32 是典型的柴胡对照品及样本高效液相色谱图。从图中看出，柴胡样本中 SSa 出峰保留时间与对照品溶液相同并且

图 2-32 柴胡对照品与样本的高效液相色谱图
(a) 对照品；(b) 样本；

分离度大于 1.5，说明系统适应性条件良好，可用于柴胡样本中柴胡皂苷的定量测量。将对照品溶液(Ca=0.788mg/mL)分别进样不同体积(2μL，4μL，6μL，8μL，10μL)，以制作标准曲线。结果进样量与响应值表现出良好的线性关系(R^2=0.9999，进样量：0.8～6.4μg)。不同批次柴胡中柴胡皂苷的高效液相色谱测定结果见图 2-33。

5) 数据预处理方法的优化

为了避免样本划分主观，采用 Kennard-Stone(KS)算法进行样本集的划分。选取 20 个浓度水平(共 60 个样本)作为校正集，剩余样本作为验证集，具体见表 2-7。在建模前首先利用 TQ Analyst 软件中的 Dixon 检验剔除离群值。

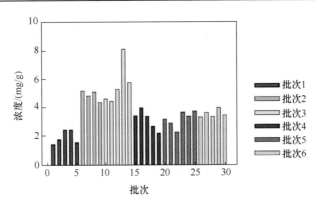

图 2-33　不同批次柴胡中柴胡皂苷的 HPLC 测量结果

表 2-7　校正集与验证集样本的柴胡皂苷 a 浓度范围

样本集	数量	浓度范围/(mg/g)	平均值/(mg/g)	标准偏差/(mg/g)
校正集	60	1.476~8.162	3.695	1.452
验证集	30	1.601~5.807	3.727	1.269

　　本节对多种数据预处理方法进行了考察。为了优化光谱，应用了两种主要的散射校正方法，包括多元散射校正(multiplicative signal correction，MSC)和标准正则变换(standard normal variate，SNV)。接着为了消除基线漂移并强化谱带特征，考察了导数光谱法，包括一阶导数和二阶导数。与此同时应用了平滑算法，包括 SG 平滑和 Norris 导数平滑法以降低有可能被导数法放大的噪声水平。光谱经不同方法预处理后建立偏最小二乘(partial least-square，PLS)模型，其预测残差平方和(PRESS)见图 2-34。以 PRESS 值最小为评价标准，筛选最优的预处理方法。由图可知，预处理方法对不同模型的影响不同，但均是多元散射校正结合导数法后所得模型最好。

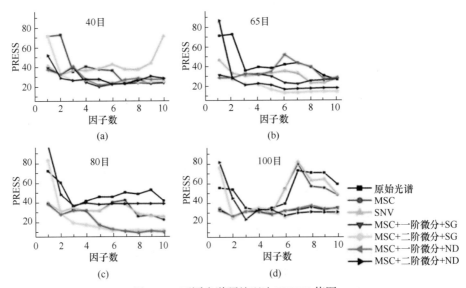

图 2-34　不同光谱预处理法 PRESS 值图

6) 不同粒径样本 PLS 模型对柴胡皂苷的测定结果

原始数据经最佳光谱预处理后，采用偏最小二乘法对每种粒径的样本建立校正模型。为比较不同模型的预测性能，对每个模型进行外部验证。为了保证模型的稳健性，尽可能避免模型过拟合，选取前三个主成分进行建模。建模结果如表 2-8 所示，相关图见图 2-35。

表 2-8　不同粒径样本 PLS 模型对柴胡皂苷 a 的预测性能

样本粒径	RMSECV	R_{CV}	RMSEP	R_P	RPD
40 目	0.684	0.7552	0.757	0.8806	1.68
65 目	0.574	0.8347	0.503	0.9221	2.52
80 目	0.567	0.8408	0.534	0.9070	2.38
100 目	0.664	0.7874	0.522	0.9162	2.43

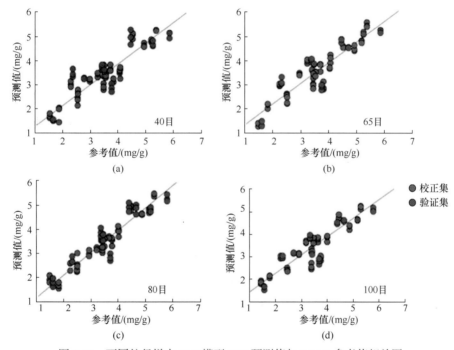

图 2-35　不同粒径样本 PLS 模型 NIR 预测值与 HPLC 参考值相关图

由结果可以看出 40 目模型的预测结果最差，其 RMSEP 最大，为 0.757，但模型的 RMSEP 并未随粒径减小而减小，而是在 65 目处开始略有下降，80 目与 100 目模型的预测结果相近。这表明样本的均匀度与近红外光谱的灵敏度对近红外方法都很重要，在进行样本粉碎时，应同时考虑到光谱的重复性与灵敏度。上述结果亦表明每种粒径单独所建模型的预测性能有待提高，因此为了提升对未知样本预测的准确度，本研究进一步尝试建立粒径校正模型。

7) 粒径校正模型对不同粒径样本的预测结果

应对粒径影响的另一方式是利用包含不同粒径信息的样本建立粒径校正模型，由于校正集中包含了尽可能多的粒径信息，因此模型在进行含量测定时能更好地应对样本粒径方面的变异因素。不同预处理下全局校正模型的预测性能见表 2-9，结果表明 MSC+一阶微分+SG 处理后所建的全局校正模型性能最好，对各个验证集的预测结果最为准确，其相关图见图 2-36。结果表明 65 目样本的预测结果最好，其次是 80 目和 100 目样本，40 目样本的预测结果最差。综合上述所有结果，可以初步确定在进行近红外光谱测量时，可将柴胡样本粉碎过 65 目筛。对比每个粒径的独立模型和粒径校正模型的预测结果发现，对于每一个样本集，均是粒径校正模型预测的结果更为准确，这也表明建立粒径校正模型是应对样本集变异因素的一种可选方式。

表 2-9　粒径校正 PLS 模型对柴胡皂苷 a 的预测性能

预处理方法	LVs*	40 目		65 目		80 目		100 目	
		RMSEP	R_P	RMSEP	R_P	RMSEP	R_P	RMSEP	R_P
原始光谱	5	0.814	0.7657	0.747	0.8031	0.707	0.8292	0.635	0.8862
MSC	2	0.716	0.8293	0.654	0.8551	0.621	0.8628	0.538	0.9123
一阶微分+SG	7	0.687	0.8420	0.621	0.8473	0.566	0.8909	0.566	0.8929
二阶微分+SG	4	0.671	0.8621	0.596	0.8815	0.612	0.8651	0.540	0.9065
MSC+一阶微分+SG	6	0.606	0.8828	0.481	0.9279	0.524	0.9137	0.522	0.9126
MSC+二阶微分+SG	3	0.690	0.8538	0.664	0.8552	0.618	0.8648	0.545	0.9146
MSC+一阶微分+ND	6	0.672	0.8508	0.580	0.8873	0.631	0.8655	0.765	0.8371
MSC+二阶微分+ND	6	0.621	0.8757	0.527	0.9099	0.583	0.8863	0.603	0.8879

*：LVs 代表潜变量因子数。

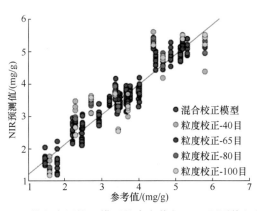

图 2-36　粒径全局校正模型的参考值与 NIR 预测值相关图

上述实验探究了近红外光谱测量中的粒径影响，结果表明粒径对近红外光谱的影响因波段而异，在一级倍频区和组合频区，光谱强度与粒径大小成正比，而二级倍频区受粒径影响较小。对比每个粒径的独立模型以及粒径校正模型的预测结果发现，均是对 65 目样本的预测结果最为准确，而且相比于每一个样本集的独立模型，全局校正模型预测的结果更为准确。上述研究为中药近红外漫反射光谱检测中粒径的优化提供了方法学参考。

2.4　温度和溶剂对中药近红外光谱测量的影响

从近红外吸收理论可知，氢键与温度紧密联系。先前研究报道了温度不仅影响样本的近红外吸光度，还会影响其波长位移，改变近红外的谱图形状等。因此，本节[8]以包括 C—H 键(石蜡/二甲基亚砜(DMSO))和 O—H 键(水)的溶剂体系为载体，建立温度变化值与近红外光谱响应值的定量测量模型，以期探究温度对近红外光谱影响的规律，并采用非氢键体系的四氯化碳(CCl_4)为载体，研究温度变化对非氢键体系近红外光谱响应的影响。此外，以清开灵注射液和银黄口服液为研究载体，考察温度变化对近红外定量模型预测能力的影响。

1) 仪器和试剂

全息光栅型近红外光谱仪，石蜡(北京化学试剂厂)，DMSO(Sigma 公司)，纯净水(杭州娃哈哈集团有限公司)，3 个批次的银黄口服液样本和清开灵注射液由指定药厂提供。

2) 光谱采集

光谱采集模式为透射模式，采用光谱分析软件进行光谱采集，以仪器内部的空气为背景，分辨率为 0.5nm，波段范围为 400~2500nm，累积扫描次数 32 次。

不同研究载体在温度点的设置方面有所不同，如下。

石蜡和 DMSO：将待测样本置于直径为 8mm 的专用 NIR 样本管中，然后连续改变样本池温度，由 25℃逐渐升温至 61℃，每升高 2℃采集光谱，共 19 个温度点。

水：将纯净水置于直径为 8mm 的专用样本管中，同样连续改变样本池温度，由 25℃逐渐升至 71℃，每升高 2℃采集光谱；第二次测定时，温度由 26℃起逐渐升至 70℃，每升高 2℃采集光谱，共 47 个温度点。

CCl_4：将 CCl_4 置于直径为 8mm 的专用样本管中，连续改变样本池温度，由 30℃逐渐升至 46℃，每升高 4℃采集光谱，共 5 个温度点。

清开灵注射液：每个样本分别于 30℃、40℃、60℃条件下进行光谱采集。

银黄口服液：每个样本分别于 30℃、40℃、50℃和 60℃条件下进行光谱采集。

3) 数据处理

运用 Unscrambler 7.8 软件(CAMO 软件公司，挪威)对光谱数据进行预处理和模型计算。

4) 不同温度的 NIR 原始光谱图

图 2-37 为不同温度条件下，氢键体系和非氢键体系溶剂的近红外原始光谱图。由图可知，水溶液体系对温度的响应较为明显，特别是在近红外一级倍频区。其他三种溶剂在整个光谱中未能明显反映光谱响应值与温度变化值的关系。

5) 温度变化值与 NIR 光谱响应的定量测量模型建立

图 2-38 为不同氢键体系和非氢键体系中温度变化值与 NIR 光谱响应的 PLS 模型。由图可以看出，在 C—H 体系和 O—H 体系，PLS 模型结果的相关系数均大于 0.99，说

明近红外光谱对温度有较好的预测能力。值得一提的是，以非氢键体系 CCl₄ 作为研究载体，近红外光谱虽然对 CCl₄ 没有近红外吸收，但同样表现出良好的温度预测能力，对于此现象还需做进一步探讨。

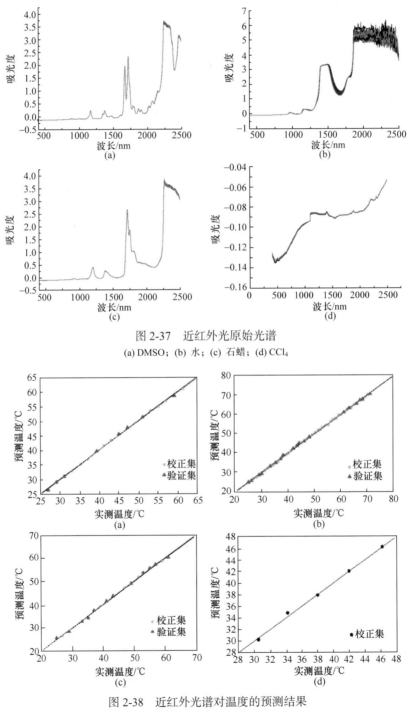

图 2-37　近红外光原始光谱

(a) DMSO；(b) 水；(c) 石蜡；(d) CCl₄

图 2-38　近红外光谱对温度的预测结果

(a) DMSO；(b) 石蜡；(c) 水；(d) CCl₄

6) 温度变化对近红外定量模型预测能力的影响

采用不同温度条件的清开灵注射液原始光谱建立 PLS 模型，结果见图 2-39。由图(a)可以看出，当验证集样本温度与校正集温度在 40℃条件时，模型校正集的相关系数和验证集的相关系数分别为 0.990 和 0.995，表明同一温度的近红外模型预测值和 HPLC 参考值具有良好的相关性；此外，分别采用 30℃和 60℃条件的清开灵注射液作为 PLS 模型新的验证集，PLS 模型对清开灵注射液中黄芩苷含量的预测有较大偏差，温度改变 10℃，模型预测性能就大大降低，说明清开灵注射液的近红外光谱对温度变化较敏感，也说明温度变化对近红外光谱定量有严重影响，在建立校正模型时，应充分考虑温度等外界因素的影响。

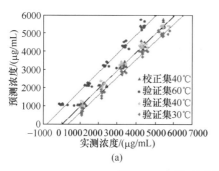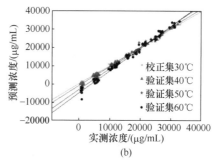

(a)　　　　　　　　　　　　(b)

图 2-39　近红外光谱对温度的预测结果

(a) 清开灵注射液；(b) 银黄口服液

此外，采用银黄口服液作为研究载体，采用 30℃条件的银黄口服液作为校正集样本，分别采用 40℃、50℃和 60℃条件的银黄口服液作为校正集样本。由图(b)中 1～5mg/mL 范围的校正集的预测结果可以看出，温度变化幅度越大，模型预测偏差越大；高含量黄芩苷的银黄口服液中，模型预测值随温度变化相对较小，说明温度变化对近红外预测模型中不同浓度水平样本干扰不一样。同时，银黄口服液中黄芩苷的预测结果受温度的影响略小于清开灵注射液，说明不同载体的近红外预测模型受温度变化干扰不一样。这也提示实际应用中应考虑不同载体类型和浓度范围对温度变化的敏感性，进而采取相应的控温措施提高模型预测的准确性。

以上研究考察了不同氢键体系和非氢键体系中温度变化对近红外光谱的影响，建立了温度变化值与 NIR 光谱响应的定量测量模型，所得 PLS 模型的线性相关性达到 0.99 以上，说明近红外光谱对温度变化具有良好的预测能力。值得一提的是，对在近红外光谱区没有吸收的 CCl_4，近红外光谱同样对温度表现出良好的预测能力，对于此现象还需做进一步深入探讨。

此外，着重考察了温度变化对中药制造工程近红外测量结果的影响程度。以清开灵注射液和银黄口服液为研究载体，结果说明温度变化对 PLS 模型预测结果有较大影响，指出不同浓度水平和不同载体的近红外预测模型受温度变化干扰不一样。以上结果提示 NIR 实际应用中应考虑不同载体类型和浓度范围对温度变化的敏感性，进而采取相应的控温措施提高模型预测的准确性。

2.5 中药制造工程近红外光谱测量仪器检测性能

近红外光谱技术是一门以应用为导向的测量技术。相对于其他测量技术，近红外技术类型较多。由于该技术具有灵敏性低、光谱重叠严重、检测限相对较高等特点，如何根据特定载体选择适宜类型的近红外技术是当前中药过程分析必须解决的关键问题之一。本节[9]以清开灵注射液为载体，选择全息光栅型、傅里叶变换型、AOTF 型和 MEMS 型等不同类型近红外光谱技术对其进行研究，阐明了中药体系中不同类型近红外光谱技术的多变量检测限，为不同需求的近红外测量提供参考。

1) 仪器和试剂

全息光栅型近红外光谱仪，傅里叶变换型近红外光谱仪，便携式 AOTF 型近红外光谱仪，便携式 MEMS 型近红外光谱仪。1100 型高效液相色谱仪包括四元泵、真空脱气机、自动进样器、柱温箱、二极管阵列检测器(DAD)及 HP 数据处理工作站(美国 Agilent 公司)。色谱级甲醇(美国 Tedia 公司)，磷酸(天津大学试剂厂，分析级)，纯净水(杭州娃哈哈集团有限公司)。黄芩苷对照品和绿原酸对照品由中国食品药品检定研究院提供(批号：110777-201005；110753-200413)，6 个批次的清开灵注射液样本由指定药厂提供。

2) 光谱条件

全息光栅(GT)：采用近红外透射模式光谱分析软件采集光谱，以仪器内部的空气为背景，分辨率为 0.5nm，扫描范围为 400～2500nm，扫描次数 32 次，每个样本平行测定 3 次，取平均光谱。

傅里叶变换(FT)：采用近红外积分球模式光谱分析软件采集光谱，以仪器内部的空气为背景，分辨率为 8cm^{-1}，扫描范围为 4000～10000cm^{-1}，扫描次数 32 次，每个样本平行测定 3 次，取平均光谱。

AOTF：采用光纤模式光谱分析软件采集近红外光谱，分辨率为 2nm，扫描范围为 1100～2300nm，扫描次数 500 次，每个样本平行测定 3 次，取平均光谱。

MEMS：采用光纤透射模式光谱分析软件采集近红外光谱，分辨率为 1 nm，扫描范围为 1350～1800nm，扫描次数 16 次，每个样本平行测定 3 次，取平均光谱。

3) 色谱条件

SunFireC18 色谱柱(4.6mm×150mm，5μm，Waters)；流动相：甲醇-水-磷(47:53:0.2)；检测波长：276nm，流速：1mL/min，柱温：30℃，进样量：10μL。

4) 样本制备

取 6 批清开灵注射液中间体银黄口服液(其黄芩苷含量按照 2010 年版《中华人民共和国药典》清开灵注射液项下高效液相色谱法进行定量测量)，每批样本均用纯净水稀释成系列浓度。分别取其中的 3 批样本作为训练集，剩下 3 批样本作为预测集。

5) 数据处理

运用 Unscrambler 7.0 软件对光谱数据进行预处理和模型计算。间隔偏最小二乘算法工具包采用由 Nørgaard 等提供的网络共享(http://www.models.kvl.dk/source/iToolbox/),其余各计算程序均自行编写,采用 MATLAB 软件工具(Mathwork Inc.)计算。

6) 光谱预处理方法筛选

图 2-40 为所采集的近红外原始光谱。由图 2-40 可知,不同类型的近红外光谱技术谱图差异较大,各种类型的近红外光谱图在同一波长处的吸收值不一致。其中,全息光栅型、AOTF 型和 MEMS 型近红外光谱图在低频处的吸收值强度大于高频区,而傅里叶变换型近红外光谱则与之相反。随着清开灵注射液中黄芩苷浓度的改变,MEMS 型近红外光谱图中光谱吸收值较另外三种近红外光谱图的光谱吸收值变化明显。此外,四种近红外光谱图受光谱重叠、基线漂移和随机噪声等因素影响,同样需对不同类型的近红外光谱进行光谱预处理筛选。

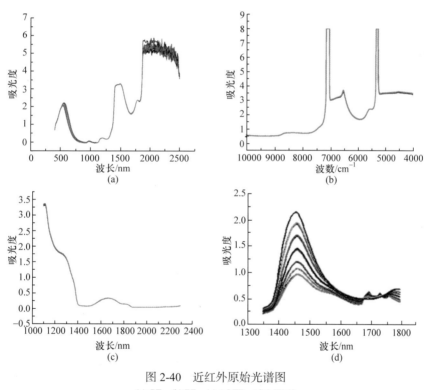

图 2-40 近红外原始光谱图
(a) GT;(b) FT;(c) AOTF;(d) MEMS

对不同类型的近红外光谱图预处理后所建 PLS 模型的 R^2 和 RMSE 值见表 2-10、表 2-11、表 2-12、表 2-13。对于全息光栅型光谱采用标准正则变换预处理方法,模型的 R^2 和 RMSE 值最小,而采用二阶微分预处理后则导致模型出现过拟合。傅里叶变换型光谱采用标准正则变换组合 5 点平滑光谱预处理方法,模型的 R^2 和 RMSE 值最小。AOTF 型光谱采用原始谱图,模型的 R^2 和 RMSE 值最小。MEMS 型光谱采用基线校正预处理方法,模型的 R^2 和 RMSE 值最小。

表 2-10　GT 不同光谱预处理方法 PLS 模型预测结果

预处理	因子数	校正集		验证集	
		R^2	RMSE	R^2	RMSE
原始光谱	1	0.9653	268.2	0.9657	271.6
一阶微分	4	0.9676	259.2	0.9601	289.1
二阶微分	20	0.9776	215.2	0.9170	410.3
二阶微分+SG	18	0.9735	234.1	0.9370	362.2
SG	2	0.9654	268.2	0.9650	272.2
SNV	1	0.9656	267.1	0.9653	268.3
一阶微分+SG	3	0.9599	288.7	0.9548	310.1

表 2-11　FT 不同光谱预处理方法 PLS 模型预测结果

预处理	因子数	校正集		验证集	
		R^2	RMSE	R^2	RMSE
原始光谱	12	0.9852	177.5	0.9689	261.8
一级光谱	12	0.9810	201.2	0.9301	388.1
二级光谱	3	0.8105	636.2	0.8013	655.3
一阶微分+SG	11	0.9805	204.1	0.9083	445.2
SG	4	0.9278	392.2	0.9150	442.2
SNV	11	0.9874	163.1	0.9713	253.3
SNV+SG	9	0.9856	175.7	0.9769	233.1

表 2-12　AOTF 不同光谱预处理方法 PLS 模型预测结果

预处理	因子数	校正集		验证集	
		R^2	RMSE	R^2	RMSE
原始光谱	5	0.9928	108.7	0.9904	126.7
一级光谱	4	0.9898	125.2	0.9821	176.1
二级光谱	4	0.9770	194.2	0.9544	278.3
SNV+SG	3	0.9883	138.8	0.9842	165.4
基线校正	4	0.9924	111.2	0.9880	140.2
SNV	4	0.9924	112.1	0.9883	138.8

表 2-13　MEMS 不同光谱预处理方法 PLS 模型预测结果

预处理	因子数	校正集		验证集	
		R^2	RMSE	R^2	RMSE
原始光谱	1	0.9982	77.5	0.9977	92.6
一级光谱	1	0.9971	101.5	0.9967	107.7
二级光谱	1	0.9962	104.7	0.9963	116.7
SG	1	0.9982	77.5	0.9980	84.8
基线校正	1	0.9984	74.6	0.9982	81.4
SNV	1	0.9972	99.1	0.9964	119.9

7) 偏最小二乘回归模型的建立

采用 PLS 模型，将光谱数据与样本的 HPLC 测量结果相关联建立校正模型，模型预测值与 HPLC 测定值的相关性见图 2-41。全息光栅型光谱，模型的 R^2_{pre} 和 SEP 分别为 0.9762 和 230.4μg/mL；傅里叶变换型光谱，模型的 R^2_{pre} 和 SEP 分别为 0.9561 和 246.4μg/mL；AOTF 型光谱，模型的 R^2_{pre} 和 SEP 分别为 0.9862 和 164.4μg/mL；MEMS 型光谱，模型的 R^2_{pre} 和 SEP 分别为 0.9985 和 71.5μg/mL。以上结果表明四种技术类型所建 PLS 模型都具有良好的预测性能。与其他类型的近红外光谱技术相比，MEMS 近红外光谱技术能够获得更好的模型性能。

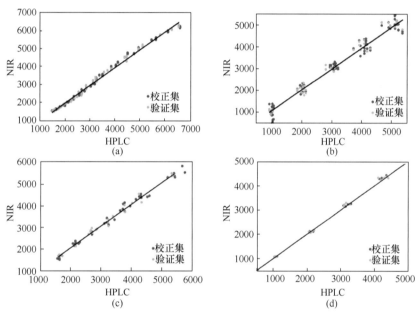

图 2-41 近红外模型预测值与 HPLC 测定值相关性图
(a) GT；(b) FT；(c) AOTF；(d) MEMS

8) 变量筛选

运用间隔偏最小二乘法(interval partial least squares，iPLS)筛选近红外光谱特征变量。比较不同区间划分对模型的影响，如表 2-14 和表 2-15 所示。

全息光栅型光谱，全谱模型潜变量因子为 8，比较了最优组合区间的 RMSECV 值，确定最佳区间数是 22。模型的 R^2_{pre} 和 SEP 分别为 0.9771 和 218.4μg/mL，结果表明 iPLS 模型相比全谱模型性能略有提高。

傅里叶变换型光谱，全谱模型中潜变量因子为 5，iPLS 模型确定最佳区间数是 20。模型的 R^2_{pre} 和 SEP 分别为 0.9754 和 219.4μg/mL，表明 iPLS 模型相比全谱模型性能也有明显提高。

全息光栅型光谱和傅里叶变换型光谱的 iPLS 模型性能未见有明显差异。两种类型光谱技术中 iPLS 变量筛选所得到的黄芩苷波段范围存在不一致性。结果说明不同技术的近红外模型转移具有相当大的挑战。

AOTF 型光谱和 MEMS 型光谱，运用 iPLS，结果未能筛选特征波段。

表 2-14　GT 不同优化间隔 iPLS 模型的预测性能

间隔数	区间编号	因子数	RMSECV
20	3	9	100.1
22	3	10	96.2
24	4	10	114.1
26	4	7	103.3
28	4	8	102.3
30	4	10	120.5
32	5	9	116.7
34	5	7	123.2
36	5	10	128.9
38	8	6	120.5
40	6	7	118.1

表 2-15　FT 不同优化间隔 iPLS 模型的预测性能

间隔数	区间编号	因子数	RMSECV
20	7	5	120.1
22	13	5	180.2
24	8	5	164.1
26	9	5	128.3
28	21	5	170.3
30	10	5	160.5
32	11	5	176.7
34	11	4	183.2
36	12	5	168.9
38	13	5	220.5
40	13	4	228.1

9) 不同类型近红外光谱技术的多变量检测限研究

采用多变量检测限计算清开灵注射液体系黄芩苷在不同类型近红外的多变量检测限 (式中 σ_c^2 参考值的采样误差忽略)，求得每一类型近红外技术的多变量检测限估计值，见表 2-16。结果表明四种类型近红外技术的多变量检测限都较低，能够满足清开灵注射液快速定量测量的要求。AOTF 和 MEMS 两种新类型 NIR 技术用于清开灵注射液定量测量，其多变量检测限估计值达到 ppm[①] 级，说明技术装备的改进在一定程度上克服了 NIR 技术检测限高的问题，极大地提高了 NIR 技术用于中药过程分析的可行性。此外，新类型近红外 NIR 技术的多变量检测限较低，且再降低的空间非常小，解释了采用 iPLS 法未能筛选得到两种新类型近红外光谱技术中黄芩苷特征波段的原因。最后，所得到的研究结论能够对其他中药载体的研究提供一定的参考。

---

① ppm 相当于 1×10^{-6}。

表 2-16　基于不同$\Delta_{p,q}$的黄芩苷的近红外多变量检测限 （单位：pm）

仪器	模型	$\Delta_{0.1,0.1}$	$\Delta_{0.1,0.05}$	$\Delta_{0.1,0.01}$	$\Delta_{0.05,0.1}$	$\Delta_{0.05,0.05}$	$\Delta_{0.05,0.01}$	$\Delta_{0.01,0.1}$	$\Delta_{0.01,0.05}$	$\Delta_{0.01,0.01}$
GT	PLS	190	210	260	220	240	290	270	290	350
	iPLS	100	110	140	110	130	150	140	150	180
FT	PLS	140	160	200	160	190	220	210	220	260
	iPLS	90	110	130	110	120	140	130	140	170
AOTF	PLS	45	51	63	52	58	70	64	71	83
MEMS	PLS	2.3	2.6	3.2	2.6	2.9	3.5	3.2	3.6	4.2

上述研究以清开灵注射液为载体，采用 iPLS 变量筛选方法，系统考察了全息光栅型、傅里叶变换型、AOTF 型和 MEMS 型等不同类型的近红外光谱技术的多变量检测限，研究表明不同类型近红外光谱技术的多变量检测限估计值达到几十或者上百 ppm。其中，新类型的近红外光谱技术，在中药制造工程测量领域多变量检测限估计值达到了 ppm 级。综上，所得到的研究结论能够对其他中药载体的研究提供一定的参考。

参 考 文 献

[1] Otsuka M. Comparative particle size determination of phenacetin bulk powder by using Kubelka-Munk theory and principal component regression analysis based on near-infrared spectroscopy[J]. Powder Technology, 2004, 141(3): 244-250.

[2] 褚小立. 近红外光谱分析技术实用手册[M]. 北京: 机械工业出版社, 2016.

[3] 李卫军, 覃鸿, 于丽娜, 等. 近红外光谱定性分析原理、技术及应用[M]. 北京: 科学出版社,2020.

[4] 杜敏. 中药近红外光谱检测影响因素的研究[D]. 北京中医药大学,2013.

[5] 杜敏, 吴志生, 林兆洲, 等. 光程对清开灵注射液中黄芩苷近红外定量模型的影响[J]. 药物分析杂志, 2012, 32(10): 1796-1800.

[6] 吴志生, 杜敏, 潘晓宁, 等. 粒径对多类中药材 NIR 频谱区的检测研究[J]. 中国中药杂志, 2015, 40(2): 287-291.

[7] Wu Z S, Du M, Shi X, et al. Robust PLS prediction model for saikosaponin a in *Bupleurum chinense* DC. coupled with granularity-hybrid calibration set [J]. Journal of Analytical Methods in Chemistry, 2015: 2015.

[8] 彭严芳, 史新元, 裴艳玲, 等. 温度对氢键溶剂和中药水溶液的 NIR 模型影响研究[C]. 中国仪器仪表学会, 2013.

[9] Peng Y F, Shi X Y, Zhou L W, et al. Multivariate detection limit of baicalin in Qingkailing injection based on four NIR technology type[J]. Spectroscopy and Spectral Analysis, 2013, 33(9): 2363-2368.

第三章　中药制造工程近红外测量装备集成

随着中药生产过程自动化程度的提高，生产过程的连续化和数字化将是中药现代化的一个主攻方向。中药生产过程中，对包括工艺参数、理化指标等在内的中间体及成品的稳定性、均一性进行实时监测控制，保证生产过程中工艺的可控性、产品的稳定性，由此建立生产线过程中间体及成品的质量评价方法是提高中药制造可控性的关键，也是中药生产亟待解决的问题。这需要对从原料接收到产品出库的每个物料各道工序进行质量监控。在线近红外光谱测量技术以其快速、无损、可靠和简便之特点在多个制剂生产环节质量分析中的应用研究日趋广泛，中药制造工程近红外测量装备集成技术是近红外光谱测量技术与中药过程实时监测相融合的结果，并以技术完备、性能可靠的在线装备平台为依托。

3.1　中药制造工程近红外取样和样本预处理系统

3.1.1　概述

在线近红外光谱测量方法是将近红外光谱测量技术与工业化现场实时监测系统相结合的结果。该方法需在线采集有代表性的光谱及其对应基础数据，建立数学分析模型。对在线分析而言，由于液体物料的组成及性质在短期内变动范围有限，要收集一定数量且目标属性变化范围较宽的样本需要经历一个较长的过程。此外，在线采集 NIR 光谱的过程中还需考虑样本受温度变化、流动状态、光谱漂移、检测器热稳定噪声、线路热噪声等导致光谱数据显著差异的多重因素影响。

同时，中药制剂过程测量的对象，从物态划分主要包括液体样本、固体样本和气体样本三大类。其中液体样本主要来自提取、浓缩、醇沉、配液等生产过程；固体样本包括原料药材、辅料、中间体、固体成品制剂等；关于气体样本生产过程的报道较少。依据快速、无损、处理简便之原则，近红外光谱在线采集系统的设计主要考虑如下问题。

(1) 取样方式：中药生产过程光谱采集方式以原位测量和旁路采样方式为主。对于原位测量而言，在线检测装置直接暴露于样本采集环境中，且待测液体样本应较为澄清且无不溶性杂质，采样点所处环境条件稳定，随机波动较小，同时采样设备本身耐高温高压并适于采样后及时清洗。中药提取过程复杂，因此实施原位测量手段难度较大，推荐采用旁路采样方式进行检测系统主体设计。

(2) 固体颗粒或药渣：原料药材投料伴有细小泥沙，随中药提取过程的进行，原料药材质地发生变化，产生大量药渣、悬浮物等固体杂质。这些杂质进入光路将引起杂散光，导致不同程度光谱质量下降而影响测量准确性；若沉积或附着于探头及流通池外壁，则影响测量数据精度。

(3) 气泡：中药煎煮过程中会产生大量气泡，若光谱采集过程中光纤探头或流通池中残存气泡发生光的散射和反射，则会出现失效信号。

(4) 温度：在煎煮加热过程中，药液温度的变化会影响光谱吸收强度，改变吸收峰位置；温度、压力变化将改变药液密度，从而使得测量光程发生变化，导致吸光度偏高。

对以上干扰检测的因素，根据中药研究载体的不同，设计有针对性的样本预处理系统，能够实现提取过程在线检测，能够降低采样条件对测量结果的影响，提高在线分析准确度。

3.1.2 中药制造工程近红外取样方式

中药制造过程根据在线光谱测量点的不同可分为四种取样方式，见图 3-1。原位 (in-line)测量：样本不离开生产线，可采用嵌入式或非嵌入式测定；在线(on-line)测量：样本取自生产过程中，也可再返回生产线中的测定；近线(at-line)测量：样本经取样、分离，尽可能接近生产线进行测定；无接触(non-invasive)测量：样本不离开生产线，采用远程采集装置测定。为保证所用采集的工艺和产品特征相关数据的代表性，工艺设备、分析器及其接口的设计和组装至关重要，此外还应着重考虑设备耐受性设计及可靠性和操作简便性。

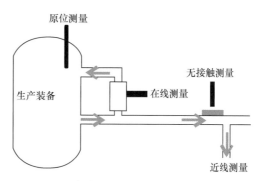

图 3-1 中药制造工程在线光谱测量方式

其中，无接触测量可以迅速无损测量样本，在中药生产中主要应用于药物的混合制剂等环节。在线采样和原位采样检测技术大多用于中药的提取、浓缩、醇沉等环节。对于原位测量而言，在线检测装置直接暴露于样本采集环境中，且待测液体样本应较为澄清且无不溶性杂质，采样点所处环境条件稳定，随机波动较小，同时采样设备本身耐高温高压并适于采样后及时清洗。

中药提取过程中伴随气泡、机械杂质等，原位实时采集近红外光谱难度较大，不易实现。为降低来自光谱采集环境的干扰，确保测量结果，常用旁路采样系统进行近红外光谱的在线采集，在采集样本光谱前，药液通过连接在生产线上的快速回路，从提取过程中分流，随后传递至样本预处理系统，保障输送至测量仪器的样本满足其检测要求。

本节[1]以清开灵注射液中间体金银花提取环节为研究对象，以绿原酸为质控指标，重点考察经由预处理系统的样本能否代表提取罐内药液实时、客观变化动态，建立并验证金银花提取液指标成分绿原酸近红外定量模型，阐释旁路在线检测方式的可靠性，为中药制剂提取过程在线快速检测提供依据。

1) 仪器与试剂

XDS Rapid Liquid Analyzer 近红外光谱仪(瑞士万通中国有限公司)，夹套式 100L 多功能提取罐(天津市隆业中药设备有限公司)，LC-20AT 岛津高效液相色谱仪，二极管阵列检测器。金银花药材(由亚宝北中大(北京)制药有限公司提供)，对照品绿原酸(中国食品药品检定研究所，批号 110753-200413)；乙腈(色谱纯，美国 Fisher 公司)；甲醇(色谱纯，美国 Fisher 公司)；水为自制纯净水；磷酸(分析纯，北京化工厂)。

2) 样本制备

提取系统为夹套式 100L 多功能提取罐，金银花药材投料量为 8kg，一煎加水 12 倍，加热回流提取 30min，并于提取前浸泡 30min。二煎加水 10 倍，加热回流提取 30min。相同工艺平行实验两次(A、B)。分别自投料口和强制外循环旁路收集金银花提取液，具体取样方式如下：两次煎煮过程中，浸泡及加热过程每 3min 取样一次；沸腾后煎煮过程每 5min 取样一次。每次旁路取样前，通过强制外循环系统更新旁路内药液，保证所抽取样本与罐内药液状态基本保持一致，原位旁路同时取样，且原位取样位置保持不变。所收集全部样本均先后进行近红外光谱采集和基于 HPLC 的含量测定。

3) 校正集和验证集的划分

选取 70%样本作为校正集，用于建立校正模型；剩余样本作为验证集，对模型进行外部验证。

4) 配对 t 检验

两次实验样本中绿原酸浓度分布见表 3-1。为避免旁路预处理系统对过程和样本测量结果的影响，降低过程分析手段实现的风险，需考察原位取样样本和经预处理样本的一致性程度，即经预处理系统的药液能否代表原药液进行后续测量。两次实验的一煎、二煎提取过程中，旁路与原位取样所得金银花提取液中绿原酸浓度变化趋势一致，且两种采样方式下绿原酸浓度相差不大，基本重合，见图 3-2。通过配对 t 检验方法，判断来自同一取样时间下的经不同取样位置所取得金银花提取液是否存在显著性差异。对在统一取样时间下通过旁路取样与原位取样所得金银花提取液中绿原酸浓度进行配对 t 检验，所得 P 均大于 0.05，即同一取样时间下原位与旁路所得金银花提取液中绿原酸浓度均无显著性差异。

表 3-1　不同取样位置所得样本绿原酸浓度分布

实验	取样位置	样本量	最大值/(mg/mL)	最小值/(mg/mL)	平均值/(mg/mL)
A	旁路	45	1.9541	0.1785	1.0468
	原位	45	1.8923	0.2402	1.0663
B	旁路	43	1.6561	0.2031	0.9781
	原位	43	1.7724	0.1110	1.0313

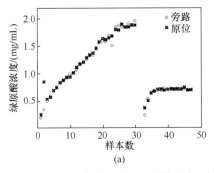 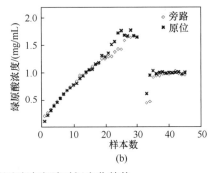

(a)　　　　　　　　　　　　(b)

图 3-2　不同取样方式下绿原酸浓度随时间变化趋势

5) Pearson 相关系数法

本书进一步采用 Pearson 相关系数法,逐一计算不同取样位置样本中绿原酸浓度的相关性,得相应 Pearson 相关系数 r,r 值越趋近于 1,则经旁路预处理系统处理的药液与原药液相关性程度越大。实验 A 和实验 B 旁路取样与原位取样相关性分别为 0.9850、0.9670,即使样本经不同孔径大小滤器过滤,其与原液样本的相关系数依然高于 0.95,这表明不同取样位置所得样本具有很强相关性,进入旁路系统的药液可以替代原液样本进行数据分析。该结果确证,旁路系统可用作过程分析手段,进行中药提取过程在线实时检测。

以上研究表明中药提取过程在线检测受固体杂质、气泡等因素干扰,为在线近红外光谱检测技术的应用带来一定程度的限制和挑战。合理设计样本采集方案,考察样本经旁路预处理后的样本代表性,能够在保证所得数据客观反映物料真实动态的同时,通过生产实践统筹在线检测旁路系统各功能模块最优配置,降低测量手段引入的如采样环境、条件等干扰因素对预测模型结果的影响,提升所建模型的预测准确性。

3.1.3 中药制造工程近红外预处理系统

在线近红外光谱实时采集应切合当时生产状态,如不对原始药液进行相应预处理,会影响光谱采集的准确性。因此,在对样本采集光谱之前,需要在旁路安装预处理系统。预处理系统能够对旁路中的药液进行相应的处理,还可以通过添加相应附件的形式对旁路管道内液体的温度、压力、流动状态进行相应调整,以达到采集光谱的最佳条件。

生产流程一般 24 小时连续进行,那么在线近红外光谱仪需持续运作,这就要求在近红外光谱仪选型时,在考虑性价比的同时,关注其抗环境干扰维持自身稳定的性能。待光谱仪确定后,通常情况下很少变更。因此,在线采样系统结构优化主要围绕外循环系统、光纤配件及检测系统展开。

外循环旁路系统的优化:它的主要功能是维持样本的温度、流速、药渣含量等光谱采集环境条件的稳定,这可以通过控温、限流、过滤装置等控制元件实现。

采用快速回路,尽量缩短药液流路长度,降低旁路内物料与提取罐内物料差异,从而缩短旁路与原位采样方式差异所造成的反馈延迟。

温度监测借助接触式温度传感器实现,为获得准确的测量结果,保证样本光谱采集时温度恒定非常重要,为此可依据所测对象和周围环境在流通池前端加装恒温装置,多采用水浴恒温方式,温度波动阈值根据需要调整。若较难实现恒温处理,则可以建立温度校正曲线,修正测量结果。

样本的流动状况与流速等因素将引起吸光度发生变化,其影响程度随选用的波长范围和具体被测物的特性而不同,对于泵抽旁路采样,物料流速由泵来发生和控制,在不引起湍流的情况下,保持采样过程中物料始终处于紊流状态,以实现传质传热。可以通过短时间使旁路内物料静止来降低流速的影响,此外还考察了物料持续流动与物料静止所建模型的差异,从而确定样本采集过程中的最优物料状态。

过滤装置孔径应视研究载体等实际情况而选定，采集在线数据前应充分考察提取溶剂、生产工艺等条件下，药渣或固体杂质颗粒大小对近红外光谱所建数学模型的影响，装配旁路过滤装置根据工程技术手段选取滤器材质型号，如单级过滤、多级过滤等，使其充分发挥预处理装置作用，从生产工艺中获得有代表性的样本，降低测量偏差，保证来自采样系统的任何变化在整个测量范围内具有工艺上的一致性和可重复性。过滤装置亦能起到缓冲罐脱出气泡，稳定流速的作用。需要注意的是过滤装置存在一定的死体积，在设计过程中尽量减小滤器体积，进一步保证在线采集样本与反应罐内实际情况一致。

为避免光纤探头或流通池被样本污染、磨损，除定期检查和清洗，更换滤芯外，合适的清洗方式也是十分必要的。常见的在线清洗方式有压缩空气、氮气吹扫，流体反冲等。若物料较为稳定且不易氧化，则可使用压缩空气吹扫，这种方法简单易行，且经济、环保。若物料理化性质不稳定，则可利用高压氮气进行吹扫，但高压氮气吹扫易造成温度下降，遇水汽造成蒸汽雾化，甚至发生探头结霜现象，导致光谱能量下降，这需辅助适当的温度调节加以缓解。流体反冲清洗适用于光谱采集结束后，通过高压流体反向冲洗流路，以达到清除污垢的作用。应根据所搭建采样系统及研究载体选择合适的清洗方式。

对于中药提取过程实现原位测量难度较大，旁路检测系统较为常见，虽然这种检测方式在一定程度上存在监测延迟，但仍能确保检测结果真实可信。在保证在线采集数据切实可靠的基础上，有必要进一步探求原位采样系统的适用性及可靠性。旁路系统的设计改造不是一蹴而就，一成不变的；根据研究载体的性质以及研究目标的不同，旁路系统的组成，特别是预处理系统的功能单元应及时调整并不断完善，以满足过程测量需求。为了解、评价和提高检测系统可靠性，确定过程在预期工作条件下，应结合所采集光谱数据验证在线检测系统能否达到预期目的，对检测系统进行优化。

搭建的旁路检测系统为建立在线光谱预测模型提供硬件支持，模型预测结果反映了检测系统的性能，因生产环境、物料品质的变化等因素，模型应不断进行验证和校正，也需要参考方法配合样本测量，这是一项长期工作。

1. 样本状态对测量集成平台的影响

药物制剂质量控制不仅对最终的产品进行质量控制，更要对整个工艺流程中每个单元的产品实现动态质量控制。在线过程质量分析是中药制造工程的重要部分，在线近红外光谱采集环境条件、样本状态较离线研究复杂。在线研究中，外循环旁路采样系统内样本中的固体杂质和气泡会受药液流动情况的影响而发生光散射，使吸光度发生变化；压力变化使药液密度发生变化，其效果相当于光程改变，同样会导致吸光度变化。实验室离线研究则不存在这些干扰，检测环境及样本状态较为稳定。为此，本节[2]考察样本所处不同运动状态(主要指静态和动态)对预测模型的影响，以获取准确可靠的在线分析策略。

1) 仪器与试剂

XDS Process Analyzer 近红外光谱仪(瑞士万通中国有限公司),夹套式 100L 多功能提取罐(天津市隆业中药设备有限公司),LC-20AT 岛津高效液相色谱仪,二极管阵列检测器。金银花药材(由亚宝北中大(北京)制药有限公司提供),对照品绿原酸(中国食品药品检定研究所,批号 110753-200413);乙腈(色谱纯,美国 Fisher 公司);甲醇(色谱纯,美国 Fisher 公司);水为自制纯净水;磷酸(分析纯,北京化工厂)。

2) 样本制备

提取系统为夹套式 100L 多功能提取罐,金银花药材投料量为 8kg,一煎加水 12 倍,加热回流提取 30min,并于提取前浸泡 30min。二煎加水 10 倍,加热回流提取 30min。采用强制外循环旁路采样,通过光纤探头在线采集近红外光谱。两次提取过程均需采集近红外光谱数据,其中,浸泡及加热过程每 3min 采样一次;沸腾后煎煮过程每 5min 采样一次。

采样方案一:每次采集光谱前 30s,通过强制外循环系统更新旁路内药液,保证所抽取样本与罐内药液状态保持一致。光谱采集结束后,立即弃去,取样口内可能残存的药液约 5mL,而后,收集样本约 10mL,用以进行 HPLC 法含量测定。

采样方案二:强制外循环系统不间断更新旁路内药液,采集光谱时亦不停止。待光谱采集结束,立即关闭泵,弃去取样口内可能残存的药液约 5mL,而后,收集样本约 10mL,用以进行 HPLC 法含量测定。

3) NIR 光谱采集条件

透射方式采集光谱,以仪器内置背景作为参比。光谱采集范围为 800~2200nm,分辨率为 0.5nm,扫描次数 32 次,室温 25℃,相对湿度为 35%。所得近红外原始光谱见图 3-3。

4) 校正集和验证集的划分

选取 70%样本作为校正集(也称训练集),用于建立校正模型;剩余样本作为验证集,对模型进行外部验证。运用 Vision 5.0 光谱分析软件,以偏最小二乘法(PLS)建立绿原酸含量的校正模型,并用验证集样本进行外部验证。

5) 提取过程绿原酸含量变化

绿原酸含量随提取时间变化趋势见图 3-4,样本浓度分布见表 3-2。

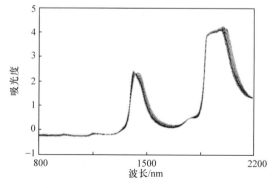

图 3-3 金银花提取过程近红外原始光谱

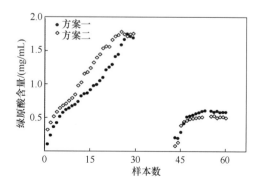

图 3-4 绿原酸含量随提取时间变化趋势

表 3-2　HPLC 测得 2 批金银花提取液浓度分布

批次		一煎过程			二煎过程	
		浸泡过程	加热过程	提取过程	加热过程	提取过程
方案一	样本数	10	14	6	7	6
	最大值	0.7604	1.421	1.656	0.9834	1.020
	最小值	0.2031	0.8367	1.418	0.4411	0.9471
	均值	0.4950	1.146	1.596	0.8957	0.9766
方案二	样本数	10	13	6	10	6
	最大值	0.8434	1.712	1.780	0.5127	0.5302
	最小值	0.3174	0.9766	1.714	0.0809	0.4992
	均值	0.6262	1.3656	1.744	0.3991	0.5141

6）光谱预处理方法筛选

在建立模型前，对样本的原始吸收光谱进行预处理，以消除噪声、基线漂移，降低重叠峰的影响等，提高模型的预测精度，使所得模型更加稳健。本书比较了原始光谱、一阶导数、二阶导数、SG(9：2)平滑法等光谱预处理方法对模型性能的影响。原始光谱在组合频区(2000~2200nm)波动较大，此外，1940nm 附近存在水溶液 O—H 较强吸收，这将严重干扰其他官能团在该区域的信号，因此，为剔除这些波段的影响，提高校正模型的准确性，本书选用 800~1900nm 作为金银花提取液的建模波段。

采用四折内部交叉验证(cross-validation)法，通过考察潜变量因子数对预测残差平方和 PRESS 选择合适的预处理方法，预测残差平方和图见图 3-5。由图可知，对于金银花提取液样本，采用原始光谱建模 PRESS 值最小，所得结果较其他方法理想，因此，本书采用原始光谱建立数学模型。

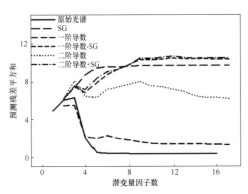

图 3-5　不同预处理方法下预测残差平方和

7）模型的建立及预测

本研究分别对两个方案金银花提取过程的实验样本进行数据分析，建立绿原酸含量 PLS 模型。采用偏最小二乘回归模型，内部四折交叉验证，将光谱预测结果与样本 HPLC 测量结果进行关联建立模型，采用外部样本集对模型预测性能进行验证。模型评价参数为交叉验证均方根误差(root mean square error of cross validation，RMSECV)、预测均方根误差(root mean square error of prediction，RMSEP)、校正均方根误差(standard error of calibration，RMSEC)、校正集相关系数 R_{cal} 及验证集相关系数 R_{val}，结果见表 3-3。校正集和验证集样本的 NIR 光谱预测值与实测值的相关图，见图 3-6。

表 3-3　两个方案金银花提取液定量检测模型的评价参数

	因子数	RMSEC	RMSECV	RMSEP	R_{cal}	R_{val}
方案一	8	0.0272	0.0484	0.0443	0.9983	0.9930
方案二	7	0.0458	0.0623	0.0432	0.9973	0.9960

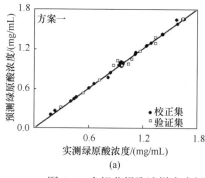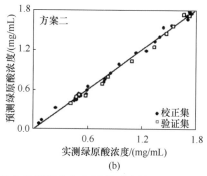

图 3-6　金银花提取液样本中绿原酸含量预测值与实测值对应结果

由表 3-3 可知，两种采样方式下所建模型 RMSECV(分别为 0.0484 和 0.0623)小于低浓度的 10%，RMSEP 分别为 0.0443、0.0432，均较小且无明显差异。此外，校正集和验证集样本的相关系数均可达 0.9900 以上，可见预测值与实测值之间有很好的相关性。以上结果表明，虽采样方式有所不同，却并未影响预测模型性能，所建模型具有良好的预测能力，即旁路内药液始终处于运动状态，对实时近红外光谱采集影响不大，可作为本研究体系下在线采集近红外光谱的方法。

考虑到在线采集光谱方式，为了降低采样时间延迟，确保实时监控提取罐内药液变化动态，药液在管路中一直处于不断运动状态，然而其通过流通池时的流动稳定性以及气泡问题可能导致部分数据失真。因此，为了减小其对测量结果的影响，保证所获得 NIR 数据准确可靠，实验前有必要考察旁路内的药液运动状态能否对测量结果造成影响。本研究以中试规模金银花药材提取过程作为研究对象，通过研究药液流动状态等因素对光谱扫描的影响，直接在生产装置上进行在线扫描光谱的方式，建立绿原酸含量在线检测模型，模型的趋势预测效果良好，能够满足中药提取过程在线检测要求，可以进一步发展成为中药提取过程快速质量监控手段。

2. 药渣粒径对测量集成平台的影响

中药提取过程常含有药渣颗粒或杂质粉末，这些杂质粒径大小不一，若进入光路将导致不同程度光谱质量下降。此外，中药成分复杂，有效组分间化学信息相互干扰，降低了在线 NIR 测量的准确度。为解决上述因素造成的在线测量光谱信号稳定性差等普遍存在的应用技术难题，确保在线过程分析中样本代表性和预测模型准确性，本节[3]采用离线方式模拟制备含不同粒径药渣颗粒的样本，考察所采集样本的代表性，在此基础上探讨药渣粒径对近红外光谱建模结果的影响，以期为验证中药提取过程在线检测旁路预处理系统的可靠性及其优化设计提供指导。

1) 仪器与试剂

XDS Rapid Liquid Analyzer 近红外光谱仪(瑞士万通中国有限公司)，RW 20 数显机械搅拌器(德国 IKA 公司)，高效液相色谱仪(美国 Waters 公司配置 Waters 2695 泵，Waters 2998 检测器，Empower 色谱工作站)，标准分样筛(100 目，200 目，300 目，500 目)，栀子药材(由亚宝北中大(北京)制药有限公司提供)，经北京中医药大学李卫东研究员鉴定为茜草科植物栀子 *Gardenia jasminoides Ellis* 的干燥成熟果实；对照品栀子苷(中国食品药品检定研究所，批号 110749-200714)，乙腈(色谱纯，美国 Fisher 公司)；水为自制高纯水(美国 Millipore 公司)。

2) 栀子提取液制备

取经破壳处理后的栀子药材 350g 放于 5000mL 烧杯中，加高纯水 12 倍，加热至提取液沸腾，保持微沸状态 60min，全过程持续搅拌(转速 450r/min)。为防止提取溶剂挥发，烧杯口用塑料薄膜封严。自提取液沸腾开始，每隔 5min 吸取药液 25mL 放于 50mL 磨口锥形瓶中，密封，待用。所取样本依次标号，整个提取过程共获得样本 12 个。每次取样位置不变，取样结束后，立即向烧杯中补充相同体积高纯水。相同工艺及取样过程平行操作 3 个批次(A，B，C)，共获得样本 36 个。

3) 待测样本制备

将锥形瓶内栀子提取液混匀，移取适量于近红外样本管中，作为原液样本。剩余药液全部缓慢倾注于 100 目分样筛，收集所有滤液，将其混匀，移取适量于近红外样本管中，得到经 100 目筛滤过后样本(简称 100 目样本)；剩余滤液过 200 目筛，收集滤液，混匀，移取适量，得 200 目样本；同法，得 300 目样本和 500 目样本。

4) 近红外光谱数据采集

采集近红外光谱前，反复震摇样本杯内药液至药渣均匀分散。用透射方式采集光谱，以

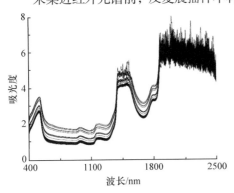

图 3-7　近红外原始光谱

仪器内置背景作为参比。光谱采集范围为 400～2500nm，分辨率为 0.5nm，扫描次数 32 次。所得近红外原始光谱见图 3-7。运用 Vision 5.0(Foss NIR Systems，Silver Spring，MD，USA)光谱分析软件，以偏最小二乘法(PLS)建立栀子苷含量的校正模型，并用验证集样本进行外部验证。

5) 样本集划分

用 Kennard-Stone 算法划分校正集和验证集。选取 24 个样本作为校正集，用于建立校正模型，剩余样本作为验证集，对模型进行外部验证。不同样本类别中校正集和验证集样本中栀子苷浓度分布情况，见表 3-4。

表 3-4　校正集和验证集样本中栀子苷浓度分布情况

样本名称	样本集	样本数	浓度范围/(mg/mL)	均值±标准差/(mg/mL)
原液样本	校正集	24	2.22～3.17	2.85±0.24
	验证集	12	2.35～3.12	2.86±0.23
100 目样本	校正集	24	1.98～3.24	2.76±0.30
	验证集	12	2.45～3.09	2.83±0.23
200 目样本	校正集	24	1.99～3.16	2.83±0.26
	验证集	12	2.28～3.24	2.85±0.26

续表

样本名称	样本集	样本数	浓度范围/(mg/mL)	均值±标准差/(mg/mL)
300 目样本	校正集	24	2.01～3.11	2.81±0.27
	验证集	12	2.36～3.14	2.86±0.23
500 目样本	校正集	24	2.21～3.32	2.88±0.27
	验证集	12	2.24～3.09	2.85±0.26

6) 预处理系统可行性考察

为避免旁路预处理系统对过程测量结果的影响，降低过程分析手段实现的风险，需考察原样本和经预处理样本的一致性程度，即经预处理的样本能否代表原样本进行后续分析。图 3-8 为高效液相色谱法测得的栀子苷浓度随提取过程的变化。由图 3-8 可知，不同目数样本所反映的变化趋势基本一致。为判断同一样本经过滤后与原液样本是否存在显著性差异，选取显著样本，将不同目数样本分别与原液样本进行配对 t 检验，所得 P 均大于 0.05，表明同一样本筛分前后药液中所含栀子苷浓度均无显著性差异，即过滤后样本可以代表原液样本进行数据分析。该结果进一步说明，将旁路系统用作过程分析手段，进行中药提取过程在线实时检测切实可行。

7) 光谱预处理方法筛选

由图 3-7 可知，原始光谱在组合频区(2000～2200nm)的波动较大，此外，1940nm 附近存在水溶液 O—H 的较强吸收，将严重干扰其他官能团在该区域的信号，因此，本书选用 800～1800nm 作为栀子苷含量的建模波段。

本书比较了原始光谱、一阶导数、二阶导数、SG(9∶2)平滑法、多元散射校正(MSC)、标准正则变换(SNV)等光谱预处理方法对模型性能的影响。利用四折内部交叉验证法，以潜变量因子数对预测残差平方和 PRESS 作图，见图 3-9，选择最优预处理方法。由图 3-9 可知，对于栀子提取液样本，采用原始光谱、MSC、SNV 建模结果较好，其中原始光谱建模 PRESS 值最小，因此，本书采用原始光谱建立数学模型。

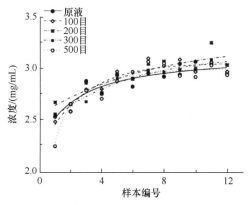

图 3-8　原液与不同目数样本中栀子苷浓度
变化趋势

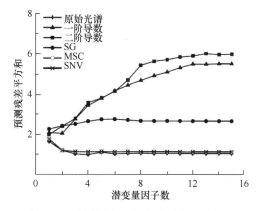

图 3-9　不同预处理方法预测残差平方和

8) 不同目数样本所建模型预测性能分析

对 3 个批次栀子提取液的实验样本进行数据分析，采用偏最小二乘回归模型，内部留一交叉验证，将光谱数据与高效液相色谱法测量结果进行关联建立模型，利用外部样本集验证模型预测性能。

模型的内部稳健性和拟合效果主要以校正集相关系数 R_{cal}、校正均方根误差(RMSEC)和校正集的交叉验证均方根误差(RMSECV)为评价指标。R_{cal} 越接近于 1，RMSEC、RMSECV 越小，则所建模型的拟合效果及模型稳定性越好。所建模型对相应验证集样本的预测结果以验证集相关系数 R_{val} 和预测均方根误差(RMSEP)为评价指标，R_{val} 越接近于 1，RMSEP 越小，RMSECV/RMSEP 越接近于 1，则模型的预测性能越好。为方便比较不同样本间的预测结果，选用系统偏差 Bias 作为判断模型间差异的一个参数。Bias 为外部验证残差的均值，Bias 值越趋近于零，所建模型的预测性能越好，预测精度越高。

原液和经过滤样本建模的模型预测结果见表 3-5。为方便比较不同样本所建模型的性能，中药制造测量模型性能比较方法如图 3-10 所示。

表 3-5　原液与经不同孔径筛分样本建模结果

样本名	潜变量因子数	R_{cal}	RMSEC	RMSECV	R_{val}	RMSEP	Bias
原液样本	4	0.9276	0.0885	0.2469	0.6349	0.1921	−0.0713
100 目样本	4	0.8936	0.1325	0.1720	0.6380	0.2279	−0.1097
200 目样本	4	0.9453	0.0836	0.2035	0.6919	0.2066	0.0386
300 目样本	3	0.8886	0.1212	0.1962	0.8636	0.1867	0.0256
500 目样本	5	0.9805	0.0522	0.2273	0.8172	0.2146	0.0578

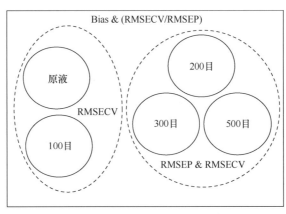

图 3-10　中药制造测量模型性能比较方法

Bias，RMSECV，RMSEP，RMSECV/RMSEP 是比较模型预测性能的依据：以 Bias 和 RMSECV/RMSEP 将所有样本所建模型分为两类，用虚线圆表示；以 RMSECV 区分原液和 100 目样本所建模型；以 RMSEP 和 RMSECV 区分 200 目、300 目和 500 目样本；"&"代表"且"

结合表 3-5 中模型预测参数可知，原液样本和 100 目样本所建模型的预测性能较差，其 Bias 分别为 − 0.0713 和 − 0.1097，RMSECV/RMSEP 分别为 1.29 和 0.75，明显低于其他目数样本所建模型。同时，原液样本建模 RMSECV 为 0.2469，高于经过滤样本的相应参数，该结果表明，未经过滤的原药液样本中含不溶性固体药渣或杂质，其进入光路引起光传递路径和能量等的改变，使得模型的预测结果存在随机性和不确定性，因此需对样本进行过滤以改善模型预测能力。

100 目样本所建模型 RMSECV 为 0.1720，校正模型稳定性较原液样本建模明显提高，但与其他目数模型相比预测性能并不理想(RMSEP 为 0.2279)。这可能是由于药材颗粒大小、性状及表面粗糙程度等不同引起的非线性光散射。原液及 100 目样本内固体颗粒种类较为多样，光能量被吸收或发生散射(Rayleigh 散射和 Lorenz-Mie 散射)造成光谱质量下降。

对其他目数样本的建模结果进行比较，发现 300 目样本所建模型的 RMSECV 为 0.1962，RMSEP 为 0.1867，Bias 为 0.0256，明显优于其他目数样本所建模型。其中，200 目样本和 500 目样本所建模型(Bias 分别为 0.0386 和 0.0578，RMSECV/RMSEP 分别为 0.98 和 1.06)好于原液样本和 100 目样本所建预测模型结果，却比 300 目样本所建模型结果稍差。造成 500 目样本所建模型结果较差的可能原因是，溶剂作用的影响使光谱在小颗粒杂质中传播也较为复杂等因素导致建模准确性下降。

上述结果说明，过滤装置的选择极为必要，选择适宜研究载体的滤器孔径大小，能够提高近红外光谱在线检测的准确性。300 目滤网过滤后样本所建模型预测性能优良，可选为栀子提取过程在线近红外光谱检测旁路预处理系统过滤装置滤网孔径。

对于过程分析而言，采样系统设计是否合理，直接关系到分析系统的可靠性。中药提取过程的在线近红外光谱检测设备旁路预处理系统过滤装置孔径应视实际体系而选定，应借助离线方法考察不同中药材、提取溶剂、生产工艺等条件下药渣或固体杂质颗粒大小对近红外光谱所建数学模型的影响。同时，考虑到在线预处理系统装置的工作效率和工程实施难度，建议在符合分析目的情况下尽量选取滤网孔径较大的滤器，若为保障分析精度选择小孔径滤器，可使用多级过滤方式。

3.2　中药制造工程在线近红外测量装备

3.2.1　概述

与实验室型的近红外光谱分析仪相比，工业在线监测近红外光谱分析系统需要应对来自采样系统、环境等多方面的要求。工业现场所用在线近红外光谱分析系统主要由硬件、软件和分析模型三大部分组成。

1. 硬件组成

在线近红外光谱分析系统的硬件主要包括光谱仪、采样系统、样本预处理系统、测样装置等。此外，也可根据实际需要，设置防爆系统、独立分析室、样本抓取系统等。

1) 光谱仪

光谱仪是在线分析系统的重要组成部分。选择在线光谱仪时，应根据实际需要(如检测载体、分析场所等)，综合评价仪器的各种性能(如波长范围、分辨率、采集时间、信噪比等)。大多数在线 NIR 分析仪主要采用光纤远距离传输光信号。光纤价廉，使用寿命长，安装和维护方便，其化学和热稳定性对电磁干扰不敏感，可用在对操作环境条件要求苛刻的工业生产现场，进行原位、实时跟踪检测，还可用于遥测分析；更重要的是，通过光纤多路转换器，很容易实现多通路同时检测，提高仪器利用率。

2) 采样系统

采样系统的任务是从过程中获取足够有代表性的样本信号且最短时间传送至分析仪器。在实际过程分析中，采样系统(包括测样装置)是造成故障问题和错误结果的主要原因。因此，采样系统设计是否合理直接影响测量结果的精确性，决定整个分析系统设计的优劣。

对于液体分析体系，采样系统主要有三种方式，即泵抽采样、压差引样和定位测量(原位测量)。泵抽采样通过在旁路上附加动力供给系统(通常为泵)实现，一般采样点与测样装置之间无压力差。压差引样是借助压力差将主管路或装置中的样本经旁路引至测样装置。以上两类采样系统与测样装置之间常加有样本预处理系统，以降低采样条件对测量结果的影响，提高在线分析准确度。定位测量是将测样装置直接安装到装置流程或主管路，该方式反馈速度快，实现了真正意义上的实时分析，但受外界干扰严重，对采样环境要求苛刻。

3) 测样装置

根据所测样本的实际情况选择合理的检测方式和检测装置。对于透明和半透明液体，一般采取透射或透反射方式采集光谱，检测装置主要有流通池和插入式光纤探头两种形式。一般而言，只要测量速度满足生产装置要求，优选光纤流通池作为液体的测样装置。

4) 样本预处理系统

样本预处理系统常用于液体样本过程分析，且起到举足轻重的作用。主要功能是控制采样环境(如温度、压力、气泡、固体杂质等)的干扰，保证测量结果准确可靠。对不同的研究载体，可以灵活调整预处理系统组成单元模块，以实现除杂、滤过、维持恒温恒压等检测需求。

5) 其他部分

除了以上提到的各组成部分外，在线近红外光谱分析系统必要时还涉及防爆系统、独立分析室、样本抓取系统等，可提供良好的操作运行环境，增强系统的可靠性，确保分析控制安全有序进行。

2. 分析软件

在线近红外光谱分析系统的软件在功能上应包含：仪器初始化、光谱采集、数据和信息显示、光谱数据及分析模型管理、故障诊断、预警与安全监控、数据传输通信。

3. 分析模型

与实验室研究不同，建立稳健、预测性能良好的在线近红外光谱数学模型较为复杂。一般来讲，在过程分析系统建立运行之初，便开始在线收集代表性样本用以建立初始模型,随着对过程检测的不断进行及检测外环境等(如系统改造升级等)变更,不断维护和更新模型的覆盖范围。在线检测环境波动较大,影响模型预测能力,可以通过人为添加扰动来提升模型抗干扰能力等。此外,还可在生产线与实验室间,或生产线不同设备间通过校正测量结果等方法进行模型传递。

3.2.2　中药制造近红外数据通信系统与生产装备

1. 中药制造近红外数据通信系统

在线近红外测量技术主要是由数据通信系统和生产装备组成的。其中,数据通信系统包括数据采集、数据分析等,主要表现在以下几个方面[4,5]。

1) 光纤技术

凭借近红外光谱在光纤中的良好传输性,近红外光谱分析得以应用到中药生产过程在线分析。采用光纤方式远距离传输近红外光谱,安装成本降低,安装地点随机,可以使在线 NIR 分析仪器应用到危险环境或者复杂的工业生产中,并且与计算机技术联用可使得生产过程的实时监控方便。光在光纤中传输会产生损耗,因此在使用光纤时,光纤的长度应根据所用材料确定。根据测量的对象差异,有不同形式的光纤测样附件。对于固体测量来说,有反射光纤探头(图 3-11(a));对于液体来说,有透射光纤探头(图 3-11(b));对于悬浊液来说,有透反射光纤探头等。

2) 多通道测量技术

在线近红外测量的另一优势在于可以对多种样本同时进行测量,凭借多通道测样附件,在不同品种中药生产过程中仅仅依靠一台在线近红外测量仪器就可实现多个生产过程的实时分析;在同一生产过程中,依靠一台在线近红外仪可以实现多个监测点的在线测量。

3) 实时通信技术

计算机技术和数据通信技术飞速发展,在线近红外测量已不单纯依靠近红外测量仪器的

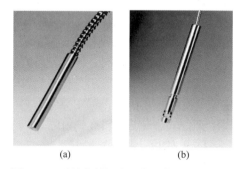

(a)　　　　　　　　　(b)

图 3-11　反射光纤探头(a)与透射光纤探头(b)

独立操作来完成对生产的监控,已经发展成为多学科、多技术、多手段的先进分析系统。在中药生产过程中,在线近红外测量技术通过与控制系统建立数据通信,可以使分析仪器与操作人员远离生产现场,实时向控制系统反馈近红外测量仪器信息及生产设备的内部信息,如分析仪器状态参数、模型报警、预处理参数,生产过程的压力、搅拌桨转速、冷凝水温度等;同时,控制系统下达的命令也传递给设备,如分析仪器开关、预热、采集光谱、结束光谱采集等,做到了生产过程区域少人化甚至无人化,减少了影响生产的不稳定客观因素。

由于在线近红外测量仪器繁多,各种控制硬件(如仪表、传感器、温控设备)各式各样,两者之间的通信连接亦不同。目前在线近红外测量仪器与控制系统之间的通信大多数采用 Modbus-RTU 通信协议方式,Modbus 是一种串行通信协议,由 Modicon 公司开发研究,

是工业电子设备之间常用的连接方式。Modbus 允许多个设备连接在同一网络上进行通信，但其网络主要在本地通信，难以实现远程控制。此外，相比较于中药过程分析与控制研究领域，数据通信人才缺乏，难以自行完成在线分析仪器与控制系统的数据通信连接，加大了其操作难度。为解决上述问题，可采用一种简单、统一的接口方式，满足在线近红外测量系统与控制系统的通信功能，完善数据传输读写通道，适应中药生产过程特色要求。

OPC(ole for process control)技术，即过程控制的对象连接和嵌入技术，为不同的厂商设备提供统一标准的接口，使其数据间的转化更加简单化。用户不需要具有专业的计算机知识，不必依靠特定的语言开发环境，就可实现分析系统与控制系统的完美对接。操作人员采用 OPC 的 Client/Server 模式，其客户端由使用设备的用户自己遵循 OPC 规范开发，从而实现数据的灵活配置和多种系统的集成。在控制系统的计算机和分析系统的计算机分别安装 Client 与 Server 软件，两者通过 OPC 通信协议可以做到相互访问，数据相互传输。

2. 中药制造近红外光谱生产装备

在线近红外光谱分析技术是将实验室离线近红外光谱采集分析技术与工业化现场实时监测系统相结合的结果。该分析方法需在线采集有代表性的光谱及其对应基础数据，建立数学分析模型。对在线分析而言，由于液体物料的组成及性质在短期间内变动范围有限，要收集一定数量且目标属性变化范围较宽的样本需要经历一个较长的过程。此外，在线采集 NIR 光谱的过程中，样本受温度变化、流动状态、光谱漂移、检测器热稳定噪声、线路热噪声等影响，导致光谱数据差异显著。

在线近红外光谱检测分析平台涉及设备、仪表、电气、工艺、自控系统、数据处理软件等技术，在搭建过程中需综合各方面因素进行设计、选配、试运行、管理等事宜，以确保测量结果的真实准确可靠。

1) 整体设计与仪器选配

具备成熟的实验室研究体系和丰富的实践经验，是开展在线近红外检测分析的前提。在线分析系统的整体设计应首先明确设备、过程进程概况及研究载体的性质，在此基础上考虑必要的安全装备，选择合适的采样方式，是否需要样本准备处理系统、及该处理系统构成单元。待分析大环境确定，再选择光谱分析仪类型、配件及检测系统搭建方式，调试软件，调整并优化设计方案。

2) 验证与维护

初始分析系统安装完毕，依据设计说明及其他技术指标，对在线检测分析系统的软硬件进行验收，逐项验证各项指标是否满足要求。试运行，收集组成分布足够宽的样本建立初始分析模型并验证之，计算标准偏差，一般不低于基本测试方法重现性的 70%，而后通过统计学检验考察模型适用性程度，并定期检验已更新和维护模型，确保模型预测性能良好。

3) 管理模式与人员素质

在线近红外检测分析系统是一套复杂系统，因此在管理模式和人员配备及专业技能方面的要求层次较高，只有通过仪器仪表相关专业知识背景及分析技术人员的紧密配合，同时应注重节省和优化人力资源，才能满足对分析仪器维护、校对，分析模型构建、更新的需求。

3.2.3　中药制造近红外测量装备平台

在中药生产过程中，对包括工艺参数、理化指标在内的中间体及成品的稳定性、均一性进行规范实时客观的控制，保证生产过程中工艺的可控性和产品的稳定性，建立生产线上可靠快速的质量评价方法是提高中药质量标准科学性的关键。

提取环节是大多数中药制药生产的起始点，提取液的质量直接影响后续诸多制剂工艺。目前，对提取环节的质量控制缺乏有效的实时监测手段。实际生产中提取工艺确定后，基本不考虑原料药材质量差异和工况波动导致的提取终点变化，因而易造成不同批次提取液质量存在差异，降低能源利用率、企业效益等。因此研发对中药提取过程的实时快速在线检测方法，有助于解决提取过程中关键工艺环节的质量控制问题，从制剂生产源头确保中药产品质量均一稳定。近年来，中药提取过程在线近红外测量研究成为国内学者的研究热点[6-10]，并为中药制造工程数字化在线控制提供指导。

针对中药提取过程在线分析的迫切需求，本课题组自行组织开发了基于中药制造工程体系的全息光栅型提取过程在线近红外光谱测量平台，主要包括药液提取系统、外循环旁路系统、光谱仪系统、光纤及其附件、检测流通池系统和数据分析软件系统，见图 3-12，预处理系统及其作用如表 3-6 所示。

图 3-12　提取过程在线近红外光谱测量平台

表 3-6 预处理系统及其作用

调节装置	作用
气动喷射泵	噪声低，抽送中高度流体，不向外泄漏介质
在线过滤器	防止药渣、泥土等堵塞旁路管道，影响光谱采集
电子温度显示器	实时显示流通池内样本的温度，具有时效性
流动池及其光纤	可实现远距离的现场测量，多通道同时测量
法兰式单向阀	维持药液流动稳定，使流速处于稳定均一状态

该在线近红外光谱测量平台检测速度快，立足实际生产环境，可同时测量多通道样本，符合医药卫生环境安全标准，系统装备设计合理、紧凑和可传递性强，且长期稳定。在线近红外检测分析系统的基本构造如下。

药液提取系统：中试规模多功能提取罐，罐体受热方式为夹套式蒸汽加热，内附平桨式搅拌器。根据提取系统特征，首先考虑搭建易于实现的旁路外循环系统。为保证提取设备正常生产过程中热量供给不受旁路进料管影响，故旁路进料管位置略高于夹套，此方式既能确保采样具有均一代表性，又不影响罐体正常受热。

外循环旁路系统：它由旁路动力供给系统、被测物料管线快速回路、法兰式单向阀、固形物过滤装置、滤器反冲等单元组成。

旁路动力供给系统：在中药体系及医药卫生工作环境条件下，选用噪声低、振动小、做工精细、能抽送中高黏度流体、性能好、动力强劲、不向外泄漏介质的气动隔膜泵作为旁路动力供给系统。

被测物料管线快速回路：具有被测物料管线死体积较小，传质传热传动效率较高，在动力系统的推进下物料于回路内滞留时间更短，几乎不存在理化性质改变，且可滤除影响光谱测量的因素等特色及优势。

法兰式单向阀：为避免光谱扫描过程药液流动状态混乱情况，安装于扫描系统前端，用以稳定流速，使物料流处于连贯均一状态。

固形物过滤装置：主要是防止药材、药渣及细粉等堵塞环路系统，其将 100 目筛网罩于罐内进料管入口外，并于外旁路分别安装不同目数过滤器，以期在采集光谱前滤过部分影响光谱扫描的固形物。

滤器反冲：考虑可能会造成药渣拥堵滤器等环路系统不畅的问题，设置反冲环路，即通过反向药液流动冲击滤器网孔上阻塞、滞留的固形物，消除旁路阻塞隐患。

光谱仪系统：美国福斯近红外系统公司(Foss NIR Systems Inc.)推出的在线近红外光谱仪，可直接安装在生产流程中进行实时检测，辅助生产控制。本研究平台所使用的全息光栅型在线近红外光谱仪，稳定性更高，适合现场进行长期不间断无故障运行；扫描速度快；显著提高光谱信噪比；有利于信息提取，成本也相对低。

光纤及其附件：该在线装置使用光纤和流通池式测量，可实现远距离的现场测量；每个测量点需要 2 根光纤(导入和导出)，光纤的长度根据现场情况而定；通过光纤多路转换器和软件控制配合，实现一台仪器同时测量多通道样本的功能；采用了光纤技术，有利于各部分依据工作条件不同而重组。

检测流通池系统：由于环境温度及流体流动状态等因素的影响，将药液流动方向、状态、性质与样本池安装方式相关联，设置适合中药提取液的光谱扫描系统条件。根据载体性质的不同，选择合适的光程，并对其进行优化。

数据分析软件系统：具备数据分析工具，光谱仪系统与软件系统通过通信接口连接，能够实现对光谱仪状态控制、在线测量控制与装置控制系统间的数据传递，以及模型建立、模型维护、模型传递和存储在线测量的数据，建立反映装置运行情况(被检测的数据结果、装置条件变化等有价值的数据)的数据库。

3.2.4　中药制造近红外测量装备平台适用性

1. 中药提取过程在线近红外定量模型的建立

根据初步研究中药载体的物化性质及提取环节工作特点，对所搭建的在线近红外光谱检测分析平台适用性进行验证，以能否建立可靠的在线 NIR 定量模型对未知样本进行预测，以能否实现不同药材批次和不同实验间的准确预测作为研究重点。本节利用金银花提取过程在线 NIR 数据验证在线检测系统的工作性能，为在线 NIR 检测在中药生产过程分析中的应用与推广提供依据。

1) 仪器与试剂

XDS PROCESS ANALYZER 近红外光谱仪(瑞士万通中国有限公司)，夹套式 100L 多功能提取罐(天津市隆业中药设备有限公司)，LC-20AT 岛津高效液相色谱仪，二极管阵列检测器。金银花药材(由亚宝北中大(北京)制药有限公司提供)，对照品绿原酸(中国食品药品检定研究所，批号 110753-200413)；乙腈(色谱纯，美国 Fisher 公司)；甲醇(色谱纯，美国 Fisher 公司)；水为自制纯净水；磷酸(分析纯，北京化工厂)

2) 样本制备

提取系统为夹套式 100 L 多功能提取罐，金银花药材投料量为 7 kg(由亚宝北中大(北京)制药有限公司提供)，一煎加水 12 倍，加热回流提取 30min，并于提取前浸泡 30min。二煎加水 10 倍，加热回流提取 30min。相同工艺平行提取 3 个批次 A，B，C。采用强制外循环旁路方式，通过光纤探头在线采集近红外光谱。两次提取过程均需采集近红外光谱数据，其中，浸泡及加热过程每 3min 采样一次；沸腾后煎煮过程每 5min 采样一次。每次采集光谱前 30s，通过强制外循环系统更新旁路内药液，保证所抽取样本与罐内药液状态保持一致。光谱采集结束后，立即弃去取样口内可能残存的药液，约 5mL，而后，收集样本约 10mL，用以进行 HPLC 法含量测定。

3) 校正集和验证集的划分

选取 70%样本作为校正集(也称训练集)，用于建立校正模型。剩余样本作为验证集，对模型进行外部验证。

4) 近红外光谱数据采集

透射方式采集光谱，以仪器内置背景作为参比。光谱采集范围为 800～2200nm，分辨率为 0.5nm，扫描次数 32 次，室温 25℃，相对湿度 35%。运用 Vision 5.0 光谱分析软件，以偏最小二乘法(PLS)建立绿原酸含量的校正模型，并用验证集样本进行外部验证。

5) 绿原酸浓度变化

绿原酸浓度随提取过程进行的变化趋势见图 3-13，样本浓度分布见表 3-7。

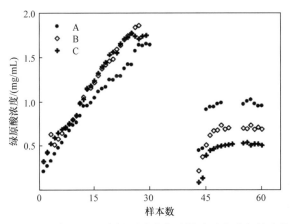

图 3-13　金银花提取过程中绿原酸浓度随提取过程进行的变化趋势

表 3-7　HPLC 测得金银花提取液绿原酸浓度分布

批次		一煎过程			二煎过程	
		浸泡过程	加热过程	提取过程	加热过程	提取过程
A	样本数	10	14	6	7	6
	最大值	0.7604	1.421	1.656	0.9834	1.020
	最小值	0.2031	0.8367	1.418	0.4411	0.9471
	均值	0.4950	1.146	1.596	0.8957	0.9766
B	样本数	10	13	6	11	6
	最大值	0.6913	1.407	1.745	0.6050	0.6016
	最小值	0.0994	0.7349	1.440	0.1898	0.5787
	均值	0.4807	1.033	1.638	0.4541	0.5879
C	样本数	10	13	6	10	6
	最大值	0.8434	1.712	1.780	0.5127	0.5302
	最小值	0.3174	0.9766	1.714	0.0809	0.4992
	均值	0.6262	1.3656	1.744	0.3991	0.5141

6) 光谱预处理方法筛选

比较了原始光谱、一阶导数、二阶导数、SG(9：2)平滑法等光谱预处理方法对模型性能的影响。为提高校正模型的准确性，选用 800～1900nm 作为金银花提取液的建模波段。为考察在线采样方式所获样本的适用性，采用原始光谱建立数学模型。

7) 模型的建立及预测

对 3 个批次金银花提取过程的实验样本进行数据分析，建立绿原酸含量 PLS 模型。采用偏最小二乘回归模型，内部四折交叉验证，将光谱预测结果与样本 HPLC 测量结果进行关联建立模型，采用外部样本集对模型预测性能进行验证。模型评价参数为 RMSEC、RMSECV、RMSEP，校正集相关系数 R_{cal} 及验证集相关系数 R_{val}，结果见表 3-8。其中 RMSEC、RMSEP 值较小，均低于 0.06，且 RMSECV 结果较为理想。校正集和验证集样本的 NIR 光谱预测值与实测值的相关性见图 3-14，3 批金银花提取液校正集和验证集样本的相关系数均可达 0.9900 以上，可见预测值与实测值之间有很好的相关性。以上结果表明该模型具有良好的预测性能。

表 3-8 3 批金银花提取液定量检测模型的模型评价参数

批次	RMSEC	RMSECV	RMSEP	R_{cal}	R_{val}	因子数
A	0.0272	0.0484	0.0443	0.9983	0.9930	8
B	0.0593	0.0833	0.0538	0.9933	0.9912	6
C	0.0458	0.0623	0.0432	0.9973	0.9960	7

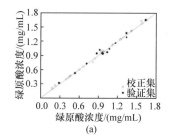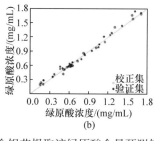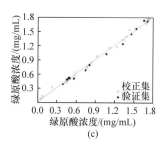

图 3-14 3 批金银花提取液绿原酸含量预测值与实测值结果

考虑到在线方式采集光谱，光谱采集环境较为复杂，可靠的旁路循环系统可保证所获得的 NIR 数据准确可靠。3 批次金银花提取实验中，绿原酸浓度存在差异，但是其并未影响所建 PLS 预测模型结果。以中试规模金银花药材提取过程作为研究对象，采用直接在生产装置上进行在线扫描光谱的方式，建立绿原酸含量在线检测模型，模型的趋势预测效果良好，能够满足中药提取过程的在线检测要求。

2. 药材批次因素对在线近红外定量模型的影响

本节[2]根据初步研究中药载体的物化性质及提取环节工作特点，对所搭建的在线近红外光谱检测分析平台适用性进行验证，以能否建立可靠的在线 NIR 定量模型对未知样本进行预测，以能否实现不同药材批次、不同实验间的准确预测作为研究重点，利用金银花提取过程在线 NIR 数据验证在线检测系统的工作性能，为在线 NIR 检测在中药生产过程分析中的应用与推广提供依据。

1) 仪器与试剂

XDS Rapid Liquid Analyzer 近红外光谱仪(瑞士万通中国有限公司),夹套式 100L 多功能提取罐(天津市隆业中药设备有限公司),LC-20AT 岛津高效液相色谱仪,二极管阵列检测器。金银花药材(由亚宝北中大(北京)制药有限公司提供,批次 A:批号 120308,批次 B:批号 120330),对照品绿原酸(中国食品药品检定研究所,批号 110753-200413);乙腈(色谱纯,美国 Fisher 公司);甲醇(色谱纯,美国 Fisher 公司);水为自制纯净水;磷酸(分析纯,北京化工厂)。

2) 样本采集过程

提取系统为夹套式 100L 多功能提取罐,金银花药材投料量为 8kg(由亚宝北中大(北京)制药有限公司提供),加水 12 倍,加热回流提取 30min,并于提取前浸泡 30min。相同工艺平行进行 4 次实验 a,b,c,d,其中实验 a 药材来自批次 A,实验 b,c,d 药材来自批次 B。采用强制外循环旁路方式,通过光纤探头在线采集近红外光谱。提取过程均需采集近红外光谱数据,其中,浸泡及加热过程每 3min 采样一次;沸腾后煎煮过程每 5min 采样一次。每次采集光谱前 30s,通过强制外循环系统更新旁路内药液,保证所抽取样本与罐内药液状态保持一致。光谱采集结束后,立即弃去取样口内可能残存的药液,约 5mL,而后收集样本约 10mL,用以进行 HPLC 法含量测定。

3) 光谱采集条件

采用近红外透射模式 VISION 分析软件采集光谱,以仪器内部的空气为背景,分辨率为 0.5nm,扫描范围为 800～2200nm,扫描次数 32 次。原始光谱(图 3-15)在组合频区(2000～2200nm)波动较大。此外,1940nm 附近存在水溶液 O—H 较强吸收,这将严重干扰其他官能团在该区域的信号。因此,为剔除这些波段的影响,提高校正模型的准确性,选用 800～1900nm 作为金银花提取液的建模波段。

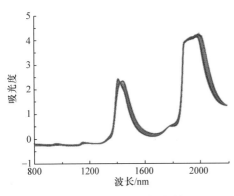

图 3-15 近红外原始光谱

4) 样本集划分

为获得预测性能较好的校正模型,扩大校正集覆盖范围,校正集样本由两次实验和三次实验的全部样本组成。为全面评价批次间药材对预测模型能力的影响,设计 10 种样本划分方案。这些方案包括 2 批药材(批次 A,批次 B),4 次实验(实验 a,b,c,d)全部的样本划分方法。如表 3-9 所示,前六个样本划分方案(方案 Ⅰ～Ⅵ)是用来比较校正集样本来自相同两次实验对同一批次药材和不同批次药材所构建偏最小二乘模型结果的异同;后四个样本划分方案(方案Ⅶ～Ⅹ)用于比较校正集样本来自三次实验对批次间建模结果的异同。对于方案Ⅶ,校正集提取液样本均来自批次 B 药材,验证集样本来自批次 A 药材;而对于最后三个方案,校正集样本均来自批次 A 和批次 B,验证集样本来自批次 B。

表 3-9　校正集与验证集的样本划分方案

方案	校正集		验证集	
	样本	实验号	样本	实验号
Ⅰ	59	b, d	27	c
Ⅱ	57	b, c	29	d
Ⅲ	56	c, d	30	b
Ⅳ	59	b, d	29	a
Ⅴ	57	b, c	29	a
Ⅵ	56	c, d	29	a
Ⅶ	86	b, c, d	29	a
Ⅷ	88	a, b, d	27	c
Ⅸ	86	a, b, c	29	d
Ⅹ	85	a, c, d	30	b

5) 绿原酸含量变化

四次实验的整体提取过程中绿原酸浓度变化趋势基本一致(图 3-16),浸泡及加热煎煮过程中绿原酸浓度持续明显增加, 加热过程结束的提取过程中浓度不再显著变化。

6) 样本筛选

在二维主成分得分图 3-17 中, 四次实验所得全部样本空间分布较为接近, 只有两个样本偏离较远, 成为离群值样本。该情况产生的原因是 NIR 来自在线采样系统采集, 会受到采样环境干扰, 虽然优化的采样环境可以降低其干扰程度, 却难以完全避免。对在线分析而言, 来自采样环境的干扰是造成异常光谱、离群值样本的主要原因。因此, 为降低异常光谱对校正模型的影响, 建模及预测时需剔除离群样本。

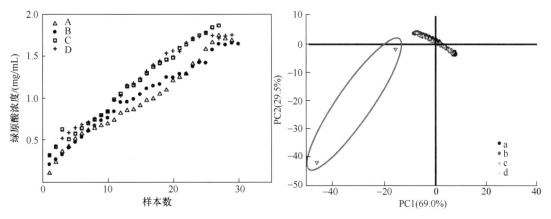

图 3-16　四次实验绿原酸浓度随提取过程　　图 3-17　四次实验样本的主成分得分
进行的变化趋势

研究中发现, 在线实时检测过程出现清晰可辨异常光谱, 立即关闭旁路采样系统开启反冲系统后, 再次采样时异常光谱消失。由此可推知, 异常光谱是在线光谱采集旁路系统内环境所致, 并可在两次采样间隙消除之, 不影响下次采样, 这一现象也证明了设置反冲系统的必要性。

7) 光谱预处理方法筛选

在建立模型前，对样本的原始吸收光谱进行预处理，以消除噪声、基线漂移，降低重叠峰的影响等，提高模型的预测精度，使所得模型更加稳健。本书比较了原始光谱、一阶导数、二阶导数、SG(9:2)平滑法等光谱预处理方法对模型性能的影响。利用四折内部交叉验证法，通过考察潜变量因子数对预测残差平方和 PRESS 选择合适的预处理方法，预测残差平方和见图 3-18。由图可知，对于金银花提取液样本，采用原始光谱建模 PRESS 值最小，所得结果均较其他方法理想，因此，本书采用原始光谱建立数学模型。

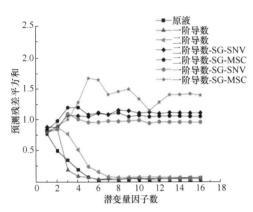

图 3-18　不同预处理方法下预测残差平方和

8) 偏最小二乘模型建立与预测

本研究对金银花提取过程的实验样本进行数据分析，建立绿原酸含量 PLS 模型。采用偏最小二乘回归模型，内部四折交叉验证，将光谱预测结果与样本 HPLC 测量结果进行关联建立模型，采用外部样本集对模型预测性能进行验证。模型评价参数为交叉验证均方根误差(RMSECV)、预测均方根误差(RMSEP)、校正均方根误差(RMSEC)，校正集相关系数 R_{cal}，验证集相关系数 R_{val}，以及 RMSEC 与 RMSEP 的比值。RMSEP、RMSEC 及 RMSEC/RMSEP 值越低，R_{cal}、R_{val} 越高，则模型预测性能越好。为消除样本集不同所造成的影响，使预测准确度标准化，本研究进一步采用残差预测偏差(RPD)和变异系数(coefficient of variation，CV)，评价模型的预测能力。其中，RPD 值越大，所对应的校正模型的预测性能越好，当 RPD 大于 3 时，表明模型具有很好的预测性结果。CV 用以反映数据离散程度，CV 值越小，模型预测能力越好。建模结果见表 3-10。

表 3-10　不同建模方案所得模型评价参数

方案	因素	R_{cal}	RMSEC	RMSECV	R_{val}	RMSEP	RPD	CV/%
I	7	0.9955	0.0332	0.0360	0.9878	0.0519	9.2	4.8
II	7	0.9945	0.0365	0.0424	0.9928	0.0397	12.0	3.2
III	6	0.9944	0.0378	0.0429	0.9888	0.0461	9.7	4.6
IV	7	0.9955	0.0332	0.0360	0.9938	0.0358	13.0	3.6
V	7	0.9945	0.0365	0.0424	0.9851	0.0558	8.3	5.8
VI	6	0.9944	0.0378	0.0429	0.9754	0.0715	6.5	8.1
VII	7	0.9933	0.0399	0.0451	0.9892	0.0474	9.8	4.9
VIII	8	0.9950	0.0345	0.0389	0.9845	0.0585	8.2	5.3
IX	7	0.9919	0.0432	0.0469	0.9942	0.0358	13.3	3.0
X	7	0.9926	0.0431	0.0495	0.9884	0.0471	9.4	4.5

前六个校正模型中，尽管方案Ⅴ和方案Ⅵ模型结果(RMSEP分别为0.0558、0.0715；RPD分别为8.3、6.5)较方案Ⅰ、Ⅱ、Ⅲ相应参数结果差，然而方案Ⅳ中模型预测结果参数(RMSEP=0.0358，RPD=13.0)显著优于方案Ⅰ、Ⅱ、Ⅲ。前六组样本划分方案所建模型预测结构表明，不同实验样本、不同批次药材间预测结果均良好，所建偏最小二乘模型较为稳定。

在方案Ⅶ中，用于建模提取液样本均来自批次B药材，验证集样本来自批次A药材，即校正集样本中不携带验证集样本的药材批次变异信息，所得模型预测参数为RMSEP=0.0474，RMSEC/RMSEP=0.84，RPD=9.8，该结果表明校正模型预测性能较好。对于由批次A和批次B的混合样本组成的校正集与由批次B实验样本组成的预测集，即校正集样本中携带部分验证集样本的药材批次变异信息。方案Ⅷ、Ⅸ、Ⅹ所得模型预测参数RMSEP不高于0.0585，RPD高于8.0。由此可知，虽然较前六组方案中校正集样本扩充50%，然而模型预测结果并无明显差异，模型性能良好。

综上，基于本节所构建在线近红外光谱检测分析平台，相同来源不同批次金银花提取液样本所建PLS模型能够实现批次间准确预测，模型性能良好。在线近红外光谱检测技术可应用于中药提取过程的在线检测分析。一般而言，为保证中药制剂产品质量稳定，制药企业药材来源通常较为固定，以该方式降低药材自身变异。加之，可靠稳定的在线光谱采集环境客观反映样本多方面的信息，使得所建预测模型较为稳定，能够实现不同实验间、不同批次间的较准确预测。此外，通过扩充样本集来实现模型维护的方法可以降低对建模专业程度的要求。

3. 光谱预处理对在线近红外定量模型的影响

在对中药提取过程中有效成分含量进行NIR监测之前，需要将所采集到的样本NIR光谱信息同HPLC等参考方法的含量真实值进行结合，再经过预处理、建模波段筛选、模型评价等一系列方法处理，才能够建立最优的NIR定量，指导中药提取过程。目前，关于NIR模型建立，大多数采用的方法是先对全波段进行预处理，选出最优预处理方法后，在此预处理的基础上对模型进行波段筛选，选出最优波段；少数采用先进行波段筛选，进而进行预处理方法选择，无统一的规范。本节[11,12]主要对预处理方法进行研究，主要集中解决预处理与波段筛选先后顺序对建模结果是否有影响这一问题。

1) 仪器与试剂

XDS Rapid Liquid Analyzer近红外光谱仪及其透射光纤(瑞士万通中国有限公司)，VISION工作站(美国Foss公司)；夹套式100L多功能提取罐(天津隆业中药设备有限公司)；三孔圆底烧瓶+智能温控电热套(巩义市瑞德仪器设备有限公司)；Angilent 1100高效液相色谱仪；Waters2695高效液相色谱仪及其Waters2996二极管阵列检测器(美国Waters公司)。

槐花药材(购自河北安国路路通有限公司)；黄芩、枳壳、陈皮、桂枝药材(购自北京本草方源药业有限公司)；芦丁标准品(中国食品药品研究院，批号110809-112940)；黄芩苷标准品(中国食品药品研究院，批号110715-201004)；橙皮苷标准品(中国食品药品研究院，批号110721-201115)；柚皮苷标准品(中国食品药品研究院，批号110722-201312)；

新橙皮苷标准品(中国食品药品研究院，批号 111857-201102)；川陈皮素标准品(中药固体制剂制造技术国家工程研究中心，C35-111012)；桂皮醛标准品(中国食品药品研究院，批号 110710-201217)；香豆素标准品(成都曼斯特生物科技有限公司，批号 12020801)；乙腈(色谱纯，美国 Fisher 公司)；甲醇(色谱纯，美国 Fisher 公司)；娃哈哈纯净水(杭州娃哈哈集团有限公司)。

2) 样本采集

按照载体不同进行相应中试提取实验，分别收集五种载体中试提取过程中样本若干，供含量测定使用。

3) 近红外光谱数据采集

在光程 2mm 下，通过光纤附件分别在线采集五种载体提取液吸收光谱，光谱范围为 800~2200nm，每个样本扫描 32 次。采用光纤透射方式采集光谱，以仪器内置背景作为参比。光谱采集范围为 800~2200nm，分辨率为 0.5nm，扫描次数 32 次，室温 20℃，相对湿度 40%。

4) 数据分析

采用 Kennard-Stone 法(KS)分别划分五个载体相应样本集。采用不同的预处理方法，建立全波段偏最小二乘(PLS)模型，以交叉验证均方根误差(RMSECV)等作为评价指标，选出最优预处理方法。采用组合间隔偏最小二乘法(SiPLS)对建模波段进行筛选，建立偏最小二乘模型，评价参数为校正均方根误差(RMSEC)、交叉验证均方根误差(RMSECV)、预测均方根误差(RMSEP)及其相应决定系数 R^2。为进一步验证模型可靠性，采用相对误差法对模型进行评价。上述数据处理均在 Unscrambler 数据分析软件(version 9.6，挪威 CAMO 软件公司)和 MATLAB(version 7.0，美国 Math Works 公司)软件上完成。

5) 中试 NIR 光谱特征分析

图 3-19 是五种载体提取阶段的样本光谱图，图中每条光谱曲线代表一个取样样本。由图可以看出，对于五种载体 NIR 光谱图，其光谱趋势一致，单从原始谱图上未能发现有效信息，需要做后续处理。

6) 预处理方法比较

在建立 PLS 模型前，需要对样本的原始吸收光谱进行预处理，以消除噪声和基线漂移影响等，从而提高模型的预测精度，使所得模型更加稳健。本书采用内部交叉验证

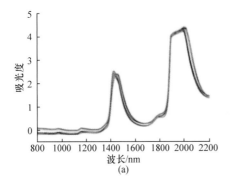
(a)

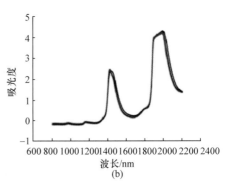
(b)

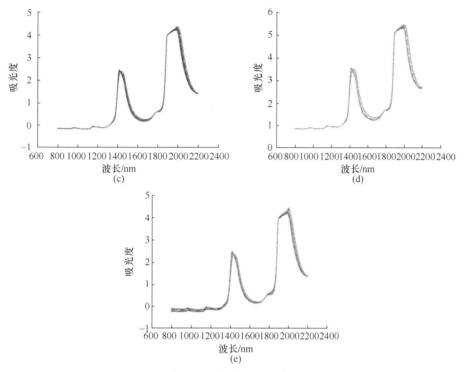

图 3-19 中试 NIR 光谱图

(a) 槐花；(b) 黄芩；(c) 枳壳；(d) 陈皮；(e) 桂枝

法，选择合适的预处理方法，比较了原始光谱、一阶导数(1D)、二阶导数(2D)、SG 平滑法、多元散射校正(MSC)和标准正则变换(SNV)等光谱预处理方法对模型性能的影响。图 3-20 表明，对于不同配方颗粒载体提取液样本，最优预处理方法亦有不同。9 种成分不同预处理结果见表 3-11~表 3-19。

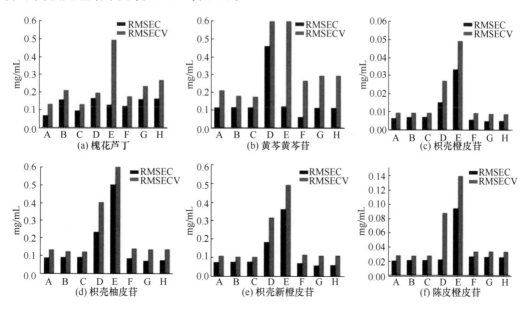

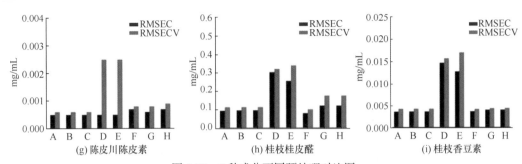

图 3-20　9 种成分不同预处理对比图

A. 原始光谱; B. SG9; C. SG11; D. SG11+1D; E. SG11+2D; F. 归一化; G. MSC; H. SNV

表 3-11　槐花芦丁不同预处理结果

预处理方法	模型评价参数			
	RMSEC	R_{cal}^2	RMSECV	R_{val}^2
原始光谱	0.0681	0.9940	0.1314	0.9800
SG9	0.0935	0.9892	0.1299	0.9801
SG11	0.0946	0.9889	0.1300	0.9800
SG11+1D	0.1649	0.9665	0.1950	0.9551
SG11+2D	0.1279	0.9798	0.4921	0.7141
归一化	0.1212	0.9819	0.1743	0.9642
MSC	0.1589	0.9658	0.2324	0.9238
SNV	0.1616	0.9565	0.2663	0.2663

表 3-12　黄芩黄芩苷不同预处理结果

预处理方法	模型评价参数			
	RMSEC	R_{cal}^2	RMSECV	R_{val}^2
原始光谱	0.1141	0.9934	0.2094	0.9795
SG9	0.1154	0.9933	0.1786	0.9851
SG11	0.1151	0.9933	0.1733	0.9860
SG11+1D	0.4584	0.8939	0.9536	0.5756
SG11+2D	0.1201	0.9927	0.9811	0.5508
归一化	0.0607	0.9981	0.2637	0.9675
MSC	0.1118	0.9936	0.2920	0.9602
SNV	0.1118	0.9936	0.2920	0.9602

表 3-13　枳壳橙皮苷不同预处理结果

预处理方法	模型评价参数			
	RMSEC	R_{cal}^2	RMSECV	R_{val}^2
原始光谱	0.0067	0.9760	0.0096	0.9530
SG9	0.0073	0.9721	0.0096	0.9531
SG11	0.0074	0.9710	0.0096	0.9528
SG11+1D	0.0155	0.8724	0.0274	0.6195
SG11+2D	0.0339	0.3928	0.0496	0.2487
归一化	0.0059	0.9817	0.0095	0.9541
MSC	0.0051	0.9863	0.0091	0.9583
SNV	0.0052	0.9857	0.0090	0.9585

表 3-14　枳壳柚皮苷不同预处理结果

预处理方法	模型评价参数			
	RMSEC	R_{cal}^2	RMSECV	R_{val}^2
原始光谱	0.0892	0.9766	0.1334	0.9499
SG9	0.0916	0.9753	0.1234	0.9569
SG11	0.0922	0.9750	0.1222	0.9578
SG11+1D	0.2323	0.8411	0.4003	0.5469
SG11+2D	0.4991	0.2665	0.6717	0.2757
归一化	0.0854	0.9785	0.1395	0.9450
MSC	0.0721	0.9847	0.1347	0.9487
SNV	0.0744	0.9837	0.1349	0.9486

表 3-15　枳壳新橙皮苷不同预处理结果

预处理方法	模型评价参数			
	RMSEC	R_{cal}^2	RMSECV	R_{val}^2
原始光谱	0.0774	0.9705	0.1108	0.9420
SG9	0.0796	0.9688	0.1062	0.9467
SG11	0.0801	0.9684	0.1053	0.9476
SG11+1D	0.1848	0.8318	0.3164	0.5264
SG11+2D	0.3635	0.3495	0.4943	0.1556
归一化	0.0724	0.9742	0.1167	0.9356
MSC	0.0604	0.9821	0.1116	0.9411
SNV	0.0622	0.9810	0.1120	0.9407

表 3-16　陈皮橙皮苷不同预处理结果

预处理方法	模型评价参数			
	RMSEC	R_{cal}^2	RMSECV	R_{val}^2
原始光谱	0.0202	0.9764	0.0274	0.9585
SG9	0.0210	0.9744	0.0270	0.9595
SG11	0.0212	0.9739	0.0271	0.9594
SG11+1D	0.0219	0.9723	0.0869	0.5833
SG11+2D	0.0936	0.4922	0.1390	0.0667
归一化	0.0263	0.9599	0.0331	0.9395
MSC	0.0255	0.9622	0.0332	0.9392
SNV	0.0253	0.9630	0.0329	0.9402

表 3-17　陈皮川陈皮素不同预处理结果

预处理方法	模型评价参数			
	RMSEC	R_{cal}^2	RMSECV	R_{val}^2
原始光谱	0.0005	0.9872	0.0006	0.9776
SG9	0.0005	0.9867	0.0006	0.9792
SG11	0.0005	0.9866	0.0006	0.9795
SG11+1D	0.0005	0.9863	0.0025	0.6454
SG11+2D	0.0005	0.9863	0.0025	0.6454
归一化	0.0007	0.9735	0.0008	0.9595
MSC	0.0006	0.9775	0.0008	0.9621
SNV	0.0007	0.9732	0.0009	0.9527

表 3-18　桂枝桂皮醛不同预处理结果

预处理方法	模型评价参数			
	RMSEC	R_{cal}^2	RMSECV	R_{val}^2
原始光谱	0.0922	0.9174	0.1113	0.8850
SG9	0.0950	0.9123	0.1120	0.8836
SG11	0.0956	0.9112	0.1121	0.8832
SG11+1D	0.3007	0.1211	0.3168	0.0690
SG11+2D	0.2537	0.3744	0.3362	0.0332
归一化	0.0793	0.9389	0.0993	0.9085
MSC	0.1193	0.8617	0.1724	0.7234
SNV	0.1191	0.8622	0.1725	0.7239

表 3-19　桂枝香豆素不同预处理结果

预处理方法	模型评价参数			
	RMSEC	R_{cal}^2	RMSECV	R_{val}^2
原始光谱	0.00357	0.9462	0.00420	0.9291
SG9	0.00362	0.9449	0.00421	0.9288
SG11	0.00362	0.9446	0.00421	0.9287
SG11+1D	0.01464	0.0950	0.01563	0.0182
SG11+2D	0.01270	0.3199	0.01696	0.1570
归一化	0.00365	0.9438	0.00415	0.9308
MSC	0.00400	0.9324	0.00431	0.9252
SNV	0.00401	0.9323	0.00432	0.9249

以上研究采用不同预处理方法，对 5 种配方颗粒中的 9 种指标性成分进行最优建模方法的比较。由结果可以看出，对于黄酮类成分芦丁、黄芩苷、橙皮苷、柚皮苷、新橙皮苷和川陈皮素，原始光谱在不同的预处理方法处理下，RMSEC 与 RMSECV 值均没有显著减小，原始光谱建模效果较好；对于挥发油成分桂皮醛，采用归一化预处理方法结果最好。因此，在预处理方法的选择上，黄酮类成分对预处理方法选择无明显改善作用，可以用原始光谱作为建模光谱。

4. 变量筛选对在线近红外定量模型的影响

在 NIR 结合 PLS 方法建模中，传统观点认为 PLS 具有较强的抗干扰能力，可全波长参与多元校正模型的建立。随着对 PLS 方法研究和应用的深入，发现不是全部变量都对目标成分有贡献，有些波长甚至会干扰目标成分的化学信息，因此，通过特定方法筛选特征波长或波长区间有可能得到更好的定量校正模型。波长选择一方面可以简化模型，更主要的是由于不相关或非线性变量的剔除，可以得到预测能力强、稳健性好的校正模型。

本节[13]通过利用 PLS 和 iPLS 建立绿原酸含量预测模型，比较这两个模型性能，并借助氘代试剂法验证化学计量学方法 iPLS 所优选建模波段。通过比较优化建模方法，提高模型对于金银花提取过程在线检测数学模型的预测能力。

1) 仪器与试剂

XDS Rapid Liquid Analyzer 近红外光谱仪(瑞士万通中国有限公司)，夹套式 100L 多功能提取罐(天津市隆业中药设备有限公司)，光程为 2mm 在线检测流通池和 4m 的透射光纤，LC-20AT 岛津高效液相色谱仪，二极管阵列检测器。金银花药材(由亚宝北中大(北京)制药有限公司提供)，对照品绿原酸(中国食品药品检定研究所，批号 110753-200413)；乙腈(色谱纯，美国 Fisher 公司)；甲醇(色谱纯，美国 Fisher 公司)；水为自制纯净水；磷酸(分析纯，北京化工厂)。

2) 样本采集方法

提取系统为夹套式 100L 多功能提取罐，金银花药材投料量为 8kg(由亚宝北中大(北京)制药有限公司提供)，加水 12 倍，加热回流提取 30min，并于提取前浸泡 30min。相同工艺平行进行 4 次实验 a，b，c，d，其中实验 a 药材来自批次 A，实验 b，c，d 药材来自批次

B。采用强制外循环旁路方式，通过光纤探头在线采集近红外光谱。提取过程均需采集近红外光谱数据，其中，浸泡及加热过程每 3min 采样一次；沸腾后煎煮过程每 5min 采样一次。每次采集光谱前 30s，通过强制外循环系统更新旁路内药液，保证所抽取样本与罐内药液状态保持一致。光谱采集结束后，立即弃去取样口内可能残存的药液，约 5mL，而后收集样本约 10mL，用以进行 HPLC 法含量测定。

3) 光谱采集方法

采用近红外透射模式 VISION 分析软件采集光谱，以仪器内部的空气为背景，分辨率为 0.5nm，扫描范围为 800~2200nm，扫描次数 32 次。图 3-21 为金银花提取液在线近红外原始光谱。由图 3-21 可知，所采集近红外光谱质量较好，所受在线采集条件影响较小，光谱形状基本一致。

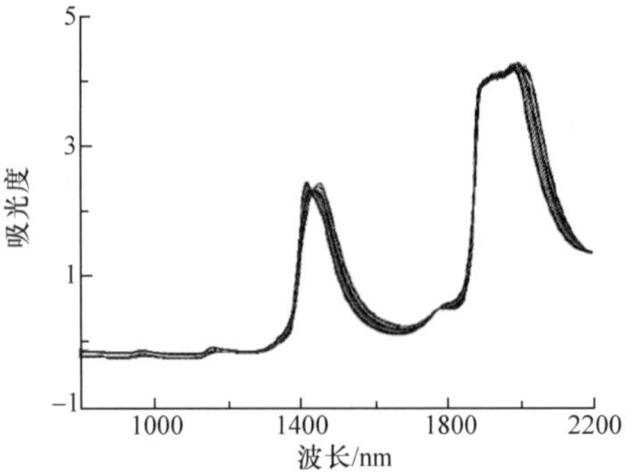

图 3-21　近红外原始光谱

4) 数据处理方法

运用 Unscrambler 7.0 软件对光谱数据进行预处理和模型计算。间隔偏最小二乘算法，向后间隔偏最小二乘算法，移动窗口偏最小二乘算法工具包由 Nørgaard 等提供的网络共享(http://www. models. kvl. dk/source/iToolbox/)，其余各计算程序均自行编写，采用 MATLAB 软件工具(Mathwork Inc.)计算。

5) 光谱预处理方法筛选

主要比较一阶微分、二阶微分、标准正则变换、SG 平滑及一系列组合光谱预处理方法对模型性能的影响。本书利用四折内部交叉验证法，通过比较不同预处理方法所建 PLS 模型，优选最优预处理方法。模型比较结果见表 3-20。由表 3-20 可知，对于金银花提取液样本，采用原始光谱建模所得 RMSECV 和 RMSEP 值最小(分别为 0.048、0.101)，所得结果均较其他方法理想，因此本书采用原始光谱建立数学模型。

表 3-20　不同预处理方法所建 PLS 模型结果

方法	LVs	校正集		验证集		预测集	
		R^2	RMSEC	R^2	RMSECV	R^2	RMSEP
原始光谱	6	0.9861	0.048	0.9313	0.048	0.9431	0.101
一阶微分	4	0.9624	0.079	0.2674	0.364	0.3171	0.466
二阶微分	3	0.9215	0.115	0.3318	0.341	0.4222	0.325
SG 平滑	3	0.8555	0.156	0.3254	0.325	0.3023	0.350
SNV	5	0.9835	0.053	0.9255	0.115	0.9423	0.101
标准化	6	0.9861	0.048	0.9294	0.048	0.9398	0.107

6) iPLS 模型的建立

间隔偏最小二乘算法(iPLS)的原理是把整个光谱等分为 n 个等宽子区间，在每个子区间上进行偏最小二乘法回归，建立待测局部回归模型，得到 n 个局部回归模型。以交叉验证均方根误差(RMSECV)和预测均方根误差(RMSEP)指标为各模型的精度衡量标准，分别比较全光谱模型和各局部模型的精度，取精度最高的局部模型所在的子区间为建模区间。这种方法的优点是通过图形展示每个局部回归模型，找到与待测样本品质最相关的区间，并且能够比较全谱模型和区间模型。

本节中全谱数据被平均分成不同数目区间。根据 RMSECV 值最小，选出最优区间数目，这里得到最优区间数为 10 个。图 3-22 展示了不同建模波段的局部模型参数 RMSECV。由图 3-22 可知，金银花提取液 iPLS 模型潜变量因子为 6，变量范围为 1640～1779.5nm(图 3-22，第 7 段区间)，模型的 R^2_{pre} 和 RMSEP 分别为 0.9801 和 0.068，RMSECV 低于 0.101，该结果表明金银花提取液 iPLS 模型性能相比全谱建模有所提高。

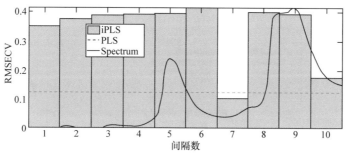

图 3-22　10 个区间 PLS 模型的交叉验证均方根误差

PLS 和 iPLS 校正集和验证集样本的 NIR 光谱预测值与参考值的相关图，见图 3-23，两种建模方法所建模型校正集和验证集样本相关系数均可达 0.90 以上，预测值与参考值之间有很好的相关性。iPLS 模型预测性能优于 PLS 所建模型。

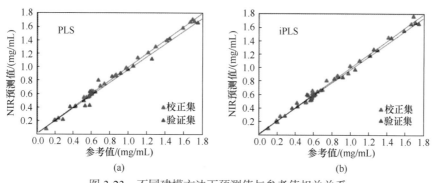

图 3-23　不同建模方法下预测值与参考值相关关系

绿原酸标准品溶解于氘代二甲基亚砜(DMSO)的二阶导数光谱在 1650～1800nm 波段存在特征吸收，如图 3-24 所示，这正与 iPLS 优选建模波段一致。由此可以推知，由 iPLS 优选建模变量能够准确提取绿原酸的化学信息。

本研究依托中药中试在线检测平台，以金银花提取过程为研究载体，在线数据 PLS 模型预测能力可达到分析要求，说明光谱数据采集环境较为稳定，光谱受温度、气泡、药渣等影响较小。通过比较 PLS 和 iPLS 建模结果，得出经 iPLS 筛选与绿原酸化学结构最相关的波段比全谱模型预测能力更好，说明全谱除目标物化学信息外还包含其他不相关变异及环境扰动等偶然因素,影响建模稳定性及模型预测能力。借助氘代试剂验证 iPLS 所优选局部建模波段的科学性，强调化学结构信息是建立化学计量学模型的理论基础。

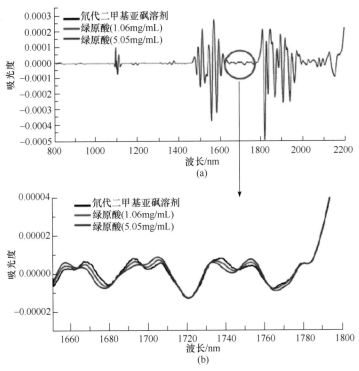

图 3-24　绿原酸溶解于氘代二甲基亚砜的二阶导数 NIR 光谱

参 考 文 献

[1] 隋丞琳. 中药提取过程在线 NIR 分析平台的开发与适用性研究[D]. 北京中医药大学, 2013.

[2] 隋丞琳, 史新元, 乔延江, 等. 基于在线近红外光谱技术的金银花水提过程研究[A]. 中华中医药学会中药分析分会.中华中医药学会中药分析分会第五届学术交流会论文集[C]. 中华中医药学会中药分析分会: 中华中医药学会, 2012.

[3] 隋丞琳, 林兆洲, 吴志生, 等. 药渣粒径对中药提取过程在线检测取样系统影响的模拟研究[J]. 分析化学, 2013, 41(12): 1899-1904.

[4] 李洋. 中药提取过程在线近红外实时检测方法研究[D]. 北京中医药大学, 2015.

[5] 李洋, 吴志生, 李建宇, 等. 中药关键质量属性快速评价(III):在线近红外光谱技术可靠性分析应用 [EB/OL]. 北京: 中国科技论文在线 [2014-03-06]. http://www.paper.edu.cn/releasepaper/content/ 201403-163.

[6] 李洋, 吴志生, 潘晓宁, 等. 在线近红外光谱在我国中药研究和生产中应用现状与展望[J]. 光谱学与光谱分析, 2014, 34(10): 2632-2638.

[7] 杜晨朝, 吴志生, 赵娜, 等. 基于两类误差检测理论金银花提取过程的 MEMS-NIR 在线分析建模方法研究[J]. 中国中药杂志, 2016, (19): 3563-3568.

[8] Zhou Z, Li Y, Shi X Y, et al. Comparison of ensemble strategies in on-line NIR for monitoring the extraction process of pericarpium citri reticulatae based on different variable selections[J]. Planta Medica,

2016, 82(2): 154-162.

[9] Pan X N, Li Y, Wu Z S, et al. A online NIR sensor for the pilot-scale extraction process in fructus aurantii coupled with single and ensemble methods[J]. Sensors, 2015, 15(4): 8749-8763.

[10] Li Y, Guo M Y, Shi X Y, et al. On-line NIR analysis for multi-ingredients and multi-phases extraction in Radix Glycyrrhizae coupled with MWPLS and SiPLS models[J]. Chinese Medicine, 2015, 10(1): 1-10.

[11] 李洋, 吴志生, 史新元, 等.中试规模和不同提取时段的黄芩配方颗粒质量参数在线 NIR 监测研究 [J]. 中国中药杂志, 2014, 39(19): 3753-3756.

[12] Li Y, Shi X Y, Wu Z S, et al. Near-infrared for on-line determination of quality parameter of sophora japonica L. (formula particles): From lab investigation to pilot-scale extraction process[J]. Pharmacognosy Magazine, 2015, 11(41): 8-13.

[13] 杜晨朝, 赵安邦, 吴志生, 等. 近红外光谱结合不同变量筛选方法用于金银花提取过程中绿原酸量的在线监测[J]. 中草药, 2017,48(16): 3317-3321.

第四章　中药制造工程近红外建模

近红外测量技术在药物分析中的应用始于 20 世纪 60 年代后期,现在该技术已广泛应用于中成药、中药材分析、药物生产过程控制等。近红外测量是一种间接分析方法,在实际分析工作中遇到的混合物体系,存在以下三种实际情况。

(1) 对于定性组成均已知的混合体系,分析目的只是对各种物种或物种的不同形态进行定量检测,例如已知药物片剂分析和某些已知有机反应的过程分析样本,因该体系的定性组成已完全清楚,我们将其称为"白色分析体系"。

(2) 对于分析试样毫无验前信息的混合体系,即有关其化学物质数,哪几种化学物质及其浓度范围皆不清楚,分析化学的任务是首先确定其成分数,进而解析出各纯物质的光谱、波谱等,即先将其转化成白色分析体系,然后进行定量检测。这类分析体系是分析化学中最难的一类体系,因其像个黑匣子,故称之为"黑色分析体系"。

(3) 对于待测物已知同时存在未知干扰的混合体系,分析目的是在未知干扰的存在下,直接对感兴趣的待测物进行定量检测。此类分析体系是分析化学家遇到最多的一类体系,因其定性组成只部分可知,介于"白色"与"黑色"分析体系之间,故将其称为"灰色"分析体系。

对于上述三类分析体系,只要通过合理有效地采用已有的多种化学测量手段获得矩阵类型的数据,化学计量学方法可望获得有物理意义的唯一解,从而解决不同类型的复杂多组分体系的定性、定量解析问题。近红外测量正是通过化学计量学方法建立模型实现对未知样本的定性或定量检测,其包括样本集划分、光谱预处理、变量筛选、模型校正与评价等步骤。

4.1 概　　述

利用近红外光谱进行建模,首先应选择具有代表性的样本(其组成及各种性质(如水分、pH 和辅料等)接近待测样本)。此目标是利用代表性的样本来对系统的整体性质做出评价,所以要保证样本的代表性,在训练集样本的选择过程中必须包括今后测量的待测样本的全部可能浓度范围。

(1) 用传统的化学分析方法(已经被大家所接受的、权威的方法)测得采集的已知样本的化学值,这一步非常重要,因此要使其测量误差降到最小。

(2) 样本的近红外光谱采集。近红外光谱法不同于其他化学测量方法,外界环境的改变都有可能影响测量结果。光谱采集的好坏不但取决于测量仪器的可靠性,还会受周围环境的影响,仪器的状态每天都在改变,外界环境的各项因素也在改变,因此在对训练集样本进行光谱扫描时,实验开始前要对仪器进行校正,保证在样本扫描的全部过程中光谱的环境保持一致。为了避免各种实验误差影响，要尽可能多次数采集近红外光谱来取平均值，以提高测量的精密度。

(3) 模型校正与优化。运用化学计量学方法提取近红外光谱与待测组分之间形成的信息，建立近红外光谱与各个组分之间的定量关系。通过校正集的内部交叉验证和预测集样本的外部验证来说明模型的准确性以及对未知样本的预测能力。

(4) 模型的修正与维护。为了使建立的模型可以用于不同的时间、不同的地点，就要考虑模型的适用性和传递性。当测定样本的外界环境(时间或者空间)改变时，增加校正集样本，按照上述步骤更新原来的模型。近红外光谱的定量模型是需要随着外界环境的改变不断更新与完善的。

4.2　样本集划分方法

近红外测量技术必须依赖一定的数学模型。如何挑选具有代表性的样本建立模型，即校正集样本的代表性问题，是该技术的核心问题。代表性的校正集样本对近红外模型的影响主要体现在模型的适应性和预测性能，以及模型的精简程度。简约的模型不仅可以节约投入成本，而且有利于不同仪器之间的模型传递。随着现代分析方法和制样技术的进步，标准样本的获取变得更加容易，造成样本的大量富余，也使得选取代表性的校正集样本成为一个亟须解决的问题。以下介绍几种常见的样本集划分方法。

4.2.1　随机抽样法

随机抽样(random selection，RS)法即随机选取一定数量的样本组成训练集。这种选取遵循完全随机选择的原则。训练集组成方法简单，不需要进行数据挑选，但每次组成训练集的样本可能差异很大，不能保证所选样本代表性及模型的外推能力。

4.2.2　KS 法

KS(Kennard-Stone)法是把所有的样本都看作训练集候选样本，依次从中挑选部分样本进入训练集。首先，选择欧氏距离最远的两个向量对进入训练集；定义 d_{ij} 为从第 i 个样本向量到第 j 个样本向量的欧氏距离，假设已有 k 个样本向量被选进训练集，这里 k 小于样本总数 n，针对第 v 个待选样本向量，定义最小距离为

$$D_{kv} = \min(d_{1v}, d_{2v}, \cdots, d_{kv}) \tag{4-1}$$

所有待选样本向量的 D_{kv} 最大值：$D_{mkv} = \max(D_{kv})$，拥有最大最小距离 D_{mkv} 的待选样本进入训练集。依此类推，达到要求的样本数目。该方法的优点是能保证训练库中样本按照空间距离分布均匀，缺点是需要进行数据转换和计算样本两两空间距离，计算量大。

4.2.3　双向算法

双向算法(Duplex 法)的思想来源于 KS 设计实验方法。使用该种方法，需事先指定预

测集的样本数,是纯粹通过样本的光谱差距挑选样本子集,因此具有计算机识别的缺陷。

4.2.4 SPXY 法

SPXY(sample set partitioning based on joint X-Y distances)法是由 Galvão 等首先提出的,它是在 KS 法的基础上发展而来的。SPXY 法能够有效地覆盖多维向量空间,从而改善所建模型的预测能力。SPXY 在进行样本间距离计算时将 x 变量和 y 变量同时考虑在内,其距离公式如下:

$$d_x(p,q) = \sqrt{(x_p - x_q)^2} = |x_p - x_q|, \quad p,q \in [1,N] \tag{4-2}$$

$$d_y(p,q) = \sqrt{(y_p - y_q)^2} = |y_p - y_q|, \quad p,q \in [1,N] \tag{4-3}$$

SPXY 法逐步选择的过程和 KS 法相似,但用 $d_{xy}(p,q)$ 代替了 $d_x(p,q)$,同时为了确保样本在 x 和 y 空间具有相同的权重,将 $d_x(p,q)$ 和 $d_y(p,q)$ 分别除以它们在数据集中的最大值,因此标准化的 xy 的距离公式为

$$d_{xy}(p,q) = \frac{d_x(p,q)}{\max_{p,q \in [1,N]} d_x(p,q)} + \frac{d_y(p,q)}{\max_{p,q \in [1,N]} d_y(p,q)}, \quad p,q \in [1,N] \tag{4-4}$$

SPXY 法的优点是能够有效地覆盖多维向量空间,从而改善所建模型的预测能力。

4.2.5 四种样本集划分方法比较

在近红外光谱分析中,模型建立的第一步就是选取训练集样本,如果选择的训练集具有较好的代表性,就能够使模型的预测能力增强。本节[1]通过橘叶药材中橙皮苷的定量模型对四种样本集划分方法进行比较。

1) 仪器与材料

橙皮苷(批号:110721-200512)(纯度大于 98%),购自中国食品药品检定研究所。橘叶药材购自全国。甲醇为色谱纯,水为娃哈哈纯净水,其他试剂均为分析纯。Agilent-1100 高效液相色谱仪:包括在线脱气机,四元泵,自动进样器,柱温箱,DAD 二极管阵列检测器,Agilent Chemstation。Sartorius BP211D 型电子天平。Antaris 傅里叶变换近红外光谱仪(美国 Thermo Nicolet 公司)配有 InGaAs 检测器、积分球漫反射采样系统、Result 操作软件、TQ Analyst V6 光谱分析软件。

2) 样本测定

取 6 批橘叶药材及由这 6 批橘叶药材中任意两批按不同比例混合而得到的 92 个橘叶样本。采用积分球漫反射检测系统;NIR 光谱扫描范围为 4000~10000cm⁻¹;扫描次数 16;分辨率为 8cm⁻¹;增益 1,以内置背景为参照。每批样本重复测定 3 次,取均值。

3) 数据处理及软件

RS 法、KS 法、Duplex 法及 SPXY 法代码程序均自行编写,采用 MATLAB 软件工具(Mathwork Inc.)计算。

4) 训练集和预测集选取方法的比较

本研究中共有 92 个橘叶样本，取其中的 3/4 作为训练集，1/4 作为预测集。采用上述 4 种方法对训练集和预测集进行选取后，分别对 4 种方法所获得的模型的结果进行评价，其结果见表 4-1。由表可知，RS 法的 RMSECV 值最小，KS 法和 SPXY 法的 RMSEP 值较小，SPXY 法的相关系数最接近于 1。综合分析，SPXY 法比其他 3 种方法所建模型的效果较好。

表 4-1　不同训练集划分方法对模型的影响

	RS 法	Duplex 法	KS 法	SPXY 法
R	0.9303	0.9303	0.9694	0.9738
RMSECV	0.043	0.062	0.059	0.072
RMSEP	1.20	1.30	0.84	0.76

4.2.6　正交空间样本选择法

KS、双向算法等样本选择方法对样本的选择是建立在样本在整个光谱空间的欧氏距离上的。其选出的样本专属性不强，即使 SPXY 法在计算样本之间欧氏距离的时候考虑了 y 的影响，但原始光谱空间的一些干扰信息仍会对样本选择过程产生一定干扰。

本课题组提出一种在被分析物质相关的光谱空间内选择样本的方法——正交空间样本选择(orthogonal space selection，OS)[2]。正交在这里指的是相关空间与 y 的正交空间垂直，并且在计算时借鉴了正交信号校正的一些思想。OS 法实现的一般过程如下：

(1) 首先将光谱 X_0 投影到 y_0 定义的子空间内

$$X = y_0/[(y_0'y_0)y_0'X_0] \tag{4-5}$$

(2) 在投影后的光谱空间内计算任意两条光谱之间的欧氏距离。定义 d_{ij} 为从第 i 个样本向量到第 j 个样本向量的欧氏距离，假设已有 k 个样本向量被选进训练集，这里 k 小于样本总数 n，对第 v 个待选样本向量，定义最小距离为

$$D_{kv}=\min(d_{1v},\ d_{2v},\ \cdots,\ d_{kv}) \tag{4-6}$$

所有待选样本向量的 D_{kv} 最大值为

$$D_{mkv} = \max(D_{kv}) \tag{4-7}$$

(3) 将待选样本中最小距离 D_{mkv} 的最大样本选入训练集。依此类推，达到要求的样本数目。

4.3　光谱预处理方法

近红外光谱不但包含了样本的化学信息和物理信息，还承载了温度环境参数等多方面的背景信息。在光谱采集过程中，由于样本自身物理状态和测量条件及仪器自身状态的变化，测量过程中有效光程会发生改变，还会发生光的散射等，导致近红外光谱出现

基线漂移、非线性及光谱的低重复性等问题。光谱预处理的目的就是消除光谱数据的无关信息和噪声，提取光谱中有效特征信息，提高校正模型的预测能力和稳健性，常用的近红外光谱预处理方法包括平滑处理和导数处理等。在近红外光谱分析中，所测量对象的固体颗粒径、晶形等物理性质的不同也会导致谱图的差异。这种差异是进入固体内部的散射光经过的光程和被吸收程度不同而引起的，称为散射效应。消除散射效应最常用的两种方法是多元散射校正和标准正则变换。实际应用中我们需要对不同的光谱预处理方法进行考察，优选最佳预处理方法。

4.3.1　标准化处理

在使用多元校正方法建立近红外光谱分析模型时，需将光谱的变动与待测样本性质或组成的变动进行关联。基于以上特点，在建立 NIR 定量或定性模型前，往往采用一些数据增强算法来消除冗余信息，增加样本之间的差异，从而提高模型的稳健性和预测能力。常用的数据增强算法有均值中心化(mean centering)、标准化(autoscaling)和归一化(normalization)等，其中均值中心化和标准化是常用的两种方法，在使用这两种方法对光谱数据进行处理时，往往对待测样本的数据也进行同样的变换。

4.3.2　平滑处理

近红外光谱仪得到的光谱信号中叠加了较多随机误差，平滑处理的基本假设是光谱含有的噪声为零均随机白噪声，若多次测量取平均值，可降低噪声、提高信噪比。常用的平滑方法有移动窗口平滑法和 SG 平滑法。平滑处理涉及处理窗口的大小，点数高时可以使信噪比提高，但同时也会导致信号失真，因此必须考虑仪器的具体情况，选择适当的平滑窗口大小。

移动窗口平滑法的基本假设是在移动窗口内光谱噪声的平均值是零。以平滑点与左右相邻的若干个点进行平均作为该点的平均结果，因此平滑窗口的宽度是一个重要参数：若窗口宽度太小，平滑去噪效果将不佳；若窗口宽度太大，进行简单的求均值运算后会平滑掉一些有用信息，造成光谱信号失真。

SG 平滑法是由 Abarham Savitzky 和 Marcel J. E. Golay 在 20 世纪 60 年代提出来的，是应用最广泛的信号平滑方法。SG 平滑不再假设窗口内光谱噪声的平均值为零，而将多项式拟合用于窗口内光谱吸收值，最终拟合出一条与窗口内光谱形状和峰值接近的光谱，并消除光谱的随机噪声。采用多项式并运用最小二乘拟合原数据，更强调中心点的中心作用，其实质是一种加权平均法。选择一定宽度的平滑窗口 $(2\omega+1)$，每个窗口有奇数个波长点，波长 k 处经平滑后的平均值为

$$X_{k,\,\mathrm{smooth}} = \overline{X_k} = \frac{\sum\limits_{i=-\omega}^{+\omega} X_{k+i} h_i}{\sum\limits_{i=-\omega}^{+\omega} h_i} \qquad (4\text{-}8)$$

式中，h_i 为平滑系数，其值可以通过最小二乘原理，用多项式拟合求出，自左到右依次移动 k，即可完成对光谱数据的平滑。同样，在利用平滑法进行光谱预处理时，需要对窗

口大小即平滑点数和多项式拟合的阶数进行优化。

4.3.3　导数处理

近红外光谱测量的是样本的振动光谱 3 级和 4 级倍频吸收，样本的背景颜色和其他原因经常导致测量的光谱出现明显的位移或飘移。导数处理的最大特点是能够消除基线漂移，分辨重叠峰，提高光谱的分辨率，可根据需要选择一阶导数平滑和二阶导数平滑。一阶导数能够消除基线漂移，二阶导数则能够同时消除基线漂移和线性趋势，处理到三阶的较少，但导数处理会将噪声引入光谱。常用的光谱求导算法主要有两种：NW 导数法(norris-williams derivation)，SG 导数法(Savitzky-Golay derivation)。

当光谱采样点多、仪器分辨率高时，可以采用 NW 导数法，这一方法得到的导数光谱与原始光谱相差不大。NW 导数法是用差分作为导数值的求导方法，虽然准确度不高，但简单易计算，应用比较广泛，MATLAB 中的函数 diff 就是用差分法求导的。该方法对一组分析信号的求导是利用第 2 点和第 1 点计算第 1 点的导数，用第 3 点和第 2 点计算第 2 点的导数，以此类推。可以发现，这样计算的导数比原始数据少一个点。求二阶导数时，只要对一阶导数再进行一次差分即可，以此类推。对分辨率高的数据或采样点密集的数据，差分法计算的导数比较可靠，但分辨率低、数据点稀少的数据，误差比较大，这时可采用 SG 导数法。

与 SG 平滑法的思想类似，SG 导数法同样是用多项式最小二乘拟合计算多项式系数，多项式本身为解析式，可以直接进行求导运算，当用最小二乘拟合方法计算出多项式的各个系数时，可同时计算数据光谱导数。

在使用导数处理时，差分宽度的选择是十分重要的：如果差分宽度太小，噪声会很大，就会影响所建分析模型的质量；如果差分宽度太大，平滑过渡，就会失去大量的细节信息。一般认为宽度不应超过光谱吸收峰半峰宽的 1.5 倍。

4.3.4　基线校正

基线校正主要用于解决光谱的基线漂移问题，常用的基线校正方法主要为常偏移量消除(constant offset elimination，COE)和直线相减(straight line subtraction，SLS)。常偏移量消除在选择的频段区域里所有光谱减去最低的 Y 值，而直线相减是一种典型的基线校正方法，对每一个被选中的频段以最小二乘法拟合一条直线，然后从光谱中减去该直线，以实现 Y 值中心化。

4.3.5　标准正则变换

标准正则变换(SNV)是将原始数据各元素减去该元素所在列的元素的均值再除以该列的标准差，用于消除测量光程的变化对光谱响应产生的影响。在近红外定量检测过程中，样本的光程和厚度将影响吸收强度。对于液体样本而言，由于所使用的是比色皿或固定光程的样本池，因而光程一般是恒定或已知的。在粉末样本的 NIR 漫反射光谱采集时，由于样本颗粒尺寸、均匀性等的影响，光程无法保持恒定。SNV 的作用是使一列数据的每一个数据之间在数据标度上有可比性。经过标准归一化校正的光谱吸光度 $x_{i,cor}$ 的

校正公式为

$$x_{i,\mathrm{cor}} = (x_i - \overline{x}_i)/s_i \tag{4-9}$$

其中，x_i 为原始光谱的吸光度值；$\overline{x}_i$ 为单一样本的全部光谱波长的平均值，即所在列的平均值；s_i 为标准差，其数学表达式为

$$s_i = \sqrt{\frac{1}{n-1}\sum_{j=1}^{n}(x_{i,j} - \overline{x}_i)^2} \tag{4-10}$$

基线校正通常用于 SNV 处理后的光谱，用来消除漫反射光谱的基线漂移。

4.3.6　多元散射校正

多元散射校正(MSC)是建模常用的一种数据预处理方法，经过散射校正后得到的光谱数据可以有效地消除散射影响，增强了与成分含量相关的光谱吸收信息。首先计算所有样本近红外光谱的平均光谱，然后将平均光谱作为标准光谱，每个样本的近红外光谱与标准光谱进行一元线性回归运算，求得各光谱相对于标准光谱的回归常数和回归系数，在每个样本原始光谱中减去线性平移量，同时除以回归系数修正光谱的基线相对倾斜，这样每个光谱的基线平移和偏移都在标准光谱的参考下予以修正，而和样本成分含量所对应的光谱吸收信息在数据处理的全过程中没有任何影响，所以提高了光谱的信噪比。以下为具体的算法过程：

(1) 计算平均光谱：

$$\overline{A_{i,j}} = \frac{\sum_{i=1}^{n}A_{i,j}}{n} \tag{4-11}$$

(2) 一元线性回归：

$$A_i = m_i\overline{A} + b_i \tag{4-12}$$

(3) 多元散射校正：

$$A_{i(\mathrm{MSC})} = \frac{A_i - b_i}{m_i} \tag{4-13}$$

以上公式中 A 表示 $n\times p$ 维定标光谱数据矩阵，n 为定标样本数，p 为光谱采集所用的波长点数；$\overline{A}$ 表示所有样本的原始光谱在各个波长点求平均值所得到的平均光谱矢量；A_i 是 $1\times p$ 维矩阵，表示单个样本光谱矢量；m_i 和 b_i 分别表示各样本近红外光谱 A_i 与平均光谱 $\overline{A}$ 进行一元线性回归后得到的回归系数和回归常数。

MSC 假设每条光谱与标准光谱呈线性关系，样本散射效应引起的光谱变化在每个样本中都是一样的，但实际上不同的样本受到的散射效应影响是不一样的，所以对组分性质变化较宽的样本，MSC 的处理结果较差。

4.3.7　小波变换

小波变换(wavelet transform，WT)与传统的傅里叶变换(FT)相比，WT 具有时频局部

化特性。WT 能够根据频率的不同将化学信号分解成多种尺度成分，并对大小不同的尺度成分采取相应粗细的取样补偿，从而能够聚焦于信号的任何部分，因此被称为信号的"数学显微镜"。在 WT 对光谱进行预处理过程中，需要人为选择一些合适的参数，如小波函数、压缩中的阈值、去噪中的截断尺度及分解层次等，目前对这些参数的选择尚没有客观的标准，需要靠经验和尝试来确定。尽管如此，因 WT 的时频局域性、多分辨率分析和可供选择的大量基函数等特点，其不失为一种强有力的信号处理方法。

小波定义为满足一定条件的函数通过平移和伸缩产生的一个函数族，即

$$\psi_{a,b}(t) = \frac{1}{\sqrt{|a|}}\left(\frac{t-b}{a}\right), \quad a,b \in R, \quad a \neq 0 \tag{4-14}$$

其中，a 用于控制伸缩，称为尺度参数(scale parameter)；b 用于控制位置，称为位移参数(shift parameter)；$\psi(t)$ 称为小波基或小波母函数。小波基的特点是在有限的区间内迅速趋向于零或衰减为零，并且平均值为零，即 $\int_{-\infty}^{+\infty}\psi(t)\mathrm{d}t = 0$。正如傅里叶变换把信号分解成不同频率的正弦波和余弦波 $(e-\mathrm{i}\omega t)$，小波变换把信号分解成各个不同尺度和位移的小波 $(\psi_{a,b}(t))$：

$$wf(a,b) = \frac{1}{\sqrt{|a|}}\int_{-\infty}^{+\infty}f(t)\psi_{a,b}(t)\mathrm{d}t \tag{4-15}$$

小波母函数相当于一个窗口函数，窗口的大小可以根据尺度参数进行调整，在获取低频信息时用较大的窗口，而在获取高频信息时则用较小的窗口。小波变换的这种特点使其具有多尺度信号分解的能力。

4.3.8 正交信号校正

以上提到的光谱预处理方法，只是对谱图本身数据进行处理，并未考虑浓度阵的影响。所以，在进行预处理时，极有可能损失部分对建立校正模型有用的信息，又可能使噪声消除得不完全，而影响所建立分析模型的质量。正交信号校正方法是近几年来提出的一类新概念谱图预处理方法。目前有三种实现方式：正交信号校正(orthogonal signal correction，OSC)、直接正交信号校正(direct orthogonal signal correction，DOSC)和直接正交(direct orthogonalization，DO)，其中 OSC 有多种具体算法[3]。这类预处理方法的基本原理均基于在建立定量校正模型前将光谱阵用浓度阵正交，滤除光谱与浓度阵无关的信号，再进行多元校正，达到简化模型及提高模型预测能力的目的。

正交信号校正作为正交投影方法中的一种，首先需要定义正交基 P^-，P^- 能解释 N 中大部分系统变异。N 指的是光谱中与系统变异相关的变异。类似地定义光谱中与 y 相关的变异为 C。然后将原始光谱投影到与 P^- 正交的子空间，得到校正光谱 X^*。那么 X^* 中除含有与 y 相关的有用信息之外，还应包括一部分噪声信息。

$$X^* = x\left[I_p - P^-P^{-T}\right] \tag{4-16}$$

OSC 可以从原始光谱中直接识别出 P^-，具体过程如下：

对 X 作主成分分析

$$X = TP^T + E \tag{4-17}$$

将得分 T 与 y 正交

$$T^- = \left[I_p - y(y^T y)^{-1} y^T \right] T \tag{4-18}$$

那么与上式中 T^- 相对应的 P^- 为

$$P^- = (T^{-T} T^{-1})^{-1} T^{-T} X \tag{4-19}$$

在应用中应该注意，虽然 OSC 将光谱中与 y 无关的信息扣除掉，模型中潜变量因子数目明显减少，但在校正后的光谱上建立的模型的预测性能并不一定比经典的 PLS 好。也就是说，OSC 方法找到的与 y 相关的空间与 PLS 方法找到的空间相同，潜变量因子数目的减少仅有助于提高模型的解释性。另外，在应用 OSC 时，如何确定 OSC 组分数，避免过拟合也成为制约 OSC 方法应用的一个重要因素。

一般当光谱阵与浓度阵相关性不大，或光谱阵背景噪声太大时，用 PLS 或主成分回归(principle component regression，PCR)方法建立校正模型，前几个主因子对应的光谱载荷往往不是浓度阵信息，而是与浓度阵无关的光谱信号。因此，在建立定量校正模型前，通过正交的数学方法将与浓度阵无关的光谱信号滤除，可减少建立模型所用的主因子数，进一步提高校正模型的预测能力和稳健性。此外，正交信号校正方法还可用于解决多元校正中的模型传递及奇异点的检测等问题。

4.3.9　光谱预处理方法稳健性评价

选择合适的建模参数有助于提高模型的稳健性和准确性。由于样本的状态、光散射、仪器响应等因素存在，所采集的近红外光谱不仅包含分析物的特征信息，还存在光散射、基线漂移、高斯噪声等，不利于建立准确的定量模型，因而在建立定量模型前需要对近红外光谱进行预处理。近红外光谱预处理主要指消除光谱噪声、消除斜坡背景、增强信噪比等。现有多种光谱预处理方法，而对方法的选择多以模型的准确性为评价指标，少有文献比较光谱预处理的稳健性。基于此，为了系统地研究光谱预处理的稳健性，本节[4]以开放玉米 NIR 数据及中药银黄颗粒 NIR 数据为研究载体，通过添加不同的模拟噪声至验证集、校正集和验证集中，划分样本集后，以蒙特卡罗抽样的方法建立多个模型，并计算多个模型的 RMSEP 和 MDL 值用于评价不同预处理方法的稳健性。

1) 实验数据

玉米近红外光谱数据包含 80 个样本。光谱范围为 1100~2498nm，光谱间隔为 2nm，共 700 个变量。由 http://www.eigenvector.com/data/Corn/index.html 下载。每个样本在 3 个不同仪器上采集光谱，参考值包括淀粉、蛋白质、油脂及水分的含量。选用 mp5 仪器近红外光谱数据及水分含量为研究数据。

银黄颗粒近红外数据由本课题组采集，该数据中包含 72 个样本，参考 2010 版药典高效液相色谱法测定其主成分黄芩苷含量。Agilent 1100 高效液相色谱仪(Agilent Technologies，USA)配有在线脱气机、自动进样器、柱温箱、DAD 二极管阵列检测器，色谱柱为 ODS(150mm，4.6mm，5mm，Waters，USA)。甲醇-水-磷酸(50:50:0.2)为流动相，流速为 1.0mL/min，柱温为 30℃，检测波长为 274nm。

2) 光谱预处理稳健性评价方法

首先，对已有数据选用 KS 方法划分样本集(2:1)，为评价不同预处理方法的稳健性，将三种常见的噪声(高斯噪声、光程噪声、光散射噪声)及其组合噪声分别添加至验证集、校正集和验证集光谱中。选用 PLS 方法建立定量模型，以蒙特卡罗交叉验证方法(MCCV)确认最佳潜变量因子，在此基础上，通过蒙特卡罗抽样，抽取 2/3 的校正集样本，分别建立定量模型，重复 1000 次，并计算不同预处理方法不同条件下所得模型的 RMSEP 及 MDL 值，其示意图见图 4-1，用于评价预处理方法的稳健性。

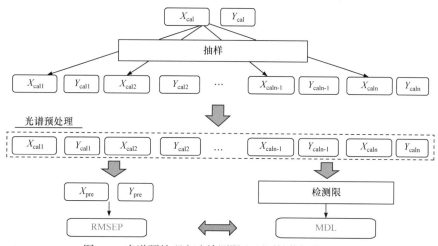

图 4-1　光谱预处理方法检测限和预测性能评价示意图

三种常见的噪声(高斯噪声、光程噪声、光散射噪声)添加方式见式(4-20)、式(4-21)和式(4-22)，三种噪声的组合噪声则是依次在光谱数据中添加光散射噪声、光程噪声和随机噪声。

$$A'_{ij} = A_{ij}(1+N)，\quad N \sim \boldsymbol{N}(0，K_1)，\quad K_1 = 5 \times 10^{-5}a \qquad (4\text{-}20)$$

$$A'_{ij} = A_{ij}(1+K_2)，\quad K_2 = 1 \times 10^{-3}a \qquad (4\text{-}21)$$

$$A'_{ij} = -\log(10^{-A_{ij}} + K_3)，\quad K_3 = 25 \times 10^{-5}a \qquad (4\text{-}22)$$

其中 A_{ij} 代表第 i 个样本中第 j 个波长点的吸光度，而 A'_{ij} 代表添加噪声后的吸光度，$K_1 \sim K_3$ 为三个常数项。

对同一数据，噪声的水平需要根据不同分析物进行调整，上述常数 K 中系数 a 用于确定噪声的水平，计算式(4-23)，t_1 和 q_1 分别代表第一主成分的得分和载荷，b_1 则为相应的系数，%Var$(y)_1$ 代表第一主成分解释的 y 变量的百分比，不同条件下确定的 a 结果见式(4-24)~式(4-27)。

$$\%\text{Var}(y)_1 = b_1^2 (t_1 q_1^{\mathrm{T}})^{\mathrm{T}} (t_1 q_1^{\mathrm{T}})/(y^{\mathrm{T}} y) \qquad (4\text{-}23)$$

$$a=1，\quad 0 \leqslant \%\text{Var}(y)_1 \leqslant 20 \qquad (4\text{-}24)$$

$$a=3, \quad 20 \leqslant \%\text{Var}(y)_1 \leqslant 60 \tag{4-25}$$

$$a=12, \quad 60 \leqslant \%\text{Var}(y)_1 \leqslant 80 \tag{4-26}$$

$$a=16, \quad 80 \leqslant \%\text{Var}(y)_1 \leqslant 100 \tag{4-27}$$

基于误差传递理论和逆矩阵模型方法计算校正模型的 MDL，计算公式如下：

$$\text{MSEC} = \frac{\sum_{i=1}^{I}(\hat{y}_i - y_i)}{I - d.f.} \tag{4-28}$$

$$\text{MDL} = \Delta_{p, q}\left[(1+h)\text{MSEC} - \sigma_c^2\right] \tag{4-29}$$

其中，I 为校正集样本数；$d.f.$ 为自由度；$\hat{y}_i$ 为校正集样本预测值；y_i 为校正集样本含自由度 $d.f.$ 下非中心 t 分布在置信限为 p 和 q 时的分位数；h 为未知样本的杠杆值；σ_c^2 为分析物参考值测定误差。

3) 噪声水平和潜变量因子的确定

玉米与银黄颗粒样本的近红外原始光谱见图 4-2，三种噪声及其组合噪声分别添加至验证集、验证集和校正集原始光谱中，由公式(4-23)确定玉米及银黄颗粒样本的 $\%\text{Var}(y)_1$ 分别为 99.92 和 92.29，即 $a=16$，以玉米样本为例所添加的模拟噪声见图 4-3。模型的潜变量因子由 MCCV 确定，根据最小的 MCCV 值确定最佳潜变量因子，见图 4-4。

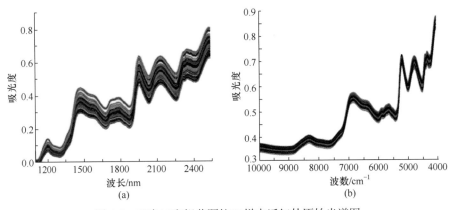

图 4-2　玉米(a)和银黄颗粒(b)样本近红外原始光谱图

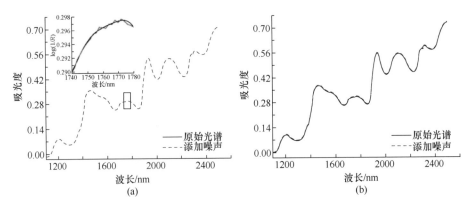

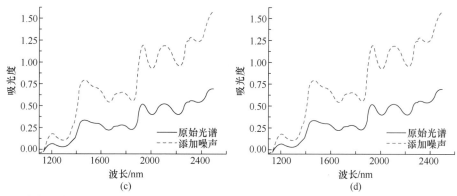

图 4-3　高斯噪声(a)、光程噪声(b)、光散射噪声(c)及其组合噪声(d)对玉米样本近红外光谱的影响

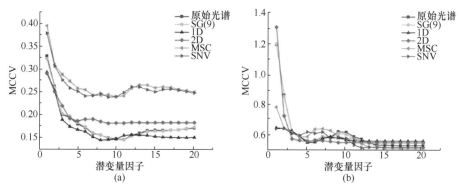

图 4-4　玉米(a)和银黄颗粒(b)样本不同预处理方法 MCCV 值变化图

1D 代表 1 阶导数；2D 代表 2 阶导数

4) 噪声添加至验证集对模型性能的影响

噪声仅添加至验证集样本中，经过不同方法预处理光谱后，采用蒙特卡罗抽样方法对玉米及银黄颗粒数据校正集抽样，抽样比率 2/3，建立多个水分和黄芩苷的定量模型，并对验证集进行预测。图 4-5 为玉米及银黄颗粒样本原始光谱及五种预处理方法所建模型的预测结果，图中各柱状图及其误差线分别显示不同光谱条件下，不同预处理方法建模所得模型的预测值 RMSEP 均值及标准偏差。

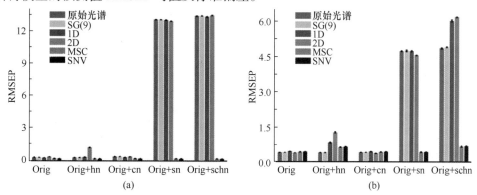

图 4-5　噪声添加至玉米(a)和银黄颗粒(b)验证集样本中不同预处理方法的 RMSEP 图

Orig，原始光谱；Orig+hn，原始光谱+高斯噪声；Orig+cn，原始光谱+光程噪声；Orig+sn，
原始光谱+光散射噪声；Orig+schn，原始光谱+组合噪声

从图 4-5(a)中可知，玉米样本的原始光谱、SG(9)、1D 和 2D 预处理方法对光散射噪声及组合噪声较敏感。光散射噪声添加至验证集后，原始光谱、SG(9)、1D 和 2D 预处理所得模型的 RMSEP 分别由(0.2873±0.0061)%、(0.2802±0.0032)%、(0.2501±0.0063)%和(0.3474±0.0036)%变为(13.0329±0.0163)%、(13.0292±0.0146)%、(12.9861±0.0177)%和(12.8993±0.0161)%，而添加组合噪声后，RMSEP 变为(13.3681+0.0194)%、(13.3801+0.0143)%、(13.2996+0.0193)%和(13.4226+0.0230)%。此外，2D 预处理方法也对高斯噪声较敏感，RMSEP 由(0.3474±0.0036)%变为(1.2071±0.0292)%，而光程噪声对不同预处理方法的建模结果影响较小。

银黄颗粒(图 4-5(b))显示相似的结果，在验证集中添加光散射噪声后，原始光谱、SG(9)、1D 和 2D 预处理方法所得模型的 RMSEP 分别由(0.3921±0.0013)%、(0.3928±0.0013)%、(0.4420±0.0030)% 和 (0.3786±0.0024)%，变为 (4.7413±0.0181)%、(4.7586±0.0297)%、(4.7434±0.0260)%和(4.5673±0.0142)%，而添加组合噪声后，RMSEP 变为(4.8657+0.0219)%、(4.9149+ 0.0151)%、(6.0413+0.0420)%和(6.1970+0.0137)%。此外，结果显示 1D、2D、MSC 和 SNV 预处理方法也对高斯噪声较敏感，其 RMSEP 值由(0.4420±0.0030)%、(0.3786±0.0024)%、(0.4169+0.0048%)和(0.4262+0.0054)%变为(0.8240+0.0177)%、(1.2571+0.0255)%、(0.6276+0.0062)%和(0.6449+0.0138)%，而添加组合噪声后，MSC 和 SNV 预处理方法所得模型 RMSEP 变为(0.6547+0.0194)%和(0.6717+0.0154)%。

5) 噪声添加至验证集对模型 MDL 的影响

两套数据的不同预处理方法所得模型的 MDL 结果见图 4-6。从图 4-6(a)可知，不同预处理所得模型的 MDL 不同，在原始数据中 2D 预处理所得模型 MDL 最小，添加噪声至验证集后，噪声对不同预处理方法所得模型的 MDL 有不同的影响。光散射噪声和组合噪声对原始光谱、SG(9)和 1D 建模结果 MDL 影响较大，其 MDL 值由(0.3518±0.0845)%、(0.3511±0.0885)% 和 (0.2771±0.0706)% 变为 (0.6826±0.1627)%、(0.6950±0.1762)% 和(0.4657±0.1135)%，及(0.6879+ 0.1719)%、(0.7204+0.1761)%和(0.4882+0.1230)%。

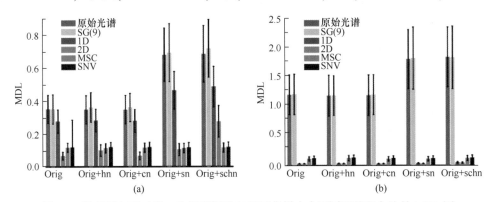

图 4-6　噪声添加至玉米(a)和银黄颗粒(b)验证集样本中不同预处理方法的 MDL 图

Orig，原始光谱；Orig+hn，原始光谱+高斯噪声；Orig+cn，原始光谱+光程噪声；Orig+sn，
原始光谱+光散射噪声；Orig+schn，原始光谱+组合噪声

此外，组合及高斯噪声对 2D 预处理方法有一定的影响，尤其是组合噪声，其 MDL 值由(0.0663+0.0235)%变为(0.2763+0.0963)%，而添加高斯噪声后变为(0.1001+0.0342)%。

光程噪声对各预处理方法所得模型的 MDL 影响较小。图 4-6(b)中，银黄颗粒数据得到与玉米数据相同的结果，不同的是该数据结果中 1D 和 2D 预处理方法所得模型的 MDL 结果相近，1D 预处理方法对光散射噪声的影响较小，其 MDL 变化不明显。两套数据结果显示的不同之处可能是两套数据的结构不同造成的。

6) 噪声添加至校正集和验证集对模型性能的影响

不同噪声同时添加至玉米和银黄颗粒 NIR 数据校正集和验证集对指标成分水分和黄芩苷模型性能影响结果见图 4-7。图 4-7(a)中，添加随机噪声及组合噪声对 1D 和 2D 预处理方法所得模型的预测性能影响较大，添加随机噪声后，其 RMSEP 由(0.2501±0.0063)%和(0.3474±0.0036)%变为(0.3318±0.0017)%和(0.4244±0.0017)%，而添加组合噪声后，RMSEP 变为(0.2982+0.0019)%和(0.3678+0.0028)%；而添加高斯噪声和组合噪声后，SG(9)预处理方法的预测性能稍有提高，其 RMSEP 由(0.2802+0.0032)%变为(0.2759+0.0051)%和(0.2630+0.0033)%；且与原始数据相比，添加组合噪声后，SNV 预处理所得 RMSEP 从(0.1666+0.0029)%变小为(0.1623+0.0011)%。

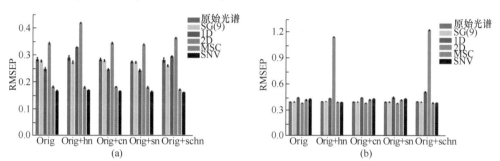

图 4-7　噪声添加至玉米(a)和银黄颗粒(b)验证集及校正集中不同预处理的 RMSEP 图

Orig，原始光谱；Orig+hn，原始光谱+高斯噪声；Orig+cn，原始光谱+光程噪声；Orig+sn，原始光谱+光散射噪声；Orig+schn，原始光谱+组合噪声

在银黄颗粒数据结果图 4-7(b)中，2D 预处理方法对随机噪声及组合噪声较敏感，其 RMSEP 值由(0.3786±0.0024)%变为(1.1570±0.0035)%和(1.2405+0.0056)%。1D 预处理方法所得结果受组合噪声影响，其 RMSEP 值由原始数据的(0.4420+0.0030)%变为(0.5116+0.0042)%。添加组合噪声后，SNV 预处理得到所得 RMSEP 由(0.4262+0.0054)%变为(0.3833+0.0022)%。

7) 噪声添加至校正集和验证集对模型 MDL 的影响

噪声添加至玉米及银黄颗粒 NIR 数据校正集和验证集对指标成分水分和黄芩苷模型 MDL 影响结果见图 4-8。两套 NIR 数据中不同预处理方法所建模型 MDL 值大小排序基本一致，不同的是银黄颗粒数据中 1D 和 2D 预处理所建模型 MDL 相近。与原始数据结果相比，光散射噪声和光程噪声对不同预处理方法所建模型的 MDL 值影响较小。添加高斯噪声及组合噪声后，两套 NIR 数据结果中不同预处理方法所建模型的 MDL 值均变小。

以上结果表明，SNV 和 MSC 预处理方法比 1D、2D 和 SG(9)预处理方法较稳健。添加模拟噪声至校正集时，SG(9)、1D 和 2D 预处理方法所得模型性能对光散射噪声及组合噪声较敏感，由于光散射较复杂，且对样本光谱的影响大于光程噪声和高斯噪声，SG(9)、1D 和 2D 预处理方法不能有效地消除光散射噪声的影响。此外，2D 预处理方法也对高斯噪声较敏感。当噪声同时添加至校正集和验证集时，1D 和 2D 预处理方法由于导数方法可扩大高斯噪声在光谱中的作用，其所得模型性能对高斯噪声及组合噪声较敏感。其他模型预测结果变化较小，主要是因为添加模拟噪声至校正集是一种模型集成方法，即通过添加模拟的噪声提高模型对噪声的稳健性。

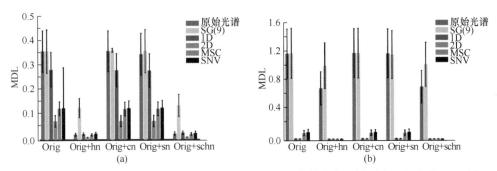

图 4-8　噪声添加至玉米(a)和银黄颗粒(b)验证集及校正集样本中不同预处理方法的 MDL 图
Orig，原始光谱；Orig+hn，原始光谱+高斯噪声；Orig+cn，原始光谱+光程噪声；Orig+sn，
原始光谱+光散射噪声；Orig+schn，原始光谱+组合噪声

另外，不同预处理方法所得模型 MDL 结果显示，2D、SNV 和 MSC 预处理方法在两套数据中所得模型的 MDL 均较小，光散射噪声及组合噪声仅添加至验证集时，SG(9)、1D 和 2D 预处理方法所建模型的 MDL 均有所升高，而当同时添加高斯噪声和组合噪声至校正集和验证集时，所有预处理方法所建模型的 MDL 均有所降低。

以上研究结果表明，以开放玉米 NIR 数据及中药银黄颗粒 NIR 数据为研究载体，添加不同模拟噪声至验证集、校正集和验证集，通过蒙特卡罗抽样方法建立多个玉米和银黄颗粒指标成分水分和黄芩苷的定量模型，并计算多个定量模型的 RMSEP 和 MDL 值，比较 SG(9)、1D、2D、MSC 和 SNV 等 5 种不同预处理方法的稳健性。结果表明，SNV 和 MSC 预处理方法比 1D、2D 和 SG(9)预处理方法较稳健。

4.4　变量筛选方法

近红外光谱吸收重叠较严重且易受仪器噪声影响，导致光谱中含有大量的冗余信息。如果在建模时进行全谱计算，不仅工作量大，而且会大大降低所建模型的预测精度。筛选特征变量即是从矩阵 X 中选出一些重要的变量或最佳变量组合形成矩阵 X'，并以此来建立模型，可以简化模型，同时可剔除不相关或非线性变量，增强校正模型的预测能力。此外，由于得到的变量较少，所以容易解释各变量对模型的影响。目前常用的特征变量筛选方法主要分为两类：一类是简单的基于阈值的判定方法；另一类是将波长选择看成一个组合优化的模型，通过一些搜索方法来选择最佳的波长子集。基于阈值的方法比较简单，它们往往是基于相关系数，或者基于信噪比，或者是某种巧妙设计的阈值指标，如无信息变量消除法，变量重要性投影等，但阈值方法往往很难得到一个最优的结果。

基于搜索的方法主要有两类，一类是逐步算法，速度很快，但很容易陷入局部最优，如间隔偏最小二乘，组合间隔偏最小二乘等；另一类是全局优化算法，能找到最优解，但耗时很长，如遗传算法。

4.4.1 逐步回归分析方法

逐步回归分析方法(stepwise regression analysis，SRA)最初是多元线性回归中选择回归变量的一种常用数学方法，即利用逐步回归法按一定显著水平筛选出统计检验显著的波长，再进行多元线性回归计算。该方法的基本思想是，逐个选入对输出结果有显著影响的变量，每选入一个新变量后，对选入的各变量逐个进行显著性检验，并剔除不显著变量，如此反复选入、检验、剔除，直至无法剔除且无法选入为止。

早期的近红外光谱分析大都采用多元线性回归方法，逐步回归分析方法在波长选取方面起到了重要的作用。在使用逐步回归分析方法时经常遇到的问题是输入变量间具有多重交互作用，输入变量不仅与输出相关，而且彼此相关。在此情况下，模型中的一个输入变量可能会屏蔽其他变量对结果的影响。因此，逐步回归分析方法选取的变量在大多数情况下不是最优的。

4.4.2 无信息变量消除法

无信息变量消除法(uniformative variable elimination，UVE)是基于分析 PLS 回归系数 b 的算法，用于消除那些不提供信息的变量。在近红外光谱法的 PLS 回归模型中，光谱矩阵 X 和浓度矩阵 Y 存在如下关系：

$$Y = Xb + e \tag{4-30}$$

其中，b 是回归系数向量；e 是误差向量。无信息变量消除法就是把相同于自变量矩阵的变量数目的随机变量矩阵(这里等同于噪声)加入光谱矩阵中，然后通过交叉验证的逐一剔除法建立 PLS 模型，得到回归系数矩阵 B，分析回归系数矩阵中回归系数向量 b 的平均值和标准偏差(用)的商 C 的稳定性(或可靠性)，即有如下表达式：

$$Ci = \text{mean}(bi)/S(bi) \tag{4-31}$$

其中，mean(bi) 表示回归系数向量 b 的平均值；$S(bi)$ 表示回归系数向量 b 的标准偏差；i 表示光谱矩阵中第 i 列向量。根据 Ci 的绝对值大小确定是否把第 i 列变量用于最后 PLS 回归模型中。具体的算法如下：

(1) 将校正集光谱矩阵 $X(n×m)$ 和浓度矩阵 $Y(n×1)$ 进行 PLS 回归，并选取最佳主因子数 f，矩阵中的 n 表示样本的数目，m 表示波长变量的数目，下同；

(2) 人为产生一随机噪声矩阵 $R(n×m)$，将 X 与 R 组合形成矩阵 $XR(n×2m)$，该矩阵前 m 列为 X，后 m 列为 R；

(3) 对矩阵 XR 和 Y 进行 PLS 回归，每次剔除一个样本的交互验证，每次得一个回归系数向量 b，共得到 n 个 PLS 回归系数组成矩阵 $B(n×2m)$；

(4) 按列计算矩阵 $B(n×2m)$ 的标准偏差 $S(b)$ 和平均值 mean(b)，然后计算 $Ci = \text{mean}(bi)/S(bi)$，$i=1$，2，$\cdots$，$2m$；

(5) 在[$m+1$，$2m$]区间取 C 的最大绝对值 $C_{max} = \text{max}(\text{abs}(C))$；

(6) 在[[1，m]区间去除矩阵 X 对应 $Ci<C_{max}$ 的变量，并将剩余变量组成经 UVE 方法选取的新矩阵。

4.4.3　变量重要性投影

变量重要性投影(variable importance in the projection，VIP)得分是对某变量在 h 个主成分上投影重要性的比较全面的表征。变量的 VIP 得分可以用来筛选出对模型贡献较大的变量，通常总是选择 VIP 值大于 1 的自变量建立统计回归模型。计算方法如下：

$$\text{VIP}_j = \sqrt{p\sum_{k=1}^{h}X_K(w_{jk}/\|w_k\|)^2)/\sum_{k=1}^{h}X_K} \tag{4-32}$$

其中，X_K 为第 k 个主成分对因变量的解释程度，体现为第 k 个主成分与因变量相关系数的平方，k=1，2，…，h；p 是变量的个数；w_{jk} 是第 j 个变量在第 k 个主成分上的载荷；$\|w_k\|$ 是第 k 个主成分上载荷权重绝对值之和。

4.4.4　竞争-自适用重加权抽样

竞争-自适用重加权抽样(competitive adaptive reweighted sampling，CARS)可以将近红外光谱中与被分析物质含量密切相关的波长从光谱中筛选出来。它的整个筛选过程是一个迭代的连续筛选的过程，使被选变量子集逐渐收敛于特征变量集。在每一次迭代过程中，首先建立偏最小二乘回归模型，然后对回归系数的绝对值排序。在将所有剩余的变量排好序后，运行一个连续的变量压缩程序，将特征光谱变量逐步挑选出来。在循环结束后，用 RMSECV 选择最优的变量子集并建立最后的校正模型。CARS 的实现过程简述如下：

(1) 蒙特卡罗抽样，从样本集中随机选出 k 个样本组成训练集(X_i，Y_i)，i 表示第 i 次循环。

(2) 估计 PLS 模型的回归系数 β；按回归系数的绝对值对所有变量进行排序。

$$\beta = Wb \tag{4-33}$$

其中，W 是 PLS 模型的权重向量；b 是 PLS 模型中得分 T 和响应值 y 之间的回归系数。

(3) 更新模型的参数 r，选取变量集的前 $P\times r_i$：

$$r_i = ae^{-ki} \tag{4-34}$$

$$a = (p/2)^{1/(N-1)} \tag{4-35}$$

$$K = \ln(P/2)/(N-1) \tag{4-36}$$

式中，p 为训练集中变量数；N 为蒙特卡罗抽样次数；ln 是自然对数运算。

(4) 更新 i，令 i=i+1。重复上述过程。

(5) 选择 RMSECV 最小的变量子集作为特征样本集，并建立最终的定量预测模型。

4.4.5　间隔偏最小二乘算法

间隔偏最小二乘方法(iPLS)是 Norgaard[5]于 2000 年提出的一种波长区间选择方法，

是特征变量筛选方法中比较常用和有效的方法之一。它将原始光谱划分为等宽的波段，然后在每个波段上分别建立 PLS 模型。在不同间隔上建立的 PLS 模型会因不同波段光谱所含有效信息的不同而在潜变量因子数上表现出比较大的差异。这里的有效信息指的是该波段光谱含有的与被分析物质性质 y 相关的信息。PLS 模型中一个非常关键的参数是潜变量因子数，为了客观对比全谱 PLS 模型和各波段 PLS 模型的预测性能，潜变量因子数的选择规则应该统一。

iPLS 算法筛选出的最优光谱波段是一种比较粗犷的概念。在最优波段筛选出之后，对该波段做适当的缩放往往会得到更优的结果。这种方法最大的优点是通过图形演示尽可能展现一个局部回归模型，通过选择能够得到一个比较好的光谱区间，而且全谱模型和区间模型能够有一个对比。而组合间隔偏最小二乘法是 iPLS 的一个扩展，它是通过不同区间个数的任意组合而得到相关系数最大且误差最小的一个组合区间。

4.4.6　组合间隔偏最小二乘法

组合间隔偏最小二乘法(synergy interval partial least squares，SiPLS)的原理是把整个光谱等分为若干个等宽的子区间，假设为 n 个，在每个子区间上进行偏最小二乘法回归，建立待测的"局部回归模型"，可以得到 n 个局部回归模型，以交叉验证均方根误差(RMSECV)为各模型的精度衡量标准，通过不同区间个数的任意组合而得到预测误差最小的一个组合区间。SiPLS 还需要对窗口的大小和组合数目进行优化。组合数目的优化计算量非常大，当间隔数比较多，组合数目比较大时，耗费的计算资源相当可观，因此组合数一般不超过 3。最优组合数设定为 3 的另一个考虑是近红外光谱大致分为一级倍频、二级倍频、三级倍频和合频区，合频区的光谱响应多比较嘈杂。另外，近红外光谱的吸收受水分干扰非常严重，受饱和吸收的影响，在近红外光谱上的特征波段不会太多。在实际应用中将组合数设置为 3 能满足大部分工作的需要。

另外，向前间隔偏最小二乘法(FiPLS)和向后间隔偏最小二乘法(BiPLS)也是常用的基于间隔区间的变量筛选方法。其中 FiPLS 是一种只进不出的筛选方法，在计算出 n 个子区间 RMSECV 值后，选取 RMSECV 值最低的子区间为第一入选区间；将剩余$(n-1)$个子区间逐一与第一入选子区间联合，选取 RMSECV 值最低的组合为第二入选区间；以此类推，直至若有子区间均进行联合；所有联合区间中 RMSECV 值最低对应的区间为最佳组合。BiPLS 是一种只出不进的方法，其与 FiPLS 的区别在于，以全部子区间为第一入选区间，基于 RMSECV 值依次去除子区间，直至剩下 1 个子区间；所有联合区间中 RMSECV 值最低对应的区间为最佳组合

4.4.7　移动窗口偏最小二乘法

间隔偏最小二乘法已经在一定程度上优化了建模过程，并且提高了所建立模型的性能。但是间隔偏最小二乘法是人为地将全谱等分为不同的区间，则存在一个风险，即在同一区间内可能存在无关信息被用于建模，而相邻区间即使存在更重要的相关化学信息，但由于不在同一区间，而未被选入建模信息。因此，有人在间隔偏最小二乘法的基础上提出了移动窗口偏最小二乘法(moving windows partial least squares，MWPLS)，其基本思

想与间隔偏最小二乘法类似，具体算法是采用固定的窗口大小在全谱上截取波段，然后对每个波段建立 PLS 模型。

4.4.8　变量筛选方法稳健性评价

在 NIR 定量模型建立过程中，变量筛选是重要的过程之一，理论和实验均证明选择有用信息变量或是剔除无用信息变量可以提高模型的性能。文献中已经报道多种变量筛选的方法，且获得成功的应用。变量筛选方法的影响因素主要包括数据集的大小、测定的不确定性、变量间的相关性及算法本身的特性，因此选择合适的变量筛选方法至关重要。然而，变量筛选方法的选择多以模型的预测性能为指标，少有研究变量筛选方法的稳健性。基于此，为了系统地研究变量筛选方法的稳健性，本节[6]以开放玉米 NIR 数据及中药银黄颗粒 NIR 数据为研究载体，通过添加不同的模拟噪声至验证集、校正集和验证集中，划分样本集后，以蒙特卡罗抽样的方法多次抽取校正集子集变量，计算得到子集变量的重现性(reproducibility, R)及以子集变量建立的多个模型的 RMSEP，以 R 和 RMSEP 为评价指标评价不同变量筛选方法的稳健性。

1) 实验数据

玉米近红外光谱数据包含 80 个样本。光谱范围为 1100～2498nm，光谱间隔为 2nm，共 700 个变量。由 http://www.eigenvector.com/data/Corn/index.html 下载。每个样本在 3 个不同仪器上采集光谱，参考值包括淀粉、蛋白质、油脂及水分的含量。选用 mp5 仪器近红外光谱数据及水分含量为研究数据。

银黄颗粒近红外数据由本课题组采集，该数据中包含 72 个样本，参考 2010 版药典高效液相色谱法(HPLC)测定其主成分黄芩苷含量。Agilent 1100 高效液相色谱仪(Agilent Technologies，USA)配有在线脱气机、自动进样器、柱温箱、DAD 二极管阵列检测器，色谱柱为 ODS(150mm，4.6mm，5mm，Waters，USA)。甲醇-水-磷酸(50:50:0.2)为流动相，流速为 1.0mL/min，柱温为 30℃，检测波长为 274nm。

2) 变量筛选稳健性评价

用原始光谱数据通过添加模拟噪声至验证集、校正集和验证集中，选用重现性及预测结果为评价指标，比较不同变量筛选方法噪声的稳健性。首先，对已有数据选用 KS 算法划分样本集(2:1)，为评价不同变量筛选方法的稳健性，三种常见的噪声(高斯噪声、光程噪声、光散射噪声)及其组合噪声分别添加至验证集、校正集和验证集光谱中。用 MCCV 确认最佳潜变量因子，在此基础上，通过蒙特卡罗抽样，抽取 2/3 校正集样本，通过变量筛选方法选择变量并建立相应的校正子模型，重复 100 次，并计算变量筛选方法不同条件下所得模型的 RMSEP 及筛选变量的重现性，其示意图见图 4-9，用于评价变量筛选方法的稳健性。

筛选变量重现性主要根据文献[7]计算所得，两次筛选所得变量的数据集 f_g 和 f_h，相似性计算见

$$S_{gh} = \frac{\left| v_g \cap v_h \right| - E\left| v_g \cap v_h \right|}{\sqrt{\left| v_g \right| \times \left| v_h \right|} - E\left| v_g \cap v_h \right|} \tag{4-37a}$$

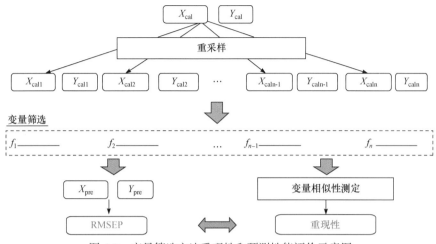

图 4-9　变量筛选方法重现性和预测性能评价示意图

其中，v_g 和 v_h 分别代表变量的数据集 f_g 和 f_h 的变量数；$\left|v_g \cap v_h\right|(0 \leqslant \left|v_g \cap v_h\right| \leqslant \sqrt{\left|v_g\right| \times \left|v_h\right|})$ 代表 f_g 和 f_h 变量子集的共有变量；$E\left|v_g \cap v_h\right|$ 代表期望 $\left|v_g \cap v_h\right|$，可通过计算原始数据中多次随机筛选的 $v_{random,g}$ 和 $v_{random,h}$ 变量子集 S_{gh} 的均值。如果筛选变量的相似性比随机选择变量的相似性差，则 S_{gh} 为负值。一种变量筛选方法的重现性(R)计算公式如下：

$$R = \frac{2}{r(r-1)} \sum_{g=1}^{r-1} \sum_{h=g+1}^{r} S_{gh}$$

(4-37b)

其中，r 为变量筛选的次数；R 为所有子集变量相似性的均值，R 值越大，变量筛选方法的重现性越好。

3) 噪声水平和潜变量因子的确定

玉米与银黄颗粒样本近红外原始光谱见图 4-10，确定三种噪声的水平，并将三种噪声及其组合噪声分别添加至验证集、验证集和校正集原始光谱中，以玉米样本为例所添加的噪声示意图见图 4-11。玉米及银黄颗粒数据原始光谱模型的潜变量因子由 MCCV 确定，根据最小的 MCCV 值确定最佳潜变量因子，见图 4-12。

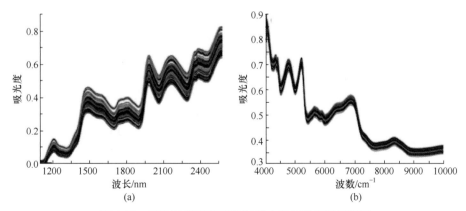

图 4-10　玉米(a)和银黄颗粒(b)样本近红外原始光谱图

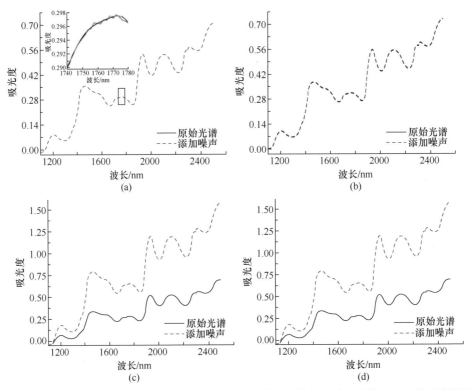

图4-11 高斯噪声(a)、光程噪声(b)、光散射噪声(c)及其组合噪声(d)对玉米样本近红外光谱的影响

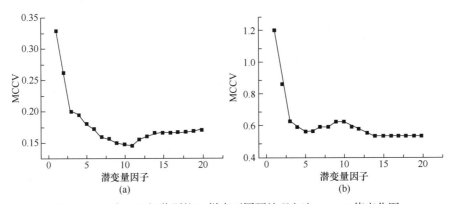

图4-12 玉米(a)和银黄颗粒(b)样本不同预处理方法MCCV值变化图

4) 噪声添加至验证集对变量筛选方法性能的影响

噪声添加至玉米验证集光谱中不同变量筛选方法建模结果见图4-13,不同变量筛选方法的RMSEP和R结果见图4-13,CARS、SiPLS、UVE和VIP变量筛选方法所选择变量结果见图4-14。从图4-13中可以看出,不同变量筛选方法所得RMSEP不同,噪声添加至验证集后RMSEP均变大,尤其是添加光散射噪声及组合噪声后,CARS、SiPLS、UVE 和 VIP 变量筛选方法所得模型的 RMSEP 由(0.3469±0.0638)%、(0.3837±0.0589)%、(0.3612±0.0522)%和(0.3237±0.0446)%变为(12.9135±0.3656)%、(12.9846± 0.2374)%、(13.0026± 0.2333)%和(12.8956±0.1703)%,及(13.2494±0.3658)%、(13.3632±0.2820)%、(13.3745±0.2414)%

和(13.1054±0.1290)%。其中，UVE 所得模型预测能力对组合噪声和光散射较敏感，添加噪声后 RMSEP 上升幅度最大。添加高斯噪声和光程噪声后，各变量筛选方法的 RMSEP 变化幅度不大。

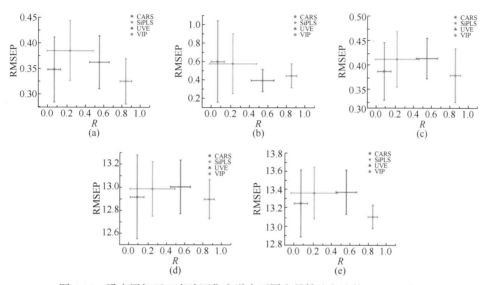

图 4-13　噪声添加至玉米验证集光谱中不同变量筛选方法的 RMSEP 和 R

(a) 原始光谱；(b) 原始光谱+高斯噪声；(c) 原始光谱+光程噪声；(d) 原始光谱+光散射噪声；(e) 原始光谱+组合噪声

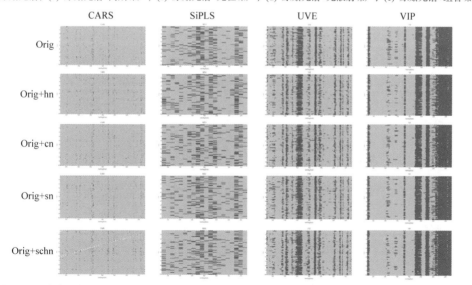

图 4-14　噪声添加至玉米验证集 CARS、SiPLS、UVE 和 VIP 变量筛选方法所选择的变量分布

Orig 原始光谱；Orig+hn 原始光谱+高斯噪声；Orig+cn 原始光谱+光程噪声；
Orig+sn 原始光谱+光散射噪声；Orig+schn 原始光谱+组合噪声

图 4-13(a)中显示不同变量筛选方法在玉米数据原始光谱中所选变量的重现性不同，VIP 重现性最好，其次是 UVE 和 SiPLS，而 CARS 最差，在验证集添加噪声对各变量筛选方法选择变量的重现性影响不大，影响变量筛选方法重现性的主要是抽样造成的扰动。

各变量筛选方法所选择的变量见图 4-14。从图中可以看出,CARS、SiPLS、UVE 和 VIP 所选择变量数逐渐变大,主要与各变量筛选方法原理相关,与原始光谱中所选变量相比,噪声添加至验证集的结果变化不大,所选择的主要变量不变,重现性稳定。

噪声添加至银黄颗粒验证集光谱中不同变量筛选方法建模结果见图 4-15,不同变量筛选方法的 RMSEP 和 R 结果见图 4-15,CARS、SiPLS、UVE 和 VIP 变量筛选方法所选择变量结果见图 4-16。从图 4-15 中可以看出,银黄颗粒与玉米数据结果相类似,噪声添加至验证集中对不同变量筛选所得模型的预测结果影响最大的是组合噪声和光散射噪声,其次是高斯噪声及光程噪声。添加光散射噪声和组合噪声后,CARS、SiPLS、UVE 和 VIP 变量筛选方法所得模型的 RMSEP 由(0.4696±0.0746)%、(0.4570±0.0557)%、(0.4423±0.0546)% 和 (0.4201±0.0337)% 变 为 (4.8185±0.2480)% 、 (4.8408±0.1636)% 、 (4.8435±0.2288)%和(4.7754±0.1769)%及(6.5225±0.9122)%、(5.7578±1.0079)%、(7.1570±2.5160)%和(5.4938±1.3474)%,其中,UVE 所得模型预测结果对组合噪声较敏感。添加高斯噪声后,各变量筛选方法所得模型 RMSEP 变为(1.8578±0.7835)%、(1.0948±0.6151)%、(1.8243±1.2848)%和(0.6066±0.5338)%,其中 UVE 所得模型预测结果对高斯噪声较敏感。光程噪声对模型的建模结果影响最小,各变量筛选方法所得 RMSEP 变化不大。

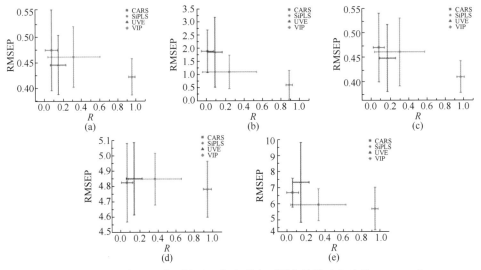

图 4-15 噪声添加至银黄颗粒验证集光谱中不同变量筛选方法的 RMSEP 和 R

(a) 原始光谱; (b) 原始光谱+高斯噪声; (c) 原始光谱+光程噪声; (d) 原始光谱+光散射噪声; (e) 原始光谱+组合噪声

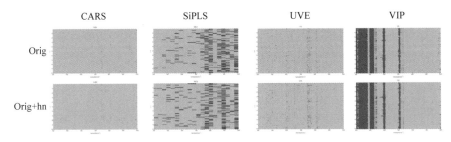

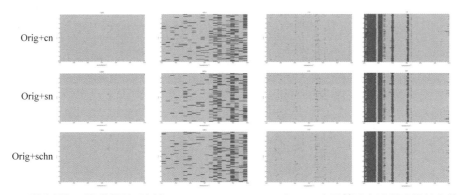

图 4-16　噪声添加至银黄颗粒验证集 CARS、SiPLS、UVE 和 VIP 变量筛选方法所选择的变量分布

Orig 原始光谱；Orig+hn 原始光谱+高斯噪声；Orig+cn 原始光谱+光程噪声；
Orig+sn 原始光谱+光散射噪声；Orig+schn 原始光谱+组合噪声

图 4-15(a)中显示不同变量筛选方法在银黄颗粒数据原始光谱中所选变量的重现性，与玉米数据结果相同，VIP 重现性最好，CARS 最差，在验证集添加噪声对各变量筛选方法选择变量的重现性影响不大，影响变量筛选方法重现性的主要是抽样造成的扰动。而银黄颗粒数据中，SiPLS 筛选变量重现性优于 UVE。各变量筛选方法所选择的变量见图 4-16，与原始光谱中所选变量相比，添加噪声至验证集的结果变化不大，所选择的主要变量不变，重现性稳定。

5) 噪声添加至校正集和验证集对变量筛选方法性能的影响

噪声添加至玉米校正集和验证集光谱中不同变量筛选方法建模结果见图 4-17，不同变量筛选方法的 RMSEP 和 R 结果见图 4-17，CARS、SiPLS、UVE 和 VIP 变量筛选方法所选择变量结果见图 4-18。从图 4-17 中可以看出，与噪声仅添加至验证集光谱数据中相比，噪声同时添加至校正集和验证集中对模型的预测结果影响较小，其中高斯噪声和组

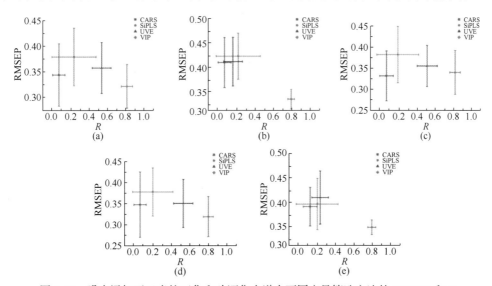

图 4-17　噪声添加至玉米校正集和验证集光谱中不同变量筛选方法的 RMSEP 和 R

(a) 原始光谱；(b) 原始光谱+高斯噪声；(c) 原始光谱+光程噪声；(d) 原始光谱+光散射噪声；(e) 原始光谱+组合噪声

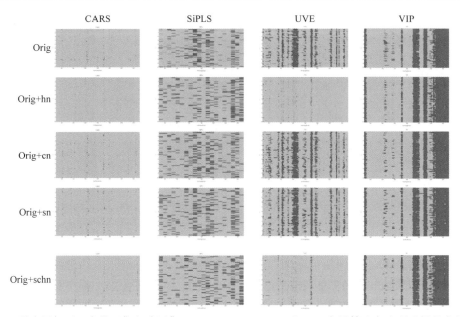

图 4-18　噪声添加至玉米校正集和验证集 CARS、SiPLS、UVE 和 VIP 变量筛选方法所选择的变量分布
Orig 原始光谱；Orig+hn 原始光谱+高斯噪声；Orig+cn 原始光谱+光程噪声；
Orig+sn 原始光谱+光散射噪声；Orig+schn 原始光谱+组合噪声

合噪声对模型的预测性能影响较大。添加高斯噪声后，CARS、SiPLS 和 UVE 变量筛选方法所得模型的 RMSEP 由(0.3469±0.0638)%、(0.3837±0.0589)%和(0.3612±0.0522)%变为(0.4006±0.0654)%、(0.4171±0.0602)%和(0.4029±0.0636)%。添加组合噪声后，CARS 和 UVE 变量筛选方法所得模型 RMSEP 由(0.3469±0.0638)%和(0.3237±0.0446)%变为(0.3726±0.0503)%和(0.3964±0.0694)%。此外，添加光程噪声后，VIP 变量筛选方法所得 RMSEP 由(0.3237±0.0446)%变为(0.3396±0.0535)%。

　　图 4-17 中也显示了不同条件下各变量筛选方法在玉米数据中的重现性，噪声同时添加至校正集和验证集光谱时对所选择的变量的重现性影响较大，其中组合噪声影响最大，其次是光散射噪声和光程噪声。添加组合噪声后，SiPLS、UVE 和 VIP 变量筛选方法所选变量的重现性 R 由(0.2426±0.2494)%、(0.5569±0.1077)%和(0.8443±0.0638)%变为(0.2267±0.2380)%、(0.2592±0.0958)%和(0.8423±0.0463)%。添加光散射噪声后，SiPLS 和 VIP 的 R 由(0.2426±0.2494)%和(0.8443±0.0638)%变为(0.2158±0.2266)%和(0.8353±0.0557)%。添加光程噪声后，SiPLS 和 UVE 的 R 由(0.2426±0.2494)%和(0.5569±0.1077)%变为(0.2125±0.2347)%和(0.5459±0.1162)%。此外，添加高斯噪声后，UVE 变量筛选方法的 R 由(0.5569±0.1077)%变为(0.1991±0.1057)%。除以上情况，其他条件的 R 均有所提高。

　　各变量筛选方法所选择的变量见图 4-18，与原始光谱中所选变量相比，CARS 所选择变量数变化不大，其重现性较差，添加噪声后其所选择变量的重现性有所提高，尤其是组合噪声。SiPLS 筛选变量的个数固定不变，除添加高斯噪声外，添加其他噪声至校正集和验证集时，变量筛选的重现性均变差。UVE 变量筛选方法受噪声影响较大，添加高斯噪声和组合噪声后，所选择变量由 149±51 变为 27±12 和 29±12，且除添加光散射噪声，其他噪声条件下该变量筛选方法所选变量重现性均有所降低。VIP 变量筛选方法所选择的变量数最多且变量个数较稳定，其重现性较好，该方法对光散射噪声和组合噪声较敏感，添加噪声后所选择变量重现性有所变小。

　　噪声添加至银黄颗粒校正集和验证集光谱中不同变量筛选方法建模结果见图 4-19，不同变量筛选方法的 RMSEP 和 R 结果见图 4-19，CARS、SiPLS、UVE 和 VIP 变量筛选方法所选择变量结果见图 4-20。从图 4-19 中可以看出，与噪声仅添加至验证集光谱数据中相比，噪声同时添加至校正集和验证集中对模型的预测结果影响较小，其中组合噪声和高斯噪声对模型的预测性能影响较大。添加组合噪声后，CARS、SiPLS、UVE 和 VIP 变量筛选方法所得模型 RMSEP 由(0.4696±0.0746)%、(0.4570±0.0557)%、(0.4423±0.0546)%和 (0.4201±0.0337)% 变 为 (0.4889±0.0636)% 、 (0.4637±0.0577)% 、 (0.4543±0.0456)% 和 (0.4635±0.0125)%。添加高斯噪声后，SiPLS 和 VIP 变量筛选方法所得模型的 RMSEP 由 (0.4570±0.0557)%和(0.4201±0.0337)%变为(0.4836±0.0567)%和(0.4624±0.0118)%。添加光散噪声后，CARS、UVE 和 VIP 变量筛选方法所得模型 RMSEP 由(0.4696±0.0746)%、(0.4423±0.0546)%和(0.4201±0.0337)%变为(0.4743±0.0584)%、(0.4510±0.0537)%和(0.4206±0.0267)%。添加光程噪声后，SiPLS、UVE 和 VIP 变量筛选方法所得模型 RMSEP 由(0.4570±0.0557)%、(0.4423±0.0546)%和(0.4201±0.0337)%变为(0.4581±0.0607)%、(0.4426±0.0463)%和(0.4221±0.0306)%。

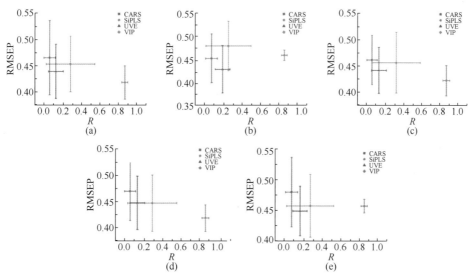

图 4-19　噪声添加至银黄颗粒校正集和验证集光谱中不同变量筛选方法的 RMSEP 和 R

(a) 原始光谱；(b) 原始光谱+高斯噪声；(c) 原始光谱+光程噪声；(d) 原始光谱+光散射噪声；(e) 原始光谱+组合噪声

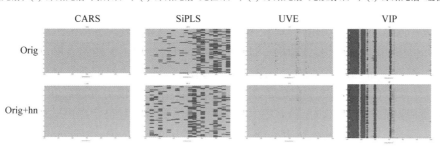

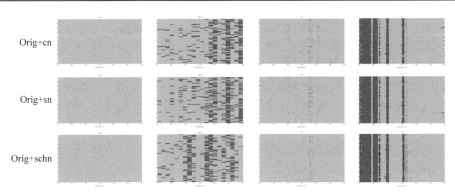

图 4-20　噪声添加至银黄颗粒校正集和验证集 CARS、SiPLS、UVE 和 VIP 变量筛选方法所选择的变量分布
Orig 原始光谱；Orig+hn 原始光谱+高斯噪声；Orig+cn 原始光谱+光程噪声；
Orig+sn 原始光谱+光散射噪声；Orig+schn 原始光谱+组合噪声

图 4-19 中也显示了不同条件下各变量筛选方法在银黄颗粒数据中的重现性，噪声同时添加至校正集和验证集光谱时对所选择的变量的重现性影响较大，其中组合噪声影响最大，其次是光散射噪声和光程噪声。添加组合噪声后，VIP 变量筛选方法所选变量的重现性 R 由(0.9161±0.0337)%变为(0.8969±0.0367)%。添加光散射噪声后，CARS 和 VIP 的 R 由(0.0643± 0.0647)%和(0.9161±0.0337)%变为(0.0620±0.0628)%和(0.9131±0.0379)%。添加光程噪声后，CARS 和 VIP 的 R 由(0.0643±0.0647)%和(0.9161±0.0337)%变为(0.0594±0.0601)%和(0.9131± 0.0396)%。此外，添加高斯噪声后，VIP 变量筛选方法的 R 由(0.9161±0.0337)%变为(0.9055± 0.0323)%。除以上情况，其他条件的 R 均有所提高。

各变量筛选方法所选择的变量见图 4-20，与原始光谱中所选变量相比，CARS 所选择变量数变化不大，其重现性较差，添加噪声后其所选择变量的重现性有所提高，尤其是组合噪声。SiPLS 筛选变量数固定不变，除添加高斯噪声外，添加其他噪声至校正集和验证集时，变量筛选的重现性均变差。UVE 变量筛选方法受噪声影响较大，添加高斯噪声和组合噪声后，所选择变量由 41±16 变为 41±12 和 39±14，且除添加光散射噪声，其他噪声条件下该变量筛选方法所选变量的重现性均有所降低。VIP 变量筛选方法所选择的变量数最多且变量个数较稳定，其重现性较好，该方法对光散射和组合噪声较敏感，添加噪声后所选择变量的重现性有所变小。

以开放玉米 NIR 数据及中药银黄颗粒 NIR 数据为研究载体，通过添加不同模拟噪声至验证集、校正集和验证集光谱中，采用蒙特卡罗抽样方法得到多个校正子集，由 CARS、SiPLS、UVE 和 VIP 等 4 种不同变量筛选方法筛选各校正子集的特征变量，建立相应的 PLS 校正子模型，并计算各校正子模型的 RMSEP 和 R 值，比较 CARS、SiPLS、UVE 和 VIP 等 4 种不同变量筛选方法的稳健性。结果表明，不同的变量筛选方法性能不同，尤其是各方法筛选变量的重现性，VIP 预处理方法比 CARS、UVE 和 SiPLS 变量筛选方法较稳健。模拟噪声添加至验证集时，UVE 所得模型的预测结果对组合噪声和光散射噪声较敏感，噪声添加至验证集中时，各变量筛选方法所选变量的重现性变化不大，同原始数据结果一致，CARS 筛选变量的重现性最差，VIP 筛选变量重现性最好。模拟噪声添加至校正集和验证集时，CARS 和 UVE 所得模型的预测结果对组合噪声较敏感，而玉米数据 UVE 筛选变量的重现性对组合噪声和高斯噪声较敏感，R 由(0.5569±0.1077)%变为

(0.2592±0.0958)%和(0.1991±0.1057)%，由于变量筛选过程中添加的噪声矩阵水平较小，最终所选噪声稳健变量较多。

4.4.9　后向变量选择偏最小二乘法

诚然，间隔偏最小二乘法(iPLS)和移动窗口偏最小二乘法(MWPLS)已经在一定程度上提高了 PLS 的模型性能[8,9]，但是依然存在一些问题：①如何选择所划分的区间数或是窗口的大小；②如果在所选定的区间外还存在其他相关化学信息变量，则有无法将其选入进行建模的风险；③在所选定的区间内也有可能存在其他噪声的风险。

基于以上原因，Pierna 等提出了后向变量选择偏最小二乘法(backward variable selection method for PLS regression，BVSPLS)，该方法是定量校正模型建立过程中的光谱波长的优选，是一种可以有效提取有用化学信息，提高模型解释性的优秀算法。其主要原理和算法流程见图 4-21。后向变量选择偏最小二乘法是先将原始数据分为校正集(calibration set)、停止集(stop set)和测试集(test set)，以全波长建立的模型为起始模型，然后采用去一变量交叉验证法(leave-one-variable-out-cross validation)，即每次剔除一条光谱来建立一个模型(有多少条光谱变量就有多少个模型)，并用停止集来计算每个模型的 RMSEP 值，将其取得最小值时对应的变量删去，此为一个循环步骤；再以去掉对应变量的数据集为起始模型重复上述循环步骤，直至所取得的 RMSEP 值开始变大时则此循环结束。该算法的优点是将每个变量都纳入建模过程进行计算，保证最终得到的变量是和目标化合物最相关的信息。

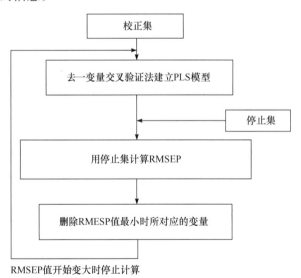

图 4-21　BVSPLS 的主要原理和算法流程

实验过程中发现有两个问题需要注意：①由于 PLS 算法本身的要求，需要对所建立模型的潜变量因子进行优化选择，以得到最优结果；②当 RMSEP 值开始变大时并不一定是循环应该结束的时刻，因为将此循环继续往下计算时，发现后续计算步骤中有可能会出现比前面更小的 RMSEP 值。针对以上问题,本书对此算法进行了改进(图 4-22):① 在建立每一个模型时都将潜变量因子从 1 到 10 进行选择，并且以停止集的 RMSEP 值来决定潜变量因子数，以保证所建立的模型是最优的；②将建模流程一直循环计算下去，最后取其最小 REMSEP 值来决定所要留取的变量。

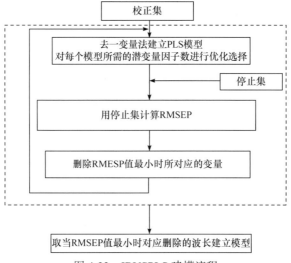

图 4-22　IBVSPLS 建模流程

本节[10]应用改进的后向变量选择偏最小二乘法(improved backward variable selection method for PLS regression，IBVSPLS)对小麦中的蛋白质含量及橘叶中的橙皮苷含量建立模型，采用相关系数及预测均方根误差(root-mean-square error of prediction，RMSEP)对所建立的模型进行了评价，并且与目前常用的波长选择方法，即间隔偏最小二乘法(iPLS)和移动窗口偏最小二乘法(MWPLS)进行了比较。

1) 实验数据

小麦样本的近红外光谱及蛋白质含量，下载自 ftp://ftp.clarkson.edu/pub/hopkepk/Chemdata/Kalivas/。图 4-23 为小麦样本的近红外光谱，样本数为 100，波长为 1100～2500nm，变量数为 701。

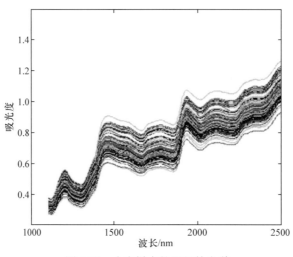

图 4-23　小麦样本的近红外光谱

2) 光谱预处理

为了减少光谱噪声和背景的影响，提高信噪比，对两组原始光谱数据进行了 SNV 变换和 SG 九点二项式平滑(Savitsky-Golay smooth，SG smooth)处理。

3) 数据分析

数据处理在 MATLAB7.9(Mathworks.Inc)平台下完成，iToolbox 工具包由 Lars Nørgaard 等提供的网络共享(www.models.kvl.dk)，其余各计算程序均自行编写。

4) 全谱建模结果

偏最小二乘法是通过由 H.Wold 提出的非线性迭代偏最小算法(NIPLS)来完成，它是在分解测量矩阵 Y 的同时考虑浓度矩阵 C 的因素(考虑它们的线性关系)，而在分解浓度矩阵 C 的同时考虑测量矩阵 Y 的因素(考虑它们的线性关系)，交互效验互相影响，通过迭代矢量而使两个分解过程合二为一。正是偏最小二乘法的提出，使一直困扰于近红外光谱提取有效化学信息的过程得到有效解决，极大地促进了近红外光谱技术的发展和应用。图 4-24 表示采用全谱建立经典偏最小二乘法的结果，由于偏最小二乘法是一种隐变量投影方法，因此需对建模所需的潜变量因子进行优化选择以获得最优的模型，本书分别对潜变量因子从 1 到 10 分别建立了模型，当潜变量因子为 4 时所获得的结果最优，对测试集的相关系数和预测均方根误差分别为 0.9016 和 0.3324。

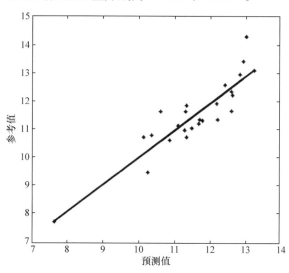

图 4-24　全谱建模 PLS 模型参考值与预测值相关图

5) 间隔偏最小二乘法

通常认为经典的偏最小二乘法已能有效地提取相关化学信息，最大限度地剔除无关信息变量，但是近些年来随着对偏最小二乘法和近红外光谱研究的不断深入，发现经典的偏最小二乘法也存在一些问题，如对所建立的模型解释性不强、容易陷入过拟合等。目前认为在建立偏最小二乘模型前对变量(波长)进行筛选是提高模型性能的一种有效方法。基于此，Lars Nørgaard 等提出了间隔偏最小二乘法，其基本思想是将全谱等分为若干个光谱区间，然后对每个光谱区间建立偏最小二乘模型，并对潜变量因子数进行优化选择。它主要的功能是为目标测定物与全谱中每个不同子区间的信号相关性提供了个可视化的全景，因此可方便地看出光谱中重要的特征区间，然后删除其他噪声较大的区间。iPLS

法主要以交叉验证均方根误差(RMSECV)和相关系数(squared correlation coefficient, r)来评价每个区间模型的优劣。

图 4-25 表示将光谱分为 20 个等宽的区间,并对每个区间建立的最优的 PLS 模型以 RMSECV 进行评价,从中可以看出以第 2 个区间(波长 1172～1240nm)采用 6 个潜变量因子建立的 PLS 模型结果最优,其 RMSECV 值远远低于采用全谱建模的 RMSECV 值,因此使用该光谱区间来建立小麦中蛋白质含量的 PLS 模型。

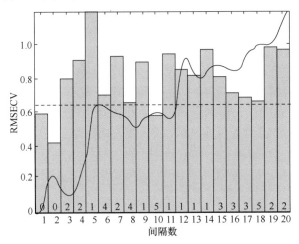

图 4-25　蛋白质含量 20 个区间的 RMSECV

图 4-26 表示经 iPLS 方法优选后用于建模的近红外波段,此波段范围主要是—CH 的二级倍吸收,证明在小麦蛋白质的近红外光谱中此吸收最为强烈,是其主要化学信息。图 4-27 表示采用 iPLS 方法建立的模型,其决定系数 R^2 为 0.9183,RMSEP 为 0.2519,比较图 4-24 可以看出,间隔偏最小二乘法所建立的模型相比采用全谱建模的经典偏最小二乘法建立的模型,其性能已有所提高,证明在建模前对光谱波长进行筛选是有效的,在减少建模变量数的同时提高了模型的性能,也有助提高模型的可解释性。

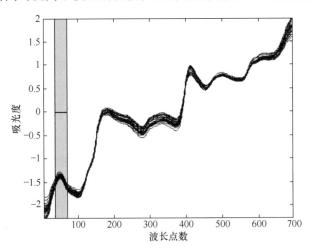

图 4-26　选定的用于建模的近红外波段

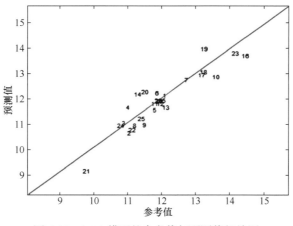

图 4-27　iPLS 模型的参考值与预测值相关图

6) 移动窗口偏最小二乘法

间隔偏最小二乘法已经在一定程度上优化了建模过程，并且提高了所建立模型的性能。但是间隔偏最小二乘法是人为地将全谱等分为不同的区间，在同一区间内可能有无关化学信息被选入用于建模，而相邻区间有可能存在更重要的相关化学信息由于不在同一区间而未被选入建模的风险。因此，在间隔偏最小二乘法的基础上提出了移动窗口偏最小二乘法，其基本思想与间隔偏最小二乘法类似，具体算法是采用固定的窗口大小在全谱上截取波段，然后对每个波段建立 PLS 模型。

本书采用窗口大小为 31 个波长点，分别对不同的波段进行了 PLS 建模，结果见图 4-28。从图 4-28 中可以看出，当窗口位置在 43，也就是波长范围为 1184～1246nm 时，所建立的模型的 RMSECV 值最小，因此考虑使用该波段建立 PLS 模型。

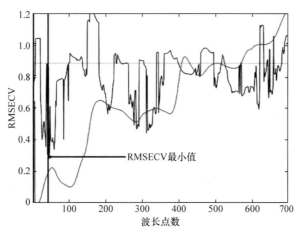

图 4-28　移动窗口偏最小二乘法选择的波段

图 4-29 表明采用 MWPLS 方法建立的模型其测试集的相关系数为 0.9237，RMSEP 值为 0.2803。可以看出相比较于间隔偏最小二乘法，移动窗口偏最小二乘法在优化模型性能方面又有所提高，将决定系数从 0.9183 提高到了 0.9237，证明采用 MWPLS 方法所建立的模型的结果更精准，能在更大程度上提取相关化学信息变量，剔除无关信息变量。

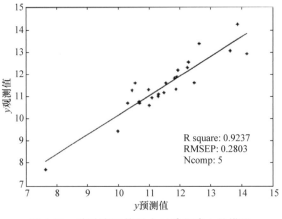

图 4-29　移动窗口偏最小二乘法建立的模型

7) 改进的后向变量选择偏最小二乘法

按照原理中所提及的建模流程，首先将样本集分为校正集、停止集和测试集，本书采用随机选择的方法进行分类。为了考察停止集样本量的大小对删除变量数和 RMSEP 值的影响，将校正集样本量固定在 30，然后分别对停止集样本量为 10、15、30、45、60 的不同情况进行了比较，结果见表 4-2。从表 4-2 中可以看出，当停止集样本量为 45 时，被删除的变量数最多并且 RMSEP 值最小，表明在此情况下建立的模型能得到较优的结果。

表 4-2　不同停止集样本量的比较

停止集样本量	删除变量数	RMSEP
10	139	1.0309×10^{-7}
15	223	1.3180×10^{-7}
30	204	7.5633×10^{-9}
45	555	2.5090×10^{-9}
60	198	9.4146×10^{-9}

图 4-30 表示运行步数与所对应的 RMSEP 之间的关系，从图中可以看出，如果按照未经改进的 BVSPLS，则该程序应该在运算至第 9 步时即停止运算，那么所删除的变量数只有 9 个，用于光谱建模的波长筛选意义并不大，而且一定不是最优的结果。因此，选取整个运算完成之后的 RMSEP 值最小时所删除的变量是有道理的。

图 4-31 中"□"表示保留下来的变量，"•"表示未保留(即被删除)的变量，从图中可以看出经 IBVSPLS 筛选出来是离散的变量而非区间范围，并且可将这些谱峰按照近红外光谱对不同基团的吸收位置进行归属，使所筛选的波长富于解释性。

蛋白质是由很多氨基酸经缩合反应脱水后生成的，根据蛋白质结构，其中包含大量的 C—H、—CONHR 基团，特别是—CONHR 基团由氨基酸两两缩合而成，大量存在于肽链结构中是其一大特点。图中 1124～1326nm 范围内筛选出来的波长主要是 C—H 的二级倍频吸收,特别是1188nm的吸收峰尤为强烈。波长1328~1426nm范围主要是—NH₂的一级倍频吸收,由于大量的氨基酸都参与了缩合反应而脱氢导致蛋白质中所含—NH₂较少,所以在此区域内吸收较弱并且谱带较宽。波长1432~1484nm范围主要是—CONHR也就是肽键的一级倍频吸收,由于蛋白质中大量存在着该基团,因此可以看出此波段吸收较为强烈且密集分布。波长1646~1744nm范围主要是—CH的一级倍频吸收,这是近红外光谱的主要吸收信号之一。在波长为1900nm附近出现一个强吸收信号,此为H_2O的光谱信号,由于近红外光谱本身极易受水分的影响,因此一般的含水样本中都会出现此强吸收信号。波长大于2000nm的是各种基团的合频吸收区,因此谱带较宽且吸收信号也较强烈。

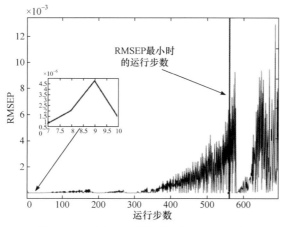

图 4-30　不同运行步数对应的 RMSEP 值

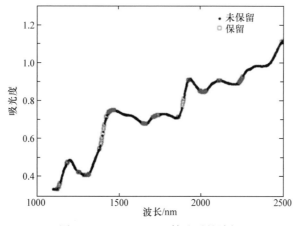

图 4-31　经 IBVSPLS 筛选后的波长

本节采用 IBVSPLS 筛选后的波长结合 PLS 法对小麦样本的蛋白质含量建立定量校正模型,并与未进行波长选择的 PLS 算法和未经优化的 BVSPLS 所建立的模型进行了比较。图 4-32 为未经优化的 BVSPLS 建立的模型,其相关系数为 0.9298,RMSEP 为 0.1099;图 4-33 为 IBVSPLS 建立的模型,其相关系数为 0.9306,RMSEP 为 0.0540。从图中可以看出，采用 IBVSPLS 建立的模型提高了相关系数值，降低了 RMSEP 值，并且是在大大减少变量数的情况下实现的，使建立的模型更富于解释性，证明该方法可有效用于近红外光谱定量校正模型的建立。

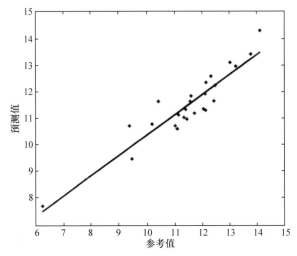

图 4-32　未经改进的 BVSPLS 模型参考值与预测值相关图

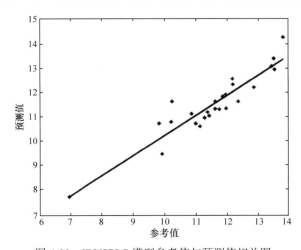

图 4-33　IBVSPLS 模型参考值与预测值相关图

从表 4-3 中可以看出，采用 IBVSPLS 对测试样本获得的相关系数最高，RMSEP 值最小，证明是一种相较于其他算法较为优良的算法程序。相较于传统的 PLS 算法，该算法不仅在提高模型性能的同时大大减少了用于建模的变量数，并且使所建立的模型更具解释性，对不同的谱带峰进行了归属；相较于未经改进的 BVSPLS，该算法对每个模型的潜变量因子数都进行了优化选择，保证所建立的每个模型都是在当前条件下的最优状态，使每个模型都具有可比性，同时也大大减少了变量数，并且提高了模型的性能；相较于间隔偏最小二乘法和移动窗口偏最小二乘法，该算法所提取的波长是离散的而非是某一个固定的光谱区间，其优势在于可以最大程度地提取相关化学信息，剔除无关信息变量，对测试集样本的研究也同时表明该算法所建立的模型性能优于以上两种算法。

表 4-3　不同建模方法所建立模型的性能

变量筛选方法	决定系数 R^2	RMSEP	潜变量因子
经典的 PLS	0.9016	0.3324	4
间隔偏最小二乘法(iPLS)	0.9183	0.2519	6
移动窗口偏最小二乘法(MWPLS)	0.9237	0.2803	5
BVSPLS	0.9298	0.1099	8
IBVSPLS	0.9306	0.0540	8

以上研究结果表明，采用 IBVSPLS 法，使用少量的变量数对小麦中的蛋白质含量和橘叶中的橙皮苷含量建立了定量校正模型，在减少变量数的同时大大提高了模型的预测能力，同时使所建立的模型更富于解释性，证明该方法可有效用于近红外光谱的定量校正模型的建立。

该方法的特点是可使用较少的校正集样本建立较为优秀的模型，需要指出的是本方法以获得较少的变量数用于 PLS 模型的建立为主要目的，因此需注意调整停止集样本的数量以得到较优的结果。

当然，该算法也存在一些不足之处。由于 IBVSPLS 采用的是迭代的穷举算法，因此相较于其他算法较为费时费力，如果对所建立的模型精度要求不高，或是校正集样本组成较单一，采用简单的 PLS 算法即可达到要求，建议可考虑采用间隔偏最小二乘法或是移动窗口偏最小二乘法。

4.4.10　遗传算法

遗传算法(genetic algorithm，GA)是模拟达尔文的遗传选择和自然淘汰的生物进化过程的计算模型，最早由美国 Holland 于 1975 年提出，Jong 和 Davis 等对其进行了完善和发展。在近红外测量领域，遗传算法主要用于分析对象的特征波长的优化选择。它是一个以适应度函数为依据，通过对群体中个体施加遗传操作来实现群体内个体结构重组的迭代优化过程。遗传空间的解又称个体或染色体，多个个体组成一个群体。进化过程中的优胜劣汰处理称为遗传算子。遗传算法包括 3 种遗传算子：选择，交叉，变异适应度函数(目标函数)，被用来评价个体解的优劣程度，从而对个体进行选择操作。控制遗传算法处理效果的主要参数包括群体规模与交叉概率，变异概率。

具体分析遗传算法的各环节，其实现过程为：

(1) 随机产生初始群体；

(2) 计算群体中个体的适应度；

(3) 判断是否符合终止条件，若符合，则终止，否则继续执行(4)；

(4) 根据适应度，从当代种群中选择再生个体；

(5) 通过交叉方法产生新个体；

(6) 通过变异方法产生新个体；

(7) 计算新一代种群中每个个体的适应度，然后返回(3)。

评价个体优劣的适应值函数为

$$F = \frac{1}{1 + \text{RMSEP}} \tag{4-38}$$

RMSEP 为模型的预测均方根误差，它是模型准确度的重要评价指标。

4.5　模型校正方法

在中药制造近红外测量过程中，模型校正即采用化学计量学方法，在样本物化属性与分析仪器响应值之间建立定量或定性关联关系。常用的定量校正方法有多元线性回归、主成分回归和偏最小二乘等线性校正方法，其中偏最小二乘法在近红外漫反射光谱分析中得到广泛应用，事实上已经成为一种标准的常用方法。但是当非线性较严重时，采用偏最小二乘法并不能得到理想的预测模型，需要使用人工神经网络、支持向量机等非线性校正方法。

4.5.1　多元线性回归

多元线性回归(multiple linear regression，MLR)是早期近红外光谱定量检测常用的建模工具，适用于线性关系特别良好的简单体系，不需要考虑组分之间相互干扰的影响，计算简单，公式含义也比较清晰。

由朗伯-比尔定律有

$$Y = XB + E \tag{4-39a}$$

式中，Y 为校正集浓度矩阵($n \times m$)，由 n 个样本、m 个组分组成；X 为校正集光谱矩阵($n \times k$)，由 n 个样本、k 个波长组成；B 为回归系数矩阵；E 为浓度残差矩阵。

B 的最小二乘解为

$$B = (X^{\mathrm{T}}X)^{-1}X^{\mathrm{T}}Y \tag{4-39b}$$

从上式中可以看出，在 MLR 中只要知道样本中某些组分的浓度，就可以建立其定量模型。唯一的要求就是选择好对应于被测组分的特征光谱吸收。

但 MLR 方法存在诸多的局限性：一是由于方程维数的限制，参与回归的变量数(波长点数)不能超过样本校正集的数目，波长数量受到限制，这难免会丢失部分有用的光谱信息；二是光谱矩阵 X 往往存在共线性问题，即 X 中至少有一列或一行可用其他几列或几行的线性组合表示出来，致使 $X^{\mathrm{T}}X$ 为零或接近于零，成为病态矩阵，无法求其逆矩阵；三是在回归过程中没有考虑 X 矩阵存在的噪声，往往导致过度拟合情况的发生，从而在一定程度上降低了模型的预测能力。

4.5.2　主成分回归

1933 年由 Hotelling 提出了主成分分析(PCA)的方法，之后 Massy 于 1965 年根据主成分分析的思想提出了主成分回归(PCR)。主成分分析的基本思想是对变量矩阵 X 中的各个变量进行线性组合，产生新的变量，成为主成分。原始数据及其预测值关系如图 4-34 所示。主成分的计算原则是经线性组合得到的主成分所能表达的方差最大，其化学意义就是所含的信息最多。主成分在计算时，首先按方差最大原则计算各个变量的线性组合，得到第一主成分；然后去除第一主成分，即变量矩阵 X 减去第一主成分所表达的部分，对剩余矩阵按方差最大原则计算各个剩余变量的线性组合，得到第二主成分；依次计算第三、第四、…主成分。如此计算所得的各个主成分，除了所含信息最多外，它们还彼此正交，即它们所含信息没有重叠，无冗余。

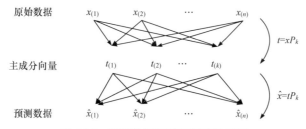

图 4-34　原始数据和其预测值关系图

　　主成分回归方法是建立在主成分正交化分解的基础上，将原有的回归变量通过正交变换转变到它的主成分上，将方差最小的主成分，即认为是包含噪声的变量除去，用剩下的主成分作回归。PCR 能有效解决多元线性回归中遇到的共线性问题及变量数目的限制性，通过数据的平均效应增强模型的抗干扰能力。通过主成分选择，可以有效地滤除噪声，适用于复杂分析体系。但是主成分回归方法也存在不足，计算速度较慢；模型优化需要进行主成分分析，主成分的实际含义不明确，与因变量之间的关系不很直接，模型较难理解，且主成分数目的选择对模型预测能力有很大影响。

4.5.3　偏最小二乘法

　　偏最小二乘(PLS)作为一种常用的化学计量学方法，由 H.Wold 首次提出。从方法的提出到现在，经过几十年的发展，PLS 在理论和应用方面都得到了迅速的发展，目前已经成为工业研究和生产过程中常用的多变量统计分析方法。PLS 是一种多因变量对多自变量的回归建模方法，当变量之间存在高度相关性时，采用 PLS 进行建模，其分析结论较传统多元回归模型更加可靠，整体性更强。下面介绍 PLS 的建模过程。

　　假设有 M 个自变量 $x_1 \sim x_m$，N 个因变量 $y_1 \sim y_n$，为了研究二者之间的关系，观测 I 个样本，因此构成自变量矩阵 $X(I \times M)$，因变量矩阵 $Y(I \times N)$。PLS 就是在从自变量 X 中提取潜变量(即得分)t，t 作为 X 中变量的线性组合，应尽可能携带 X 的变异信息，同时 t 与 Y 的相关程度达到最大，因此在提取第一个得分 t_1 时，得到下列优化问题：

$$w_1^T w_1 = 1 \tag{4-40}$$

式中，w_1 是第一潜变量的权重向量。

　　采用拉格朗日对优化目标方程求解，得到 $X^T Y Y^T X w_1 = \lambda_1 w_1$，很显然 w_1 是矩阵 $X^T Y Y^T X$ 的特征向量，对应的特征值为 λ_1。由于特征值要取最大值，所以 w_1 是矩阵

$X^{\mathrm{T}}YY^{\mathrm{T}}X$ 的最大特征值的单位特征向量。通过 w_1 可以得到得分向量 t_1，计算公式如下：

$$t_1 = Xw_1 \tag{4-41}$$

通过 t_1 计算载荷向量 p_1 和 q_1，X 和 Y 的残差矩阵 E 和矩阵 F，即

$$p_1 = \frac{X^{\mathrm{T}}t_1}{t_1^{\mathrm{T}}t_1} \tag{4-42}$$

$$q_1 = \frac{Y^{\mathrm{T}}t_1}{t_1^{\mathrm{T}}t_1} \tag{4-43}$$

$$E = X - t_1 p_1^{\mathrm{T}} \tag{4-44}$$

$$F = Y - t_1 p_1^{\mathrm{T}} \tag{4-45}$$

用残差矩阵代替 X 和 Y，按照式(4-41)～式(4-45)计算下一个潜变量，以此类推共得到 A 个潜变量，则

$$X = TP^{\mathrm{T}} + E \tag{4-46}$$
$$Y = TQ^{\mathrm{T}} + F \tag{4-47}$$

$$T = XW^* \tag{4-48}$$

式(4-46)～式(4-48)中，T 表示 X 的得分矩阵，大小为 $N×A$；P 表示 X 的载荷矩阵，大小为 $M×A$；Q 表示 Y 的载荷矩阵，大小为 $N×A$；$E(I×M)$ 表示 X 的残差矩阵；$F(I×N)$ 表示 Y 的残差矩阵；W^* 表示 X 载荷权重矩阵，大小为 $M×A$。通过 X 权重矩阵 W 得到

$$W^* = W(P^{\mathrm{T}}W)^{-1} \tag{4-49}$$

PLS 输出的结果是概率矩阵，在最后建模时需做进一步的判别分析(discriminatory analysis, DA)，即 PLS-DA 方法。PLS-DA 方法将不同种类样本之间的特征偏差最大化，而将同类个体样本之间的特征偏差最小化，实现样本信息数据到样本种类的对应。在光谱数据处理中，PLS 旨在找出输入矩阵(X，光谱矩阵)中的相关变量，使之与目标矩阵(Y，类别矩阵)有最大的相关性。PLS-DA 是 PLS 回归算法在分类问题上的特化，即偏最小二乘模型是同时在输入矩阵和目标矩阵中找到特征变量,使得在输入矩阵中的特征变量能正确预测目标矩阵中的特征变量。在 PLS-DA 法中，矩阵 Y 为虚拟矢量矩阵，用 "0" 和 "1" 代替，"1" 代表一类样本，"0" 代表另一类样本。矩阵 X 就代表原始数据。

4.5.4　正交偏最小二乘

OPLS(orthogonal projection to latent structures)严格讲应称作潜结构正交投影，是由 J.Trygg 和 S.Wold 首次提出的一种多变量统计分析方法[11]，该方法是对 PLS 的一种扩展。OPLS 基本思想是通过提取不同类型的潜变量将自变量 X 中的信息划分为两个部分：一部分是提取预测潜变量，预测潜变量与 PLS 模型潜变量类似，是原始变量的线性组合，并保存自变量 X 中大部分能够预测因变量 Y 的信息；另一部分是提取正交潜变量，正交潜变量仅是原始变量 X 的线性组合，与因变量不相关。OPLS 模型的一

般形式为

$$X = TW^\mathrm{T} + T_\mathrm{ortho} P_\mathrm{ortho}^\mathrm{T} + E \tag{4-50}$$

$$Y = TC \tag{4-51}$$

式(4-50)和式(4-51)中，T 表示 X 的预测得分矩阵；W 表示 X 的预测载荷矩阵；T_ortho 表示 X 的正交得分矩阵；P_ortho 表示 X 的正交载荷矩阵；E 表示 X 的残差矩阵；C 表示 Y 的载荷矩阵。

与 PLS 相比，OPLS 在保证模型预测精度不变的前提下，不仅能够降低模型的复杂程度，而且能够提高模型的可解释性。下面介绍 OPLS 的建模过程。

假设存在自变量矩阵 $X(I{\times}M)$，因变量矩阵 $Y(I{\times}N)$，首先对因变量 Y 的每一列，通过式(4-52)计算权重向量 w，即

$$w = \frac{X^\mathrm{T} y}{y^\mathrm{T} y} \tag{4-52}$$

将得到的权重向量组成权重矩阵 W，对 W 进行 PCA 得到 W 的得分矩阵 T_W，即

$$W = T_W P_W^\mathrm{T} + E_W \tag{4-53}$$

其次，以因变量 Y 中的任意一列作为初始得分 u，计算 X 的权重 w，即

$$w = \frac{X^\mathrm{T} u}{u^\mathrm{T} u} \tag{4-54}$$

将 w 进行归一化后，计算 X 的得分 t，即

$$t = \frac{Xw}{w^\mathrm{T} w} \tag{4-55}$$

通过式(4-56)和式(4-57)计算因变量 Y 的载荷 c 和得分 u，即

$$c = \frac{Y^\mathrm{T} t}{t^\mathrm{T} t} \tag{4-56}$$

$$u = \frac{Yc}{c^\mathrm{T} c} \tag{4-57}$$

重复式(4-54)～式(4-57)直到 u 达到收敛。计算 X 的载荷 p，即

$$p = \frac{X^\mathrm{T} t}{t^\mathrm{T} t} \tag{4-58}$$

将 p 与矩阵 T_W 中的每一列进行正交化处理，即

$$p = p - t_W^\mathrm{T} p (t_W^\mathrm{T} t_W)^{-1} t_W \tag{4-59}$$

正交化后的载荷 p 记作 w_ortho，即

$$w_\mathrm{ortho} = p \tag{4-60}$$

将权重 w_ortho 进行归一化处理后，计算得分 t_ortho，即

$$t_\mathrm{ortho} = \frac{Xw_\mathrm{ortho}}{w_\mathrm{ortho}^\mathrm{T} w_\mathrm{ortho}} \tag{4-61}$$

通过式(4-62)计算载荷 $\boldsymbol{p}_{\text{ortho}}$ ，即

$$\boldsymbol{p}_{\text{ortho}} = \frac{\boldsymbol{X}_{\text{ortho}}^{\text{T}} \boldsymbol{t}_{\text{ortho}}}{\boldsymbol{t}_{\text{ortho}}^{\text{T}} \boldsymbol{t}_{\text{ortho}}} \tag{4-62}$$

计算自变量 $\boldsymbol{X}$ 的残差 $\boldsymbol{E}_{\text{OPLS}}$ ，即

$$\boldsymbol{E}_{\text{OPLS}} = \boldsymbol{X} - \boldsymbol{t}_{\text{ortho}} \boldsymbol{p}_{\text{ortho}}^{\text{T}} \tag{4-63}$$

令 $\boldsymbol{X} = \boldsymbol{E}_{\text{OPLS}}$ ，并返回式(4-54)，重复式(4-54)～式(4-57)，更新预测得分和载荷，并计算 $\boldsymbol{X}$ 和 $\boldsymbol{Y}$ 的残差 $\boldsymbol{E}$ 和 $\boldsymbol{F}$ ，即

$$\boldsymbol{E} = \boldsymbol{X} - \boldsymbol{t}\boldsymbol{p}^{\text{T}} \tag{4-64}$$

$$\boldsymbol{F} = \boldsymbol{Y} - \boldsymbol{t}\boldsymbol{c}^{\text{T}} \tag{4-65}$$

用残差矩阵分别代替 $\boldsymbol{X}$ 和 $\boldsymbol{Y}$ ，按照上述过程计算下一潜变量，依次类推。

4.5.5 线性模型校正方法比较

模型的线性校正方法是中药制造近红外测量线性建模的关键内容，本节[12]通过国公酒中橙皮苷含量的定量模型对线性模型校正方法进行比较。

1) 仪器与试药

仪器 Agilent-1100 高效液相色谱仪：包括在线脱气机，四元泵，自动进样器，柱温箱，DAD 检测器，Agilent 化学工作站。Antaris 傅里叶变换 NIR 光谱仪(美国 Thermo Nicolet 公司)，近红外光谱仪，TQ Analyst 分析软件。Sartorius BP211D 型电子天平。橙皮苷对照品购自中国食品药品检定研究所(批号：110721-200512)。乙腈为色谱纯，其他试剂均为分析纯。国公酒样本由同仁堂药酒厂提供。

2) NIR 光谱采集条件

采用透射检测系统，NIR 光谱扫描波长为 4000～10000cm^{-1}，扫描次数为 32，分辨率为 4cm^{-1}，以内置背景为参照。每批样本 3 次平行实验，取其平均光谱。国公酒的原始 NIR 透射光谱图见图 4-35，其中横坐标为波数，纵坐标为吸收度。

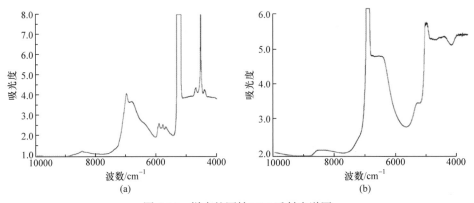

图 4-35　样本的原始 NIR 透射光谱图

(a) 国公酒；(b) 水

3) 数据处理方法筛选

将光谱数据采用多元散射校正技术(multiplicative scatter correction)处理后，分别采用逐步多元线性回归(stepwise multiple linear regression)、主成分回归(PCR)和偏最小二乘(PLS)建立定量校正模型，以校正集样本的交叉验证均方根误差(RMSECV)和相关系数(r)为指标优选建模方法，并通过计算相对偏差(RSEP)来验证模型对未知样本的预测效果，结果见表 4-4。从表 4-4 可见，采用 SMLR 法处理数据更具合理性。

表 4-4　不同数据处理方法对定量校正模型的影响

数据处理方法	国公酒	
	r	RMSECV
逐步多元线性回归	0.81248	7.57
主成分回归(PCR)	0.02421	13.0
偏最小二乘(PLS)	0.46781	11.6

4) 光谱预处理方法选择

分别采用原始光谱、一阶导数光谱和二阶导数光谱进行建模，比较 RMSECV 值和相关系数，选择相关系数最大、RMSECV 最小的光谱类型用于建模，结果见表 4-5。由结果可知，采用原始光谱建立模型时，相关系数差，RMSECV 大，而一阶导数光谱和二阶导数光谱与 HPLC 测得的数值间相关系数较好，且其 RMSECV 都较小。因此本书采用一阶导数光谱进行建模。

表 4-5　不同光谱预处理方法对 SMLR 模型的 RMSECV 影响

数据处理方法	国公酒	
	r	RMSECV
原始光谱	0.81248	7.57
一阶导数光谱	0.94002	4.43
二阶导数光谱	0.94217	5.66

5) 光谱范围选择

水分子中的—OH 基团在 NIR 光谱区的 6993cm^{-1}(1430nm)和 5128cm^{-1}(1950nm)附近分别有一个很强的倍频和合频吸收带。排除水峰的影响后，以 RMSECV 值最小为原则选择光谱范围，具体数值为 4589.75cm^{-1}，7721.58cm^{-1}，8296.26cm^{-1}，9214.21cm^{-1}。

6) 方法学考察

精密度实验：取批号为 5031009 的国公酒样本连续 6 次测定其 NIR 光谱，计算选定的 4 个波数下的吸收度，结果是其 RSD 均小于 3%，表明仪器精密度良好。

稳定性实验：取批号为 5031009 的国公酒样本，分别在 0min、10min、20min、30min、45min、60min 测量选定的 4 个波数下的吸收度值，结果是其 RSD 均小于 3%，表明 1h

内样本溶液基本稳定,满足快速检测要求。

重复性实验:取批号为5031009的国公酒样本6批,测定其NIR光谱,测得选定的4个波数下的吸收度,结果是其RSD均小于3%,表明重复性良好。

7) 预测模型的建立

选取23批国公酒样本建立国公酒中橙皮苷含量的预测模型,模型效果见图4-36。建立的国公酒中橙皮苷含量的预测方程为:C 橙皮苷(μg/mL)=$3.334790 \times 10^3 X_1 - 1.676656 \times 10^6 X_2 - 2.293503 \times 10^6 X_3 + 2.157171 \times 10^6 X_4 + 4.428600 \times 10^2$,其中 X_1、X_2、X_3、X_4 分别为 $4589.75 cm^{-1}$、$7721.58 cm^{-1}$、$8296.26 cm^{-1}$、$9214.21 cm^{-1}$下的光谱的一阶导数值。

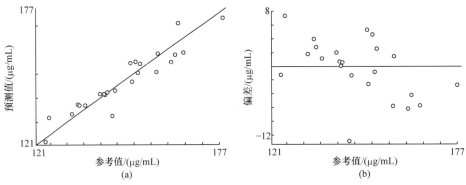

图 4-36 国公酒中橙皮苷含量的 NIR 预测值和 HPLC 测定值相关图
(a) 相关曲线;(b) 偏差分布图

8) 预测模型的验证

另取10批国公酒样本,分别应用HPLC法和NIR法对其橙皮苷含量进行测定,结果及偏差见表4-6。由表可知,NIR方法测定结果同HPLC测定结果具有较好的一致性,表明近红外预测方程较准确、可靠,在生产过程中能够对橙皮苷进行准确测量,实现国公酒中橙皮苷的快速定量。

表 4-6 NIR 与 HPLC 橙皮苷测定结果比较

批号	HPLC 含量 /(μg/mL)	NIR 预测含量 /(μg/mL)	偏差/(μg/mL)	相对偏差/%	平均相对偏差/%
1183050	151.7	140.3	9.4	6.2	
3180062	138.0	140.3	2.3	1.7	
4121049	149.1	145.6	3.5	2.3	
4180035	151.2	150.4	0.8	0.5	
4180098	146.2	158.4	12.2	8.3	4.2
5011002	144.9	155.0	10.1	6.9	
5011003	141.0	147.6	6.6	4.7	
5180071	147.1	140.0	7.1	4.8	
5180073	146.6	144.3	2.3	1.6	
6041018	143.8	137.3	6.5	4.5	

4.5.6　人工神经网络

人工神经网络(artificial neural network，ANN)是模仿人脑神经网络结构和功能建立的一种信息处理系统，由数目众多的功能相对简单的功能单元相互连接形成复杂的非线性网络。ANN 具有传统方法不可比拟的优点：①ANN 是自变量和因变量的非线性映射，可避免因近似处理带来的误差；②ANN 具有学习功能，可以通过学习来提高分析的精度；③ANN 模型的抗干扰能力较为优异。与其他大多数多元统计方法不同，神经网络方法的一个优点是对样本的描述参数无须进行大量的筛选，可以不加选择地将所有参数作为输入数据送入网络，进行训练就可以得到有意义的结果。这既是神经网络的优点，又是它的不足之处。网络的最佳结构、训练次数多少都是必须认真考虑的问题。

神经网络的卓越能力来自神经网络中各个神经元之间的连接权，由于它具有自学习性、自组织性、高容错性和高度非线性描述能力等性能。根据神经元组成神经网络的方式不同，神经网络有单层神经元网络和多层神经元网络。在图 4-37 所示的单层神经元网络中有两个层次，分别是输入层和输出层。输入层里的"输入单元"只负责传输数据，不做计算；输出层里的"输出单元"则需要对前面一层的输入进行计算。

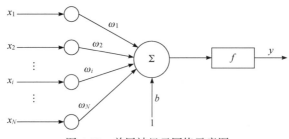

图 4-37　单层神经元网络示意图

用 X 表示所有的输入神经元，W 表示神经元之间的连接权值，f 表示激活函数，b 表示偏置单元，则神经网络的输出公式可以写成

$$f(Wx+b)=y \tag{4-66}$$

扩展上文的单层神经网络，新加一个层次，则网络变成两层，这两层神经网络包含一个隐藏层，如图 4-38 所示。与单层神经网络不同，两层神经网络可以无限逼近任意连续函数，即面对复杂的非线性分类任务，两层(带一个隐藏层)神经网络可以分类得很好，这样就导出了两层神经网络可以做非线性分类的关键–隐藏层。矩阵和向量相乘，本质上就是对向量的坐标空间进行一个变换。因此，隐藏层的参数矩阵的作用就是使得数据的原始坐标空间从线性不可分转换成了线性可分。

误差反向传递传输人工神经网络(back propagation artificial neural network，BP-ANN)网络是人工神经网络中最常见的一种前向神经网络，但由于它采用的是误差梯度下降算法，网络训练成为一个非常费时的过程，而且 BP-ANN 是一种全局逼近型网络，极易陷入局部极小，常常不能保证网络最后收敛。径向基函数神经网络(radial basis function artificial neural network，RBF-ANN)是一种性能良好的前向网络，其训练速度大大高于一般的 BP-ANN，它是一种局部逼近型网络，非常适合于非线性动态建模。RBF-ANN 是一种单隐层前馈网络，是由输入层、隐含层和输出层构成的多层神经网络，属于有监督学习。

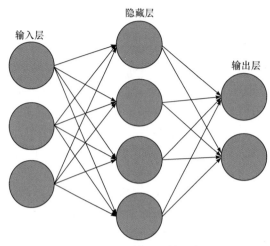

图 4-38　两层神经网络示意图

4.5.7　支持向量机

支持向量机(support vector machines，SVM)是 Vaplik 等基于统计学习理论(statistical learning theory，SLT)提出的一种新的机器学习算法。此前的大多数机器学习算法采用经验风险最小化(empirical risk minimization，ERM)准则，需要较大的样本数目，降低了模型的泛化能力。而基于统计学习理论的支持向量机，采用结构风险最小化准则，在使样本点误差最小化的同时缩小模型泛化误差的上界，提高了模型的泛化能力。图 4-39 为支持向量机原理示意图，图中实线为最优决策面，与其平行的两条虚线经过离决策面最近的样本，这些样本称为支持向量(support vector)。可见，支持向量机的学习任务就是找到最大化间隔的支持向量。其基本思想是把训练数据集从输入空间非线性地映射到一个高维特征空间(Hilbert 空间)，然后在此空间中求解凸优化问题(典型二次规划问题)，可以得到唯一的全局最优解。如图 4-40 所示，二维空间样本点 (x_1, x_2) 在二维空间中是线性不可分的，但将其映射为三维空间样本点 (z_1, z_2, z_3)，其中 $(z_1 = x_1^2, z_2 = \sqrt{2}x_1x_2, z_3 = x_2^2)$，则可以用一个平面完全划分开。

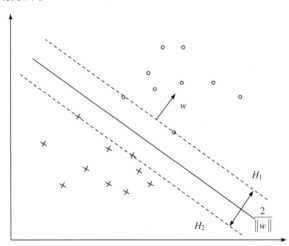

图 4-39　支持向量机原理示意图

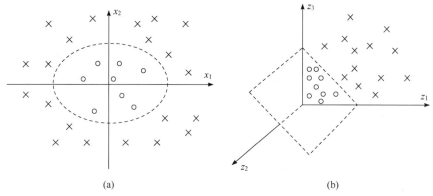

图 4-40　升维后实现线性可分例子示意图

基本原理如下：

给定一训练集 $\{(x_i,\ y_i),\ i=1,\ 2,\ 3,\ \cdots,\ n\}$，其中 $y_i \in \{-1,\ 1\}$ 表示任一样本 x_i 的分类标识。如果训练集是线性可分的，SVM 就是寻求超平面：

$$f(x) = w \cdot x + b = 0 \tag{4-67}$$

使正样本 $(y_i=+1)$ 和负样本 $(y_i=-1)$ 可分，且使其边界上的点到该超曲面的距离最大。这可以转化为在以下条件：

$$w \cdot x_i + b \geqslant +1\,(y_i=+1) \quad 和 \quad w \cdot x_i + b \leqslant -1\,(y_i=-1) \tag{4-68}$$

限制下求函数 $\psi(w,\ b) = \dfrac{1}{2}\|w\|^2$ 的最小值。由 Lagrange 乘数法可得解

$$w = \sum a_i y_i x_i \tag{4-69}$$

式(4-69)满足限制条件 $\sum_i a_i y_i = 0$，并有最优分类决策函数：

$$f(x) = \mathrm{sign}(w \cdot x + b) = \mathrm{sign}\left[\sum a_i y_i (x_i \cdot x) + b\right] \tag{4-70}$$

式中 sign 为分类函数。由于很多两类情形并非线性可分，为此，SVM 将样本点 x 通过函数 $\varphi(x)$ 投影到高维空间以使其线性可分。但 SVM 并不是直接引入 $\varphi(x)$，而是通过核函数 $K(x_i,x)$ 方法间接引入的；$k(x_i,x) = \varphi(x_i) \cdot \varphi(x)$，是通过核函数 $k(x_i,x)$ 方法间接引入的：

$$k(x_i,x) = \varphi(x_i) \cdot \varphi(x) \tag{4-71}$$

其分类决策函数变为

$$f(x) = \mathrm{sign}\left[\sum_i a_i y_i k(x_i,x) + b\right] \tag{4-72}$$

SVM 模型参数 σ 的选择是通过最小化测试集的推广误差进行的。为了实现原始数据向高维空间的映射，SVM 引进了核函数(kernel)，核函数包括线性、径向基(RBF)、多项式和 Sigmoid 等多种形式。常压函数为 RBF 核函数，即

$$K(x,y) = \exp\left[-\frac{\|x-y\|^2}{2\sigma^2}\right] \tag{4-73}$$

式中，x 和 y 分别表示不同样本的测量数据；σ 为径向基核函数的宽度，其数值需要在模型优化的过程中确定。

SVM 是一种基于统计学习的机器学习方法，同时也是一种基于核函数的学习机器。其基于结构风险最小化原理，将数据求解化为一个线性约束的凸二次规划问题，其解具有全局唯一性和最优性。通过核函数技术，将输入空间的非线性问题通过函数映射到高维特征空间构造线性判别函数，常用的核函数有四种：Linear 核函数、Polynomial 核函数、RBF 核函数及 Sigmoid 核函数。

影响 SVM 分类结果的因素有很多，其中两个较为关键，首先就是误差惩罚参数 C，其次是核函数的形式及参数。C 值的大小视具体问题而定，并取决于数据中噪声的数量，在确定的特征子空间中 C 的取值小表示对经验误差的惩罚小，学习机器的复杂度小而经验风险值较大；C 取无穷大，则所有的约束条件都必须满足，这意味着训练样本必须准确地分类。每个特征子空间至少存在一个合适的 C 使得 SVM 结果最好。而不同形式的核函数对分类性能有影响，相同的核函数，不同参数对分类性能也有影响。将 SVM 由分类问题推广至回归问题可以得到支持向量回归(support vector machines regression，SVR)，SVR 可以通过核函数得到非线性的回归结果。

4.5.8　最小二乘支持向量机

最小二乘支持向量机(least square support vector machine, LS-SVM)是由 Suykens 提出的基于 SVM 的一种简化和改进。通过引入等式化约束和最小二乘损失函数的方法，使最优化问题的求解变为解线性方程，避免了解二次规划问题，使得算法的复杂度降低，相比 SVM，LS-SVM 的运算速度较快。

1. LS-SVM 分类算法

LS-SVM 与标准的 SVM 不同之处是它仅仅需要解一个线性方程组(线性规划问题)，与解非线性方程组相比，要容易得多，而且计算上也更加简单快速。在一个二元分类器中，设训练样本集 $D = \{(x_k, y_k) \mid i=1, 2, \cdots, N\}$，$x_k \in \mathbf{R}_m$，$y_k \in \mathbf{R}$，$x_k$ 是输入数据，y_k 是输出数据，在权值 ω 空间(原始空间)中的分类问题可以描述为求解下面问题：

$$\operatorname*{Min}_{\omega,b,e} J(\omega, b, e) = \frac{1}{2}\omega^{\mathrm{T}}\omega + \frac{1}{2}\gamma\sum_{k=1}^{N}e_k^2 \tag{4-74}$$

约束条件是

$$y_k[\omega^{\mathrm{T}}\varphi(x_k)+b] = 1 - e_k, \quad k=1,\cdots, N$$

其中，$\varphi(*)$：$\mathbf{R}_n \rightarrow \mathbf{R}_m$ 是核空间映射函数；$\omega \in \mathbf{R}_m$(原始空间)是权矢量，误差变量 $e_k \in \mathbf{R}$；b 是偏差量；损失函数 J 是误差平方和(sum squares due to errors，SSE)和规则化量之和；γ 是回归误差的权重。核空间映射函数的目的是从原始空间中抽取特征，将原始空间中的样本映射为高维特征空间中的一个向量，以解决原始空间中的问题。根据式(4-74)，可定义拉格朗日函数：

$$L(\omega, b, e; \alpha) = J(\omega, e) - \sum_{k=1}^{N}\alpha_k\{\omega^{\mathrm{T}}\phi(x_k)+b]-1+e_k\} \tag{4-75}$$

其中，拉格朗日乘子$\alpha_k \in \mathbf{R}$。对上式进行优化，即求 L 对 ω，b，e_k，α_k 的偏导数，并令其等于0，消除变量 ω，e，可得以下矩阵方程：

$$\begin{bmatrix} 0 & Y^{\mathrm{T}} \\ Y & ZZ^{\mathrm{T}}+\dfrac{1}{\gamma}\mathbf{I} \end{bmatrix}=\begin{bmatrix} b \\ \alpha \end{bmatrix}=\begin{bmatrix} 0 \\ l \end{bmatrix} \tag{4-76}$$

其中

$$Z=[\varphi(x_1)^{\mathrm{T}}y_1;\cdots;\varphi(X_N)^{\mathrm{T}}y_N]$$

$$Y=[y_1;\cdots;y_N]$$

$$l=[1;\cdots;1]$$

$$\alpha=[\alpha_1;\cdots;\alpha_N]$$

应用 mercer 条件到 $\Omega=ZZ^{\mathrm{T}}$ 中，可得 $\Omega_{kl}=y_ky_l\varphi(x_k)^{\mathrm{T}}\varphi(x_l)=y_ky_l\psi(x_k,x_l)$，$k$，$l=1$，$\cdots$，$N$。最后得到分类模型：

$$y(x)=\mathrm{sign}(y_k\alpha_k\psi(x,x_k)+b) \tag{4-77}$$

2. LS-SVM 回归算法

对于回归问题，设训练样本集 $D=\{(x_k,y_k)\mid i=1,2,\cdots,N\}$，$x_k\in\mathbf{R}^n$，$y_k\in\mathbf{R}$，$x_k$ 是输入数据，y_k 是输出数据，在权值 ω 空间(原始空间)中的分类问题可以描述为求解下面问题：

$$\underset{\omega,b,e}{\mathrm{Min}}J(\omega,e)=\frac{1}{2}\omega^{\mathrm{T}}\omega+\frac{1}{2}\gamma\sum_{k=1}^{N}e_k^2 \tag{4-78}$$

约束条件是

$$y_k=\omega^{\mathrm{T}}\varphi(x_k)+b+e_k,\quad k=1,\cdots,N$$

比较式(4-74)和式(4-78)，可以看出分类问题和回归问题的唯一差别在于约束条件。这一差别导致了不同的拉格朗日形式：

$$L(\omega,b,e;\alpha)=J(\omega,e)-\sum_{k=1}^{N}\alpha_k\left\{\omega^{\mathrm{T}}\phi(x_k)+b+e_k+y_k\right\} \tag{4-79}$$

LS-SVM 的回归模型的形式：

$$y(x)=\sum_{k=1}^{N}\alpha_k\psi(x,x_k)+b \tag{4-80}$$

4.5.9　非线性模型校正方法比较

模型的非线性校正方法是中药制造近红外测量非线性建模的关键内容，本节[13]通过国公酒中橙皮苷含量的定量模型对非线性模型校正方法进行比较。

1) 仪器与试剂

Agilent-1100 高效液相色谱仪：包括在线脱气机，四元泵，自动进样器，柱温箱，

DAD 检测器，Agilent 化学工作站。Antaris 傅里叶变换 NIR 光谱仪(美国 Thermo Nicolet 公司)近红外光谱仪。Sartorius BP211D 型电子天平。橙皮苷对照品购自中国食品药品检定研究所(批号：110721-200512)。乙腈为色谱纯，其他试剂均为分析纯。国公酒样本由同仁堂药酒厂提供。

2) 光谱采集方法

采用透射检测系统，NIR 光谱扫描波数为 $10000 \sim 4000 \mathrm{cm}^{-1}$，扫描次数 32，分辨率为 $4 \mathrm{cm}^{-1}$，以内置背景为参照。每批样本 3 次平行实验，取其平均光谱。国公酒的原始 NIR 光谱见图 4-41，其中横坐标为波数，纵坐标为吸光度。

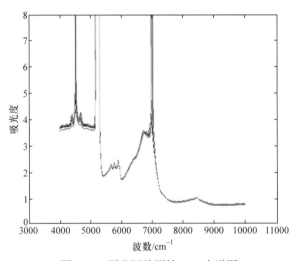

图 4-41　国公酒的原始 NIR 光谱图

3) 数据处理及软件

间隔偏最小二乘算法工具包是由 Nørgaard 提供网络共享(http://www.models.kvl.dk)，Kennard-Stone 算法工具包由 Michal Daszykows 提供网络共享(http://www.chemometria.us.edu.pl)，LS-SVM算法工具包由 Suykens 等提供网络共享(http://www.esat.Kuleuven.ac.be/sista/lssvmlab/)。各计算程序均自行编写，采用 MATLAB 软件工具(Mathwork Inc.)计算。

4) 训练集样本的划分

采取 LS-SVM 对国公酒中的橙皮苷含量进行建模，选择有代表性的训练集不但可以减少建模的工作量，而且直接影响所建模型的适用性和准确性。本书共 33 个批次的样本，编号依次为 1~33。表 4-7 是通过 Kennard-Stone 法挑选的 25 个训练集和 8 个预测集的样本号。

表 4-7　利用 Kennard-Stone 法选择的训练集和预测集

	样本分组								
训练集	2	3	4	5	6	7	8	10	
	12	13	14	15	16	20	21	22	
	23	24	25	26	27	28	29	31	33
预测集	1	9	11	17	18	19	30	32	

5) 光谱预处理方法选择

所测得的 NIR 光谱中含有随机噪声、基线漂移、样本不均匀、光散射等因素引起的干扰,运用合理的光谱预处理手段可消除各种噪声和干扰,提取 NIR 光谱的特征信息,提高模型的稳定性和预测精度。本书研究并比较了六种光谱预处理方法的效果,包括平滑(smooth)、范围标度化(rangescaling)、自标度化(autoscaling)、一阶微分(fist derivative)、二阶微分(second derivative),以及这几种预处理相互结合的方法。各种光谱预处理方法所得到模型的交叉验证均方根误差(RMSECV)和预测均方根误差(RMSEP)如表 4-8 所示,经比较 RMSECV 和 RMSEP 值,本书选择平滑、一阶微分后,再将数据进行范围标度化作为国公酒近红外光谱的预处理方法。

表 4-8 不同的数据预处理方法对 LS-SVM 模型的影响

预处理方法	RMSECV	RMSEP
平滑	0.012	0.003
D1[a]+自标度化	0.001	0.004
平滑+D1[a]+范围标度化	0.0001	0.004
平滑+D1[a]+自标度化	0.001	0.004
平滑+D2[b]+范围标度化	0.003	0.006
平滑+D2[b]+自标度化	0.003	0.006

注:a 为一阶微分;b 为二阶微分。

6) 光谱波段的筛选

通过组合间隔偏最小二乘法来筛选波段。其原理是把整个光谱等分为若干个等宽的子区间,假设为 n 个,它是通过不同区间个数的任意组合而得到相关系数最大且误差最小的一个组合区间。

整个光谱被等分为若干个等宽的子区间,由于不同的子区间对应于不同的波数,所含的建模信息不同,子区间的个数对模型的预测能力有影响。本书比较了不同区间划分个数对模型的影响,如表 4-9 所示,分别将全谱划分 40、50、60、70、80 个区间,分别比较了最优组合区间的 RMSECV 和 RMSEP 值,可以看出区间数为 40 时,RMSECV 最小,但 RMSEP 最大,也就是模型的预测能力相对较差。经综合比较,本书选择了对全谱等分为 60 个区间。

表 4-9 不同区间划分个数对模型的影响

间隔数	RMSECV	RMSEP
40	0.002	0.016
50	0.009	0.012
60	0.009	0.010
70	0.009	0.011
80	0.007	0.014

SiPLS 是通过不同区间个数的任意组合而得到的最优组合区间，组合区间的个数也会对模型有影响。在全谱划分为 60 个区间的基础上，本书还比较了组合区间个数对模型的影响，1 个区间的 RMSECV 和 RMSEP 值分别为 0.012 和 0.011，2 个区间组合的 RMSECV 和 RMSEP 值为 0.009 和 0.010，3 个区间组合 RMSECV 和 RMSEP 值分别为 0.009 和 0.014，4 个区间组合由于运算次数太多，导致计算中断，所以本书选择两个区间的组合区间。

图 4-42 为采用一阶微分和 SiPLS 法所选择的波段在全谱中所对应的位置，所选择的区间组合为[43, 58]，在全光谱中所对应的波数分别为 $8211 \sim 8312 \text{cm}^{-1}$ 和 $9712 \sim 9808 \text{cm}^{-1}$。

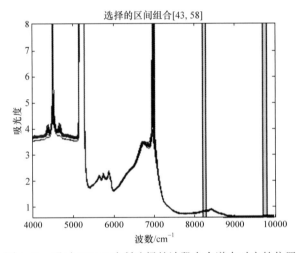

图 4-42　通过 SiPLS 法所选择的波段在全谱中对应的位置

7) 模型交叉验证方法的选择

本书采用交叉验证法评价算法。首先把 1 个样本点随机地分成 k 个互不相交的子集，即 k 折 $S_1, S_2, \cdots, S_k$，每个折的大小大致相等，共进行 k 次训练与测试，即对 $i=1, 2, \cdots, k$，进行了 k 次迭代。第 i 次迭代的做法是，选择 S_i 为测试集，其余 $S_1, \cdots, S_{i-1}, S_{i+1}, \cdots, S_k$ 为训练集，算法根据训练集求出决策函数后，即可对测试集 S_i 进行测试，得到测试集的鉴别正确率。k 次迭代完成后，再取其平均值作为此算法的评价标准，该方法称为 k 折交叉验证。它的优点就是，根据数据集自身的特点能够独立地选择测试集的大小和交叉验证的次数。本书选择十折交叉验证法。

8) 模型预测结果

在系统地研究了建模波段及数据预处理的基础上，γ 和 σ^2 的搜索范围均设为 $1 \sim 100$，对 γ 和 σ^2 作对数处理，寻优过程与结果如图 4-43 所示。寻优过程由粗选和精选两个步骤组成：粗选格点数 10×10，用"·"表示，搜索步长较大，采用误差等高线确立最优参数范围；精选格点数仍为 10×10，用"×"表示，在粗选基础上，以较小步长更加细致地搜索。最优 γ 和 σ^2 分别为 9.370 和 6.953。

图 4-44 为训练集样本的误差逼近图，横坐标表示样本数，纵坐标表示橙皮苷的含量，其中星点表示模型预测值，折线表示实测值。可以看出，训练集中除 20 号样本预测值稍偏离实测值，其他样本的预测值和实测值都能够较好吻合，说明建立的橙皮苷含量的模

型较稳定。

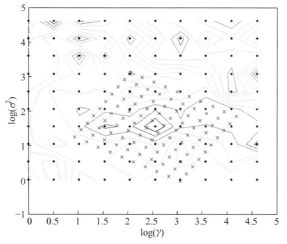

图 4-43　采用两次网格搜索法优化参数 γ 和 σ^2

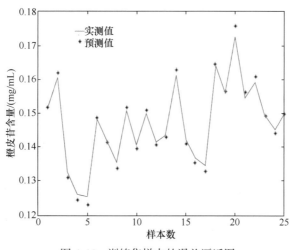

图 4-44　训练集样本的误差逼近图

表 4-10 中给出预测集的偏差及相对误差情况。由表可以看出，8 个预测集的预测结果与高效液相法相比，相对误差基本上都在 5% 以下，这进一步说明建立的模型比较可靠。

表 4-10　预测集的预测结果

预测集样本	参考值/(g/L)	预测值/(g/L)	偏差/(g/L)	相对误差/%
1	0.144	0.142	−0.002	−1.389
2	0.138	0.145	0.007	5.072
3	0.149	0.146	−0.003	−2.013
4	0.146	0.150	0.004	2.740
5	0.145	0.146	0.001	0.700

续表

预测集样本	参考值/(g/L)	预测值/(g/L)	偏差/(g/L)	相对误差/%
6	0.141	0.149	0.008	5.674
7	0.147	0.145	−0.002	−1.361
8	0.147	0.145	−0.002	−1.361

9) 建模方法的比较

比较 SiPLS、LS-SVM、RBF-NN 及 SVM 四种建模方法的结果。由表 4-11 可以看出，四种方法中，SiPLS 法的 RMSEP 最大，也就是模型的预测能力较差；LS-SVM 法的 RMSECV 和 RMSEP 最小，模型的训练与预测结果是最好的。可能由于国公酒基体比较复杂，其属于非线性体系，采用 SiPLS 法线性建模方法来处理的话，模型容易陷入过拟合，而采用 RBF-NN 及 SVM 等非线性建模方法，预测结果相对较好。

表 4-11　四种建模方法的比较

建模方法	RMSECV	RMSEP
SiPLS	0.001	0.010
RBF-NN	0.002	0.005
SVM	0.001	0.005
LS-SVM	0.001	0.004

4.5.10　模型群校正

近红外光谱技术作为一种间接测量手段，用其对中药样本的性质和含量进行预测时，对模型的可靠性具有很高的要求。影响近红外光谱模型准确性和稳定性的因素大致可分为两类：误差和变异。误差指在光谱测定过程中由于仪器自身和被分析对象的温度、粒径等引起的随机误差。这一部分误差可以用数据预处理方法消除。变异指被分析物组成、性质和相对含量的变化，训练集的大小和离群值是其中比较典型和关注比较多的影响因素，这类影响因素可采用模型群校正建模的方法消除，如 bagging 和 boosting 算法[14-17]。

1. bagging 算法

bagging 是 bootstrap aggregating 的缩写，它是从原始样本集中随机选取样本组成新的样本集，允许重复抽取，通常抽取的新样本集与原始样本集数量相当。算法原理为：循环 T 次，每次都从原始样本集中有放回地抽取新的样本集，总共得到 t 个样本集，用此 t 个样本集进行 PLS 建模，获得 t 个模型，然后用 n 个模型分别预测未知样本的含量或性质。最终未知样本的预测是通过对模型群预测结果的平均得到，抽样次数对模型的预测性能有一定的影响。操作过程见图 4-45，详细步骤如下。

(1) 使用 bootstrap 进行抽样，校正集设为 Z_N 是通过从原始样本中可替换式的随机抽样得到的，$Z_N=(z_1, z_2, \cdots, z_n)$，$N$ 为校正集的大小，在 bagging-PLS 中通常将 N 设置为原始样本集的三分之二(校正集：验证集=2:1)。重复以上过程 T 次，最后得到 bootstrap 校正集和验证集，每一个 bootstrap 校正集用 Z_N^t 表示。

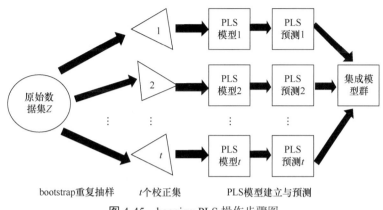

图 4-45 bagging-PLS 操作步骤图

(2) 对每一个 bootstrap 校正集建立 PLS 回归模型，并对全部样本集集合所建立的模型性能进行考察。据此，对于每一个 bootstrap 校正集 Z_N^t 都可以通过对应的 PLS 回归模型得到一个系数向量 $\beta_i (i=1, 2, 3, \cdots, T)$，最终的模型可以通过所有子模型的平均值计算得到

$$\beta_{\text{bag}} = \frac{1}{T} \sum_{I=1}^{T} \beta_I \tag{4-81}$$

(3) 每一个 bootstrap 校正集 Z_N^t 都建立 PLS 回归模型后，将其对应的预测集分别代入子模型中得到预测值 $f^t(y)$。bagging-PLS 的预测值可以由所有子模型的预测值的平均值得到

$$f_{\text{bag}} = \frac{1}{T} \sum_{I=1}^{T} f^t(y) \tag{4-82}$$

(4) bagging-PLS 的预测值的不确定度可以以 95% 的置信区间计算：

$$f_{\text{bag}}(y) \pm 1.96 \times \sigma_{f_{\text{bag}}(y)} \tag{4-83}$$

$\sigma_{f_{\text{bag}}(y)}$ 为 bagging 估测值的标准偏差。

2. boosting 算法

与 bagging 类似，boosting 也是一种集成建模的方法，其同样为 N 个 PLS 模型组成模型群。但 boosting 中子训练集的抽取采用的是加权抽样的方法，模型的集成多采用加权中位数的方法。抽样量、抽样次数、权重函数和模型的集成方式对最终模型的预测性能都有非常大的影响，boosting 算法的核心是样本的加权函数和模型预测性能的表征函数。在算法最开始运行时，样本被赋予相同的权重，然后在每一步迭代过程中增加预测结果较差的样本的权重。这样预测结果较差的样本在加权抽样过程中更容易被抽中，那么模型就更多地学习了该样本的信息，对这类样本的预测性能就会在一定程度上得到提高。对每个模型都会按照模型的预测性能给予一个参数，以表征该模型预测的可信度，再通过组合计算每个模型的预测值得到最终预测结果。

如前所述，boosting 的实质是一系列模型的集合，其中每个模型的训练集是在原数据集中按一定的权重抽取的。样本的权重用与模型预测结果相关的费用函数计算。模型参数用 PLS 算法拟合。在拟合好所有 PLS 模型的参数后，就可以用所建立的系列 PLS 模型对未知样本的性质进行预测。对未知样本的预测是一个加权集合的过程。boosting PLS 算法的核心是样本的加权函数和模型预测性能的表征函数。在算法最开始运行时，样本被赋予相同的权重，然后在每一步迭代过程中增加预测结果较差的样本的权重。这样预测结果较差的样本在加权抽样过程中更容易被抽中，那么模型就更多地学习了该样本的信息，对这类样本的预测性能就会在一定程度上得到提高。对每个模型都会按照模型的预测性能给予一个参数，以表征该模型预测的可信度。若某个模型的参数大，则意味着该模型的可信度较低。该算法的实现过程如下。

首先，对原训练集中每个样本赋予权重 w_{iT}，初始权重均为 1，$i=1, 2, 3, \cdots, m$(训练集样本数)，$T=1, 2, 3, \cdots, N$(循环次数)。

Step1　将样本权重按样本归一化 $f = w_{iT}/\text{sum}(w_{iT})$，按归一化后权重($f$)抽取一定量的样本建立 PLS 模型。

Step2　用当前的 PLS 模型对训练集中的样本进行预测，计算预测残差绝对值 $|e_{iT}|$，对其中预测误差较大的样本按下式处理：

$$|e_{iT}| = \begin{cases} 0, & |e_{iT}| \geqslant \text{median}(|e_{iT}|) + r\text{MAD}(|e_{iT}|) \\ e_{iT}, & |e_{iT}| < \text{median}(|e_{iT}|) + r\text{MAD}(|e_{iT}|) \end{cases} \tag{4-84}$$

其中，$\text{MAD}(|e_{iT}|)$ 是样本预测误差和预测误差中位数的差的绝对值的中位数；γ 是校正系数，或称稳健系数，其变化范围一般为 4.5～7.5。

Step3　计算每个样本的费用系数。从下列函数方程中任选一个，计算样本的费用系数：

$$\text{线性函数}\quad L_{iT} = |e_{iT}|/\text{max}(|e_{iT}|) \tag{4-85}$$

$$\text{二次函数}\quad L_{iT} = |e_{iT}|^2/\text{max}(|e_{iT}|)^2 \tag{4-86}$$

$$\text{指数函数}\quad L_{iT} = 1 - \exp\left[-|e_{iT}|/\text{max}(|e_{iT}|)\right] \tag{4-87}$$

$$\text{相对误差}\quad L_{iT} = |e_{iT}|/|y_i| \tag{4-88}$$

其中，$|y_i|$ 为参考值的绝对值。

Step4　计算所有样本费用系数的加权平均数：

$$\overline{L_T} = \sum_{i=1}^{m} L_{iT} w_{iT}/\text{sum}(w_{iT}) \quad (T=1, 2, \cdots, N) \tag{4-89}$$

其中，T 为循环次数。

Step5　计算模型的可信度：

$$\beta_T = \overline{L_T}/1 - \overline{L_T} \quad (T=1, 2, \cdots, N) \tag{4-90}$$

可信度表征的是模型预测的可靠性，其变换范围为 0～1，值越高，表明当前模型的可信度越低。

Step6 更新样本权重:

$$w_{iT+1} = w_{iT}\beta_T^{(1-L_i)} \tag{4-91}$$

循环次数 T(集合大小)对降低预测值的变异性有至关重要的作用。T 的确定一般通过训练集的校正均方根误差(RMSEC)进行。当模型的数目达到某个值时，模型的预测性能应能趋于稳定。

在上述循环完成后，得到 T 个模型和每个模型对应的可信度值。用所得的 T 个模型分别对未知样本进行预测，这 T 个模型按照下列方式之一预测。

(1) 加权中位数：在用加权中位数进行预测时，首先要将 T 个预测结果照升序排列，然后按下式选择第 r 个值作为该样本的预测值 $(\widehat{y}_l)$。

$$\sum_{T=1}^{r}\ln(1/\beta_T) \geqslant \frac{1}{2}\sum_{T=1}^{T}\ln(1/\beta_T) \tag{4-92}$$

(2) 加权平均数：

$$\widehat{y}_l = \sum_{T=1}^{T}\widehat{y}_{lT}/[\beta_T/\mathrm{SUM}(\beta_T)] \tag{4-93}$$

3. 模型群参数优化

1) 实验数据

在本研究中，我们以清开灵注射液近红外光谱数据为载体，考察抽样量、抽样次数、费用函数和模型的集成方式对 boosting 结果的影响。清开灵注射液按溶液体积连续稀释三次，即连续加等体积的注射用水稀释。在 3 个批次的清开灵注射液中各取 5 支，两个实验者间隔两天重复测定。样本的近红外光谱用热电公司的 Antaris Nicolet FT-NIR 测定。波长范围为 $10000\sim4000\mathrm{cm}^{-1}$。每个样本重复测定三次取平均值。原始光谱如图 4-46 所示。样本溶液中黄芩苷的含量按药典(2010 版)规定的方法测定。

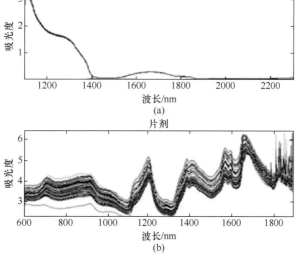

图 4-46　清开灵和某片剂的原始光谱图

　　另外，我们还用一组开源的数据对结论的可靠性进行验证。这组开源的数据由 655 个片剂的 1308 条光谱组成。每个样本都用两台光谱仪(Foss NIR systems，Silver spring，MD)进行测定。光谱范围为 600~1898nm，波长间隔 2nm。在实验中，仅选择其中一台仪器上测定的光谱进行分析。将约 1638nm 开始出现杂散峰的光谱信号删除，文献报道训练集中离群值 19，122，126，127 号样本不再删除。另外，测试集中的 11，145，267，295，294，342，313，341，343 号样本也一起计算。光谱不再经其他数据预处理方法处理。

　　2) 最佳抽样量的确定

　　涉及抽样就不能避开抽样代表性的问题，即抽取的样本能否代表所在的正态总体。随机抽样受抽样随机性的影响都有一定的偏性，而加权抽样也会受到抽样随机性的影响，抽取的样本在有一定变异性的同时，被抽取的样本一定是有偏的。重复抽样可以在一定程度上消除随机抽样中抽样偏性对结果的影响，那么在加权抽样中，多次抽样也能在一定程度上消除抽样的变异性。所以在本节的实验中，将抽样次数设置为 200。

　　另外，为了考察抽样量对结果的影响，将抽样方法设定为加权随机抽样，费用函数选择线性函数。在迭代过程中，对 PLS 模型的潜变量因子数进行自动优化，但将其上限设置为 7。因训练集 PLS 模型的最优潜变量因子数为 7，考虑到便于与 boosting PLS 的结果进行对比和在优化过程中运算的代价，所以将其设置为 7。训练集中不可避免地出现(潜)离群值，本节仅对抽样量的影响进行考察，所以离群值搁置暂不处理。抽样量的考察范围为 20：m(训练集样本量)，间隔 5。结果如图 4-47(a)所示。清开灵注射液在抽样量达到 110 以后，预测集的 RMSEP 就达到一个比较稳定的水平。这表明在本实验中参数设置水平下，抽样量为 110 时，子训练集能够代表所在的正态总体。应该注意，这里的抽样量和样本量不能完全等同。因为实验中用的加权抽样实际上是一种有放回的抽样，那么训练集中存在一定的重复样本。基于相同的前提，将片剂数据潜变量的上限设置为 3，其他参数设置保持不变，抽样量达到 50 以后，RMSEP 趋于稳定。

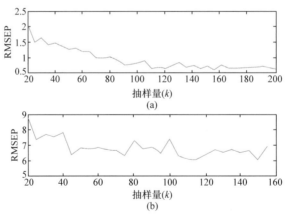

图 4-47　抽样量对 RMSEP 的影响

　　3) 离群值剔除

　　如前所述，为了在模型中消除离群值的影响，可以借助一些稳健统计方法，但是当训练集中的样本呈现出一种聚类的迹象却又相互渗透的散在状态时，应用稳健统计方法可能收效甚微。另外，如果将离群值删除，特别是在利用 PLS 相关的一些方法剔除离群值后，又会出现新的离群值，所以离群值的处理不能简单以剔除对待。本节对预测误差较大的样本进行适当的干预，以达到既保留潜离群值对模型的有益贡献，又能降低离群值不利影响的效果。

图 4-48 是对潜离群值进行稳健校正前后样本的权重值。对潜离群值的预测误差进行适当校正后，样本权重的分布发生了很大的变化(图 4-48(a)、(c))。潜离群值对模型的影响被控制在一定范围以内，这使得离群值既能以一定的概率被选中又不至于在子训练集中出现过频。图 4-48(b)片剂数据中某些样本的权重非常高，而这些样本恰好是文献报道中的离群值。但是在将这些离群值删除后，又有一些新的样本的权重变得非常高，而且随着迭代的进行，这些样本权重的支配地位会不断得到巩固，那么其在子训练集中出现的频率势必会非常高，由此得到的训练集建立模型的预测性能会非常差，如果子模型中这样的模型较多，那么任何加权预测的方法都将失败。所以，有必要对这样的样本的预测结果进行适当干预，以减少阴性结果出现的概率。

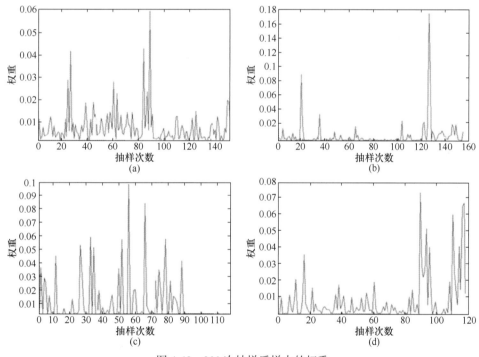

图 4-48　200 次抽样后样本的权重

(a) 片剂(校正); (b) 片剂; (c) 清开灵(校正); (d) 清开灵

实验中采用 Gonzalez 等[18]提出的稳健策略，预测误差过大的样本将会被赋予误差，以提高 boosting PLS 算法的性能(以下称稳健 boosting PLS)。参数 γ 的设定会对结果产生非常大的影响。如果设置过大，权重为 0 的样本数小些；如果设置过小，则反之。实验中将两组数据 γ 都设置为 2 可以获不错的结果。

虽然清开灵样本中没有权重特别大的点出现，但是采用 Gonzalez 的校正策略后，模型的 RMSEP 较 RMSEC 差异不人(表 4-12)，即模型的预测性能得到了明显提升。分析片剂的数据可以得到相同的结论。

表 4-12　PLS、boosting PLS n、boosting PLS r 模型的预测性能对比

	PLS		boosting PLS n		boosting PLS r	
	RMSEC	RMSEP	RMSEC	RMSEP	RMSEC	RMSEP
清开灵	0.5903	1.2641	0.7214	1.2839	0.6430	0.7971
片剂	5.2713	6.1910	7.7155	6.7737	5.2588	5.2015

综上，Robust boosting PLS 可以大幅提高模型对建模数据的拟合能力和对未知样本的预测能力。

4) 集成方法

如前所述，在对未知样本进行预测时，需要将各子模型的预测结果通过特定的方法进行集成。虽然一般而言加权中位数更为稳健，但考虑到更好地利用各模型的预测结果，实验中用两种方法进行预测结果的集成，并对所获得的结果进行对比。图 4-49 是模型的 RMSEC 和 RMSEP 随迭代次数的变化图。在片剂数据中，加权中位数波动非常明显。这可能是由于在新加权抽样数据集上建立的子模型的预测结果恰好落在原模型加权中位数附近，而使 RMSEC 和 RMSEP 不太稳健。在对迭代过程中的误差进行适当干预后，集成

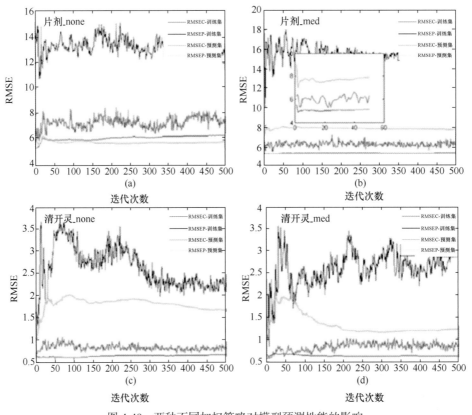

图 4-49　两种不同加权策略对模型预测性能的影响

模型的 RMSEP 类似阻尼运动，而趋于收敛；RMSEC 的稳健性在一定程度上得以提高，但是还是有较大的波动。加权中位数的 RMSEC 和 RMSEP 在迭代到一定步数后整体趋于稳定，最终趋近于单 PLS 模型的 RMSEP 和 RMSEC(表 4-12)。加权平均数的 RMSEC 和 RMSEP 曲线在经过短暂的剧烈下降后缓慢上升，最后几乎达到水平。但对比图 4-49(a) 和(b)，Robust boosting PLS 的预测性能反而在一定程度上有所下降。即使如此，片剂数据加权平均数的 RMSEC 和 RMSEP 均比加权中位数要好得多。

为了确保所得结论的可靠性，在实验中用两种加权方式对 boosting PLS 在清开灵数据中的预测性能作进一步对比，结果如图 4-49(c)和(d)所示。加权中位数 boosting PLS 的 RMSEC 和 RMSEP 都有剧烈波动。经过 300 次迭代后，boosting PLS 的 RMSEP 曲线在 2 和 2.5 间浮动；而 Robust boosting PLS 经过 200 次迭代后，浮动呈现周期性的变化。上述结果表明，当迭代次数足够多时，加权抽样能够有效地代表所在的正态总体，从而在一定程度上降低了抽样偏性对模型结果的影响。但 RMSEC 和 RMSEP 曲线都有速降过程，这说明抽样偏性的存在可能在一定程度上提高了 boosting PLS 的预测性能。加权均值的 RMSEC 和 RMSEP 曲线均比加权中位数光滑而较低。这表明对本章所研究的数据而言，加权均值完全可以代替加权中位数。所以在后续章节中，仅对加权平均数的结果进行讨论。

5) 费用函数对模型预测性能的影响

费用函数直接决定了子模型的可信度和样本的权重，因此对最终结果有至关重要的影响。为了对比不同费用函数对最终模型预测性能的影响，实验中记录四种费用函数分别在两组数据中应用的 RMSEP(图 4-50)。图 4-50(a)中，应用线性费用函数的 boosting PLS

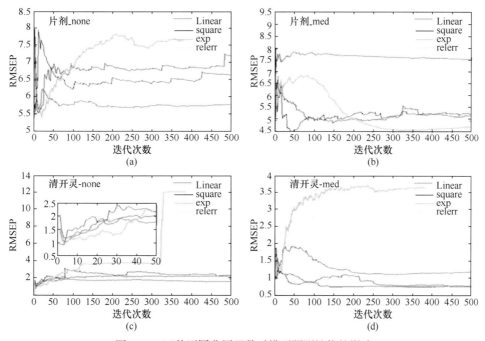

图 4-50　四种不同费用函数对模型预测性能的影响

在经过 58 次迭代后趋于稳定。relerr 费用函数的 RMSEP 在迅速下降到最低之后，缓慢上升，迭代 300 次后，趋于平稳，但其预测性能较原 PLS 模型有明显的恶化。Robust boosting PLS 模型中，relerr 费用函数的 RMSEP 在 300 次迭代后达到最优，其他费用函数都经过一段速降过程后，最终达到稳定。各费用函数在清开灵数据中的表现不尽相同，但 RMSEP 轨迹都有速降缓慢上升(缓慢下降)平稳的过程。Robust boosting PLS 的预测性能较 boosting PLS 有一定程度的提高。对比图 4-50(a)和(c)，线性费用函数较其他费用函数更优；而图 4-50(b)、(d)的结果表明，用二次费用函数更易获得比较好的预测性能。

综上，在实际的工作中，仍需对各费用函数分别优化。

以上研究对影响 boosting PLS 模型群预测性能的几个影响因素(如抽样量、抽样次数、费用函数和模型的集成方式)进行深入研究，并用两组数据对所得结论的普适性进行进一步阐释。结果表明 Robust boosting PLS 能够在一定程度上提高模型对数据的拟合程度，并能够显著提高模型对未知样本的预测性能。多次迭代能够摒除加权抽样偏性对结果的影响，从而提高结果的重现性，但是抽样偏性却可能在一定程度上提高模型对数据的拟合能力和对未知样本的预测性能。费用函数对模型的影响不尽相同，在应用 Robust boosting PLS 方法时，二次费用函数更易获得最优预测模型。Robust boosting PLS 模型对未知样本的预测能力显著优于 PLS 模型。

4.6　定性模型的建立与评价

4.6.1　定性模型的建立步骤

近红外光谱定性检测就是直接利用光谱进行分析研究来确定样本的特性和归属。近红外光谱是物质分子振动的倍频和组合频，图 4-51 为玉米种子的近红外光谱图。从图中可见，近红外光谱因其特征性不强，谱带较宽，光谱都会出现吸收峰严重的重叠，因此很难像其他光谱分析方法一样直接进行化学基团的识别以及结构鉴定。

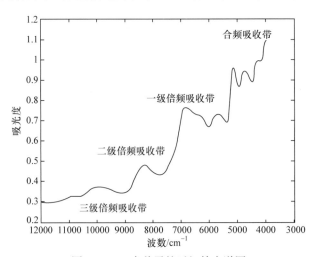

图 4-51　玉米种子的近红外光谱图

　　由于样本的多元性和测量信息的多元性，近红外光谱分析技术就是在复杂、重叠、变动背景下从光谱中提取弱信息的技术。要进行近红外光谱定性检测，就需要利用计算机和化学计量学方法从复杂、重叠、变动的光谱中提取特征信息，通过光谱特征对样本进行定性鉴别。定性检测属于宏观分析的范畴，它采用模式识别技术对研究对象进行"质"方面的分析，通过计算机运算实现数据的归纳和演绎、分析与综合以及抽象与概括，达到认识事物本质、揭示内在规律的目的。在实际应用需求中，经常遇到只知道样本的类别或等级等属性信息，却难以将属性与组分及含量等量化信息对应，这时利用模式识别方法可以充分发挥定性检测技术的优势。

　　近红外光谱的定性检测流程如图 4-52 所示。近红外光谱定性检测分析技术步骤与定量检测步骤基本相同，主要分为建立模型和预测未知样本。定性检测与定量检测除了建立模型的具体化学计量学方法不同外，定性检测一个显著的优势是定标值通常不受化学分析的限制。定量检测需要常规化学分析方法作为标准方法来获得组分含量作为定标值，定量模型在使用过程中需要定期验证、扩充和更新等，也都离不开标准方法提供参考数据，也就是说模型的建立与维护都需要化学分析，并受限于定标值的获取及精度，因此近红外定量检测技术是一种间接(二级)分析技术。

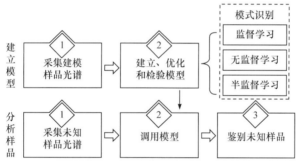

图 4-52　近红外光谱的定性检测流程图

　　定性检测是对样本的属性进行鉴别，例如玉米等果蔬的产地鉴别等，建模阶段的属性标签不需要化学分析，可看作是一级分析；在一些应用如聚类分析中，甚至不需要已知属性标签，因而近红外光谱定性检测技术的应用领域更加宽广，应用前景非常广阔。由此可见，定性检测对光谱的重复性要求较高，包括吸光度的重复性和波长的重复性，同时也需要未知样本和已知样本的获取过程、光谱采集过程及处理方式完全一致，这样才能保证定性检测的准确性。

　　在质量评价中，经常遇到只需知道样本的类别或质量等级，而无需知道样本中含有的组分数和含量的问题，即定性判别问题，这时需要用到化学计量学中的模式识别方法。依据训练过程可将模式识别方法分为两大类：无监督模式识别方法和有监督模式识别方法。有监督模式识别方法的基本思路是先采用一组已知类别的样本进行训练，让计算机从训练集"学习"各类别的信息，构建分类器，从而得到能够判别未知样本的判别模型。常用的算法有簇类的独立软模式(soft independent modeling of class analogy，SIMCA)法、最小二乘法判别(partial least square discriminatory analysis，PLS-DA)、K-最近邻法(K nearest neighbors，KNN)和有监督的人工神经网络法(如 BP 网络和 SVM 等)。

无监督模式识别方法是事先并不知道未知样本的类别，利用同类样本彼此相似特点获得样本分类信息的方法，最终根据给定阈值来对未知样本进行分类判别，如 K-均值聚类(K-means clustering，KMC)、系统聚类分析(hierarchical cluster analysis，HCA)等。马氏距离(Mahalanobis distance)方法也是近红外光谱定性检测的常用方法，它是通过多波长下的光谱数据描述出样本离测试集样本的位置。在应用此种方法时，波长位置的选择非常重要，因为如果波长点过少，则光谱不能被准确地描述；如果波长点过多，则会造成计算量的增大。因此，在应用此方法时要结合化学计量学方法来进行考察，以选择最佳的波长点。马氏距离方法在光谱匹配以及异常点的剔除和模型外推方面有广泛的用途。在实际应用中，在采集样本的近红外光谱后，一般首先对样本进行主成分分析然后计算马氏距离，两种方法结合了 PCA 不丢失信息的优点及马氏距离建立定量阈值的优点。

半监督学习(semi-supervised learning，SSL)是模式识别和机器学习领域研究的重点内容，是监督学习与无监督学习相结合的一种学习方法。半监督学习使用大量的未标记数据，同时使用标记数据，来进行模式识别工作。当使用半监督学习时，将会要求尽量少的人员从事工作，同时又能够带来比较高的准确性，因此，半监督学习目前正越来越受到人们的重视。

4.6.2　定性模型的评价参数

1. 灵敏度和特异性

灵敏度(sensitivity，S)和特异性(specificity，Sp)是判别分析的两个基本参数。灵敏度又称为真阳性率，特异性也称为真阴性率。总判正率(total accuracy，TA)为判别分析中另一个重要参数，表示正确分类的样本占总样本总量的分数。三个参数分别根据式(4-94)、式(4-95)和式(4-96)计算：

$$sensitivity = TP/(TP + FN) \tag{4-94}$$

$$specificity = TN/(TN + FP) \tag{4-95}$$

$$total\ accuracy = (TN + TP)/(TP + FN + TN + FP) \tag{4-96}$$

其中，TP(true positive)为真阳性样本个数；FP(false positive)为假阳性样本个数；TN(true negative)为真阴性样本个数；FN(false negative)为假阴性样本个数。

2. ROC 曲线与 AUC 值

ROC 曲线(receiver operating characteristic，受试者工作特征)：与上述基于统计的指标不同，ROC 曲线可考察指标量在大范围取值之间的变化，可全局化地考察模型的优势和不足。

ROC 曲线的纵坐标表示真阳性的比例，横坐标表示假阳性的比例，曲线上的点表示不同假阳性阈值上的真阳性比例。因为纵坐标和横坐标分别对应灵敏度和 1-特异性，所以该曲线也称为灵敏度/特异性图，如图 4-53 所示。图中显示了 3 条曲线，假设分别对应 3 个模型。第一个模型为完美模型的 ROC 曲线，是过横坐标 0 点的竖直虚线段与过纵坐标 100%点的水平虚线段，其含义为模型的真阳性率为 100%，假阳性率为 0，即该模型正确识别所有真阳性而不会出现假阳性，这是理想的 ROC 曲线。第二个模型的 ROC 曲线是位于对角线上的虚线段，该模型发现假阳性和真阳性的概率一样，即该模型没有预测能力，是最坏情况的 ROC 曲线(在该曲线下方的 ROC 可以通过翻转决策来改进)。真实模型的 ROC 曲线介于完美模型与无预测能力模型的 ROC 曲线之间，例如图中第三个模型的 ROC 曲线(标识测试模型的实线)。如果某个模型的 ROC 曲线靠近对角线，则说明该模型预测能力不强；若 ROC 曲线接近理想曲线，则模型能更好地识别阳性类型。如果一个模型 ROC 曲线在另一个模型曲线的上方，则我们说这个模型比另一个好；如果两条曲线相交，只能基于实际应用中的特定需求来回答，比如高灵敏度更重要还是高特异性更重要。

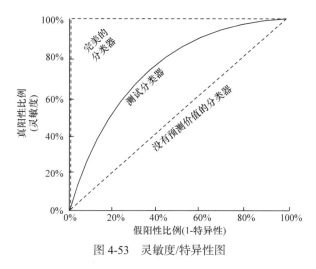

图 4-53　灵敏度/特异性图

使用精确度和召回率这一对度量指标，也可以画出类似的 ROC 曲线，即精确度-召回率 ROC 曲线。

AUC 值：可以用 AUC(area under the ROC，ROC 曲线下的面积)这个统计量来度量 ROC 曲线，AUC 的取值为 0.5~1，依据模型的 AUC 值可将模型分成 5 个等级，即 0.9~1.0，优秀；0.8~0.9，良好；0.7~0.8，一般；0.6~0.7，很差；0.5~0.6，无法区分。

需要注意的是，两条形状不同的 ROC 曲线可能有相同的 AUC 值，因此 AUC 值可能有一定的误导性，此时，在考察 AUC 值的同时也应分析 ROC 曲线的特点。

4.6.3　定性模型的校正方法

1. K 均值聚类

K-均值聚类(K-means clustering，KMC)是一种著名的划分聚类分割方法，也叫 K-平均或 K-均值。该算法的原理是：首先从数据集中随机选取 k 个点，初始时每个点代表每个簇的聚类中心，然后计算其他剩余各个样本点到聚类中心的距离，将它赋给最近的簇，接着重新计算每一簇的平均值。整个过程重复迭代，并根据每次迭代结果调整样本点分类，再修改聚类中心，进行下一次迭代，直至满足如下任一终止条件：没有对象被重新分配给不同的聚类；聚类中心不再发生变化；误差平方和局部最小。

K-Means 算法的步骤如下：

(1) 从 n 个数据对象中随机选取 k 个对象 $\mu_1, \mu_2, \cdots, \mu_k$ 作为初始聚类中心。

(2) 计算每个对象与这些中心对象的距离，并根据最小距离对相应对象进行划分，确定其所属类别。

(3) 重新计算每个聚类的均值作为新的聚类中心。

$$\mu_j = \frac{\sum_{i=1}^{m} 1\{c^{(i)} = j\} x^{(i)}}{\sum_{i=1}^{m} 1\{c^{(i)} = j\}} \tag{4-97}$$

(4) 重复(2)和(3)步骤直至每个聚类中心不再不变化。这种划分使得下式最小：

$$E = \sum_{j=1}^{k} \sum_{x_i \in \mu_j} x_i - \mu_j^2 \tag{4-98}$$

$c^{(i)}$ 代表对象与 k 个类中距离最近的那个类，$c^{(i)}$ 的值是 1 到 k 中的一个。聚类中心 μ_j 代表对属于同一个类的样本中心点的猜测。图 4-54 为对 n 个样本点进行 K-means 聚类的效果，这里 k=2。

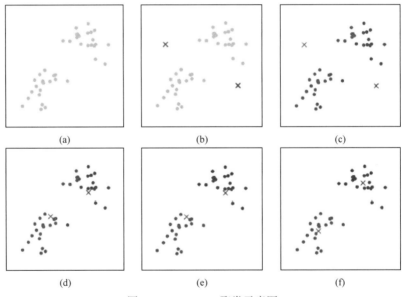

图 4-54　K-means 聚类示意图

K-Means 算法是解决聚类问题的一种经典算法，该算法不适合处理离散型属性，但是对于连续型具有较好的聚类效果。在计算数据样本之间的距离时，可以根据实际需要选择的欧氏距离、马氏距离等作为算法的相似性度量，其中欧氏距离最常用。

2. 系统聚类

系统聚类分析(hierarchical cluster analysis，HCA)主要采用一定的参数计算各样本间的相似程度，相似度高的样本聚为一类。通常所采用的参数为相似系数和距离，相似系数用相关系数或夹角余弦表示，距离多用欧氏距离和马氏距离来表示。它在分类时采用非迭代分级聚类策略，基本思想是：先把每个样本单独作为一类，然后计算各样本之间的距离，选择距离最小的一对合并成一个新的类，计算新类与其他类的距离，再将距离最小的两类合并成一类，这样每次减少一类，直至所有样本都成为一类为止。根据样本的合并过程，能够得到系统聚类分析的谱系图，见图 4-55。由于类间距离的定义有多种，因此当采用不同的类间距离时所得结果并不完全相同。系统聚类主要过程如下：

(1) 计算样本之间和类与类之间的距离。

(2) 在各自成类的样本中将距离最近的两类合并，重新计算新类与其他类间的距离，并按最小距离归类。

(3) 重复(2)，每次减少一类，直至所有的样本成为一类为止。在无任何先验已知的样本类别属性的情况下，往往也可以采用无监督方式的特征提取方式来进行相似性分析，譬如 PCA 与系统聚类相结合进行相似性分析的方法。

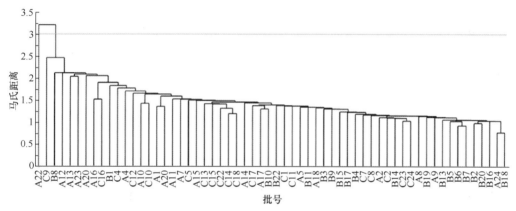

图 4-55　系统聚类分析获得的谱系图

对于表面上毫无规律的大量数据进行分类研究而言，系统聚类分析是一种建立分类模式的有效方法。聚类分析属于探索性分析方法，按照分类目的可分为两大类。

(1) R 型聚类：又称变量聚类，是将 m 个变量归类的方法，其目的是将变量降维从而选择有代表性的变量。

(2) Q 型聚类：又称样本聚类，是指将 n 个样本归类的方法，其目的是找出样本间的共性。

在模式识别中我们主要讨论 Q 型聚类。聚类分析是根据"物以类聚"的思想建立起来的，即同类样本或变量应彼此相近，在多维空间中应表现为距离较小。因为没有样本分类的任何先验信息，聚类分析只能利用样本或变量自身的数据，通过距离或相似度等指标使样本或变量"聚集"起来，从而表现出类别。在 Q 型聚类中，常用的相似度指标是各种距离，包括欧氏距离、马氏距离等。这些距离用来定义 m 维空间中任意两点之间的相似系数，距离越小表明两样本间相似程度越高。

聚类分析与近年来兴起的各种现代智能算法相结合，出现了许多新的聚类分析方法，弥补了以往聚类分析算法的某些不足。例如分类不稳定，当增加或减少一个或几个样本时，分类结果改变较大。这些方法有基于模拟退火思想的改进 K 均值聚类算法、基于模糊集的模糊聚类分析、基于遗传算法的聚类分析、基于蚁群算法的聚类分析，以及基于粒子群算法的聚类分析等，这些智能算法与聚类分类相结合可有效地增加分类结果的准确性，并且更稳健。

聚类分析的结果不仅可以对样本或指标的信息进行归类，还可以为无任何先验知识的样本提供有监督的模式识别分类的参考。但是，需要着重指出的是聚类分析只是基于原始数据的一个归类方法，其结果一定要与相关的专业知识相结合，并有一定的基础理论知识对结果进行解释和支撑，这样的聚类才是可信的。

3. 主成分分析

主成分分析法(principal component analysis，PCA)是将多个相关变量转化为少数几个相互独立变量的多变量统计分析方法，其最终目的是将高维原始数据降维处理，从而有利于从大规模数据中发现普遍现象或特殊规律，并提高系统分析效率。随着工业自动化水平的提高，PCA 在复杂工业过程分析与监控中发挥了重要作用。

对于一个大小为 $m×n$ 的矩阵 X，m 为样本个数，n 为变量数。PCA 可将 X 分解为 n 个向量的外积之和：

$$X = t_1 p_1^{\mathrm{T}} + t_1 p_1^{\mathrm{T}} + \cdots + t_n p_n^{\mathrm{T}} \tag{4-99}$$

其中，t 为得分(score)向量，或矩阵 X 的主成分；p 为负荷(loading)向量。式(4-99)也可表示为矩阵形式：

$$X = TP^{\mathrm{T}} \tag{4-100}$$

式中，T 为得分矩阵，各得分向量之间满足正交性；P 为负荷矩阵，各负荷向量之间也是正交的。每一个得分向量 t_i 是矩阵 X 在与此得分向量对应的负荷向量 p_i 方向上的投影，即

$$T = XP \tag{4-101}$$

每个负荷向量的长度均为 1，即 $P^{\mathrm{T}}P = I$。向量 t_i 的长度 $\|t_i\|$ 表示矩阵 X 在向量 p_i 方向上的覆盖范围。长度 $\|t_i\|$ 越大，X 在向量 p_i 方向上的覆盖范围越大。当 X 中的变量存在线性相关性时，矩阵 X 的变化主要体现在前 $k(k{\leqslant}n)$ 个负荷向量方向上。由此，式(4-100)可表示成如下形式：

$$X = T_k P_k^{\mathrm{T}} + E \tag{4-102}$$

其中，E 为残差矩阵，表示矩阵 X 在 p_{k+1} 至 p_n 方向上的变化。由此以来，用少量的主成分变量即可表征原始数据中的大部分信息。

当模型建立后，需要采用一些方法对模型进行诊断用以评价模型性能，模型诊断通常分为模型、变量和样本诊断。

在 PCA 诊断中，首先需要考虑模型对原始数据变异的解释程度，通常以 R^2 表示。PCA 模型对原始数据变异信息的解释程度由下式计算，即

$$R_X^2 = \frac{\sum_{i=1}^{I}\sum_{m=1}^{M}(x_{i,m} - \overline{x_m})^2 - \sum_{i=1}^{I}\sum_{m=1}^{M}(x_{i,m} - \hat{x}_{i,m})^2}{\sum_{i=1}^{I}\sum_{m=1}^{M}(x_{i,m} - \overline{x_m})^2} \tag{4-103}$$

若原始数据经过标准化处理，则式(4-103)可变化为

$$R_X^2 = 1 - \frac{\sum_{i=1}^{I}\sum_{m=1}^{M}(x_{i,m} - \hat{x}_{i,m})^2}{\sum_{i=1}^{I}\sum_{m=1}^{M}x_{i,m}^2} = 1 - \frac{ESS_X}{TSS_X} \tag{4-104}$$

式中，ESS 表示残差平方和；TSS 表示总的离差平方和。

一般来说，R^2 越接近 1，说明模型对原始数据变异的解释性越好，模型的拟合效果越好。

4. 簇类的独立软模式

簇类的独立软模式(soft independent modeling of class analogy，SIMCA)是建立在主成分分析基础上的一种有监督模式识别方法，该算法的基本思路是对训练集中每一类样本的近红外光谱数据矩阵分别进行主成分分析，建立每一类的主成分分析数学模型，然后在此基础上对未知样本进行分类，即分别将该未知样本与各类样本数学模型进行拟合，以确定其属于哪一类或不属于任何一类。该方法更关注类别间的相似性，而非差异性。

这里，soft 的含义是分类器划分的类别空间有可能重叠，因而对样本进行分类时，可将样本归属于多个类别。

设有 q 类样本数据阵 $\{^q X_{nm}\}$，设光谱变量序数为 k，$k = 1, 2, \cdots, m$；样本序数为 i，$i = 1, 2, \cdots, n$；类序数为 c，$c = 1, 2, \cdots, q$，则对样本光谱 x 在类 q 中第 k 个变量可表达成

$$^q x_{ik} = {}^q a_k + \sum {}^q p_{kj} {}^q t_{ji} + {}^q e_{ik} \quad (主成分数 j = 1, 2, \cdots, A_q) \tag{4-105}$$

其中，$^q a_k$ 是类 q 变量 k 的均值；$^q p_{kj}$ 是 A_q 个主成分；$^q t_{ji}$ 是样本的光谱得分；$^q e_{ik}$ 是样本 i 的第 k 个变量的光谱残差。

用主成分空间表示未知样本 ω，有

$$x_{\omega k} = {}^q a_k + \sum {}^q p_{kj} {}^q t_{j\omega} + {}^q e_{\omega k} \Rightarrow x_{\omega k} - {}^q a_k = \sum {}^q p_{kj} {}^q t_{j\omega} + {}^q e_{\omega k} \tag{4-106}$$

类 q 的光谱总剩余方差 $^q S_0^2$ 和未知样本 ω 光谱残差 $e_{\omega k}$ 的方差 $^q S_\omega^2$ 分别为

$$^q S_0^2 = \sum\sum ({}^q e_{ik})^2 / \left[(n_q - A_q - 1)(m - A_q)\right] \tag{4-107}$$

$$^q S_\omega^2 = \sum (e_{\omega k})^2 / (m - A_q) \tag{4-108}$$

q 类样本的光谱残差比和模分别为

$$^q r_a^{\text{spectral}} = {}^q S_\omega / {}^q S_0 \tag{4-109}$$

$$^{q}r_s^{\text{model}} = \sqrt{\sum_i \frac{(t_{ij} - t_j^*)^2}{\sum\limits_{i=1}^{q} \dfrac{(t_{ij} - \overline{t}_j)^2}{n_q}}} \tag{4-110}$$

$\overline{t}_j$ 为校正集样本光谱第 j 个主成分的平均得分。

对于所有主成分 i ，当 t_{aj} 大于上限 $t_{j,\text{upper}}$ 时，

$$t_{j,\text{upper}} = t_{j,\max} + \sqrt{\sum_{i=1}^{n_q} \frac{(t_{ij} - \overline{t}_j)^2}{n_q}} \tag{4-111}$$

$$t_{j,\text{lower}} = t_{j,\min} - \sqrt{\sum_{i=1}^{n_q} \frac{(t_{ij} - \overline{t}_j)^2}{n_q}} \tag{4-112}$$

其中， $t_{j,\max}$ 为校正集样本光谱第 j 个主成分的最大值； $t_{j,\min}$ 为相应得分的最小值。

组合残差距离 $^{q}r_a^{\text{combined}}$ 为

$$(^{q}r_a^{\text{combined}})^2 = (^{q}r_a^{\text{spectral}})^2 + (^{q}r_a^{\text{model}})^2 \tag{4-113}$$

当样本的组合残差小于临界值时，可判别该样本归属于 q 类，否则不属于 q 类。临界值的设定基于 F 分布，通常使用 95% 或 99% 置信区间来计算。

从上述可见，SIMCA 方法有两个主要步骤：

(1) 建立每一类的主成分分析模型；

(2) 将未知样本逐一去拟合各类的主成分模型，利用光谱残差来对样本的类别归属进行判别。

SIMCA 方法每个类模型的主成分数不尽相同，因而不同类的模型在主成分空间可能表现为线(一个主成分)、面(两个主成分)或者超平面(三个及三个以上主成分)等不同形状。SIMCA 方法为每个类建立了独立的主成分分析模型，但在建立某一个类的模型时没有考虑到其他的类。因此，在每个类的模型中，有些因素在获取类中明显地变化时只能反映出有限的鉴别信息。当多维数据不同类的子空间都非常接近时，模型无法进行有效鉴别。SIMCA 方法的另一个局限是基于主成分光谱残差进行识别，在实际应用中会出现未知样本虽然符合某类的主成分分析模型，但该样本远离该类的训练样本，一个可行的方法是将主成分得分进行限定。SIMCA 方法要求训练集样本能代表所属类的特征，否则其构建的模型不完善，导致模型预测和判别能力降低。

5. K 近邻法

K 近邻(K-nearest neighbor，KNN)是一种非参数化方法，也是最简单的机器学习算法之一。该方法可以理解为一种多数表决策略，基本思想是：在特征空间中，一定的距离尺度下，已知一组训练样本集及每个样本的类别标签，若要确定未知样本 x 的类别标签，则以样本 x 为中心，不断扩大 x 的邻域直到包含进入该邻域的训练样本的个数为 k ，则将这 k 个最近邻中某一类样本数量最多的那个类别作为 x 的类别标签。在二分类问题中，通

通常k选奇数，当$k=1$时称最近邻法。

如图4-56所示，有两类不同的样本，分别用三角形和圆圈表示，图中的实心圆点所标示的样本是待分类的样本。设$k=5$，距离实心圆点最近的5个样本是2个三角形和3个圆圈，因此判定待分类的实心圆点属于圆圈那一类。

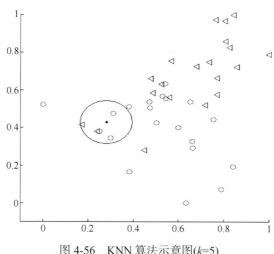

图4-56 KNN算法示意图($k=5$)

KNN算法需要储存训练集的所有已知样本，因此在训练样本海量的情况下需要大量的存储空间。分类器不需要训练过程，训练时间复杂度为0；KNN的分类时间复杂度与训练集的样本数成正比。可见，该方法的不足之处是分类计算量大，因为对每一个待分类的样本都要计算它到全体已知样本的距离，才能求得它的k个最近邻点。在特征空间维数大及训练样本数量大时，需要考虑如何对训练数据进行快速k近邻搜索，一种常用的解决方法是事先对已知样本进行筛选，即事先去除对分类作用不大的样本。

k值的选择会对算法的结果产生影响，k值较小意味着只有与待分类样本较近的训练样本才会对分类结果起作用，但容易发生过拟合；如果k值较大，与待分类样本较远的训练样本也会对分类结果起作用，发生分类错误。在实际应用中，k值一般选择一个较小的数值，通常采用交叉验证的方法来选择最优的k值。

KNN算法的另一个不足是当训练样本数量不均衡时，如当一个类的训练样本数量很大，而其他类训练样本数量很小时，输入一个新样本，该样本的k个邻居中训练样本数量多的类的样本占多数，但实际上这类样本并不是待分类样本所属类的样本。可以采用将不同距离的邻居对该样本产生的影响给予不同的权值(如权值与距离成反比)的方法来改进。

K邻近(KNN法)是一种直接以模式识别的基本假设——同类样本在模式空间相互较靠近——为依据的分类方法。从算法来讲K-最近邻法极为直观，而且即使所研究的体系线性不可分，此法仍可能适用。

6. 多变量统计过程监控

统计过程控制(statistical process control，SPC)是20世纪初随着统计科学的发展逐步形成的一种对离散制造过程进行质量控制的技术方法，一般指单变量统计过程分析(univariate statistical process control，USPC)。在此基础上逐渐发展起来对含有多个相关变量生产过程进行质量监控、分析和控制的方法和技术，称为多变量统计过程控制(multivariate statistical process control，MSPC)。MSPC 技术主要用于连续生产过程和间歇生产过程的质量监控[19]。

传统的 PCA 和 PLS 法都是基于"样本监测相互独立"的前提条件，未考虑序列时间相关性的影响，数据处理时使用的是线性变换，因此属于静态、线性的建模技术。而工业生产过程中采集的数据具有时变性、多尺度性、非线性及动态等特征。

基于 MSPC 技术的生产过程监控称为多元统计过程监控(multivariate statistical process monitoring，MSPM)，主要指利用 PCA 和 PLS 等多元统计投影方法对生产过程中的多个变量进行监控的方法。MSPM 的主要工具是多变量统计过程控制图(MSPC 图)，如主元得分图、Hotelling T^2 图、平方预测误差图(squared prediction error，SPE 图)等，它们分别是多元统计量主元变量、Hotelling T^2 和 SPE 的时序图。通过 PCA 和 PLS 方法的多元统计投影作用，存在相关关系的多个过程变量的动态信息可以由少量的隐变量来表示，这样通过对少量隐变量的监控就可以实现对整个生产过程的监控。一般情况下，SPE 图描述了生产过程和统计模型的偏离程度；而 Hotelling T^2 图描述了由统计模型所决定的前 A 个隐变量的综合波动程度。

1) 监控统计量

Hotelling T^2 统计量又称为 D 统计量，表示样本在潜变量空间内的投影距离潜变量空间原点的距离。Hotelling T^2 的计算公式如下：

$$T_i^2 = \sum_{a=1}^{A} \frac{t_{i,a}^2}{s_a^2} \qquad (4\text{-}114)$$

式中，A 表示潜变量因子数目；$t_{i,a}$ 表示第 i 个样本第 a 个得分；s_a^2 表示第 a 个得分的方差。

一般来说，对任意样本 i，T_i^2 值不宜过大，否则这个样本对潜变量构成的贡献过大，有可能使分析发生偏离。通常以 Hotelling T^2 95% 或 99% 置信限为准则，若样本 i 对潜变量的贡献过大，则认为样本 i 是一个异常样本。

$$T_{\text{limt}}^2 = \frac{A(I^2-1)}{I(I-A)} F_{A,(I-A),\alpha} \qquad (4\text{-}115)$$

式中，A 表示潜变量因子数目；I 表示样本数目；F 表示表示 F-分布。

SPE 统计量又称为 Q 统计量，表示样本与模型潜变量空间的正交距离。SPE 的计算公式如下：

$$SPE_i = (x_i - \hat{x}_i)^T (x_i - \hat{x}_i) = e_i^T e_i \qquad (4\text{-}116)$$

式中，x_i 表示样本 i 的实际值；$\hat{x}_i$ 表示样本 i 的预测值。

对任意样本 i，SPE 值越大，说明该样本具有与模型描述的潜变量结构不同的特征，样本偏离模型平面的程度越高。若样本 i 的 SPE 值大于其 95% 或 99% 置信限，则认为样本 i 是一个异常样本。

$$\text{SPE}_{\text{limt}} = \left(\frac{v}{2l}\right)\chi^2_{\frac{2l^2}{v},\alpha} \tag{4-117}$$

式中，v 表示样本 SPE 的方差；l 表示样本 SPE 的均值；χ^2 表示 Chi-square 分布；α 是显著性水平。

2) 控制限的确定

D 统计量的控制限可以利用 F 分布按下式进行计算：

$$D\frac{k(m^2-1)}{m(m-k)}_{\text{lim}} \tag{4-118}$$

式中，m 是样本个数；k 是主成分个数；α 是检验水平；F 是 F 分布临界值。

假设 Q 统计量服从二项分布，检验水平 α 下的 Q 的计算方法为

$$Q_\alpha = \theta_1\left[\frac{c_\alpha h_0\sqrt{2\theta_2}}{\theta_1} + 1 + \frac{\theta_2 h_0(h_0-1)}{\theta_1^2}\right]^{\frac{1}{h_0}} \tag{4-119}$$

$$\theta_i = \sum_{j=k+1}^{n}\lambda_j^i, \quad h_0 = 1-\frac{2\theta_1\theta_3}{3\theta_2^2}$$

式中，λ 为特征值；c_α 是正态分布在检验水平为 α 下的临界值；k 是主成分个数；n 是全部主成分个数。

SPE 统计量与 Hotelling T^2 统计量呈互补作用：SPE 统计量主要监测输入变量的数据结构是否变化，PCA 模型是否仍适用；而 Hotelling T^2 统计量则主要在变量相互关系结构未发生变化的前提下监测系统工作点的变化。使用 Hotelling T^2 和 SPE 统计量监控生产过程可以出现 4 种结果：

(1) Hotelling T^2 和 SPE 统计量均未超过控制限；

(2) Hotelling T^2 和 SPE 统计量均超过控制限；

(3) Hotelling T^2 统计量没有超过控制限，SPE 统计量超过控制限；

(4) Hotelling T^2 统计量超过控制限，SPE 统计量没有超过控制限。

当 Hotelling T^2 和 SPE 统计量均未超过控制限时(情况(1))，过程处于受控状态。不论 Hotelling T^2 统计量是否发生变化，当 SPE 发生较大变化时(情况(2)和(3))，表明以主成分模型所代表的正常工作状态下的变量之间的关系或结构发生变化，模型不再适用。但是当 Hotelling T^2 统计量发生变化而 SPE 统计量未变化时(情况(4))，说明各变量之间的相关关系未发生本质变化，但过程状态发生了改变，这种变化既可能是过程状态的正常改变(进入不同的正常工况)引起的，也有可能是过程发生了故障。

本节[20]基于过程技术分析(PAT)理念，采用近红外技术对金银花醇沉过程进行实时测量，利用过程近红外光谱和有序样本聚类分析对加醇过程进行阶段划分，对全过程和过程的每一阶段建立多变量统计过程控制(MSPC)监控模型，分别计算 Hotelling T^2 和 SPE 控制限，以实施对醇沉加醇过程的实时监控，并比较全段监控模型和分段监控模型的效果。

(1) 仪器与材料。ANTARIS 傅里叶变换近红外光谱仪(Thermo Nicolet Corporation)；Agilent 1100 高效液相色谱仪(美国 Agilent 公司，包括四元泵、真空脱气泵、自动进样器、柱温箱、二极管阵列检测器、HP 数据处理工作站)。

金银花饮片(经亚宝北中大(北京)制药有限公司质量控制部检验，符合 2010 年版《中国药典》一部金银花质量标准要求，批号：20110802)。绿原酸对照品(购自中国食品药品检定研究所，批号：110753-200413)。乙腈(色谱纯，Fisher 公司)、甲醇(色谱纯，Fisher 公司)、磷酸(分析纯，北京化工厂)、娃哈哈纯净水。

(2) 数据软件。数据处理工作在 MATLAB 7.12(MathWorks)平台下完成，光谱数据预处理由 SIMCA-P 11.5(Umetrics，DEMO)和 Unscrambler 9.7(CAMO)软件完成，变量筛选由 iToolbox 工具包完成，PLS 模型由 PLS Toolbox_21 工具包(Eigenvector)完成，其他分析程序自主编制。

(3) 生产规模样本制备。按照 2010 版《中国药典》(一部)清开灵注射液制法项下的要求进行金银花饮片的提取生产操作。每隔 2min 取样 5mL(每批次取样 60 个)，3500r/min 离心 30min 后，取上清液分别测量 NIR 光谱和参考值(HPLC 定量)。共采集 9 个批次的样本，其中 4 批用于绿原酸含量的近红外测定。

(4) NIR 光谱的采集。采用透射方式采集光谱，光程为 0.8mm，分辨率为 4cm⁻¹，扫描范围为 10000～4000cm⁻¹，扫描次数 16 次，增益 4，每个样本平行测 3 次，取平均光谱，测试温度为室温。以批次 J111103 为例，采集得到的近红外原始光谱如图 4-57 所示。

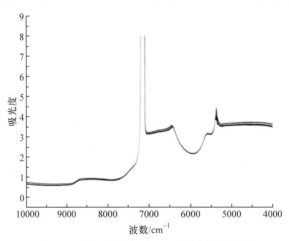

图 4-57　金银花提取过程近红外原始光谱图

(5) 校正集样本与验证集样本的划分。将批次 J111103、J111111、J111121 和 J120428 中的 237 个样本(其中 3 个样本损失)按照 Kennard-Stone 法划分为校正集(含 160 个样本)和验证集(含 77 个样本)，进行金银花提取过程绿原酸的近红外含量测定研究。经过 HPLC 分析，用于 NIR 定量的校正集样本和验证集样本的绿原酸参考值分布范围见表 4-13。

表 4-13　校正集样本与验证集样本的绿原酸参考值范围

指标	校正集		验证集	
	下限	上限	下限	上限
绿原酸/(mg/mL)	1.0895	3.5630	1.0910	3.5455

(6) 光谱预处理。对校正集和验证集中的原始近红外光谱，分别采用多元散射校正(MSC)、标准正则变换(SNV)、小波去噪(WDS)、一阶导数、二阶导数和 SG(11 点)平滑对光谱进行预处理。模型性能采用 RMSEC、RMSECV、RMSEP、相关系数 R_{cal}、R_{pre} 和 RPD来评价。不同预处理方法 PLS 建模结果如表 4-14 所示，结果表明 SG 平滑效果最好。

表 4-14　绿原酸不同光谱预处理方法的比较

预处理方法	潜变量	R_{cal}	RMSEC	RMSECV	R_{pre}	RMSEP	RPD
原始光谱	6	0.5083	0.3126	0.3412	0.6406	0.3326	1.14
MSC	6	0.5069	0.3129	0.3405	0.6461	0.3304	1.15
SNV	6	0.5075	0.3128	0.3409	0.6443	0.3303	1.15
WDS	5	0.4913	0.3217	0.3447	0.5963	0.3342	1.14
一阶导数	6	0.3825	0.3355	0.3572	0.3415	0.3652	1.04
二阶导数	5	0.3259	0.3436	0.3713	0.1503	0.3778	1.01
SG 平滑	6	0.5532	0.3024	0.3454	0.5724	0.3102	1.22

(7) 变量筛选。为提高建模效果，研究采用 iPLS 变量筛选方法筛选特征波段。图 4-58为最优间隔数的选择，由图 4-58 可知，最优间隔数为 17，在此间隔数目下的变量筛选结果如图 4-59 所示，由图 4-59 可知，第 6 间隔，即 6125～5774cm⁻¹ 波段的 RMSECV 值低于全谱建模时的 RMSECV 值，分别以这个波段建模可能会取得较好的结果。

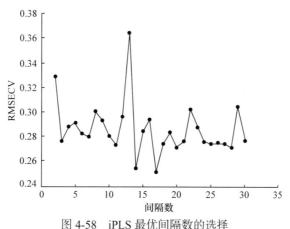

图 4-58　iPLS 最优间隔数的选择

(8) 校正模型的建立。由变量筛选的结果，以 6125～5774cm⁻¹ 的近红外光谱对绿原酸进行建模，最优潜变量因子的数目由留一交叉验证(LOO)法获得，如图 4-60 所示，当

最优潜变量因子的数目为 7 时，RMSECV 和 PRESS 的数据趋于平缓。建立的绿原酸 NIR
测定模型的 RMSEC 为 0.2375，RMSECV 为 0.2512，RMSEP 为 0.2021，校正集参考值
与预测值相关系数 r 为 0.7563，验证集参考值与预测值相关系数 r 为 0.8595。校正集和
验证集中参考值和预测值相关关系见图 4-61。

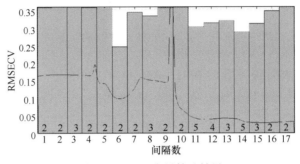

图 4-59　iPLS 变量筛选结果

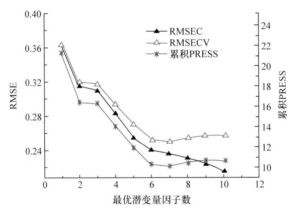

图 4-60　PLS 潜变量因子数目的确定

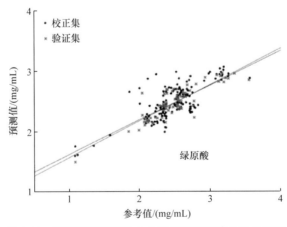

图 4-61　校正集和验证集中参考值和预测值相关关系图

(9) 金银花提取过程 MSPC 研究。对 1～7 批(批号分别为：J111102、J111103、J111111、

J111118、J111121、J111215、J111224)金银花提取液原始光谱进行 SG 平滑处理后，截取 $6125\sim5774\text{cm}^{-1}$ 波段光谱，经过分解处理，采用 PCA 对光谱数据进行分析，再用 SPE 和 Hotelling T^2 建立金银花提取过程、多变量统计过程控制模型，最后用所建立的模型对金银花提取过程 8~9 批(批号为：J120428、J120517)进行监控。

过程光谱是三维数据($WI\times J\times K$，I 代表批次，K 代表时间，J 代表波长)，为进一步分析光谱数据点的可视化，本部分考察了两种不同三维光谱分解模式下对 MSPC 模型的影响。

分解方式 1：对正常工艺过程光谱数据以批次方向展开，分解为二维矩阵($XI\times KJ$)，即分解为 I 行、$K\times J$ 列矩阵，进行数据的标准化处理，消除过程非线性差异。再按照变量方向重排成二维矩阵($XIK\times J$)，即 IK 行、J 列的矩阵，进行 PCA 分析建模，分解过程如图 4-62 所示。

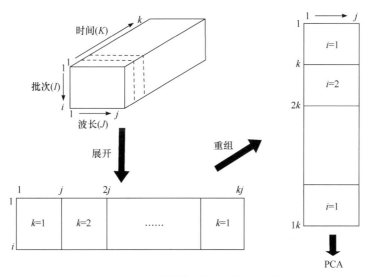

图 4-62　三维光谱数据分解示意图(方式 1)

分解方式 2：对正常工艺过程光谱数据以变量方向展开，分解为二维矩阵($XIK\times J$)，即 IK 行、J 列矩阵，直接进行数据的标准化处理，然后进行 PCA 分析建模，分解过程如图 4-63 所示。

对两种展开方式获得的二维矩阵($XIK\times J$)分别进行 PCA 分析，分解方式 1 中，前两个主成分可以解释光谱 99.91%的变异，因此选择前两个主成分建立 MSPC 监控模型，PC1 和 PC2 得分图如图 4-64(a)所示；分解方式 2 中，前 2 个主成分可以解释光谱 99.93%的变异，因此选择前两个主成分建立 MSPC 监控模型，PC1 和 PC2 得分图如图 4-64(b)所示。

(10) 监控模型的建立。本部分建立了两种光谱分解方式下 MSPC 监控模型。经计算，两种光谱分解模式的 Hotelling T^2 和 SPE 的控制限($\alpha=0.99$)与警戒限($\alpha=0.95$)如表 4-15 所示。

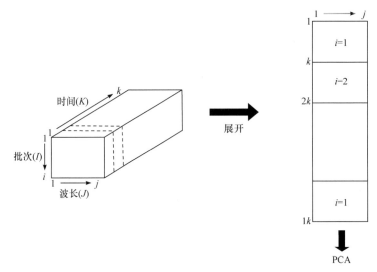

图 4-63　三维光谱数据分解示意图(方式 2)

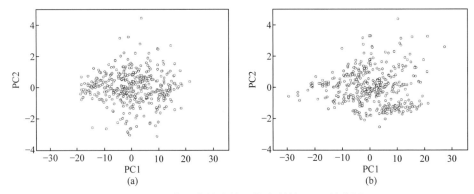

图 4-64　7 个正常批次校正集光谱的 PCA 得分图
(a) 分解方式 1；(b) 分解方式 2

表 4-15　两种光谱分解方式下的 MSPC 监控限

分解方式	Hotelling T2		SPE	
	控制限	警戒限	控制限	警戒限
1	9.3348	6.0490	0.4623	0.2613
2	9.3351	6.0492	0.4719	0.2671

　　基于正常批次所建立 Hotelling T^2 控制模型和基于残差分析的 SPE 控制模型对第 8 批 (J120428)和第 9 批(J120517)金银花提取生产过程进行模拟监控。

　　① 分解方式 1 下的监控效果，见图 4-65 和图 4-66。

　　② 分解方式 2 下的监控效果，见图 4-67 和图 4-68。

　　两种分解方式下对过程终点(时间点 60)的判断均在控制限以内，表明过程结果均在可控范围之内。但不同批次的金银花提取过程变化较大，导致过程光谱的监控出现较多的报警信号，提示今后在中药提取生产过程的研究重点是要进一步加强过程的实时控制，进而增加过程批与批之间的稳定性。比较两种近红外光谱分解方式下的监控效果，分解方式 1 对批次 8

和9的监控图均出现异常报警信号，监控统计量对过程光谱较为敏感。考虑分解方式1比分解方式2多一步处理步骤，因此采用分解方式2将三维光谱一步分解即可满足监控需求。

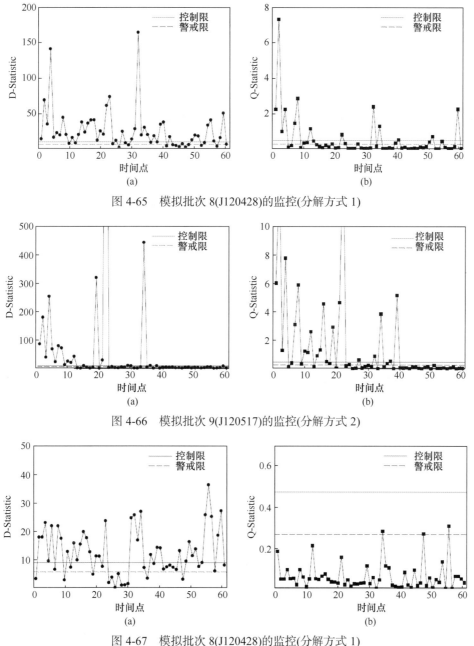

图 4-65　模拟批次 8(J120428)的监控(分解方式 1)

图 4-66　模拟批次 9(J120517)的监控(分解方式 2)

图 4-67　模拟批次 8(J120428)的监控(分解方式 1)

以上研究对清开灵注射液实际生产中的动态样本采用近红外光谱技术建立了定量模型，并采用 iPLS 方法筛选出特征三维光谱波段，应用 PCA 分析方法建立了三维光谱的MSPC 模型，分别考察了多阶段过程监控的效果及不同光谱分解方式对监控效果的影响。结果表明，基于生产过程实时数据的 MSPC 模型可以有效监控清开灵生产过程的变化，同时根据监控结果可以准确判断生产过程的稳定性。

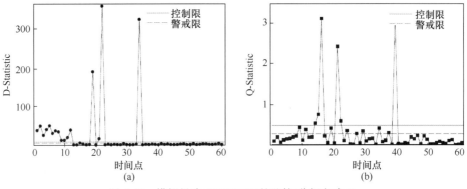

图 4-68　模拟批次 9(J120517)的监控(分解方式 2)

4.7　定量模型的建立与评价

4.7.1　定量模型的建立步骤

近红外光谱技术定量原理是样本的近红外光谱包含了物质组成、结构信息和物质的性质参数，如中药提取过程中间产物的浓度、相对密度等。待测样本的近红外光谱和物质本身的性质之间也必然存在着联系，利用化学计量学方法将其关系关联起来，建立定量关系即校正模型。建立模型后，实验工作者只需要测量待测样本的近红外谱，然后根据化学计量学软件对模型进行检索，选择合适的分析模型，就可以利用校正模型预测出待测样本的性质参数。对于近红外光谱的定量，就是通过建立模型来联系近红外光谱与物质化学值之间关系的一种间接分析技术。模型的准确性直接影响了实验结果的准确性。

NIR 技术作为一门间接测量技术，必须把光谱与经典的化学测量结果关联起来，通过建立数学定量校正模型才能完成对待测成分的快速定量检测。具体的 SOP(标准作业程序)定量检测流程见图 4-69。

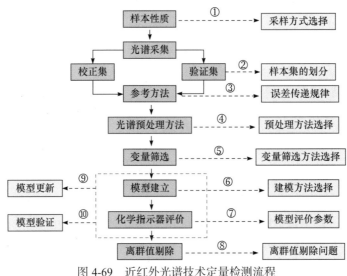

图 4-69　近红外光谱技术定量检测流程

(1) 采样方式选择和 NIR 参数确定：根据样本性质选取适宜的采样方式，包括透射模式、漫反射模式和透反射模式。确定近红外光谱仪的最佳测量参数，使得选择的参数能够获得高质量的 NIR 光谱。

(2) 样本集划分：方法学研究中样本集数量通常大于 30；一般将样本集的 2/3 作为训练集，另 1/3 作为训练集。相关的样本集划分方法有 RS 法、KS 法和 SPXY 法。

(3) 参考方法确定：按国家标准或行业标准等法定的方法，准确测定样本待测成分的参考值。需要特别指出的是，参考方法的准确性直接影响到模型的定量结果。根据分析误差传递的规律，应尽可能选择准确性和精密度好的参考方法，如高效液相色谱方法和气相色谱方法等。

(4) 预处理方法选择：NIR 吸收强度弱、灵敏度低且光谱重叠严重。这使得光谱中除了含有样本的化学信息外，还包含了冗余信息。因此，在建立 NIR 校正模型时，对原始光谱进行预处理是必不可少的。常用的光谱预处理方法主要有 SG 平滑处理、导数处理、多元散射校正、标准正则变换及它们的组合方法。在进行方法选择时，需根据样本的性质选取最优的预处理方法。

(5) 变量筛选方法选择：应用化学计量学方法建立 NIR 与目标属性间的数学模型，需先通过变量筛选方法对光谱数据进行适当处理。筛选特征变量有利于减弱各种非目标因素对光谱有用信息的干扰，提高分辨率和灵敏度，提升校正模型的预测能力和稳健性。常用的变量筛选方法有变量重要性投影、间隔偏最小二乘算法和遗传算法等。

(6) 建模方法筛选选择：近红外光谱定量模型可分为线性模型和非线性模型。线性模型中常用的建模方法有逐步多元线性回归、主成分回归法和偏最小二乘回归法等。非线性模型常用的建模方法有人工神经网络法和支持向量机等。针对小样本数据，也可采用模型群算法增强建模准确性。

(7) 模型评价参数：近红外定量模型的评价包含了模型的稳健性和拟合性能评价、模型预测性能的评价。常用的评价参数有相关系数、验证均方根误差和预测均方根误差等。相关系数的值介于 0 和 1 之间，其值越大越好，用于衡量校正集模型的拟合性能。验证均方根误差和预测均方根误差用于衡量预测值和测量值之间的平均偏差，和参考值数据单位一致，其值越小说明模型的稳健性越好。

(8) 离群值剔除：通常通过统计检验从训练集中剔除异常值样本。

(9) 模型更新：近红外定量模型的性能会受到来自外界环境(时间或空间)的影响而改变，导致模型失效。通过添加一系列包含新信息的新样本光谱来扩充原模型校正集的变量覆盖范围，从而增强模型的预测性能。

(10) 模型验证：采用误差分析方法研究近红外模型的准确度、精密度、线性、不确定度等定量检测参数。

4.7.2　定量模型的评价参数

常用化学计量学指示参数选择包括决定系数(R^2)、校正均方根误差(RMSEC)、交叉验证均方根误差(RMSECV)及预测均方根误差(RMSEP)等。新化学计量学指示参数选择包括残差预测偏差(RPD)和性能与四分位数距离的比率(ratio of performance to interquartile distance,RPIQ),其中 RPD 值越大,所对应的校正模型的预测性能越好。RPIQ 由 Veronique Bellon-Maurel 提出，主要考虑数据四分位点分布($Q1$ 为 25%样本位点值，$Q2$ 为中位值，$Q3$ 为 75%样本位点值)。四分位间距(interquartile distance，IQ)给出了在中位值周围 50% 的数据量，故采用 IQ 代替 SD(标准差)，产生了一种新的化学计量学指示参数。

$$\text{RMSEC} = \sqrt{\dfrac{\sum_{i=1}^{N}(\hat{c_i} - c_i)^2}{N}} \qquad (4\text{-}120)$$

$$\text{RMSECV} = \sqrt{\dfrac{\sum_{i=1}^{N}(\hat{c_i} - c_i)^2}{N}} \qquad (4\text{-}121)$$

$$\text{RMSEP} = \sqrt{\dfrac{\sum_{i=1}^{m}(\hat{c_i} - c_i)^2}{m}} \qquad (4\text{-}122)$$

$$R^2 = 1 - \dfrac{\sum_{i=1}^{m}(\hat{c_i} - c_i)^2}{\sum_{i=1}^{m}(\hat{c_i} - \overline{c_i})^2} \qquad (4\text{-}123)$$

$$\text{RPD} = \dfrac{\text{SD}}{\text{RMSEP}} \qquad (4\text{-}124)$$

$$\text{SD} = \sqrt{\dfrac{\sum_{i=1}^{n}(c_i - \overline{c_i})^2}{n-1}} \qquad (4\text{-}125)$$

$$\text{RPIQ} = \text{IQ/RMSEP} \qquad (4\text{-}126)$$

其中，N 是样本集数目；c_i 是校正集(交叉验证集、预测集)中 i 号样本的参考值；$\hat{c_i}$ 是校正集(交叉验证集、预测集) i 号样本的近红外光谱预测值；$\overline{c_i}$ 是校正集(交叉验证集、预测集)参考值的算术平均值；SD 是预测集数据的标准偏差。基于 Phil Williams 在 NIR news 关于 RPD 值的统计指南来评价，将所建立的模型划分为 6 个等级：当 RPD 为 0～1.9 时，模型等级为 very poor，难以进行模型的预测应用；当 RPD 为 2.0～2.4 时，模型等级为 poor，仅能用于粗略的区分；当 RPD 为 2.5～2.9 时，模型等级为 fair，可以应用于区分；当 RPD 为 3.0～3.4 时，模型等级为 good，可用于质量监测；当 RPD 为 3.5～3.9 时，模型等级为 very good，可以应用于过程控制；当 RPD 大于 4 时，模型等级为 excellent，可应用于任何过程中。

此外，丹麦哥本哈根大学的 J. Mantanus 研究团队及本课题组的研究成果均指明仅化学计量学指示参数作为 NIR 模型评价存在局限性，即常规化学计量学指示参数是仅适用于常量组分分析而非微量组分分析的近红外模型评价指标。因此，在此基础上引入基于总误差分析理论(total error concept)的分析方法验证(准确性轮廓(accuracy profile))，最终给出了

NIR 定量模型评价参数，包括准确性、精密度、范围、风险性、重复性、不确定性[21]。

此外，定量限、检测限也被引入 NIR 定量模型评价中，有助于建立更为准确、灵敏和可靠的 NIR 模型评价方法。本课题组采用改进单变量检测限方程的方法，引入了假阳性误差和假阴性误差，提出一种多变量检测限和多变量定量限的计算方法[22]。Marcel Blanco 开展了不同光谱预处理的 NIR 多变量检测限和多变量定量限研究，结果指出经过正交信号校正，NIR 光谱多变量检测限可达到 20mg/L[23]。也有学者研究表明样本集组分浓度范围越小，NIR 光谱多变量检测限和多变量定量限越低[24]。

4.7.3　定量模型的系统优化

近红外的应用主要涉及建模参数选择、模型验证、更新和转移等。建立稳健可靠的定量模型是近红外成功应用的关键，PLS 定量模型的建立过程中需要优化许多参数，如光谱预处理、变量筛选、潜变量因子等。由于取样、仪器误差等因素的存在，近红外光谱中常含有干扰信号。因此，在建立定量模型的过程中，采用光谱预处理方法提取相关信息，并减少噪声和基线漂移的影响，而变量筛选则用于识别信息变量、剔除无用信息变量。用于解释光谱矩阵的潜变量因子根据其对光谱特征的贡献降序排列，为避免过拟合或欠拟合的出现，确定合适的潜变量因子至关重要。

传统定量模型建立的参数确定多以某一指标进行分步优选某一类建模参数，具有一定的局限性，未考察各参数之间关系的影响，所选择的方法建立的定量模型并非全局最优。基于此，为选择合适的建模参数组合，建立准确稳健的定量模型，基于本节[25-28]系统要素与要素的关联性，提出参数轨迹全局的方法优选建模参数组合，其示意图见图 4-70，考察光谱预处理、变量筛选和校正方法各过程之间的关系，优选全局最优建模参数组合来提高模型的稳健性和准确性。

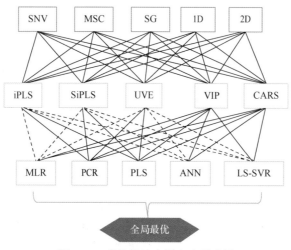

图 4-70　参数轨迹全局方法示意图

过程轨迹参数全局化可用于追踪建模参数轨迹，并评价所建模型的性能，从而优选最佳建模参数组合，建立稳健可靠的定量模型。该方法过程如下：

第一步，确定建模参数，并设定建模参数水平；

第二步，确定模型评价指标；

第三步，划分样本集，保证建模样本的代表性；

第四步，建立轨迹全局模型，并计算相应模型评价指标；

第五步，测量结果，确定建模参数轨迹；

第六步，以最佳建模参数组合建立相应定量模型，必要时剔除异常样本；

第七步，所建模型用于常规分析，并监测模型是否需要更新。

1. 分步优化的中药 NIR 定量模型

1) 数据来源

玉米近红外光谱数据包含 80 个样本。光谱范围为 1100～2498nm，光谱间隔 2nm，共 700 个变量，由 http://www.eigenvector.com/data/Corn/index.html 下载。每个样本在 3 个不同仪器上采集光谱，参考值包括淀粉、蛋白质、油脂及水分的含量。选用 mp5 仪器近红外光谱数据及水分含量为研究数据。

银黄颗粒近红外数据由本课题组采集，该数据中包含 72 个样本，参考 2010 版药典高效液相色谱法(HPLC)测定其主成分黄芩苷含量。Agilent 1100 高效液相色谱仪(Agilent Technologies，USA)配有在线脱气机、自动进样器、柱温箱、DAD 二极管阵列检测器，色谱柱为 ODS(150mm，4.6mm，5mm，Waters，USA)。甲醇-水-磷酸(50:50:0.2)为流动相，流速为 1.0mL/min，柱温为 30℃，检测波长为 274nm。MATLAB(The MathWorks，Massachussetts)软件。

2) 样本集划分

选用 KS 方法划分样本集，校正集与验证集样本数 2:1。玉米数据中 53 个样本选做校正样本，27 个样本用于验证，银黄颗粒数据中分别选用 48 和 24 个样本用于校正和验证。其主要成分水分和黄芩苷在各数据集中的统计结果见表 4-16。

表 4-16　水分和黄芩苷在数据集中含量统计结果

分析物	样本集	样本数	最小含量/%	最大含量/%	平均含量/%	标准偏差/%
玉米	校正集	53	9.38	10.98	10.22	0.41
	验证集	27	9.67	10.99	10.25	0.34
银黄颗粒	校正集	48	1.61	6.43	3.94	0.02
	验证集	24	2.04	6.66	3.60	1.18

3) 分步优化建模参数

为消除基线漂移、光散射、光谱重叠等影响，选用 SNV、SG(9)、1 阶微分+SG 平滑(1D+SG(9))、2 阶微分+SG 平滑(2D+SG(9))预处理方法。同时，采用 VIP 识别特征变量。定量模型的性能由校正均方根误差(RMSEC)和决定系数 (R^2_{cal}) 评价，模型的预测性能由预测均方根误差(RMSEP)、决定系数 (R^2_{cal}) 和 RPD 评价。

采用传统常用分步优化方法优选建模参数，即在不同预处理后，采用十折交叉验证方法确定最佳潜变量,在此基础上利用 VIP 筛选变量,根据 RMSEC、RMSEP、R_{cal}^2、R_{pre}^2 和 RPD 等确定最佳参数。表 4-17 为两个数据分步优化所得模型评价参数结果。从表中可得,水分模型最佳建模参数组合为原始光谱、VIP 变量筛选、潜变量 7,所得模型等级为差(poor)。黄芩苷分步优化最佳建模参数组合为 SNV 预处理、VIP 变量筛选、潜变量 4,所得模型等级为好(good)。

表 4-17　玉米和银黄颗粒数据分步优化定量模型参数结果表

分析物	预处理	潜变量	RMSEC	R_{cal}^2	RMSEP	R_{pre}^2	RPD	等级
玉米	原始光谱	7	0.1134	0.9196	0.1403	0.8196	2.4084	poor
	SG(9)	9	0.1175	0.9135	0.1483	0.7986	2.2298	poor
	1D+SG(9)	7	0.1034	0.9331	0.1602	0.7650	2.1351	poor
	2D+SG(9)	5	0.1302	0.8940	0.1888	0.6734	1.7665	very poor
	SNV	6	0.1839	0.7884	0.1725	0.7273	1.9163	very poor
银黄颗粒	原始光谱	5	0.4738	0.8751	0.4035	0.8775	2.9231	fair
	SG(9)	5	0.4314	0.8965	0.4144	0.8708	2.8208	fair
	1D+SG(9)	5	0.4924	0.8651	0.3872	0.8872	3.0502	good
	2D+SG(9)	3	0.4301	0.8971	0.4815	0.8256	2.6987	fair
	SNV	4	0.5430	0.8356	0.3633	0.9007	3.1787	good

4) 定量模型的建立与验证

玉米与银黄颗粒中水分、黄芩苷的分步最优模型结果见图 4-71。由分步优化所得玉米水分最佳建模参数组合为原始光谱、VIP 变量筛选、潜变量 7,所得模型 RMSEC 和 R_{cal}^2 分别为 0.1134% 和 0.9196,RMSEP 为 0.1403%,与 RMSEC 接近,RPD 和 R_{pre}^2 分别为 2.4084 和 0.8196。同理,黄芩苷最佳建模参数组合 SNV 预处理、VIP 变量筛选、潜变量 4,所得模型 RMSEC 和 R_{cal}^2 分别为 0.5430% 和 0.8356,RMSEP、R_{pre}^2 和 RPD 分别为 0.3633%、0.9007 和 3.1787。

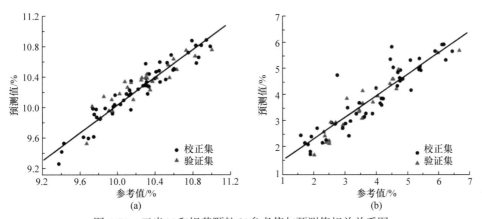

图 4-71　玉米(a)和银黄颗粒(b)参考值与预测值相关关系图

以上研究以开放玉米数据及中药银黄颗粒数据为研究载体,以 RMSEC、RMSEP、R_{cal}^2、R_{pre}^2 和 RPD 为评价指标,采用分步优化的方法确定其指标成分水分、黄芩苷定量模型最佳建模参数组合。结果表明,水分最佳建模参数组合为原始光谱、VIP 变量筛选、潜变量 7,所得模型等级为差,而黄芩苷最佳建模参数组合为 SNV 预处理、VIP 变量筛选、潜变量为 4,所得模型等级为好。近红外数据结构分析显示,玉米指标成分水分含量范围小于银黄颗粒指标成分黄芩苷,因此黄芩苷所建模型的等级要优于水分。

2. 全局优化的中药 NIR 定量模型

1) 过程轨迹模型的建立

选用 KS 方法划分样本集,校正集与验证集样本数 2:1。以玉米数据为例,校正集数据选用 SNV、SG(9)、1D+SG(9)、2D+SG(9)方法预处理光谱,为避免过拟合,潜变量设为 1 到 10,VIP 方法用于选择不同潜变量条件下的特征变量,最终模型的轨迹建模及验证结果见图 4-72。模型评价参数有不同的变化趋势,从图 4-72(a)中可以看出,不同预处理条件下,随着潜变量的增加,RMSEC 和 RMSEP 逐渐减小,而 R_{cal}^2、R_{pre}^2 和 RPD 逐渐增大。

银黄颗粒数据集结果见图 4-72(b),与玉米数据结果不同的是,1D+SG(9)及 SNV 预处理所得结果优于其他预处理方法,其模型评价参数变化不明显。图 4-73 表明,不止一条建模路径可建立准确稳健的定量模型。玉米数据结果中可得到两个等级一般(fair)的模型,建模参数组合 SG(9)预处理、VIP 变量筛选、潜变量 10 和 2D+SG(9)预处理、VIP 变量筛选、潜变量 10,其 RPD 分别为 2.6387 和 2.5278,其中最优建模参数组合为 SG(9)预处理、VIP 变量筛选、潜变量 10。银黄颗粒数据结果中,大多数模型等级为一般,且可获得多条等级为好(good)的模型,其 RPD 大于 3,如 SNV 预处理、VIP 变量筛选、潜变量 3,2D+SG(9)预处理、VIP 变量筛选、潜变量 5,SNV 预处理、VIP 变量筛选、潜变量 4,其 RPD 分别为 3.2723、3.1838 和 3.1787,其中最优建模参数组合为 SNV 预处理、VIP 变量筛选、潜变量 3。

2) 定量模型的建立与验证

玉米与银黄颗粒中水分、黄芩苷的过程轨迹最优模型结果见图 4-74。由过程轨迹所得玉米水分最佳建模参数组合 SG(9)预处理、VIP 变量筛选、潜变量 10,其 RMSEC 和 R_{cal}^2 分别为 0.1042%和 0.9321,RMSEP 为 0.1256%,与 RMSEC 接近,RPD 和 R_{pre}^2 分别为 2.6387 和 0.8554。同理,黄芩苷最佳建模参数组合 SNV 预处理、VIP 变量筛选、潜变量为 3,其 RMSEC 和 R_{cal}^2 分别为 0.5609%和 0.8250,RMSEP、R_{pre}^2 和 RPD 分别为 0.3524%、0.9066 和 3.2723。

以上研究以开放玉米数据及中药银黄颗粒数据为研究载体,以 RMSEC、RMSEP、R_{cal}^2、R_{pre}^2 和 RPD 为评价指标,采用本书提出的参数轨迹全局优化方法确定其指标成分水分、黄芩苷定量模型最佳建模参数组合。结果表明,由参数轨迹全局化方法可确定多条较优的建模参数组合,且水分最佳建模参数组合为 SG(9)预处理、VIP 变量筛选、潜变量 10,所得模型等级为差,而黄芩苷最佳建模参数组合为 SNV 预处理、VIP 变量筛选、潜变量 3,所得模型等级为好。

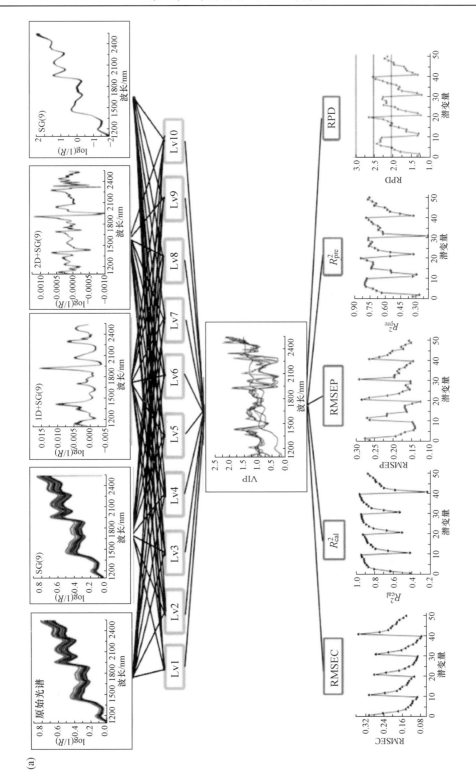

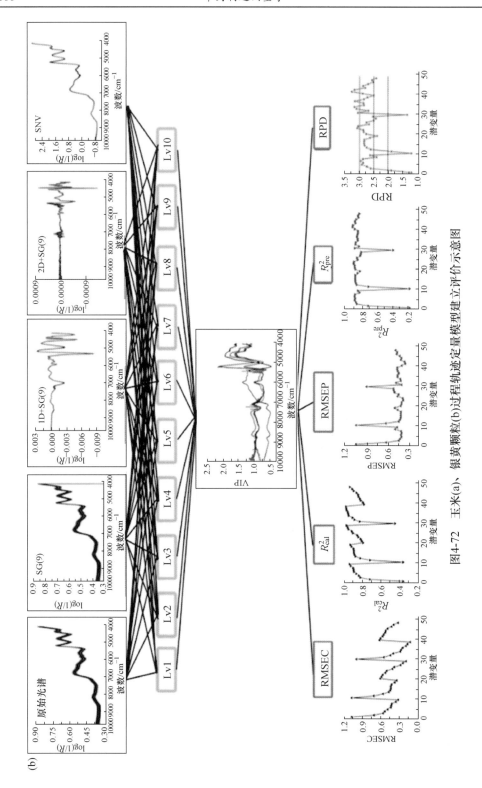

图4-72　玉米(a)、银黄颗粒(b)过程轨迹定量模型建立评价示意图

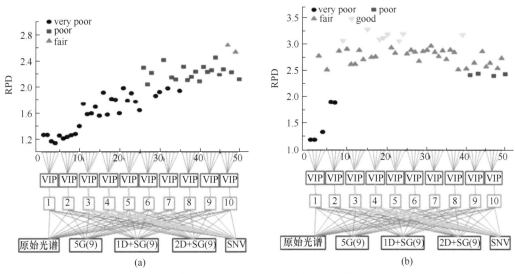

图 4-73 玉米(a)、银黄颗粒(b)过程轨迹定量模型示意图

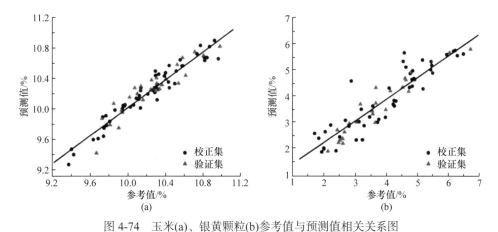

图 4-74 玉米(a)、银黄颗粒(b)参考值与预测值相关关系图

3. 全局优化建模方法稳健性评价

1) 干扰噪声水平的确定

玉米与银黄颗粒样本的近红外原始光谱见图 4-75，高斯噪声、光程噪声、光散射噪声及其组合噪声分别添加至验证集、验证集和校正集原始光谱中，以玉米数据为例，见图 4-76。以 RMSEP 为评价指标，以添加模拟噪声至验证集、校正集和验证集的方法比较分步优化及过程轨迹全局两种优选建模参数组合的方法所得模型的稳健性。

2) 噪声添加至验证集中对模型性能的影响

由分步优化所得玉米水分最佳建模参数组合为原始光谱、VIP 变量筛选、潜变量 7，由过程轨迹所得玉米水分最佳建模参数组合为 SG(9)预处理、VIP 变量筛选、潜变量 10，其 RMSEP 分别为 0.1403%和 0.1256%。由分步优化所得黄芩苷最佳建模参数组合为 SNV 预处理、VIP 变量筛选、潜变量 4，过程轨迹所得最佳建模参数组合为 SNV 预处理、VIP 变量筛选、潜变量 3，其 RMSEP 分别为 0.3524%和 0.3633%。

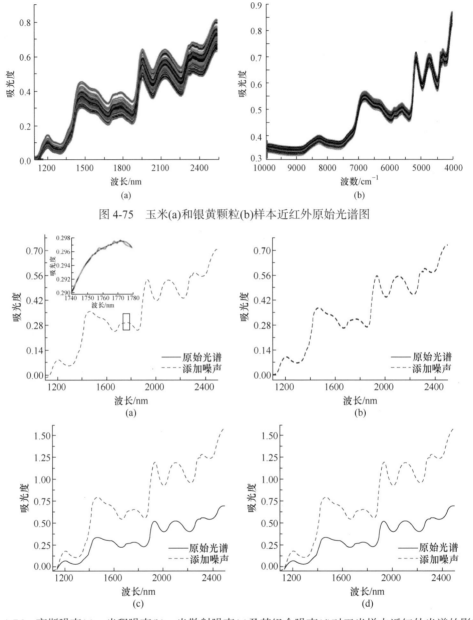

图 4-75　玉米(a)和银黄颗粒(b)样本近红外原始光谱图

图 4-76　高斯噪声(a)、光程噪声(b)、光散射噪声(c)及其组合噪声(d)对玉米样本近红外光谱的影响

　　原始光谱及不同噪声添加至验证集中，分步最优模型和全局最优模型的 RMSEP 结果见图 4-77。从图 4-77(a)中可以看出，光散射噪声和组合噪声对玉米数据所得模型影响较大，添加以上两种噪声至验证集中时模型的预测性能明显变差。此外，添加光程噪声至验证集时，模型的预测结果变差，分步最优模型的结果由 0.1403%变为 0.1699%，全局最优模型 RMSEP 由 0.1256%变为 0.1826%，结果较分步最优模型差，而添加高斯噪声后全局模型结果仍优于分步最优模型。从图 4-77(b)中可以看出，不同噪声添加至银黄颗粒数据验证集时，全局最优模型的结果优于分步最优模型。

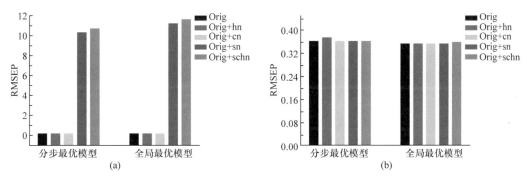

图 4-77　噪声添加至验证集中玉米(a)和银黄颗粒(b)样本分步最优模型及全局最优模型的结果

Orig，原始光谱；Orig+hn，原始光谱+高斯噪声；Orig+cn，原始光谱+光程噪声；

Orig+sn，原始光谱+光散射噪声；Orig+schn，原始光谱+组合噪声

3）噪声添加至校正集和验证集中对模型性能的影响

玉米数据及银黄颗粒数据原始光谱及不同噪声添加至校正集和验证集中，分步最优模型和全局最优模型的 RMSEP 结果见图 4-78。玉米及银黄颗粒数据结果均显示，不同噪声添加至校正集和验证集光谱中，分步优化方法和参数轨迹全局方法所得模型的 RMSEP 均有变化，而相同噪声条件下，参数轨迹全局方法所得模型的 RMSEP 均小于分步优化所得模型的结果，即全局最优模型优于分步最优模型。

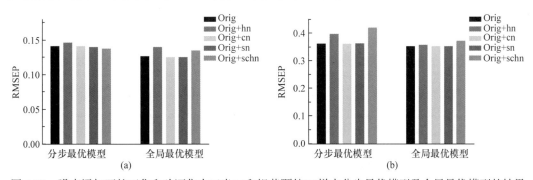

图 4-78　噪声添加至校正集和验证集中玉米(a)和银黄颗粒(b)样本分步最优模型及全局最优模型的结果

Orig，原始光谱；Orig+hn，原始光谱+高斯噪声；Orig+cn，原始光谱+光程噪声；

Orig+sn，原始光谱+光散射噪声；Orig+schn，原始光谱+组合噪声

以上研究通过添加高斯噪声、光程噪声、光散射噪声及组合噪声至玉米和银黄颗粒 NIR 数据的验证集、校正集和验证集光谱中，以 RMSEP 为评价指标评价分步优化及参数轨迹全局化方法所得分步最优模型和全局最优模型的稳健性，结果说明由参数轨迹全局方法所得模型稳健性优于分步优化方法所得模型。

参 考 文 献

[1] 展晓日. 乳块消片生产过程快速质量评价方法学研究[D]. 北京中医药大学, 2008.

[2] 林兆洲, 徐冰, 史新元, 等. 正交空间样本选择在金银花多批醇沉过程中的应用[J]. 世界科学技: 中医药现代化, 2012, 14(6): 2178-2182.

[3] 林兆洲. 适用于中药体系的近红外光谱定量方法学研究[D]. 北京中医药大学, 2012.

[4] Zhao N, Wu Z S, Cheng Y Q, et al. MDL and RMSEP assessment of spectral pretreatments by adding

different noises in calibration/validation datasets[J]. Spectrochimica Acta Part A: Molecular and Biomolecular Spectroscopy, 2016, 163: 20-27.

[5] Norgaard L, Saudland A, Wagner J, et al. Interval partial least-squares regression (iPLS): A comparative chemometric study with an example from near-infrared spectroscopy[J]. Applied Spectroscopy, 2000, 54(3): 413-419.

[6] 赵娜. 基于系统科学的中药 NIR 定量建模方法及其稳健性研究[D]. 北京中医药大学, 2016.

[7] Bai-Chuan D, Yong-Huan Y, Pan M, et al. A new method for wavelength interval selection that intelligently optimizes the locations, widths and combinations of the intervals[J]. Analyst, 2015, 140(6): 1876-1885.

[8] Li Y, Guo M, Shi X, et al. On-line NIR analysis for multi-ingredients and multi-phases extraction in Radix Glycyrrhizae coupled with MWPLS and SiPLS models[J]. Chinese Medicine, 2015, 10(1): 1-10.

[9] 朱向荣, 李娜, 史新元, 等. 近红外光谱与组合的间隔偏最小二乘法测定清开灵四混液中总氮和栀子苷的含量[J]. 高等学校化学学报, 2008, 29(5): 906-911.

[10] 吴功煌, 史新元, 吴志生, 等. 后向变量选择偏最小二乘法用于近红外光谱定量校正模型的建立[J]. 数理医药学杂志, 2010, 23(3): 257-260.

[11] Trygg J, Wold S. Orthogonal projections to latent structures (O-PLS) [J]. Journal of Chemometrics, 2002, 16(3): 119-128.

[12] 范强. 国公酒质量评价方法研究[D]. 北京中医药大学, 2007.

[13] 朱向荣, 单杨, 李高阳, 等. 基于最小二乘支持向量机的国公酒中橙皮苷含量测定[J]. 光谱学与光谱分析, 2009, 29(9): 2471-2474.

[14] Zhao N, Ma L J, Huang X G, et al. Pharmaceutical analysis model robustness from bagging-PLS and PLS using systematic tracking mapping[J]. Frontiers in Chemistry, 2018, 7(6) 6: 262.

[15] 周正, 吴志生, 史新元, 等. Bagging-PLS 的黄柏中试提取过程在线近红外质量监测研究[J]. 世界中医药, 2015, (12): 1939-1942.

[16] 陈昭, 吴志生, 史新元, 等. Bagging 偏最小二乘和 Boosting 偏最小二乘算法的金银花醇沉过程近红外光谱定量模型预测能力研究[J]. 分析化学, 2014, 42(11): 1679-1686.

[17] Chen Z, Wu Z S, Shi X Y, et al. A study on model performance for ethanol precipitation process of lonicera japonica by NIR based on bagging-PLS and Boosting-PLS algorithm[J]. Chinese Journal of Analytical Chemistry, 2014, 11: 1679-1686.

[18] Gonzalez J, Pena D, Romera R. A robust partial least squares regression method with applications. Journal of Chemometrics, 2009, 23(1-2): 78-90.

[19] 周海燕, 徐冰, 史新元, 等. 统计过程控制在栀子前处理生产工艺中的应用[J].中国实验方剂学杂志, 2012, 18(11): 16-20.

[20] 徐冰, 史新元, 乔延江, 等.金银花醇沉多阶段多变量统计过程控制研究[J].中华中医药杂志, 2012, 27(4): 784-788.

[21] Wu Z, Du M, Sui C, et al. Feasibility analysis of lower limit of quantification of NIR for solvent in different hydrogen bonds environment using multivariate calibrations[J]. International Conference on Biomedical Engineering and Biotechnology, 2012: 296-299.

[22] Wu Z, Sui C, Xu B, et al. Multivariate detection limits of on-line NIR model for extraction process of chlorogenic acid from Lonicera japonica[J]. Journal of Pharmaceutical and Biomedical Analysis, 2013, 77: 16-20.

[23] Blanco M, Beneyto R, Castillo M, et al. Analytical control of an esterification batch reaction between glycerine and fatty acids by near-infrared spectroscopy[J]. Analytica Chimica Acta, 2004, 521(2): 143-148.

[24] Alcalà M, León J, Ropero J, et al. Analysis of low content drug tablets by transmission near infrared spectroscopy: Selection of calibration ranges according to multivariate detection and quantitation limits of PLS models[J]. Journal of Pharmaceutical Sciences, 2008, 97(12): 5318-5327.

[25] Zhao N, Wu Z S, Zhang Q, et al. Optimization of parameter selection for partial least squares model development [J]. Scientific Reports, 2015, 7(13): 5.

[26] Zeng J, Zhou Liao Y, et al. System optimisation quantitative model of on-line nir: A case of glycyrrhiza uralensis fisch extraction process[J]. Phytochemical Analysis, 2020, 32(2): 165-171.

[27] Du C Z, Dai S Y, Qiao Y J, et al. Error propagation of partial least squares for parameters optimization in NIR modeling[J]. Spectrochimica Acta Part A: Molecular and Biomolecular Spectroscopy, 2018, 5(192): 244-250.

[28] Du C Z, Dai S Y, Zhao A B, et al. Optimization of PLS modeling parameters via quality by design concept for Gardenia jasminoides Ellis using online NIR sensor[J]. Spectrochimica Acta Part A: Molecular and Biomolecular Spectroscopy, 2019, 222: 17267.

第五章　中药制造近红外光谱解析

近红外光谱法作为二级分析方法，是基于化学计量学方法，将标准方法测量值与近红外光谱吸收值建立数学模型，以达到中药制造过程定性、定量和在线过程控制的目的。这使得近红外光谱法的应用面临诸多问题：首先是由参考方法引起的误差；其次是近红外光谱本身带来的误差。因此，如何根据目标分析物的结构信息找出其近红外特征波段逐渐成为近红外测量的热点。每种物质都有其特定的分子结构或分子构象，而每一种分子结构或构象在 NIR 区域的峰位、峰强、峰数上都应有特征吸收。由于 NIR 吸收源于分子振动的倍频和组合频，其发生概率远低于中红外基频，所以其检测限更高。同时，因为 NIR 光谱重叠严重，不能从原始光谱图中直观得到物质的特征信息，所以对 NIR 进行解析尤为重要。

NIR 属于分子振动光谱，主要由物质分子中 X—H(X=C、N、O、S 等)含氢基团产生，产生于共价化学键非谐性能级振动，是非谐振的倍频和组合频。物质能否产生红外吸收主要取决于外部辐射能量是否等于物质跃迁的能极差，以及外部辐射能否使物质的磁偶极矩发生变化。在近红外区域，组合频产生于两个不同振动之和，它只需一个振动的磁偶极矩发生变化即可发生跃迁。同时当基频峰与倍频峰强度相似时，二者吸收峰会由于费米共振而发生分裂。因此，近红外光谱的组合频区会出现很多中红外区没有的吸收。

从近红外光谱的范围可知其介于紫外-可见光谱(Vis-UV)和红外光谱(IR)之间，既属于电子光谱又属于振动光谱。其光谱特征包括如下几点。

(1) 近红外光谱来源于倍频和组合频吸收，谱峰相互重叠，很多来源于费米共振的吸收在近红外区出现，而且分子中的同一个基团不同谱区(组合频区 2040～2500nm、一级倍频区 1400～2040nm、二级倍频区 1020～1400nm、三级倍频区 780～1020nm)都会有吸收，这使近红外光谱的解析十分困难。

(2) 由于 NIR 产生于倍频和组合频，其跃迁概率比中红外区小得多，因而近红外光谱信息强度弱，是中红外区和紫外区吸收强度的 1/1000，光谱容易变动，背景复杂。

(3) 近红外光谱信号频率比中红外区高，只有当分子中红外区振动频率高于 $2000cm^{-1}$ 时才会在近红外区产生吸收，而中红外区吸收频率大于 $2000cm^{-1}$ 的基团主要为含氢基团伸缩振动，故近红外区主要反映的是这些基团的吸收。

(4) 由于近红外光谱多为含氢基团的吸收，氢键的形成和分子间相互作用导致的吸收带偏移幅度大于中红外区域。O—H、N—H 基团吸收特征明显，此类化合物单体伸缩谱带比聚合体特征明显。

由于不同有机物含有不同的基团，不同的基团有不同的能级，即使相同的基团在不同的化学环境中对近红外的吸收波长也有明显差别，因此，NIR 光谱可作为获取信息的一种有效载体，其光谱包含了大多数类型有机物的组成和分子结构的信息。表 5-1 列出了各种含氢官能团在 NIR 区域的谱带归属。表 5-2 描述关于 C—H、N—H 和 O—H 键的基频、倍频、组合频吸收带的中心近似位置。

表 5-1　各种含氢官能团在 NIR 区域的特征吸收谱带　　　　　（单位：nm）

	芳烃 C—H	甲基 C—H	亚甲基 C—H	N—H	O—H
一级倍频	1680	1700	1745	1540	1450
组合频	1435	1397	1405	—	—
二级倍频	1145	1190	1210	1040	960
组合频	—	1015	1053	—	—
三级倍频	875	913	934	785	730
四级倍频	714	746	762	—	—

表 5-2　主要基团与各级倍频吸收带的近似位置

基团	波数/cm⁻¹				波长/nm			
	C—H	N—H	O—H	H_2O	C—H	N—H	O—H	H_2O
合频	4250	4650	5000	5155	2350	2150	2000	1940
二级倍频	5800	6670	7000	6940	1720	1500	1430	1440
三级倍频	6500	9520	10500	10420	1180	1050	950	960
四级倍频	11100	12500	13500	13300	900	800	740	750
五级倍频	13300				750			

5.1　近红外光谱解析方法

5.1.1　概述

采用化学计量学方法建立的 NIR 模型并不能解释光谱与指标性成分结构之间的关系，这就需要进行光谱解析，找到与物质结构最相关的光谱区域，从而使所建立的 NIR 模型更具有解释性。传统的光谱解析方法主要有主成分分析法(PCA)、偏最小二乘法(PLS)、二维相关光谱法(two-dimensional correlation spectroscopy，2D-COS)、密度泛函理论(density functional theory，DFT)法等[1,2]。利用这些方法对数据进行处理，可以剔除冗余信息，得到原始光谱不能直接显示的信息，并且通过分析物质在浓度、温度、压力等外界扰动下的光谱吸收变化来对光谱性质进行研究，找到物质结构与光谱之间的关系，提高模型的解释性。另一个变量筛选的目的是提高模型的稳健性和预测准确性，或制造仪器成本低适于特定物质快速分析的专业光谱仪器，这种仪器只检测目标分析物的某一个或几个特征吸收波段，降低了光谱采集时间，提高了工作效率。

由于近红外光谱的复杂性，直接对化学成分的红外光谱进行解析是很困难的，所以借鉴其他光谱法对光谱特征性研究中所使用的化学计量学方法和定量结构波谱关系研究方法是解决困扰近红外光谱归属特异性等问题的办法之一。根据非简谐振动原理，近红外光谱区划分为 4 个频率谱区，分别为三级倍频区(third overtone region，10000～12500cm⁻¹)、二级倍频区(second overtone region，7100～10000cm⁻¹)、一级倍频区(first overtone region，4900～7100cm⁻¹)、组合频区(combination region，4900～4000cm⁻¹)。Ozaki[3]将传统的近红外光谱解析方法归纳如下。

(1) 基于基团频率表的光谱归属，近红外基团频率表在很多书中可见，如《近红外光谱解析实用指南》等。

(2) 基于光谱-结构相关性的光谱分析，通过比较一系列结构相似化合物的光谱，归属特殊官能团或母核的吸收波段。

(3) 基于扰动的光谱分析，由温度、pH 值、浓度改变引起的光谱变动能为近红外谱带归属提供重要信息。

(4) 导数光谱和差谱分析，可以分辨重叠峰并找出被强吸收谱带所掩盖的弱吸收。

(5) 比较化合物近红外光谱和相应 IR、Raman 光谱，相互佐证和引导。

(6) 曲线拟合，利用化学计量学的方法来计算化合物的光谱，但是应该注意避免曲线的过拟合，因为近红外的吸收重叠严重，无法准确区分出主要吸收和次要吸收。

(7) 通过测量偏振光来进行光谱分析。

(8) 同位素交换实验。

分子内或分子间的相互作用和简单的化学基团与光谱的关系是当前 NIR 光谱解析的主要研究点，但是其没有标准的方法学。定量结构波谱关系(quantitative structure spectroscopy relationship，QSSR)主要研究物质结构与波谱之间的关系，可以借鉴其方法学对 NIR 的光谱解析进行研究。QSSR 主要研究物质的核磁共振波谱，有机分子的波谱特征是表征分子结构的重要参数，通过研究化合物结构与它的化学位移的关系，既可以提供有机化合物的结构信息，又可以对波谱进行解析，确认候选化合物的结构，加深对分子结构与性能关系的认识。

5.1.2　基于氘代试剂的近红外光谱解析方法

1. 非谐振理论

近红外光谱属于分子光谱，主要由分子伸缩振动产生。根据量子力学理论，分子的能量是量子化的，也称为分子的能级。分子中的振动能级会从一个能级跃迁到另一个能级，任何谐振子的离散能级都可由如下公式计算得出。

由量子力学可以证明该分子的振动总能量为

$$E_{VIB} = h\nu \left(\upsilon + \frac{1}{2} \right) \tag{5-1}$$

式中，υ 为振动量子数($\upsilon = 0$，1，2，3，…)；ν 为化学键的振动频率。

分子处于基态 ($\upsilon = 0$) 时的伸缩振动动能为

$$E_{VIB} = \frac{h\nu}{2} \tag{5-2}$$

分子处于第一激发态 ($\upsilon = 1$) 时的伸缩振动动能为

$$E_{\text{VIB}} = \frac{3h\nu}{2} \tag{5-3}$$

分子处于第二激发态 $(\upsilon = 2)$ 时的伸缩振动动能为

$$E_{\text{VIB}} = \frac{5h\nu}{2} \tag{5-4}$$

分子伸缩振动动能级之间的能量差为

$$\Delta E_{\text{VIB}} = \Delta \upsilon h\nu \tag{5-5}$$

当某一频率 (ν_{IR}) 的红外光照射到分子，若满足以下条件：

$$E_{\text{IR}} = h\nu_{\text{IR}} = \Delta E_{\text{VIB}} = \Delta \upsilon h\nu \tag{5-6}$$

红外光会被分子吸收，发生振动能级跃迁。吸收的红外光的频率 ν_{IR} 与反映分子结构特征的键力常数 k 和折合质量 μ 有如下关系：

$$\nu_{\text{IR}} = \Delta \upsilon \nu = \frac{\Delta \upsilon}{2\pi}\sqrt{\frac{k}{\mu}} \tag{5-7}$$

$$\sigma_{\text{IR}} = 1037\sqrt{\frac{k}{\mu}}\Delta\upsilon \tag{5-8}$$

近红外由分子振动的倍频和合频产生，倍频的能级并非基频的整数倍，使用局域模型或非谐振型理论，利用薛定谔方程得到的式(5-9)，可以确定化学键振动能级与其吸收波数间的关系。

$$\overline{\nu} = \left(\frac{E_{\text{VIB}}}{hc}\right) = \overline{\nu}_1\upsilon - x_1\overline{\nu}_1(\upsilon + \upsilon^2) \tag{5-9}$$

式中，x_1 为每个分子独有的非谐性常数；$\overline{\nu}_1$ 为基频吸收频率；υ 为振动量子数。一般来说，计算基频的一级倍频 (2ν) 时，x_1 取 0.01，因此一级倍频的吸收频率(以波数表示)可由下式计算：

$$\overline{\nu} = \overline{\nu}_1\upsilon - 0.01\overline{\nu}_1(\upsilon + \upsilon^2) \tag{5-10}$$

计算一级、二级、三级倍频的波数位置时，非谐振型产生的位置偏移量可取为 1%～5%。

2. 良溶剂选取

1) 仪器与试剂

XDS rapid liquid analyzer 近红外光谱仪。光谱采集方式：以透射模式采集光谱，以仪器内部的空气为背景，分辨率为 0.6nm，扫描范围为 400～2500nm，扫描次数 32 次，每个样本平行测定 3 次，取平均光谱。材料：美国剑桥 CIL 公司的氘代氯仿($CDCl_3$)、氘代甲醇(CD_3OD)和氘代乙腈(CD_3CN)(纯度均在 99.8%以上)，相应的分析纯非氘代试剂和四氯化碳(CCl_4)购于北京化学试剂厂(纯度均在 98%以上)。

2) 样本的制备

分别取 CD_3COCD_3、D-DMSO、CD_3OD、$CDCl_3$ 和 CD_3CN 以及相应的非氘代试剂约

1mL 放于近红外样本管中(美国 FOSS 公司)，共 10 个样本，测定近红外光谱。

3) 不同氘代试剂原始光谱

图 5-1 为不同氘代和非氘代试剂的近红外原始光谱。由图 5-1 可知，氘代试剂的近红外光谱吸收强度低于相应的非氘代试剂；所有的氘代试剂在倍频区均未见有明显的吸收峰，仅在 1950～2500nm 的组合频区有较强吸收，而非氘代试剂分别在 1650～1750nm 有一级倍频吸收，在 1150～1210nm 有二级倍频吸收，在 2200～2500nm 有组合频吸收；此外，氘代试剂的吸收曲线与非氘代试剂相比更简单。其中，CDCl$_3$ 吸收曲线中仅有 2250nm 和 2450nm 两个单强吸收峰，原因是 CDCl$_3$ 分子中仅有一个 C—D 键。

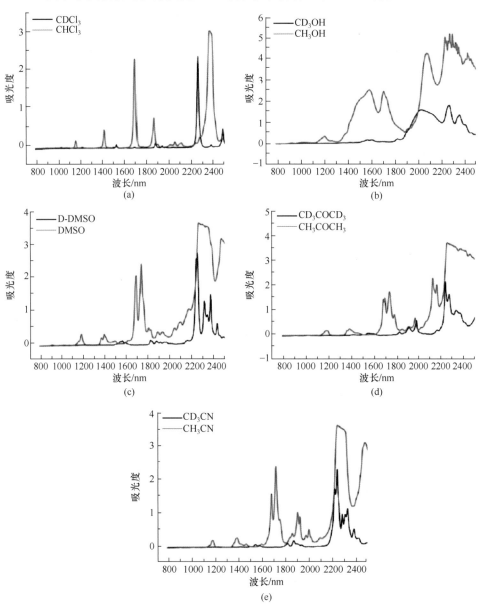

图 5-1　不同氘代试剂和相应非氘代试剂近红外原始光谱图

4) 不同氘代试剂特征吸收

非氘代试剂分子中没有含氢基团，仅有重氢存在，仍然有近红外吸收。本书采用非谐振理论来解析这一现象。C—H 和 D—H 共价键的键力常数均为 4.8N/cm，但二者的折合原子质量不同，分别为 0.96 和 1.31。根据式(5-5)可知 C—H 和 D—H 的基频吸收分别为 2696cm^{-1}(3368nm)和 2179cm^{-1}(4589nm)，则根据式(5-7)可知 C—H 和 D—H 的一级倍频吸收分别为 5230cm^{-1} (1912nm)和 4227cm^{-1}(2366nm)。由于 C—H 和 D—H 共价键的键力常数相同，由式(5-5)可知 C—D 的基频吸收频率是 C—H 的 0.7338 倍。甲基红外吸收位于(2926±10)cm^{-1} 和(2852±10)cm^{-1}，氘代甲基的红外吸收则应位于(2174±10)cm^{-1}和(2092±10)cm^{-1}。根据式(5-7)，氘代甲基一级倍频吸收位于 4217cm^{-1} 和 4060cm^{-1}，恰好位于近红外区的组合频区。

由以上计算结果可知，由于折合原子质量的影响，C—D 的吸收频率发生了较大的偏移，其基频和一级倍频峰均向低频发生了偏移。C—D 的 NIR 一级倍频峰偏移至组合频区，这解释了 CDCl$_3$ 强吸收位于组合频区的现象。氘代 CD$_3$COCD$_3$、D-DMSO、CD$_3$OD、CDCl$_3$ 和 CD$_3$CN 以及相应的非氘代试剂的一级倍频吸收频率见表 5-3。由表可知，所有氘代试剂的一级倍频吸收均位于组合频区域。氘代试剂分子中没有氢原子，依然具有近红外吸收，表明近红外光谱也可以有非氢基团产生。对比基频吸收和一级倍频吸收计算结果可知，当分子的基频吸收频率高于 2000cm^{-1} 时，均能在近红外区产生倍频吸收，这一结论重新定义了近红外的吸收特征。

表 5-3　氘代 CD$_3$COCD$_3$、D-DMSO、CD$_3$OD、CDCl$_3$ 和 CD$_3$CN 以及相应的非氘代试剂的一级倍频吸收频率

试剂	基频吸收频率*/cm^{-1}	一级倍频吸收频率/cm^{-1}
CDCl$_3$	489、566、624、681、748、774、890、980、1048、1087、1119、1765、2206、2659	949、1098、1210、1321、1451、1502、1727、1901、2033、2109、2171、3424、4280、5228
D-DMSO	511、699、772、959、1030、1052、2191	991、1357、1498、1861、1999、2041、4251
CD$_3$OD	511、542、749、844、1015、2123、2238、2266、2689	991、1051、1453、1715、1969、4118、4342、4396、5217
CD$_3$CN	554、678、763、1028、1680、1708、1787、2185、2226、2347、2689	1075、1315、1481、1996、3260、3314、3466、4238、4319、4554、5217
CD$_3$COCD$_3$	387、794、886、988、1033、1247、2202	750、1540、1718、1719、2004、2419、4272
CHCl$_3$	667、771、850、928、1020、1055、1213、1336、1428、1481、1525、2405、3006、3623	1294、1496、1649、1800、1979、2047、2353、2592、2770、2873、2959、4666、5832、7029
DMSO	696、953、1052、1307、1404、1434、2986	991、1357、1498、1861、1999、2041、4251
CH$_3$OH	696、738、1021、1205、1383、2893、3050、3088、3665	1305、1432、1981、2338、2683、5612、5917、5991、7110
CH$_3$CN	755、924、1040、1402、2290、2328、2435、2977、3034、3199、3665	1465、1793、2018、2720、4443、4516、4724、5775、5886、6206、7110
CH$_3$COCH$_3$	527、1082、1207、1347、1408、1699、3001	1022、2099、2342、2613、2732、3296、5822
CCl$_4$	779、1003、1066、1107、1217、1248、1549	1511、1946、3068、2148、2361、2421、3005

注：*数据均来自中国科学院化学数据库(www.organchem.csdb.cn)。

以上研究以非谐振理论为基础，以氘代试剂为研究对象，考察了氘代试剂的近红外

吸收特性。结果表明，氘代试剂的 NIR 一级倍频吸收均向低频方向移动。当氘代试剂基频吸收频率高于 2000cm⁻¹ 时，分子均在 NIR 区产生了倍频吸收。近红外原本定义是界定在含氢基团的倍频和组合频吸收，这一结论重新定义了近红外的吸收特征，丰富了近红外光谱的基本理论，为深入理解近红外光谱产生的原因奠定了基础。通过对比不同溶剂的纯光谱吸收特征，寻找一种近红外吸收比较弱或没有近红外吸收的良溶剂，结果表明 $CDCl_3$ 和 CCl_4 作为中药化学标准品的良溶剂，同时以透射模式采集近红外光谱，可以克服固体样本粒径、混合均匀度对光谱的影响。液体样本均一稳定，更适于作为近红外光谱解析的研究体系。

3. 氘代试剂近红外特征光谱筛选

近红外光谱法作为一种快速无损的定性定量鉴别方法，在诸多领域得到了应用。但是由于近红外光谱谱峰重叠严重，光谱易受环境和样本状态的影响等，近红外光谱法的应用需要借助化学计量学手段来进行有效变量的筛选。尽管化学计量学方法所筛选的变量与因变量能够很好地拟合，建立较好的数学模型用于目标分析物的快速质量评价，但是化学计量学变量筛选方法多种多样，每一种方法所使用的算法不同，所筛选的变量的数目和位置也不同，这种纯粹以结果为导向的变量筛选的重现性和解释性较低，往往会出现同一目标分析物在不同载体中需要重复进行变量筛选，而且即使是同一载体的同一目标分析物，使用不同变量筛选方法所得结果也不同的情况。

针对这一问题，采用氘代氯仿这一吸收干扰小的溶剂，采用浓度扰动方式来获取目标分析物的近红外光谱，并借助二阶导数方法来进行目标分析物的特征波段筛选。将所得特征吸收波段用于复杂体系中物质的定量检测，考察所筛选变量的真实性和可靠性，以期为近红外光谱特征波段的筛选提供借鉴和指导。

1) 仪器与材料

仪器：XDS rapid liquid analyzer 近红外光谱仪。光谱采集方式：以透射模式采集光谱，以仪器内部的空气为背景，分辨率为 0.6nm，扫描范围为 400~2500nm，每个样本扫描 32 次，每个样本平行测定 3 次，取平均光谱。以美国 Thermo Nicolet 公司的 Antaris I 傅里叶变换近红外光谱仪进行光谱采集，采用积分球漫反射方式，以仪器内部空气为背景，光谱分辨率为 8cm⁻¹，在 4000~10000cm⁻¹ 波数范围内进行扫描，每个样本扫描 32 次，每个样本重复测定 3 次，将 3 次测定光谱进行平均后用于后续分析。材料：美国剑桥 CIL 公司的 $CDCl_3$，丹参酮 II A 和隐丹参酮对照品购于中国食品药品检定研究院(批号：110852-200806)。

2) 样本制备

分别称取丹参酮 II A 及隐丹参酮对照品用氘代氯仿配制成如表 5-4 所示浓度，用于后续近红外光谱的采集。

表 5-4　丹参酮 II A 及隐丹参酮的氘代氯仿溶液浓度分布

化合物	取样浓度/(mg/mL)						
丹参酮 II A	—	3.56	5.15	8.33	10.05	11.55	13.47
隐丹参酮	2.27	3.77	5.17	8.51	9.97	11.54	13.23

注：—表示没有此浓度对应样本。

3）近红外光谱特征波段解析

图 5-2 为丹参酮ⅡA、隐丹参酮的氘代氯仿溶液的近红外原始光谱图。在原始光谱图中，由于氘代氯仿自身在 1520nm、1870nm、2250nm 和 2480nm 的强吸收，丹参酮ⅡA 和隐丹参酮的特征吸收被掩盖，且原始光谱中丹参酮ⅡA 和隐丹参酮吸收曲线没有差异，无法从原始光谱中找出二者的特征吸收。二阶导数光谱能够分辨重叠峰、消除基线漂移，因此对丹参酮ⅡA 和隐丹参酮的近红外光谱进行二阶导数处理，结果如图 5-3 和图 5-4 所示。

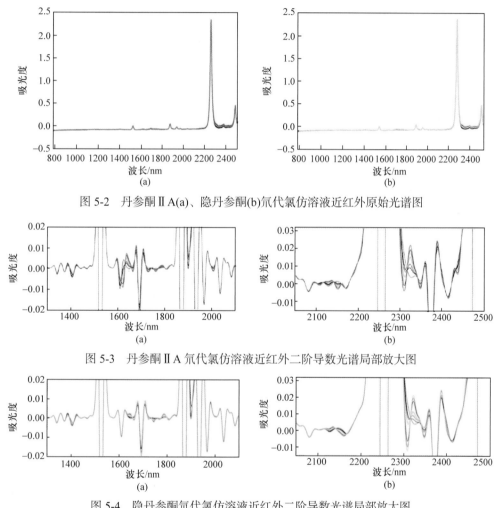

图 5-2　丹参酮ⅡA(a)、隐丹参酮(b)氘代氯仿溶液近红外原始光谱图

图 5-3　丹参酮ⅡA 氘代氯仿溶液近红外二阶导数光谱局部放大图

图 5-4　隐丹参酮氘代氯仿溶液近红外二阶导数光谱局部放大图

由图 5-3 可知，丹参酮ⅡA 在 1369～1440nm、1600～1677nm、1718～1800nm、2100～2159nm、2300～2352nm 和 2425～2440nm 出现随浓度扰动变化较大的区域。由图 5-4 可知，隐丹参酮二阶导数光谱主要在 1380～1420nm、1630～1660nm、1710～1800nm、2120～2168nm 和 2300～2360nm 出现随浓度扰动变化较大的区域，这些区域的组合在 PLS 定量检测中可用于分别定量丹参酮ⅡA 和隐丹参酮的含量。通过对比，可以发现二者在 2100～2160nm 处的吸收差异较大，可以考虑将这一波段的吸收用于同时定量丹参酮ⅡA 和隐丹

参酮的含量。

4) 丹参酮提取物全谱建模

不同批次丹参提取物中丹参酮ⅡA 和隐丹参酮的含量分布如图 5-5 所示。采集所有丹参提取物样本的近红外光谱,用于建立丹参酮ⅡA 和隐丹参酮的 NIR 定量模型。丹参提取物近红外原始光谱如图 5-6 所示,可知光谱基线漂移严重,吸收特征不明显。平滑和归一化可以消除由光程差异所带来的光谱变动,平滑可以提高信噪比,导数法使重叠峰的分辨率升高,标准正则变换则可以消除固体颗粒散射的影响。因此,后续考察了近红外光谱预处理(包括平滑 SG,基线校正,归一化,标准正则变换(SNV),一阶导数加平滑(SG1st),二阶导数加平滑(SG2nd)对建模结果的影响。

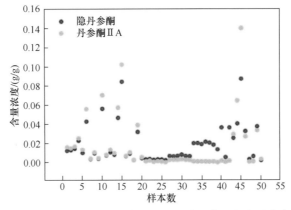

图 5-5　丹参酮提取物中丹参酮ⅡA 和隐丹参酮的含量分布图

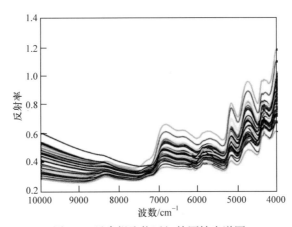

图 5-6　丹参提取物近红外原始光谱图

结果如表 5-5 所示,经归一化处理后隐丹参酮 PLS 模型结果最好,RMSECV 和 RMSEP 最低,且 RPD 最大,分别为 0.0041g/g、0.0018g/g、6.5。由表 5-6 可知,经二阶导数加平滑(SG2nd)处理后丹参酮ⅡA 的 PLS 模型最好,RMSECV、RMSEP、RPD 分别为 0.0055g/g、0.0020g/g、6.1。

表 5-5 不同预处理方法对隐丹参酮近红外 PLS 模型的影响

预处理	因子数	R_{cal}^2	RMSEC	RMSECV	R_{pre}^2	RMSEP	RPD
原始光谱	8	0.9740	0.0033	0.0054	0.9308	0.0029	4.0
基线校正	8	0.9757	0.0032	0.0053	0.9490	0.0025	4.7
归一化	7	0.9819	0.0028	0.0041	0.9738	0.0018	6.5
平滑 SG	8	0.9740	0.0033	0.0054	0.8737	0.0040	3.0
SG1st	4	0.9653	0.0039	0.0050	0.9429	0.0027	4.4
SG2nd	3	0.9803	0.0029	0.0052	0.9027	0.0035	3.4
SNV	7	0.9806	0.0029	0.0046	0.9565	0.0023	5.1

表 5-6 不同预处理方法对丹参酮 II A 酮近红外 PLS 模型的影响

预处理	因子数	R_{cal}^2	RMSEC	RMSECV	R_{pre}^2	RMSEP	RPD
原始光谱	8	0.9612	0.0059	0.0105	0.6515	0.0066	1.8
基线校正	10	0.9833	0.0038	0.0095	0.7978	0.0051	2.4
归一化	8	0.9860	0.0035	0.0069	0.7961	0.0051	2.3
平滑 SG	8	0.9611	0.0059	0.0104	0.6495	0.0067	1.8
SG1st	8	0.9929	0.0025	0.0053	0.9693	0.0020	6.0
SG2nd	4	0.9859	0.0035	0.0055	0.9698	0.0020	6.1
SNV	7	0.9829	0.3896	0.0054	0.9171	0.0032	3.7

5) 特征波段建模结果

接下来将光谱特征吸收波段用于建立丹参酮 II A 和隐丹参酮的 PLS 定量模型，选用原始光谱建模，所选波段如图 5-7 所示。PLS 建模结果如表 5-7 和表 5-8 所示。由表 5-7 可知，与原始光谱全谱建模相比，利用图 5-7 中所示特征波段的建模效果均比全谱原始光谱建模效果好，其中隐丹参酮波段筛选后甚至比全谱最佳预处理下的 PLS 模型结果更好，RPD 由原来的 4.0096 上升到了 7.9，丹参酮 II A 经波段筛选后所建模型与全谱最佳预处理方法下的 RPD 相似，分别为 5.8 和 6.0645。分别用隐丹参酮各特征波段建立 PLS

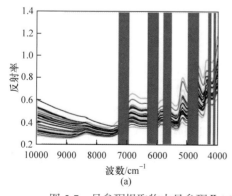
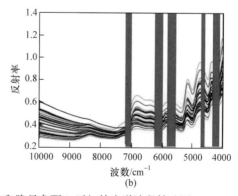

图 5-7 丹参酮提取物中丹参酮 II A(a)和隐丹参酮(b)近红外光谱波段筛选图

模型, 结果如表 5-7 所示, 效果并不理想, 且出现过拟合现象。这表明隐丹参酮近红外吸收特征区域是这些波段的组合, 而并非用单一波段就能代表隐丹参酮的吸收。而对于丹参酮ⅡA, 将图 5-7 中的各波段分别建立 PLS 定量模型时, 2100～2000nm 和 2300～2352nm 处建模 RPD 大于 2.9, 且 2300～2352nm 处建模甚至比各特征吸收区域组合建模效果更好。

表 5-7　波段筛选后隐丹参酮近红外原始光谱 PLS 模型结果

波段	因子数 r	R_{cal}^2	RMSEC	RMSECV	R_{pre}^2	RMSEP	RPD
波段组合	6	0.9725	0.0034	0.0045	0.9822	0.0015	7.9
1380～1420nm	6	0.9675	0.0037	0.0126	−0.3962	0.0132	0.9
1630～1660nm	3	0.8959	0.0067	0.0079	0.6572	0.0065	1.8
1710～1800nm	7	0.9937	0.0016	0.0056	0.7069	0.006	1.9
2120～2168nm	4	0.8631	0.0077	0.01	−2.28E-07	53.1427	0.0002
2300～2360nm	6	0.9675	0.0037	0.0054	0.8301	0.0049	2.4

表 5-8　波段筛选后丹参酮ⅡA 近红外原始光谱 PLS 模型结果

波段	因子数	R_{cal}^2	RMSEC	RMSECV	R_{pre}^2	RMSEP	RPD
波段组合	11	0.9923	0.0026	0.0055	0.9672	0.002	5.8
1380～1420nm	9	0.9868	0.0043	0.0034	0.8522	0.0043	2.7
1630～1660nm	7	0.9932	0.0025	0.0043	0.8724	0.004	3.0
1710～1800nm	6	0.9719	0.005	0.0068	0.785	0.0052	2.3
2120～2168nm	8	0.9782	0.0044	0.0078	0.8969	0.0036	3.3
2300～2360nm	7	0.9809	0.0041	0.0063	0.8665	0.0041	2.9

6) 组合间隔偏最小二乘变量筛选建模

采用 SiPLS 筛选变量, 分别考察了窗口数目为 10、12、14、…、26、28、30, 组合数为 3 时的 PLS 定量模型, 各窗口大小下的最佳建模结果如表 5-9 和表 5-10 所示。由表 5-9 可知, 隐丹参酮窗口数为 10, 选取第 1、4 和 9 号窗口进行组合(对应波段为 4000～4998cm^{-1}、5804～6402cm^{-1}、8809～9403cm^{-1}), 潜变量因子数目为 9 时, 所建模型预测性能最好, RPD 值为 4.6, 与二阶导数筛选波段建模所得 RPD 值 7.9 相比, 预测性能没有所下降。由表 5-10 可知, 丹参酮ⅡA 经 SiPLS 变量筛选后, 模型预测性能未见提高, 最佳组合对应窗口数为 12, 选取第 4、11 和 12 号窗口进行组合时(对应波段为 4335～4666cm^{-1}、5677～6009cm^{-1}、7863～8010cm^{-1}), 潜变量因子数目为 9, 此时 RPD 值为 1.3, 低于全谱原始光谱建模时 RPD 值 1.78, 也低于二阶导数筛选波段建模所得 RPD 值 5.8。

表 5-9　经 SiPLS 波段筛选后隐丹参酮近红外原始光谱 PLS 模型结果

间隔数	所选区间	因子数 s	校正集		验证集		RPD
			R^2	RMSE	R^2	RMSE	
10	[1, 4, 9]	9	0.9516	0.0035	0.9755	0.0026	4.6
12	[4, 5, 8]	10	0.9377	0.0031	0.9715	0.0052	2.2
14	[1, 5, 6]	8	0.8672	0.0038	0.9495	0.0091	1.3
16	[1, 6, 8]	10	0.8521	0.0031	0.9431	0.0109	1.1
18	[2, 6, 12]	8	0.9471	0.0032	0.9509	0.0035	3.4
20	[6, 7, 8]	9	0.9285	0.0034	0.9414	0.0045	2.6
22	[6, 7, 8]	9	0.9271	0.0032	0.934	0.0044	2.7
24	[7, 8, 9]	8	0.927	0.0031	0.9478	0.0043	2.7
26	[2, 8, 16]	10	0.9405	0.0034	0.9485	0.0058	2.0
28	[2, 5, 9]	10	0.903	0.0044	0.937	0.0077	1.5
30	[8, 10, 11]	9	0.9275	0.0032	0.9329	0.0045	2.6

表 5-10　经 SiPLS 波段筛选后丹参酮ⅡA 近红外原始光谱 PLS 模型结果

间隔数	所选区间	因子数 s	校正集		验证集		RPD
			R^2	RMSE	R^2	RMSE	
10	[4, 9, 10]	10	0.8933	0.0046	0.8751	0.009	1.3
12	[4, 11, 12]	9	0.913	0.0048	0.889	0.0093	1.3
14	[5, 6, 11]	10	0.8532	0.004	0.5351	0.0141	0.8
16	[6, 12, 16]	10	0.8565	0.0036	0.6674	0.0127	0.9
18	[6, 7, 14]	10	0.8876	0.0041	0.7166	0.0103	1.2
20	[6, 8, 19]	10	0.8791	0.0039	0.6592	0.0129	0.9
22	[3, 8, 16]	10	0.774	0.0035	0.5735	0.0103	1.2
24	[8, 9, 24]	10	0.8842	0.0037	0.8871	0.0097	1.2
26	[9, 10, 21]	10	0.8431	0.0042	0.6779	0.0138	0.9
28	[10, 21, 25]	8	0.833	0.0032	0.6042	0.0134	0.9
30	[10, 11, 22]	10	8368	0.0035	0.6867	0.0132	0.9

以上研究采用二阶导数光谱法，以丹参酮ⅡA 和隐丹参酮对照品为研究对象，检测二者不同浓度下氘代氯仿为溶液，解析了二者的特征吸收波段，并验证了所选特征波段的可靠性。得到以下结论：丹参酮ⅡA 在 1369～1440nm、1600～1677nm、1718～1800nm、2000～2100nm、2100～2159nm 和 2300～2352nm 有与浓度相关的特征吸收；隐丹参酮则在 1380～1420nm、1630～1660nm、1710～1800nm、2120～2168nm 和 2300～2360nm 有与浓度相关的特征吸收。二者由于结构中五元环是否有双键 C—H 导致 NIR 光谱差异主

要出现在 1600～1677nm、2100～2160nm 和 2300～2352nm，分别为双键 C—H 的一级倍频和组合频吸收。

进一步将二阶导数所筛选的特征波段作为丹参酮提取物中丹参酮ⅡA 和隐丹参酮的近红外原始光谱 PLS 定量模型的变量，隐丹参酮所建模型 RPD 均比全谱最佳预处理下建模效果好，隐丹参酮 RPD 由 6.5 升高到 7.3，丹参酮ⅡA 所建模型 RPD 为 5.8，与全谱建模 RPD 值相当。二阶导数所筛波段与 SiPLS 最佳变量组合下建模结果相比，隐丹参酮 SiPLS 变量筛选所建模型 RPD 为 4.6，丹参酮ⅡA 的 RPD 值为 1.3，均低于二阶导数所筛变量所建模型的 7.9 和 5.8，表明浓度扰动下二阶导数方法所筛选的丹参酮ⅡA 和隐丹参酮特征波段在复杂体系中同样具有适用性，且与化学计量学特征波段筛选相比，更具有解释性和稳定性。这为近红外特征波段的筛选提供了借鉴和指导。

同时，二阶导数筛选特征波段的组合建模结果比各波段单独建模预测性能好，表明物质的 NIR 光谱特征波段为波段的组合，并非单个波段。这为近红外光谱特征波段筛选方法提供了指导，建模时应尽量采用多波段组合来提高模型的预测性能。

5.1.3　基于二维相关光谱的近红外光谱解析方法

1. 二维相关光谱原理

二维相关分析技术(2D correlation analysis)首先在核磁领域提出。多脉冲将激发原子核的核自旋，在核自旋弛豫过程中信号会逐渐衰减，采集的信号衰减可以通过傅里叶变换获得二维核磁谱。由于分子振动与核自旋的弛豫时间相差悬殊，分子振动弛豫更快，普通的光谱仪无法采集分子振动在弛豫过程中的信号。二维相关分析技术在其他光谱领域的应用受到限制。1986 年，Noda 提出将核磁中的多脉冲当成对研究体系的外部微扰，这些微扰会使分子的振动发生变化，采集这些比分子振动弛豫慢但与分子内部运动密切相关的弛豫过程的动态光谱，从而获取分子振动的二维相关光谱。但这种外部扰动局限于光、电、声的正弦信号。1993 年，Noda[4]指出外部扰动的形式可以为温度、浓度、pH 值、机械力等，即"广义二维相关光谱"。

最初，由于红外光谱和拉曼光谱对外界扰动引起的分子结构和氢键的变化比较敏感，二维相关光谱法被广泛地用于研究者两种光谱。近红外光谱法由于来自物质吸收的倍频和组合频，吸收强度弱，对于吸收光程的要求没有中红外苛刻，通常可为 1～5mm。氢键吸收在近红外区域更分散，且 O—H、N—H 基团吸收特征在此区域能够明显区分，因而近红外特别适于研究温度和浓度变化对氢键吸收的影响。同时近红外光谱本身吸收谱带重叠严重，直接解析光谱存在困难，需要借助二维相关分析和其他化学计量学手段。

《二维相关光谱在振动光谱中的应用》(*Two-Dimensional Correlation Spectroscopy: Applications in Vibrational Spectra*)是由 Noda 和 Ozaki 共同编著的关于二维相关分析的权威著作，该书详细阐述了二维相关分析的有关知识。1997 年，Ozak 在第二届国际近红外会议中指出了二维相关光谱在近红外领域的重要性，自此二维相关光谱在近红外领域应用的文章大量出现。

1) 广义二维相关光谱原理分析方法

2D-COS 最早在核磁共振领域提出。在进行核磁共振分析时，通过多脉冲技术激发原子核自旋，采集时间域上激发态原子核自旋弛豫过程中的衰减信号，并通过双傅里叶变换获得二维核磁谱。但是，由于分子振动的弛豫时间比原子核自旋的弛豫时间小得多，通常的光谱仪无法在如此短的时间内激发分子振动并检测它在弛豫过程中的信号，这种光谱采集时间尺度上的差别导致分子振动光谱无法跟核磁共振谱一样采用多脉冲激发的方式获得 2D-COS。

　　2D-COS 凸显了由外界扰动引起的细微的光谱变化，成为强大而灵活的分析技术，与传统的分析方法相比，具有显著的优势，主要表现如下：2D-COS 将光谱在二维尺度上展开，可以分辨出在一维光谱上被掩盖的小峰和弱峰，具有较高的光谱分辨率；通过对光谱之间的相关性分析，能够详细地研究不同分子间或者分子内的相互作用；通过对同步相关峰、交叉峰和异步交叉峰的分析，可以归属光谱与物质基团的关系，提高光谱的解释能力。NIR 主要是物质分子的倍频和组合频的吸收，存在吸收强度弱，谱峰重叠严重的问题，2D-COS 可以提高 NIR 光谱分辨率，实现中药制造的 NIR 光谱解析[5,6]。

　　图 5-8 为获取二维相关光谱的示意图，对待测体系添加一个外部扰动，扰动形式可以是任意的化学或者物理变量，受到扰动后，待测体系中目标分子的振动状态被选择性激发，采用适当的检测器检测光谱信号的变化，可以获得一系列的动态光谱，对得到的动态光谱进行性相关性分析，得到目标物质的二维相关光谱。

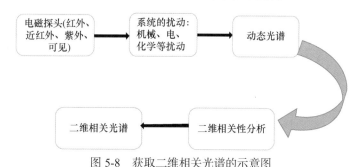

图 5-8　获取二维相关光谱的示意图

　　广义二维相关光谱的数学处理过程可简述如下。

　　首先利用参考光谱获得物质在外部扰动下光谱采集时间范围为 T_{min} 和 T_{max} 的动态光谱：

$$\tilde{y}(v,t) = \begin{cases} y(v,t) - \overline{y}(v), & T_{min} < t < T_{max} \\ 0, & \text{其他} \end{cases} \tag{5-11}$$

其中，$y(v, t)$ 为采集到的光谱吸收信号；$\overline{y}(v)$ 为参考光谱；v 为吸收波长或波数。其中参考光谱的选择非常重要，常用的参考光谱为外扰测得光谱的平均光谱。也有将 0 时或 t 时的光谱作为参考光谱。平均光谱计算公式如下：

$$\overline{y}(v) = \frac{1}{T_{max} - T_{min}} \int_{T_{min}}^{T_{max}} y(v,t)dt \tag{5-12}$$

　　获得动态光谱以后，需要将其进行变换，常用的变换方式有傅里叶变换和 Hilbert 变换，但是傅里叶变换非常烦琐，当动态光谱数目较大时，其工作量巨大，不利于 2D-COS 的计算与实现；Hilbert 变换则相对简单有效，在计算的过程中还给出了明确的物理意义，根据 Hilbert 变换，相关同步光谱计算公式如下：

$$\Phi(v_1, v_2) = \frac{1}{T_{\max} - T_{\min}} \int_{T_{\min}}^{T_{\max}} y'(v_1, t) y'(v_2, t) \mathrm{d}t \tag{5-13}$$

相关同步光谱反映的是光谱强度变化方向的同步性。

相关异步光谱计算公式如下：

$$\psi(v_1, v_2) = \frac{1}{T_{\max} - T_{\min}} \int_{T_{\min}}^{T_{\max}} y'(v_1, t) z'(v_2, t) \mathrm{d}t \tag{5-14}$$

其中，$z'(v_2, t)$ 为 $y'(v_2, t)$ 的 Hilbert 变换：

$$z'(v_2, t) = \frac{1}{\pi} \int_{T_{\min}}^{T_{\max}} y'(v_2, t') \frac{1}{t' - t} \mathrm{d}t' \tag{5-15}$$

其中，信号 $z'(v_2, t)$ 与 $y'(v_2, t)$ 相互正交，即为将 $y'(v_2, t)$ 在频率域上向前或向后移动 π/2 得到 $z'(v_2, t)$。相关异步光谱阐明了该处的两个吸收峰强度变化时间的不同步性。

2）二维相关图谱的分析

经过 Hilbert 变换的数据做 2D-COS 分析，常见的 2D-COS 可视化表现形式有等高图、渔网图和彩色图。以等高图为例，介绍 2D-COS 的解释与分析。图 5-9 为一组数据的 2D-COS 等高图，包括相关同步光谱(a)和相关异步光谱(b)。其中，相关同步光谱关于对角线对称，包含自相关峰和交叉峰，自相关峰在对角线上，交叉峰关于对角线对称。自相关峰均为正值，其坐标位置反映该处随外部扰动吸收变化最敏感的区域，即在外扰下表现出的与物质结构最相关吸收波长，自相关峰强度越大，说明与此吸收峰相关的基团受外扰的影响越大。交叉峰有正有负，反映的是不同位置的两个自相关峰吸收强度发生变化的一致性，如果交叉峰为正，表示该处的两个吸收峰强度同时增大或减小，若为负则表示该处的两个吸收峰强度一个增大另一个减小。

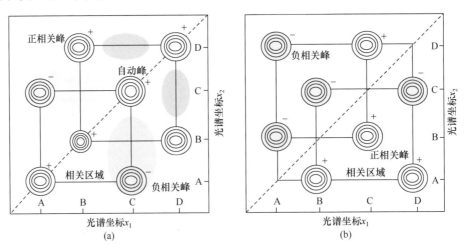

图 5-9　二维相关同步谱(a)和二维相关异步谱(b)，其中阴影部分表示负相关的光谱区域

二维相关异步光谱中只有交叉峰，交叉峰关于对角线反对称，反映的是不同位置的两个吸收峰发生变化的时间顺序。当同步交叉峰是正，即 $\Phi(v_1, v_2)$ 为正时，如果异步交叉

峰 $\psi(v_1, v_2)$ 也为正，则表示 v_1 处的强度变化总是先于 v_2 处，如果 $\psi(v_1, v_2)$ 为负(一般表示为等高线处有阴影)，则表示 v_1 处强度变化总是迟于 v_2 处；当 $\varPhi(v_1, v_2)$ 为负时，则正好相反。其中 v_1 和 v_2 分别为横、纵坐标的波长或者波数。

NIR 属于振动光谱，其吸收仍遵循朗伯-比尔定律，当浓度改变时，物质中与浓度相关的结构信息会在光谱中显示出来，由此获得了与物质结构相关的动态光谱。利用 2D-COS 对动态光谱进行分析，可提高光谱的分辨率，对于重叠严重的 NIR 光谱分析具有很大优势，同步自相关峰的位置显示了目标物质在该波长或波数处的特征吸收，强度表示受外扰的敏感程度，以此归属物质的特征吸收基团。

2. 二维相关光谱法的参数考察

以浓度扰动为条件，分析浓度变化下目标分析物近红外动态光谱的二维相关同步谱，以达到对目标分析物特征吸收谱带的归属和分析，为近红外的光谱解析奠定基础。在确立了扰动方式后，需要对扰动实施的具体参数进行考察。首先对光谱的预处理方式进行了考察，以最大限度地消除干扰因素(如基线漂移、随机噪声)的影响；接着考察了影响二维同步谱的因素，即样本数目和浓度变化范围，最终确定浓度扰动二维相关分析的各参数，为二维相关分析在近红外光谱特征波段归属中的应用提供指导，并以薄荷脑为例考察了所确定条件的可靠性。

1) 仪器与试剂

仪器：XDS rapid liquid analyzer 全息光栅近红外光谱仪。光谱采集方式：以透射模式采集光谱，以仪器内部的空气为背景，分辨率为 0.6nm，扫描范围为 400～2500nm，扫描次数 32 次，每个样本平行测定 3 次，取平均光谱。材料：四氯化碳(北京化学试剂厂，北京)，正己烷(北京化学试剂厂，北京)。

2) 样本制备

分别移取 10μL 和 20μL 正己烷放于 5mL 容量瓶中，四氯化碳定容，摇匀，得到 0.2% (v/v)和 0.4%(v/v)的正己烷四氯化碳溶液。此外，另分移取正己烷 12、16、20、⋯、192、196、200(μL)于 2mL 容量瓶，用四氯化碳定容，摇匀，得体积分数为 0.6%、0.8%、1.0%、⋯、9.6%、9.8%、10%的正己烷四氯化碳溶液。最终得 0.2%～10%的正己烷四氯化碳溶液 50 个。移取正己烷 0.2mL 于 100mL 容量瓶中，用四氯化碳定容，得到 0.2%的正己烷四氯化碳溶液。分别移取 40、80、120、⋯、920、960、1000(μL) 0.2%的正己烷四氯化碳溶液至 2mL 容量瓶，用四氯化碳定容，得 0.004%、0.008%、0.012%、⋯、0.092%、0.096%、0.1%的正己烷四氯化碳溶液。移取 0.2%的正己烷四氯化碳溶液 25mL 到 50mL 容量瓶中，用四氯化碳定容，得到 0.1%的正己烷四氯化碳溶液，分别移取 40、120、200、⋯、1800、1960(μL) 0.1%的正己烷四氯化碳溶液到 2mL 容量瓶中，四氯化碳定容，得到 0.002%、0.006%、0.01%、⋯、0.09%、0.094%、0.098%的溶液，最终得 0.002%～0.1%的正己烷四氯化碳溶液共 50 个。将上述 100 个溶液分别移取约 1mL 注入近红外样本管(美国 FOSS 公司)，采集近红外光谱。

3) 数据处理

运用挪威 CAMO 软件公司 Unscrambler 7.0 软件对光谱进行预处理。预处理后的光谱运用日本关西大学 Ozaki 教授团队的 2DShige 软件进行二维相关分析，采用软件默认参数进行二维相关分析(2D Shige©Shigeaki Morita, Kwansei-Gakuin University, 2004-2005)。

4) 四氯化碳中 NIR 光谱预处理考察

图 5-10 为正己烷的四氯化碳溶液的近红外原始光谱和二阶导数光谱。由图可知，正己烷原始光谱基线漂移严重，二阶导数光谱质量较好。结果表明二阶导数能够消除基线漂移，分辨重叠峰，增强光谱分辨率。将样本光谱进行二维相关分析，如图 5-11 所示。

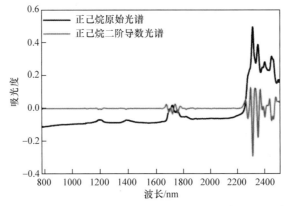

图 5-10　正己烷的四氯化碳溶液的近红外原始光谱和二阶导数光谱

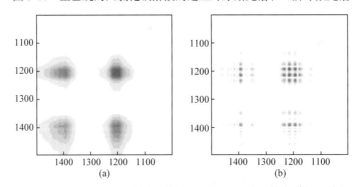

图 5-11　正己烷原始光谱的二维相关同步谱(a)和正己烷二阶导数光谱的二维相关同步谱(b)

5) 样本数考察

以体积分数 0.2%～10%范围正己烷的四氯化碳溶液样本为例，考察样本数目对二维相关分析结果的影响，样本光谱均经二阶导数处理后再进行二维相关分析。图 5-12 是不同样本数目条件的正己烷二阶导数光谱的二维相关同步谱的切片谱。由图可知，样本数目改变，正己烷均在组合频区 2450nm、2400nm、2350nm 和 2310nm，一级倍频区 1780nm、1760nm、1740nm、1720nm、1700nm 和 1680nm，二级倍频区 1390nm、1210nm 和 1190nm，三级倍频区 948nm、931nm、913nm 和 896nm 出现自相关峰。由此可知，二维自相关谱的正己烷自相关峰数目没有发生显著变化。

此外，由表 5-11 可知，由样本数目改变引起的自相关峰强度，随着样本数目的增加而呈现降低趋势。组合频区吸收强度最强各频率谱区自相关峰强度大小依次为：组合频区>一级倍频区>二级倍频区>三级倍频区，这一结果与近红外频谱吸收理论一致。以上结果表明：二维相关同步谱自相关峰数目不受样本数的影响。

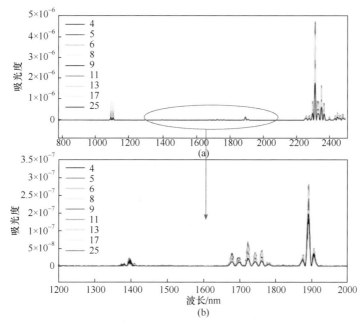

图 5-12　不同样本数目下正己烷二阶导数光谱的二维相关同步谱的切片谱全谱(a)和局部放大图(b)

表 5-11　样本数目变化时各频率谱区二维相关同步谱中自相关峰、自相关强度和数目变化情况

频率谱区	自相关峰	样本数								
		4	5	6	8	9	11	13	17	25
组合频区	自相关峰数目	20	20	20	20	22	22	20	22	23
	2360	0.012	0.0099	0.0099	0.0084	0.0078	0.0079	0.0074	0.0071	0.0067
	2350	0.029	0.025	0.023	0.02	0.019	0.019	0.016	0.017	0.016
	2330	0.013	0.011	0.01	0.0088	0.0084	0.0085	0.0078	0.0075	0.007
	2310	0.073	0.057	0.058	0.045	0.043	0.048	0.045	0.038	0.032
	2290	0.013	0.011	0.01	0.0079	0.0086	0.0089	0.007	0.0067	0.0046
一级倍频区	1780	0.00019	0.00017	0.00017	0.00012	0.00013	0.00013	0.00012	0.00011	0.0001
	1760	0.00076	0.00062	0.00062	0.00044	0.00042	0.00047	0.00043	0.00031	0.00035
	1740	0.00054	0.00054	0.00054	0.0004	0.00038	0.00038	0.00038	0.00033	0.00031
	1720	0.001	0.00096	0.00096	0.00068	0.00059	0.00059	0.0006	0.00051	0.00048
	1700	0.00037	0.00032	0.00029	0.00025	0.00024	0.00021	0.00022	0.00021	0.0002
	1680	0.00051	0.00049	0.00045	0.00033	0.00032	0.00033	0.00029	0.00028	0.0003

续表

频率谱区	自相关峰	样本数								
		4	5	6	8	9	11	13	17	25
一级倍频区	1420	—	—	—	—	—	1.70×10^{-5}	—	1.20×10^{-5}	9.80×10^{-6}
	1410	—	—	—	—	—	7.20×10^{-5}	—	4.30×10^{-5}	3.40×10^{-5}
二级倍频区	1390	1.95×10^{-5}	1.90×10^{-5}	1.40×10^{-5}	1.27×10^{-5}	1.30×10^{-5}	1.30×10^{-5}	1.30×10^{-5}	1.10×10^{-5}	1.10×10^{-5}
	1230	1.40×10^{-5}	1.20×10^{-5}	1.10×10^{-5}	9.09×10^{-6}	8.70×10^{-6}	—	8.10×10^{-6}	7.90×10^{-6}	7.10×10^{-6}
	1210	2.84×10^{-5}	2.50×10^{-5}	2.30×10^{-5}	1.94×10^{-5}	1.90×10^{-5}	1.90×10^{-5}	1.80×10^{-5}	1.60×10^{-5}	1.30×10^{-5}
	1190	3.06×10^{-5}	2.60×10^{-5}	2.20×10^{-5}	2.09×10^{-5}	2.00×10^{-5}	2.00×10^{-5}	1.90×10^{-5}	1.50×10^{-5}	1.70×10^{-5}
	1180	1.00×10^{-5}	8.70×10^{-6}	6.60×10^{-6}	4.05×10^{-6}	6.50×10^{-6}	—	5.50×10^{-6}	—	4.05×10^{-6}
三级倍频区	977	—	—	—	—	—	3.10×10^{-8}	—	2.10×10^{-8}	3.70×10^{-8}
	962	—	—	—	—	—	6.10×10^{-8}	—	—	—
	948	1.50×10^{-7}	1.37×10^{-7}	1.60×10^{-7}	1.43×10^{-7}	9.50×10^{-8}	1.40×10^{-8}	9.20×10^{-8}	1.10×10^{-7}	9.80×10^{-8}
	931	2.00×10^{-7}	1.54×10^{-7}	1.40×10^{-7}	1.84×10^{-7}	1.30×10^{-7}	1.30×10^{-7}	1.30×10^{-7}	1.20×10^{-7}	1.10×10^{-7}
	913	2.70×10^{-7}	2.43×10^{-7}	2.20×10^{-7}	1.84×10^{-7}	1.80×10^{-7}	1.80×10^{-7}	1.80×10^{-7}	1.60×10^{-7}	1.50×10^{-7}
	896	1.02×10^{-7}	9.05×10^{-8}	9.10×10^{-8}	6.86×10^{-8}	7.50×10^{-8}	6.90×10^{-8}	6.30×10^{-8}	6.20×10^{-8}	6.00×10^{-8}

注:"—"表示在二维相关同步谱中没有出现该吸收峰。

6) 样本浓度范围考察

以体积分数 0.002%～10%范围正己烷样本为例,按表 5-12 所示方案分别选取 9 个样本,考察不同浓度范围对二维相关分析结果的影响。图 5-13 是不同浓度的正己烷二阶导数光谱的二维相关同步谱的切片谱,浓度小于 660ppm,正己烷二阶导数光谱二维正相关谱的自相关峰数较少,且自相关峰强度不稳定。表 5-13 为不同谱区的二维正相关谱中自相关峰、自相关强度和数目变化情况。表 5-13 数据表明浓度范围升高(超出 660ppm),二维正相关谱的自相关峰数目稳定且清晰可辨。考虑后续中药化学成分标准品 NIR 光谱解析,选取浓度范围 1320～33000ppm 进行二维相关分析,这一范围内正己烷二阶导数光谱二维同步谱如图 5-14 所示。

表 5-12　二维相关分析不同浓度范围样本的选取方案

浓度范围/ppm	样本
13～330	13、52、92、132、172、211、251、290、330
13～660	13、92、172、251、330、409、488、568、647
13～33000	13、3960、7920、11880、15840、19800、23760、27720、33000
13～66000	13、7920、15840、23760、31680、39600、47520、55440、66000
330～660	330、383、422、462、502、541、581、620、660
330～33000	330、3960、12000、7920、15840、19800、23760、27720、33000
330～66000	330、7920、15840、25080、33000、40920、48840、56760、66000
1320～33000	1320、5280、9240、13200、17160、21120、25080、29040、33000
660～66000	660、7920、15840、23760、31680、39600、47520、55440、66000
33000～66000	34320、38280、42240、46200、50160、54120、58080、62040、66000

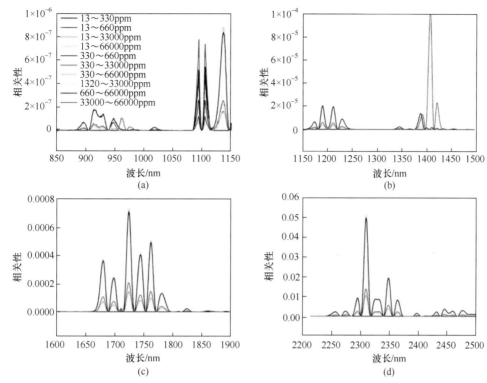

图 5-13 不同浓度的正己烷二阶导数光谱的二维相关同步谱的切片谱局部放大图

表 5-13 样本浓度变化时各频率谱区二维正相关同步谱中自相关峰、自相关强度和数目变化情况

频率谱区	自相关峰	样本浓度范围/ppm								
		13~330	330~660	13~660	13~33000	13~66000	330~33000	330~66000	660~33000	660~66000
组合频区	自相关峰数目	10	14	11	22	22	22	22	22	22
	2360	1.50×10⁻⁷	2.10×10⁻⁷	4.70×10⁻⁷	0.0016	0.0081	0.0013	0.0082	0.0016	0.0073
	2350	2.60×10⁻⁷	5.20×10⁻⁷	9.70×10⁻⁷	0.0037	0.019	0.0037	0.02	0.036	0.019
	2330	1.80×10⁻⁷	3.00×10⁻⁷	4.90×10⁻⁷	0.0019	0.0085	0.0019	0.0086	0.0018	0.0084
	2310	8.40×10⁻⁷	1.40×10⁻⁷	2.40×10⁻⁷	0.01	0.048	0.01	0.049	0.0096	0.048
	2290	1.40×10⁻⁷	2.40×10⁻⁷	4.80×10⁻⁷	0.0019	0.0088	0.0019	0.009	0.0018	0.0085
一级倍频区	1910	3.40×10⁻⁸	7.00×10⁻⁹	3.70×10⁻⁸	3.70×10⁻⁸	—	—	—	—	—
	1890	1.40×10⁻⁷	6.70×10⁻⁸	1.20×10⁻⁷	1.20×10⁻⁷	—	—	—	—	—
	1880	3.20×10⁻⁸	1.40×10⁻⁸	—	—	—	—	—	—	—
	1780	—	—	—	2.60×10⁻⁵	1.30×10⁻⁴	2.50×10⁻⁵	1.20×10⁻⁴	2.30×10⁻⁵	1.30×10⁻⁴
	1760	—	1.10×10⁻⁸	2.30×10⁻⁸	9.70×10⁻⁵	5.00×10⁻⁴	8.20×10⁻⁵	5.10×10⁻⁴	9.30×10⁻⁵	4.90×10⁻⁴
	1740	—	1.20×10⁻⁸	2.80×10⁻⁸	—	3.60×10⁻⁴	8.10×10⁻⁵	3.90×10⁻⁴	7.20×10⁻⁵	3.80×10⁻⁴
	1720	—	1.90×10⁻⁸	—	1.30×10⁻⁴	6.50×10⁻⁴	1.40×10⁻⁴	7.40×10⁻⁴	1.40×10⁻⁴	4.50×10⁻⁴
	1700	—	—	—	4.60×10⁻⁵	2.10×10⁻⁴	4.60×10⁻⁵	2.10×10⁻⁴	3.40×10⁻⁵	2.40×10⁻⁴
	1680	—	9.20×10⁻⁹	9.20×10⁻⁹	6.40×10⁻⁵	2.80×10⁻⁴	6.30×10⁻⁵	3.10×10⁻⁴	6.00×10⁻⁵	3.20×10⁻⁴

续表

频率谱区	自相关峰	样本浓度范围/ppm								
		13~330	330~660	13~660	13~33000	13~66000	330~33000	330~66000	660~33000	660~66000
二级倍频区	1390	—	—	—	$2.60×10^{-6}$	$1.20×10^{-5}$	$2.40×10^{-6}$	$1.30×10^{-5}$	$2.20×10^{-6}$	$1.40×10^{-5}$
	1230	—	—	—	$1.70×10^{-6}$	$8.70×10^{-6}$	$1.70×10^{-6}$	$8.60×10^{-6}$	$1.70×10^{-6}$	$8.70×10^{-6}$
	1210	—	—	—	$3.70×10^{-6}$	$1.90×10^{-5}$	$3.70×10^{-6}$	$2.00×10^{-5}$	$3.60×10^{-6}$	$1.90×10^{-5}$
	1190	—	—	—	$3.90×10^{-6}$	$2.00×10^{-5}$	$2.40×10^{-6}$	$2.00×10^{-5}$	$3.70×10^{-6}$	$2.00×10^{-5}$
	1180	—	—	—	$1.30×10^{-6}$	$6.50×10^{-6}$	$1.20×10^{-6}$	$6.60×10^{-6}$	$1.20×10^{-6}$	$5.30×10^{-6}$
	1100	$3.40×10^{-7}$	$2.20×10^{-7}$	$2.80×10^{-8}$	—	—	—	—	—	—
	1090	$3.00×10^{-7}$	$1.80×10^{-7}$	$6.30×10^{-8}$	—	—	—	—	—	—
三级倍频区	948	—	—	—	$1.60×10^{-8}$	$9.80×10^{-8}$	$1.50×10^{-8}$	$9.80×10^{-8}$	$1.30×10^{-8}$	$1.00×10^{-7}$
	931	—	—	—	$2.60×10^{-8}$	$1.20×10^{-7}$	$2.60×10^{-8}$	$1.20×10^{-7}$	$2.40×10^{-8}$	$1.30×10^{-7}$
	913	—	—	—	$3.50×10^{-8}$	$1.70×10^{-7}$	$3.50×10^{-8}$	$1.80×10^{-7}$	$3.80×10^{-8}$	$1.70×10^{-7}$
	896	—	—	—	$1.50×10^{-8}$	$6.50×10^{-8}$	$1.40×10^{-8}$	$7.00×10^{-8}$	$1.30×10^{-8}$	$6.80×10^{-8}$

注："—"表示在二维相关同步谱中没有出现该吸收峰。

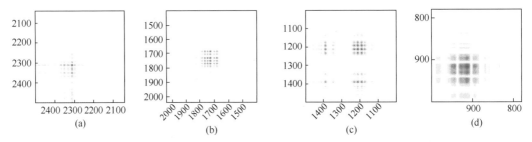

图 5-14　浓度范围为 1320~33000ppm 时正己烷二阶导数二维同步谱

此外，以体积分数 1320~33000ppm 范围正己烷样本为例，将 1320~33000ppm 浓度范围继续缩窄，分别选取 9 个样本，进一步考察 1320~13200ppm、1320~19800ppm、1320~22440ppm、1320~25080ppm、3960~25080ppm、3960~22440ppm 和 330~13200ppm 浓度范围下的二维同步谱，如图 5-15 所示。由图 5-15(a)可知，浓度小于 13200ppm 时，在三级倍频区所得自相关谱分辨率低，无法辨识出特征吸收峰。当浓度范围在 3960~22440ppm 时，在各谱区所得二维自相关谱谱峰良好，与图 5-14 中 1320~33000ppm 浓度范围内二维同步谱相似。类似正己烷这类简单体系，光谱解析可在 3960~22440ppm 浓度范围中研究。对于中药化学成分的特征吸收峰的 NIR 光谱解析，可将浓度定在 330~13200ppm 范围内进行二维相关分析。这一浓度范围虽然三级倍频区自相关峰分辨率低，但其他频区自相关峰分辨率良好。

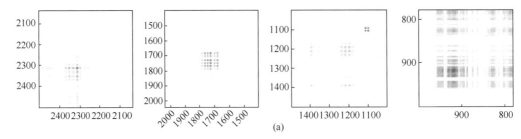

(a)

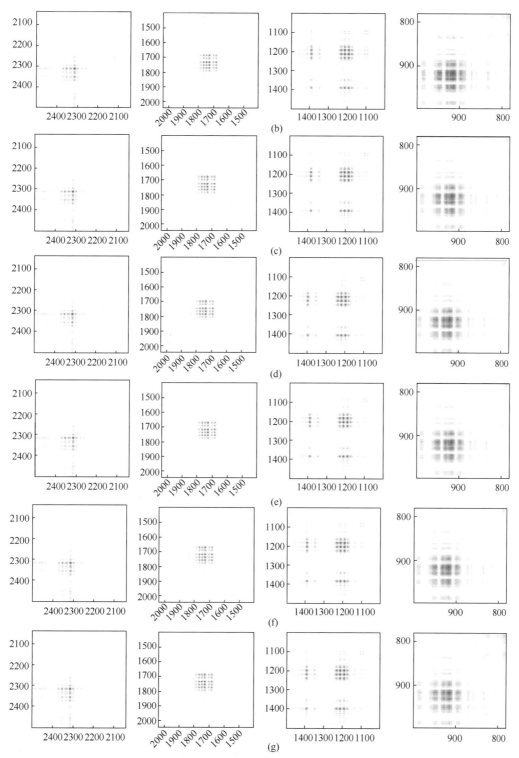

图 5-15　不同取样范围样本不同近红外谱区的二维同步谱

(a) 1320～13200ppm；(b) 1320～19800ppm；(c) 1320～22440ppm；

(d) 1320～25080ppm；(e) 3960～25080ppm；(f) 3960～22440ppm；(g) 330～13200ppm

以上研究采用浓度扰动的二维相关分析技术，以正己烷的四氯化碳溶液为研究对象，考察了光谱预处理方法、样本数目、样本浓度变化范围对二维同步谱的影响，得出以下结论：

(1) 二阶导数二维同步谱基本反映正己烷的特征吸收峰，二阶导数光谱能够较好地运用于二维相关分析；

(2) 样本数目改变，正己烷均在组合频区 2450nm、2400nm、2350nm 和 2310nm，一级倍频区 1780nm、1760nm、1740nm、1720nm、1700nm 和 1680nm，二级倍频区 1390nm、1210nm 和 1190nm，三级倍频区 948nm、931nm、913nm 和 896nm 出现自相关峰，二维同步谱中正己烷自相关峰数目没有发生显著变化，因此二维相关分析中样本数目对二维相关分析结果没有显著影响，仅在自相关强度上与样本数呈负相关；

(3) 样本浓度范围低于 660ppm 时，自相关峰数目较少，尤其在一级倍频区的自相关峰数目更少，不利于二维相关分析，样本浓度大于 660ppm，自相关峰数目基本稳定，最终确定正己烷类简单体系二维相关分析的浓度范围为 3960～22440ppm，对应的摩尔浓度范围为 0.05～0.3mol/L；

(4) 考虑到中药有效成分含量低(1%以下)的特点，基于四氯化碳为溶剂的中药化学成分二维相关分析的浓度范围可以初步定为 330～13200ppm，相应的摩尔浓度范围为 0.015～0.153mol/L。

3. 二维相关光谱的简单化合物近红外光谱解析

1) 仪器与方法

仪器：XDS Rapid Liquid Analyzer 全息光栅近红外光谱仪。光谱采集方式：以透射模式采集光谱，以仪器内部的空气为背景，分辨率为 0.6nm，扫描范围为 400～2500nm，扫描次数 32 次，每个样本平行测定 3 次，取平均光谱。材料：四氯化碳，正己烷，苯，甲苯，环己烷均购自北京化学试剂厂(纯度均在98%以上)。

2) 样本制备

分别移取 10μL 和 20μL 正己烷于 5mL 容量瓶中，用四氯化碳定容，摇匀，得体积分数分别为 0.2%(v/v) 和 0.4%(v/v) 的正己烷四氯化碳溶液。另分别移取正己烷 12、16、20、…、192、196、200(μL)于 2mL 容量瓶，四氯化碳定容，摇匀，得体积分数为 0.6%、0.8%、1.0%、…、9.6%、9.8%、10%的正己烷四氯化碳溶液。最终得到 0.2%～10%的正己烷四氯化碳溶液共 50 个。苯，甲苯，环己烷也依照上述方法配制溶液，共得 200 个样本。将上述 200 个溶液分别移取约 1mL 注入近红外样本管(美国 FOSS 公司)，采集近红外光谱。

3) 数据处理

运用挪威 CAMO 软件公司 Unscrambler 7.0 软件对光谱进行预处理。预处理后的光谱运用日本关西大学 Ozaki 教授团队的 2DShige 软件，采用软件默认参数进行二维相关分析(2DShige©Shigeaki Morita，Kwansei-Gakuin University，2004-2005)。

4) 环己烷和正己烷的近红外光谱解析

由图 5-16(环己烷)和图 5-17(正己烷)二阶导数光谱的二维同步谱可知：环己烷亚甲基一级倍频自相关峰出现在 1755nm 和 1727nm，二级倍频出现在 1200nm 附近，三级倍频出现在 928nm。环己烷和正己烷二维相关同步谱中，主要区别正己烷在倍频区存在甲基伸缩振动，使原有亚甲基伸缩振动的吸收光谱出现裂分。正己烷中 1730nm 和 1720nm 处甲基存在使亚甲基吸收峰分裂产生新的自相关峰，构成正己烷在一级倍频区的一系列吸收峰。此外，1750nm、1730nm 和 1720nm 的自相关峰构成环己烷亚甲基的一级倍频自相关峰；亚甲基的二级倍频自相关峰出现在 1210nm 和 1230nm；亚甲基的三级倍频自相关峰出现在 928nm；正己烷中甲基的三级倍频自相关峰出现在 910nm，二级倍频自相关峰出现在 1190nm，一级倍频自相关峰出现在 1740nm 和 1680nm；甲基组合频自相关峰出现在 2300～2450nm，甲基第二组合频自相关峰出现在 1390nm。

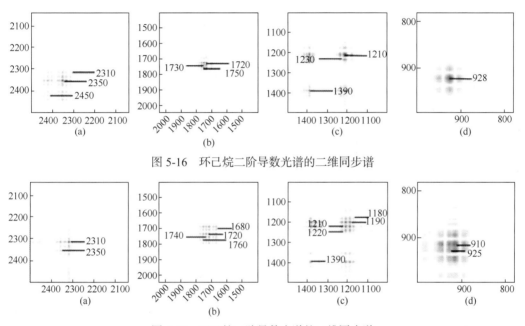

图 5-16 环己烷二阶导数光谱的二维同步谱

图 5-17 正己烷二阶导数光谱的二维同步谱

5) 苯和甲苯的近红外光谱解析

由图 5-18 可知，苯 1670nm 和 1650nm 出现的双峰为苯环 C—H 的一级倍频峰，1120nm 谱峰为二级倍频峰，1140nm 谱峰为苯环 C—H 伸缩振动和 C—C 弯曲振动的组合频，887nm 谱峰为 C—H 的三级倍频峰，2480nm 谱峰为 C—H 伸缩和弯曲振动的组合频。

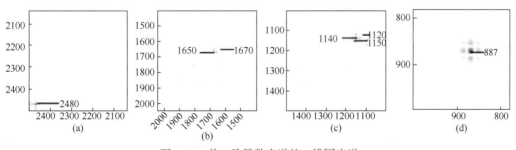

图 5-18 苯二阶导数光谱的二维同步谱

由图 5-19 可知，甲苯除了出现上述苯的特征吸收峰外，在 2450nm 和 2460nm 处出现了甲基组合了频峰，在 1710nm 出现了甲基一级倍频峰，在 1150nm 出现了甲基二级倍频峰，在 928nm 出现了甲基的三级倍频峰。结果表明，以四氯化碳为溶剂，分析物质的二维同步谱并归属物质的特征吸收区是可行的。

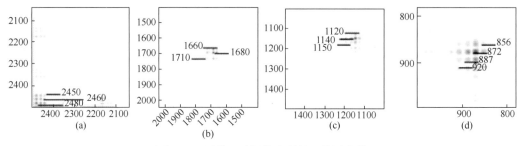

图 5-19　甲苯二阶导数光谱的二维同步谱

以上研究采用浓度扰动的二维相关分析技术，结合二阶导数光谱，以四氯化碳为溶剂，分别以环己烷和正己烷，苯和甲苯为研究对象，建立了二维相关分析的简单化合物 NIR 光谱解析方法，得到以下结论。

(1) 解析了近红外各频率谱区(组合频，一级倍频，二级倍频和三级倍频)环己烷和正己烷二维相关同步谱中甲基和亚甲基的吸收峰位置，两者近红外解析的主要区别是正己烷亚甲基在 1730nm 和 1720nm 产生两个自相关峰，原因是正己烷在倍频区存在甲基伸缩振动，使原有亚甲基伸缩振动的吸收光谱出现分裂。

(2) 解析了近红外各频率谱区(组合频，一级倍频，二级倍频和三级倍频)苯和甲苯二维相关同步谱中苯环 C—H 和甲基取代的吸收峰位置，重点解析了 1140nm 谱峰是苯环 C—H 伸缩振动和 C—C 弯曲振动的组合频，以及 2480nm 谱峰是 C—H 伸缩和弯曲振动的组合频。

4. 二维相关光谱解析的定量方法

1) 仪器与材料

仪器：XDS Rapid Liquid Analyzer 全息光栅近红外光谱仪。光谱采集方式：以透射模式采集光谱，以仪器内部的空气为背景，分辨率为 0.6nm，扫描范围为 400～2500nm，扫描次数 32 次，每个样本平行测定 3 次，取平均光谱。材料：分析纯四氯化碳购于北京化学试剂厂，纯度大于 98%。薄荷脑对照品(中国食品药品检定研究院，北京)纯度大于 98%。

2) 样本的制备

分别精密称取薄荷脑标准品 10 份，称样量如表 5-14 所示。用四氯化碳配制成 1mL 溶液，得到薄荷脑的四氯化碳溶液浓度如表 5-14 所示，共 9 个样本。

表 5-14　薄荷脑称样量和浓度范围

样本编号	1	2	3	4	5	6	7	8	9
薄荷脑称取量/mg	0.34	2.02	3.51	5.06	8.54	6.8	10.37	11.82	13.26
薄荷脑样本浓度/(mg/mL)	0.34	2.02	3.51	5.06	8.54	6.8	10.37	11.82	13.26
物质的量浓度/(mol/L)	0.002	0.012	0.021	0.031	0.052	0.04	0.063	0.072	0.08

3) 特征光谱解析

图 5-20 为不同浓度下薄荷脑的原始光谱图, 从图中可以看出, 薄荷脑主要在 1410nm 处有一个 O—H 的强吸收峰, 同时在 1210m、1750nm、2100nm 和 2350nm 存在甲基和亚甲基的强吸收峰。薄荷脑的近红外二阶导数光谱的二维同步谱如图 5-21 所示, 主要有 2460nm、2350nm、2020nm、1720nm、1700nm、1680nm、1410nm 和 960nm 的强自相关峰。其中 1410nm 的单强峰为 O—H 的特有吸收峰。

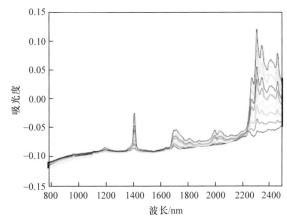

图 5-20　不同浓度下薄荷脑的原始光谱图

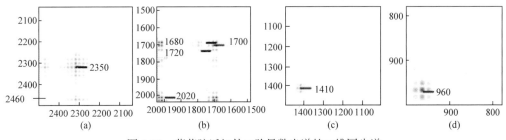

图 5-21　薄荷脑近红外二阶导数光谱的二维同步谱

4) 定量研究

采用 1410nm 的吸收强度与物质的量浓度建立线性关系, 所得结果如表 5-15 所示。线性方程决定系数 R^2 为 0.998, 表现出较好的线性, 表明该处的吸收强度与物质的量浓度是呈线性关系的。可以采用 1410nm 的吸收峰来对薄荷脑进行精确的定量检测。

表 5-15　薄荷脑不同浓度与 1410nm 处相应吸收强度线性方程

物质的量浓度/(mol/L)	空气空白*		溶剂空白**	
	吸收度	线性方程	吸收强度	线性方程
0.002	−0.085		−0.001	
0.012	−0.078	$y=0.755x-0.086$ $R^2=0.998$	0.008	$y=0.004x-0.001$ $R^2=0.998$
0.021	−0.071		0.015	
0.031	−0.063		0.021	

续表

物质的量浓度/(mol/L)	空气空白*		溶剂空白**	
	吸收强度	线性方程	吸收强度	线性方程
0.052	−0.048		0.038	
0.041	−0.055		0.03	
0.063	−0.040	$y=0.755x-0.086$ $R^2=0.998$	0.047	$y=0.004x-0.001$ $R^2=0.998$
0.072	−0.059		0.054	
0.080	−0.027		0.058	

注：*以仪器内部空气为背景时采集得到的近红外光谱；**以四氯化碳溶液为背景时采集得到的近红外光谱。

以上研究采用浓度扰动的二维相关分析技术，以四氯化碳为溶剂，以薄荷脑为研究对象，建立了二维相关分析的中药化学成分 NIR 光谱解析方法，得到以下结论。

(1) 解析了近红外各频率谱区(组合频、一级倍频、二级倍频和三级倍频)薄荷脑二维同步谱中 O—H 甲基和亚甲基的吸收峰位置,重点解析了 1410nm 处薄荷脑 O—H 的强吸收峰；

(2) 建立了 1410nm 的吸收强度与物质的量浓度的线性方程，线性方程相关系数 R^2 为 0.998，线性关系良好。

以上结论筛选出了薄荷脑的特征吸收波段，证明了二维相关分析的近红外光谱解析的可行性，为后续"高通量"中药化学成分的近红外科学解析奠定了基础。此外，建立了近红外光谱技术的一元一次线性方程，科学解释了近红外光谱符合线性响应吸收现象，为近红外定量检测提供了数据支撑。

5.1.4　基于近红外差谱法的近红外光谱解析方法

近红外光谱的优势在于能够在不破坏样本的情况下实现对样本的快速定性和定量检测。目前已有的利用近红外光谱法进行多组分定量研究很多，包括对于同分异构体的定量检测研究。在对同分异构体进行定量检测时，主要是依靠选取同分异构体吸收光谱与含量高相关性的吸收区域，或者直接选取同分异构体间近红外吸收差异较大的区域来进行建模分析。通过筛选差谱中的特异性波段能够有效地提高近红外定量模型的可靠性和准确性。然而，对于近红外光谱中取代基对母核近红外吸收的影响，尤其是同分异构体的光谱解析以及同分异构体差异产生的原因和规律的研究鲜见报道。同时，由于近红外光谱多来自含氢基团的倍频和组合频吸收，大多数研究者认为由于近红外光谱本身重叠严重，吸收强度弱，近红外光的谱解析是相当困难的。那么，近红外是否真的无法解析？

本章以苯、甲苯、邻间对二甲苯、均三甲苯和乙苯为载体，利用差谱法对苯及其取代物的近红外进行了解析，探讨由甲基取代引起的苯环的近红外吸收峰数目、吸收峰位置和吸收峰强度的变化情况，并对变化产生的原因进行了解释，以期对近红外光谱吸收有更深入的认识，为近红外光谱解析提供借鉴和指导。

1. 苯和环己烷近红外光谱分析

1) 仪器与材料

仪器：XDS Rapid Liquid Analyzer 近红外光谱仪。光谱采集方式：以透射模式采集光谱，以仪器内部的空气为背景，分辨率为 0.6nm，扫描范围为 400~2500nm，扫描次数 32 次，每个样本平行测定 3 次，取平均光谱。光谱采用仪器自带的 Vision 软件进行处理。试样：分析纯四氯化碳、环己烷和苯(北京化学试剂厂，北京)。

2) 样本制备

分别移取苯 2.2mL、环己烷 2.7mL 放于 25mL 容量瓶中，用四氯化碳定容，摇匀，得 1mol/L 的苯，环己烷的四氯化碳溶液。

3) 苯及环己烷近红外原始光谱分析

图 5-22 为苯和环己烷的纯溶剂的近红外原始光谱图。由图可知，环己烷近红外光谱在 890nm 有亚甲基的三级倍频吸收，在 1210nm 有亚甲基的二级倍频吸收，在 1400nm 有亚甲基第二组合频吸收，在 1760nm 有亚甲基的一级倍频吸收峰。苯环在 880nm、1140nm 和 1660nm 分别出现苯环骨架 C—H 的三级倍频、二级倍频、一级倍频吸收。

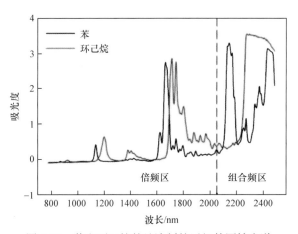

图 5-22　苯和环己烷的纯溶剂的近红外原始光谱

苯与环己烷分子中均含有六个碳原子，两者的差别在于其碳原子杂化类型不同。苯环 6 个碳原子均为 sp^2 杂化，碳原子上的孤对电子形成 P-π 共轭而呈现出刚性平面结构，其分子内的六个氢原子均与刚性平面平行而表现出相同的化学特征。环己烷碳原子均为 sp^3 杂化，形成三维立体结构，通常情况下其最优构象为椅式构象，12 个氢原子分为 6 个直立 C—H 键和 6 个平伏 C—H 键。

结果表明：苯环骨架 C—H 与环己烷亚甲基的吸收特征差异明显。由于苯环分子中 C—H 均为 sp^2 杂化，其键力常数大于 sp^3 杂化的 C—H，因此倍频区的吸收频率大于环己烷中碳氢，所以在倍频区的吸收波长：苯<环己烷。

4) 等摩尔浓度的苯和环己烷近红外光谱分析

为了排除由分子数量不均而引起的吸收强度差异，本研究采用相同摩尔浓度，比较分子吸收强度与结构变化的关系。图 5-23 为等摩尔浓度苯、环己烷纯溶剂的近红外原始光谱和二阶导数光谱。从图 5-23 可知，苯与环己烷在倍频区的吸收差异较大，苯在组合频区域有 2130nm 的一系列与 C—H 伸缩和 C—C 伸缩振动组合频相关的吸收峰，并在 2460nm 产生与 C—H 伸缩和 C—H 弯曲振动的组合频单强吸收峰。环己烷则在组合频区域表现出以 2400nm 为中心的四个强吸收峰，其来源可能为 C—H 伸缩和弯曲振动的组合频。

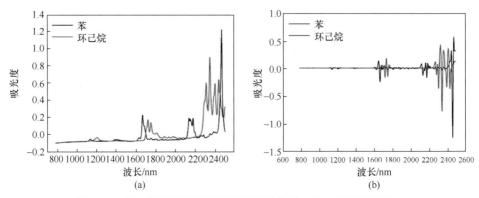

图 5-23　苯、环己烷纯溶剂近红外原始光谱(a)和二阶导数光谱(b)

以上研究采用原始光谱法，以等摩尔浓度的苯和环己烷为研究对象，解析了 sp^2 杂化和 sp^3 杂化 C—H 近红外吸收的差异。结果表明，由于苯和环己烷 C—H 杂化形式不同，苯环碳原子为 sp^2 杂化，键力常数大于 sp^3 杂化的环己烷，故苯环吸收频率大于环己烷。

2. 苯和甲基取代苯的近红外光谱解析

1) 仪器与材料

仪器：XDS Rapid Liquid Analyzer 近红外光谱仪。光谱采集方式：以透射模式采集光谱，以仪器内部的空气为背景，分辨率为 0.6nm，扫描范围为 400～2500nm，扫描次数 32 次，每个样本平行测定 3 次，取平均光谱。光谱采用仪器自带的 Vision 软件进行处理。
材料：分析纯四氯化碳、苯、甲苯、邻二甲苯、间二甲苯和对二甲苯均购自北京化学试剂厂(纯度均大于98%)。分析纯均三甲苯和乙苯均购自天津化学试剂厂(纯度均大于98%)。

2) 样本制备

移取苯 2.2mL 于 25mL 容量瓶中，用四氯化碳定容，摇匀，得 1mol/L 的苯的四氯化碳溶液。分别移取上述溶液 0.2、0.4、0.6、…、1.4、1.6、1.8(mL)于 2mL 容量瓶中，用四氯化碳定容，摇匀，得物质的量浓度为 0.1、0.2、0.3、…、0.7、0.8、0.9(mol/L)的苯的四氯化碳系列溶液。

分别移取甲苯 2.6mL、邻二甲苯 3.1mL、间二甲苯 3.1mL、对二甲苯 3.1mL、均三甲苯 3.5mL、乙苯 3.0mL 于 25mL 容量瓶中，用四氯化碳定容，摇匀，得 1mol/L 的甲苯、邻二甲苯、间二甲苯、对二甲苯、均三甲苯和乙苯的四氯化碳溶液。

分别移取苯、甲苯、二甲苯溶液 4、8、12、…、192、196、200(μL)于 2mL 容量瓶中，用四氯化碳定容，得体积分数为 0.2%、0.4%、0.8%、…、9.6%、9.8%、10%的苯、甲苯和二甲苯的四氯化碳溶液各 50 个。

3) 苯的近红外原始光谱解析

图 5-24 为苯的四氯化碳溶液的近红外原始光谱图。由图 5-24(a)可知，苯环的骨架 C—H 近红外吸收主要有 1670nm 的 C—H 伸缩振动一级倍频，2130nm 的 C—H 和 C—C 伸缩振动组合频，以及 2460nm 的 C—H 伸缩和 C—H 弯曲振动的组合频吸收。当苯物质的量浓度变化时，1670nm、2130nm 和 2460nm 的吸强度变化情况如图 5-24(b)所示。

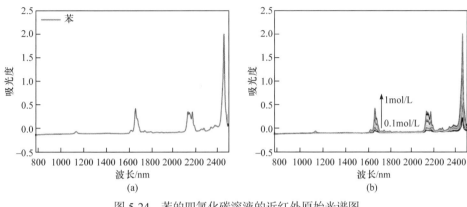

图 5-24　苯的四氯化碳溶液的近红外原始光谱图
(a) 苯浓度为 1mol/L；(b) 苯浓度为 0.1～1mol/L

表 5-16 为苯环 1670nm、2130nm 和 2460nm 三个吸收峰吸收强度值。由表可知，苯环骨架 C—H 在 1670nm、2130nm 和 2460nm 处的吸收强度比值为 1∶1∶5。当苯的物质的量发生变化时，这三处吸收峰强度与物质的量浓度呈正比关系(图 5-24(b))，吸收峰强度比始终为 1∶1∶5。

表 5-16　苯、邻(间、对)二甲苯、甲苯、乙苯、均三甲苯在指定波长处吸收强度

化合物	1670	2130	2330	2460
苯	0.441	0.3746	—	2.0124
邻二甲苯	0.2851	0.3598	1.0287	0.692
间二甲苯	0.2926	0.3456	1.0546	1.0973
对二甲苯	0.3156	0.498	1.0237	1.1597
甲苯	0.3122	0.4169	0.4775	1.1594
乙苯	0.3082	0.3963	0.6867	1.2853
均三甲苯	0.4017	0.3846	1.6218	1.0621

4) 不同甲基取代数目苯的近红外原始光谱解析

图 5-25 为不同甲基取代数目苯的四氯化碳溶液的近红外原始光谱图。由图可知，当苯环中存在取代基，如甲基、乙基取代时，红外光谱中苯环骨架 C—H 的振动并未被甲基 C—H 吸收所掩盖，仍然具有较强的辨识性，但其吸收强度比值有所变化。同时，甲基取代苯的近红外光谱中出现了新的以 2330nm 为中心的强吸收峰，此处吸收峰为甲基伸缩振动的组合频吸收。

　　表 5-16 为苯及其甲基取代物在 1670nm、2130nm、2330nm 和 2460nm 处吸收峰对应的吸收强度。比较吸收峰强度和取代基数目的关系可知，①在 2330nm 的甲基组合频吸收强度与苯环甲基取代的数目呈正相关，一甲基取代时吸收强度约为 0.5，二甲基取代时吸收强度约为 1.0，三甲基取代时吸收强度约为 1.5，即甲基取代数目与 2330nm 的吸收峰强度比为 1：2：3；②对于乙苯，分子中存在一个亚甲基和一个甲基，其在 2330nm 的吸收强度介于甲苯和乙苯的吸收强度之间。以上结果表明，苯的甲基取代物在 2330nm 的吸收强度与取代基中甲基 C—H 的数目呈线性关系，C—H 键数目越多吸收强度越大。

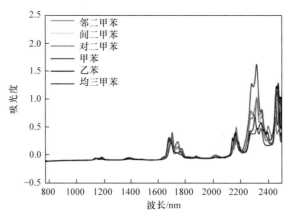

图 5-25　甲苯、邻(间、对)二甲苯、乙苯、均三甲苯的四氯化碳溶液的近红外原始光谱图

　　表 5-16 中，苯骨架 C—H 振动在 1670nm、2130nm 和 2460nm 处吸收强度比值在没有取代基存在时约为 1：1：5，而甲基取代苯由于受取代基影响，苯环骨架 C—H 吸收强度比呈现无规律性，吸收强度比大致为 1：1：2.5。由表 5-16 还可以看出，苯的甲基取代物 2460nm 处的组合频吸收峰强度在邻二甲苯、间二甲苯和对二甲苯三者间差异较大，表明这一吸收峰对空间位阻较敏感。

　　以上研究采用近红外原始光谱，以等摩尔浓度的苯、甲苯、邻二甲苯、间二甲苯、对二甲苯、乙苯和均三甲苯的四氯化碳溶液为研究对象，解析了苯及其甲基取代物中苯环 C—H 的近红外光谱吸收特征，得到以下结论。

　　(1) 甲基取代苯在 2330nm 的甲基组合频吸收峰强度与甲基取代数目呈正相关,甲苯、二甲苯和均三甲苯吸收峰强度比为 1：2：3。

　　(2) 苯环骨架 C—H 特征吸收主要在 1670nm、2130nm 和 2460nm，吸收峰强度比为 1：1：5。

　　3. 不同甲基取代数目对苯近红外光谱的影响

　　1) 仪器与材料

　　仪器：XDS Rapid Liquid Analyzer 近红外光谱仪。光谱采集方式：以透射模式采集光谱，以仪器内部的空气为背景，分辨率为 0.6nm，扫描范围为 400～2500nm，扫描次数 32 次，每个样本平行测定 3 次，取平均光谱。光谱采用仪器自带的 Vision 软件进行处理。

　　材料：分析纯四氯化碳、邻二甲苯、间二甲苯、对二甲苯、乙苯和均三甲苯均购自北京化学试剂厂(纯度均大于98%)。

2) 样本的制备

分别移取苯2.2mL、邻二甲苯3.1mL、间二甲苯3.1mL、对二甲苯3.1mL、均三甲苯3.5mL、乙苯3.0mL于25mL容量瓶中，用四氯化碳定容，摇匀，得1mol/L的苯、甲苯、邻二甲苯、间二甲苯、对二甲苯、乙苯和均三甲苯的四氯化碳溶液。

3) 不同甲基取代数目苯近红外原始光谱分析

图5-26为等摩尔浓度甲苯、二甲苯、乙苯和均三甲苯与苯的近红外原始光谱图。由图可知，等摩尔浓度苯的甲基取代苯吸收峰强度呈现出较明显的差异。经甲基取代后，苯环骨架C—H伸缩振动在1138nm的二级倍频以及1670nm的一级倍频吸收向长波方向发生移动。在1138nm和1670nm两个吸收峰附近还出现了新的由甲基伸缩振动产生的吸收峰，相应吸收峰强度大小为：甲苯≈乙苯>二甲苯>均三甲苯，呈现出与甲基C—H键数目正相关的特性。

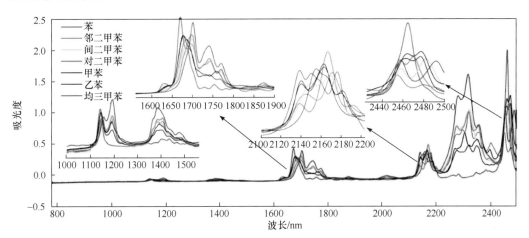

图5-26　等摩尔浓度甲苯、邻二甲苯、间二甲苯、对二甲苯、乙苯、均三甲苯与苯的近红外原始光谱图

由图5-26还可以看出，甲基的倍频吸收峰在1190nm、1400nm和1750nm处的强度，随C—H数目的增加而呈现增强的趋势，表现为均三甲苯>二甲苯>乙苯≈甲苯。在2330nm的组合频能够明显观察到甲苯的甲基吸收强度低于二甲苯，二甲苯甲基吸收强度低于均三甲苯甲基吸收强度。

红外吸收峰的强度与分子伸缩振动偶极矩变化相关，偶极矩变化越大，吸收强度越强，而偶极矩变化与分子的对称性相关，对称性越好，偶极矩变化越弱，从而峰吸收强度越弱。而甲基取代苯对称性为：均三甲苯>二甲苯>甲苯>乙苯，这就解释了苯环C—H吸收峰强度呈现出甲苯≈乙苯>二甲苯>均三甲苯的现象。由于取代基的影响，苯的近红外光谱不仅出现了峰的裂分、峰的位移及强度的变化，而且产生了新的与取代基相关的吸收峰。由此可知，物质的近红外吸收不但与分子中氢的数目有关，还与氢的类型及所处的化学环境有关。

4) 不同甲基取代数目苯近红外二阶导数光谱分析

图5-27为苯、甲苯、二甲苯、乙苯、均三甲苯的近红外二阶导数光谱局部放大图。在原始光谱1000~1550nm范围内主要为苯环骨架C—H在1138nm的伸缩振动二级倍频

和 1190nm 的甲基伸缩振动二级倍频。从图 5-27(a)中可以清晰地观察到这两处吸收峰，苯环骨架 C—H 在 1138nm 受甲基取代的影响吸收峰向长波方向发生了位移，其中位移最大的为均三甲苯，向长波方向移动了 10nm。此外，图 5-27(a)中出现的 1190nm 的强吸收，主要为甲基伸缩振动的二级倍频峰。

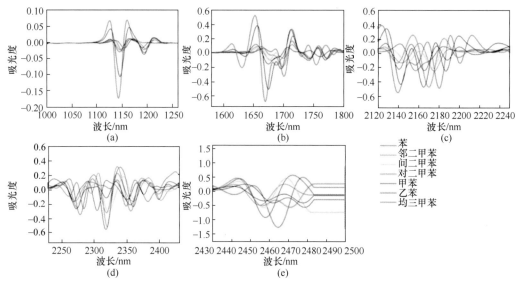

图 5-27　苯、甲苯、邻(间、对)二甲苯、乙苯、均三甲苯的近红外二阶导数光谱局部放大图

图 5-27(b)中苯环骨架 C—H 在 1670nm 处的伸缩振动吸收也发生了位移，其中均三甲苯位移最大，向长波方向移动了 30nm。由于甲基取代影响，图 5-27(b)中 1750nm 附近出现了一系列甲基伸缩振动吸收峰。观察图 5-27(a)和(b)可知，甲基取代苯引起的苯环骨架 C—H 伸缩振动在 1138nm 和 1670nm 处的位移大小顺序为：甲苯≈乙苯<邻二甲苯<间二甲苯<对二甲苯<均三甲苯。《近红外光谱解析实用指南》指出这一位移效应主要由烷的正电性引起。近红外光谱的吸收峰位置受分子中取代基的影响，当分子中存在供电子基团甲基时，由于诱导效应破坏苯环的共轭体系，苯环呈现正电性。

图 5-27(c)和(e)为苯环骨架碳氢的组合频吸收二阶导数光谱图。如图 5-27(c)所示，2120~2240nm 范围内苯环骨架有以 2150nm 为中心的四个吸收峰，甲基取代后，这一吸收区域峰数发生了较大变化，其中甲苯、乙苯、对二甲苯有 3 个吸收峰，邻二甲苯和间二甲苯有 2 个吸收峰，均三甲苯有 1 个强吸收峰伴随 1 个小肩峰。苯环取代基影响了苯环分子的对称性，从而导致了苯环吸收峰数目的变化。同时，组合频区域的吸收峰可以由红外非活性振动与红外活性振动组合，故其吸收峰数目呈现出无规律性。图 5-27(e)中，2440~2500nm 范围内苯有 2460nm 的一个强吸收峰，经甲基取代后，苯环骨架 2460nm 的组合频吸收分裂为 2450nm 和 2460nm 的双峰，其中 2460nm 处的峰为甲基的组合频吸收。结合图 5-26可知，这一吸收区域的甲基取代苯的裂分峰间距离为：甲苯≈乙苯<二甲苯<均三甲苯。

图 5-27(d)为甲基取代在组合频区的吸收峰数目呈现出无规律性，其中苯为 4 个吸收峰，甲苯为 3 个吸收峰，乙苯为 5 个吸收峰，邻二甲苯为 5 个，间二甲苯为 3 个，对二甲苯为 4 个，均三甲苯为 3 个。这说明了近红外光谱中组合频区域吸收峰的特点，即非

红外活性的振动也能产生近红外吸收。

5) 等摩尔浓度甲基取代苯与苯近红外差谱分析

图 5-28 为甲苯、二甲苯、乙苯和均三甲苯近红外原始光谱与苯的差谱图。由图可知，在甲苯、二甲苯、乙苯和均三甲苯的苯环骨架 C—H 的 2460nm 和 2150nm 的组合频吸收，1670nm 的一级倍频和 1138nm 的二级倍频吸收均为负值，即在四氯化碳溶剂体系中，经甲基取代以后，苯环骨架的吸收强度均降低；而在 1190nm、1400nm、1760nm、2330nm 和 2480nm 的吸收峰值均为正值，包括甲基在 2330nm 处和 2480nm 的组合频吸收，1400nm 甲基的第二组合频吸收，1760nm 和 1190nm 甲基一级和二级倍频吸收，即由甲基取代引起的吸收峰在近红外光谱图中与苯环骨架的吸收峰是可辨识的，但是甲基取代苯中苯环骨架的倍频吸收峰数目并没有明显的差异。

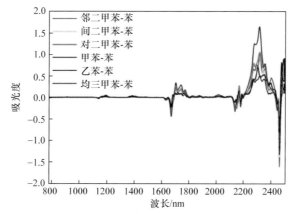

图 5-28　等摩尔浓度甲苯、邻二甲苯、间二甲苯、对二甲苯、乙苯和均三甲苯
与苯的近红外原始光谱的差谱图

对于甲苯、二甲苯、乙苯、均三甲苯，其对称性为：均三甲苯>二甲苯>甲苯≈乙苯。在近红外区域，尤其是在 780～2040nm 的倍频区，苯环上 C—H 伸缩振动引起的倍频吸收强度变化应为：甲苯≈乙苯>邻二甲苯>间二甲苯>对二甲苯>均三甲苯。

图 5-29 为甲基取代苯的近红外原始光谱差谱局部放大图。由图可知，其中苯环骨架 C—H 在 1138nm 和 1670nm 倍频吸收强度以及 2130nm 的组合频吸收均与对称性相反，即吸收强度为乙苯≈甲苯>二甲苯>均三甲苯，与原始光谱和二阶导数光谱结果一致。

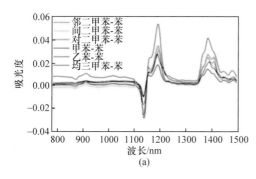

(a)

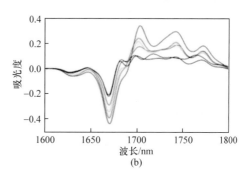

(b)

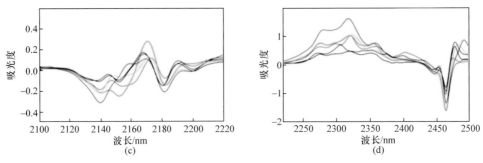

图 5-29 甲基取代苯的近红外原始光谱差谱局部放大图

6) 等摩尔浓度甲基取代苯与甲苯近红外差谱分析

图 5-30 为二甲苯、三甲苯、乙苯与甲苯的近红外原始光谱差谱图。利用二甲苯、均三甲苯、乙苯与甲苯的差谱,可以观察由甲基数目的变化所引起的近红外吸收峰的变化。与图 5-29 相比,倍频吸收峰数目的差异不大,主要差异是吸收强度的变化,甲基 C—H 吸收强度依次为:均三甲苯>二甲苯>乙苯,强度与 C—H 键数目呈正相关。图 5-30 中组合频区域吸收峰数目和峰强度均发生变化,2330nm 处甲基的组合频吸收邻二甲苯为 5 个吸收峰,间二甲苯为 4 个吸收峰,对二甲苯为 4 个吸收峰,均三甲苯为 3 个吸收峰。2330nm 处吸收峰强度顺序也为:均三甲苯>二甲苯>乙苯,仍然与对称性顺序相反。

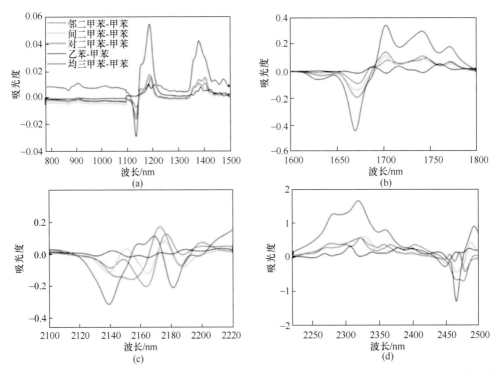

图 5-30 等摩尔浓度邻二甲苯、间二甲苯、对二甲苯、乙苯、均三甲苯与甲苯的近红外原始光谱差谱图

以上研究以近红外二阶导数光谱法和近红外差谱法为技术手段,以甲苯、二甲苯、乙苯和均三甲苯为研究对象,解析了不同数目烷基取代苯的近红外光谱,得到以下结论。

(1) 在原始光谱中，甲基 1190nm、1400nm 和 1750nm 的吸收峰强度与取代基中 C—H 键数目呈正相关，强度大小关系为均三甲苯>二甲苯>甲苯≈乙苯，甲苯、二甲苯、乙苯和均三甲苯中甲基的吸收峰数目与位置相似，表明近红外光谱的吸收峰产生与物质分子中的基团类型相关，基团相同时，吸收强度可以反映出相同基团数目的相对关系。此外，甲基取代后分子的对称性越好，苯环骨架 C—H 的吸收强度越弱，故有苯环骨架 C—H 吸收强度：甲苯>邻二甲苯>间二甲苯>对二甲苯>均三甲苯。

(2) 二阶导数光谱中，不同甲基取代苯中苯环骨架 C—H 伸缩振动在 1138nm 和 1670nm 的吸收向长波方向位移，位移大小顺序为：甲苯≈乙苯<邻二甲苯<间二甲苯<对二甲苯<均三甲苯，这是由于甲基破坏了苯环的共轭体系，苯环呈现正电性。苯环骨架 C—H 组合频吸收无规律，表明近红外组合频区存在非红外活性的振动。

(3) 在近红外差谱中，甲苯、二甲苯、乙苯和均三甲苯中与苯环 C—H 伸缩振动相关的倍频吸收在 780～2040nm 的相对强度为：甲苯≈乙苯>邻二甲苯>间二甲苯>对二甲苯>均三甲苯，与对称性关系相反，证实了取代基对苯环吸收的影响。甲基 C—H 吸收强度大小关系为：均三甲苯>二甲苯>乙苯>甲苯，与 C—H 键数目呈正相关。取代基不仅影响了苯环骨架的吸收，还产生了与取代基相关的吸收峰，二者在近红外差谱中可区分，证实了近红外光谱的可解析性，并为近红外光谱的解析提供了思路。

4. 邻间对二甲基取代对苯近红外光谱的影响

1) 仪器与材料

仪器：XDS Rapid Liquid Analyzer 近红外光谱仪。光谱采集方式：以透射模式采集光谱，以仪器内部的空气为背景，分辨率为 0.6nm，扫描范围为 400～2500nm，扫描次数 32 次，每个样本平行测定 3 次，取平均光谱。光谱采用仪器自带的 Vision 软件进行处理。材料：分析纯四氯化碳、邻二甲苯、间二甲苯和对二甲苯均购自北京化学试剂厂(纯度均大于 98%)。

2) 样本的制备

分别移取苯 2.2mL、邻二甲苯 3.1mL、间二甲苯 3.1mL、对二甲苯 3.1mL 于 25mL 容量瓶中，用四氯化碳定容，摇匀，得 1mol/L 的苯、甲苯、邻二甲苯、间二甲苯和对二甲苯的四氯化碳溶液。

3) 等摩尔浓度的二甲苯与苯近红外光谱差谱分析

图 5-31 为邻二甲苯、间二甲苯和对二甲苯与苯的近红外原始光谱差谱的局部放大图。由图可知，在邻二甲苯、间二甲苯、对二甲苯和苯环骨架 C—H 在 2460nm 和 2150nm 的组合频吸收，1670nm 的一级倍频和 1138nm 的二级倍频吸收均为负值，也即在四氯化碳溶剂体系中，经甲基取代以后，苯环骨架的吸收强度均降低。

在 1190nm、1400nm、1760nm 和 2330nm 的吸收峰值均为正值，包括甲基在 2330nm 处和 2480nm 处的组合频吸收，1400nm 的甲基第二组合频吸收，1760nm 和 1190nm 处甲基一级和二级倍频吸收，即由甲基取代引起的吸收峰在近红外光谱图中与苯环骨架的吸收峰是可以辨识的。

邻二甲苯、间二甲苯和对二甲苯中苯环骨架的倍频吸收峰数目并没有明显的差异。组合频吸收峰则表现出了峰数目和峰强度的差异，2330nm 处甲基的组合频吸收峰数目分别为：邻二甲苯 5 个，间二甲苯 4 个，对二甲苯 4 个，表现为无规律性。苯环骨架 C—H 在 1138nm 和 1670nm 倍频吸收强度以及 2130nm 的组合频吸收强度为：对二甲苯>间二甲苯>邻二甲苯。这是由邻二甲苯、间二甲苯和对二甲苯的对称性决定的。三者对称性关系为：对二甲苯>间二甲苯>邻二甲苯。化学结构对称性越高，物质近红外吸收强度越低，故在 780~2040nm 的倍频区，苯环上 C—H 伸缩振动引起的倍频吸收强度变化呈现上述规律。

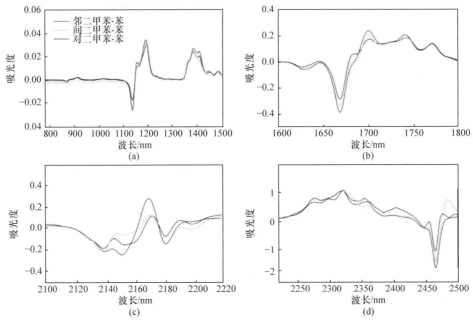

图 5-31　等摩尔浓度邻二甲苯、间二甲苯、对二甲苯与苯的近红外原始光谱差谱的局部放大图

4) 等摩尔浓度的二甲苯与甲苯近红外光谱差谱分析

图 5-32 为等摩尔浓度邻二甲苯、间二甲苯和对二甲苯与苯(a)和甲苯(b)的近红外原始光谱差谱图。利用二甲苯与甲苯的差谱图，可以观察由于甲基空间位置的变化引起的近红外吸收峰的变化。由图 5-32 可知，二甲苯与苯(图 5-32(a))和甲苯(图 5-32(b))的近红外差谱图的吸收峰数目和频率没有明显差异，仅在吸收峰强度上差异明显，在 2330nm 处最大吸收强度由图 5-32(a)的 1.0 降到了图 5-32(b)的 0.5,原因是二甲苯吸收光谱减去甲苯的吸收，分子中甲基 C—H 数目下降，故吸收强度降低。

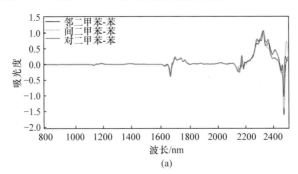

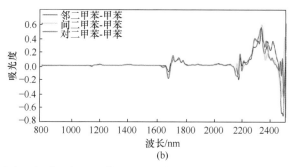

图 5-32　等摩尔浓度邻二甲苯、间二甲苯、对二甲苯与苯(a)和甲苯(b)的近红外原始光谱差谱图

图 5-33 为等摩尔浓度邻二甲苯、间二甲苯、对二甲苯与甲苯的近红外原始光谱差谱局部放大图。与图 5-31 二甲苯与苯的差谱结论相比，图 5-33 中甲基空间位置的变化并未引起苯环骨架 C—H 倍频吸收峰数目的变化及吸收相对强度的变化，如图 5-33(a)～(c)所示。苯环骨架 C—H 倍频区吸收强度仍然是邻二甲苯>间二甲苯>对二甲苯。此外，如图 5-33(d)所示，2460nm 处的组合频吸收峰裂分为 2450nm 和 2480nm 的双峰，即甲基空间位置变化，该变化主要集中在苯环组合频吸收区域。

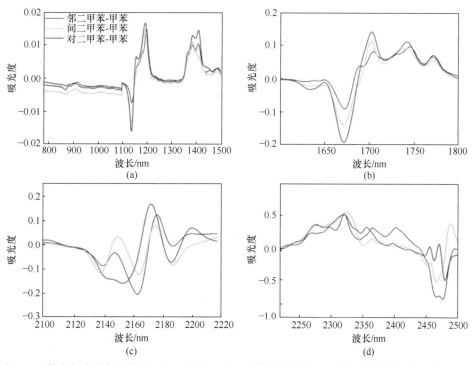

图 5-33　等摩尔浓度邻二甲苯、间二甲苯、对二甲苯与甲苯的近红外原始光谱差谱局部放大图

5) 等摩尔浓度的二甲苯近红外光谱两两相减差谱分析

图 5-34 为二甲苯两两相减的近红外原始光谱差谱图。由图可知，邻二甲苯、间二甲苯和对二甲苯三者在近红外光谱中的吸收差异主要集中在 1700nm 一级倍频和 2100～2500nm 组合频。提示我们在进行同分异构体的定量检测时,应该选取 1700nm 或者 2100～

2500nm 的组合频来进行建模分析，以提高定量准确性。

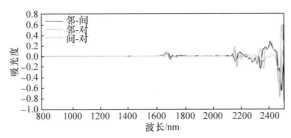

图 5-34　等摩尔浓度邻二甲苯、间二甲苯、对二甲苯两两相减的近红外原始光谱差谱图

以上研究采用近红外差谱法，以邻二甲苯、间二甲苯和对二甲苯为研究对象，考察了邻二甲苯、间二甲苯和对二甲苯与苯和甲苯的差谱，以研究苯环甲基取代空间位置的变化对苯环近红外光谱的影响。得到以下结论：

(1) 邻二甲苯、间二甲苯和对二甲苯三者骨架 C—H 在 1138nm 和 1670nm 的倍频以及 2130nm 的组合频的相对吸收强度与其对称性相关，对称性越好，吸收强度越弱。三者对称性关系为：对二甲苯>间二甲苯>邻二甲苯，吸收强度关系为：邻二甲苯>间二甲苯>对二甲苯。

(2) 邻二甲苯、间二甲苯和对二甲苯间由于甲基空间位置不同而产生的吸收峰数目的差异主要集中在 2460nm 的组合频。

(3) 邻、间、对二甲苯两两之间的吸收差异主要集中于 1990~2500nm 的组合频区。同分异构体的近红外定量检测可以采用两两间差谱来选取特征吸收波段，提高模型的预测性能。

5. 苯、苯酚、苯甲醇、苯甲醛近红外光谱解析

1) 仪器与试样

仪器：XDS rapid liquid analyzer 近红外光谱仪。光谱采集方式：以透射模式采集光谱，以仪器内部的空气为背景，分辨率为 0.6nm，扫描范围为 400~2500nm，扫描次数 32 次，每个样本平行测定 3 次，取平均光谱。试样：分析纯四氯化碳苯和苯酚购于北京化学试剂厂(纯度均大于 98%)。苯甲醇、苯甲醛购于天津化学试剂厂(纯度均大于 98%)。

2) 样本的制备

分别移取苯 2.2mL、苯甲醛 2.5mL、苯甲醇 2.6mL，并称取苯酚 2.4g，于 25mL 容量瓶中，用四氯化碳定容，摇匀，得 1mol/L 的苯、苯酚、苯甲醇、苯甲醛的四氯化碳溶液。

3) 苯、苯酚、苯甲醇和苯甲醛近红外差谱分析

图 5-35 为苯、苯酚、苯甲醇和苯甲醛的四氯化碳溶液近红外原始光谱图，与苯的甲基取代物近红外光谱图 5-30 相比，图 5-35 中苯酚和苯甲醇在 1410nm 均有一强尖峰，此吸收峰为 O—H 伸缩振动的一级倍频吸收。1650nm 和 2130nm 的吸收峰为苯环骨架的 C—H 伸缩振动。苯甲醇在 1800~2200nm 的强宽吸收峰为羟基 O—H 的伸缩和弯曲振动的组合频吸收，苯酚 O—H 也在 1920~2100nm 有强的组合频吸收。此外，苯甲醇、苯甲醛和苯酚均在 2200~2400nm 范围内有组合频特征吸收峰。从图 5-35 中还可以看出，经 O —H 和 CHO —取代后，苯环骨架 C—H 的吸收峰强度均降低。由以上对吸电子取代

苯的近红外光谱的分析可知，对于羟基和羰基取代苯，其近红外光谱中的特征峰主要为1400nm处的O—H吸收峰。O—H吸收峰虽与烷基C—H第二组合频吸收重合，但O—H吸收峰为单强峰，易与烷基C—H吸收峰区分。苯酚和苯甲醇这两处的吸收强度为：苯酚>苯甲醇。

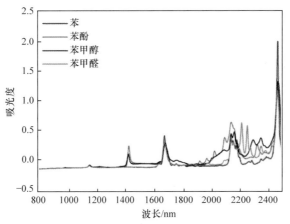

图 5-35 苯、苯酚、苯甲醇、苯甲醛的四氯化碳溶液近红外原始光谱图

图 5-36 为苯、苯酚、苯甲醇、苯甲醛的近红外二阶导数光谱图。图中各物质均在 870nm、

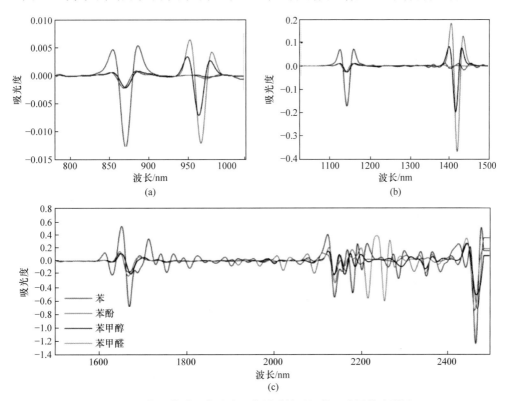

图 5-36 苯、苯酚、苯甲醇、苯甲醛的近红外二阶导数光谱图

1138nm 和 1670nm 有苯环 C—H 伸缩振动的倍频吸收峰，在 970nm 和 1410nm，苯酚和苯甲醇均有 O—H 的一级和二级倍频吸收。

图 5-37 为苯酚、苯甲醇和苯甲醛与苯近红外差谱图。由图可知，差谱图中与苯环 C—H 相关的吸收均为负值。苯酚和苯甲醇与苯的差谱中，是由于 O—H 取代产生的吸收峰分别为 970nm 和 1410nm 的倍频吸收峰，以及 1800~2200nm 的组合频吸收峰。由差谱图可知，由于苯酚、苯甲醇中 O—H 的存在，1410nm 处呈现较强特征性，二者与非 O—H 取代的苯甲醛可在此处被区分开。另外，苯酚在 2090nm 和 2330nm 处，苯甲醇在 2080nm、2170nm、2290nm 和 2350nm 处，苯甲醛在 2210nm 和 2250nm 处的吸收峰存在较大差异，即三者可在 2050~2350nm 范围内被同时区分。

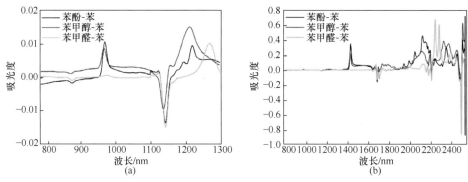

图 5-37　苯酚、苯甲醇、苯甲醛与苯近红外差谱图

以上研究采用二阶导数光谱法和差谱法，以苯酚、苯甲醇和苯甲醛为研究对象，解析了吸电子基团取代苯的近红外光谱特征。结果表明：O—H 取代苯在 1410nm 处有单强尖峰，与烷基第二组合频吸收峰具有较大差异，可以作为辨识 O—H 的特征峰；不同类型的吸电子基团取代苯会产生不同的吸收峰，在组合频区这一现象尤为明显。

5.1.5　基于量子力学方法的近红外光谱解析方法

1. 密度泛函法

量子力学属于研究微观粒子运动规律的分支学科中的物理学科，它的主要研究对象为分子、原子及凝聚态物质，与相对论共同构成了现代物理学的基础。密度泛函理论(density functional theory, DFT)是量子力学中的经典方法，它主要研究多电子体系的电子结构，是基于量子力学和玻恩-奥本海默绝热近似的从头算方法中的一类，此方法构建的基础是电子密度的分布(Hohenberg-Kohn 定理)唯一决定于体系的基态，从而可以采用最优化理论。依据 DFT，电子密度分布唯一确定体系的性质，由于原子核位置与电子基态能量之间的关系可以用来确定分子或晶体的结构，所以当原子不处于平衡位置时，DFT 可以给出作用在原子核位置上的力。

光谱仪的光源发出的光子与待测分子发生碰撞后，会产生两种直接的结果：

(1) 分子的固有振动频率与侵入能量不吻合；

(2) 分子的固有振动频率与侵入能量吻合。

如果发生情况(1)，固有振动频率与侵入能量不吻合，则光子能量不会被物质吸收；如果发生情况(2)，照射能量的频率与分子的固有振动频率相吻合，该能量就会被分子吸收，吸收能量后的分子的偶极子的振幅将增强。若将分子之间的连接视为简谐振子模型，简正模式可以相对更加准确地预测基频吸收带的频率和能量，但是简正模式理论不能准确预测倍频吸收带的位置，因为这些化学键并不是真正的谐振子。量子力学对简谐振子的影响在于不能将原子之间的化学键简单地视为以弹簧相连的两物质。然而，量子力学已经证明分子中原子间的振动能级被量子化为不连续的离散能级，这意味着分子中的振动能级将会从一个能级跳跃到另一个能级，任何分子的离散能级都可以表示为

$$E_{VIB} = h\nu(v + 1/2) \tag{5-16}$$

其中，h 为普朗克常量($h = 6.62561 \times 10^{-27}$erg·s)；$\nu$ 为光的频率(每秒振动的次数，单位为 s^{-1})；v 为振动量子数(只取整数，即 0，1，2，3，…)。

事实上，物质的组成并不都是可以用谐振子表示的。利用非谐振子的概念可以准确地计算倍频跃迁的位置。倍频的能级并非其基频准确的整数倍，使用局域模型或者非谐振性理论，确定化学键振动能级与其吸收波数之间的关系，通过薛定谔方程计算，可以得到如下计算公式：

$$\bar{\nu} = \frac{E_{VIB}}{h\nu}\bar{\nu_1}v - \bar{\nu}x_1(v + v^2) \tag{5-17}$$

其中，2ν 为一级倍频，3ν 为二级倍频，4ν 为三级倍频，x_1 取 0.01～0.05。

电子运动服从量子力学规律，电子体系的性质由其状态波函数确定。但是波函数包含 $3N$ 个变量，对于含电子较多的体系，通过求解波函数来计算体系的性质，计算量非常大，实现相对困难。根据 DFT，体系的基态由电子密度分布唯一决定，电子密度的分布是只含有 3 个变量的函数，通过研究其电子体系的性质大大减少了计算量。DFT 的优点之一是提供了第一性原理或从头算的计算框架，在这个框架下可以发展多种多样的能带计算方法。自 DFT 在局域密度近似下导出著名的 Kohn-Sham(KS)方程以来，一直是凝聚态物理领域计算电子结构及其特性的有力工具。与量子力学中基于分子轨道理论发展而来的众多构造多电子体系波函数的方法(如 Hartree-Fock(HF)类方法)不同，它是构建在体系的基态唯一决定于电子密度分布基础上，从而我们可以采用最优化理论，通过 KS-SCF 自洽迭代求解单电子多体系薛定谔方程来获得电子密度分布。此操作减少了自由变量的数量，减小了体系物理量振荡程度，提高了收敛速度，并易于通过应用 HF 定理等手段，与分子动力学模拟方法结合，构成从头算的分子动力学方法。

2. 基于原始光谱量子力学的近红外解析

1) 仪器与材料

FOSS RLA 全息光栅近红外光谱仪(瑞士万通中国有限公司)。光谱采集方式：以透射模式采集光谱，以仪器内部的空气为背景，分辨率为 0.5nm，扫描范围为 400～2500nm，扫描次数 32 次，每个样本平行测定 3 次，取平均光谱。近红外样本管(VWR 公司，美国)，移液枪(Eppendorf 公司，美国)，容量瓶(北京博美玻璃有限公司，中国)。甲醇、乙醇、

苯、甲苯、邻二甲苯、间二甲苯、对二甲苯、乙苯，均三甲苯、苯酚、苯甲醇、苯甲醛、四氯化碳(北京化学试剂厂，中国)。

2) 样本的制备

分别移取甲醇、乙醇溶液 12～200μL，置于 2mL 容量瓶中，用四氯化碳定容，得体积分数为 0.6%～10%的甲醇、乙醇溶液。分别移取苯 2.2mL、甲苯 2.6mL、邻二甲苯 3.1mL、间二甲苯 3.1mL、对二甲苯 3.1mL、均三甲苯 3.5mL、乙苯 3.0mL、苯甲醛 2.5mL、苯甲醇 2.6mL，并称取苯酚 2.4g，置于 25mL 容量瓶中，四氯化碳定容，得 1.00mol/L 的苯、甲苯、邻二甲苯、间二甲苯、对二甲苯、乙苯、均三甲苯、苯酚、苯甲醇、苯甲醛溶液。

3) 光谱处理软件

用 VISION 光谱采集和分析软件(瑞士万通中国有限公司，中国)采集光谱，用 Unscrambler 9.7(CAMO 软件公司，挪威)数据处理软件对光谱进行预处理，分子的基频振动计算采用 Materials Studio 6.0(Accelrys 公司)软件。

4) 量子力学分析方法

采用的 DFT 中的 DMol3 运行于 Materials Studio 6.0 的软件环境中，Materials Studio 6.0 软件易于学习和使用，符合 Windows 标准的用户界面，可以运行于多个操作系统。采用此软件计算分子的性质，对输入的分子计算其最低能量构象下的基频振动，通过 Materials Visualizer 核心模块对分子的简正振动方式进行动画显示，归属基频振动的基团。量子力学已经证明分子中原子间的振动能级被量子化为不连续的离散能级，这就意味着分子中的振动能级将会从一个能级跳跃到另一个能级，采用非谐振子的概念可以准确地计算倍频跃迁的位置。倍频的能级并非其基频准确的整数倍，使用局域模型或者非谐振性理论确定化学键振动能级与其吸收波数之间的关系，可以计算出理论倍频，与实验相结合对 NIR 的倍频吸收做基团归属。

5) 甲醇与乙醇近红外光谱解析

体积分数为 10%的甲醇和乙醇溶液的 NIR 原始光谱见图 5-38，从图中可见，甲醇和乙醇的原始光谱非常相似，但是二者在组合频区域存在差异，乙醇在组合频区 2300nm 左右存在两个峰，而甲醇与乙醇在结构上中相差一个亚甲基 CH_2，所以将 2214～2341nm

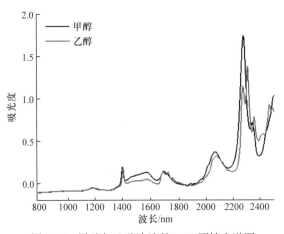

图 5-38　甲醇与乙醇溶液的 NIR 原始光谱图

(双峰)归属为亚甲基的峰。采用 Materials Studio 6.0 软件计算甲醇和乙醇物质的基频吸收，对物质进行振动分析，归属基频吸收的振动基团。同时，根据非谐性理论公式 $\bar{v}=\bar{v}_1 v-\bar{v}x_1(v+v^2)$，计算分子理论倍频，结合物质在 NIR 中的吸收位置，归属特征基团的 NIR 吸收。甲醇和乙醇的基频及理论倍频和振动基团归属的结果如表 5-17 所示。根据原始光谱中甲醇与乙醇的吸收，再结合计算得到的理论倍频，可以看到，甲基、亚甲基在 1111～1340nm 和 1649～1892nm 波段处有吸收峰，羟基 O —H 在 1358～1423nm 波段处有吸收峰，将这些波段归属为甲基、亚甲基、羟基的 NIR 吸收波段。

表 5-17　甲醇与乙醇的基频及理论倍频和振动基团

物质	基频(波数)/cm^{-1}	基频(波长)/nm	一级倍频/nm	二级倍频/nm	三级倍频/nm	基团
甲醇	2996～3126	3199～3338	1649～1964	1111～1391	842～1113	甲基
	3857	2593	1336～1525	900～1080	682～864	羟基
乙醇	2987	3348	1726～1970	1163～1395	881～1116	亚甲基
	3022	3310	1706～1947	1149～1379	871～1103	甲基
	3078	3249	1675～1911	1128～1354	855～1083	甲基亚甲基
	3098	3228	1664～1899	1121～1345	850～1076	甲基亚甲基
	3108	3217	1658～1892	1117～1340	847～1072	甲基
	3841	2604	1342～1531	904～1085	685～868	羟基

6) 苯、甲苯和乙苯近红外光谱解析

浓度为 1.00 mol/L 的苯、甲苯和乙苯溶液的 NIR 原始光谱见图 5-39。由图可见，三者在原始光谱图中差异性表现非常不明显，但是每一个物质在 NIR 区域都有吸收。采用 Materials Studio 6.0 计算苯、甲苯和乙苯的基频吸收，对物质进行振动分析，归属基频吸收的振动基团。同时根据非谐性理论的公式 $\bar{v}=\bar{v}_1 v-\bar{v}x_1(v+v^2)$，计算分子理论倍频，结合物质在 NIR 中的吸收位置，归属特征基团的 NIR 吸收。

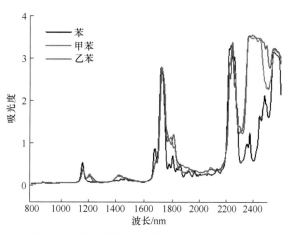

图 5-39　苯、甲苯和乙苯的 NIR 原始光谱图

　　苯、甲苯和乙苯的基频及理论倍频和振动基团的结果如表 5-18 所示。根据原始光谱中苯、甲苯和乙苯的吸收，再结合计算得到的理论倍频，可以看到，连在苯环上的 C—H 吸收主要存在于三级倍频 856～899nm，二级倍频 1117～1176nm 和一级倍频 1609～1860nm 及组合频区。对比甲苯的原始光谱，可见甲基 C—H 吸收与苯环的 C—H 重叠严重，基本可以归属为甲基 C—H 主要在二级倍频 1162～1234nm 和一级倍频 1661～1944nm。结合乙苯的原始光谱，甲基、亚甲基和苯环上的 C—H 有很多重叠，亚甲基在 1135～1378nm 和 1686～1945nm 有吸收，这两个区域同时还有甲基 C—H 吸收。

表 5-18　苯、甲苯和乙苯的基频及理论倍频和振动基团

物质	基频(波数)/cm⁻¹	基频(波长)/nm	一级倍频/nm	二级倍频/nm	三级倍频/nm	基团
苯	3203～3162	3122～3163	1609～1860	1084～1318	822～1054	苯环上的 C—H
甲苯	3013～3026	3165～3305	1661～1944	1119～1377	848～1102	甲基
	3205～3159	3120～3165	1608～1862	1083～1319	821～1055	苯环上的 C—H
乙苯	3024	3307	1705～1945	1148～1378	870～1102	亚甲基
	3037	3293	1697～1937	1143～1372	867～1098	甲基
	3060	3268	1685～1922	1135～1362	860～1089	亚甲基
	3102	3223	1660～1896	1118～1343	847～1074	甲基
	3152～3197	3128～3172	1612～1866	1086～1322	823～1057	苯环上的 C—H

7）邻间对二甲苯近红外光谱解析

　　浓度为 1mol/L 的邻二甲苯、间二甲苯、对二甲苯和苯溶液的 NIR 原始光谱见图 5-40，由于邻、间、对二甲苯是同分异构体，从图中可以看出，三者的原始光谱基本无差异，但是每一个物质在 NIR 区域都有吸收。采用 Materials Studio 6.0 计算邻、间、对二甲苯的基频吸收，对物质进行振动分析，归属基频吸收的基团振动。同时根据非谐性理论公式 $\bar{v} = \bar{v}_1 v - \bar{v} x_1 (v + v^2)$ ，计算分子理论倍频，结合物质在 NIR 中吸收位置，归属特征基团的 NIR。邻、间、对二甲苯基频、理论倍频和归属振动基团的结果如表 5-19 所示。

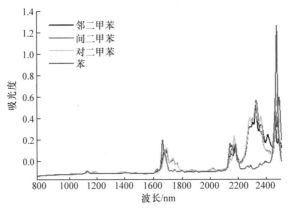

图 5-40　邻、间、对二甲苯及苯溶液的 NIR 原始光谱图

表 5-19 邻、间、对二甲苯的基频及理论倍频和振动基团

物质	基频(波长)/nm	一级倍频/nm	二级倍频/nm	三级倍频/nm	基团
对二甲苯	3223~3306	1661~1944	1119~1377	848~1102	甲基
	3146~3168	1622~1864	1093~1320	828~1056	苯环
间二甲苯	3227~3253	1677~1957	1130~1386	856~1109	甲基
	3144~3171	1620~1865	1092~1321	827~1057	苯环
邻二甲苯	3233~3322	1712~1955	1153~1385	874~1108	甲基
	3120~3166	1608~1863	1083~1319	821~1055	苯环

结合邻、间、对二甲苯的原始光谱，由表 5-19 可见，邻、间、对二甲苯的甲基与苯环的吸收存在重叠，其主要吸收存在于 1093~1223nm、1339~1453nm、1611~1803nm、1984~2079nm 以及 2214~2079nm。根据理论计算二甲苯中甲基吸收主要存在于三级倍频 848~1102nm，二级倍频 1119~1377nm 以及一级倍频 1661~1944nm，苯环的吸收主要存在三级倍频 821~1055nm，二级倍频 1083~1319nm 以及一级倍频 1608~1863nm。由此比较，二甲苯的吸收在各个频区谱峰均变宽，变宽是由于甲基在不同频区也存在吸收。与苯比较后发现，组合频区 2214~2479nm 主要为甲基的强吸收，1984~2079nm 为甲基的弱吸收。

8) 均三甲苯近红外光谱解析

浓度为 1.00mol/L 的均三甲苯和苯溶液的 NIR 原始光谱见图 5-41。由图可见，二者在原始光谱图中差异性相对明显，每一个物质在 NIR 区域都具有吸收。采用 Materials Studio 6.0 计算均三甲苯的基频吸收，对物质进行振动分析，归属基频吸收的振动基团。同时根据非谐性理论公式 $\bar{v} = \bar{v}_1 v - \bar{v} x_1 (v + v^2)$，计算分子理论倍频，结合物质在 NIR 中的吸收位置，归属特征基团的 NIR。均三甲苯基频及理论倍频和振动基团的结果如表 5-20 所示。由表可见，均三甲苯在 1121~1231nm、1344~1507nm、1627~2064nm 和 2119~2192nm 处存在 NIR 吸收，苯环上的 C—H 和连在苯环上的甲基 C—H 的计算倍频重叠严重，与苯比较可知 1121~1231nm 和 1344~1507nm 主要为甲基的吸收，1627~2064nm 和 2119~2192nm 主要为苯环上 C—H 的吸收。

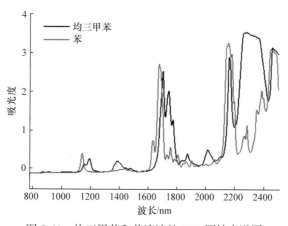

图 5-41 均三甲苯和苯溶液的 NIR 原始光谱图

表 5-20　均三甲苯基频及理论倍频和振动基团

物质	基频(波数)/cm⁻¹	基频(波长)/nm	一级倍频/nm	二级倍频/nm	三级倍频/nm	基团
均三甲苯	3011~3110	3215~3322	1657~1954	1116~1384	846~1107	甲基的 C—H
苯	3127~3165	3159~3198	1628~1881	1097~1332	831~1066	苯环 C—H

9) 苯酚和苯甲醇近红外光谱解析

浓度为 1.00mol/L 的苯酚、苯甲醇和苯溶液的 NIR 原始光谱见图 5-42。由图可见，三者在原始光谱图中吸收强度有差异，但吸收峰的位置非常相近，每一个物质在 NIR 区域都有吸收。采用 Materials Studio 6.0 计算苯酚和苯甲醇的基频吸收，对物质进行振动分析，归属基频吸收的振动基团。同时根据非谐性理论公式 $\bar{\nu} = \bar{\nu}_1 \nu - \bar{\nu} x_1 (\nu + \nu^2)$，计算分子理论倍频，结合物质在 NIR 中吸收位置，归属特征基团的 NIR。苯酚和苯甲醇的基频及理论倍频和振动基团的结果如表 5-21 所示。从原始光谱中可见，苯酚与苯甲醇在 1387~1456nm 有一处不同于苯的吸收，二者在整个 NIR 区域均存在吸收，结合理论倍频可知，1387~1456nm 可归属为 O—H 的吸收，亚甲基与苯环上的 C—H 吸收基本重叠，1867~1973nm 处主要归属为亚甲基的吸收。

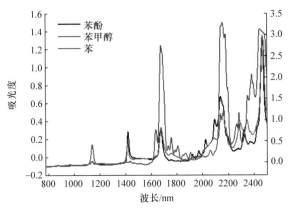

图 5-42　苯酚、苯甲醇和苯溶液的 NIR 原始光谱图

表 5-21　苯酚和苯甲醇的基频及理论倍频和振动基团

物质	基频(波数)/cm⁻¹	基频(波长)/nm	一级倍频/nm	二级倍频/nm	三级倍频/nm	基团
苯酚	3161~3203	3122~3164	1609~1861	1084~1318	822~1055	苯环上的 C—H
	3836	2607	1533	1086	869	O—H
苯甲醇	2981~3055	3355	1867~1973	1136~1398	861~1118	亚甲基
	3151~3202	3123~3174	1610~1867	1085~1322	835~1058	苯环
	3829	2612	1346~1536	907~1088	687~871	羟基

10) 苯甲醛近红外光谱解析

浓度为 1.00mol/L 的苯甲醛和苯溶液的 NIR 原始光谱见图 5-43。由图可见，二者在

原始光谱图中吸收强度有差异，但吸收峰的位置非常相近，每一个物质在 NIR 区域都有吸收。采用 Materials Studio 6.0 计算苯甲醛基频吸收，对物质进行振动分析，归属基频吸收基团振动。同时根据非谐性理论公式 $\bar{v}=\bar{v_1}v-\bar{v}x_1(v+v^2)$，计算分子理论倍频，结合物质在 NIR 中的吸收位置，归属特征基团的 NIR。苯甲醛的基频及理论倍频和归属振动基团结果见表 5-22。结合原始光谱及理论倍频，1229～1294nm 处主要归属为醛基 C—H 的吸收，其他区域主要为苯环上的 C—H 的 NIR 吸收。

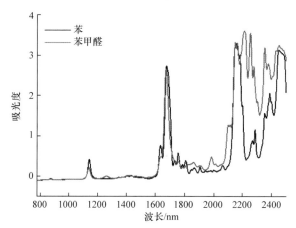

图 5-43　苯甲醛和苯溶液的 NIR 原始光谱图

表 5-22　苯甲醛和基频及理论倍频和振动基团

基频(波数)/cm⁻¹	基频(波长)/nm	一级倍频/nm	二级倍频/nm	三级倍频/nm	基团
1779	3479	1793～2046	1208～1450	916～1160	醛基 C—H
287～32174	3109～3479	1603～1853	1079～1313	818～1050	苯环 C—H

以上研究基于量子力学的方法，采用模拟软件对物质进行分析，计算物质分子的最低能量的基频吸收，通过非谐振理论公式计算理论倍频，与原始光谱结合，归属物质基团的 NIR 吸收。

通过对甲醇、乙醇、苯、甲苯、邻二甲苯、间二甲苯、对二甲苯、乙苯，均三甲苯、苯酚、苯甲醇、苯甲醛的分析，对特征基团进行归属，NIR 吸收基团归属如下。

甲基(—CH₃)：1111～1340nm，1649～1892nm，1894～2079nm，2214～2479nm；

亚甲基(—CH₂)：1111～1340nm，1649～1892nm，1867～1973nm，2214～2341nm；

苯环(C₆H₆)：1117～1176nm，1608～1863nm，2119～2192nm，组合频区；

醛基(—CHO)：1229～1294nm；

羟基(—OH)：1358～1456nm。

通过对比不同甲基数目取代苯环的数据发现，物质的 NIR 吸收峰宽与甲基数目无关，与空间位阻有关；通过对比二甲苯的三个同分异构体数据发现，苯环 C—H 吸收峰在各倍频区变宽，空间位阻越大，吸收峰越宽。峰宽：邻二甲苯>间二甲苯≈对二甲苯>苯。甲基C—H吸收峰随着空间位阻增大，吸收向高波数处移动，空间位阻越大，吸收峰越窄。峰宽：邻二甲苯<间二甲苯<对二甲苯。

此方法初步探讨了量子力学在NIR光谱解析中的应用，为NIR光谱解析提供借鉴与指导，但还需要进一步研究。

3. 基于二维相关光谱和量子力学的近红外解析

1) 仪器与材料

FOSS RLA全息光栅近红外光谱仪(瑞士万通中国有限公司，中国)。光谱采集方式：以透射模式采集光谱，以仪器内部的空气为背景，分辨率为0.5nm，扫描范围为400~2500nm，扫描次数32次，每个样本平行测定3次，取平均光谱。近红外样本管(VWR公司，美国)，移液枪(Eppendorf公司，美国)，容量瓶(北京博美玻璃有限公司，中国)。甲醇、乙醇、苯、甲苯、邻二甲苯、间二甲苯、对二甲苯、乙苯、均三甲苯、苯酚、苯甲醇、苯甲醛、四氯化碳(北京化学试剂厂，中国)。

2) 样本的制备

分别移取甲醇、乙醇溶液12~200μL，置于2mL容量瓶中，用四氯化碳定容，得体积分数为0.6%~10%的甲醇、乙醇溶液。分别移取苯2.2mL、甲苯2.6mL、邻二甲苯3.1mL、间二甲苯3.1mL、对二甲苯3.1mL、均三甲苯3.5mL、乙苯3.0mL、苯甲醛2.5mL、苯甲醇2.6mL，称取苯酚2.4g，置于25mL容量瓶中，用四氯化碳定容，得1.00mol/L的苯、甲苯、邻二甲苯、间二甲苯、对二甲苯、乙苯、均三甲苯、苯酚、苯甲醇、苯甲醛溶液。

3) 光谱处理软件

用VISION光谱采集和分析软件(瑞士万通中国有限公司，中国)采集光谱，用Unscrambler 9.7(CAMO软件公司，挪威)数据处理软件对光谱进行预处理，分子的基频振动计算采用Materials Studio 6.0(Accelrys公司)软件。

4) 量子力学分析方法

采用DFT中的DMol3运行于Materials Studio 6.0的软件环境中，Materials Studio 6.0软件易于学习和使用，符合Windows标准的用户界面，可以运行于多个操作系统。采用此软件计算分子的性质，对输入的分子计算其最低能量构象下的基频振动，通过Materials Visualizer核心模块对分子的简正振动方式进行动画显示，归属基频振动的基团。量子力学已经证明分子中原子间的振动能级被量子化为不连续的离散能级，这就意味着分子中的振动能级将会从一个能级跳跃到另一个能级，采用非谐振子的概念可以准确地计算倍频跃迁的位置。倍频的能级并非其基频准确的整数倍，使用局域模型或者非谐振性理论确定化学键振动能级与其吸收波数之间的关系，可以计算出理论倍频，与实验相结合，对NIR的倍频吸收做基团归属。

5) 乙醇近红外光谱解析

采集46个乙醇样本的NIR原始光谱，如图5-44所示，乙醇的NIR吸收强度随浓度的增加呈上升趋势，说明NIR吸收强度与物质浓度呈正相关。做46个样本的二维相关同步光谱，如图5-45所示，截取对角线上的自相关曲线(图5-46)，自相关峰的位置代表了乙醇的特征吸收波段，自相关峰的强度代表了乙醇NIR吸收受浓度影响的敏感程度，归属乙醇的自相关峰的位置，发现自相关曲线的形状与原始光谱的形状基本一致，这也说明了二维相关同步自相关曲线的出峰位置可以代表物质的特征吸收，如图 5-47 所示。

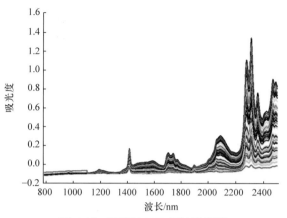

图 5-44 乙醇的 NIR 原始光谱图

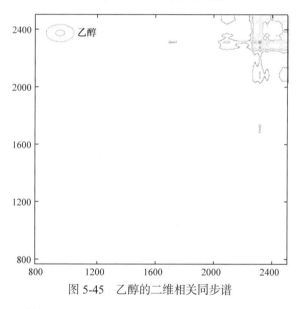

图 5-45 乙醇的二维相关同步谱

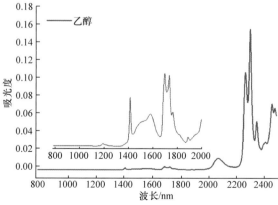

图 5-46 乙醇的二维相关同步自相关曲线图
插图为自相关曲线

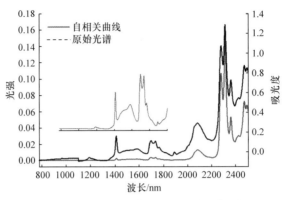

图 5-47 乙醇自相关曲线与原始光谱比较

由图可见，乙醇在 1104~1244nm、1345~1431nm、1440~1652nm、1660~1871nm、1873~2207nm、2233~2500nm 处有特征吸收。其中，自相关峰 1188nm 为甲基 C—H 的伸缩振动基频二级倍频谱带，1409nm 为醇 O—H 的伸缩振动基频一级倍频谱带，1578nm 为氢键醇 O—H 的伸缩振动基频一级倍频谱带，1699nm 为甲基 C—H 的伸缩振动基频一级倍频谱带，1735nm 为与醇相连的甲基 C—H 吸收，1769nm 为 O—H 伸缩和 C—H 伸缩的组合频，2083nm 为醇 O—H 伸缩和弯曲振动的组合频，2307nm、2356nm、2464nm 和 2489nm 为 C—H 的组合频吸收区域，将这些归属为乙醇的特征吸收。上文中我们讨论，根据乙醇在 MS 软件中计算得到的基频和理论倍频归属为乙醇的特征吸收，其中 2214~2341nm(双峰)归属为亚甲基的峰，甲基、亚甲基在 1111~1340nm 和 1649~1892 波段处有吸收峰，羟基 O—H 在 1358~1423nm 波段处有吸收峰。

6) 苯近红外光谱解析

以氘代氯仿为溶剂配置 0.1~1.0mol/L 的溶液共 10 个样本，其近红外原始光谱如图 5-48 所示，苯的 NIR 吸收随着浓度的增加而增强，做 10 个样本的二维相关同步谱，如图 5-49 所示，截取对角线上的自相关曲线，自相关峰的位置代表了苯的特征吸收波段，将自相关曲线与 1.0mol/L 的苯原始光谱比较，如图 5-50 所示。

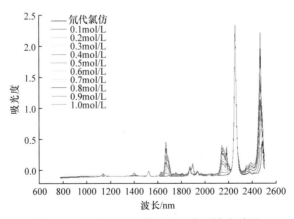

图 5-48 不同浓度的苯的近红外原始光谱图

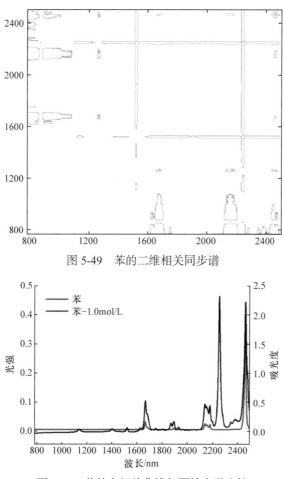

图 5-49　苯的二维相关同步谱

图 5-50　苯的自相关曲线与原始光谱比较

由于苯中的 NIR 吸收基团只有苯环上的 C—H 吸收，所以归属苯环上的 C—H 吸收波段主要为 1653～1710nm、1871～1910nm、2115～2208nm 和 2426～2500nm。结合苯的基频及计算倍频，连在苯环上的 C—H 吸收主要存在于三级倍频 856～899nm、二级倍频 1117～1176nm、一级倍频 1609～1860nm 及组合频区，综合 NIR 的实际吸收和振动理论计算，归属苯环上的 C—H 主要吸收波段为 1117～1176nm、1653～1710nm、1871～1910nm、2115～2208nm 和 2426～2500nm。

DFT 是量子力学中的经典的方法，其优点之一是提供了第一性原理或从头算的计算框架。DMol 是世界上最快的量子力学从头计算代码之一。它是一种独特的量子力学程序，以密度泛函理论为基础，是最早的 DFT 程序之一。由于其在处理静电作用方面的独特优势，它成为分子 DFT 计算的最快方法之一。近年来随着计算机水平的飞速发展，量子力学的研究越来越引起人们的重视，取得了很多卓越的成就。

NIR 由于其复杂性和严重重叠特性，解析起来非常困难，现有的解析方法需要做大量的实验，无论是 PCA、PLS 还是 2D-COS 都需要大量的实验数据作为基础，量子力学方法可以解决这个问题，减少实验的次数，节省成本。所以本章以简单物质为研究载体，对量子力学对 NIR 解析做初步探讨。

(1) 量子力学对 NIR 原始光谱解析。通过 MS 6.0 软件计算得到物质分子的基频振动吸收，根据非谐振理论公式计算得到理论倍频和振动基团，再结合原始光谱中物质的出峰位置，确定物质特征基团的 NIR 归属。

(2) 量子力学和 2D-COS 对 NIR 光谱解析。2D-COS 可以提高光谱的分辨率，解析复杂光谱，将其与量子力学结合，共同解析 NIR 光谱，使光谱解析更精确，对于吸收重叠严重的光谱具有借鉴意义。

虽然量子力学有其独特的优势，但是在计算的过程中，需要非常高的计算机配置及软件支持，同时由于计算机的限制，较大分子的基频振动很难计算，所以这个技术若想广泛应用还需要进一步的研究。

5.2　中药活性成分群近红外光谱解析

NIR 在中药领域的应用日趋广泛，涉及中药的品质鉴别，单一组分和多组分含量测定，生产过程质量监控等环节。但是，由于中药来源丰富，且为多成分，多靶点协同作用，中药产品成分复杂，质量很难精确控制；另外，中药生产的特殊性，如一般都包含了提取和浓缩环节，这些环节影响因素众多，温度变化剧烈，使最终产品的均一性和稳定性难以控制。虽然化学计量学手段能够在一定程度上提高近红外光谱法在中药领域的适用性，变量筛选可以提高近红外模型预测的准确性，但是化学计量学筛选的波段往往无法给出合理的解释。同时，对于同一个目标成分，在不同的载体中所筛选出的变量并不相同。

针对以上问题，本节[7,8]借助二阶导数光谱法从氘代氯仿溶液中归属中药化学成分的特征波段，以期为近红外光谱法在中药中的应用提供理论支撑。

5.2.1　中药活性成分群近红外光谱解析

1. 不同基团近红外光谱解析归纳

以《近红外光谱解析实用指南》一书为参考[9]，总结了文献中不同基团近红外光谱一级倍频(FOR)、二级倍频(SOR)、三级倍频(TOR)、组合频(CR)吸收波段，为后期特征谱带归属提供基础。

图 5-51 为饱和烷烃，不饱和烯烃、炔烃和苯环的 C—H 近红外吸收波段归属图。由图可知，含氢基团吸收主要集中在一级倍频区，饱和烷烃 C—H 吸收主要集中在 1700～1800nm，不饱和 C—H 吸收主要集中在 1600～1700nm。饱和烷烃 C—H 吸收总体趋势为：FOR 在 $5917～5698cm^{-1}$(1690～1755nm)范围内，SOR 在 $8873～8547cm^{-1}$(1127～1170nm)范围内、TOR 在 $11834～11390cm^{-1}$(845～878nm)范围内、CR 在 $6666～7690cm^{-1}$(1300～1500nm)和 $4545～4500cm^{-1}$(2200～2500nm)范围内。甲基吸收波长略低于亚甲基，当甲基或亚甲基存在时，次甲基的吸收非常弱。当饱和烷烃分子中有卤素取代时，邻近 C—H 的倍频向短波方向移动，强度增大。甲基与苯、伯胺和氧原子连接时，吸收峰向长波方向移动，与羰基相连时吸收峰向短波方向移动，亚甲基成环后吸收向短波方向移动。不饱和烷烃与饱和烷烃 C—H 吸收相比，吸收峰整体向短波方向移动。对于苯环 C—H，取

代基降低苯环对称性，会导致出现更多的吸收峰，烷基取代会使苯环吸收向短波方向移动。非烷基取代时，负电取代基使苯吸收向低波长位移，正电取代基使苯环吸收向低波数位移。

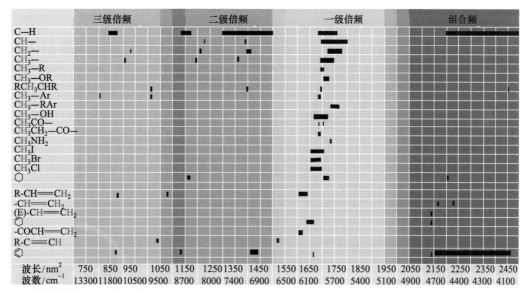

波段归属截止于2012年10月
黄褐色区域为第二个组合频

图 5-51　饱和烷烃、不饱和烯烃、炔烃和苯环的 C—H 近红外吸收波段归属图

图 5-52 为 O—H、N—H、S—H、P—H 的近红外吸收波段。由图可知，O—H、N—H 基团的近红外吸收整体向高频方向移动，一级倍频吸收集中在 1350～1500nm，二级倍

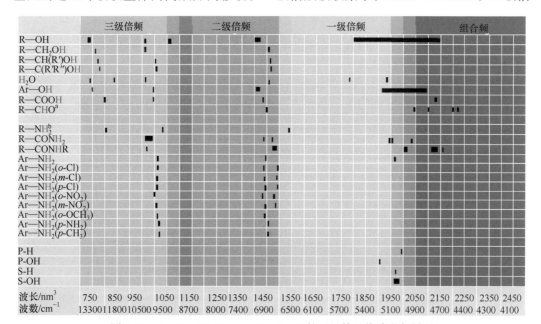

图 5-52　O—H、N—H、S—H、P—H 的近红外吸收波段归属图

频吸收集中在 950～1050nm，三级倍频位于 750～850nm。原因是这些含氢基团键能高，在中红外区的吸收频率也高，近红外主要是基频的倍频和组合频吸收，因此也表现出比 C—H 大的吸收频率。

非氢键键合烷基醇中 O—H 的吸收波长低于氢键键合的烷基醇。非氢键键合的伯、仲、叔醇的吸收波长依次向长波方向移动。脂肪胺 N—H 一级倍频在 $6600cm^{-1}$(1515nm) 左右，伯胺为对称和反对称伸缩振动的双峰，对称峰比反对称峰强；仲胺为单峰；叔胺无峰。与氨基相连的极性官能团使脂肪胺 N—H 吸收向低波长位移。此外，芳香胺的 N—H 吸收均向低波长方向移动。

2. 中药活性成分群近红外光谱解析

1) 仪器与试剂

XDS Rapid Liquid Analyzer 近红外光谱仪。光谱采集方式：以透射模式采集光谱，以仪器内部的空气为背景，分辨率为 0.6nm，扫描范围为 400～2500nm，扫描次数 32 次，每个样本平行测定 3 次，取平均光谱。

大黄酚、隐丹参酮、丹参酮ⅡA、丹参酮Ⅰ、五味子甲素、五味子乙素、五味子酯甲、五味子醇甲、补骨脂素、异补骨脂素、欧前胡素、异欧前胡素、厚朴酚、斑蝥素、薄荷脑、龙脑、齐墩果酸、青蒿素、脱水穿心莲内酯、吴茱萸内酯、莪术二酮、莪术醇、甘草次酸、贝母素乙、苦参碱、吴茱萸次碱、氧化苦参碱、氧化槐果碱、异钩藤碱、利血平和青藤碱对照品均购自四川成都普瑞科技有限公司(纯度均大于 98%)，氘代氯仿(美国剑桥，CIL 公司)。

2) 样本的制备

精密称取各试样约 5mg，以氘代氯仿为溶剂，配制成 5mg/ml 的对照品溶液，测定近红外光谱。

3) 数据处理

采用挪威 CAMO 软件公司的 Unscrambler 7.0 软件对光谱进行处理。

4) 中药化学成分近红外解析结果

如图 5-53 所示，不同中药化学成分的近红外光谱原始光谱图差异不大，故考察二阶导数光谱，分辨出重叠峰和隐藏信息。由图 5-54 可知，二阶导数图中不同物质光谱差异

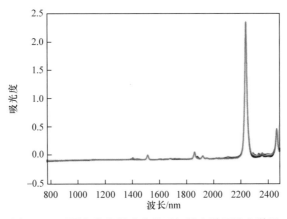

图 5-53　不同中药化学成分的近红外光谱原始光谱图

明显，变化主要集中在 1370～1490nm、1580～1800nm、1990～2210nm 和 2280～2490nm
范围内，分别为二级倍频区、一级倍频区、组合频区。

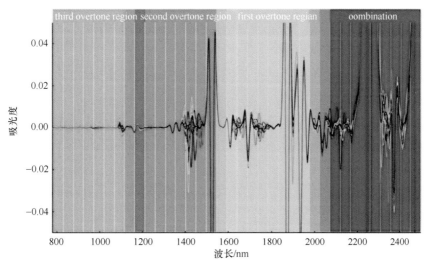

图 5-54　不同中药化学成分的近红外光谱二阶导数光谱图

图 5-55 为蒽醌类物质大黄酚、隐丹参酮、丹参酮ⅡA、丹参酮Ⅰ的二阶导数光谱局
部放大图。由图可知，二阶导数局部放大图谱分别在 1371～1470nm、1620～1838nm、
1976～2020nm 和 2094～2200nm 处变化明显，不同结构类别的物质有较强区分性。

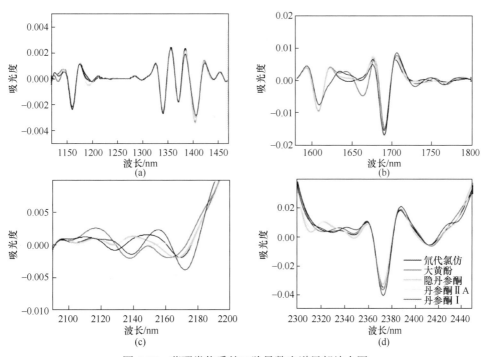

图 5-55　蒽醌类物质的二阶导数光谱局部放大图

图 5-56～图 5-60 分别为简单苯丙素类、香豆素类、木质素类、生物碱类、萜类的二阶导数光谱全图和局部放大图。各类别特征波段见表 5-23。

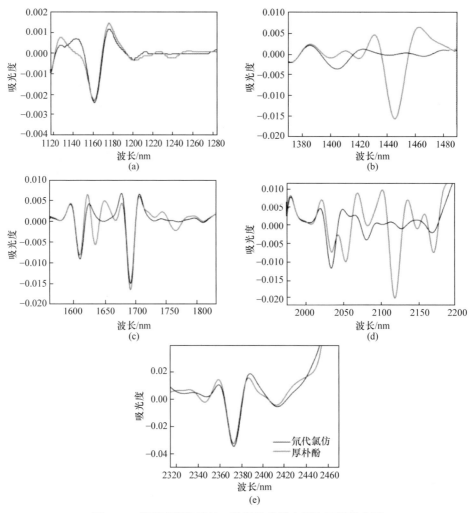

图 5-56　苯丙素类物质的二阶导数光谱全图和局部放大图

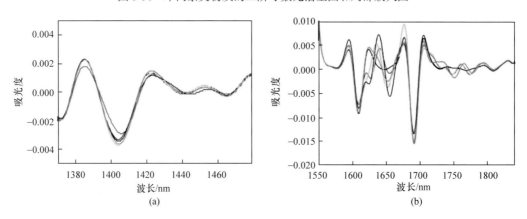

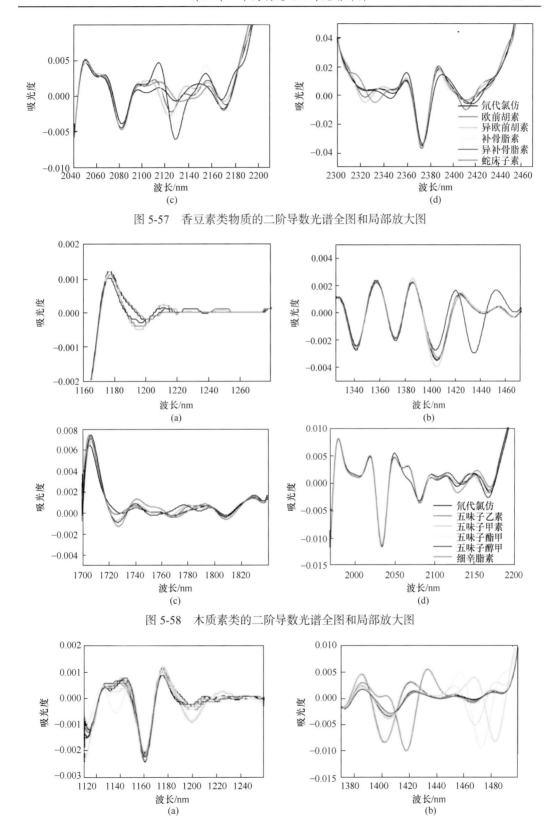

图 5-57 香豆素类物质的二阶导数光谱全图和局部放大图

图 5-58 木质素类的二阶导数光谱全图和局部放大图

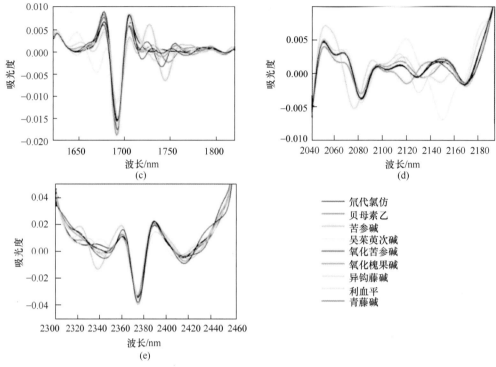

图 5-59 生物碱类物质的二阶导数光谱全图和局部放大图

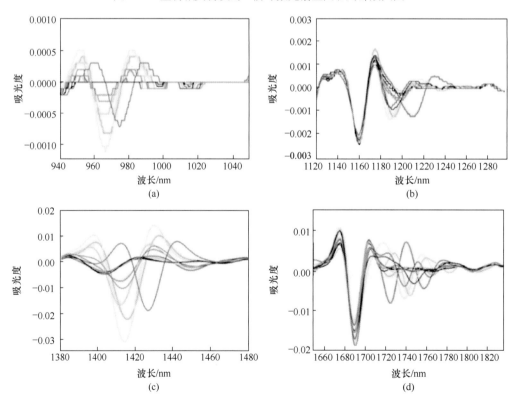

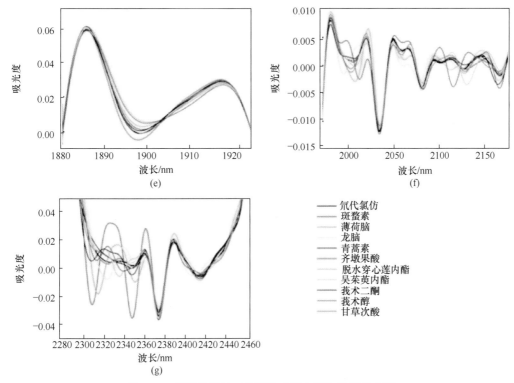

图 5-60　萜类物质的二阶导数光谱全图和局部放大图

表 5-23　不同类别中药化学成分近红外光谱吸收特征波段

化合物类别	特征波段/nm
蒽醌类	1371～1470、1620～1838、1976～2020、2094～2200
木质素类	1160～1280、1325～1472、1700～1840、1970～2200
香豆素类	1370～1480、1550～1840、2040～2200、2301～2470
简单苯丙素类	1370～1490、1117～1285、1560～1830、1975～2200、2314～2470
萜类	940～1000、1120～1300、1380～1480、1650～1840、1880～1925、 1970～2180、2280～2460
生物碱类	1110～1260、1370～1495、1620～1820、2040～2195、2300～2460
黄酮类	1120～1280、1350～1550、1620～1830、1990～2200、2300～2460

　　以上研究以蒽醌类、简单苯丙素类、生物碱类、萜类和黄酮类中药化学成分为载体，采集五者氘代氯仿溶液的 NIR 光谱，采用二阶导数谱法解析了这五类中药化学成分的 NIR 特征吸收区域，结果表明：蒽醌类在 1371～1470nm、1620～1838nm、1976～2020nm、2094～2200nm 有特征吸收；木质素类在 1160～1280nm、1325～1472nm、1700～1840nm、1970～2200nm 有特征吸收；香豆素类在 1370～1480nm、1550～1840nm、2040～2200nm、2301～2470nm 有特征吸收；简单苯丙素类在 1370～1490nm、1117～1285nm、1560～

1830nm、1975～2200nm、2314～2470nm 有特征吸收；萜类在 940～1000nm、1120～1300nm、1380～1480nm、1650～1840nm、1880～1925nm、1970～2180nm、2280～2460nm 有特征吸收；生物碱类在 1110～1260nm、1370～1495nm、1620～1820nm、2040～2195nm、2300～2460nm 有特征吸收；黄酮类在 1120～1280nm、1350～1550nm、1620～1830nm、1990～2200nm、2300～2460nm 有特征吸收。这为近红外光谱的应用提供了指导。

3. 中药活性成分群近红外光谱鉴别

对大量数据进行分类是数据挖掘中一项重要的工作，目前用于数据分类的方法有很多，如主成分分析(PCA)、线性判别分析(LDA)、偏最小二乘判别分析(PLSDA)、支持向量机(SVM)等。NIR 的定性鉴别一般采用模式识别法，模式识别又可以分为有监督的模式识别和无监督的模式识别。本节中有简单苯丙素类、生物碱类、萜类共 29 种物质，每种物质取其平均光谱共 253 条光谱，采用有监督的模式识别方法 SVM 和 PLSDA 方法对三类物质进行定性判别分类。

1) 仪器与材料

FOSSRLA 全息光栅近红外光谱仪(瑞士万通中国有限公司，中国)。光谱采集方式：以透射模式采集光谱，以仪器内部的空气为背景，分辨率为 0.5nm，扫描范围为 400～2500nm，扫描次数 32 次，每个样本平行测定 3 次，取平均光谱。近红外样本管(VWR 公司，美国)，移液枪(Eppendorf 公司，美国)，容量瓶(北京博美玻璃有限公司，中国)。

2) 数据划分

将三大类 29 种不同浓度的 253 条光谱整合，采用 KS 算法对每一类物质划分校正集和预测集，如表 5-24 所示，校正集共有 168 条光谱，预测集有 85 条光谱。

表 5-24　三大类不同样本信息表

类别	校正集	预测集
苯丙素类	74	38
生物碱类	42	21
萜类	52	26
汇总	168	85

3) 核函数的选择

SVM 有四种核函数：Linear 核函数、Polynomial 核函数、RBF 核函数及 Sigmoid 核函数。在进行 SVM 判别之前，应先对核函数进行选择。采用 Uncrambler 10.2 软件做 SVM，以判正率为评价指标，分别比较 Linear 核函数、Polynomial 核函数、RBF 核函数和 Sigmoid 核函数，由表 5-25 可见，在参数一致的情况下，Linear 核函数的训练集、校正集和预测集的判正率都比较好，所以选择结果最好的判正率最大的 Linear 核函数作为基本核函数做后续分析。

表 5-25　SVM 核函数的选择

核函数	C	γ	训练集/%	验证集/%	预测集/%
Linear	700		100	97.02	97.65
Polynomial	700	0.1	100	96.43	96.47
RBF	700	0.1	48.21	45.23	55.29
Sigmoid	700	0.1	44.04	44.04	44.71

4) 核函数参数的选择

选择 Linear 核函数作为基本核函数后,需要对函数中误差惩罚参数 C 进行优化考察,筛选最优的误差惩罚参数 C,以判正率为评价指标,对 C 值进行优化,结果如表 5-26 所示。优化后的核函数误差惩罚参数 C 值选 497 时,训练集判正率和验证集的预测判正率均较大。

表 5-26　Linear 核函数中参数 C 的考察

Linear C	训练集/%	验证集/%	预测集/%
10	86.31	83.33	76.47
100	97.02	93.45	92.94
200	99.40	95.23	95.29
400	100	95.83	97.65
450	100	95.83	97.65
475	100	95.83	97.65
490	100	95.83	97.65
495	100	95.83	97.65
496	100	95.83	97.65
497	100	97.02	97.65
498	100	97.02	97.65
500	100	97.02	97.65
700	100	97.02	97.65
1000	100	97.02	97.65

由判正率确定最优误差惩罚参数 $C=497$ 为最佳。同时在最优核函数的条件下,通过校正集与预测集计算校正判正率与预测判正率,结果表明验证集判正率为 97.02%,预测集判正率为 97.65%,这说明 SVM 可以作为中药化学成分 NIR 定性分类判别的方法,结果满足定性鉴别要求。

5) 偏最小二乘判别分析定性鉴别

将三大类 29 种物质不同浓度的 253 条光谱整合在一起,KS 算法针对每一类物质划分校正集和预测集,如表 5-24 所示,采用自编程的 PLSDA 程序用 MATLAB 进行判别分析，以判正率为评价指标，潜变量因子选择 50，判别分类结果如图 5-61 所示，当潜变量因子是 11 时，校正判正率为 94.05%，预测判正率为 91.76%；当潜变量因子为 17 时，校正判正率为 98.81%，预测判正率为 95.29%，判正结果均较好。但是潜变量因子不宜选择过大，否则会造成过拟合，所以选择潜变量因子为 11，即可得到满意的结果。即 PLSDA 方法可以将重叠严重的中药化学成分 NIR 进行定性判别分析，将三大类物质分开。

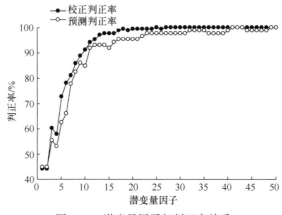

图 5-61　潜变量因子与判正率关系

以上研究选取苯丙素类、生物碱类、萜类物质共 29 个，每个物质多个浓度共 253 条光谱，采用 KS 方法对每一类物质的光谱进行样本集的划分，校正集共有 168 条光谱，预测集共有 85 条光谱。分别采用 SVM 和 PLDA 方法对这些样本做有监督的模式识别，均取得良好的效果。

(1) 支持向量机，采用 Linear 核函数作为基本核函数，选择误差惩罚参数 C=497 时，校正集判正率为 97.02%，预测集判正率为 97.65%，这说明 SVM 可以作为 NIR 定性分类判别的方法，结果满足定性鉴别要求。

(2) 偏最小二乘判别分析方法，以判正率为评价指标，选择潜变量因子数 50 作为考察目标，当潜变量因子是 11 时，校正判正率为 94.05%，预测判正率为 91.76%；当潜变量因子为 17 时，校正判正率为 98.81%，预测判正率为 95.29%，判正结果均较好。但较大的潜变量因子会造成过拟合，所以选择潜变量因子为 11，即可得到满意的结果，将三大类物质进行定性鉴别分析。

以氘代氯仿为溶剂的中药化学成分 NIR 不需要处理即可进行判别分析，本节选择的 SVM 和 PLSDA 方法均可以达到良好的判别结果，为中药复杂成分的 NIR 分类鉴别提供借鉴和支撑。

5.2.2　苯丙素类物质的近红外光谱解析

中药化学标准品是中药化学成分的标准物质，可以作为基准检验中药或者中间体中是否含有某种物质，是药品检验的指标之一。苯丙素类是指基本母核具有一个或几个 C_6—C_3 单元的天然有机化合物类群，是一类广泛存在于中药中的天然产物，具有多方面的药理活性。从广义而言，苯丙素类化合物包括了简单苯丙素类、香豆素类、木脂素和木质素类、黄酮类，涵盖了多数的天然芳香族化合物。从狭义而言，苯丙素类化合物是指简单苯丙素类、香豆素类和木质素类。

(1) 简单苯丙素：结构上属于苯丙烷衍生物，依 C_3 侧链的结构变化，可分为苯丙烯、苯丙醇、苯丙醛和苯丙酸。

(2) 香豆素：是一类具有苯骈 α-吡喃酮母核的天然产物的总称，在结构上可以看成是顺式邻羟基桂皮酸脱水而形成的内酯类化合物。

(3) 木质素类：由两分子苯丙素衍生物聚合而成的天然化合物，主要存在于植物的木部和树脂中，多数呈游离状态，少数与糖结合成苷。组成木质素的单体有四种：桂皮酸偶有桂皮醛、桂皮醇、丙烯苯和烯丙苯。

本节以浓度为外部扰动，研究溶于氘代氯仿的苯丙素类中药化学标准品的 2D-COS，以期找到每一类物质的特征波段，同时解析每一种物质的特征吸收，将吸收波段与化学基团相关联，解析物质结构与 NIR 的关系。

1. 苯丙素类物质的二维相关分析

1) 仪器与材料

FOSS RLA 全息光栅近红外光谱仪(瑞士万通中国有限公司，中国)。光谱采集方式：以透射模式采集光谱，以仪器内部的空气为背景，分辨率为 0.5nm，扫描范围为 400～2500nm，扫描次数 32 次，每个样本平行测定 3 次，取平均光谱。近红外样本管(VWR 公司，美国)，移液枪(Eppendorf 公司，美国)，容量瓶(北京博美玻璃有限公司，中国)。厚朴酚、补骨脂素、异补骨脂素、欧前胡素、异欧前胡素、蛇床子素、和厚朴酚、丁香酚、桂皮醛、肉桂酸、五味子甲素、五味子乙素、五味子酯甲对照品均购中国食品药品检定研究院(纯度均大于 98%)，氘代氯仿(美国剑桥 CIL 公司，美国)。

2) 样本的制备

分别精密称取对照品，以氘代氯仿为溶剂，配制成对照品母液，取母液配制成一系列浓度的标准品溶液，采集其 NIR。具体配置情况如下：

精密称取厚朴酚标准品 100.01mg 置于 50mL 容量瓶中，用氘代氯仿定容，得厚朴酚母液 1.98mg/mL，随机稀释配置 9 个样本。

精密称取和厚朴酚标准品 49.98mg 置于 10mL 容量瓶中，用氘代氯仿定容，得和厚朴酚母液 5.00mg/mL，配制成 1.00、1.50、2.00、2.50、3.00、4.00、4.50、5.00(mg/mL) 共 8 个样本。

精密称取补骨脂素标准品 50.04mg 置于 10mL 容量瓶中，用氘代氯仿定容，得补骨脂素母液 5.00mg/mL，配制成 1.00、1.40、1.80、2.00、2.20、2.40、3.50、4.00、5.00(mg/mL) 共 9 个样本。

精密称取异补骨脂素标准品 50.08mg 置于 10mL 容量瓶中，用氘代氯仿定容，得异补骨脂素母液 5.00mg/mL，配制成 1.00、1.13、1.40、2.00、2.50、3.00、3.50、4.00、5.00(mg/mL) 共 9 个样本。

精密称取欧前胡素标准品 50.25mg 置于 10mL 容量瓶中，用氘代氯仿定容，得欧前胡素母液 5.03mg/mL，配制成 1.00、1.13、1.50、2.00、2.50、3.00、3.50、4.00、5.03(mg/mL)共 9 个样本。

精密称取异欧前胡素标准品 38.51mg 置于 10mL 容量瓶中，用氘代氯仿定容，得异欧前胡素母液 3.85mg/mL，配制成 0.96、1.12、1.35、1.73、2.70、3.08、3.47、3.85(mg/mL)共 8 个样本。

精密称取蛇床子素标准品 46.85mg 置于 10mL 容量瓶中，用氘代氯仿定容，得蛇床子素母液 4.69mg/mL，配制成 0.94、1.31、1.62、1.87、3.28、3.75、4.22、4.69(mg/mL)共 8 个样本。

精密称取肉桂酸标准品 5.00mg 置于 10mL 容量瓶中，用氘代氯仿定容，得肉桂酸母液 5.00mg/mL，配制成 0.65、1.00、2.00、2.50、3.00、3.50、4.00、4.50、5.00(mg/mL)共 9 个样本。

精密移取桂皮醛标准品 0.3mL 置于 10mL 容量瓶中，用氘代氯仿定容，得桂皮醛母液体积分数 3%，配制成 0.60%、0.81%、0.90%、1.50%、1.80%、2.10%、2.40%、2.70%、3.00%共 9 个样本。

精密移取丁香酚标准品 0.5mL 置于 10mL 容量瓶中，用氘代氯仿定容，得丁香酚母液体积分数 5%，配制成 1.00%、2.00%、3.00%、3.50%、4.00%、4.50%、4.70%、5.00%共 8 个样本。

精密称取五味子酯甲标准品 51.17mg 置于 10mL 容量瓶中，用氘代氯仿定容，得五味子酯甲母液 5.12mg/mL，配制成 0.83、1.00、2.50、3.00、3.50、4.00、4.50、5.12(mg/mL)共 8 个样本。

精密称取五味子甲素标准品 49.84mg 置于 10mL 容量瓶中，用氘代氯仿定容，得五味子甲素母液 5.00mg/mL，配制成 1.00、1.18、2.00、2.50、3.00、3.50、4.00、4.50、5.00(mg/mL)共 9 个样本。

精密称取五味子乙素标准品 49.51mg 置于 10mL 容量瓶中，用氘代氯仿定容，得五味子乙素母液 4.95mg/mL，配制成 0.63、1.00、2.00、2.50、3.00、3.50、4.00、4.50、4.95(mg/mL)共 9 个样本。

3) 光谱处理软件

用 VISION 光谱采集和分析软件(瑞士万通中国有限公司，中国)采集数据，用 Unscrambler 9.7 数据处理软件(CAMO 软件公司，挪威)对数据进行预处理，用 MATLAB 软件(The MathWorks 公司，美国)中自编程序对预处理数据进行二维相关分析。

4) 苯丙素物质的分类

溶于氘代氯仿的苯丙素类各物质的名称及结构式如表 5-27 所示，根据分子结构特征可以将下面物质归属为不同苯丙素亚类，其中丁香酚、桂皮醛和肉桂酸属于简单苯丙素类；厚朴酚、和厚朴酚、五味子甲素、五味子乙素和五味子酯甲属于木质素类；补骨脂素、异补骨脂素、蛇床子素、欧前胡素和异欧前胡素属于香豆素类。

表 5-27 苯丙素类各物质的名称及结构式

物质名称	结构	物质名称	结构
厚朴酚	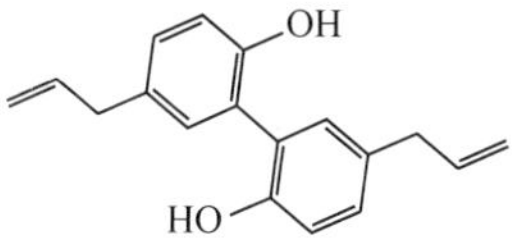	和厚朴酚	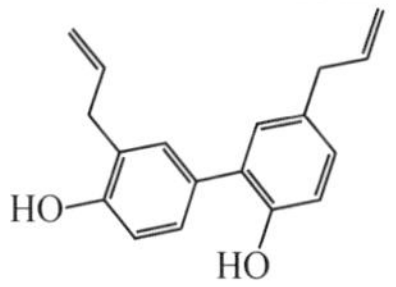
补骨脂素	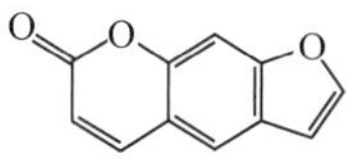	异补骨脂素	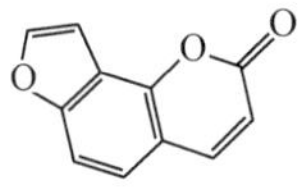
欧前胡素	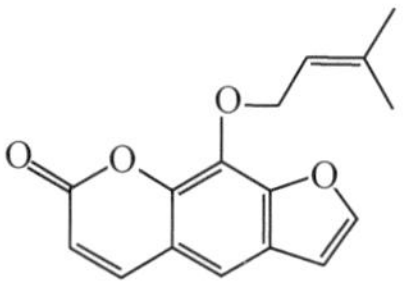	异欧前胡素	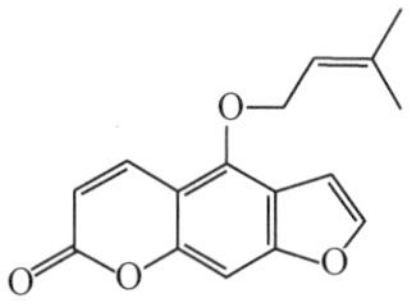
蛇床子素	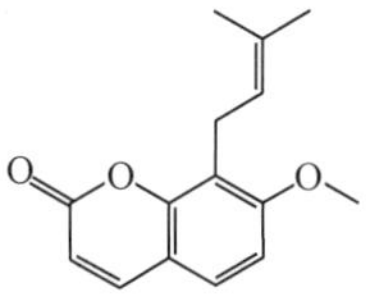	丁香酚	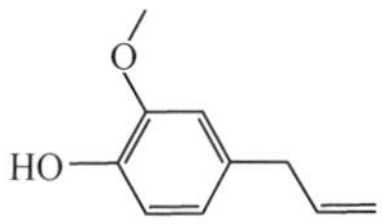
桂皮醛	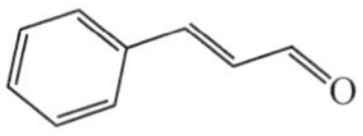	肉桂酸	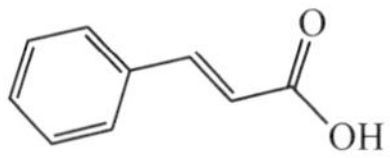
五味子甲素	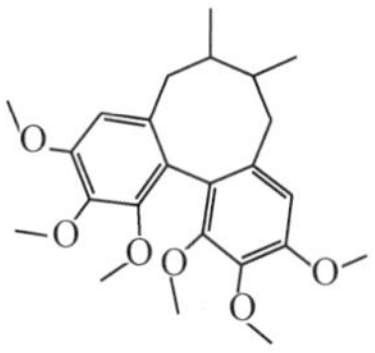	五味子乙素	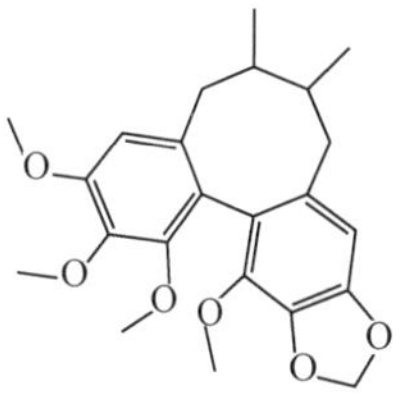
五味子酯甲	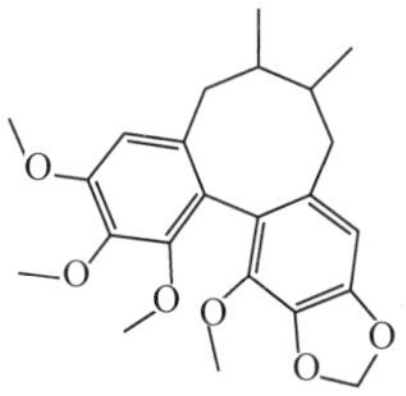		

5) 苯丙素类物质的二维相关分析

采集每一种物质的 NIR,将每一种苯丙素类物质受浓度扰动的原始光谱进行二维相关分析,做其同步二维相关光谱,根据同步谱中自相关峰的峰位置和数目,归属苯丙素类物质的 NIR 共性吸收,各物质的同步二维相关光谱如图 5-62 所示。

提取对角线上的自相关峰,做每一种物质的同步二维相关光谱的自相关曲线,如图 5-63 所示,自相关峰代表苯丙素类的特征信息。由图 5-63 可见,苯丙素类物质在 1390～1465nm、1612～1714nm、1860～1919nm、2023～2190nm 和 2220～2500nm 处有特征吸收,将这些波段归属为苯丙素类物质在 NIR 区域共有的特征波段。

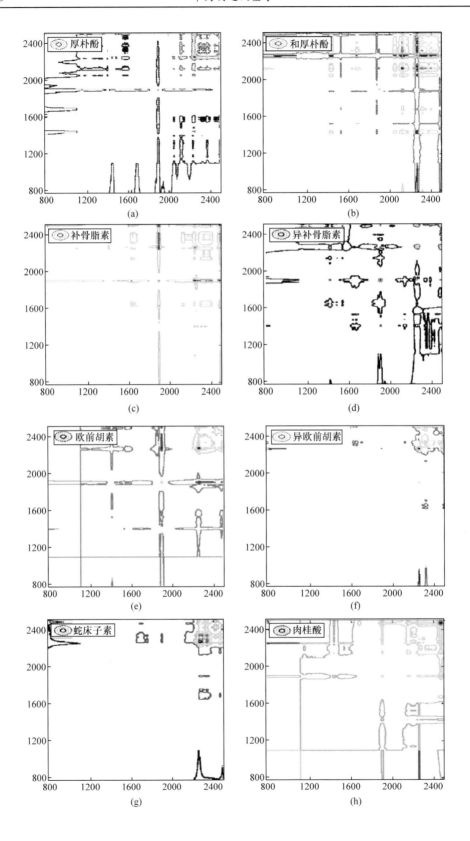

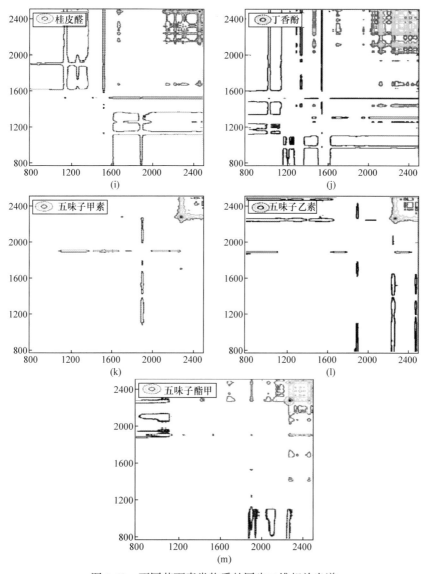

图 5-62 不同苯丙素类物质的同步二维相关光谱

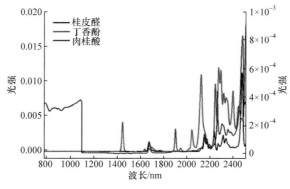

图 5-63 不同苯丙素类物质的同步二维相关光谱自相关曲线

6) 简单苯丙素类物质的近红外光谱归属

丁香酚、桂皮醛、肉桂酸属于简单苯丙素类物质，提取其同步二维相关光谱自相关曲线如图 5-64 所示，这些物质在 1620～1740nm、1863～1963nm 和 2000～2500nm 有自相关峰出现，将这些波段归属为简单苯丙素类物质在 NIR 区域共有的特征波段。

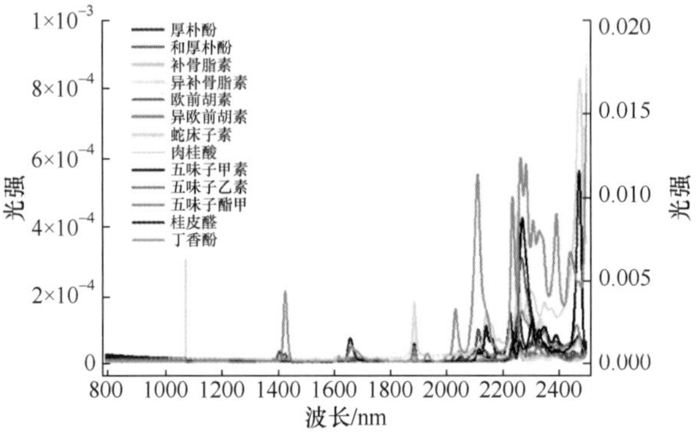

图 5-64　简单苯丙素类物质的同步二维相关光谱自相关曲线

7) 木质素类物质的近红外光谱解析

厚朴酚、和厚朴酚、五味子甲素、五味子乙素、五味子酯甲属于木质素类物质，截取这些物质的同步自相关曲线如图 5-65 所示，这些物质在 1387～1468nm、1619～1714nm、1873～1912nm、2018～2180nm 和 2215～2500nm 有自相关峰，将这些波段归属为木质素类物质在 NIR 区域共有的特征波段。

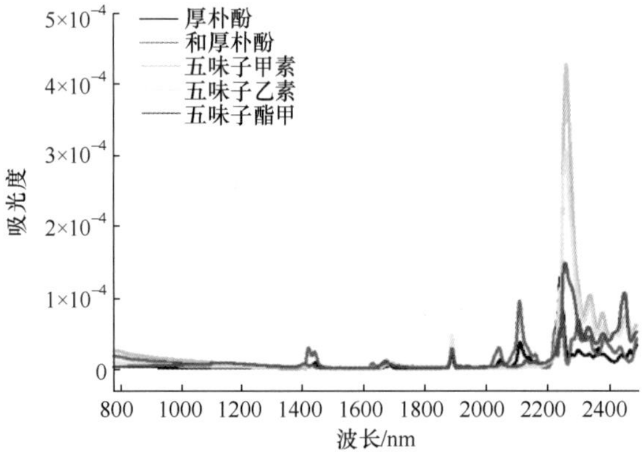

图 5-65　木质素类物质的同步自相关曲线

8) 香豆素类物质的近红外光谱解析

补骨脂素、异补骨脂素、蛇床子素、欧前胡素、异欧前胡素属于香豆素类物质，提取这些物质的同步自相关曲线如图 5-66 所示，其在 1379～1415nm、1595～1785nm、1862～1920nm 和 2046～2500nm 有自相关峰，将这些波段归属为香豆素类物质在 NIR 区域共有的特征波段。

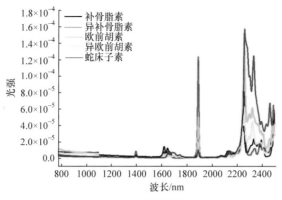

图 5-66 香豆素类物质的同步自相关曲线

9) 波段汇总比较

将简单苯丙素类、木质素类、香豆素类每一类归属的 NIR 特征吸收波段归纳如表 5-28 所示。对比每一类物质的特征吸收，发现苯丙素类物质在组合频区域均有复杂重叠的自相关峰，简单苯丙素类在 1300～1500nm 处无特征波段，组合频区波段分开的为木质素类物质，每一亚类物质的特征吸收部分不存在明显差别。此结果正说明苯丙素类物质由于结构相似，其 NIR 特征吸收相似，同时由于结构存在差别，NIR 特征波段存在差异。

表 5-28 简单苯丙素类、木质素类、香豆素类物质归属波段对比

类别	简单苯丙素类	木质素类	香豆素类
		1387～1468nm	1379～1415nm
	1620～1740nm	1619～1714nm	1595～1785nm
归属波段	1863～1963nm	1873～1912nm	1862～1920nm
	2000～2500nm	2018～2180nm	2046～2500nm
		2215～2500nm	

以上研究选取苯丙素类物质为研究载体，根据其结构的不同分为简单苯丙素类、木质素类和香豆素类，其代表了苯丙素类的基本结构类型，样本具有种属类代表性。归属每一类物质的特征波段发现，这些物质在二级倍频区、一级倍频区及组合频区有复杂的 NIR 吸收，且由于属于同一类物质，各苯丙素物质亚类的特征谱带存在重叠，苯丙素类物质的特征波段可以归属为一级倍频区 1300～1400nm、二级倍频区 1600～1800nm 及组合频区域 2000～2500nm 的吸收，简单苯丙素类在 1300～1500nm 处无特征波段，组合频区波段分开的为木质素类物质，可区分苯丙素类物质亚类。

2. 苯丙素类物质的结构解析

1) 简单苯丙素类物质的近红外光谱解析

(1) 丁香酚。丁香酚的结构式如图 5-67 所示，将其分子结构与二维同步自相关曲线

图 5-67　丁香酚的结构式

结合，归属其特征基团的 NIR 吸收。NIR 主要是含氢基团的吸收，丁香酚具有酚 O—H、与 O 相连的醚甲基 C—H、支链上亚甲基 C—H 和 C＝C 上的 C—H，这些为丁香酚主要的 NIR 吸收基团。丁香酚的二维同步自相关曲线如图 5-68 所示，在 1419～1472nm、1617～1782nm、1920～1959nm 和 1992～2500nm 有特征吸收。其中 1445nm 为支链烷烃亚甲基中 C—H 伸缩振动基频一级倍频谱带与弯曲振动基频吸收谱带的组合和酚 O—H 的伸缩振动基频一级倍频谱带；1634nm 为烯烃 C＝C 中 C—H 的伸缩振动基频一级倍频谱带；1675nm 为苯环上 C—H 伸缩振动基频的组合；1694nm 为与 O 相连的醚甲基 C—H 吸收；组合频区域多个复杂重叠自相关峰均为苯环上 C—H 伸缩振动基频吸收谱带和 C—C 伸缩振动基频吸收谱带组合、苯环上 C—H 的伸缩振动基频吸收谱带和 C—C 弯曲振动基频吸收谱带组合、苯环上 C—H 变形振动和 C—C 伸缩振动基频吸收谱带组合，以及支链部分亚甲基中 C—H 的反对称伸缩振动基频一级倍频谱带和弯曲振动基频吸收谱带的组合，氘代氯仿溶剂在组合频也有重叠吸收。

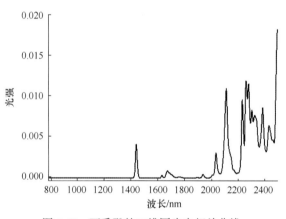

图 5-68　丁香酚的二维同步自相关曲线

(2) 桂皮醛。桂皮醛的结构式如图 5-69 所示，将其分子结构与二维同步自相关曲线结合归属其特征基团的 NIR 吸收。桂皮醛主要有连在苯环上的 C—H，C＝C 双键上的 C—H 以及醛基上 C—H，这些基团归属为桂皮醛主要的 NIR 吸收基团。桂皮醛的二维同步自相关曲线如图 5-70 所示，在 1643～1725nm、2095～2373nm 和 2415～2500nm 区域出现多个复杂自相关峰。其中 1667nm 为苯环上 C—H 伸缩振动基频谱带组合及倍频谱带吸收；2115nm 为

图 5-69　桂皮醛的结构式

醛基 C—H 吸收；2144nm 为苯环上 C—H 基频谱带的组合吸收；2165nm 为 C＝C 上 C—H 伸缩和变形振动的组合频；组合频区域其他多个复杂重叠自相关峰均为苯环上 C—H 伸缩振动基频吸收谱带和 C—C 伸缩振动基频吸收谱带组合、苯环上 C—H 的伸缩振动基频吸收谱带和 C—C 弯曲振动基频吸收谱带组合、苯环上 C—H 变形振动和 C—C 伸缩振

动基频吸收谱带组合及氘代氯仿溶剂的吸收。

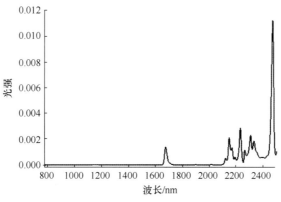

图 5-70　桂皮醛二维同步自相关曲线

（3）肉桂酸。肉桂酸的结构式如图 5-71 所示，将其分子结构与二维同步自相关曲线结合，归属其特征基团的 NIR 吸收。肉桂酸结构中主要有苯环上 C—H、支链 C＝C 上 C—H 以及羧基中 O—H，将这些基团归属为肉桂酸主要的 NIR 吸收基团。其二维同步自相关曲线如图 5-72 所示，肉桂酸在 1649～1703nm、1865～1922nm 以及 2073～2500nm 有特征吸收峰。其中 1668nm 为苯环上 C—H 伸缩振动基频谱带组合以及倍频谱带吸收；1897nm 为羧基 C＝O 伸缩振动基频二级

图 5-71　肉桂酸的结构式

倍频谱带和 O—H 伸缩振动组合；2144nm 为苯环上 C—H 基频谱带的组合吸收；2165nm 为 C＝C 上 C—H 伸缩和变形振动的组合；组合频中多个复杂重叠自相关峰均为苯环上 C—H 伸缩振动基频吸收谱带和 C—C 伸缩振动基频吸收谱带组合、苯环上 C—H 的伸缩振动基频吸收谱带和 C—C 弯曲振动基频吸收谱带组合、苯环上 C—H 变形振动和 C—C 伸缩振动基频吸收谱带组合及氘代氯仿溶剂的吸收。

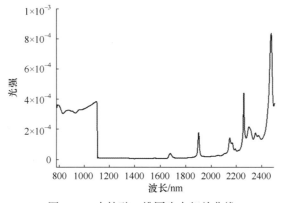

图 5-72　肉桂酸二维同步自相关曲线

2）木质素类物质近红外光谱解析

（1）厚朴酚与和厚朴酚。厚朴酚与和厚朴酚为同分异构体，其结构式如图 5-73 所示，

根据前期考察，二维同步自相关谱不能区分同分异构体的特征吸收波段，所以将二者放在一起做基团归属。厚朴酚与和厚朴酚中有苯环上的 C—H、连在苯环上的 O—H、亚甲基的 C—H 及 C=C 上的 C—H，将这些基团归属为其主要的 NIR 吸收基团。二者的二维同步自相关曲线如图 5-74 所示，厚朴酚与和厚朴酚在 1383~1472nm、1615~1739nm、1864~1969nm 和 2018~2500nm 波段存在特征吸收。其中 1424nm 为与苯环相连的 O—H 伸缩振动基频的一级倍频谱带；1445nm 为亚甲基 C—H 组合频吸收；1635nm 为 C=C 中 C—H 伸缩振动基频的一级倍频谱带；1677nm 为芳环上 C—H 伸缩振动基频的一级倍频谱带的组合；组合频区域多个复杂重叠自相关峰均为苯环上 C—H 伸缩振动基频吸收谱带和 C—C 伸缩振动基频吸收谱带组合、苯环上 C—H 的伸缩振动基频吸收谱带和 C—C 弯曲振动基频吸收谱带组合、苯环上 C—H 变形振动和 C—C 伸缩振动基频吸收谱带组合及氘代氯仿溶剂的吸收。

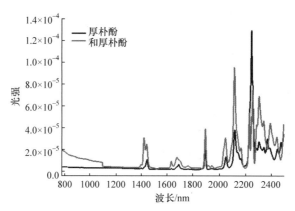

图 5-73 厚朴酚(a)与和厚朴酚(b)的结构式

图 5-74 厚朴酚与和厚朴酚二维同步自相关曲线

(2) 五味子甲素。五味子甲素的结构式如图 5-75 所示，将其结构与二维同步自相关曲线结合，归属其特征基团的 NIR 吸收。五味子甲素具有与 O 相连的醚甲基 C—H、连在苯环上的 C—H、八元环上的亚甲基 C—H 及连在八元环上的甲基 C—H，这些基团为五味子甲素的主要 NIR 吸收基团。五味子甲素的二维同步自相关曲线如图 5-76 所示，其在 1391~1412nm、1640~1800nm、1870~1915nm 和 2200~2500nm 区域存在自相关峰。其中 1401nm 为亚甲基中 C—H 组合频及端甲基中 C—H 伸缩振动基频一级倍频谱带与弯曲振动基频的组合；1696nm 为与 O 相连的醚甲基 C—H 吸收；2269nm、2339nm、2383nm 及 2459nm 在组合频的复杂重叠吸收为苯环上 C—H

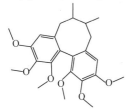

图 5-75 五味子甲素的结构式

伸缩振动基频吸收谱带和 C—C 伸缩振动基频吸收谱带组合、苯环上 C—H 的伸缩振动基频吸收谱带和 C—C 弯曲振动基频吸收谱带组合、苯环上 C—H 变形振动和 C—C 伸缩振动基频吸收谱带组合及氘代氯仿溶剂的吸收。

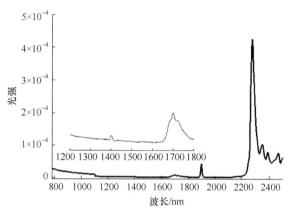

图 5-76 五味子甲素的二维同步自相关曲线

(3) 五味子乙素。五味子乙素的结构式如图 5-77 所示,将其结构与二维同步自相关曲线结合,归属其特征基团的 NIR 吸收。五味子乙素具有与 O 相连的醚甲基 C—H、连在苯环上的 C—H、连接两个 O 的亚甲基 C—H、八元环上的亚甲基 C—H 以及连在八元环上的甲基 C—H,这些基团为五味子乙素主要的 NIR 吸收基团。

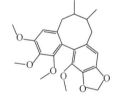

图 5-77 五味子乙素的结构式

五味子乙素的二维同步自相关曲线如图 5-78 所示,根据自相关峰的出峰位置,其在 1385～1421nm、1649～1800nm、1864～1910nm 和 2204～2500nm 区域存在自相关峰。其中 1399nm 为亚甲基中 C—H 组合频以及醚甲基中 C—H 伸缩振动基频一级倍频谱带与弯曲振动基频的组合;1696nm 为与 O 相连的醚甲基 C—H 吸收;2265nm、2346nm、2385nm 及 2468nm 在组合频的复杂重叠吸收为苯环上 C—H 伸缩振动基频吸收谱带和 C—C 伸缩振动基频吸收谱带组合、苯环上 C—H 的伸缩振动基频吸收谱带和 C—C 弯曲振动基频吸收谱带组合、苯环上 C—H 变形振动和 C—C 伸缩振动基频吸收谱带组合及氘代氯仿溶剂的吸收。

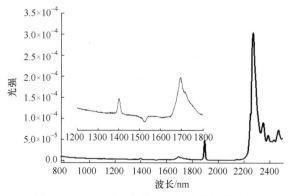

图 5-78 五味子乙素的二维同步自相关曲线

(4) 五味子酯甲。五味子酯甲的结构式如图 5-79 所示，将其结构与二维同步自相关曲线结合，归属其特征基团的 NIR 吸收。五味子酯甲具有与 O 相连的醚甲基 C—H、连在苯环上的 C—H、连接两个 O 的亚甲基 C—H、八元环上的亚甲基 C—H、连在八元环上的 O—H、连在八元环上的甲基 C—H 及苯甲酸合成的酯，这些为五味子酯甲的主要 NIR 吸收基团。五味子酯甲的二位同步自相关曲线如图 5-80 所示，根据自相关峰的出峰位置，五味子酯甲在 1376～1452nm、1644～1768nm、

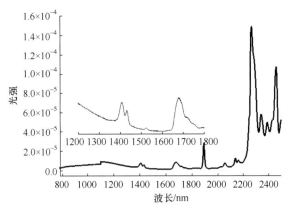

图 5-79　五味子酯甲的结构式

1874～1926nm、2035～2079nm、2115～2177nm 及 2235～2500nm 区域存在特征吸收。其中 1408nm 和 1433nm 均为亚甲基中 C—H 伸缩振动基频一级倍频谱带和弯曲振动基频吸收谱带的组合频；1677nm 为与苯环相连 C—H 伸缩振动基频组合以及醚甲基 C—H 吸收；组合频的复杂重叠吸收为苯环上 C—H 伸缩振动基频吸收谱带和 C—C 伸缩振动基频吸收谱带组合、苯环上 C—H 的伸缩振动基频吸收谱带和 C—C 弯曲振动基频吸收谱带组合，苯环上 C—H 变形振动和 C—C 伸缩振动基频吸收谱带组合以及氘代氯仿溶剂的吸收。

图 5-80　五味子酯甲的二维同步自相关曲线

3) 香豆素类物质的近红外光谱解析

(1) 补骨脂素与异补骨脂素。补骨脂素与异补骨脂素为同分异构体，二者的结构式见图 5-81，将其结构与二维同步自相关曲线结合，归属其特征基团的 NIR 吸收。补骨脂素与异补骨脂素中有五元环中 C═C 上 C—H、苯环上的 C—H 及六元环上 C═C 上 C—H，这些含氢基团为补骨脂素与异补骨

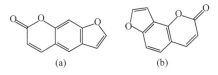

图 5-81　补骨脂素(a)与
异补骨脂素(b)的结构式

脂素的主要 NIR 吸收基团。二者的二维同步自相关曲线如图 5-82 所示，补骨脂素与异补骨脂素在 1381～1422nm、1590～1695nm、1863～1922nm 以及 2058～2500nm 区域存在特征吸收。其中 1400nm 为芳烃上 C—H 组合吸收；1624nm 为与氧相连的 C═C 上的 C—H 吸收；1651nm 为芳环 C—H 伸缩振动基频吸收谱带的组合；组合频区域多个复杂重叠自相关峰均为苯环上 C—H 伸缩振动基频吸收谱带和 C—C 伸缩振动基频吸收谱带

组合、苯环上 C—H 的伸缩振动基频吸收谱带和 C—C 弯曲振动基频吸收谱带组合、苯环上 C—H 变形振动和 C—C 伸缩振动基频吸收谱带组合以及氘代氯仿溶剂的吸收。

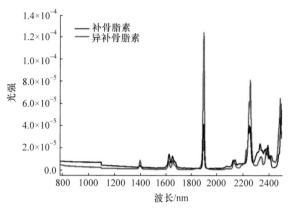

图 5-82 补骨脂素与异补骨脂素的二维同步自相关曲线

(2) 欧前胡素与异欧前胡素。欧前胡素与异欧前胡素为同分异构体，二者的结构式如图 5-83 所示。结合其结构式与二维同步自相关曲线，归属其特征基团的 NIR 吸收。欧前胡素与异欧前胡素具有与苯环相连的 C—H、五元环中与 O 相连的 C=C 上 C—H、六元环上与酯基相连的 C=C 上 C—H、与 O 相连的亚甲基的 C—H、端甲基的 C—H 以及直链 C=C 上的 C—H，这些含氢基团为欧前胡素与异欧前胡素的主要 NIR 吸收基团。

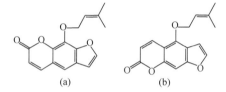

图 5-83 欧前胡素(a)与异欧前胡素(b)的结构式

二者的二维同步自相关曲线如图 5-84 所示，欧前胡素与异欧前胡素在 1388～1413nm、1594～1677nm、1864～1914nm、2057～2157nm 以及 2190～2500nm 区域存在特征吸收。其中 1400nm 为亚甲基中 C—H 的组合频；1622nm 为与酯基相连的 C=C 中 C—H 伸缩振动的组合频；1653nm 为与苯环相连的 C—H 伸缩振动基频的一级倍频谱带的组合；1705nm 为端甲基 C—H 吸收；组合频区域多个复杂重叠自相关峰均为苯环上 C—H 伸缩振动基频吸收谱带和 C—C 伸缩振动基频吸收谱带组合、苯环上 C—H 的伸

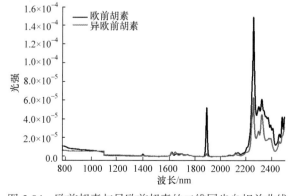

图 5-84 欧前胡素与异欧前胡素的二维同步自相关曲线

缩振动基频吸收谱带和 C—C 弯曲振动基频吸收谱带组、苯环上 C—H 变形振动和 C—C 伸缩振动基频吸收谱带组合、支链部分亚甲基中 C—H 的反对称伸缩振动基频一级倍频谱带和弯曲振动基频吸收谱带的组合及氘代氯仿溶剂的吸收。

(3) 蛇床子素。蛇床子素的结构式如图 5-85 所示，将其结构与二维同步自相关曲线结合，归属其特征基团的 NIR 吸收。蛇床子素具有苯环上 C—H、与 O 相连的甲基的 C—H、六元环中与酯基相连的 C=C 上 C—H、支链上亚甲基 C—H、甲基 C—H 和 C=C 上的 C—H，这些基团为蛇床子素主要的 NIR 吸收基团。其二维同步自相关曲线如图 5-86 所示，蛇床子素在 1328～1429nm、1609～1802nm、1870～1927nm 和 2041～2500nm 区域有特征吸收，将这些波段归属为蛇床子素的主要 NIR 吸收波段。其中 1402nm 为亚甲基 C—H 组合频

图 5-85　蛇床子素的结构式

及直链烷烃甲基 C—H 伸缩振动基频一级倍频谱带和弯曲振动基频的组合；1653nm 为支链 C=C 上 C—H 吸收；1673nm 为苯环上 C—H 伸缩振动基频一级倍频谱带；1692nm 为与 O 相连的醚甲基 C—H 吸收；组合频区域多个复杂重叠自相关峰均为苯环上 C—H 伸缩振动基频吸收谱带和 C—C 伸缩振动基频吸收谱带组合、苯环上 C—H 的伸缩振动基频吸收谱带和 C—C 弯曲振动基频吸收谱带组合、苯环上 C—H 变形振动和 C—C 伸缩振动基频吸收谱带组合、支链部分亚甲基中 C—H 的反对称伸缩振动基频一级倍频谱带和弯曲振动基频吸收谱带的组合及氘代氯仿溶剂的吸收。

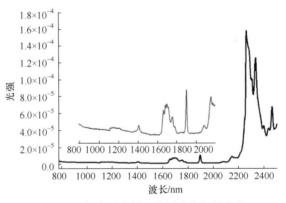

图 5-86　蛇床子素的二维同步自相关曲线

苯丙素类是中药化学成分中比较常见的结构相对简单的物质，以上研究选取能溶于氘代氯仿的苯丙素类中药化学标准品为研究载体，采用 2D-COS 技术归属每一类苯丙素的共有特征吸收，并研究每类苯丙素中各物质 NIR 波段的吸收特征，归属物质的 NIR 特征吸收波段与特征基团关联。

以上研究选取的苯丙素又可分为三类，简单苯丙素类主要 NIR 吸收波段为 1620～1740nm、1863～1963nm 和 2000～2500nm；木质素类主要 NIR 吸收波段为 1387～1468nm、1619～1714nm、1873～1912nm、2018～2180nm 和 2215～2500nm；香豆素类主要 NIR 吸收波段为 1379～1415nm、1595～1785nm、1862～1920nm 和 2046～2500nm；苯丙素类主要 NIR 吸收波段为一级倍频区的 1300～1400nm、二级倍频区的 1600～1800nm 以及组合频区

域 2000～2500nm 的重叠吸收。

根据每一个载体的二维同步自相关曲线的自相关峰，归属每一个物质的特征吸收基团，苯丙素类物质主要是 C—H 特征吸收，都含有苯环结构，苯环上 C—H 的 NIR 吸收主要集中在组合频区域，甲基、亚甲基及 C=C 的 C—H 吸收相互重叠，主要集中于 1400nm、1700nm 和组合频重叠区域，为中药化学成分的 NIR 归属提供借鉴和方法参考。

5.2.3 生物碱类物质的近红外光谱解析

生物碱是指来源于生物界(主要是植物界)的一类含氮有机化合物，大多有较复杂的环状结构，氮原子结合在环内，多呈碱性，可与酸成盐。一般来说，生物界除生物体必须的含氮化合物，如氨基酸、氨基糖、肽类、蛋白质、核酸、核苷酸和含氮维生素外，其他含氮有机化合物均可视为生物碱。

生物碱分为不同类型，各类型及子类型如下：
(1) 鸟氨酸类生物碱包括吡咯烷类、莨菪烷类、吡咯里西啶类；
(2) 赖氨酸类生物碱包括漉啶类、喹诺里西啶类、吲哚里西啶类；
(3) 苯丙氨酸和酪氨酸类生物碱包括苯丙胺类、异喹啉类、苄基苯乙胺类；
(4) 色氨酸类生物碱包括简单吲哚类、色胺吲哚类、半萜吲哚类、单萜吲哚；
(5) 邻氨基苯甲酸系类生物碱；
(6) 组氨酸系生物碱；
(7) 萜类生物碱包括单萜类、倍半萜类、二萜类、三萜类；
(8) 甾体类生物碱。

本节以浓度为外部扰动，研究溶于氘代氯仿的生物碱类中药化学标准品的 2D-NIR，同时解析每一种物质的特征吸收，将吸收波段与化学基团相关联，解析物质结构与 NIR 的关系。

1. 生物碱类物质的二维相关分析

1) 仪器与材料

仪器：FOSS RLA 全息光栅近红外光谱仪(瑞士万通中国有限公司，中国)。光谱采集方式：以透射模式采集光谱，以仪器内部的空气为背景，分辨率为 0.5nm，扫描范围为 400～2500nm，扫描次数 32 次，每个样本平行测定 3 次，取平均光谱。近红外样本管(VWR 公司，美国)，移液枪(Eppendorf 公司，美国)，容量瓶(北京博美玻璃有限公司，中国)。材料：槐定碱、苦参碱、利血平、青藤碱、秋水仙碱、氧化槐果碱、氧化苦参碱对照品均购中国食品药品检定研究院(纯度均大于 98.0%)，氘代氯仿(美国剑桥 CIL 公司，美国)。

2) 样本的制备

分别精密称取对照品，以氘代氯仿为溶剂，配制成对照品母液，取母液配制成一系列浓度的标准品溶液，采集其 NIR。

精密称取槐定碱标准品 50.49mg 置于 10mL 容量瓶中，用氘代氯仿定容，得槐定碱母液 5.00mg/mL，配制成 1.00、1.15、2.00、2.50、3.00、3.50、4.00、4.50、5.00(mg/mL)共 9 个样本。

精密称取苦参碱标准品 49.14mg 置于 10mL 容量瓶中，用氘代氯仿定容，得苦参碱母液 5.00mg/mL，配制成 0.68、1.00、2.00、2.50、3.00、3.50、4.00、4.50、5.00(mg/mL)

共9个样本。

精密称取秋水仙碱标准品 50.77mg 置于 10mL 容量瓶中，用氘代氯仿定容，得秋水仙碱母液 5.01mg/mL，配制成 0.55、1.00、2.00、2.50、3.00、3.50、4.00、4.50、5.01(mg/mL)共 9 个样本。

精密称取氧化槐果碱标准品 52.67mg 置于 10mL 容量瓶中，用氘代氯仿定容，得氧化槐果碱母液 5.27mg/mL，配制成 0.84、1.05、2.18、2.64、3.16、3.90、422、4.73、5.27(mg/mL) 共9个样本。

精密称取氧化苦参碱标准品 50.77mg 置于 10mL 容量瓶中，用氘代氯仿定容，得氧化苦参碱母液 5.01mg/mL，配制成 0.50、1.00、2.00、2.50、3.00、3.50、4.00、4.50、5.01(mg/mL) 共9个样本。

精密称取青藤碱标准品 59.20mg 置于 10mL 容量瓶中，用氘代氯仿定容，得青藤碱母液 5.92mg/mL，配制成 0.65、1.18、2.37、2.96、3.55、4.14、4.74、5.33、5.92(mg/mL)共 9 个样本。

精密称取利血平标准品 49.88mg 置于 10mL 容量瓶中，用氘代氯仿定容，得利血平母液 5.00mg/mL，配制成 0.50、1.00、2.00、2.50、3.00、3.50、4.00、4.50、5.00(mg/mL) 共9个样本。

3) 光谱处理软件

VISION 光谱采集和分析软件(瑞士万通中国有限公司，中国)采集数据，Unscrambler 9.7 数据处理软件(CAMO 软件公司，挪威)对数据进行预处理，MATLAB 软件(The MathWorks 公司，美国)中自编程序对预处理数据进行二维相关分析。

4) 二维相关分析

将选择的所有物质进行 NIR 光谱解析，以浓度扰动方式研究 2D-COS，根据自相关峰的出峰位置可代表物质特征吸收这一特点，归属生物碱类物质的特征基团 NIR 吸收。溶于氘代氯仿的生物碱类物质如表 5-29 所示，以这些物质为载体研究生物碱类物质的 NIR 光谱解析。

表 5-29　溶于氘代氯仿的生物碱类物质

物质名称	结构	物质名称	结构
槐定碱	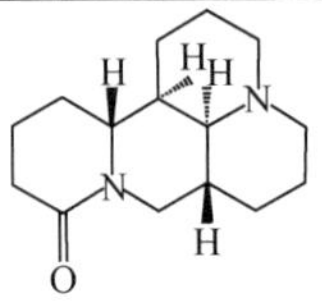	氧化槐果碱	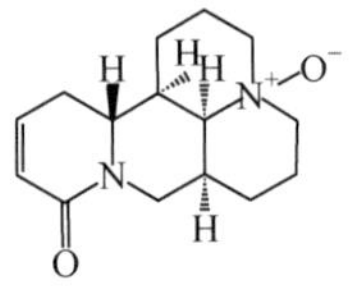
苦参碱	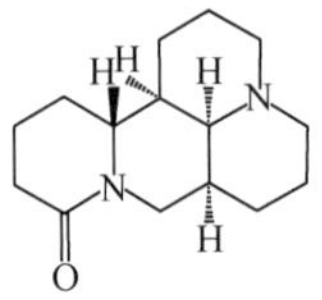	氧化苦参碱	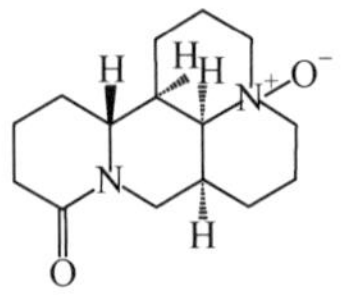
秋水仙碱	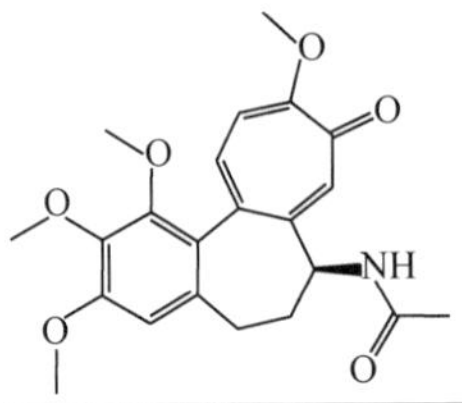	青藤碱	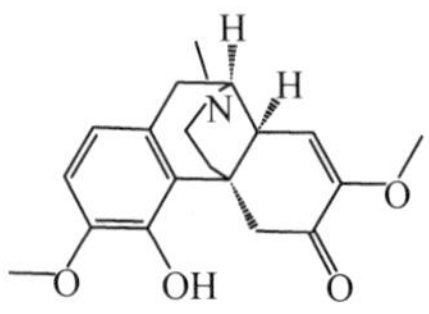

物质名称	结构
利血平	

以浓度为外扰对其原始光谱进行二维相关分析，各个生物碱物质的二维相关同步谱如图 5-87 所示。根据每一个物质的二维同步谱中自相关峰的出峰位置和数目，找到每一种物质的特征吸收波段。全部生物碱的二维同步自相关曲线如图 5-88 所示，由图可见，生物碱类物质在 1380～1428nm、1656～1803nm、1860～1935nm 和 2090～2500nm 有特征吸收，将这些波段归属为生物碱类物质的 NIR 共有波段。

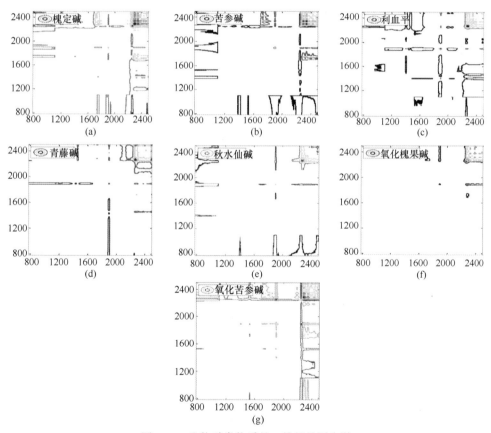

图 5-87　生物碱类物质的二维相关同步谱

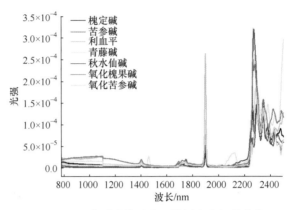

图 5-88 生物碱类物质的二维同步自相关曲线

2. 生物碱类物质的结构解析

1) 槐定碱与苦参碱

槐定碱与苦参碱的结构式如图 5-89 所示，二者属于同分异构体，根据之前研究可知

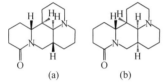

图 5-89 槐定碱(a)和
苦参碱(b)的结构式

2D-COS 不能区分同分异构体。分析二者物质结构，槐定碱和苦参碱有吡啶环上的 C—H 及 N 原子吸收。二者的二维同步自相关曲线如图 5-90 所示，根据自相关峰的出峰位置，槐定碱在 1386~1451nm、1688~1800nm、1819~1913mn 和 2165~2500nm 波段存在特征吸收。结合物质结构，其中 1401nm 为亚甲基中 C—H 的组合频；1711nm、1743nm 和

1785nm 为亚甲基中 C—H 的对称和反对称伸缩振动基频一级倍频谱带；组合频区的 2186nm、2258nm、2290nm、2343nm、2375nm、2426nm 和 2475nm 主要是含 N 有机物的特征吸收，槐定碱与苦参碱在组合频区域有很强的 NIR 吸收。

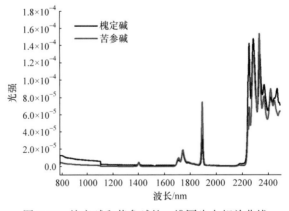

图 5-90 槐定碱和苦参碱的二维同步自相关曲线

2) 利血平

利血平的结构式如图 5-91 所示，将其结构与二维同步自相关曲线结合，归属其特征

基团的 NIR 吸收。分析利血平的结构式，具有苯
环上的 C—H，与 O 相连的甲基上的 C—H，亚甲
基上的 C—H，与酯基相连的甲基上的 C—H，吡
啶环上的 C—H 及 N—H，将这些基团归属为利血
平的主要 NIR 吸收基团。二维同步自相关曲线
如图 5-92 所示，根据自相关峰的位置，利血平在
1385～1416nm、1863～1919nm 和 2113～2500nm
波段处有特征吸收，将这些波段归属为利血平在

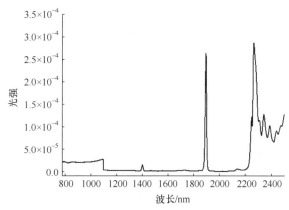

图 5-91　利血平的结构式

NIR 区域的特征吸收波段。其中 1400nm 为亚甲基中 C—H 的组合频；组合频区域的
2131nm、2264nm、2339nm、2385nm 及 2438nm 主要为苯环上 C—H 伸缩振动基频的组
合、苯环上 C—H 的伸缩振动基频吸收谱带和 C—C 弯曲振动基频吸收谱带组合、苯环上
C—H 变形振动和 C—C 伸缩振动基频吸收谱带组合及含氮化合物的 NIR 吸收。

图 5-92　利血平的二维同步自相关曲线

3) 青藤碱

青藤碱的结构式如图 5-93 所示，将其结构与二维同步自相关曲线结合，归属其特征
基团的 NIR 吸收。根据青藤碱的结构式可见，青藤碱包括苯环
上 C—H、苯环上 O—H、与 O 相连的甲基的 C—H，与羰基相
连的亚甲基的 C—H 及六元环上亚甲基的 C—H 和 N—H，这些
基团为青藤碱主要的 NIR 吸收基团。青藤碱的二维同步自相关
曲线如图 5-94 所示，其在 1386～1480nm、1632～1803nm、1867～

图 5-93　青藤碱的结构式

1915nm、1936～2150nm 和 2219～2500nm 波段处有特征吸收，将这些波段归属为青藤碱
的主要 NIR 吸收波段。其中 1403nm 为亚甲基中 C—H 的组合频和苯环上的 O—H 的伸
缩振动基频一级倍频谱带；1453nm 为 N—H 吸收谱带；1679nm 为与羰基相连的亚甲基
的 C—H 的吸收；1723nm 为亚甲基的对称和反对称伸缩振动基频一级倍频区组合及
与 O 相连的甲基的 C—H 吸收；1949nm、2000nm 和 2113nm 主要为结构中 N—H 的
吸收；2260nm、2284nm、2340nm、2374nm 和 2432nm 主要为苯环上 C—H 伸缩振动
基频的组合、苯环上 C—H 的伸缩振动基频吸收谱带和 C—C 弯曲振动基频吸收谱带

组合、苯环上 C—H 变形振动和 C—C 伸缩振动基频吸收谱带组合以及含氮化合物的
NIR 吸收。

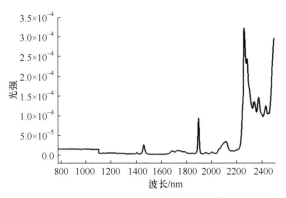

图 5-94　青藤碱二维同步自相关曲线

4) 秋水仙碱

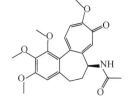

图 5-95　秋水仙碱的结构式

秋水仙碱的结构式如图 5-95 所示,将其结构与二维同步
自相关曲线结合,归属其特征基团的 NIR 吸收。秋水仙碱包
括苯环上 C—H,与 O 相连的甲基的 C—H,七元环上 C=C
上的 C—H,七元环上亚甲基的 C—H,酰胺上的 N—H 及与
酰胺基相连的甲基的 C—H,这些基团为秋水仙碱主要的 NIR
吸收基团。秋水仙碱的二维同步自相关曲线如图 5-96 所示,
秋水仙碱在 1339~1506nm、1611~1800nm、1874~1915nm 和 2213~2500nm 波段处有
特征吸收,将这些波段归属为秋水仙碱主要的 NIR 吸收波段。其中 1405nm 主要为亚甲
基中 C—H 的组合频;1480nm 为酰胺 N—H 键的伸缩振动基频一级倍频谱带;1678nm
为与酰胺基相连的甲基的 C—H 吸收;1692nm 为端甲基及与 O 相连的甲基 C—H 吸收;
1718nm 为亚甲基 C—H 对称和反对称伸缩振动基频一级倍频区组合;组合频区 2266nm、
2338nm、2385nm、2435nm 及 2486nm 主要为苯环上 C—H 伸缩振动基频的组合、苯环
上 C—H 伸缩振动基频吸收谱带和 C—C 弯曲振动基频吸收谱带组合、苯环上 C—H
变形振动和 C—C 伸缩振动基频吸收谱带组合及含氮化合物的 NIR 吸收。

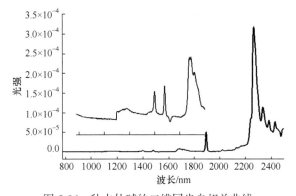

图 5-96　秋水仙碱的二维同步自相关曲线

5) 氧化槐果碱

氧化槐果碱的结构式如图 5-97 所示，将其结构与二维同步自相关曲线结合，归属其特征基团的 NIR 吸收。氧化槐果碱主要含有吡啶环上的 C—H 以及 N 原子，将这些基团归属为氧化槐果碱的主要 NIR 吸收基团。氧化槐果碱的二维同步自相关曲线如图 5-98 所示，在 1380~1421nm、

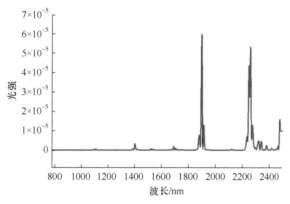

图 5-97　氧化槐果碱的结构式

1656~1959nm、1862~1930nm 及 2149~2500nm 波段处有特征吸收，将这些波段归属为氧化槐果碱主要的 NIR 吸收波段。其中 1400nm 为亚甲基 C—H 的组合频；1640nm 为环上双键 C—H 的伸缩振动一级倍频谱带，1690nm、1709nm、1714nm 和 1743nm 为亚甲基 C—H 的对称和反对称伸缩振动基频一级倍频谱带；组合频区的 2186nm、2258nm、2280nm、2343nm、2415nm 和 2481nm 主要是含 N 有机物的 NIR 特征吸收。

图 5-98　氧化槐果碱的二维同步自相关曲线

6) 氧化苦参碱

氧化苦参碱的结构式如图 5-99 所示，将其结构与二维同步自相关曲线结合，归属其特征基团的 NIR 吸收。氧化苦参碱主要含有吡啶环上的 C—H 及 N 原子，此为主要 NIR 吸收基团。氧化苦参碱的二维同步自相关曲线如图 5-100 所示，在 1380~1421nm、1656~1759nm、1862~1930nm 及 2149~2500nm 波段处有特征吸收，将这些波段归属为氧化苦参碱主要的 NIR 吸收波段。其中 1400nm 为亚甲基 C—H 的组合频；1690nm、

图 5-99　氧化苦参碱的结构式

1709nm、1714nm 和 1743nm 为亚甲基 C—H 的对称和反对称伸缩振动基频一级倍频谱带；组合频区的 2186nm、2258nm、2280nm、2343nm、2415nm 和 2481nm 主要是含 N 有机物的 NIR 特征吸收。

生物碱类物质是自然界中较为常见的中药化学成分，选取能溶于氘代氯仿的生物碱类中药化学标准品为研究载体，采用浓度扰动的 2D-COS 方法，研究其在 NIR 波段的吸收特征，归属物质的 NIR 特征吸收波段及特征基团的吸收。

针对每一个载体的二维同步自相关曲线的自相关峰，归属每一种物质的 NIR 特征吸收基团。生物碱类物质主要是含 N 基团的特征吸收，同时也有 C—H 吸收，大多物质结

构比较复杂，NIR 的波段归属相对困难。可对生物碱中 N 原子的 N—H 或者 N 做简单归属，其主要吸收区域为 1380～1428nm、1656～1803nm、1860～1935nm 和 2090～2500nm，为生物碱类物质的 NIR 波段归属提供借鉴。

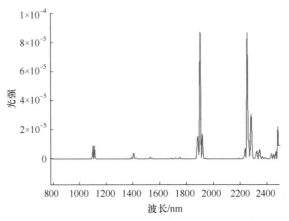

图 5-100　氧化苦参碱的二维同步自相关曲线

5.2.4　萜类物质的近红外光谱解析

萜类化合物是一类由甲基二羟酸衍生而成，基本碳架多具有 2 个或 2 个以上异戊二烯(C_5)结构特征的化合物。一般沿用经典的 Wallach 异戊二烯法则按异戊二烯的多少对萜类进行分类，根据异戊二烯法则，可以将本章中所选萜类物质分为不同类别，分类结果如下。

(1) 单萜：基本骨架由 10 个碳原子，即 2 个异戊二烯单位构成，多是挥发油成分，包括薄荷脑(单环单萜)、龙脑(双环单萜)和去甲斑蝥素(单环单萜)。

(2) 倍半萜：基本碳架由 15 个碳原子，即 3 个异戊二烯单位构成，多与单萜类共存于植物挥发油中，包括莪术醇(双环倍半萜)、青蒿素(单环倍半萜)和棉酚(双环倍半萜)。

(3) 二萜：基本碳架由 20 个碳原子，即 4 个异戊二烯单位构成，绝大多数不能随水蒸气蒸馏，包括脱水穿心莲内酯(双环二萜)。

(4) 三萜：基本碳架由 30 个碳原子，即 6 个异戊二烯单位构成，包括柠檬苦素(三萜)和齐墩果酸(五环三萜)。

本节以浓度为外部扰动，研究溶于氘代氯仿的萜类中药化学标准品的 2D-NIR，同时解析每一种物质的特征吸收，将吸收波段与化学基团相关联，解析物质结构与 NIR 的关系。

1. 萜类物质的二维相关分析

1) 仪器与材料

仪器：FOSS RLA 全息光栅近红外光谱仪(瑞士万通中国有限公司，中国)。光谱采集方式：以透射模式采集光谱，以仪器内部的空气为背景，分辨率为 0.5nm，扫描范围为 400～2500nm，扫描次数 32 次，每个样本平行测定 3 次，取平均光谱。近红外样本管(VWR

公司，美国)，移液枪(Eppendorf 公司，美国)，容量瓶(北京博美玻璃有限公司，中国)。
材料：龙脑、薄荷脑、莪术醇、柠檬苦素、齐墩果酸、青蒿素、去甲斑蝥素、脱水穿心
莲内酯和棉酚对照品均购于中国食品药品检定研究院(纯度均大于 98.0 %)，氘代氯仿(美
国剑桥 CIL 公司，美国)。

　　2) 样本的制备

　　分别精密称取对照品，以氘代氯仿为溶剂，配制成对照品母液，取母液配制成一系
列浓度的标准品溶液，采集其 NIR。

　　精密称取龙脑标准品 48.36mg 置于 10mL 容量瓶中，用氘代氯仿定容，得龙脑母液
4.84mg/mL，配制成 0.83、0.97、1.94、2.42、2.90、3.39、3.87、4.37、4.84(mg/mL)共 9
个样本。

　　精密称取薄荷脑标准品 49.68mg 置于 10mL 容量瓶中，用氘代氯仿定容，得薄荷脑
母液 5.00mg/mL，配制成 1.00、1.15、2.00、2.50、3.00、3.50、4.00、4.50、5.00(mg/mL)
共 9 个样本。

　　精密称取莪术醇标准品 50.47mg 置于 10mL 容量瓶中，用氘代氯仿定容，得莪术醇
母液 5.00mg/mL，配制成 0.90、1.00、2.00、2.50、3.00、3.50、4.00、4.50、5.00(mg/mL)
共 9 个样本。

　　精密称取齐墩果酸标准品 45.26mg 置于 10mL 容量瓶中，用氘代氯仿定容，得齐墩
果酸母液 4.53mg/mL，配制成 0.72、0.91、1.82、2.27、2.72、3.17、3.62、4.08、4.53(mg/mL)
共 9 个样本。

　　精密称取去甲斑蝥素标准品 51.02mg 置于 10mL 容量瓶中，用氘代氯仿定容，得去
甲斑蝥素母液 5.00mg/mL，配制成 1.00、1.35、2.00、2.50、3.00、3.50、4.00、4.50、5.00(mg/mL)
共 9 个样本。

　　精密称取青蒿素标准品 50.47mg 置于 10mL 容量瓶中，用氘代氯仿定容，得青蒿素
母液 5.00mg/mL，配制成 0.90、1.00、2.00、2.50、3.00、3.50、4.00、4.50、5.00(mg/mL)
共 9 个样本。

　　精密称取脱水穿心莲内酯标准品 50.06mg 置于 10mL 容量瓶中，用氘代氯仿定容，
得脱水穿心莲内酯母液 5.00mg/mL，配制成 0.75、1.00、2.00、2.50、3.00、3.50、4.00、
4.50、5.00(mg/mL)共 9 个样本。

　　精密称取棉酚标准品 50.06mg 置于 10mL 容量瓶中，用氘代氯仿定容，得棉酚母液
体积分数 2%，配制成体积分数为 0.2%、0.4%、0.6%、0.7%、0.8%、0.9%、2%共 7 个样本。

　　精密称取柠檬苦素标准品 46.04mg 置于 10mL 容量瓶中，用氘代氯仿定容，得柠檬
苦素母液 4.60mg/mL，配制成 0.92、1.84、2.30、2.76、3.22、3.68、4.14、4.60(mg/mL)
共 8 个样本。

　　3) 光谱处理软件

　　用 VISION 光谱采集和分析软件(瑞士万通中国有限公司，中国)采集数据，用
Unscrambler 9.7 数据处理软件(CAMO 软件公司，挪威)对数据进行预处理，用 MATLAB
软件(The MathWorks 公司，美国)中自编程序对预处理数据进行二维相关分析。

　　4) 萜类物质的二维相关分析

　　选择能溶于氘代氯仿的萜类物质作为研究载体，每一种物质的结构式如表 5-30 所示。

利用 2D-COS 对不同浓度萜类物质原始 NIR 进行分析，根据同步谱中自相关峰出峰位置和数目，找到每一种物质的 NIR 特征吸收波段，不同萜类物质的二维相关同步谱如图 5-101 所示。提取对角线上的数据，做自相关曲线，如图 5-102 所示。由图可见，萜类物质在 1388~1442nm、1676~1761nm、1864~1920nm、1990~2145nm 及 2232~2500nm 处有特征吸收，将这些归属为萜类物质主要 NIR 特征波段。

表 5-30　溶于氘代氯仿的萜类物质的名称和结构式

物质名称	结构式	物质名称	结构式
龙脑 (双环单萜)		薄荷脑 (单环单萜)	
莪术醇 (双环倍半萜)		柠檬苦素 (三萜)	
齐墩果酸 (五环三萜)		青蒿素 (单环倍半萜)	
去甲斑蝥素 (单环单萜)		脱水穿心莲内酯 (双环二萜)	
棉酚 (双环倍半萜)			

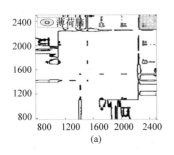

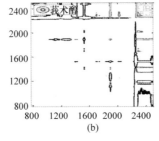

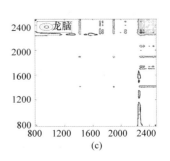

(a)　　　　　　　　　　(b)　　　　　　　　　　(c)

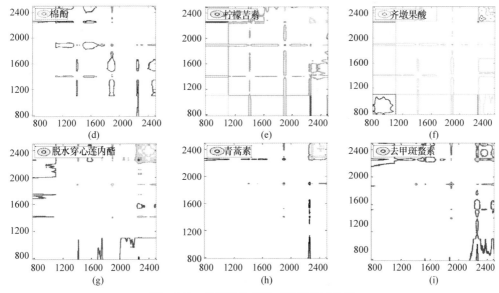

图 5-101 各萜类物质的二维相关同步谱

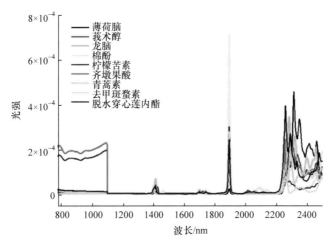

图 5-102 不同萜类物质的二维同步自相关曲线

2. 萜类物质的结构解析

1) 薄荷脑

薄荷脑的结构式如图 5-103 所示，分析薄荷脑的结构式可知，薄荷脑有两个异戊二烯结构，属于单环单萜类物质。薄荷脑结构中主要有甲基上 C—H，连在环上的羟基上 O—H，环上的亚甲基 C—H 和连接环的叔碳 C—H，这些基团为薄荷脑主要的 NIR 吸收基团。薄荷脑的二维同步自相关曲线如图 5-104 所示，根据自相关峰的出峰位置可知，薄荷脑在 1395～1435nm、1683～1781nm、1870～1909nm、1984～2081nm 和 2228～2500nm 波段处有特征吸收，将这些波段归属为薄荷脑主要的 NIR 吸收波段。其中 1416nm 主要为支链烷烃 RCH(CH$_3$)$_2$ 中 CH$_3$ 和叔碳中 C—H 对称伸缩振动基频一级倍频谱带和弯曲

图 5-103 薄荷脑的结构式

振动基频吸收谱带的组合、醇 O—H 伸缩振动基频一级倍频谱带；1727nm 为亚甲基 C—H 的对称和反对称伸缩振动基频一级倍频谱带；2008nm 和 2060nm 为醇 O—H 伸缩振动和弯曲振动组合频宽峰；组合频区的 2275nm、2313nm、2348nm、2415nm 和 2462nm 为支链烃亚甲基 C—H 反对称伸缩振动基频一级倍频谱带与弯曲振动基频谱带组合、支链烃亚甲基 CH_2 中 C—H 弯曲振动基频二级倍频谱带及仲醇 O—H 伸缩振动基频谱带的重叠吸收。

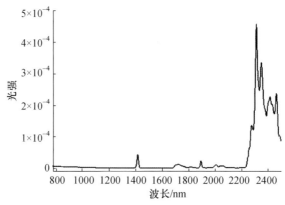

图 5-104　薄荷脑的二维同步自相关曲线

2) 龙脑

龙脑的结构式如图 5-105 所示，分析龙脑的结构式可知，龙脑属于双环单萜类物质。

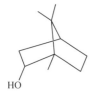

图 5-105　龙脑的结构式

龙脑结构中主要有六元环上亚甲基 C—H，连在六元环上的甲基 C—H，连在六元环上的 O—H，这些为龙脑主要的 NIR 的吸收基团。龙脑的二维同步自相关曲线如图 5-106 所示，根据自相关峰的出峰位置可知，龙脑在 1386～1432nm、1671～1782nm、1869～1919nm、1978～2009nm、2030～2089nm 和 2223～2500nm 波段处存在吸收峰，将这些波段归属为龙脑在 NIR 区域的特征吸收波段。其中 1415nm 为甲基 C—H 组合频，亚甲基 C—H 组合频，支链烷烃 $RCH(CH_3)_2$ 中 CH_3 和叔碳 C—H 对称伸缩振动基频一级倍频谱带和弯曲振动基频吸收

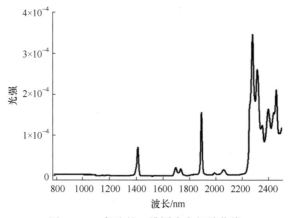

图 5-106　龙脑的二维同步自相关曲线

谱带的组合及醇 O—H 伸缩振动基频一级倍频谱带；1701nm 为支链甲基和端甲基的 C—H 伸缩振动基频一级倍频谱带；1738nm 为亚甲基对称和反对称伸缩振动一级倍频谱带；1994nm 和 2065nm 为 O—H 伸缩振动和弯曲振动组合频宽峰与 O—H 变形振动；组合频区 2281nm、2316nm、2354nm、2399nm 和 2460nm 为支链烃亚甲基 C—H 反对称伸缩振动基频一级倍频谱带与弯曲振动基频谱带组合频，支链烃亚甲基 C—H 弯曲振动基频二级倍频谱带及仲醇 O—H 伸缩振动基频谱带的重叠吸收。

3) 莪术醇

莪术醇的结构式如图 5-107 所示，分析莪术醇的结构式可知，莪术醇属于双环倍半萜类物质。莪术醇结构中主要有支链甲基上的 C—H，连在环上的 C＝C 上的 C—H，组成环的亚甲基 C—H 及连在环上的羟基的 O—H，这些基团为莪术醇主要的 NIR 吸收基团。莪术醇的二维同步自相关曲线如图 5-108 所示，根据自相关峰的出峰位置可知，莪术醇在 1386～1440nm、1626～1649nm、1674～1778nm、1867～1925nm、1993～2059nm、2102～2132nm 和

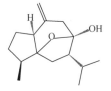

图 5-107　莪术醇的结构式

2206～2500nm 波段处有吸收峰，将这些波段归属为莪术醇主要的 NIR 吸收波段。其中 1398nm 为支链烷烃 RCH(CH$_3$)$_2$ 中 CH$_3$ 的 C—H 对称伸缩振动基频一级倍频谱带和弯曲振动基频吸收谱带的组合；1426nm 为亚甲基 C—H 组合频及醇 O—H 伸缩振动基频一级倍频谱带；1638nm 为烯烃双键 C—H 伸缩振动基频一级倍频谱带；1700nm 和 1742nm 为支链甲基和端甲基的 C—H 吸收，甲基 C—H 非对称伸缩振动基频一级倍频谱带和 C—H 对称伸缩振动基频一级倍频谱带，亚甲基中 C—H 对称伸缩振动基频一级倍频谱带；2018nm 和 2114nm 为醇 O—H 伸缩和弯曲的组合频；2287nm、2307nm、2337nm、2397nm 和 2460nm 为支链烃亚甲基 C—H 反对称伸缩振动基频一级倍频谱带与弯曲振动基频谱带组合频，支链烃亚甲基 C—H 弯曲振动基频二级倍频谱带及仲醇 O—H 伸缩振动基频谱带的重叠吸收。

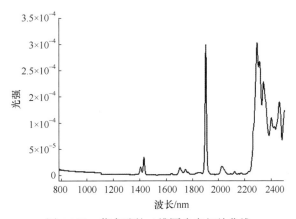

图 5-108　莪术醇的二维同步自相关曲线

4) 棉酚

棉酚的结构式如图 5-109 所示，分析棉酚的结构式可知，棉酚属于双环倍半萜类物质。棉酚的结构中主要有苯环 C—H，连在苯环上的支链甲基及亚甲基 C—H，连在苯环上的酚 O—H 及连在苯环上的羰基 C＝O，这些基团为棉酚主要的 NIR 吸收基团。棉酚

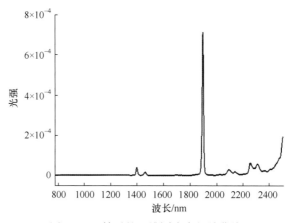

图 5-109　棉酚的结构式

的二维同步自相关曲线如图 5-110 所示，根据自相关峰的出峰位置可知，棉酚在 1381～1482nm、1866～1921nm 和 2059～2500nm 波段处有吸收峰，将这些波段归属为棉酚主要的 NIR 吸收波段。其中 1400 为甲基 C—H 组合频，苯环支链上甲基 C—H 伸缩振动基频一级倍频谱带和弯曲振动基频谱带组合；1446nm 为亚甲基 C—H 组合频和芳环 O—H 伸缩振动基频一级倍频谱带；2088nm 为酚 O—H 伸缩和弯曲振动的组合频；2137nm、2249nm、2305nm 为芳烃芳基 C—H 伸缩振动基频和 C—C 伸缩振动基频组合，芳环相连甲基弯曲振动基频的二级倍频谱带，芳环芳基 C—H 伸缩振动基频和 C—C 弯曲振动基频，环芳基 C—H 变形振动基频和 C—C 伸缩振动基频的重叠吸收。

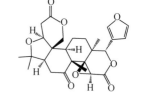

图 5-110　棉酚的二维同步自相关曲线

5) 柠檬苦素

柠檬苦素的结构式如图 5-111 所示，根据柠檬苦素的结构式可知，柠檬苦素属于三萜类物质。分析柠檬苦素的结构式，柠檬苦素主要有支链端甲基 C—H，环上亚甲基 C—H，五元环上双键 C—H，环上与酯基相连的亚甲基 C—H,这些基团为柠檬苦素主要的 NIR 吸收基团。柠檬苦素的二维同步自相关曲线如图 5-112 所示，根据自相关峰的出峰位置可知，柠檬苦素在 1387～1414nm、1869～1919nm 和 2217～2500nm 处有吸收峰，将这些波段归属为柠檬苦素主要的 NIR 吸收波段。其中 1400nm 为甲基 C—H 伸缩和弯曲振动的组合以及亚甲基 C—H 组合频；1894nm 为与醚相连的甲基 C—H 吸收，羰基 C=O 伸缩振动基频二级倍频谱带；2253nm、2284nm 和 2435nm 为亚甲基 C—H 反对称伸缩振动基频一级倍频谱带与弯曲振动基频谱带组合频及亚甲基 C—H 弯曲振动基频二级倍频谱带的重叠吸收。

图 5-111　柠檬苦素的结构式

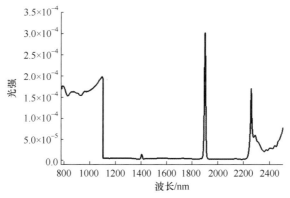

图 5-112　柠檬苦素的二维同步自相关曲线

6) 齐墩果酸

　　齐墩果酸的结构式如图 5-113 所示，根据齐墩果酸的结构式可知，齐墩果酸属于五环三萜类物质。分析齐墩果酸的结构式，齐墩果酸主要有支链的端甲基 C—H，连在环上的羧基 COOH，连在环上的羟基 O—H 及环上 C=C 的 C—H，这些基团为齐墩果酸主要的 NIR 吸收基团。齐墩果酸的二维同步自相关曲线如图 5-114 所示，根据自相关峰的出峰位置可知，齐墩果酸在 1395～1426nm、1677～1780nm、1860～1919nm 和 2222～

图 5-113　齐墩果酸的结构式

2500nm 波段处有吸收峰，将这些波段归属为齐墩果酸主要的 NIR 吸收波段。其中 1413nm 为亚甲基 C—H 组合频，醇 O—H 伸缩振动基频一级倍频谱带；1709nm 为端甲基 C—H 的伸缩振动基频一级倍频谱带；1894nm 为醇 O—H 对称伸缩振动基频二级倍频组合频，O—H 伸缩和变形的组合频以及羧基 COOH 中 C=O 伸缩振动基频二级倍频谱带；2254nm、2306nm、2346nm、2434nm 及 2467nm 为甲基 C—H 伸缩振动和亚甲基 C—H 的变形振动组合频以及仲醇 O—H 伸缩振动基频谱带的重叠吸收。

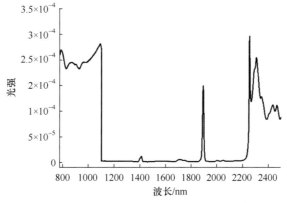

图 5-114　齐墩果酸的二维同步自相关曲线

图 5-115　青蒿素的结构式

7）青蒿素

青蒿素的结构式如图 5-115 所示，由青蒿素的结构式可知，青蒿素属于单环倍半萜类物质。分析青蒿素的结构式，青蒿素主要有连在环上的端甲基 C—H，连在环上羟基 O—H 及环上的亚甲基 C—H，这些基团为青蒿素主要的 NIR 吸收基团。青蒿素的二维同步自相关曲线如图 5-116 所示，根据自相关峰的出峰位置可知，青蒿素在 1384～1422nm、1665～1779nm、1866～1936nm 及 2222～2500nm 波段处有吸收峰，将这些波段归属为青蒿素主要的 NIR 吸收波段。其中 1400nm 为甲基 C—H 伸缩振动和弯曲振动的组合频，亚甲基 C—H 组合频；1718nm 为亚甲基对称和反对称伸缩振动组合频；组合频区域的 2259nm、2289nm、2346nm、2375nm、2412nm 和 2454nm 甲基 C—H 伸缩振动和亚甲基 C—H 变形振动组合频的重叠吸收。

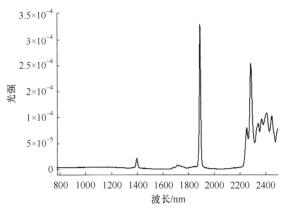

图 5-116　青蒿素的二维同步自相关曲线

8）去甲斑蝥素

去甲斑蝥素的结构式如图 5-117 所示，由去甲斑蝥素的结构式可知，去甲斑蝥素属于单环单萜类物质。分析去甲斑蝥素的结构式，去甲斑蝥素主要有环上的亚甲基 C—H 和连接环的叔碳的 C—H，这些基团为去甲斑蝥素主要的 NIR 吸收基团。去甲斑蝥素的二维同步自相关曲线如图 5-118 所示，根据自相关峰的出峰位置可知，去甲斑蝥素在 1386～1418nm、1668～1734nm、

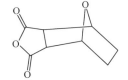

图 5-117　去甲斑蝥素的结构式

1865～1919nm 及 2218～2500nm 波段处有吸收峰，将这些波段归属为去甲斑蝥素主要的 NIR 吸收波段。其中 1400 为亚甲基 C—H 组合频；1696nm、1710nm 和 1727nm 为甲基 C—H 的对称和非对称伸缩振动；1894nm 为酯基 C=O 伸缩振动基频二级倍频谱带；组合频区域 2247nm、2259nm、2325nm、2350nm 及 2369nm 为亚甲基 C—H 变形和次甲基 C—H 伸缩的组合频及亚甲基 C—H 组合频的重叠吸收。

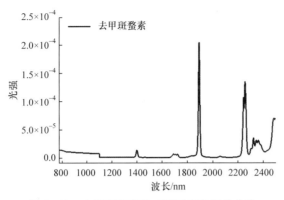

图 5-118 去甲斑蝥素的二维同步自相关曲线

9) 脱水穿心莲内酯

脱水穿心莲内酯的结构式如图 5-119 所示，根据脱水穿心莲内酯的结构式可知，脱水穿心莲内酯属于双环二萜类物质。分析脱水穿心莲内酯的结构式，脱水穿心莲内酯主要有连在环上的羟基 O—H，甲基的 C—H，支链上的亚甲基 C—H，C＝C 上的 C—H，呈环的酯基和环上的 C＝C 上的 C—H 及支链 C＝C 上的 C—H，这些基团为脱水穿心莲内酯主要的 NIR 吸收基团。脱水穿心莲内酯的二维同步自相关曲线如图 5-120 所示，根据自相关峰的出峰位置可知，脱水穿心莲内酯在 1382～1431nm、1673～1761nm、1859～1912nm、1986～2171nm 和 2210～2500nm 波段处存在吸收峰，将这些波段归属为脱水穿心莲内酯主要的 NIR 吸收波段。其中 1411nm 为亚甲基 C—H 的伸缩振动基频一级倍频谱带和弯曲振动的组合、醇 O—H 伸缩振动基频一级倍频谱带；1745nm 为亚甲基 C—H 对称和反对称伸缩振动基频一级倍频谱带；1894nm 为酯基 C＝O 伸缩振动基频二级倍频谱带；2054nm 和 2117nm 为游离羟基 O—H 的伸缩和弯曲振动的组合频；组合频区域的 2257nm、2290nm、2332nm、2480nm 为 C—H 伸缩振动和亚甲基 C—H 的变形振动组合频以及仲醇 O—H 伸缩振动基频谱带的重叠吸收。

图 5-119 脱水穿心莲内酯的结构式

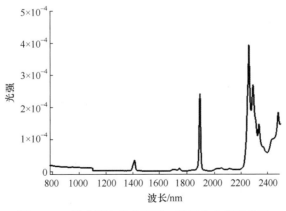

图 5-120 脱水穿心莲内酯的二维同步自相关曲线

萜类物质广泛存在于自然界的植物中，是比较常见的一种中药化学成分，以上研究选择了能溶于氘代氯仿的萜类中药化学标准品为研究载体，通过浓度扰动采用 2D-COS 方法研究物质的 NIR 的吸收特征，归属物质的特征吸收波段及特征基团的吸收。

萜类物质由不同个数的异戊二烯结构组成，除了单环单萜类物质外，结构一般都比较复杂，其 NIR 光谱解析归属相对困难。针对每一个载体的二维同步自相关曲线的自相关峰，归属每一个物质特征吸收基团。萜类物质主要是 C—H 吸收，从整体角度归属，萜类物质的主要 NIR 吸收波段为 1388～1442nm、1676～1761nm、1864～1920nm、1990～2145nm 以及 2232～2500nm，为萜类物质的 NIR 光谱解析提供借鉴指导。

5.3　近红外光谱解析实例

NIR 作为突出的过程分析技术，具有快速、无损、实时等优点。在建立 NIR 定量模型的过程中，常采用化学计量学手段对光谱进行波段筛选，以得到目标物质的特征波段，减少计算量，使所建立的模型更具有稳健性和可靠性。但在使用化学计量学筛选波段时，同一种物质由于使用的筛选方法不同，所得到的建模波段并不相同，这使得波段筛选缺乏科学性解析。同时，由于 NIR 谱带重叠严重，谱峰吸收较宽、吸收信号弱等特点，NIR 光谱解析较为困难，而光谱解析是中药 NIR 分析可靠应用的基础之一。

由于 2D-COS 可以发现复杂光谱的特征，提高光谱分辨率，所以应用其解析 NIR 具有重要意义。本节[10,11]以藿香正气口服液中厚朴酚和孕康口服液中异补骨脂素为研究对象，采用 2D-COS 解析 NIR，将得到的解析波段与 iPLS 和 SiPLS 筛选得到的波段分别进行 PLS 建模，比较建模结果的稳健性和可靠性。

5.3.1　藿香正气口服液近红外光谱解析

1) 仪器与材料

FOSS RLA 全息光栅近红外光谱仪(瑞士万通中国有限公司，中国)。光谱采集方式：以透射模式采集光谱，以仪器内部空气为背景，分辨率为 0.5nm，扫描范围为 400～2500nm，扫描次数 32 次，每个样本平行测定 3 次，取平均光谱。Waters 2695 自动高效液相色谱仪，Waters 2996 检测器(Waters 公司，美国)。Agilent ZORBAX SB C18 色谱柱(5μm, 4.6×250mm, Agilent 公司，美国)。近红外样本管(VWR 公司，美国)，移液枪(Eppendorf 公司，美国)，容量瓶(北京博美玻璃有限公司，中国)。实验材料：厚朴酚标准品(中国食品药品检定研究院，中国)，纯度 99.0%，批号 1107129-200402；氘代氯仿(美国剑桥公司，美国)，纯度 99.8%，质谱级，批号 13H-456；甲醇(美国 Fisher 公司，美国)，色谱级；藿香正气口服液(太极集团重庆涪陵制药厂有限公司，中国)，批号：13050147010。

2) 样本的制备

藿香正气口服液：将所购买的同一批次藿香正气口服液混匀，分别精密量取 0.04mL、0.08mL、0.12mL、…、1.92mL、1.96mL、2.00mL 用水定容至 2mL，配置成体积分数为 2%～100%的藿香正气口服液，采用 HPLC 方法测量藿香正气口服液中厚朴酚的含量，以甲醇-水(78：22)为流动相，柱温 25℃，流速 1mL/min，进样体积 10μL，检测波长 294nm。

以保留时间定性，峰面积定量，测得厚朴酚标准曲线为 $y=1\times10^9 x-46159$，$R^2=0.9990$；测得藿香正气口服液中厚朴酚含量 0.1679mg/mL。厚朴酚标准品：氘代氯仿配制 0.2～1.98mg/mL 系列浓度 90 个样本。

3) 光谱处理软件

用 VISION 光谱采集和分析软件(瑞士万通中国有限公司，中国)采集数据，用 Unscrambler 9.7 数据处理软件(CAMO 软件公司，挪威)对数据进行预处理，用 MATLAB 软件(The MathWorks 公司，美国)中自编程序对预处理数据进行二维相关分析。

4) 厚朴酚二维相关分析

90 个溶于氘代氯仿的不同浓度厚朴酚样本和氘代氯仿溶剂的近红外原始光谱如图 5-121 所示，由于氘代氯仿溶剂的强吸收，从原始光谱图上不能直观分辨厚朴酚的特征信息。采用 2D-COS 技术，氘代氯仿纯溶剂与厚朴酚原始光谱的二维相关同步谱如图 5-122 所示，截取其对角线得二维同步自相关曲线(图 5-123)，剔除溶剂的特征吸收峰后，厚朴酚在 1365～1455nm、1600～1720nm、2000～2181nm 和 2275～2465nm 处有特征吸收。结合厚朴酚结构，其中 1440nm 为酚基 O—H 伸缩振动基频的一级倍频谱带，1679nm 为芳基 C—H 及与芳基相连的甲基 C—H 伸缩振动一级倍频谱带，2117nm、2304nm、2339nm 和 2370nm 为芳基 C—H 伸缩振动、弯曲振动和变形振动的组合频，2445nm 为芳基相连的甲基 C—H 弯曲振动基频二级倍频谱带，这些波段为厚朴酚的 NIR 特征归属。

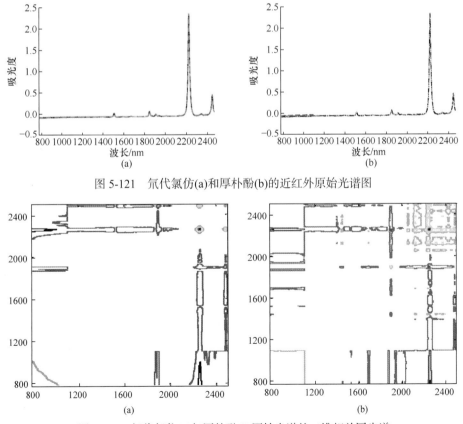

图 5-121　氘代氯仿(a)和厚朴酚(b)的近红外原始光谱图

图 5-122　氘代氯仿(a)与厚朴酚(b)原始光谱的二维相关同步谱

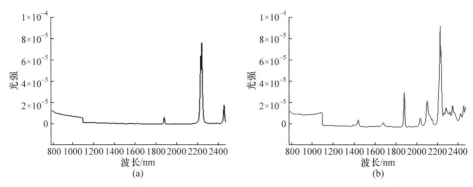

图 5-123 氘代氯仿(a)与厚朴酚(b)原始光谱的二维同步自相关曲线

5) 光谱预处理方法的选择

不同体积分数的藿香正气口服液 NIR 原始光谱如图 5-124 所示。在建模之前，首先对原始光谱进行预处理，可以消除噪声和基线漂移带来的影响。使用不同的预处理方法后模型的相关系数 R^2 越接近 1，说明模型越准确，校正均方根误差(RMSEC)、交叉验证均方根误差(RMSECV)和预测均方根误差(RMSEP)值越小，模型的预测精度越高。采用基线校正(baseline)、标准化(normalize)、SG 平滑(SG)、二阶导数(2d)、SG 平滑+一阶导数(SG+1st)、SG 平滑+二阶导数(SG+2nd)、标准正则变换(SNV)等方法对原始光谱进行预处理，结果如表 5-31 所示，SNV 预处理结果的 R^2_{cal} 和 R^2_{pre} 均大于 0.94，RMSEC、RMSECV和 RMSEP 均较小，选择 SNV 作为最佳预处理方法。

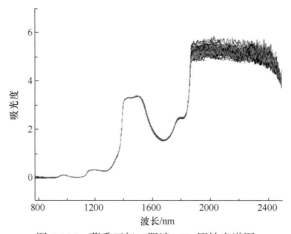

图 5-124 藿香正气口服液 NIR 原始光谱图

表 5-31 不同预处理方法的选择

厚朴酚	因子数	R^2_{cal}	RMSEC	RMSECV	R^2_{pre}	RMSEP
原始光谱	6	0.9838	0.01121	0.06800	0.5274	0.07576
基线校正	4	0.9769	0.01428	0.05517	0.6988	0.05696
标准化	2	0.9395	0.02386	0.02780	0.9335	0.02528
二阶导数	12	0.5286	0.06904	0.10740	0.1446	0.08810
SG	6	0.9947	0.00643	0.06588	0.5597	0.07313

续表

厚朴酚	因子数	R_{cal}^2	RMSEC	RMSECV	R_{pre}^2	RMSEP
SG+1st	7	0.8027	0.04224	0.09349	0.0635	0.09867
SG+2nd	6	0.7532	0.04206	0.09544	−0.2127	0.1273
SNV	3	0.9560	0.02021	0.02884	0.9490	0.02191

6) 建模波段的选择

在建模之前，需要对波段进行变量筛选，所选波段既要包含待测组分的最大信息量，又要尽可能降低噪声干扰，以改善所建模型的预测能力。本书选用 iPLS 和 SiPLS 对 SNV 预处理的光谱数据进行波段筛选，iPLS 筛选结果如图 5-125 所示，最佳波段为 11(1640～1725nm)，SiPLS 波段筛选结果如图 5-126 所示，最佳波段组合为 3、5、6(952～1037nm 和 1124～1296nm)。

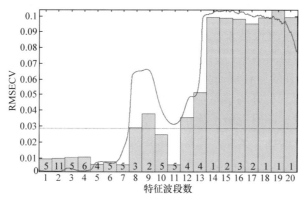

图 5-125　iPLS 波段筛选结果

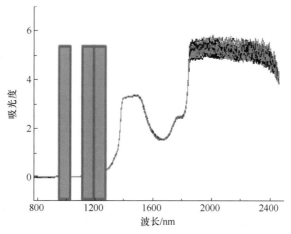

图 5-126　SiPLS 波段筛选图

藿香正气口服液在 1950nm 后组合频区域(图 5-124)，由于水峰存在，干扰较大，不利于建模，所以扣除 1950～2500nm 区域，选择 iPLS 与 SiPLS 筛选的波段和 2D-COS 解析特征波段分别建立 PLS 模型，建模结果如表 5-32 所示。2D-COS 光谱解析得到的单个波段及波段组合所建立的定量模型与化学计量学波段筛选的模型均相对稳定，但是对目标物质进行光谱解析得到的波段更具有目标性，同时克服了化学计量学同一物质筛选得到不同波段的缺点，使光谱解析更具有解释性，为 NIR 建模波段筛选提供借鉴和指导。

表 5-32　不同筛选波段建模

筛选波段(厚朴酚)	因子数	R_{cal}^2	RMSEC	RMSECV	R_{pre}^2	RMSEP
iPLS(11)	3	0.9924	0.0083	0.0092	0.9961	0.0062
SiPLS(3，5，6)	4	0.9944	0.0072	0.0101	0.9940	0.0075
780~1950nm	5	0.9252	0.0263	0.0297	0.9629	0.0187
1365~1445nm	2	0.9622	0.0187	0.0211	0.9848	0.0120
1600~1720nm	3	0.9910	0.0091	0.0100	0.9957	0.0063
1365~1445nm 1600~1720nm	4	0.9942	0.0732	0.0089	0.9925	0.0039

以上研究采用 2D-COS 技术，解析了中药化学标准品厚朴酚的 NIR 光谱。采集不同浓度的藿香正气口服液的 NIR，以厚朴酚为研究对象，用 iPLS 和 SiPLS 方法进行波段筛选，2D-COS 解析得到的厚朴特征波段和化学计量学 iPLS 和 SiPLS 筛选的特征波段建立 PLS 定量模型，均得到良好的结果。这说明 2D-COS 技术光谱解析得到的特征波段对目标物质更具有针对性，同时克服了化学计量学中针对同一目标物质，不同的波段筛选方法得到不同的建模波段这一缺点，使波段选择更具有解释性和科学性。

5.3.2　孕康口服液近红外光谱解析

1) 仪器与材料

FOSS RLA 全息光栅近红外光谱仪(瑞士万通中国有限公司，中国)。光谱采集方式：以透射模式采集光谱，以仪器内部的空气为背景，分辨率为 0.5nm，扫描范围为 400~2500nm，扫描次数 32 次，每个样本平行测定 3 次，取平均光谱。Agilent 1100 自动高效液相色谱仪，(Agilent 公司，美国)，Agilent ZORBAX SB C18 色谱柱(5μm，4.6×250mm，Agilent 公司，美国)。近红外样本管(VWR 公司，美国)，移液枪(Eppendorf 公司，美国)，容量瓶(北京博美玻璃有限公司，中国)。实验材料：异补骨脂素标准品(中国食品药品检定研究院，中国)，纯度99%，批号110738-201313；氘代氯仿(美国剑桥公司，美国)，纯度 99.8%，质谱级，批号 13H-456；甲醇(色谱级，Fisher 公司，美国)；孕康口服液(江西济民可信药业有限公司，中国)，批号：131203。

2) 样本的制备

孕康口服液：将所购买的同一批次的孕康口服液混匀，分别精密量取 0.04mL、0.08mL、0.12mL、⋯、1.92mL、1.96mL、2.00mL 用水定容至 2mL，配置成体积分数为 2%~100%的孕康口服液，采用 HPLC 方法测量孕康口服液中异补骨脂素的含量，以甲醇-水(50:50)为流动相，检测波长 264nm，进样体积 10μL，柱温 25℃，流速 1mL/min。

异补骨脂素：采用氘代氯仿为溶剂，以异补骨脂素为载体，配制 1.00~5.00mg/mL 一系列浓度的样本，共 9 个样本。

3) 光谱处理软件

用 VISION 光谱采集和分析软件(瑞士万通中国有限公司，中国)采集数据，用 Unscrambler 9.7 数据处理软件(CAMO 软件公司，挪威)对数据进行预处理，用 MATLAB 软件(The MathWorks 公司，美国)中自编程序对预处理数据进行二维相关分析。

4) HPLC 分析异补骨脂素含量

采用 HPLC 法测定孕康口服液中异补骨脂素的含量，以保留时间定性，峰面积定量，结果如图 5-127 所示，异补骨脂素含量范围为 0.054～0.189μg 时的标准曲线为 $y=7\times10^6x-6.9995$，$R^2=1.000$，测得孕康口服液中异补骨脂素含量为 0.0122mg/mL，实验设计的孕康口服液样本中异补骨脂素的含量范围为 0.49～24.40μg，平均含量为 11.97μg。

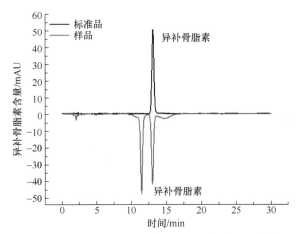

图 5-127　异补骨脂素与孕康口服液的高效液相色谱图

5) 异补骨脂素二维相关分析

对 9 个不同浓度异补骨脂素样本进行 NIR 采集，对原始光谱进行相关分析，结果与第三章一致，异补骨脂素在 1376～1429nm、1596～1692nm 和 2107～2143nm 处特征吸收。

氘代氯仿溶剂与溶于氘代氯仿的异补骨脂素的原始光谱见图 5-128，氘代氯仿和溶于氘代氯仿的异补骨脂素在原始光谱图上不能直观分辨物质特征吸收，这些波段为异补骨脂素的主要 NIR 吸收波段。进一步对样本光谱进行二维相关分析，如图 5-129 所示。图 5-130 是原始光谱的二维相关同步谱的切片谱。

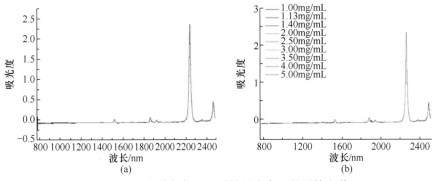

图 5-128　氘代氯仿(a)和异补骨脂素(b)的原始光谱

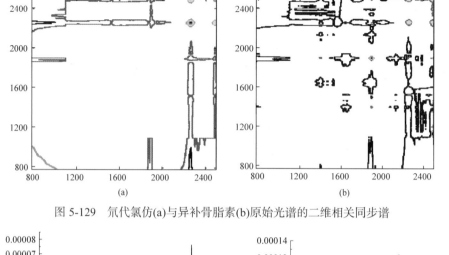

图 5-129　氘代氯仿(a)与异补骨脂素(b)原始光谱的二维相关同步谱

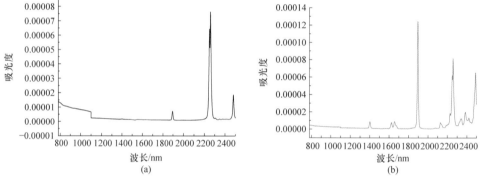

图 5-130　氘代氯仿(a)与异补骨脂素(b)原始光谱的二维相关同步谱的切片谱

6) 光谱预处理方法的选择

不同成体积分数的孕康口服液 NIR 原始光谱如图 5-131 所示。在建模之前，首先对原始光谱进行预处理，以消除噪声和基线漂移的影响。使用不同的方法处理后模型的 R^2 越接近 1，说明模型越准确，RMSEC、RMSECV、RMSECP 值越小说明模型的预测精度越高，采用基线校正、标准化、SG、2d、SG+1st、SG+2nd、SNV 等方法对原始光谱进行预处理，结果如表 5-33 所示，根据表 5-33 结果及图 5-132 所示，以基线校正预处理方法结果较好。

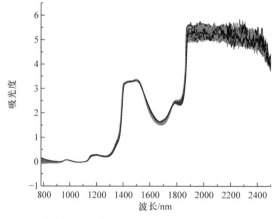

图 5-131　孕康口服液 NIR 原始光谱

表 5-33 不同预处理方法的选择

预处理方法	因子数 s	校正集		验证集		预测集		RPD
		RMSEC	R^2	RMSECV	R^2	RMSEP	R^2	
原始光谱	2	0.48	0.9955	1.18	0.9745	1.05	0.9758	6.79
基线校正	3	0.51	0.9951	1.27	0.9716	1.00	0.9923	7.13
标准化	3	0.63	0.9926	1.27	0.9716	1.10	0.9715	6.48
2d	3	1.12	0.9736	3.37	0.7756	4.07	0.6813	1.72
SG	2	0.68	0.9914	1.25	0.9728	0.96	0.9776	7.43
SG+1st	4	0.23	0.9988	4.77	0.5401	4.71	0.6042	1.51
SG+2nd	6	1.36	0.9647	6.73	0.1867	6.11	0.0949	1.17
SNV	2	0.65	0.9921	1.29	0.9705	1.12	0.9708	6.37

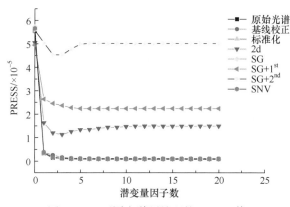

图 5-132 不同光谱预处理的 PRESS 值

7) 建模波段的选择

选用 iPLS 和 SiPLS 对基线校正预处理的光谱数据进行波段筛选，iPLS 波段筛选结果如图 5-133 所示，最佳范围为 12(1726～1871nm)，SiPLS 结果如图 5-134 所示，最佳波段组合为 5、11 和 13(1124.5～1209.5nm、1640～1725nm 和 1811.5～1892.5nm)。

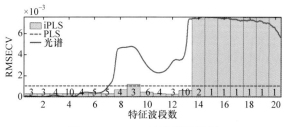

图 5-133 iPLS 波段筛选结果

选择化学计量学筛选的波段和 2D-COS 解析的异补骨脂素特征波段分别进行 PLS 建模，由于水峰的存在，1950nm 后组合频干扰较大，扣除这一部分区域建模，建模结果如

表 5-34 所示，不同建模波段的 PRESS 值如图 5-135 所示。2D-COS 光谱解析波段所建立的定量模型与化学计量学波段筛选的模型均相对稳定，说明采用光谱解析方法得到的特征波段在建立定量模型时更具有科学性和解释性，克服了不同化学计量学波段筛选得到不同波段的缺点，为 NIR 建模波段筛选提供借鉴和指导。

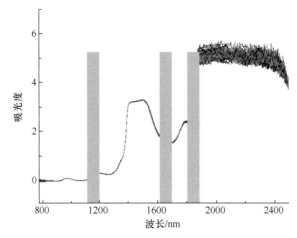

图 5-134 SiPLS 波段筛选结果

表 5-34 不同筛选波段的选择

变量选择	因子数 s	校正集		验证集		预测集		RPD
		RMSEC	R^2	RMSECV	R^2	RMSEP	R^2	
iPLS(12)	2	0.27	0.9987	0.30	0.9985	0.23	0.9987	31.00
SiPLS(5, 11, 13)	3	0.40	0.9970	0.67	0.9921	0.43	0.9955	16.58
1376~1429nm	1	0.70	0.9908	0.75	0.9902	0.66	0.9894	10.80
1596~1692nm	2	0.64	0.9923	0.73	0.9906	0.54	0.9931	13.21
1376~1429nm 1596~1692nm	1	0.31	0.9982	0.32	0.9982	0.22	0.9988	32.41

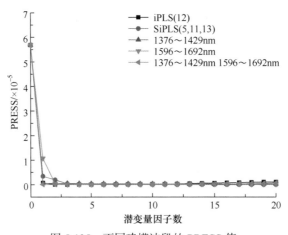

图 5-135 不同建模波段的 PRESS 值

　　以上研究采用 2D-COS 技术解析了中药化学标准品异补骨脂素的 NIR 光谱，异补骨脂素的主要 NIR 吸收波段为 1376～1429nm、1596～1692nm、2107～2143nm。iPLS 和 SiPLS 对不同浓度的孕康口服液 NIR 进行波段筛选后，以 2D-COS 解析的异补骨脂素特征波段和化学计量学 iPLS 和 SiPLS 筛选的特征波段共同建立 PLS 定量模型，得到良好的结果，这使波段选择更具有解释性和科学性。

参 考 文 献

[1] 彭严芳. 近红外光谱特征吸收波段解析方法研究[D]. 北京中医药大学,2014.

[2] 裴艳玲, 吴志生, 史新元, 等. 中药关键质量属性快速评价(Ⅱ): 近红外光谱解析策略例证[J]. 光谱学与光谱分析, 2014, 34(9): 2391-2396.

[3] Ozaki Y. Near-infrared spectroscopy—Its versatility in analytical chemistry[J]. Analytical Sciences , 2012, 28(6): 545-563.

[4] Noda I. Generalized two-dimensional correlation method applicable to infrared, Raman, and other types of spectroscopy[J]. Applied Spectroscopy, 1993, 47(9): 1329-1336.

[5] Ma L J, Liu D H, Du C Z, et al. Novel NIR modeling design and assignment in process quality control of Honeysuckle flower by QbD[J]. Spectrochimica Acta Part A: Molecular and Biomolecular Spectroscopy, 2020, 242:

[6] 吴志生, 刘晓娜, 谭鹏, 等. 基于 2D-COS 红外光谱的附子炮制过程时序段解析研究[J]. 光谱学与光谱分析, 2017, 37(6): 1745-1748.

[7] 裴艳玲. 三类中药常见化学成分 NIR 光谱解析研究[D]. 北京中医药大学, 2015.

[8] Ma L J, Peng Y F, Pei Y L, et al. Systematic discovery about NIR spectral assignment from chemical structural property to natural chemical compounds[J]. Scientific Reports, 2019, 9(1): 9503.

[9] 沃克曼, 文伊. 近红外光谱解析实用指南[M]. 褚小立, 许育鹏, 田亮友, 译. 北京: 化学工业出版社, 2009.

[10] 裴艳玲, 吴志生, 史新元, 等. 厚朴酚近红外光谱的 2D-COS 解析及其在藿香正气口服液模型中应用[J]. 光谱学与光谱分析, 2015, 35(8): 2119-2123.

[11] Pei Y L, Wu Z S, Shi X Y, et al. NIR assignment of isopsoralen by 2D-COS technology and model application in yunkang oral liquid[J]. Journal of Innovative Optical Health Sciences, 2015, 8(6): 1550023.

第六章　中药制造近红外方法可靠性

中药制造近红外测量可提高药品质量指标的分析速度和效率，但与此同时，需采用适宜的方法来评价测量结果的准确性及提高分析过程的可靠性，以增强使用者和监管者采纳 NIR 测量结果的信心。近红外测量过程中，人员、样本、参考方法、仪器、测量、环境等因素的改变都会影响近红外测量准确性，降低模型性能。例如，温度和湿度的变化会导致所测定的光谱吸收峰发生偏移、展宽及吸收强度改变等非线性变化；仪器的改变，如仪器的变换、老化或维修会导致信号产生漂移或非线性问题；样本的变化和工艺的改变，所建模型样本与新样本的化学或物理性质改变，如原料，样本的组分、粒径、黏度、表面结构等发生变化而引起的差异均会导致原模型的预测性能下降。如何控制这些因素的变化，减少定量检测的误差，保证近红外定量检测的可靠性，降低其在日常应用中的风险，是近红外测量工作者亟须解决的问题。

误差理论是分析化学基础学科的核心，是中药质量分析的理论基础之一。分析方法的品质因数，如检测限、灵敏度、准确性、不确定度等(图 6-1)，在分析化学中是非常重要的概念，可对测量结果的可靠性和适用性给出合理估价，亦可作为选择方法和优化实验条件的目标函数，将传统标量分析方法的品质因数拓广至多元校正具有十分重要的意义。

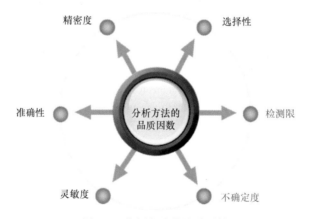

图 6-1　分析方法的品质因数

国际分析学者将经典分析化学中的检测限、灵敏度、选择性、不确定度等品质因数及结果可靠性评价为分析化学工作者广泛认可的基本概念，以误差传递理论为基础，将其拓广到多变量校正过程中，为分析工作者针对不同分析体系，选择正确定量校正方法，评价测量结果的可靠性提供了理论依据。

近红外光谱的定量检测是一种二级分析方法，参考方法选择的合适与否直接决定了能否实现准确的定量检测。对未知样本的预测，需要借助一些化学计量学方法。多变量校正方法的误差源主要有：校正集样本浓度参考值测量误差、样本光谱测量噪声及校正模型的不完善引起的误差，后两项误差通常交错在一起，因此统称为模型误差。多变量校正方法的预测误差主要包括三项：校正集样本光谱噪声；校正集样本浓度参考值误差；预测集样本光谱噪声。近红外的应用主要涉及建模参数选择、模型验证、更新和传递等。建立稳健可靠的定量模型是近红外技术应用的前提，选择合适的建模参数有助于提高模型的稳健性和准确性。

6.1 方法中模型检测限

6.1.1 概述

1947 年，德国 Hkaiser 首次提出了有关分析方法检测限的概念，并提出检测限和分析方法的精密度、准确度。精密度也是评价一个分析方法测试性能的重要指标。国际纯粹与应用化学联合会(international union of pure and applied chemistry，IUPAC)于 1975 年正式推行使用检测限的概念及相应估算方法，于 1998 年又发表了《分析术语纲要》(IUPAC compendium of analysis nomenclature)，将检测限定义为：某特定方法在给定的置信度内可从样本中检出待测物质的最小浓度或量。检出限是分析测试的重要指标，对于仪器性能的评价和方法的建立都是重要的基本参数之一。

长期以来，在如何正确或准确地估算检测限的问题上，国际分析界一直存有争议。各个领域的检测人员针对检出限概念、估算方法及在各个不同领域的应用都进行了大量的探讨，其中单变量检测限计算较为明确，而针对多变量的检测限基于不同的角度或不同的侧重点，分析学者们提出了基于不同理论的检出限的计算方法，这些理论主要包括：奈曼-皮尔森检测理论、校准曲线预测区间理论、信噪比理论及非参数等[1-4]。

本课题组针对变量模型构建与性能提升，提出了中药近红外(NIR)实时检测误差理论，创建了中药质量 NIR 实时检测的多变量检测限计算方法[5,6]，阐明了中药 NIR 实时检测的多变量检测限由 1000ppm 降低到 10ppm。近红外光谱分析技术主要由两个要素组成，一个是准确、稳定地测定样本的吸收或漫反射光谱的硬件技术，另一个是定量校正模型。建立可靠、稳健近红外定量模型是近红外光谱分析技术的关键。

6.1.2 多变量检测限理论

分析检测理论存在一个普遍的校正模型公式[7-9]，即

$$y_x = \alpha + f(x, \beta) + \varepsilon \tag{6-1}$$

式中，y_x 表示分析浓度 x 时分析检测的响应值；α 表示背景参数；$f(x, \beta)$ 是一个单调函数，β 是参数或向量；ε 是 y_x 测量误差，符合正态分布，均值为 0，方差为 σ^2。

式(6-1)中单调函数 $f(x, \beta)$ 大多数条件下是未知的，且参数 α、β、σ 也是未知的，必须进行多次实验研究，获得单调函数 $f(x, \beta)$ 的关系式。例如，n 个样本，m 个浓度水平，作出 $y_N(N=1, 2, 3, \cdots, n)/x_N$ 的函数关系图，求出平均值 y_N 和标准差 S_N，最后，方差齐性

检验为统计学参数选择提供依据。其中，单调函数 $f(x,\beta)$ 最简单的例子是线性模型函数，即

$$y_x = \alpha + \beta x + \varepsilon \tag{6-2}$$

下面以线性模型函数关系为例，推导线性模型函数检测限相关参数求解过程。式(6-2)采用最小二乘拟合，得到

$$\hat{\alpha} = \overline{y} - \hat{\beta}\overline{x} \tag{6-3}$$

$$\hat{\beta} = Q_{xy}/Q_{xx} \tag{6-4}$$

$$\hat{\sigma}^2 = [Q_{xx} - Q_{xy}^2/Q_{xx}]/(n-2) \tag{6-5}$$

式中，$Q_{xx} = \sum\limits_{i=1}^{m} n_i(x_i - \overline{x})^2$，$Q_{yy} = \sum\limits_{i=1}^{m}(y_i - \overline{y})^2$，$Q_{xy} = \sum\limits_{i=1}^{m} n_i(x_i - \overline{x})(y_i - \overline{y})$。

根据多次测量分析，$\hat{\varepsilon} = Y - \hat{\alpha} - \hat{\beta}x$，$\hat{Y}$ 和 $\hat{x}$ 代替真实值 y 和 x，随机方差 ε 在统计学上符合正态分布，均值为 0，方差为 $\sigma^2\omega_x^2$。

$$\omega_x^2 = \frac{1}{r} + \frac{1}{n} + \frac{(x - \overline{x})^2}{Q_{xx}} \tag{6-6}$$

由此绘出响应值 Y 与物质浓度 x 的线性关系图，见图6-2。

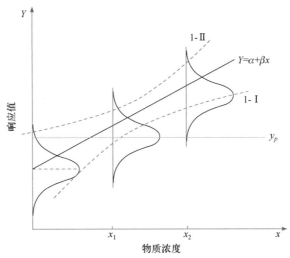

图6-2　响应值 Y 与物质浓度 x 的线性关系示意图

y_p 表示检测阈值，虚线表示两类误差线(I 为假阳性误差，II 为假阴性误差)

根据 N-P 准则设定检测阈值 y_p 条件，其检测规律为：如果 $Y > y_p$，肯定 $x > 0$。依据误差分析理论，假阳性误差概率为 p，即 $x = 0$ 时，y_p 线与分布曲线交叉处面积(y 轴正方向)。统计学上得到

$$y_p = \alpha + \sigma Z_p/\sqrt{r} \tag{6-7}$$

Z_p 为标准正态分布 100p 百分率位点。

由此，对于一个未知样本，在 r 次测定条件下，能够被检测的概率应为

$$pr\{Y > y_p \mid X = x\} = 1 - q_x \tag{6-8}$$

$$q_x = pr\left\{Z \leqslant Z_p - \frac{\beta r}{\sigma \sqrt{r}} \mid X > 0\right\} \tag{6-9}$$

q_x 定义为假阴性误差概率，在参数 α、β、r 和 p 已知条件下，得到图 6-3。图中 x_1 为美国环境保护机构规定的方法检测限值。从图中可以看出，反复运用检测规律"如果 $Y > y_p$；肯定 $x > 0$"出现的假阴性概率为 50%。因此，两类误差分析理论的运用对于方法准确性至关重要。重新回到式(6-7)，两类误差公式也可以表示为

$$I = pr\{Y > y_p \mid X = 0\}; \quad II = pr\{Y \leqslant y_p \mid X > 0\} \tag{6-10}$$

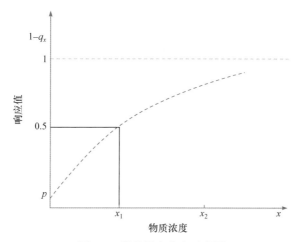

图 6-3　误差概率分布示意图

依据两类误差分析理论，将检测规律重新定义为"对于任何 $Y > y_p$，肯定 $x > 0$"。采用 $\hat{y}_p$ 代替 y_p，样本响应值由正态分布(均值为 0，方差为 σ^2)转变为 t 分布，由此

$$\hat{y}_p = \hat{\alpha} + \omega_0 \hat{\sigma} t_p \tag{6-11}$$

式中，t_p 为 t 分布 100p 百分率位点。

$pr\{Y > y_p \mid X = x\} = 1 - q_x$ 转换为

$$pr\{Y > \hat{\alpha} + \omega_0 \hat{\sigma} t_p\} = 1 - q_x \tag{6-12}$$

在统计学上，对于正态分布随机变量 Z 和 S_v，在 v 个自由度条件下会得出 ZS_v^2 符合 χ^2 分布。同时，在非参数 Δ 和 v 个自由度条件 t 分布中，推导出 $T_\Delta = (Z + \Delta)/S_V$。

根据非参数分布 $X = x$，$\hat{\alpha}$ 为 σS_v 时，$Y - \hat{\alpha}$ 定义为 $\beta x + \sigma \omega_0 Z$，则式(6-12)转换为

$$1 - q_x = pr\{Y > \hat{\alpha} + \omega_0 \hat{\sigma} t_p\} = pr\{\beta x + \sigma \omega_0 Z > \sigma \omega_0 t_p S_v\}$$

由 $\Delta = x\beta / \omega_0 \sigma$，公式进一步推导为

$$pr\{(\Delta + Z)/S_v > t_p\}$$

最后可得

$$1 - q_x = pr\{T_\Delta > t_p\} \tag{6-13}$$

依据 $\Delta = x\beta/\omega_0\sigma$ ，分析物能够被检测的阈值确定为

$$x_{dp,q} = \omega_0 \Delta_{p,q} \sigma/\beta \tag{6-14}$$

估计值

$$x'_d = \omega_0 \Delta_{p,q} \hat{\sigma}/\hat{\beta} \tag{6-15}$$

$$x_{d,es} = \omega_0 \Delta_{p,q} \tag{6-16}$$

查 t 分布表中 $\Delta_{p,q}$ 值，计算：$\omega_0^2 = \dfrac{1}{r} + \dfrac{1}{n} + \dfrac{(\overline{x})^2}{Q_{xx}}$ ，$\hat{\alpha} = \overline{y} - \hat{\beta}\overline{x}$ ，$\hat{\beta} = Q_{xy}/Q_{xx}$ ，求出检测限。

根据两类误差分析理论，由单变量检测限很容易求出以上参数。因此，本书略去讨论单变量检测限求解过程，主要针对多变量多维数据体系(如 NIR、Raman 等)，讨论多变量检测限求解的理论基础。Currie、Hubaux 和 Vos 是提出多变量检测限的先驱。多变量检测限研究发展到今天主要包括以下四个理论：

(1) 基于净分析信号理论的多变量检测限求解，即提取分析物质的特征信息信号，排除干扰物质的信号，借助于单变量检测限公式求解；

(2) 基于误差传递理论的多变量检测限求解[7]；

(3) 统计学理论(置信区间)的多变量检测限求解[7]；

(4) 逆矩阵模型的多变量检测限求解[8]。

本书着重讨论(2)、(3)和(4)三种理论。

首先，多变量线性模型函数表达式为

$$C = R\beta + \varepsilon \tag{6-17}$$

其中，R 是($I \times J$)的响应值矩阵，I 是样本数，J 是光谱变量数；β 是($J \times k$)的回归矩阵，k 是待测分析成分；C 是($I \times k$)浓度矩阵；ε 是($I \times 1$)残差矩阵。

矩阵(6-17)求逆变换为 $\hat{b}_k = \hat{R}^+ c_k$ ，那么，未知样本浓度 $\hat{c}_{un,k}$ 求解为

$$\hat{c}_{un,k} = r_{un}^T \hat{R}^+ c_k = r_{un}^T \hat{b}_k \tag{6-18}$$

检测分析符合正态分布，并存在置信区间$\pm\gamma$ ，如图 1 所示，公式(6-18)表示为

$$\hat{c}_{un,k} - \hat{\gamma} \leqslant \hat{c}_{un,k} < \hat{c}_{un,k} + \hat{\gamma} \tag{6-19}$$

样本估计符合 t 分布情况：

$$\hat{\gamma} = t_{1-\alpha/2,v} \operatorname{var}(\hat{c}_{un,k})^{\frac{1}{2}} \tag{6-20}$$

采用两类误差分析理论，I 类误差(假阳性误差)也就是 $\hat{c}_k$ 为 0，为此

$$\hat{c}_j - \hat{\gamma} = 0 \text{ ，即 } \hat{c}_k = r^T \hat{b}_k = \sum_{j=1}^{J} r_j \hat{b}_i = t_{1-\alpha/2,v} \operatorname{var}(\hat{c}_{D,k})^{\frac{1}{2}} \tag{6-21}$$

另外，Ⅱ类误差(假阴性误差)：

$$\sum_{j=1}^{J} r_j \hat{b}_i = t_{1-\beta/2,v} \operatorname{var}(\hat{c}_{D,k})^{\frac{1}{2}} \tag{6-22}$$

同时考虑两类误差，多变量检测限为

$$\mathrm{MDL} = (t_{1-\alpha/2,v} + t_{1-\beta/2,v}) \operatorname{var}(\hat{c}_{D,k})^{\frac{1}{2}} \tag{6-23}$$

式(6-23)中多变量定量限满足 t 分布，根据前面讨论 $\Delta_{p,q}$ 问题，即 $(t_{1-\alpha/2,v} + t_{1-\beta/2,v}) = \Delta_{p,q}$，则式(6-23)转换为

$$\mathrm{MDL} = \Delta_{p,q} \operatorname{var}(\hat{c}_{D,k})^{\frac{1}{2}} \tag{6-24}$$

根据误差传递理论：

$$\operatorname{var}(\hat{c}_{un,k}) \approx (I^{-1} + \hat{h}_{un})\left[\hat{\sigma}_\varepsilon^2 + \hat{\sigma}_c^2 + \left\|\hat{b}_k\right\|^2 \hat{\sigma}_R^2\right] + \hat{\sigma}_{\varepsilon_{un}}^2 + \left\|\hat{b}_k\right\|^2 \hat{\sigma}_{r_{un}}^2 \tag{6-25}$$

式中，$\hat{\sigma}_c^2$、$\hat{\sigma}_R^2$、$\hat{\sigma}_{r_{un}}^2$ 分别为分析物参考值测量误差、校正集样本相应的预测误差、测试集样本相应的预测误差；$\hat{\sigma}_\varepsilon^2$ 和 $\hat{\sigma}_{\varepsilon_{un}}^2$ 分别为校正集和测试集残差；$\hat{h}_{un}$ 是未知样本的杠杆率；逆矩阵的转换中，$\hat{h}_{un}$ 和 $\hat{b}_k$ 能够通过 PLS、PCR 等模型求得。

此外，如果分析物响应误差被忽略，则式(6-25)转换为

$$\operatorname{var}(\hat{c}_{un,k}) \approx (I^{-1} + \hat{h}_{un})(\hat{\sigma}_\varepsilon^2 + \hat{\sigma}_c^2) + \hat{\sigma}_{\varepsilon_{un}}^2 \tag{6-26}$$

当分析物参考值测量误差被忽略时，式(6-26)简化为

$$\operatorname{var}(\hat{c}_{un,k}) \approx (I^{-1} + \hat{h}_{un} + 1)\hat{\sigma}_\varepsilon^2 \tag{6-27}$$

那么，对于式(6-25)，忽略了残差等参数误差，引入了校正集均方差均值，改进式(6-25)，即

$$\hat{\mathrm{var}}_{un} = [(1+h)\mathrm{MSEC} - \sigma_c^2] \tag{6-28}$$

$$\mathrm{MSEC} = \frac{\sum_{i=1}^{i}(\hat{y}_i - y_i)^2}{I - d.f.} \tag{6-29}$$

式中，$\hat{y}_i$ 和 y_i 分别为样本 i 拟合值和测量参考值。

$$\mathrm{MDL} = \Delta_{p,q}[(1+h)\mathrm{MSEC} - \sigma_c^2] \tag{6-30}$$

以上内容根据误差传递理论和逆矩阵模型研究了多变量检测限求解公式，与目前的多变量检测限公式($\hat{C}_{\mathrm{MDL}} = 3S_{\mathrm{blank}}b$)仍然采用单变量检测限公式推导相比，更加具有数学基础和统计学意义。所考察的多变量检测限求解公式能够用于下文中多种中药分析体系、多种技术类型及多种采样方式的近红外多变量检测限研究。但是公式中仍存在一些不足：

(1) 采用误差传递理论，忽略了系列的误差变量；

(2) 基于参数模型的多变量检测限分析理论引入了校正模型的参数指标,却未融入预测集的参数指标。

因此,多变量检测限的基础理论研究仍有待进一步完善。

6.1.3　多变量误差传递理论

基于奈曼-皮尔逊假设检验的多变量检测限基本公式,显然,近红外光谱分析技术的预测精度与模型建立方法中样本集划分比例、光谱预处理方法、潜变量因子数选择、变量筛选方法等因素密切相关[9],可以将其表达为

$$Y=f(K, P, \text{LVs}, V, \cdots)$$

其中,Y 代表模型的预测精度(可用误差来表示);K 代表样本集划分比例;P 表示光谱预处理方法;LVs 代表潜变量因子数;V 代表变量筛选方法。本部分从以下四个不同角度进行多变量误差传递与量化研究。

(1) 在建模过程中光谱预处理方法、潜变量因子数和变量筛选方法固定的情况下,考察不同样本集划分比例之间误差传递的大小,即

$$Y=f(K) \quad (\text{当 } P, \text{LVs}, V \text{ 固定时})$$

(2) 在建模过程中样本集划分比例、潜变量因子数和变量筛选方法固定的情况下,考察不同预处理方法之间误差传递的大小,即

$$Y=f(P) \quad (\text{当 } K, \text{LVs}, V \text{ 固定时})$$

(3) 在建模过程中样本集划分比例、预处理方法和变量筛选方法固定的情况下,考察不同潜变量因子数之间误差传递的大小,即

$$Y=f(\text{LVs}) \quad (\text{当 } K, P, V \text{ 固定时})$$

(4) 在建模过程中样本集划分比例、预处理方法和潜变量因子数固定的情况下,考察不同变量筛选方法之间误差传递的大小,即

$$Y=f(V) \quad (\text{当 } K, P, \text{LVs 固定时})$$

具体实施如下:以建立 PLS 模型为例,计算各建模参数之间误差传递大小。首先,考察原始光谱、SG 平滑法、SG+1 阶导数、标准正则变换(SNV)及基准校正不同光谱预处理方法之间误差传递大小,采用两类误差的多变量检测限求解方法,同时考虑 I 类误差和 II 类误差为 5% 时,计算各预处理方法下的 MDL 值;其次,通过调整 I 类误差和 II 类误差,使其他预处理方法的预测精度(MDL 值)与最优预处理方法的预测精度(MDL 值)尽可能相近;最后,首先保证 I 类误差概率 p 不变,调整 II 类误差概率 $q(t$ 分布表),计算建模过程其他数据预处理,相比最优预处理方法的 II 类误差传递值,实现建模过程误差量化。

同理,分别考察样本集划分、潜变量因子选择、特征变量筛选的多变量误差传递与量化问题,最终实现中药制药过程建模可靠性与误差解析,解决中药制药过程建模方法是否可靠的问题。实现步骤示意图如图 6-4~图 6-7。

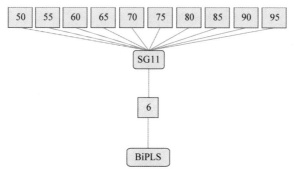

图 6-4　样本集划分比例示意图

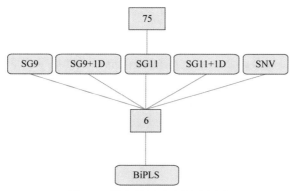

图 6-5　潜变量因子选择示意图

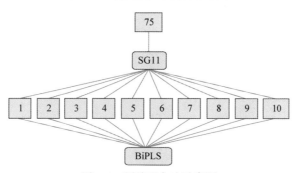

图 6-6　预处理方法示意图

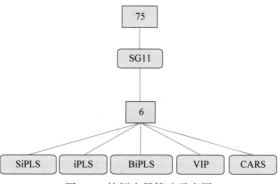

图 6-7　特征变量筛选示意图

6.1.4　中药制造近红外方法误差传递研究

完整 NIR 定量模型建立过程包括样本集划分比例、光谱预处理、潜变量因子选择及变量筛选等步骤，本节[10]以开源玉米 NIR 数据及栀子中试在线提取 NIR 数据为研究对象，基于多变量误差传递理论和多变量检测限理论，考察 NIR 定量模型建立过程中样本集划分比例、光谱预处理、潜变量因子选择和变量筛选方法四个步骤从上一个参数选择到下一个参数选择产生的误差，并进行量化，通过误差传递的大小筛选每一步的建模参数，建立稳健可靠的定量模型。

1. 样本集划分比例误差传递研究

1) 实验数据和软件

玉米近红外光谱数据主要包括三种光谱仪器(M5、MP5、MP6)测定的 80 个样本及参考值水分、蛋白质、淀粉及油脂含量，采样间隔 2nm，共 700 个变量，来源于 http://www.eigenvector.com/data/Corn/index.html。本书以 MP5 仪器近红外光谱及水分含量数据为研究对象，光谱波长范围为 1100~2498nm，相应含量范围为 9.38%~10.99%。

栀子经中试三次水提过程在线采集的近红外光谱数据，共包含 75 份样本，参照 2015 版中国药典(2015 版)高效液相色谱法(HPLC)确定其指标性成分栀子苷含量。

2) 数据分析及计算软件

样本集划分方法采用 Kennard-Stone(KS)法。预处理方法采用 SG9、SG11、1D、SNV 和基线校正。变量筛选方法采用 iPLS、BiPLS、SiPLS、VIP、CARS。模型评价采用经典化学指示参数：校正集决定系数(R_{cal}^2)、校正均方根误差(RMSEC)、交叉验证均方根误差(RMSECV)、验证集决定系数(R_{pre}^2)、预测均方根误差(RMSEP)。上述数据分析均采用 Unscrambler 数据分析软件(version 9.6，挪威 CAMO 软件公司)和 MATLAB(MATLAB，The MathWorks，Massachussetts)软件。

3) 最佳样本集划分比例筛选

在建模过程中光谱预处理方法、潜变量因子数和变量筛选方法固定的情况下，考察不同样本集划分比例之间误差传递的大小：

$$Y=f(K)　　(当 P，LVs，V 固定时)$$

选择代表性的校正集样本是保证近红外定量模型稳健性的重要前提。将校正集样本个数占样本总数的比例分别设定为 50%、55%、60%、65%、70%、75%、80%、85%、90% 和 95%进行建模，分析比较采用不同比例校正集和验证集对所建模型的影响。不同校正集样本比例的建模结果见图 6-8，可知在总样本数一定的情况下，采用不同比例的校正集建立近红外定量模型，模型的预测性能有明显不同。从玉米样本(图 6-8(a))和栀子样本(图 6-8(b))中可以看出，不同校正集样本比例下建立的近红外模型结果不同且没有一定的规律。玉米样本在校正集比例为 65% 时模型预测性能最好，而栀子样本在校正集比例为 70% 模型预测性能最好。由此可得较小比例校正集或较大比例校正集都会使模型的预测性能下降。

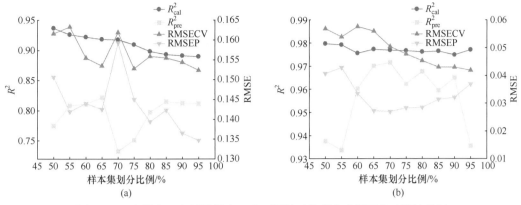

图 6-8 玉米样本(a)和栀子样本(b)在不同校正集样本比例下的建模结果图

4) 样本集划分比例对误差传递的影响研究

设置 I 类误差和 II 类误差为 5%,分别计算两套数据在不同校正集样本比例下的 MDL 值,详细计算结果见表 6-1。参考 t 分布表同时固定 II 类误差不变,调整 I 类误差,计算达到最佳预测模型时不同校正集样本比例之间误差传递的大小,结果见图 6-9。从图中可以看出,不同比例的校正集样本所建立的模型的 MDL 值不同,玉米样本在校正集样本比例为 65% 时 MDL 值最小,当校正集样本比例为 50%、70% 和 95% 时犯 II 类误差的概率大 15%,校正集样本比例为 55%、60%、75%、80% 和 85% 时犯 II 类误差的概率大 5%,校正集样本比例为 90% 时犯 II 类误差的概率要大 35%;同样的栀子样本在校正集样本比例为 70% 时 MDL 最小,当校正集样本比例为 50% 和 55% 时犯 II 类误差的概率大 65%,校正集样本比例为 60% 和 90% 时犯 II 类误差的概率大 35%,校正集样本比例为 65%、75% 和 80% 时犯 II 类误差的概率大 5%,校正集样本比例为 95% 时犯 II 类误差的概率大 55%。

表 6-1 不同校正集与验证集比例对误差传递的影响

数据	样本集比例/%	LVs	p	q	MDL/(g/mL)	修正(g/mL)	修正 $q/\Delta q$
玉米	50,40	7	0.05	0.05	9.777×10^{-2}	7.478×10^{-2}	0.2/0.15
	55,44	7	0.05	0.05	8.550×10^{-2}	7.712×10^{-2}	0.1/0.05
	60,48	7	0.05	0.05	8.730×10^{-2}	7.874×10^{-2}	0.1/0.05
	65,52	7	0.05	0.05	8.544×10^{-2}	参比	参比
	70,56	7	0.05	0.05	1.062×10^{-1}	8.124×10^{-2}	0.2/0.15
	75,60	7	0.05	0.05	8.841×10^{-2}	7.974×10^{-2}	0.1/0.05
	80,64	7	0.05	0.05	9.243×10^{-2}	8.336×10^{-2}	0.1/0.05
	85,68	7	0.05	0.05	8.757×10^{-2}	7.898×10^{-2}	0.1/0.05
	90,72	7	0.05	0.05	1.418×10^{-1}	8.259×10^{-2}	0.4/0.35
	95,76	7	0.05	0.05	9.564×10^{-2}	7.135×10^{-2}	0.2/0.15
栀子	50,38	7	0.05	0.05	7.719×10^{-3}	2.460×10^{-3}	0.7/0.65
	55,41	7	0.05	0.05	7.893×10^{-3}	2.704×10^{-3}	0.7/0.65

续表

数据	样本集比例/%	LVs	p	q	MDL/(g/mL)	修正 MDL(g/mL)	修正 $q/\Delta q$
栀子	60，45	7	0.05	0.05	4.776×10^{-3}	2.782×10^{-3}	0.4/0.35
	65，49	7	0.05	0.05	3.132×10^{-3}	2.825×10^{-3}	0.1/0.05
	70，53	7	0.05	0.05	3.051×10^{-3}	参比	参比
	75，56	7	0.05	0.05	3.338×10^{-3}	3.010×10^{-3}	0.1/0.05
	80，60	7	0.05	0.05	3.372×10^{-3}	3.041×10^{-3}	0.1/0.05
	85，64	7	0.05	0.05	4.200×10^{-3}	2.798×10^{-3}	0.3/0.25
	90，68	7	0.05	0.05	4.618×10^{-3}	2.690×10^{-3}	0.4/0.35
	95，71	7	0.05	0.05	6.903×10^{-3}	2.941×10^{-3}	0.6/0.55

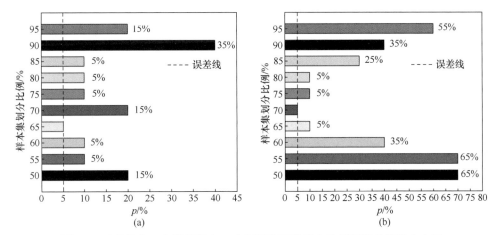

图 6-9　玉米样本(a)和栀子样本(b)在不同校正集样本比例下误差传递大小图

以上研究以开源玉米 NIR 数据和中药栀子 NIR 数据为研究载体，基于多变量误差传递理论，研究不同样本集划分比例之间误差传递的大小，玉米样本最佳校正集比例为 65%时模型预测性能最好，栀子样本在校正集比例为 70%时模型预测性能最好。

2. 光谱预处理误差传递研究

1) 最佳光谱预处理方法筛选

玉米数据与中药复方数据的原始近红外光谱图见图 6-10。选择 SG9、SG11、1D、SNV 和基线校正五种常用的预处理方法为代表，计算不同预处理方法之间误差传递大小。首先采用经典的化学计量学指示参数评价不同预处理方法对模型性能的影响。表 6-2 为各预处理方法所建立模型的性能指标。对于玉米数据，原始光谱经 SG9 预处理后，模型的预测准确度明显提高；对于中药复方数据采用 SG9+1D 预处理方法所建模型性能较其他方法较理想，因此，将上述两种预处理方法作为两组数据的最佳预处理方法。

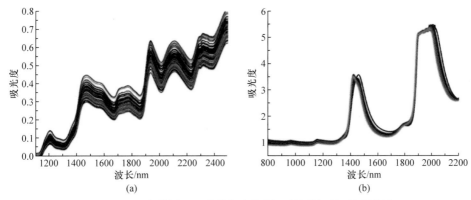

图 6-10 玉米数据(a)及中药复方数据(b)的原始近红外光谱图

表 6-2 不同预处理及 SiPLS 筛选变量 PLS 定量模型经典化学指示参数

数据	预处理	LVs	校正集			验证集	
			R_{cal}^2	RMSEC	RMSECV	R_{pre}^2	RMSEP
玉米	原始光谱	6	0.9019	0.1236	0.1509	0.8743	0.1205
	SG9	6	0.9364	0.09961	0.1195	0.8919	0.1118
	SG9+1D	6	0.9351	0.1005	0.1271	0.8602	0.1271
	SG11	6	0.9351	0.1006	0.1206	0.8669	0.1240
	SG11+1D	6	0.9345	0.1010	0.1269	0.8730	0.1211
	SNV	6	0.8010	0.1761	0.2188	0.8162	0.1457
	基线校正	6	0.9044	0.1221	0.1415	0.8832	0.1161
栀子	原始光谱	6	0.9896	0.01445	0.01813	0.9835	0.02068
	SG9	6	0.9877	0.01567	0.02234	0.9874	0.01805
	SG9+1D	6	0.9978	0.006619	0.02049	0.9692	0.02825
	SG11	6	0.9877	0.01570	0.02258	0.9873	0.01810
	SG11+1D	6	0.9957	0.009309	0.01957	0.9756	0.02514
	SNV	6	0.9776	0.02120	0.02647	0.9699	0.02794
	基线校正	6	0.9688	0.02498	0.05007	0.9839	0.02019

2) 近红外光谱预处理方法之间误差传递大小

在建模过程中样本集划分比例、潜变量因子数和变量筛选方法固定的情况下，考察不同预处理方法之间误差传递的大小：

$$Y=f(P) \quad (当 K，LVs，V 固定时)$$

根据上述公式，首先固定样本集划分比例为 2:1，潜变量因子数为 6，采用 SiPLS 作为变量筛选方法，建立 PLS 模型，考察原始光谱、SG 平滑法、SG+1 阶导数(SG+1D)、标准正则变换(SNV)及基线校正不同光谱预处理方法之间误差传递大小。同时考虑 I 类误差和 II 类误差为 5%，计算各预处理方法下的 MDL 值。

从图 6-11 中可知，玉米样本采用 SG9 预处理方法及栀子苷采用 SG9+1D 预处理方法计算得到的 MDL 值较其他预处理方法均为最小，其结果与模型的经典指示参数结果评价一致。通过调整 I 类误差和 II 类误差使其他预处理方法的预测精度(MDL 值)与最优预处理方法 SG9+1D 的预测精度(MDL 值)尽可能相近。首先保证 I 类误差概率 p 不变，调整 II 类误差概率 q(查询 t 分布表)，调整后的详细结果见表 6-3。图 6-12 为玉米与中药复方样本各预处理方法之间误差传递大小的结果图。

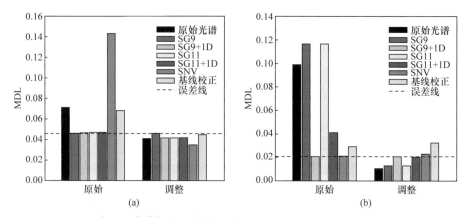

图 6-11　玉米(a)和中药复方(b)样本不同预处理下的 MDL 和调整后的 MDL 值

表 6-3　不同预处理方法的 MDL 值及误差传递大小

数据	预处理	LVs	p	Q	MDL/(g/mL)	修正 MDL/(g/mL)	修正 $q/\Delta q$
玉米	原始光谱	6	0.05	0.05	7.121×10^{-2}	4.084×10^{-2}	0.4/0.35
	SG9	6	0.05	0.05	4.604×10^{-2}	参比	参比
	SG9+1D	6	0.05	0.05	4.672×10^{-2}	4.150×10^{-2}	0.1/0.05
	SG11	6	0.05	0.05	4.701×10^{-2}	4.176×10^{-2}	0.1/0.05
	SG11+1D	6	0.05	0.05	4.718×10^{-2}	4.190×10^{-2}	0.1/0.05
	SNV	6	0.05	0.05	1.432×10^{-1}	3.460×10^{-2}	0.8/0.75
	基线校正	6	0.05	0.05	6.817×10^{-2}	4.474×10^{-2}	0.3/0.25
栀子	原始光谱	6	0.05	0.05	9.899×10^{-4}	1.079×10^{-4}	0.9/0.85
	SG9	6	0.05	0.05	1.163×10^{-3}	1.269×10^{-4}	0.9/0.85
	SG9+1D	6	0.05	0.05	2.080×10^{-4}	参比	参比
	SG11	6	0.05	0.05	1.166×10^{-3}	1.271×10^{-4}	0.9/0.85
	SG11+1D	6	0.05	0.05	4.095×10^{-4}	2.033×10^{-4}	0.5/0.45
	SNV	6	0.05	0.05	2.099×10^{-4}	2.289×10^{-4}	>0.9/0.85
	基线校正	6	0.05	0.05	2.930×10^{-4}	3.268×10^{-4}	>0.9/0.85

从图 6-12(a)中可知，玉米样本采用 SG9+1D、SG11 和 SG11+1D 预处理方法比 SG9 预处理方法犯 II 类错误的概率大 5%，SNV 预处理方法比 SG9+1D 预处理方法犯 II 类错误的概率大 75%，基线校正预处理方法比 SG9+1D 预处理方法犯 II 类错误的概率大 25%。说明预处理方法的选择对模型的预测精度有一定的影响。中药复方结果(图 6-12(b))显示，SG11+1D 预处理方法比 SG9+1D 预处理方法犯 II 类错误的概率要大 45%，采用 SG9 和 SG11 预处理方法比 SG9+1D 预处理方法犯 II 类错误的概率要大 85%，而采用 SNV 和基线校正预处理方法比 SG9+1D 预处理方法犯 II 类错误的概率要大 85%以上。

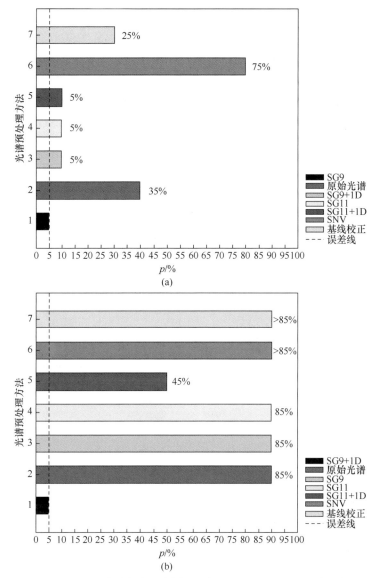

图 6-12　玉米(a)和中药复方(b)样本不同预处理方法之间误差传递大小图

以上研究以开源玉米 NIR 数据和中药栀子 NIR 数据为研究载体，基于多变量误差传递理论，研究不同样本集划分比例之间误差传递的大小，玉米样本最佳预处理方法为 SG9 预处理方法，栀子样本最佳预处理方法为 SG9+1D 预处理方法。

3. 潜变量因子数误差传递研究

在建模过程中样本集划分比例、预处理方法和变量筛选方法固定的情况下，考察不同潜变量因子数之间误差传递的大小：

$$Y=f(\text{LVs})\quad(当\ K,\ P,\ V\ 固定时)$$

合适的潜变量因子数是建立稳定、准确可靠定量模型的前提。若所选潜变量因子数过小，则模型欠拟合；若潜变量因子数过大，则模型过拟合。因此，为了建立预测性能较好的模型，选择 10 个潜变量因子数。由图 6-12(a)可知玉米样本最佳预处理方法为 SG9，中药复方数据最佳预处理方法为 SG9+1D，固定两种预处理方法不变，分别选择 1~10 个潜变量在 SiPLS 变量筛选方法下建立近红外定量模型，考察不同潜变量因子数之间误差传递的大小。分别计算两套数据不同潜变量因子的 MDL 值，详细的计算结果见表 6-4。同时计算各潜变量因子的 PRESS 值并与 MDL 值一起作图(图 6-13)，从图中可以看出两者

表 6-4　玉米和中药复方样本不同潜变量因子数的 MDL 值及误差传递大小

数据	LVs	p	q	MDL/(g/mL)	修正 MDL/(g/mL)	修正 $q/\Delta q$
	1	0.05	0.05	5.996×10^{-1}	5.487×10^{-2}	>0.9/0.85
	2	0.05	0.05	3.118×10^{-1}	3.185×10^{-2}	>0.9/0.85
	3	0.05	0.05	1.211×10^{-1}	1.283×10^{-2}	>0.9/0.85
	4	0.05	0.05	5.264×10^{-2}	5.665×10^{-3}	0.9/0.85
	5	0.05	0.05	2.209×10^{2}	5.314×10^{-3}	0.8/0.75
玉米	6	0.05	0.05	6.660×10^{-3}	参比	参比
	7	0.05	0.05	3.848×10^{-3}	—	—
	8	0.05	0.05	6.230×10^{-4}	—	—
	9	0.05	0.05	1.910×10^{-4}	—	—
	10	0.05	0.05	1.420×10^{-4}	—	—
	1	0.05	0.05	1.156×10^{-1}	1.058×10^{-2}	>0.9/0.85
	2	0.05	0.05	2.173×10^{-2}	2.220×10^{-3}	>0.9/0.85
	3	0.05	0.05	3.266×10^{-3}	3.459×10^{-4}	>0.9/0.85
	4	0.05	0.05	2.028×10^{-3}	6.775×10^{-4}	0.7/0.65
	5	0.05	0.05	7.371×10^{-4}	参比	参比
栀子	6	0.05	0.05	2.080×10^{-4}	—	—
	7	0.05	0.05	9.204×10^{-5}	—	—
	8	0.05	0.05	4.276×10^{-5}	—	—
	9	0.05	0.05	1.732×10^{-5}	—	—
	10	0.05	0.05	6.886×10^{-6}	—	—

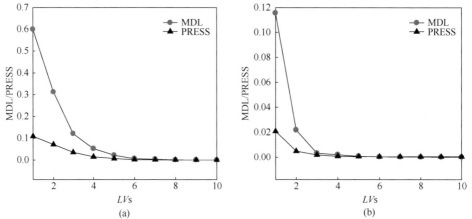

图 6-13　玉米(a)和中药复方(b)样本的 PRESS 和 MDL 图

得到的最佳潜变量因子数一致。参考 t 分布表固定 II 类误差不变，调整 I 类误差，计算达到最佳预测模型时不同潜变量因子数之间误差传递的大小，结果见图 6-14。

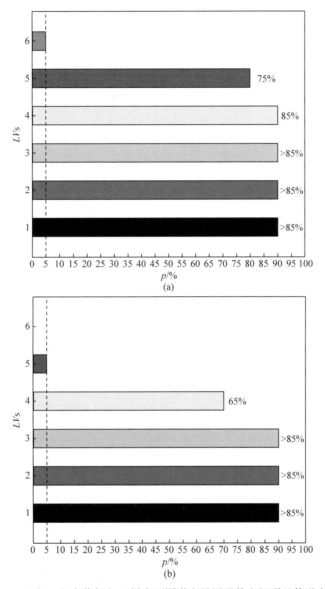

图 6-14　玉米(a)和中药复方(b)样本不同潜变量因子数之间误差传递大小图

从图 6-14(a)可知，玉米样本经 SG9 预处理及 SiPLS 变量筛选方法得到的最佳潜变量因子数为 7，当潜变量因子数选择 6、5、4、3、2 时，犯 II 类误差的概率比潜变量因子数为 7 时分别大 15%、55%、75%、75%、85%，选 1 个潜变量因子数时犯 II 类误差的概率要大 85%以上。中药复方数据(图 6-14(b))显示，最佳潜变量因子数为 5，当潜变量因子数选 4 时，犯 II 类误差的概率比最佳潜变量因子数要大 65%；选 3、2、1 个潜变量因子数时，犯 II 类误差的概率均要大 85%以上。

以上研究以开源玉米 NIR 数据和中药栀子 NIR 数据为研究载体,基于多变量误差传递理论,研究不同样本集划分比例之间误差传递的大小,玉米样本最佳潜变量因子数为 6,栀子样本最佳潜变量因子数为 5。

4. 变量筛选方法误差传递研究

1) 近红外光谱不同变量筛选方法之间误差传递大小

在建模过程中样本集划分比例、预处理方法和潜变量因子数固定的情况下,考察不同变量筛选方法之间误差传递的大小:

$$Y=f(V) \quad (当 K, P, LVs 固定时)$$

为消除无用信息影响,提高模型的预测精度,采用适宜的变量筛选方法是近红外模型建立过程的关键步骤。固定预处理方法不变,在相同潜变量因子数的条件下,考察不同变量筛选方法之间误差传递的大小。同样,设置 I 类误差和 II 类误差为 5%,分别计算两套数据在不同变量筛选方法下的 MDL 值,详细计算结果见表 6-5。参考 t 分布表固定 II 类误差不变,调整 I 类误差,计算达到最佳预测模型时不同变量筛选方法之间误差传递的大小,结果见图 6-15。从图 6-15(a)可知,不同变量筛选方法所得模型 MDL 不同,玉米样本在 VIP 变量筛选方法下建立的模型性能较好,BiPLS 变量筛选方法比最佳变量筛选方法犯 II 类误差的概率大 65%,iPLS 变量筛选方法比 VIP 变量筛选方法犯 II 类误差的概率大 85%,而 SiPLS 变量筛选方法比 VIP 变量筛选方法犯 II 类误差的概率要大 85%以上。在图 6-15(b)中,中药复方数据最佳变量筛选方法为 SiPLS,其中 BiPLS 变量筛选方法比最佳变量筛选方法犯 II 类误差的概率大 15%,iPLS 变量筛选方法比 SiPLS 变量筛选方法犯 II 类误差的概率大 55%,VIP 变量筛选方法比 SiPLS 变量筛选方法犯 II 类误差的概率大 65%。

表 6-5　玉米与中药复方样本在不同变量筛选方法下的多变量检测限计算结果

数据	变量筛选方法	LVs	p	q	MDL/(g/mL)	修正 MDL/(g/mL)	修正 q/ Δq
玉米	VIP	6	0.05	0.05	7.088×10^{-3}	参比	参比
	iPLS	6	0.05	0.05	6.218×10^{-2}	6.781×10^{-3}	0.9/0.85
	SiPLS	6	0.05	0.05	7.121×10^{-2}	7.766×10^{-3}	>0.9/0.85
	BiPLS	6	0.05	0.05	2.023×10^{-2}	6.828×10^{-3}	0.7/0.65
栀子	VIP	6	0.05	0.05	9.445×10^{-3}	2.272×10^{-3}	0.8/0.75
	iPLS	6	0.05	0.05	5.236×10^{-3}	2.190×10^{-3}	0.6/0.55
	SiPLS	6	0.05	0.05	2.423×10^{-3}	参比	参比
	BiPLS	6	0.05	0.05	3.121×10^{-3}	2.348×10^{-3}	0.2/0.15

2) 稳健模型的建立

玉米与中药复方样本经上述各建模步骤误差传递大小的研究可得较优的建模条件。玉米样本最佳建模条件为:SG9 预处理方法,6 个潜变量因子数,VIP 变量筛选方法,所得模型的 RMSEC 和 R^2_{cal} 分别为 0.04569 和 0.9908,RMSEP 和 R^2_{pre} 分别为 0.03827 和 0.9873。

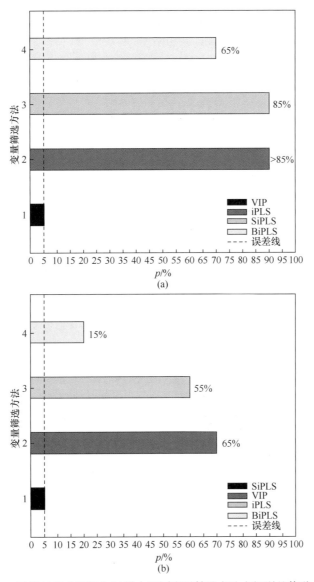

图 6-15　玉米(a)和中药复方(b)样本不同变量筛选方法之间误差传递大小图

中药复方样本最佳建模条件为：SG9+1D 预处理方法，5 个潜变量因子数，SiPLS 变量筛选方法，所得模型的 RMSEC 和 R_{cal}^2 分别为 0.02049 和 0.9978，RMSEP 和 R_{pre}^2 分别为 0.02825 和 0.9692。图 6-16 为玉米与中药复方样本中水分、栀子苷的建模结果图。

3) 不同近红外频率谱区对误差传递的影响研究

从图 6-17(a)玉米原始近红外光谱图中可以看出，在 1200nm、1450nm、1950nm 和 2100nm 附近有明显的特征吸收峰，参照玉米原始光谱图经一阶导数图 6-17(b)和二阶导数图 6-17(c)两种光谱预处理方法后的光谱图可以发现，经一阶导数预处理后的光谱的特征吸收峰位置与原始光谱图基本一致，而采用二阶预处理后的光谱图除原有特征吸收峰外，在 1200～1400nm 之前出现三个特征吸收峰，因此在 1100～2500nm 有选择性地建模,比较不同频率谱区对模型性能的影响并进一步研究对误差传递的影响。表 6-6 为玉米样本不同频率谱区对模型性能的影响结果,从表中可以看出玉米的最佳建模波段为 1500~2300nm。

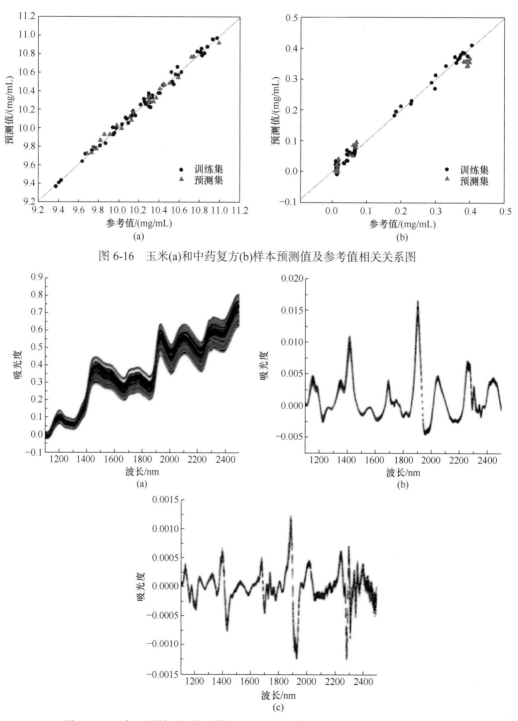

图 6-16　玉米(a)和中药复方(b)样本预测值及参考值相关关系图

图 6-17　玉米(a)原始近红外光谱图、(b)一阶导数光谱图和(c)二阶导数光谱图

表 6-6　玉米样本不同频率谱区对模型性能的影响

波段/nm	LVs	校正集			验证集		
		R_{cal}^2	RMSEC	RMSECV	R_{pre}^2	RMSEP	RPD
1100~2498	6	0.8956	0.1292	0.1680	0.7580	0.1625	2.07
1100~1400	6	0.7328	0.2148	0.2675	0.5743	0.1817	1.56
1500~1850	6	0.8117	0.1722	0.2072	0.7281	0.1648	1.95
1850~2300	6	0.8797	0.1285	0.1565	0.8048	0.1709	2.31
1500~2300	6	0.8988	0.1291	0.1578	0.8189	0.1334	2.40
2300~2498	6	0.7852	0.1626	0.2258	0.6319	0.2532	1.68

设置 I 类误差和 II 类误差为 5%, 分别计算玉米数据上述不同频率谱区下的 MDL 值, 详细计算结果见表 6-7。参考 t 分布表同时固定 II 类误差不变, 调整 I 类误差, 计算达到最佳预测模型时不同频率谱区之间误差传递的大小, 结果见表 6-7。从表中可以看出, 不同频率谱区所建立的模型的 MDL 值不同, 玉米样本在 1500~2300nm 建模波段下的 MDL 值最小, 在 1100~2498nm 和 1850~2300nm 波段下建立的模型比最佳建模波段下建立的模型犯 II 类误差的概率大 5%, 在 1100~1400nm 波段下建立的模型犯 II 类误差的概率大 65%, 在 1500~1850nm 波段下建立的模型犯 II 类误差的概率大 45%, 在 2300~2498nm 波段下建立的模型犯 II 类误差的概率要大 35%。

表 6-7　玉米样本不同频率谱区对误差传递的影响

波段/nm	LVs	p	q	MDL/(g/mL)	修正 MDL/(g/mL)	修正 $q/\Delta q$
1100~2498	6	0.05	0.05	6.995×10^{-2}	6.212×10^{-2}	0.1/0.05
1100~1400	6	0.05	0.05	1.862×10^{-1}	6.281×10^{-2}	0.7/0.65
1500~1850	6	0.05	0.05	1.227×10^{-1}	6.094×10^{-2}	0.5/0.45
1850~2300	6	0.05	0.05	6.893×10^{-2}	6.123×10^{-2}	0.1/0.05
1500~2300	6	0.05	0.05	6.854×10^{-2}	参比	参比
2300~2498	6	0.05	0.05	1.130×10^{-1}	6.480×10^{-2}	0.4/0.35

图 6-18(a)为栀子数据原始近红外光谱图, 从图中可以看出在 1440nm 和 1940nm 附近有两个显著特征吸收峰, 采用一阶导数(图 6-18(b))和二阶导数(图 6-18(c))预处理后可以发现, 光谱的特征吸收峰位置与原始光谱图基本保持一致。选取不同频率谱区建立模型, 建模结果如表 6-8 所示, 从表中可以看出栀子苷最佳建模波段为 1600~1850nm。

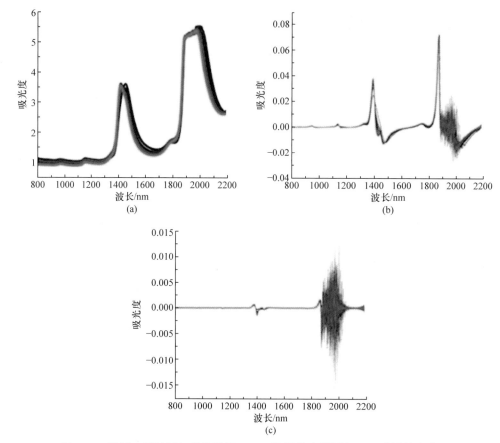

图 6-18　栀子(a)原始近红外光谱图、(b)一阶导数光谱图和(c)二阶导数光谱图

表 6-8　栀子样本不同频率谱区对模型性能的影响

波段/nm	LVs	R_{cal}^2	RMSEC	RMSECV	R_{pre}^2	RMSEP	RPD
800～2200	5	0.9235	0.03916	0.06099	0.9346	0.04116	6.37
800～1400	5	0.9576	0.03003	0.03432	0.9422	0.03660	5.65
1400～1850	5	0.9524	0.02954	0.05619	0.9615	0.03302	8.42
1600～1850	5	0.9761	0.02077	0.02664	0.9883	0.01832	9.42
800～1850	5	0.9490	0.03293	0.04302	0.9689	0.02687	3.06
1850～2200	5	0.8801	0.04953	0.08037	0.7659	0.07656	3.18

　　设置 I 类误差和 II 类误差为 5%，分别计算栀子数据在上述不同频率谱区下的 MDL 值，详细计算结果见表 6-9。参考 t 分布表同时固定 II 类误差不变，调整 I 类误差，计算达到最佳预测模型时不同频率谱区之间误差传递的大小，结果见表 6-9。从表中可以看出，不同频率谱区所建立的模型的 MDL 值不同，玉米样本在 1850～2300nm 建模波段下的模型的 MDL 值最大，在 800～2200nm 波段下建立的模型比最佳建模波段下建立的模型犯 II 类误差的概率大 75%，在 800～1400nm 和 1400～1850nm 波段下建立的模型犯 II 类误

差的概率大 55%，在 800～1850nm 波段下建立的模型犯 Ⅱ 类误差的概率要大 65%，在 1850～2200nm 波段下建立的模型犯 Ⅱ 类误差的概率要大 85%。

表 6-9　栀子样本不同频率谱区对误差传递的影响

样本集比例/nm	LVs	p	q	MDL/(g/mL)	修正 MDL/(g/mL)	修正 $q/\Delta q$
800～2200	5	0.05	0.05	6.321×10^{-3}	1.521×10^{-3}	0.8/0.75
800～1400	5	0.05	0.05	3.745×10^{-3}	1.567×10^{-3}	0.6/0.55
1400～1850	5	0.05	0.05	3.672×10^{-3}	1.536×10^{-3}	0.6/0.55
1600～1850	5	0.05	0.05	1.802×10^{-3}	参比	参比
800～1850	5	0.05	0.05	4.503×10^{-3}	1.514×10^{-3}	0.7/0.65
1850～2200	5	0.05	0.05	9.971×10^{-3}	1.249×10^{-3}	0.9/0.85

以上研究以开源玉米 NIR 数据和中药栀子 NIR 数据为研究载体，基于多变量误差传递理论，研究不同样本集划分比例之间误差传递的大小，玉米样本最佳变量筛选方法为 VIP，最佳建模波段为 1500～2300nm，栀子样本最佳变量筛选方法为 SiPLS，最佳建模波段为 1600～1850nm。

6.2　方法中模型不确定度

6.2.1　概述

不确定度(uncertainty)一词起源于 1927 年德国物理学家海森伯在量子力学中提出的不确定度关系，又称测不准关系。1962 年美国国家标准局(NBC)的尤登首先在计量校准系统中提出定量表示不确定度的建议。1980 年，国际计量局(BIPM)召集和成立了不确定度研究工作组并起草了相关文件 INC-1(1980)。1993 年，美国国家标准与技术研究院(NIST)国际不确定度工作组制定《测量不确定度表示指南》(GUM 93)。其后，欧洲分析化学中心和分析化学国际可溯源性合作组织于 1995 年颁布了基于 GUM 的化学测量领域不确定度评定指南。在 1999 年，我国也制定了计量技术规范，即《测量不确定度评定与表示指南》。根据计量学基本术语国际词汇(the international vocabulary of basic and general terms in metrology，VIM)，测定方法的不确定度通常被定义为"一个与测定方法有关的、用来表征由被测变量引起的测量值分散程度的参数"。吴志生[11]提出了另一种非正式的但更合理且好理解的不确定度定义"在测量结果附近存在一个有很高的概率含有真值的区间"。随着各种规范验证分析方法的法规相继颁布和国内实验室认可审评工作的开展，建立并应用不确定度评估程序成为评价分析方法的必须步骤，已被应用于中药近红外的定量检测[12]。

测量不确定度是和分析验证同样重要的工作。实际上，测量不确定度的评估对于实验室来说是主要问题，因为它需要精通和掌握统计学工具。为了给分析人员提供技术支持，许多标准和指南颁布了不确定度的评估方法[13-15]，主要有自下而上(bottom-up)、符合目的(fitness- for-purpose)、自上而下(top-down)、基于验证(validation-based)及基于稳健性(robustness-based)五种不确定度的计算方法[16]。

(1) 自下而上：该方法基于鉴定、定量和合并所有测量不确定度的来源，需要考虑分析方法的所有的不确定度来源，需要计算容量瓶、移液管、天平或者其他需要校正的设备的不确定度，所以相对复杂。

(2) 符合目的：该方法基于拟合函数，主要基于精密度和偏差研究，相对于自下而上方法来讲节省时间，而且需要有效的方法信息(比如方法的性能研究和方法的相对偏差等验证信息)。

(3) 自上而下：该方法基于实验室间研究的数据(精密度)，需要合作实验的信息，通常基于有效的标准偏差信息进行计算。

(4) 基于验证：该方法基于实验室间或实验室内的验证实验(精密度、真实性和稳健性)。它的计算基于有效消息的标准偏差。

(5) 基于稳健性：该方法基于实验室间的稳健性测试。它的计算同样是基于有效信息的标准偏差。

欧洲化学协会/分析化学可追溯性合作组织(EURACHEM/CITAC)推荐使用自下而上和基于验证两种方法。开始时，这些方法可以一起使用来详细考察所有的不确定度来源，并选择出最主要的来源用于计算不确定度。然而，基于验证的方法被认为是最简单进行良好的测量不确定评估的方法。因为需要评估不确定度的大部分信息都可以通过方法验证获得，该方法也被国际实验室认证组织(international laboratory accreditation cooperation，ILAC)推荐使用，ILAC指出对一个方法合理的评估应该在该方法已存的信息(比如验证数据)上进行。尽管基于验证的方法进行不确定度的评估是一种简单、有效的方法，但是有时候也需要使用其他的方法来进行计算，比如验证信息无效的时候。

近年来，人们对分析方法的测量不确定度越来越重视。测量不确定度已经在一些分析方法上进行了研究，但是由于不确定度计算过程复杂，需要用到统计学等技术知识，因此还有很多方法在开发建立的时候并未进行测量不确定度评估。NIR 定量检测方法由于建立过程复杂，不确定度来源众多，因此还未见有相关报道。2004 年，Feinberg 等[17]率先将测量不确定度和 β-ETI 联系起来。也就是说，测量不确定度和准确度轮廓(accuracy profile，AP)是相关的，可以使用其中一个来评估另一个。这种基于验证信息、通过区间估计不确定度的计算方法，不仅简单方便快捷，而且不需要额外的实验。薛忠等[12]采用基于 β-容度容许区间计算不确定度的方法对中药六一散混合过程 NIR 定量检测方法的不确定度进行了研究。王馨等[18]同样采用此类方法对中药陈皮提取物粉末中糊精含量近红外测量方法的不确定度进行了研究。

6.2.2 总体误差分析理论

定量检测方法满足

$$-\lambda < x_i - \mu < \lambda \tag{6-31}$$

其中，λ 定义为误差允许值(中药活性成分分析一般规定为 5%，生物制品分析一般规定为 15%，工业分析一般规定为 15%)；x_i 为测量值；μ 为真实值。事实上分析方法不仅应该满足式(6-31)，更需要考虑分析方法中的总体误差。如图 6-19 中的几种分析类型，在相同的分析偏差情况下，也就是满足式(6-31)的条件下，其测量精密度(RSD)不同，出现了四种类型的定量检测结果。因此，定量检测方法需要方法验证的总体误差，即系统误差和随机误差之和，可表示为

$$x_i - \mu = \text{total error} = |\text{bias}| + \text{intermediate precision} \tag{6-32}$$

式中，x_i 为测量值；μ 为真实值；bias 为偏差值(系统误差)；intermediate precision 为中间精密度(随机误差)。

回到式(6-31)，$|x_i - \mu| < \lambda$ 在统计学上符合正态分布。那么，总体误差表达式为

$$P(|x_i - \mu| < \lambda) = P\left(\frac{-\lambda - \delta}{\sigma} < Z < \frac{\lambda - \delta}{\sigma}\right) \tag{6-33}$$

其中，Z 为符合正态分布的随机方差；δ 为偏差参数(系统误差)；σ 为精密度参数(随机偏差)。在 FDA 推荐分析方法标准中，基于 δ 和 σ 参数有如图 6-20 所示统计学区域。

另外，式(6-31)中，在统计学上样本分析符合 t 分布，即

$$P(|x_i - \mu| < \lambda) \geqslant \beta \tag{6-34}$$

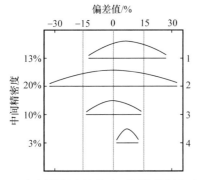
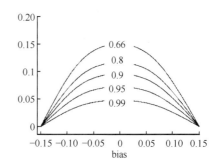

图 6-19　相同分析允许值中不同的分析方法特性　　图 6-20　δ 和 σ 参数对应的分析置信区间

β 定义为"期望容许区间"，具体统计学表达式为

$$[L_R, U_R] = [\hat{\mu}_R - k\hat{\sigma}_{RI}; \hat{\mu}_R + k\hat{\sigma}_{RI}] \tag{6-35}$$

式中，L_R 为期望区间下限值；U_R 为期望区间上限值；k 为包含因子；σ_{RI} 为精密度标准差值。

其中

$$k = t\left(f, \frac{1+\beta}{2}\right)\sqrt{1 + \frac{J\hat{R}+1}{N(\hat{R}+1)}} \tag{6-36}$$

$$f = \frac{(\hat{R}+1)^2}{\dfrac{\left(\hat{R}+\dfrac{1}{J}\right)^2}{I-1} + \dfrac{\left(1-\dfrac{1}{f}\right)}{N}} \tag{6-37}$$

式中，$t(f,\beta)$ 为学生 t 分布条件下 γ 百分位点；R 为批次间和批次内的方差比。因此，通过期望容许区间统计学参数能够获得分析方法的总体误差。

6.2.3 基于区间估计不确定度评估的原理和方法

1. 分析方法不确定度表示

根据 LGC/VAM 协议[15]和 ISO/DTS 21748 指南[13]，待测样本在某一浓度水平 C 下，测量值 Y 的不确定度评估模型可用下式表示：

$$u^2(Y) = S_R^2 + u^2(\hat{\delta}) + \sum c_i^2 u^2(x_i) \tag{6-38}$$

式中，S_R 为方法中间精密度标准偏差；$u(\hat{\delta})$ 表示与方法偏差有关的不确定度；$\sum c_i^2 u^2(x_i)$ 表示其他影响因素 x_i 造成的分析方法不确定度总和；c_i 为参数灵敏度系数。SFSTP 在采用基于总误差理论和验证实验设计的 AP 估计分析方法不确定度时，将式 (6-38)等号右边第三项忽略，从而将不确定度评估模型简化为

$$u^2(Y) = S_R^2 + u^2(\hat{\delta}) \tag{6-39}$$

基于式(6-39)，可以建立了容许区间$[l,\ u]$和不确定度 $u(Y)$ 之间的关系：

$$[l,u] = [\bar{Y} - Q_t u(Y), \bar{Y} + Q_t u(Y)] \tag{6-40a}$$

式中，l 为容许区间下限；u 为容许区间上限；$\bar{Y}$ 为某分析浓度 C 的估计均值；Q_t 为当自由度为 v 时 Student's t 分布分位数。根据式(6-40a)，在浓度水平 C 时，定量检测不确定度可由下式计算：

$$u(Y) = \frac{u - l}{2Q_t} \tag{6-40b}$$

可见，容许区间$[l,\ u]$的计算是评估分析方法不确定度的关键，β-ETI 采用式(6-41)计算：

$$P\{l < Y \langle u | \bar{Y}, \hat{\sigma}_M \rangle\} \geqslant \beta \tag{6-41}$$

由于忽略式(6-38)第三项，采用 β-ETI 估计的不确定度值偏低，故采用 β-CTI 对式(6-40a)进行校正，β-CTI 可表示为

$$P\{P_Y[l < Y < u\bar{Y}, \hat{\sigma}_M] \geqslant \beta\} = \gamma \tag{6-42}$$

上式表示测量值 Y 以一定的置信水平 γ 落在区间$[l,\ u]$内的概率为 β，均值$\bar{Y}$和中间精密度 $\hat{\sigma}_M$ 的计算同式(6-41)。分析方法的扩展不确定度 $U(Y)$ 可由下式计算：

$$U(Y) = k_p u(Y) \tag{6-43}$$

式中，k_p 为覆盖因子；p 为置信水平，假定测量结果服从正态分布，则 k_p 表示正态分布的$(1-p)$分位数。扩展不确定度表示测量值平均水平落在 $U(Y)$ 内的概率为$(1-p)$。

2. 容许区间的计算

为了计算式(6-40a)中的不确定度，需要计算容许区间。容许区间除了 β-容度容许区间(β-content tolerance interval，β-CTI)外，还有 β-期望容许区间(β-expectation tolerance interval，β-ETI)，其中 β-容度容许区间又有 Mee 式、Liao 式及 Hoffman-Kringle 式三种计算方式。

1) β-期望容许区间

β-期望容许区间可用下式表示：

$$[l,u]=[\overline{Y}-k_{E}\hat{\sigma}_{M};\overline{Y}+k_{E}\hat{\sigma}_{M}] \tag{6-44}$$

式中

$$k_{E}=Q_{t}k_{s}=Q_{t(v,(1+\beta)/2)}\sqrt{1+\frac{1}{mnB^{2}}} \tag{6-45}$$

式中，通过 k_E 的计算可以一定概率获得测量值的期望分布范围，即容许区间；Q_t 为当自由度为 v 时 Student's t 分布的 $(1+\beta)/2$ 分位数，即 $Q_{t}\left(v,\dfrac{1+\beta}{2}\right)$。$Q_t$ 考虑了不确定度估计中的随机因素影响，而 k_s 项则考虑了不确定度估计中的系统因素影响。

式(6-45)中

$$B=\sqrt{\frac{R+1}{nR+1}} \tag{6-46}$$

$$R=\frac{\hat{\sigma}_{B}^{2}}{\hat{\sigma}_{E}^{2}} \tag{6-47}$$

$$v=\frac{(R+1)^{2}}{[R+(1/n)]^{2}/(m-1)+[1-(1/n)]/mn} \tag{6-48}$$

2) Mee 式 β-容度容许区间

用 Mee 式方法对 β-容度容许区间进行评估，计算过程如下：

$$[l,u]=[\overline{Y}-k_{C}\hat{\sigma}_{M};\overline{Y}+k_{C}\hat{\sigma}_{M}] \tag{6-49}$$

其中

$$k_{C}=\sqrt{\frac{v'\chi_{1;\beta}^{2}(\tau)}{\chi_{v';1-\gamma}^{2}}} \tag{6-50}$$

k_C 表示和 β、γ 有关的卡方分布；$\chi_{1;\beta}^{2}(\tau)$ 是自由度为 1 的非中心卡方分布的 β 分位数；τ 是非中心参数；$\chi_{v';1-\gamma}^{2}$ 表示自由度为 v' 的非中心卡方分布的 $1-\gamma$ 分位数。

$$v'=\frac{(R'+1)^{2}}{[R'+(1/n)]^{2}/(m-1)+[1-(1/n)]/mn} \tag{6-51}$$

$$\tau=\frac{1}{mnB'} \tag{6-52}$$

$$R'=\max\left[0,\frac{1}{n}\left(\frac{F}{F_{\eta}}-1\right)\right] \tag{6-53}$$

$$B' = \frac{R'+1}{nR'+1} \tag{6-54}$$

其中，F 为均方根比 $MS_{\mathrm{B}}/MS_{\mathrm{E}}$；$F_\eta$ 是以 $v_1 = m(n-1)$ 和 $v_2 = (m-1)$ 的 F 分布的 100η 百分位数。然而，基于数学结果，η 的推荐值是 0.85、0.905 和 0.975，相对应的 γ 值分别为 0.90、0.95 和 0.99。

3) Liao 式 β-容度容许区间

利用 Liao 等[19]提出的基于蒙特卡罗仿真的方法对 β-容度容许区间进行估计，具体计算过程如下。

Step1：采用 "$I \times J \times K$" 型实验设计方法安排验证实验，其中 $I(i=1, 2, \cdots, m)$ 表示条件数，$J(j=1, 2, \cdots, n)$ 表示重复次数，$K(k=1, 2, \cdots, a)$ 表示浓度水平。

Step2：在某一浓度水平 k 下，对于 $I \times J$ 矩阵进行方差分析，计算组间离均差平方和 SS_{B}，以及组内离均差平方和 SS_{E}：

$$SS_{\mathrm{B}} = n\sum_{i=1}^{m}(\overline{Y}_{i,k} - \overline{Y}_k)^2 \tag{6-55}$$

$$SS_{\mathrm{E}} = \sum_{i=1}^{m}\sum_{j=1}^{n}(Y_{ij,k} - \overline{Y}_{i,k})^2 \tag{6-56}$$

在式(6-55)和式(6-56)中，

$$\overline{Y}_{i,k} = \frac{1}{n}\sum_{j=1}^{n}Y_{ij,k}, \qquad \overline{Y}_k = \frac{1}{mn}\sum_{i=1}^{m}\sum_{j=1}^{n}Y_{ij,k}$$

Step3：设定蒙特卡罗仿真次数 $G(w=1, 2, \cdots, G)$。

Step4：当 $w=1$ 时，从 χ_{m-1}^2 分布中产生独立随机变量 $A_{\mathrm{B},w}^2$，从 $\chi_{m(n-1)}^2$ 分布中产生独立随机变量 $A_{\mathrm{E},w}^2$。计算

$$L_{1,w} = \frac{n^{-1}(1+m^{-1})SS_{\mathrm{B}}}{A_{\mathrm{B},w}^2} + \frac{(1-n^{-1})SS_{\mathrm{E}}}{A_{\mathrm{E},w}^2} \tag{6-57}$$

Step5：重复步骤 4 直至 $w=G$，计算 G 个 $L_{1,w}$ 值的 γ 分位数 D_γ。

Step6：β-容许区间可表示为

$$\overline{Y} \pm Z_{(1+\beta)/2}D_\gamma^{1/2} \tag{6-58}$$

其中，$Z_{(1+\beta)/2}$ 为正态分布的逆累积分布函数的 $\dfrac{1+\beta}{2}$ 分位数。

4) Hoffman-Kringle 式 β-容度容许区间

Hoffman 和 Kringle 研究了一种基于 MLS(modified large simple)策略计算 β-容度容许区间的方法[20]。

为了说明该方法，定义如下：

$$\sigma_1^2 = \hat{\sigma}_{\mathrm{B}}^2 + \hat{\sigma}_{\mathrm{E}}^2 \tag{6-59}$$

$$\sigma_2^2 = \frac{n\hat{\sigma}_B^2 + \hat{\sigma}_E^2}{mn} \tag{6-60}$$

可以得出

$$\sigma_1^2 + \sigma_2^2 = \left(1 + \frac{1}{m}\right)\frac{n\hat{\sigma}_B^2 + \hat{\sigma}_E^2}{n} + \left(1 - \frac{1}{n}\right)\hat{\sigma}_E^2 \tag{6-61}$$

MLS 对于 $\sigma_1^2 + \sigma_2^2$ 的置信上限为

$$\begin{aligned} S = &\left[\left(1 + \frac{1}{m}\right)\frac{n\hat{\sigma}_B^2 + \hat{\sigma}_E^2}{n} + \left(1 - \frac{1}{n}\right)\hat{\sigma}_E^2\right] \\ &+ \left[\left(1 + \frac{1}{m}\right)^2 \frac{(n\hat{\sigma}_B^2 + \hat{\sigma}_E^2)^2}{n^2}\left(\frac{a-1}{\chi_{m-1;1-r}^2} - 1\right)^2 + \left(1 - \frac{1}{n}\right)^2 \hat{\sigma}_E^4 \left(\frac{m(n-1)}{\chi_{a(n-1);(1-r)}^2}\right)^2\right]^{0.5} \end{aligned}$$

置信水平为 γ 时的容许区间为

$$\bar{Y} \pm Z_{(1+\beta)/2} S^{1/2} \tag{6-62}$$

其中，$Z_{(1+\beta)/2}$ 是标准正态分布的 $(1+\beta)/2$ 分位值。

3. 不确定度曲线的建立

得出分析方法的不确定度后，我们可以用以下方程来构建不确定曲线。

$$\left|\bar{Y} \pm U(Y)\right| < \lambda \tag{6-63}$$

$\bar{Y}$ 是测量结果的均值；λ 是可接受限。

不确定度上下限可以写为以下形式：

$$[L, H] = [\delta - U(Y), \delta + U(Y)] \tag{6-64}$$

其中

$$\delta = \bar{Y} - \hat{Y}$$

$\hat{Y}$ 是参考真值；H 是不确定上限；L 是不确定度下限。

不确定度曲线的构建过程如下：

(1) 设定可接受限 $(-\lambda, +\lambda)$。

(2) 计算每个浓度水平下的不确定度。

(3) 构建不确定度上下限并绘出 2D 图代表可接受限和不确定度上下限。

(4) 比较不确定度上下限 (L, H) 和可接受限的大小 $(-\lambda, +\lambda)$。

(5) 如果 (L, H) 完全落入 $(-\lambda, +\lambda)$，表示方法可以接受，否则，方法不可接受。

4. 基于 β-期望容许区间和 Mee 式 β-容度容许区间的不确定度评估

血塞通注射液主要有效成分为三七总皂苷，具有活血祛瘀、通脉活络之功效，临床应用广泛。本节[21]拟以血塞通注射液中三七总皂苷含量为研究载体，将 β-期望容许区间和 Mee 式 β-容度容许区间不确定度评估方法引入中药注射液 NIR 定量检测，以期为中药 NIR 定量检测方法可靠性评价提供参考。

1) 仪器与试剂

Antaris FT-NIR 光谱仪(Thermo Nicolet Corporation)；Agilent 1100HPLC 仪(美国 Agilent 公司，包括：四元泵、真空脱气泵、自动进样器、柱温箱、DAD 检测器、ChemStation 数据处理工作站)。三七皂苷 R_1(批号：110745-201318)、人参皂苷 Rg_1(批号：110703-201128)、人参皂苷 Re(批号：110754-201324)、人参皂苷 Rb_1(批号：110704-201223)和人参皂苷 Rd(批号：111818-201302)标准品购自中国食品药品检定研究院。血塞通注射液(批号：12EL03，昆明制药集团股份有限公司)。乙腈(色谱纯，美国 Fisher 公司)，娃哈哈纯净水(杭州娃哈哈集团有限公司)。

2) 实验设计

根据 "$I \times J \times K$" 型析因实验设计要求，选取 "$3 \times 6 \times 7$" 型实验设计方案，即实验分 3 天进行，每天一次，每次实验包含 7 个浓度水平，每个浓度水平进行 6 次平行重复实验，共有 126 个样本，采用 KS 算法将其划分为校正集 100 个和内部验证集 26 个，校正集样本用于建立 NIR 定量检测模型。另选取 "$3 \times 3 \times 7$" 型实验设计方案，即实验分 3 天进行，每天一次，每次实验包含 7 个浓度水平，每个浓度水平进行 3 次平行重复实验，获得的 63 个样本作为外部验证集并用于不确定度分析。7 个浓度水平包括血塞通注射液原液和 2.5、5、12.5、25、50、250 倍水稀释液。近红外定量检测目标为血塞通注射液三七总皂苷含量，以三七皂苷 R_1、人参皂苷 Rg_1、人参皂苷 Re、人参皂苷 Rb_1 和人参皂苷 Rd 含量之和表示。

3) NIR 光谱采集条件

将血塞通注射液的制备样本盛装于内径为 8mm 的具塞石英管，采用 NIR 透射模式进行分析，光谱范围为 $10000 \sim 4000 cm^{-1}$，分辨率为 $4cm^{-1}$，每个样本以空气为参比扫描 16 次后取平均光谱，重复扫描 3 次该样本后将得到的 3 条平均光谱再次取平均光谱作为该样本的原始光谱。

4) HPLC 分析条件

参考《中华人民共和国药典》一部(2010 版)三七总皂苷项下 HPLC 含量测定法，采用 Agilent ZORBAX C18 色谱柱(250mm×4.6mm，5μm)；流动相乙腈(A)-水(B)，梯度洗脱(A：0～20min，20%；20～45min，20%～46%；45～55min，46%～55%；55～60min，55%)；检测波长 203nm，流速 1.5mL/min；柱温 25℃。样本加甲醇适当稀释后，过 0.45μm 微孔滤膜，进样体积 10μL。

5) 统计软件

光谱预处理方法使用化学计量学软件 SIMCA P+11.5(Umetrics，Sweden)，SiPLS 算法采用 iToolbox 在 MATLAB 7.0(Mathworks 公司)平台实现，PLS 算法使用 PLS Toolbox 2.1(Eigenvector Research Inc.)在 MATLAB 平台上实现，不确定度曲线拟合采用 MATLAB 曲线拟合工具箱，其他程序自行编制。

6) HPLC 测量结果

配制不同浓度的五种皂苷对照品溶液，进样测定峰面积，以峰面积 y 为纵坐标(单位

mAU·s)，对照品浓度 x 为横坐标，绘制标准曲线，结果如表 6-10 所示。HPLC 定量测量结果显示校正集样本的三七总皂苷浓度范围分布在 0.0704～19.85mg/mL。内部验证集和外部验证集的三七总皂苷浓度范围分别为 0.0704～18.23mg/mL 和 0.0704～19.85mg/mL。结果表明校正集样本的三七总皂苷浓度具有较宽的分布范围，验证集三七总皂苷浓度均在校正集范围之内。

表 6-10　校正曲线和血塞通注射液中五种皂苷浓度范围

成分	校正曲线	$r(n=6)$	范围/(mg/mL)
三七皂苷 R_1	$y=43.25x+0.0503$	0.9999	0.0405～0.4865
人参皂苷 Rg_1	$y=39.35x+1.7747$	0.9997	0.1815～2.1776
人参皂苷 Re	$y=39.30x-0.0463$	0.9997	0.0227～0.2729
人参皂苷 Rb_1	$y=28.68x+0.0455$	0.9999	0.1796～2.1558
人参皂苷 Rd	$y=44.79x+0.0695$	0.9999	0.0255～0.3063

7) NIR 光谱预处理

对校正集和验证集中的原始近红外光谱(图 6-21)，分别采用 SG 平滑、1st、MSC、SNV、WDS 和基线校正进行预处理，结果见表 6-11。可见，采用原始光谱建立的 PLS 模型的校正和预测性能良好，采用小波去噪后的光谱建立的 PLS 模型性能与原始光谱相当，因此本研究中采用 NIR 原始光谱建立模型。

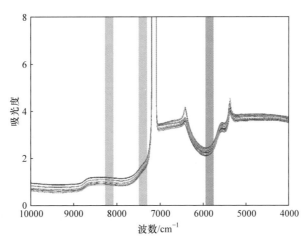

图 6-21　原始近红外光谱图及 Sipls 筛选波段结果

表 6-11　近红外光谱不同预处理方法建模结果比较

预处理	LVs	校正集				预测集			
		r_{cal}	RMSEC	RMSECV	$BIAS_{cal}$	r_{val}	RMSEP	RPD	$BIAS_{val}$
原始光谱	11	0.9873	1.006	1.395	0.806	0.9897	0.800	7.07	0.603
SG	11	0.9905	0.851	1.144	0.665	0.9866	1.022	6.14	0.8037

续表

预处理	LVs	校正集				预测集			
		r_{cal}	RMSEC	RMSECV	$BIAS_{cal}$	r_{val}	RMSEP	RPD	$BIAS_{val}$
1st	14	0.9931	0.740	3.605	0.583	0.9106	2.410	2.34	2.041
MSC	12	0.9918	0.808	1.240	0.662	0.9880	0.881	6.40	0.656
SNV	12	0.9919	0.805	1.240	0.660	0.9881	0.879	6.41	0.653
WDS	11	0.9889	0.939	1.152	0.689	0.9911	0.798	7.06	0.610
基线校正	12	0.9934	0.725	1.202	0.598	0.9889	0.885	6.37	0.697

8) NIR 定量模型建立

采用组合间隔偏最小二乘(SiPLS)算法进行最佳建模变量筛选，在 SiPLS 算法中，设置波段组合数为 3，波间隔数在 5~50 范围内优化，当波段间隔数为 31 时，波段 8265.4~8076.4cm^{-1}、7494.0~7305.0cm^{-1} 和 5951.2~5762.3cm^{-1} 组合(图 6-21)建立的 PLS 模型具有最小的 RMSECV 值，因此选择此三段波长建立血塞通三七总皂苷定量检测模型。最优潜变量因子的数目由留一交叉验证法(leave one out cross validation，LOO)获得。由图 6-22(a)可以发现，校正均方根误差(RMSEC)、交叉验证均方根误差(RMSECV)、预测均方根误差(RMSEP)和预测残差平方和(PRESS)在 6 个潜变量因子时趋于稳定，因此选择 6 个潜变量因子建立校正模型。6 个潜变量因子下的校正集和内部验证集相关关系图如图 6-22(b)所示。

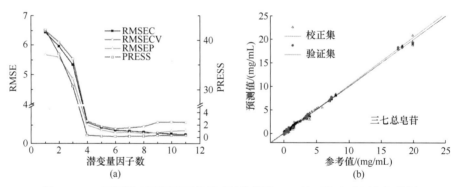

图 6-22　(a)不同潜变量因子下的模型性能指数；(b)校正集和验证集相关图

9) 基于 β-期望容许区间和 Mee 式 β-容度容许区间不确定度评估

采用 β-CTI 评估分析方法测量不确定度时，Hoffman 等将 FDA 生物样本分析方法验证的 "4-6-λ" 原则转换为 $\beta=0.667$，$\gamma=0.90$，本书亦采用此设置。采用 β-ETI 计算不确定度时，令 $\beta=0.90$。采用建立的 NIR 定量模型对 63 个外部验证集样本进行预测，并采用式(6-65)计算每一样本的相对预测偏差：

$$Y_{\text{bias},ij,k}(\%) = \frac{\hat{Y}_{ij,k} - Y_{ij,k}}{Y_{ij,k}} \tag{6-65}$$

采用相对预测偏差值计算 β-ETI 和 β-CTI，以利于在同一尺度下对各浓度水平下的不确定度进行比较。以稀释 2.5 倍浓度水平(7.423mg/mL)为例，9 个样本的预测浓度和相对预测偏差见表 6-12。

　　NIR 测量结果的容许区间和不确定度，见表 6-13。由表可见，随着稀释倍数的增加，不确定度值呈逐渐增大趋势。除稀释 12.5 倍浓度水平(1.485mg/mL)外，由 β-CTI 计算的不确定度值均大于由 β-ETI 计算的不确定度值，表明采用 β-ETI 估计的测量结果不确定度可能偏低，与 Saffaj 等报道一致。近红外定量检测相对扩展不确定度可由式(6-43)计算，令 $p=0.95$，则 $k_p=2$，相对扩展不确定度 $U(Y) = 2 \times u(Y)$。

表 6-12　NIR 方法预测浓度及其相对预测偏差

水平	参考浓度/(mg/mL)	天数	预测浓度/(mg/mL)			相对偏差/%		
			重复 1	重复 2	重复 3	重复 1	重复 2	重复 3
	7.940	1	7.938	7.563	7.486	−0.02	−4.75	−5.72
7.423	7.292	2	7.355	7.446	7.694	0.87	2.11	5.51
	7.036	3	6.825	6.756	7.236	−3.00	−3.98	2.85

表 6-13　不同浓度水平下的不确定度

水平/(mg/mL)	容许区间/%		$u(Y)$/%		$U(Y)$/%	
	β-ETI	β-CTI	β-ETI	β-CTI	β-ETI	β-CTI
18.56	[−6.794, 7.405]	[−7.720, 8.151]	2.661	2.938	5.323	5.876
7.423	[−9.900, 8.538]	[−12.671, 11.309]	4.495	5.846	8.990	11.692
3.711	[−14.045, 19.406]	[−19.016, 24.377]	8.428	10.933	16.856	21.866
1.485	[−31.351, 36.020]	[−28.649, 33.318]	18.028	16.582	36.056	33.163
0.7423	[−80.677, 103.102]	[−106.232, 128.657]	42.270	54.025	84.540	108.051
0.3711	[−203.729, 192.046]	[−249.039, 237.356]	104.591	128.539	209.181	257.077
0.07423	[−472.782, 990.363]	[−693.263, 1210.844]	359.941	468.421	719.883	936.841

10) NIR 分析方法不确定度决策曲线的建立

　　在实际应用中，为估计测量范围内任意浓度水平下的不确定度，通常建立不确定度和浓度关系曲线，本书采用式(6-66)对相对扩展不确定度和浓度之间的相关关系进行拟合：

$$\ln(U) = a + b\ln(Y) \qquad (6\text{-}66)$$

式中，U 表示浓度 Y 对应的相对扩展不确定度。根据表 6-13 中由 β-ETI 估计的相对扩展不确定度结果，采用 Levenberg-Marquardt 算法对式(6-66)中的参数进行估计，结果最佳拟合曲线为 $\ln(U) = 4.353 - 0.8577\ln(Y)$ $(r=0.9981)$。采用表 6-13 中 β-CTI 估计的相对扩展不确定度结果，最佳拟合曲线为 $\ln(U) = 4.538 - 0.8874\ln(Y)$ $(r=0.9983)$。在 0.07423～18.56mg/mL 浓度范围内，设定 NIR 分析方法的不确定度可接受限 λ=20%，则可建立不确定度决策曲线，如图 6-23 所示。在可接受限 λ 与不确定度曲线的交点对应的浓度以上，表明分析方法的定量性能可以接受，该交点代表定量检测方法有效与否的临界浓度。经计算，β-ETI 不确定度曲线与可接受限 λ 的交点为 4.867mg/mL，而 β-CTI 不确定度曲线与可接受限 λ 的交点为 5.686mg/mL，说明由 β-ETI 估计的临界浓度水平低于 β-CTI。

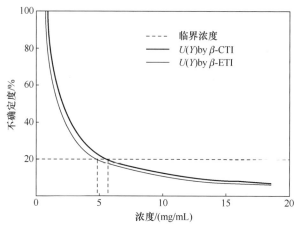

图 6-23　NIR 方法测量不确定度的决策曲线

　　近红外定量检测方法的准确性在很大程度上依赖于所建多变量校正模型，以上研究将验证实验设计和 β-容度容许区间引入近红外定量检测方法的不确定度评估，为近红外定量检测提供了可靠性评价方法及指标。血塞通注射液中三七总皂苷近红外定量检测不确定度评估结果显示，与常规的 β-期望容许区间相比，β-容度容许区间可实现近红外定量不确定度的充分估计。通过建立不确定度决策曲线，可确定近红外定量检测可接受不确定度的临界浓度水平，为 NIR 定量性能的提高和实际应用提供指导。然而，近红外定量检测测量不确定度的可接受限还没有统一标准，不确定度的可接受限与 β-容度容许区间参数(β, γ)之间的关系尚需进一步深入研究。

5. 基于 Liao 式 β-容度容许区间的不确定度评估

　　六一散，中成药名，由甘草粉末和滑石粉以 1 : 6 的比例混合而得，为祛暑剂，具有清暑利湿之功效。本节[22]以中药六一散粉末混合过程中目标成分甘草酸含量 NIR 定量检测为研究对象，应用一种基于实验验证数据的不确定度评估方法，通过验证集数据中间精密度及 Liao 式 β-容度容许区间的计算，并使用 UP 方法对 NIR 分析方法进行不确定度评估，以评价 NIR 定量检测方法和结果的准确性和可靠性。

1) 光谱采集条件

　　采用 Antaris 近红外光谱仪，以内置空气为背景，采用积分球漫反射模式合并旋转样本杯模式进行六一散样本原始近红外光谱的采集，分辨率为 8cm^{-1}，光谱扫描范围为 10000～4000cm^{-1}，每个样本扫描 64 次后取平均值作为最终的样本近红外光谱。

2) 甘草酸含量测定所需样本的制备

　　将甘草细粉与滑石粉以质量比 1 : 6 的比例投置于 10L 的三维混合机(ZNW-10，中国)

中进行混合实验。总共进行两批次混合实验，其中填料系数为 70%，旋转速度为 13r/min，在混合过程中停机 10 次，分别在混合开始后的第 5、7、9、11、12、13、14、15、17、19(min)停机，并在 5 个预设取样点进行取样(图 6-24)，取样 5g，将采集到的样本使用涡旋仪使滑石粉和甘草粉充分混合均匀，两次实验共采集得到 100 个样本。之后，对每个样本分别进行 NIR 光谱测量和 HPLC 测定。

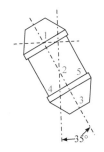

图 6-24　混合设备和预设取样点

3) 验证实验样本的制备

采用六一散混合过程中由低到高五种甘草酸含量样本(0.78mg/g、1.56mg/g、2.34mg/g、3.12mg/g 和 3.89mg/g)对测定 NIR 方法进行验证。为方便称量，将甘草酸含量换算为甘草质量，五种甘草酸含量所对应的甘草质量为(0.025g、0.050g、0.075g、0.100g 和 0.125g)，选取 3×5×3 的析因实验设计方案，即实验分三天进行，每天一次，每次实验包含五个浓度水平，每个浓度水平进行三次平行实验。

4) 数据处理

采用 SIMCA-P 11.5(美国 Umetrics 公司)及 Unscrambler 7.0(挪威 CAMO 公司)软件对光谱进行预处理，采用 MATLAB 7.0(美国 Mathwork 公司)软件进行样本集划分、数据预处理及不确定度计算。

5) 样本划分

采用 KS 法将 100 个样本原始 NIR 光谱划分为校正集 65 个和内部验证集 35 个。

6) 光谱预处理

使用以下预处理方法对六一散样本近红外光谱进行校正：考察采用 MSC 和 SNV 消除各批次间样本粒径分布不均匀及粉末颗粒大小不同产生的散射对其光谱的影响；对光谱数据进行 1st 与 2nd 处理以消除光谱基线漂移、强化谱带特征、克服谱带重叠；采用 SG 平滑法对光谱数据进行平滑处理，有效平滑高频噪声，提高信噪比，减少噪声影响。各预处理方法建模结果比较见表 6-14。

表 6-14　各预处理方法建模结果比较

预处理	LVs	校正集				内部验证集			
		r_{cal}	RMSEC	RMSECV	$BIAS_{cal}$	r_{val}	RMSEP	RPD	$BIAS_{val}$
原始光谱	4	0.9758	0.174	0.222	0.124	0.8541	0.200	1.88	0.165
SG	4	0.9753	0.176	0.219	0.125	0.8543	0.200	1.88	0.164
基线校正	4	0.9762	0.174	0.200	0.115	0.8754	0.184	2.04	0.146
1st	6	0.9951	0.078	0.205	0.063	0.8976	0.173	2.18	0.138
2nd	4	0.9966	0.140	0.182	0.058	0.8944	0.176	2.14	0.144
SG+1st	6	0.9985	0.044	0.139	0.036	0.9474	0.124	3.08	0.101
MSC	10	0.9897	0.119	0.222	0.090	0.8883	0.192	1.96	0.155
SNV	7	0.9773	0.170	0.244	0.121	0.8504	0.208	1.81	0.173
WDS	10	0.9915	0.109	0.139	0.082	0.9246	0.152	2.47	0.119

由表 6-14 可以看出，NIR 光谱数据处理后的建模结果明显优于原始光谱数据，表明样本近红外光谱受光程差异及噪声等的影响严重。经光谱预处理后，模型的预测准确度明显提高：SG 平滑+一阶导数处理方法结果最好，定量模型 RPD 由 1.88 增加到 3.08，预测集相关系数 r_{val} 及预测均方根误差(RMSEP)分别为 0.9474 和 0.124mg/g，因此选择采用 SG 平滑+一阶导数处理方法作为光谱预处理方法进行数据处理。

7) 潜变量因子的选取

采取 SG+1st 光谱预处理方法，分别使用 1～11 个潜变量因子建立回归模型，绘制模型预测性能随潜变量因子变化的曲线图(图 6-25(a))。结合图 6-25(a)可知，当潜变量因子数为 6 时，预测集校正均方根误差(RMSEC)、交叉验证均方根误差(RMSECV)及累积预测残差平方和(PRESS)较小，且降低的趋势基本不再变化，因此选择潜变量因子数为 6 建立回归模型。在 6 个潜变量因子数下，预测集相关系数(r_{val})及预测均方根误差(RMSEP)分别为 0.9474 和 0.124mg/g。所建 PLS 模型校正集与预测集相关关系如图 6-25(b)所示。

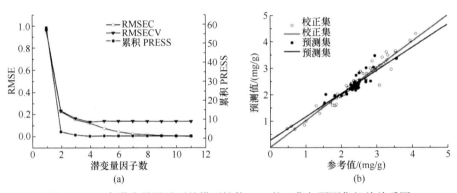

图 6-25　(a)各潜变量因子下的模型性能；(b)校正集与预测集相关关系图

8) 基于 Liao 式 β-容度容许区间不确定评估

将测定结果不确定度可接受限度设定为 20%($\lambda=\pm20\%$)，通过验证实验数据并结合 Liao 氏 β-容许区间计算方法，使用上文所述的不确定度计算方法，分别对本书中的两个含量测定实验结果进行不确定度计算(验证实验数据及不确定度计算结果见表 6-15)。以浓度水平 2.34mg/g 为例说明计算过程，其他浓度水平下的不确定度可采用相似的步骤计算。

表 6-15　不确定度计算结果

平行样本	理论甘草酸含量/(mg/g)	各批次甘草酸含量预测值/(mg/g)			不确定度上下限/%	相对扩展不确定度/%
		1	2	3		
1		0.76	0.86	0.64		
2	0.78	0.67	0.70	0.60	[−42.04，16.68]	29.94
3		0.65	0.65	0.60		
1		1.62	1.68	1.59		
2	1.56	1.60	1.58	1.52	[−9.63，12.34]	10.97
3		1.60	1.57	1.47		

平行样本	理论甘草酸含量/(mg/g)	各批次甘草酸含量预测值/(mg/g)			不确定度上下限/%	相对扩展不确定度/%
		1	2	3		
1		2.43	2.47	2.35		
2	2.34	2.40	2.48	2.31	[−8.71, 13.65]	8.34
3		2.36	2.47	2.31		
1		3.07	3.07	2.99		
2	3.12	3.17	3.08	3.00	[−8.97, 3.84]	6.21
3		3.04	2.98	2.96		
1		3.74	3.58	3.48		
2	3.89	3.71	3.52	3.41	[−17.80, 0.11]	8.95
3		3.60	3.49	3.42		

根据式(6-55)和式(6-56)，计算 SS_B=0.0338，SS_E=0.0036。设定蒙特卡罗仿真次数 G=10000，根据式(6-57)获得向量 L_1 (大小 1×10000)，γ=0.90，计算 L_1 的 γ 分位数 $D_{0.90}$ = 0.0731，$Z_{(1+\beta)/2} = Z_{0.8335} = 0.9681$。$Q_t$ 为自由度 v 下的 Student's t 分布中的 $\frac{1+\gamma}{2}$ 分位数值，对于均匀分布的数据 v 可由 Satterthwaite 公式计算得出：Q_t=2.6824，则甘草酸近红外定量检测方法的不确定度为

$$u(Y) = \frac{Z_{(1+\beta)/2}D_\gamma^{1/2}}{Q_t} = \frac{0.9681 \times \sqrt{0.0731}}{2.6824} = 0.0976$$

相对扩展不确定度为

$$u(Y)(\%) = \frac{2 \times u(Y)}{Xr} \times 100\% = \frac{2 \times 0.0976}{2.34} \times 100\% = 8.34\%$$

相对 β-容许区间上限 u(%)=13.65，相对 β-容许区间下限 l(%)= −8.71。

比较各浓度水平不确定度上下限[L(%)，H(%)]及可接受限度[$-\lambda$，λ]的大小，绘制不确定度曲线(图 6-26)，进而对测定结果不确定度进行评估，对分析方法的有效性进行评估。如果[L, H]全部落在[$-\lambda$, λ]范围内，则在此浓度水平不确定度在可接受范围内，将此方法视为准确可靠。如图 6-26 所示，当甘草酸含量较低(0.780~1.56mg/g)时不确定度较大(>20%)，不在可接受范围内。根据不确定度曲线，在样本甘草酸含量较低时，由于称量误差及近红外光谱采集等误差较大，近红外定量方法不确定度较大，样本甘草酸含量较低时近红外定量检测方法不可靠，测量结果不准确；当甘草酸含量高于 1.56mg/g 时，测定不确定度在可接受范围(λ=±20%)内，近红外定量检测方法可靠，测定结果准确。

以上研究选取六一散作为实验研究载体，通过近红外光谱仪收集混合过程中样本光谱，使用近红外光谱值与 HPLC 参考值建立偏最小二乘回归模型，模型预测效果良好。不确定度评估结果显示近红外光谱检测法可用于六一散粉末中甘草酸含量的快速测定，不确定度评价方法和有效评价不同浓度水平下的甘草酸含量 NIR 定量的准确性和可靠性，并可为其他中药分析测定方法的不确定度评估提供借鉴。

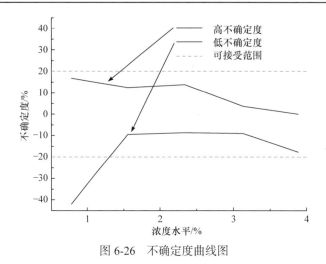

图 6-26　不确定度曲线图

6. 基于 Hoffman-Kringle 式 β-容许区间的不确定度评估

丹参是中国最受欢迎的保健品和药品之一，根据文献检索，没有找到关于 NIR 定量检测丹参酮 I 含量的研究。本节[23]研究将建立快速可靠的 NIR 定量检测丹参酮提取物中丹参酮 I 的方法，通过结合变量筛选剔除冗余信息，提高 NIR 方法的准确性，并基于 Hoffman-Kringle 式 β-容许区间来计算方法的不确定度，构建不确定度曲线图。

1) 材料与试剂

丹参酮提取物购买于西安鸿生生物、西安昌岳、陕西昂盛、南京泽朗等技术有限公司，部分丹参酮提取物为自制。丹参酮 I 标准品(批号：150105)购买于北京方成生物技术有限公司。色谱级乙腈和磷酸(美国赛默飞)，娃哈哈纯净水(杭州娃哈哈有限公司)。

2) 光谱数据

使用 Antaris Nicolet FT-NIR 光谱仪(Thermo Fisher Scientific Inc.，美国)，采用漫反射积分球模式采集 NIR 光谱。每个样本在室温下扫描 64 次，扫描范围为 4000～10000cm^{-1}，分辨率为 8cm^{-1}。背景为空气。所有光谱结果由热电公司的结果软件采集获得。

3) HPLC 分析

丹参酮 I 含量按 2010 版《中华人民共和国药典》中丹参酮提取物项下液相色谱的方法进行测定。色谱柱：Agilent XDB C18 column(4.6mm×250mm，5μm)；柱温 25℃；流动相：A 为乙腈，B 为 0.026%磷酸水。梯度洗脱：0～25min，60%～90%A；25～30min，90%～90%A；30～31min，90%～60%A；31～40min，60%～60%A。流速 1.2mL/min，检测波长 270nm，进样 10μL。

样本制备：经过 NIR 扫描后的样本直接用甲醇溶解。通过 0.45μm 的微孔滤膜后进样。

4) 校正集和验证集实验设计

校正集：每份丹参酮提取物样本粉末称取 4g，按照上述 NIR 采集样本 NIR 光谱。总共有 102 个样本。

验证集：验证集采用 6×3×3 完全析因实验设计。包含 6 个不同的丹参酮 I 浓度含量水平，分别为 1.18%、2.55%、5.02%、9.40%、15.16%和 19.84%(w/w)，每个浓度进行三次平行实验,测量 3 天,共有 54 个验证集样本。这些验证集样本不同于校正集中丹参酮提取物样本。

5) 数据处理

不同的光谱预处理方法用来建立 PLS 模型,比较得出最优的光谱预处理方法。光谱预处理后,用 iPLS、SiPLS、UVE(uninformative variables elimination)、SPA(successive projections algorithm)和 CARS(competitive adaptive reweighted sampling)5 种不同的变量筛选方法来筛选最佳变量。

6) 软件

用 SIMCA-P 11.5(Umetrics,US)和 Unscrambler 7.0(CAMO,Norway)进行光谱的预处理。采用 MATLAB 7.0(Mathwork,USA)中的 PLS Toolbox 2.1(Eigenvector Research Inc.)建立 PLS 校正集模型。运行 iPLS 和 SiPLS 的 iToolbox 下载于 http://www.models.kvl.dk/。UVE 和 CARS 算法的代码可见于 http://code.google.com/p/carspls。SPA 算法的图像用户界面下载于 http://www.ele. ita.br/～kawakami/spa/。不确定度计算的相关程序在 MATLAB 7.0 平台下自主编制。

7) 光谱预处理

首先,通过 KS 法将校正实验 102 个样本划分为校正集(68 个样本)和验证集(34 个样本)。然后,计算模型评价参数,即校正集和验证集的相关系数 r、RMSEC、RMSECV、RMSEP 及 RPD。r 值越接近 1,表示模型越好。RMSEC、RMSECV 和 RMSEP 的值相对越小表示 NIR 方法有较好的定量性能,除此之外,对于定量模型,RPD 值需要大于 3。应用不同的光谱预处理方法提高 NIR 模型的性能,如表 6-16 所示,经过 SNV 预处理后校正集和验证集都表现出较好的模型性能。

表 6-16　NIR 光谱各预处理结果比较

预处理	LVs	校正集				验证集			
		r_{cal}	RMSEC	RMSECV	BIA_{cal}	r_{val}	RMSEP	RPD	BIA_{val}
原始光谱	12	0.9894	0.768	1.237	0.558	0.9939	0.644	9.19	0.483
MSC	10	0.9933	0.612	0.899	0.389	0.9967	0.485	12.20	0.356
SNV	10	0.9934	0.607	0.863	0.385	0.9966	0.483	12.26	0.351
1st	12	0.9943	0.564	1.102	0.336	0.9962	0.511	11.58	0.378
2nd	6	0.9913	0.695	1.687	0.466	0.9925	0.723	8.18	0.562
WDS	8	0.9732	1.216	1.618	0.898	0.9802	1.159	5.11	0.869
SG+1st	11	0.993	0.625	1.124	0.408	0.9952	0.569	10.41	0.446
SG	10	0.9879	0.822	1.177	0.569	0.9925	0.714	8.26	0.507

8) 变量筛选

经过光谱预处理后,用 iPLS、SiPLS、UVE、SPA、CARS 变量筛选的算法来选择敏感变量,剔除冗余信息,提取有效信息,提高 PLS 模型性能。iPLS 算法应用于校正集数据,原始光谱平均分成 5～40 个区段,通过最小 RMSECV 得出最佳区段。由图 6-27 可知,最佳区段为 16,相对应的波段为 1699～1814nm。对于 SiPLS,组合数分别为 2 和 3。

最终结果如图 6-27 所示，可以得出最优波段数为 35，组合数为 3，对应波段为 1113～1134nm、1283～1310nm 和 1693～1743nm。

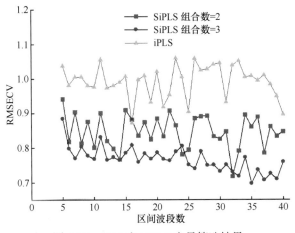

图 6-27　iPLS 和 SiPLS 变量筛选结果

对于 CARS 方法，交叉验证组合数 5、蒙特卡罗取样次数 50、预处理方法均值中心化。CARS 筛选的丹参酮 I 的相关变量在图 6-28 中表示。图 6-28(a)为随着变量筛选过程所选择的光谱变量的变化情况，图 6-28(b)是变量筛选过程中 RMSECV 值的变化趋势。

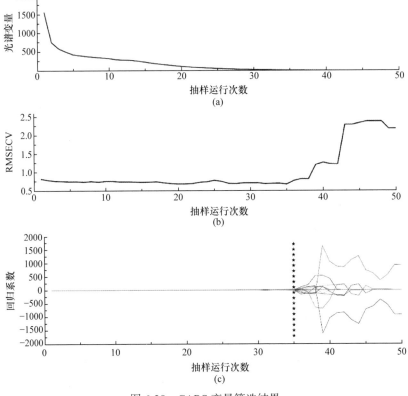

图 6-28　CARS 变量筛选结果

可以看出，随着取样数的增加，所选的光谱变量在减少，但是 RMSECV 的值先减小后增大，表明在变量筛选过程中，先剔除了无用或冗余的变量，后剔除了一些有用的变量。图 6-28(c)为变量筛选过程中光谱回归系数的变化。图中不同颜色的线代表不同的变量。"★"对应的位置为 35 次取样，共剩下 15 个光谱变量。

SPA 变量筛选的结果如图 6-29 所示，当模型的变量数由 2 升至 21 时，RMSEV 快速下降，表明 PLS 模型至少需要 21 个有用的光谱变量；当模型变量数继续降低时，RMSEV 值不再下降。因此，对于 SPA 变量筛选方法，共有 21 个光谱变量最终保留下来。

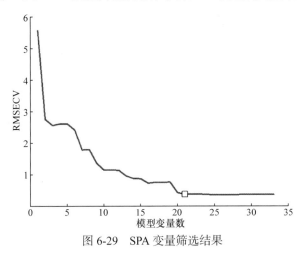

图 6-29　SPA 变量筛选结果

对于 UVE 变量筛选，1557 个随机噪声变量加入了光谱矩阵，使得噪声变量数和光谱变量数一致。随机噪声变量稳定性最大绝对值的 99% 作为变量筛选的阈值。图 6-30 展示了 UVE 筛选丹参酮 I 相关变量的结果，图中的垂直线为分界线，左边代表光谱变量，右边代表随机噪声变量；水平短虚线是 UVE 变量筛选的最高和最低阈值限。光谱变量的变量稳定性值超出水平短虚线的变量，认为是有用的变量被保留下来，而处于两条水平短虚线之间的变量认为是无用或冗余信息被剔除。经过 UVE 变量筛选过程，共有 473 个光谱变量被保留。

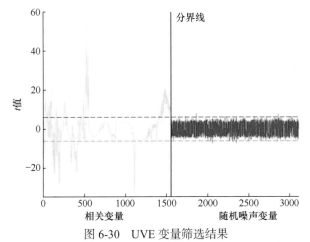

图 6-30　UVE 变量筛选结果

9) 模型的建立和选择

丹参酮 I 的光谱经过光谱预处理，通过比较不同的光谱筛选方法建立了不同的 PLS
模型。如表 6-17 所示，UVE 变量筛选方法明显优于其他变量筛选方法，因此，选择 UVE
变量筛选建立了 PLS 模型。

表 6-17　不同变量筛选方法建模结果比较

方法	变量数	LVs	r_{cal}	RMSEC	RMSECV	BIA_{cal}	r_{val}	RMSEP	RPD	BIA_{val}
PLS	1557	10	0.9934	0.607	0.863	0.385	0.9966	0.483	12.26	0.351
CARS	15	8	0.9929	0.628	0.723	0.433	0.9953	0.566	10.45	0.440
SPA	21	11	0.9925	0.646	1.055	0.440	0.9956	0.553	10.69	0.439
UVE	473	10	0.9932	0.615	0.907	0.394	0.9973	0.433	13.67	0.312
SiPLS	133	7	0.9918	0.676	0.837	0.469	0.9959	0.531	11.14	0.447
iPLS	98	7	0.9898	0.755	1.043	0.451	0.9956	0.577	10.25	0.438

10) 基于 Hoffman-Kringle 式 β-容度容许区间不确定度评估

验证样本的预测浓度值和各个浓度水平下的不确定度见表 6-18。为了计算 β-容度容
许区间建立不确定曲线，采用由 FDA 推荐的 4-6-λ 规则。该规则由 Hoffman 和 Kringle
转化为 β=66.7%，γ=90%。可接受限按惯例设为±20%来验证 NIR 分析丹参酮提取物中丹
参酮 I 含量。

如表 6-18 所示，随着浓度的降低，扩展不确定度和不确定度上下限会随之变大。这
种现象符合在浓度较小的情况下总误差经常很大的事实。然而，不确定度上下限在所有
浓度下都没有超过设定的可接受限±20%，包括最低浓度(1.18%)，如图 6-31 所示。这些
表明该 NIR 方法的准确度和不确定度在所研究的全部浓度都可以接受，在所研究的浓度
范围内，NIR 定量检测丹参酮 I 含量的方法被认为可靠有效。

表 6-18　验证结果的不确定评估

重复	浓度水平/%	预测浓度/%			不确定度上下限/%	扩展不确定度/%	结果
		1	2	3			
1		1.21	1.29	1.12			
2	1.18	1.16	1.20	1.19	[−11.12，16.61]	13.86	Valid
3		1.15	1.28	1.30			
1		2.38	2.35	2.36			
2	2.55	2.33	2.39	2.35	[−12.68，−1.46]	5.61	Valid
3		2.32	2.50	2.34			
1		5.00	5.11	4.88			
2	5.02	4.94	5.18	4.87	[−6.64，5.76]	6.20	Valid
3		5.07	5.03	4.91			
1		9.96	10.14	9.94			
2	9.40	10.06	10.11	9.82	[1.79，10.02]	4.12	Valid
3		9.94	9.89	9.73			

续表

重复	浓度水平/%	预测浓度/%			不确定度上下限/%	扩展不确定度/%	结果
		1	2	3			
1		15.13	15.15	15.20			
2	15.16	15.08	15.21	15.17	[-0.95, 0.79]	0.87	Valid
3		15.10	15.18	15.11			
1		19.89	19.44	19.75			
2	19.84	19.86	19.63	19.78	[-2.63, 1.77]	2.20	Valid
3		19.82	19.71	19.91			

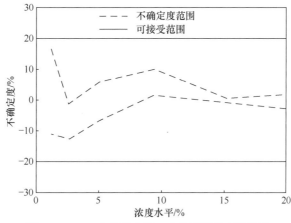

图 6-31　NIR 分析丹参酮 I 含量的不确定度曲线

11) 变量筛选和未经变量筛选的 NIR 分析方法结果比较

为了比较未经过变量筛选和经过最佳变量筛选方法 UVE 筛选后不确定度的变化，对未经过变量筛选的 NIR 光谱建立的 NIR 方法进行了相同的不确定度评估，结果如表 6-19 和图 6-32 所示，表明经过 UVE 变量筛选，光谱的相关变量得到有效挖掘，建立的 PLS 模型的性能得到显著提高，极大地提高了 NIR 分析方法的准确性和可靠性。

表 6-19　未经过 UVE 变量筛选的 NIR 方法不确定度结果

重复	浓度水平/%	预测浓度值/%			不确定度上下限/%	扩展不确定度/%	结果
		1	2	3			
1		1.19	0.96	1.18			
2	1.18	1.14	1.05	1.17	[-20.64, 14.01]	17.32	Invalid
3		1.17	1.27	1.16			
1		2.29	2.40	2.31			
2	2.55	2.42	2.38	2.38	[-13.25, -2.22]	5.51	Valid
3		2.43	2.30	2.28			
1		5.61	5.01	5.33			
2	5.02	5.60	5.19	5.31	[-4.73, 18.26]	11.50	Valid
3		5.42	5.25	5.51			

续表

重复	浓度水平/%	预测浓度值/%			不确定度上下限/%	扩展不确定度/%	结果
		1	2	3			
1		9.84	9.42	9.73			
2	9.40	9.84	9.41	9.79	[−3.11, 8.49]	5.80	Valid
3		9.78	9.36	9.71			
1		15.34	15.23	15.25			
2	15.16	15.32	15.25	15.24	[−0.31, 1.72]	1.02	Valid
3		15.34	15.19	15.24			
1		19.35	19.61	19.69			
2	19.84	19.50	19.64	19.74	[−3.24, 0.91]	2.08	Valid
3		19.47	19.77	19.72			

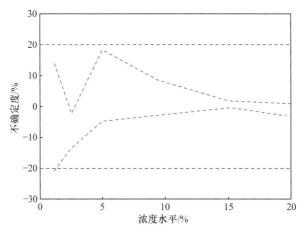

图 6-32 未经过 UVE 变量筛选的 NIR 方法不确定度曲线

以上研究成功完成了 NIR 定量检测丹参酮提取物中丹参酮 I 方法的开发、不确定度评估。采用不同的变量筛选方法来剔除冗余信息，提取有用特征，提高模型性能，最终选择了 UVE 对光谱进行变量筛选建立 PLS 模型。基于 Hoffman-Kringle 式 β-容度容许区间对 NIR 方法进行了不确定度评价，并构建了不确定度曲线来评价 NIR 方法的性能，比较了未经过变量筛选建立的 NIR 方法和经过 UVE 变量筛选建立的 NIR 方法的不确定度的差异。结果表明，所建立的 NIR 方法可以准确可靠地定量检测丹参酮提取物中丹参酮 I 的含量。

6.2.4 基于全局估计不确定度评估的原理和方法

根据 LGC/VAM 协议和 ISO/DTS 21748 指南，全局不确定度评估的基本模型公式如下[24]所示：

$$u^2(Y) = S_R^2 + u^2(\delta) + u_{rob}^2(Y) \tag{6-67}$$

其中，S_R^2 是由精密度研究得到的中间精密度；$u^2(\delta)$ 是由真实性研究得到的和方法的偏差有关的不确定度；$u_{\text{rob}}^2(Y)$ 是源自稳健性研究的不确定度。为了简单有效地评估公式 (6-67) 的全局不确定度，分为部分进行，真实性和精密度研究同时进行，稳健性研究单独进行。真实性和精密度研究的验证数据由 $I×J×K$ 完全析因实验设计产生，稳健性研究的验证数据由 P-B(Plackett-Burmann) 实验设计产生。

1. 真实性和精密度研究

本书采用国际通用的 $I×J×K$ 析因实验设计来设计验证数据集，其中影响因素有三方面：条件(I)，重复次数(J) 和浓度水平(K)。其中，该方法在 k 浓度水平下的准确性和精确度的评估使用下面的数据模型计算：

$$Y_{ij} = \mu + \alpha_i + \varepsilon_{ij} \quad (i=1, 2, \cdots, m; \ j=1, 2, \cdots, n) \tag{6-68}$$

Y_{ij} 是在浓度水平 k 和 i 条件下的第 j 个测量值；μ 是在每一个浓度水平下的平均测量值；m 是系列的个数；n 是每个系列重复的个数；α_i 是一个以 0 为平均值、$\hat{\sigma}_B^2$ 为方差的标准随机变量；ε_{ij} 是一个以 0 为平均值、$\hat{\sigma}_E^2$ 为方差的随机标准变量的实验误差，是一组独立数据；变量 $\hat{\sigma}_B^2$ 和 $\hat{\sigma}_E^2$ 分别代表组间变异和组内变异。本方法的关键是评估每个浓度水平下的 u_k、$\hat{\sigma}_B^2$ 和 $\hat{\sigma}_E^2$。定义 MS_B 和 MS_E 分别为组间均方和组内均方。

$$MS_B = \frac{n}{m-1} \sum_{i=1}^{m} (\overline{Y}_i - \overline{Y})^2 \tag{6-69}$$

其中

$$\overline{Y}_i = \frac{1}{n} \sum_{j=1}^{n} Y_{ij}, \quad \overline{Y} = \frac{1}{mn} \sum_{i=1}^{m} \sum_{j=1}^{n} Y_{ij}$$

$$MS_E = \frac{1}{m(n-1)} \sum_{i=1}^{m} \sum_{j=1}^{n} (Y_{ij} - \overline{Y}_i)^2 \tag{6-70}$$

如果 $MS_E < MS_B$

$$\hat{\sigma}_B^2 = \frac{MS_B - MS_E}{n} \tag{6-71}$$

$$\hat{\sigma}_E^2 = MS_E \tag{6-72}$$

否则

$$\hat{\sigma}_B^2 = 0 \tag{6-73}$$

$$\hat{\sigma}_E^2 = \frac{1}{mn-1} \sum_{i=1}^{m} \sum_{j=1}^{n} (Y_{ij} - \overline{Y})^2 \tag{6-74}$$

1) 精密度

ICH 定义精密度为在规定条件下重复多次均匀取样得到的一系列测量数据间的接近程度。精密度的评价分两个水平：重复性和中间精密度。

重复性在相同的操作条件下，并在较短的时间区间内完成，最少需要 9 个测量结果来评估精确度，并且这 9 个测量实验要在所研究分析过程的特定浓度范围内，所以系列间变异可用来表示重复性：

$$\hat{\sigma}_{Re}^2 = \hat{\sigma}_E^2 \tag{6-75}$$

中间精密度表示来源于不同设备、不同日期或者不同分析人员的实验室内的变异。系列间变异和系列内变异的总和用来评估中间精密度，即

$$\hat{\sigma}_M^2 = \hat{\sigma}_B^2 + \hat{\sigma}_E^2 \tag{6-76}$$

2) 真实性

分析方法或程序的真实性，也称为理论真值，表现为测量结果的平均值和可接受理论值之间的接近程度。真实性可用偏差(bias)和回收率(recovery)表示。

$$bias(\%) = \frac{\overline{Y} - Xr}{Xr} \times 100 \tag{6-77}$$

$$recovery(\%) = \frac{\overline{Y}}{Xr} \times 100 \tag{6-78}$$

其中，Xr 为理论真值。

2. 稳健性研究

稳健性(robustness)，处理在分析过程中固有的实验变量即影响因素(如温度、湿度、检测波长、pH 等)对实验结果的影响。如果该方法对这个因素设有控制限(如温度(100±5)℃)，就要研究该因素容许的最大范围(95℃和105℃)。如果没有设定可控限，可由分析者来选择合适的值。取值可以根据相似的方法或方法开发中的信息，也可以根据因素正常变化的常识。

稳健性实验在 LGC/VAM 协议的指导下进行，计算过程如下：

(1) 确定影响因素并命名为 $x_1, x_2, \cdots, x_z$。

(2) 对于每个因素，定义其在日常工作中的正常值和极值，并编码：较高值=+1，较低值=−1，正常值=0。

(3) 安排 P-B 实验，根据水平+1 或−1 将实验分为两组。

(4) 选取真实性和精密度研究实验的中间浓度的样本进行随机实验。

由每个因素的影响力 $D(x)$+1 水平的实验结果的平均值和−1 水平实验结果的平均值的差异得到

$$D(x) = \frac{1}{N}\left[\left(\sum_{i=1}^N Y_i\right)_{(x=+1)} - \left(\sum_{i=1}^N Y_i\right)_{x=-1}\right] \tag{6-79}$$

一旦 $D(x)$得出，就可对其进行 t 检验来确定该因素对结果是否有显著性影响：

$$t(x) = \frac{\sqrt{N}\,|D(x)|}{\sqrt{2}S_R} \tag{6-80}$$

其中，S_R 是由精密度研究得到的中间精密度。得到的 $t(x)$ 值与给定置信水平下的双边 t_{crit} 值比较，自由度 v 可由真实性和精密度研究得到：$v=m×n-1$。

如果 $t(x)<t_{crit}$，则认为该研究因素对分析过程是稳健的。该因素对于测量的不确定度 $u(Y(x))$ 可由下式得出

$$u(Y(x)) = \frac{\sqrt{2}t_{crit}S_R}{1.96\sqrt{N}} \frac{\delta_{real}(x)}{\delta_{test}(x)} \tag{6-81}$$

其中，δ_{real} 是方法在日常应用中该因素的变化水平；δ_{test} 是在稳健性实验设计中规定的因素变化水平。

如果 $t(x)>t_{crit}$，则该因素的不确定度为

$$u(Y(x)) = u(x)c \tag{6-82}$$

其中，$u(x)$ 是专属参数的 B 类不确定度，使用已存在的信息以标准差的形式表示；c 是敏感系数，可由下式得到

$$c = \frac{|D(x)|}{x^{max^{min}}} = \frac{|D(x)|}{\delta_{test}} \tag{6-83}$$

其中，x_{max} 是 P-B 实验中较高的值；x_{min} 是较低的值。

一旦影响因素的不确定度评估完成，稳健性研究的不确定度就可以计算：

$$RSD_{rob} = \sqrt{\frac{\sum_1^z u^2(Y(x))}{\overline{Y}_s^2}} \tag{6-84}$$

其中，$\overline{Y}_s$ 是稳健性研究所有实验结果的平均值。

$$\overline{Y}_s = \frac{\sum_1^{2N} Y}{2N} \tag{6-85}$$

对于验证集中其他的浓度 $\hat{Y}$，来自稳健性研究的不确定度为

$$u_{rob}(Y) = \hat{Y}RSD_{rob} \tag{6-86}$$

3. 基于全局估计的不确定度评估

1) 材料

丹参酮提取物购买于西安鸿生生物、西安昌岳、陕西昂盛、南京泽朗等技术有限公司，部分丹参酮提取物为自制。隐丹参酮标准品(批号：110852-200806)购买于中国药品食品检定所。色谱级乙腈和磷酸(美国赛默飞)，娃哈哈纯净水(杭州娃哈哈有限公司)。

2) 光谱数据采集

使用 Antaris Nicolet FT-NIR 光谱仪(Thermo Fisher Scientific Inc.，美国)，采用漫反射积分球模式进行采集 NIR 光谱。每个样本在室温下扫描 64 次，扫描范围为 4000～

$10000cm^{-1}$，分辨率为 $8cm^{-1}$。背景为空气。所有光谱结果由热电公司的结果软件采集获得。

3）液相数据采集

隐丹参酮含量按 2010 版《中华人民共和国药典》中丹参酮提取物项下液相色谱的方法进行测定。色谱柱：Agilent XDB C18 column(4.6mm×250mm，5μm)；柱温25℃；流动相：A 为乙腈，B 为 0.026%磷酸溶液。梯度洗脱：0～25min，60%～90%A；25～30min，90%～90%A；30～31min，90%～60%A；31～40min，60%～60%A。流速 1.2mL/min，检测波长 270nm，进样 10μL。

样本制备：经过 NIR 扫描后的样本直接用甲醇溶解。通过 0.45μm 的微孔滤膜后进样。

4）试验设计

共 103 个样本，分别称量 4g，在规定的 NIR 光谱采集条件下采集样本光谱，然后将采集到的 103 条样本光谱通过 KS 划分为校正集 74 个样本光谱，测试集 29 个样本光谱。

真实性和精密度验证实验采用"5×3×3"完全析因实验设计方案。包括 5 个不同的隐丹参酮浓度，即 1.18%、2.05%、3.60%、5.29%、9.35%；每个浓度 3 个重复样本，测量 3 天每天一次。共有 45 个样本。这些验证集的样本与校正集样本不同。

在进行稳健性测试之前首先进行基于 QbD 原则的风险评估，目的是鉴别对 NIR 过程的稳健性影响较大的因素。图 6-33 中描绘了这些潜在的因素，共分为 5 组，即仪器、方法、环境、样本和人员。

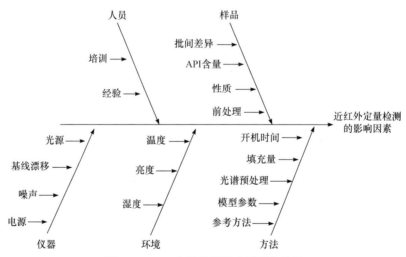

图 6-33　NIR 定量检测影响因素鱼骨图

根据 FMFA 的结果，四个因素被选为高风险因素：NIR 仪器开机时间(x_1)、批次差异(x_2)、样本装填质量(x_3)、环境湿度(x_4)。稳健性测试验证实验采用真实性和精密度研究实验的隐丹参酮中间浓度 3.6%作为 PB 实验的样本。影响因素和水平见表 6-20。

表 6-20　影响因素和水平

因素	名称	水平		
		−1	0	+1
x_1	开机时间/h	1.5	1	0.5
x_2	批次	批次 A	—	批次 B
x_3	装填质量/g	3.5	4	4.5
x_4	水分含量/%	2.58	2.70	2.84

为了模拟环境湿度的影响，人为地设计了两种实验条件。对于 x_4 的+1 水平，样本放入室温的干燥真空器中 2 小时；对于 x_4 的−1 水平，样本放入室温下相对湿度为 75%的密闭容器中 2 小时，湿度由饱和氯化钠产生。样本的含水量由 SartoriusMA-35(Sartorius，德国)快速水分测定仪测出，每个样本测量重复 3 次。表 6-20 中 x_4 的值为多次测量结果的平均值。

5) NIR 方法开发

PLS 回归模型用来联系 NIR 光谱和由液相分析得到的参考值，并用来定量检测丹参酮提取物中的隐丹参酮含量。许多光谱预处理方法用来提取有用信息并比较得出最佳预处理方法，应用了 SG 平滑、1st、2nd、MSC、SNV 及 WDS 预处理方法。经过光谱预处理后，又使用了不同的变量筛选方法来选择最敏感变量，有 iPLS、SiPLS、UVE 和 SPA。

NIR 模型的建立、方法的开发需要常规的化学计量学参数进行评价和选择，比如相关系数 r、RMSEC、RMSECV、RMSEP 和 RPD 等，而建立 PLS 模型时选取最优潜变量(latent variables，LVs)则综合考虑 RMSEC、RMSECV、RMSEP 和累积残差值。

6) 软件

用 SIMCA-P 11.5(Umetrics，USA)和 Unscrambler 7.0(CAMO，Norway)进行光谱的预处理。采用 MATLAB 7.0(Mathwork，USA)中的 PLS Toolbox 2.1(Eigenvector Research Inc.)建立 PLS 校正集模型。运行 iPLS 和 SiPLS 的 iToolbox 下载于 http://www.models.kvl.dk/。UVE 算法的代码可见于 http://code.google.com/p/carspls。SPA 算法的图像用户界面下载于 http://www.ele.ita.br/～kawakami/spa/。全局不确定度计算的相关程序可在 MATLAB 7.0 平台下自主编制。

7) NIR 方法开发

校正实验样本得到的 NIR 原始光谱图如图 6-34 所示。表 6-21 中展示了 NIR 定量模型经过不同预处理方法比较得到的结果，表明经过光谱预处理后 NIR 模型的性能得到了提高。1st 和 2nd 预处理方法分别基于 9 点和 5 点平滑，二阶多项式。对于 SG 平滑，过滤宽度为 9 点波长和二阶多项式。和其他预处理方法相比较，SG+2nd 预处理方法使用的 LVs 相对较小，r 值更接近于 1。相对小的 RMSEC(0.217%)和 RMSECV(0.386%)也表明所建的 PLS 模型定量性能良好。

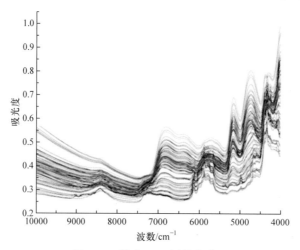

图 6-34　样本 NIR 原始光谱图

表 6-21　不同预处理方法比较

预处理	LVs	校正集				测试集			
		r_{cal}	RMSEC	RMSECV	$BIAS_{cal}$	r_{val}	RMSEP	RPD	$BIAS_{val}$
None	11	0.9821	0.473	0.646	0.385	0.9713	0.573	4.27	0.424
SNV	12	0.9880	0.388	0.675	0.303	0.9769	0.517	4.72	0.380
MSC	12	0.9872	0.400	0.720	0.309	0.9765	0.523	4.68	0.381
1st	12	0.9942	0.270	0.574	0.208	0.9822	0.461	5.31	0.323
2nd	10	0.9992	0.101	0.425	0.083	0.9817	0.460	5.32	0.333
WDS	11	0.9663	0.646	0.916	0.536	0.9507	0.750	3.26	0.619
SG	11	0.9820	0.475	0.648	0.386	0.9710	0.576	4.25	0.425
SG+1st	12	0.9942	0.269	0.572	0.207	0.9819	0.465	5.26	0.329
SG+2nd	9	0.9963	0.217	0.386	0.159	0.9845	0.430	5.69	0.283

　　经过数据预处理后进行变量筛选。iPLS：区间波段数取值 5～40；SiPLS：组合数分别为 2 和 3，区间波段数取值 5～40；UVE：1557 随机噪声变量，以噪声变量最大绝对稳定性值的 99% 作为阈值；SPA：变量的最小和最大的参数分别为 1 和 73。变量筛选结果如表 6-22 所示，模型的性能并没有得到有效提高。因此，只有 SG+2nd 预处理方法作为 NIR 原始光谱的预处理方法来建立 NIR 校正模型。图 6-35(a)展示了模型性能指数随潜变量因子数改变而改变的情况。最终，综合考虑 RMSEC、RMSECV、RMSEP 和 PRESS值在 LVs=9 时不再明显变化，因此选择 9LVs 来建立 PLS 模型。图 6-35(b)中校正集和测试集数据均匀地分布在回归直线的两侧，表明了参考值和预测值有很好的相关关系。模型性能指数 RPD 等于 5.69 大于 3，也证明了所建立的 NIR 模型性能良好。

表 6-22　不同变量筛选方法结果比较

方法	LVs	校正集				测试集			
		r_{cal}	RMSEC	RMSECV	BIA_{cal}	r_{val}	RMSEP	RPD	BIA_{val}
iPLS	7	0.9901	0.352	0.472	0.289	0.982	0.463	5.28	0.294
SiPLS	7	0.9905	0.346	0.472	0.284	0.982	0.462	5.29	0.293
UVE	9	0.9959	0.227	0.300	0.170	0.984	0.442	5.52	0.289
SPA	10	0.9937	0.281	0.395	0.224	0.984	0.427	5.72	0.309

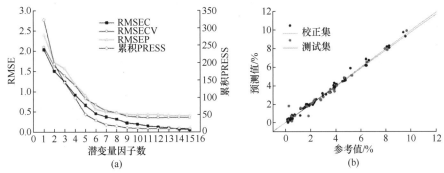

图 6-35　(a)模型性能随潜变量变化图；(b)校正集和测试集相关关系图

8) 真实性和精密度研究的不确定度

"5×3×3"完全析因实验设计的验证集样本的浓度由所建 PLS 校正模型预测产生，表 6-23 中以质量浓度及其相对形式展示了预测浓度结果，可以看出，随着浓度的降低，相对偏差明显增大，在最低浓度为 1.18%时，相对偏差值最大。结果表明 NIR 方法在浓度相对较高时较为准确。

表 6-23　验证集样本的预测浓度

水平	重复	参考浓度/%	预测浓度/%(相对偏差/%)		
			Day1	Day2	Day3
1	1	1.18	0.92(−22.03)	0.75(−36.44)	0.82(−30.51)
	2		0.98(−16.95)	0.78(−33.90)	0.85(−27.97)
	3		0.99(−16.10)	0.79(−33.05)	0.89(−24.58)
2	1	2.05	2.14(4.39)	2.09(1.95)	1.95(−4.88)
	2		2.16(5.37)	2.17(5.85)	2.13(3.90)
	3		2.16(5.37)	2.21(7.80)	2.17(5.85)
3	1	3.60	3.04(−15.56)	3.22(−10.56)	3.12(−13.33)
	2		3.25(−9.72)	3.24(−10.00)	3.20(−11.11)
	3		3.33(−7.5)	3.30(−8.33)	3.22(−10.56)
4	1	5.29	4.91(−7.18)	5.02(−5.10)	4.90(−7.37)
	2		4.92(−6.99)	5.08(−3.97)	5.31(0.38)
	3		4.97(−6.05)	5.13(−3.02)	5.46(3.21)

续表

水平	重复	参考浓度/%	预测浓度/%{相对偏差/%}		
			Day1	Day2	Day3
	1		9.35(0.00)	9.52(1.82)	9.43(0.86)
5	2	9.35	9.53(1.93)	9.63(2.99)	9.80(4.81)
	3		9.72(3.96)	9.70(3.74)	9.90(5.88)

　　通过对验证集实验数据进行 ANOVA 分析，可得出日内变异和日间变异，结果如表 6-24 所示。除了最低浓度，日内变异的值都大于日间变异，表明方法精密度的主要来源是日间变异。中间精密度和偏差的不确定度可分别通过式(4-2)和式(4-3)得出。中间精密度值总是大于偏差的不确定度值，揭示了中间紧密度对方法的全局不确定度的贡献大于偏差。

表 6-24　验证集样本数据 ANOVA 分析结果

浓度水平/%	$\bar{Y}$/%	$\hat{\sigma}_E^2$	$\hat{\sigma}_B^2$	γ	S_R^2	$u^2(\delta)$
1.18	0.863	0.0010	0.0088	0.1056	0.0098	0.0030
2.05	2.13	0.0057	0	1	0.0057	0.0006
3.60	3.21	0.0078	0	1	0.0078	0.0009
5.29	5.08	0.0294	0.0112	0.7233	0.0406	0.0070
9.35	9.62	0.0318	0	1	0.0318	0.0035

9) 稳健性研究的不确定度

　　稳健性研究可用来补充真实性和精密度研究没有涉及的因素，所得数据可以用来评估不确定度。不完整的 2^{7-4}PB 实验设计安排了 4 个影响较大的因素，如表 6-25 所示，在 8 次实验中隐丹参酮的浓度由上述所建 NIR 校正模型预测得到。

表 6-25　PB 实验设计方案和结果

实验次数	因素水平 $x_k(k=1\sim4)$				预测值/%
	x_1	x_2	x_3	x_4	
1	+1	+1	+1	+1	3.26
2	+1	+1	−1	+1	3.39
3	+1	−1	+1	−1	3.35
4	+1	−1	−1	−1	3.38
5	−1	+1	+1	−1	3.34
6	−1	+1	−1	−1	3.31
7	−1	−1	+1	+1	3.29
8	−1	−1	−1	+1	3.38

因素影响力值 $D(x)$ 和相应的 t 检验值可分别由式(6-79)和式(6-80)计算得到。每种因素对稳健性不确定度的贡献大小可由式(6-81)计算得到。其中，对于 x_1，平均的 NIR 分析时间为 5min，因此 δ_{real}=5min，δ_{test}=1h。对于 x_2，批次是定性变量，因此 $\delta_{real}=\delta_{test}$=1。对于 x_3，δ_{real}=4.1−3.9=0.2g，δ_{test}=4.5−3.5=1g。对于因素 x_4，δ_{real}=2.705−2.695=0.01g，δ_{test}=2.84−2.58=0.26g。下面将以因素 x_1 为例来解释计算过程。对于 8 次实验，N=4。因素 x_1 的影响力为

$$D(x_1)=\frac{1}{N}\left(\left(\sum_{i=1}^{N}Y_i\right)_{(x=+1)}-\left(\sum_{i=1}^{N}Y_i\right)_{x=-1}\right)$$
$$=[(3.26+3.39+3.35+3.38)-(3.34+3.31+3.29+3.38)]/4=0.0150$$

t 检验值：

$$t(x_1)=\frac{\sqrt{N}\,|D(x_1)|}{\sqrt{2}S_R}=\frac{\sqrt{2}\times0.0150}{0.0883}\approx0.2402$$

在自由度 $v=m\times n-1=3\times3-1=8$ 下，在 95%的置信水平下双侧临界 t 值：$t_{crit}=t_{(1-0.05/2,\,8)}$=2.3060。

由于 $t(x_1)<t_{crit}$，所以因素 x_1 的不确定度为

$$u(Y(x_1))=\frac{\sqrt{2}t_{crit}S_R}{1.96\sqrt{N}}\frac{\delta_{real}(x_1)}{\delta_{test}(x_1)}=\frac{2.306\times0.0883}{1.96\times\sqrt{2}}\times\frac{5}{60}=0.0061$$

其他影响因素的不确定度计算过程和 x_1 相同，结果如表 6-26 所示，可以发现所有影响因素的 t 值都小于其临界值 t_{crit}(2.3060)，表明所建立的 NIR 方法对这些因素来讲足够稳健，其中 x_2 是 4 种所研究的影响因素中不确定度最大的一个。

表 6-26　影响因素的不确定度

因素	$D(x)$	$t(x)$	$u(Y(x))$
x_1	0.0150	0.2402	0.0060
x_2	−0.0250	0.4003	0.0735
x_3	−0.0550	0.8807	0.0147
x_4	0.0150	0.2402	0.0028

根据式(6-84)稳健性研究的相对不确定度 RSD_{rob} 可用表 6-26 中的数据进行计算。

$$RSD_{rob}=\sqrt{\frac{(0.0060)^2+(0.0735)^2+(0.0147)^2+(0.0028)^2}{(3.34)^2}}=0.0225$$

其他浓度的稳健性研究的不确定度可使用 RSD_{rob}。

10) 全局不确定度评估

在分别计算得到真实性、精密度和稳健性研究的不确定度后，即可根据式(4-1)合并得到全局不确定度。各部分的不确定度如表 6-27 所示，可以看出在浓度水平最低 1.18(%)时，扩展不确定度最大。

表 6-27　隐丹参酮 NIR 测定的全局不确定度

浓度水平/%	S_R^2	$u^2(\delta)$	$u_{rob}^2(Y)$	$u^2(Y)$	$u(Y)$	$U(Y)$
1.18	0.0098	0.0030	0.0008	0.0136	0.1166	0.2332
2.05	0.0057	0.0006	0.0023	0.0086	0.0927	0.1855
3.60	0.0078	0.0009	0.0071	0.0158	0.1257	0.2514
5.29	0.0406	0.0070	0.0153	0.0629	0.2508	0.5016
9.35	0.0318	0.0035	0.0479	0.0832	0.2884	0.5769

　　本节所推荐的计算不确定度的方法的一个优势就是可以得到并比较全局不确定度的不同的不确定度来源。以浓度水平为 3.60% 为例，图 6-36 中展示了各种来源对全局不确定度的贡献情况，可以明显看出方法的精密度对全局不确定度的贡献最大。精密度在本图中代表的是中间精密度，反映了方法在日常应用中的条件。从表 6-24 中 $\hat{\sigma}_B^2$ 等于 0 可以得出日间效应的影响可以忽略不计。因此，中间精密度的主要贡献来源是日内变异，提示我们在日常应用中要提高当天的操作。

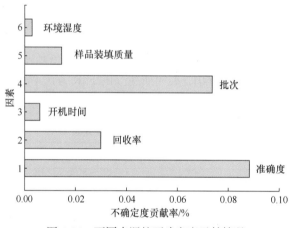

图 6-36　不同来源的不确定度贡献情况

　　比较稳健性实验研究中的几个影响因素的不确定度贡献，得出批次影响的不确定度贡献最大。这种现象和中药提取物的特征相符合，中药提取物的质量受许多因素的影响，比如原材料的差异、预处理的技术不同、储存条件等。这建议我们在管理植物提取物的 NIR 校正模型时应更加关注批次间的差异。为了减少批次对不确定度的影响，应该考虑模型更新的方法来增加原始校正模型的范围。

　　11）全局不确定度曲线

　　不确定度曲线可用来评价 NIR 分析方法，可接受限设为 ±20%。全局不确定度的上下限如表 6-28 所示，从结果可以看出，方法较为精确，因为除了最低浓度水平，其他浓度水平下全局不确定度上下限都在可接受限的范围内。从图 6-37 中可以更加直观地看到全局不确定度上下限在浓度水平从 2.05% 到 9.35% 都没有超出可接受限。

　　为了证明本书推荐方法的合理性，与基于 Mee 式 β-容许区间来估计不确定度的方法 (T.Saffaj's method)进行了比较。两种方法计算得到的不确定度上下限结果如表 6-28 所示，不确定度曲线图如图 6-37 所示。不难发现两种方法计算得到的不确定度几乎一致，证明了本书所推荐计算全局不确定度方法的可靠性和有效性，也表明了在稳健性研究中通过 QbD 风险评估得到的影响因素的合理性。

表 6-28　NIR 测定隐丹参酮含量结果不确定度比较

浓度/%	δ /%	全局不确定度		不确定度		λ /%	结果
		L/%	H/%	L/%	H/%		
1.18	−26.84	−46.60	−7.08	−48.22	−5.45	±20	Invalid
2.05	3.96	−5.09	13.01	−4.88	12.79	±20	Valid
3.60	−10.74	−17.72	−3.76	−15.99	−5.49	±20	Valid
5.29	−4.01	−13.49	5.47	−14.64	6.62	±20	Valid
9.35	2.89	−3.28	9.06	−1.50	7.27	±20	Valid

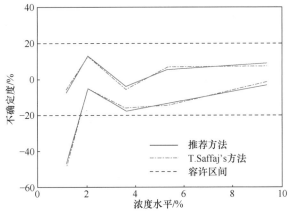

图 6-37　全局不确定度曲线图及与基于容许区间计算的不确定度曲线比较
实线为本书方法计算不确定度上下限；点虚线为基于区间估计的不确定度上下限；虚线为可接受限(±20%)

　　以上研究成功完成了 NIR 方法测定丹参酮提取物中隐丹参酮含量的全局不确定度研究。全局不确定度的测量基于真实性、精密度和稳健性三方面的研究。QbD 的元素，比如实验设计(design of experiment，DOE)和风险评估等，有效地保障了全局不确定度计算的效率。最后构建了不确定曲线作为可视化决策工具，完成对 NIR 分析方法的评价。结果表明所建立的 NIR 方法准确有效，在隐丹参酮含量浓度范围为 2.05%～9.35% 时，不确定度在可接受限范围内。

　　通过与基于容许区间计算的不确定度进行比较，发现两种方法得到的不确定度基本相同，证实了所使用方法的合理性。此外，对于 NIR 分析中药提取物粉末，稳健性研究能够鉴别关键影响因素，为 NIR 分析方法在日常中的应用提供有益的指导。

6.3　近红外的方法验证

6.3.1　概述

依照 IUPAC 和 ISO 的指导原则，完整定量检测方法包括优化选择(经验选择)、实验设计、方法开发、实验室内方法验证、实验室间方法验证、方法不确定度分析、日常使用、定期重新方法验证 8 个步骤。其中，分析方法的验证研究是分析领域的热点难点问题，一直受到国内外的普遍关注。分析方法验证的目的是建立和记录方法的性能特点，以此阐明分析方法是否适合分析目的。分析方法验证的最大困难是如何评价分析方法的性能特点，通常采用准确性、精密度、范围、耐用性、检测限、定量限、重现性、灵敏性等定量检测参数进行评价。

以权威标准组织为代表的研究团队包括 IUPAC，FDA，WELAC(western European laboratory accreditation cooperation)，ICH，ISO，AOAC(association of official analytical chemists)等，近年来在分析方法验证领域开展了大量研究工作。

传统的化学计量学方法对于 NIRS 光谱的多元校正模型的验证主要包括两步。第一步使用校正集数据并使用交叉验证留一法(leave one out cross validation，LOO)计算常规指数来评价模型的适用性。这些标准主要有校正均方根误差(RMSEC)、交叉验证均方根误差(RMSECV)、预测均方根误差(RMSEP)等。画出 RMSEC 和 RMSECV 随潜变量因子数变化的趋势图可以确定校正集的最佳潜变量，用于校正集的优化。事实上，RMSECV 通常会随着潜变量因子数(LVs)的增大而减小，并选出最佳的偏最小二乘(PLS)模型。

第二步就是使用不包含在校正集内的另外一组数据进一步验证 NIR 模型对于将来得到的数据的预测能力。模型的预测性能使用 R^2_{pre} 和 RMSEP 表示。

通常 R^2_{cal} 和 R^2_{pre} 的值越接近 1，表明 NIRS 模型越好。RMSEC、RMSECV、RMSEP 值越小也表示模型有更好的定量性能。此外，模型性能误差比(RPD)大于 3 时表示模型性能较好。

尽管这些化学计量学的方法应用于评价 NIRS 多元校正模型有效，但是却并不完全符合药物监管规定的方法验证，比如 ICH Q2。事实上，缺乏对定量验证标准的评价，如准确性、精密度(重复性和中间精密度)、结果准确度以及有效范围。线性由 R^2_{pre} 体现，R^2_{pre} 由 NIRS 预测值和参考值得到的线性回归模型计算得到。除此之外，对于方法是否能够满足预期目的没有任何信息，对于方法在未来的日常应用得到的结果的可靠性没有任何评估。R^2_{pre} 接近于 1，较低的 RMSEP 并不能保证方法在应用过程结果的质量和可靠性。此外，也没有给出方法能够提供可接受的精确度下的浓度范围。

6.3.2　准确性轮廓的近红外方法验证

由于准确度轮廓(AP)验证方法不仅简单方便,满足国际验证指南 ICH Q2(R1)的要求，而且可以控制使用风险；此外，还可以判定分析方法的有效性，测量结果是否满足分析目的。AP 的建立是基于 β-ETI 得到预测区间和可接受限进行比较，判断方法是否有效。然而，由于 β-ETI 仅包含方法真实性和精密度的信息，低估了测量的风险，不能准确预测方法在日常使用中的测量结果；而 β-CTI 能够给出测量风险的较好估计，能够更好地判断方法的有效性，因此推荐使用 β-CTI。

准确度曲线是一种可视化的图像决策工具，可用于判断所研究的分析过程是否有效。它是一个包含了分析过程的结果真实性、容许区间和可接受限制的二维图形。然而，分析方法的验证必须覆盖该方法应用的所有区间和范围。需要对该方法每一个研究浓度水平都进行真实性和准确性的评价。一种理想的被人们所接受的标准是就要保证未来观察得到的测量结果数据以很高的比例(β)落在可接受区间范围内(λ)，并且伴有很高的置信度的情况(γ)。β-容度和 γ-置信容许区间能够满足上述所提到的各种条件，可以完成这些任务。

准确度曲线建立过程如下：

(1) 设置与该分析方法和分析对象匹配的可接受限($-\lambda$, $+\lambda$)。

(2) 计算所研究浓度范围内的每一个浓度水平在规定置信水平 γ 下的 β-容度容许区间($[l, u]$)。

(3) 制作 2D 图形，其中横轴代表浓度水平，纵轴代表 β-容许区间($[l, u]$)和精确度。

(4) 比较 β-容许区间上下限($[l, u]$)和可接受极限($-\lambda$, $+\lambda$)的大小。

(5) 如果 $[l, u]$ 在 ($-\lambda$, $+\lambda$) 内，表示该方法准确可靠，可以被接受用以日常应用；否则，方法不能够被接受。

6.3.3　中药制造复杂体系近红外方法验证

近红外光谱技术作为一种快速、无损的分析技术，在中药快速定量检测领域显示出了巨大的潜能。中药成分复杂且活性成分含量较低(低于 1%)，建立适于中药复杂体系的近红外光谱定量检测方法验证已成为目前迫切需要解决的科学问题。因此，研究适于中药特点的近红外光谱方法验证的定量检测参数，将为近红外光谱定量检测方法验证提供方法学依据。此外，文献报道采用常用化学计量学指示参数(如 SEC，SEP，R^2 和 bias 等)不能全面验证近红外模型的性能，特别是低浓度水平 NIR 模型的误差分布。因此，本节[3,25]借鉴 ICH 和 FDA 认可的分析方法验证(准确性轮廓)，基于总体误差分析理论，研究多种中药体系的近红外光谱技术方法验证，系统阐释该技术用于中药定量检测领域的可行性。

1) 仪器和试剂

全息光栅型近红外光谱仪(公司保护)，傅里叶变换型近红外光谱仪(公司保护)。1100型高效液相色谱仪包括四元泵、真空脱气机、自动进样器、柱温箱、二极管阵列检测器(DAD)及 HP 数据处理工作站(美国 Agilent 公司)，绿原酸对照品由中国食品药品检定研究院提供(批号：110753-200413)，黄芩苷对照品(中国食品药品检定研究院，批号：110777-201005)，色谱级甲醇(美国 Tedia 公司)，磷酸(天津大学试剂厂，分析级)，纯净水(杭州娃哈哈集团有限公司)，金银花药材购于北京本草方源药业有限公司，6 个批次的清开灵注射液生产过程中间体银黄口服液样本由指定药厂提供。

2) 光谱条件

醇溶液体系：采用两种类型的近红外光谱仪进行光谱采集，即全息光栅型近红外光谱仪和傅里叶变换型近红外光谱仪。全息光栅型近红外光谱仪，采用公司自带的光谱分析软件采集近红外透射光谱，分辨率为 0.5nm，扫描范围为 400～2500nm，扫描次数 32 次。傅里叶变换型近红外光谱仪，采用公司自带的分析软件采集近红外透射光谱，以仪器内部的空气为背景，分辨率为 8cm^{-1}，扫描范围为 4000～10000cm^{-1}，扫描次数 32 次。

水溶液体系：采用近红外透射模式，公司自带的分析软件采集光谱，以仪器内部的空气为背景，分辨率为 0.5nm，扫描范围为 400～2500nm，扫描次数 32 次。

每个样本平行测定 3 次，取平均光谱。近红外专用样本管直径为 8mm。

3) 色谱条件

醇溶液体系：SunFire C18 色谱柱(4.6mm×150mm，5μm，Waters)；流动相：乙腈-0.4%磷酸溶液(13:87)；检测波长：327nm，流速：1mL/min，柱温：30℃，进样量：10μL。

水溶液体系：SunFire C18 色谱柱(4.6mm×150mm，5μm，Waters)；流动相：甲醇-水-磷酸(47:53:0.2)；检测波长：276nm，流速：1mL/min，柱温：30℃，进样量：10μL。

4) 样本制备

使用不同批次的金银花重复实验 2 次(120 个样本)。由不同操作者(2 人)于不同天数(2 天)采集近红外光谱数据(图 6-38)，各取其中 50%作为训练集和预测集。

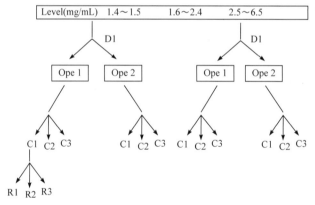

图 6-38　训练集/预测集实验设计示意图

D 表示天；Ope 代表分析人员；C 代表溶度水平；R 代表重复测量次数

水溶液体系：取 6 批清开灵注射液中间体银黄口服液(其黄芩苷含量按照现行 2010 年版《中华人民共和国药典》清开灵注射液项下 HPLC 法进行定量检测)，每批样本均用纯净水稀释成系列浓度。分别取其中的 3 批样本作为训练集，余下 3 批样本作为预测集。

5) 数据处理

运用 VISION 软件(丹麦 FOSS 公司)对扫描光谱数据进行数据预处理和模型计算。运用 e.noval 3.0 软件对模型预测性能进行验证。

6) 光谱预处理方法筛选

图 6-39 为所采集的醇溶液体系和水溶液体系的近红外原始光谱。从原始光谱可以看出，采用全息光栅型近红外光谱技术，两种体系的光谱吸收值在组合频出现大波动

(图 6-39，HG- NIR 和 qklzjt)。为了排除此段波段对定量模型的干扰，删除 1900～2500nm 区间的光谱数据。此外，定量模型建立之前，首先进行光谱预处理和最佳潜变量因子数选择。本书比较了 1st、2nd、SNV、BC、SG 平滑、N 点平滑(N-point smooth，NPS)、MSC 及组合预处理方法对建模的影响。光谱经不同预处理方法后的 PLS 模型，其预测残差平方和(PRESS)见图 6-40。以 PRESS 值最小为评价标准，筛选最优的预处理方法和最佳潜变量因子数。

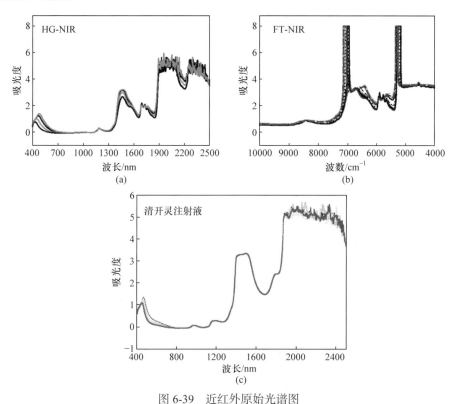

图 6-39　近红外原始光谱图

(a) HG-NIR：金银花浓缩液乙醇沉淀过程中间体的全息光栅型近红外光谱图；(b) FT-NIR：金银花浓缩液乙醇沉淀过程中间体的傅里叶变换型近红外光谱图；(c) 清开灵注射液生产过程中间体银黄口服液的全息光栅型近红外光谱图

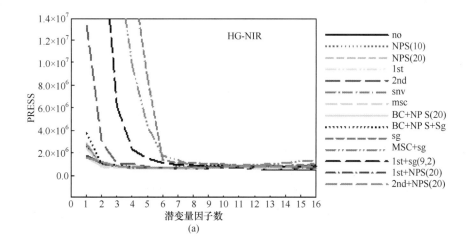

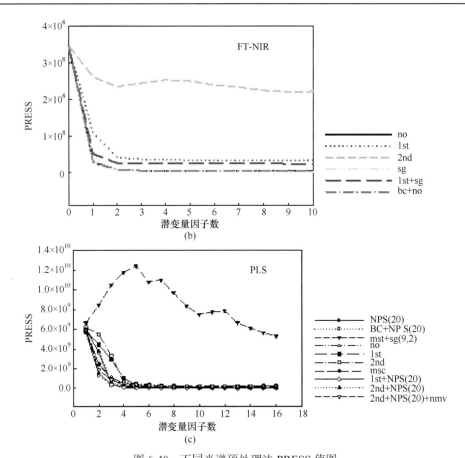

图 6-40　不同光谱预处理法 PRESS 值图

(a) HG-NIR：金银花浓缩液乙醇沉淀过程中溶液；(b) FT-NIR：金银花浓缩液乙醇沉淀过程中溶液；
(c) PLS：清开灵注射液生产过程中间体银黄口服液

金银花浓缩液乙醇沉淀过程中间体：对全息光栅型近红外光谱仪采集的数据进行光谱预处理,结果表明BC(1800nm)组合NPS(20nm)法所建PLS模型的PRESS值最小(图 6-40(a)，HG-NIR)。因此，采用BC组合NPS作为该研究体系中最优的光谱预处理方法。同理，对于傅里叶变换型近红外光谱数据，采用原始光谱作为最优的光谱预处理方法(图 6-40(b)，FT-NIR)。

清开灵注射液生产过程中间体银黄口服液：1st组合NPS的光谱预处理法最优。此外，银黄口服液中PLS模型的PRESS值大于金银花浓缩液乙醇沉淀过程中间体中PLS模型的PRESS值，在一定程度上说明了银黄口服液的模型性能劣于金银花浓缩液乙醇沉淀过程中间体的模型性能。

7) 偏最小二乘回归模型的建立

采用四折交叉验证，将光谱数据与样本的HPLC测量结果相关联后建立PLS模型，模型预测值与HPLC测定值的相关性见图 6-41。

金银花浓缩液乙醇沉淀过程中间体：建立全息光栅型和傅里叶变换型两套近红外光谱技术的分析效果。首先，对于全息光栅型近红外光谱图，最佳潜变量因子确定为6。化学计量学指示参数 SEC、SECV 和 R^2 分别为 111.1μg/mL、152.1μg/mL 和 0.9962。预测集 SEP 和 R^2 值分别为 107.1μg/mL 和 0.9955(图 6-41,PLS-HG)。而傅里叶变换型近红外光 谱技术,采用 8 个潜变量因子。校正集中 SEC、SECV 和 R^2 分别为 53.6μg/mL、70.3μg/mL 和 0.9984。预测集中 SEP 和 R^2 分别为 83.3μg/mL 和 0.9971(图 6-41,PLS-FT)。结果表明, 两种技术中校正集和验证集的近红外预测值和 HPLC 法参考值的相关性良好。

清开灵注射液生产过程中间体银黄口服液:模型的潜变量个数确定为 7,该模型的 SEC 和 SEP 分别为 723.0μg/mL 和 513.8μg/mL,说明了近红外预测值和 HPLC 法参考值 的相关性良好(图 6-41,PLS)。

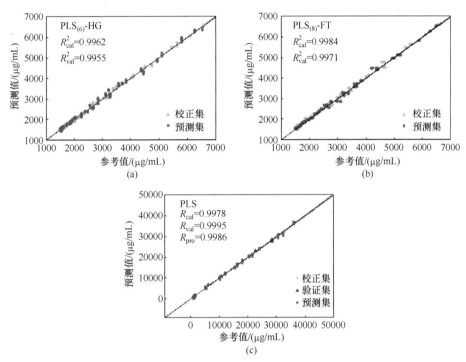

图 6-41　近红外预测值与 HPLC 参考值相关性图

HG:金银花浓缩液乙醇沉淀过程中间体;FT:金银花浓缩液乙醇沉淀过程
中间体;PLS:清开灵注射液生产过程中间体银黄口服液

上述分析采用化学计量学指示参数反映的是两套体系中近红外模型的总体性能,不 能完全体现模型在预测绿原酸低浓度水平的误差分布。因此,近红外模型验证就显得格 外重要。NIR 模型验证能够考察多种定量检测参数,并且这些定量检测参数能够反映每 个样本的预测相对误差,最终评价模型的性能。

8) 模型准确性

金银花浓缩液乙醇沉淀过程中间体:将误差容许接受限设为 10%,β-期望值设为 95%。 两套近红外技术虽然一些样本的相对预测误差较大(超出 10%),但是 β-期望容差区间线 仍然在误差容许内,测量结果符合规定的分析要求(图 6-42(a)和(b))。

清开灵注射液生产过程中间体银黄口服液:由于该体系模型的准确性降低,准确性轮 廓方法采用 90% β-期望容差区间,在 15%容许接受限、10%风险约束条件下验证 PLS 模型。

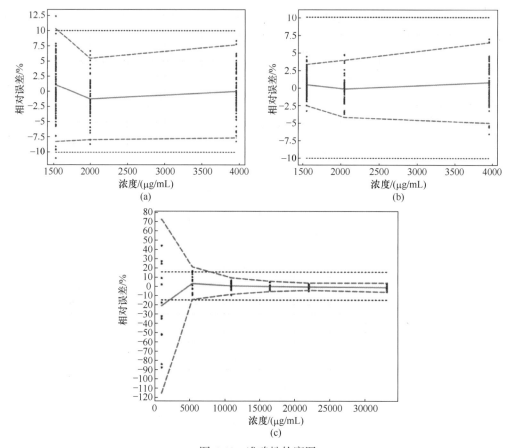

图 6-42　准确性轮廓图

(a) HG：金银花浓缩液乙醇沉淀过程中间体；(b) FT：金银花浓缩液乙醇沉淀过程中间体；(c) PLS：清开灵注射液生产过程中间体银黄口服液。点线，容许极限线；虚线，β-期望容差区间线；实线，平均偏差线

浓度高于 5000μg/mL 的中间体银黄口服液，PLS 模型的预测结果符合分析要求。然而，在 1099～5000μg/mL 浓度范围内，平均偏差线和 90% β-期望容差区间线波动较为明显，在 1099μg/mL 浓度水平，模型预测相对偏差达到±120%，表明低浓度水平的银黄口服液中黄芩苷含量模型预测结果相对不准确(图 6-42(c))。

此外，与图 6-41 结果相比，两种体系的准确性轮廓图能够很直观地评价每个样本的相对预测误差，特别是相关性图 6-41 中无法判断 NIR 对低浓度水平的预测误差，在图 6-42 中都能够非常灵敏地反映出来，说明了准确性轮廓方法能够提供更多关于低浓度水平的模型性能的信息，肯定了 NIR 定量模型验证的必要性。

9) 模型精密度

模型精密度包括重复性和中间精密度。金银花浓缩液乙醇沉淀过程中间体：在全息光栅型近红外光谱技术中，采用 PLS 模型的 ICH Q2(R1)定量检测参数结果见表 6-29。表中重复性和中间精密度参数 RSD 随浓度增加而增加。在 1.40～1.59mg/mL 浓度范围，模型的重复性为 4.49%，中间精密度为 4.60%。虽然该浓度范围重复性和中间精密度 RSD 值略有偏大，但仍然能够满足分析要求。采用傅里叶变换型近红外光谱技术同样获得类似的结果(表 6-30)。以上结果表明了醇溶液体系中浓度范围在 1.40~1.59mg/mL 的绿原酸，两种技术中 NIR 定量模型的精密度良好。

表 6-29　全息光栅型近红外光谱技术的 PLS 模型 ICH Q2(R1)定量检测参数

	线性范围/(mg/mL)	平均引入浓度/(μg/mL)	相对偏差/%
真实性	1.40~1.59	1531	1.01
	1.60~2.49	2003	−1.25
	2.50~6.50	3956	0.01
	线性范围/(mg/mL)	重复性/(RSD %)	中间精密度/(RSD %)
精密度	1.40~1.59	4.49	4.60
	1.60~2.49	3.19	3.28
	2.50~6.50	3.82	3.82
	线性范围/(mg/mL)	β-期望容差区间/(μg/mL)	风险/%
准确度	1.40~1.59	[1405, 1688]	3.83
	1.60~2.49	[1844, 2111]	0.63
	2.50~6.50	[3654, 4259]	1.10
定量限	最低定量限/(μg/mL)		最高定量限/(μg/mL)
	1556		3956

表 6-30　傅里叶变换型近红外光谱技术的 PLS 模型 ICH Q2(R1)定量检测参数

	线性范围/(mg/mL)	平均引入浓度/(μg/mL)	相对偏差/%
真实性	1.40~1.59	1531	0.49
	1.60~2.49	2003	−0.23
	2.50~6.50	3956	0.71
	线性范围/(mg/mL)	重复性/(RSD %)	中间精密度/(RSD %)
精密度	1.40~1.59	1.38	1.38
	1.60~2.49	1.94	1.96
	2.50~6.50	2.86	2.86
	线性范围/(mg/mL)	β-期望容差区间/(μg/mL)	风险/%
准确度	1.40~1.59	[1496, 1581]	0.00
	1.60~2.49	[1919, 2078]	0.00
	2.50~6.50	[3757, 4211]	0.11
定量限	最低定量限/(μg/mL)		最高定量限/(μg/mL)
	1531		3956

　　清开灵注射液生产过程中间体银黄口服液：由表 6-31 可知，重复性和中间精密度参数 RSD 同样随浓度的增加而增加。黄芩苷浓度水平为 1099μg/mL 时，模型重复性和中间精密度预测相对偏差达到 32.9%和 45.23%，说明了该浓度水平模型预测不准确性；此外，

浓度高于 10992μg/mL 的银黄口服液，模型的重复性和中间精密度均未超 4.5%，完全满足分析要求。结果表明水溶液体系中浓度范围在 1.09～32.9mg/mL 的黄芩苷，NIR 定量模型的精密度良好。

以上结果表明，采用准确性轮廓方法，能够准确地考察模型每一浓度水平的重复性和中间精密度，并且能够采用此定量参数评价两种体系中模型的性能。

表 6-31　PLS 定量模型的重复性和中间精密度

浓度/(μg/mL)	重复性/(RSD%)	中间精密度/(RSD%)
1099	32.9	45.23
5496	9.315	9.315
10992	3.851	4.484
16488	2.706	2.896
21983	2.063	2.104
32975	2.224	2.630

10) 模型不确定性和风险性

金银花浓缩液乙醇沉淀过程中间体：表 6-32 给出了采用 PLS 模型的不确定度参数结果(全息光栅型和傅里叶变换型近红外光谱技术)。由表可以看出，在 1531～3956μg/mL 浓度范围内，两套近红外技术中不确定度都不超出 10%，说明两套近红外技术对金银花浓缩液乙醇沉淀过程中间体中绿原酸定量检测均能给出较好的测量结果。

表 6-32　基于两套近红外光谱系统 PLS 模型不确定度参数

平均引入浓度/(μg/mL)	偏差的不确定度/(μg/mL)	不确定度/(μg/mL)	扩展不确定度/(μg/mL)	相对扩展不确定度/%
1531[a]	10.47[a]	71.18[a]	142.4[a]	9.30[a]
2003[a]	11.38[a]	66.70[a]	133.4[a]	6.66[a]
3956[a]	16.89[a]	152.0[a]	304.0[a]	7.68[a]
1531[b]	2.38[b]	21.30[b]	42.60[b]	2.78[b]
2003[b]	5.723[b]	39.68[b]	79.36[b]	3.96[b]
3956[b]	12.66[b]	113.9[b]	227.9[b]	5.76[b]

a 代表 HG-NIR 结果；b 代表 FT-NIR 结果。

清开灵注射液生产过程中间体银黄口服液：由表 6-33 可知，浓度低于 10992 μg/mL，该模型相对扩展不确定度和风险性达到 97.51%和 79.13%，其他浓度水平不确定性和风险性均在 10%内，符合分析测试要求。

不确定度和风险性参数结果反映了模型在每一浓度水平的预测性能。不确定度和风险性参数结果，与其他定量检测参数所得的结果相比所得的结论具有一致性。

表 6-33　PLS 定量模型的不确定性和风险性

浓度/(μg/mL)	相对扩展不确定度/(μg/mL)	风险性/%
1099	97.51	79.13
5496	19.39	16.55

浓度/(μg/mL)	相对扩展不确定度/(μg/mL)	风险性/%
10992	9.522	1.24
16488	6.087	0.06
21983	4.394	0.004
32975	5.593	0.08

11) 模型的线性和定量限

图 6-43 为采用 PLS 模型得到的线性关系图。金银花浓缩液乙醇沉淀过程中间体：全息光栅型近红外光谱技术中 PLS 预测模型回归方程为：$y=5.891+0.9976x$，$R^2=0.9906$；傅里叶变换型近红外光谱技术中 PLS 模型预测回归方程为 $y=-13.66+1.010x$，$R^2=0.9959$。线性参数中截距和斜率与模型的预测误差相关联。当斜率为 1，截距为 0 时，模型的总体误差为 0。由此可知，对于金银花浓缩液乙醇沉淀过程中间体中绿原酸定量检测，采用全息光栅型近红外光谱技术和傅里叶变换型近红外光谱技术所建立的 PLS 模型均能够很好地满足定量检测要求。两种技术中 PLS 模型对绿原酸定量检测的最低定量限大约为 1550μg/mL。

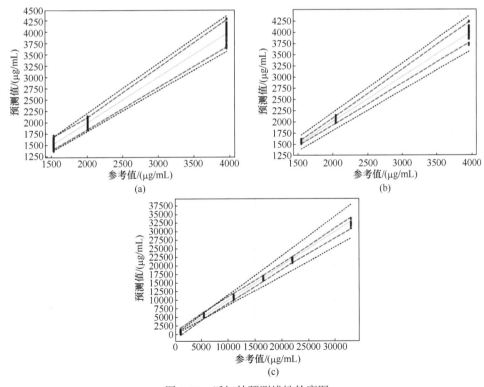

图 6-43　近红外预测线性轮廓图

(a) HG：金银花浓缩液乙醇沉淀过程中间体；(b) FT：金银花浓缩液乙醇沉淀过程中间体；(c) PLS：清开灵注射液生产过程中间体银黄口服液。点线代表容许接受线，虚线代表 β-期望容差区间线清开灵注射液生产过程中间体银黄口服液：PLS 模型预测回归方程为 $Y=60.36+0.9856X$，$R^2=0.9972$，也表明了模型相关性良好。该模型对黄芩苷定量检测的最低定量限为 8025μg/mL。

以上考察了两种体系中模型的总体误差情况，并且给出了模型的最低定量限，这些参数结果进一步阐明了模型的性能。

以上研究通过金银花浓缩液乙醇沉淀过程中间体和清开灵注射液生产过程中间体银黄口服液的 NIR 定量检测方法验证研究，可以得到以下结论：①近红外模型仅靠化学计量学指示参数不能全面验证模型的性能，尤其对活性成分低的中药复杂体系更需要 NIR 的方法验证。采用准确性轮廓方法能够图形化的近红外模型每一浓度水平的误差分布，并且采用满足分析要求的定量检测参数评价 NIR 模型，从而为全面评价 NIR 模型的性能提供了评价体系；②在误差容许接受限设为 10%和 β-期望值设为 95%条件下，全息光栅型近红外光谱技术和傅里叶变换型近红外光谱技术所建立的金银花浓缩液乙醇沉淀过程中间体的 PLS 模型的最低定量限能够达到 0.15%，且其他定量检测参数也同样满足定量检测要求；③两种类型的近红外光谱技术均能够很好地满足定量检测要求，这一结果对采用 NIR 定量研究中药分析体系有一定的指导意义。

6.3.4　中药制造近红外方法验证在模型筛选中的应用

目前，近红外模型评价指标主要为常见的化学计量学参数(如 r、RMSECV、RMSEC 和 RMSEP 等)和新的化学计量学参数(如 RPD 和 RPIQ 等)。然而，这两类化学计量学参数不能反映模型低浓度水平的误差分布。因此，近红外模型必须经过严格的分析方法验证，使之适合分析目的。本节[26]提出基于准确性轮廓的近红外模型筛选方法，以银黄口服液为研究载体，采用 PLS、iPLS、BiPLS 和 MWPLS 建立 NIR 模型，运用化学计量学指示器与准确性轮廓方法评价模型，筛选最优的近红外模型。

1) 仪器和试剂

全息光栅型近红外光谱仪(公司保护)，1100 型高效液相色谱仪包括四元泵、真空脱气泵、自动进样器、柱温箱、二极管阵列检测器(DAD)及 HP 数据处理工作站(美国 Agilent 公司)，黄芩苷对照品(中国食品药品检定研究院，批号：110777-201005)，色谱级甲醇(美国 Tedia 公司)，磷酸(天津大学试剂厂，分析级)，纯净水(杭州娃哈哈集团有限公司)，3 个批次的银黄口服液样本由江西济民药业有限公司提供。

2) 光谱条件

采用光谱分析软件，以透射模式采集近红外光谱，分辨率为 0.5nm，扫描光谱范围为 400～2500nm，扫描次数 32 次，每个样本平行测定 3 次，取平均光谱。为了获得稳健的近红外模型，实验设计采用不同操作者(2 人)于不同天数(2 天)采集近红外光谱数据。近红外专用样本管厚度为直径 8mm。

3) 样本制备

取三个批次银黄口服液，每批 3 个共 9 个样本(黄芩苷含量采用 HPLC 法准确定量)。每个样本用纯净水稀释成一系列浓度，分别取其中的 8 个浓度水平(72 个样本)作为校正集，余下 7 个浓度水平(63 个样本)作为验证集(表 6-34)。

表 6-34　训练集和验证集中所含变量源

	校正集	验证集
浓度水平个数	8	7
操作人员个数	2	2
天数	2	2
光谱采集次数	3	3

4) 数据处理

运用 Unscrambler 7.8 软件(CAMO 软件公司，挪威)对光谱数据进行预处理和模型计算；运用 e. noval 3.0 软件对模型预测性能进行方法学验证。间隔偏最小二乘算法，向后间隔偏最小二乘算法，移动窗口偏最小二乘算法工具包由 Nørgaard 等提供的网络共享(http://www. models.kvl.dk/source/iToolbox/)，其余各计算程序均自行编写，采用 MATLAB 软件工具(Mathwork Inc.)计算。

5) PLS 模型

本书以 RMSE 和 R^2 为指标，比较了不同预处理方法的 PLS 模型性能。由表 6-35 可以看出，原始光谱的校正模型的 RMSE 和 R^2 分别为 194.68μg/mL 和 0.9908，验证模型的 RMSE 和 R^2 分别为 217.2μg/mL 和 0.9889，结果说明，与其他模型性能相比较，原始光谱的模型性能最好。此外，银黄口服液原始光谱的 PLS 模型中近红外预测结果和 HPLC 参考值具有很好相关性，表明了 PLS 模型预测性能良好。

表 6-35　不同预处理方法 PLS 模型的预测性能

预处理方法	因子数	校正集		验证集	
		R^2	RMSE	R^2	RMSE
原始光谱	1	0.9908	194.68	0.9889	217.2
1D	7	0.6473	1205	0.1425	1906.9
2D	3	0.4139	1553.6	0.1795	2244.1
SG	1	0.9908	194.4	0.9870	232.6
MSC	1	0.9907	195.8	0.9871	231.2
1D+SG	5	0.6455	1208.2	0.0814	1957.3

6) iPLS 模型

采用全谱模型潜变量因子数为 5，分别比较了不同区间划分的 RMSE 和 R^2 值。由表 6-36 结果可以看出，银黄口服液 NIR 光谱划分为 38 个区间，在第 11 个区间，校正模型的 RMSE 和 R^2 分别为 122.75μg/mL 和 0.9963,验证模型的 RMSE 和 R^2 分别为 127.18μg/mL 和 0.9961。与其他划分区间模型性能相比较，采用 38 个划分区间方法能够获得最优模型，因此，选择 38 个划分区间数并且在第 11 个间隔数(950~1005nm)建立 iPLS 模型。

表 6-36　不同优化间隔 iPLS 模型的预测性能

间隔数	所选区间	潜变量因子数 s	校正集		验证集	
			R^2	RMSE	R^2	RMSE
20	6	4	0.9953	138.27	0.9952	142.69
22	6	3	0.9953	137.93	0.9948	146.17
24	7	4	0.9959	129.60	0.9954	137.40
26	7	3	0.9950	142.94	0.9949	146.92
28	8	2	0.9955	135.84	0.9955	137.37
30	8	3	0.9945	151.18	0.9944	156.82
32	9	3	0.9887	215.64	0.9869	233.15
34	10	3	0.9937	161.22	0.9931	168.31
36	10	4	0.9960	128.83	0.9957	133.40
38	11	4	0.9963	122.75	0.9961	127.18
40	11	4	0.9962	124.50	0.9960	130.40

7) BiPLS 模型

本部分比较不同划分区间对模型的影响。将全谱划分不同区间数，比较最优组合区间的 RMSECV 值，确定了最佳区间数为 28，结果见表 6-37 和本章补充数据。从表 6-37 可以看出，在 RMSECV 值为 92.5μg/mL 条件下，PLS 模型中最优的区间号为 11、18、13、1。因此采用以上四个区间的变量建立 BiPLS 模型。

表 6-37　最优区间间隔 BiPLS 模型的预测性能

间隔数	所选区间	RMSECV	变量数
28	26	138.07	4200
27	28	131.41	4050
26	27	127.41	3900
25	25	122.98	3750
24	4	119.14	3600
23	21	118.52	3450
22	22	118.06	3300
21	5	116.60	3150
20	3	116.19	3000
19	24	115.86	2850
18	23	114.93	2700
17	20	110.84	2550
16	19	107.05	2400
15	14	106.78	2250
14	15	106.50	2100
13	2	105.95	1950
12	16	100.44	1800

续表

间隔数	所选区间	RMSECV	变量数
11	6	94.44	1650
10	9	94.31	1500
9	7	94.25	1350
8	8	94.17	1200
7	10	94.09	1050
6	12	92.64	900
5	17	92.89	750
4	11	92.5	600
3	18	94.48	450
2	13	94.85	300
1	1	100.11	150

8) MWPLS 模型

采用不同窗口大小筛选最佳波段区间,采用全谱模型潜变量因子数为 7,移动窗口大小选择 13~41,每 2 个步长递增。当窗口大小为 13 时,模型的 RMSECV 值最小 (109.8μg/mL),结果见图 6-44 和本章补充数据。因此,采用窗口大小 13 建立 MWPLS 模型。

9) 基于化学计量学指示器的模型筛选

图 6-45 为四种模型的近红外预测结果和 HPLC 参考值相关性图。表 6-38 是采用化学计量学指示器对四种模型进行评价的结果。从表可以看出,iPLS 模型的 RMSEP 和 R^2 分别为 261.66μg/mL 和 0.9760;BiPLS 模型的 RMSEP 和 R^2 分别为 122.63μg/mL 和 0.9947。以 RMSEP 和 R^2 参数为评价指标,结果表明 BiPLS 模型性能最优,而 iPLS 模型性能最差。

采用 RPIQ 作为模型评价参数,MWPLS 模型的 RPIQ 为 34.8,而 BiPLS 模型的 RPIQ 为 33.2,说明 MWPLS 模型性能优于 BiPLS 模型性能;PLS 模型的 RPIQ 为 22.1,而 iPLS 模型的 RPIQ 为 27.1,PLS 模型的 RPIQ 值小于 iPLS 模型的 RPIQ 值,说明四种模型中 PLS 模型性能最差。综上所述,化学计量学指示器不能完全评价模型的性能。

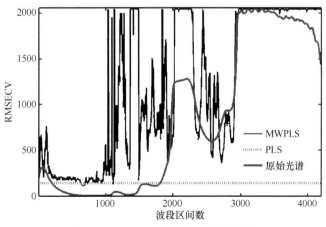

图 6-44　MWPLS 模型交叉验证结果

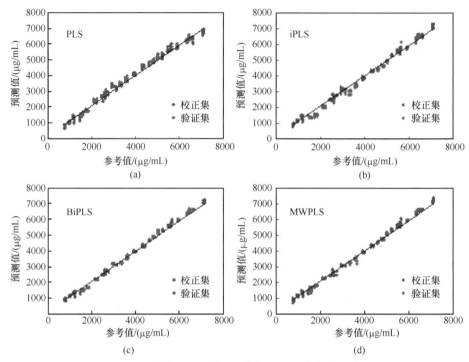

图 6-45　四种模型近红外预测值与 HPLC 参考值相关性图

表 6-38　不同模型性能评价结果

方法	R^2	RMSEP	RPIQ
PLS	0.9918	152.85	22.1
iPLS	0.9760	261.66	27.1
BiPLS	0.9947	122.63	33.2
MWPLS	0.9945	125.25	34.8

10) 基于准确性轮廓方法的模型筛选

准确性轮廓方法在 90% β-期望容差区间，5%容许极限，10%风险约束条件下，验证 PLS、iPLS、BiPLS 和 MWPLS 四种模型，结果如图 6-46 所示。由图 6-46(a)可以看出，PLS 模型在 1～4mg/mL 浓度水平，90% β-期望容差区间线逐渐移出容许极限线，交汇点在 3.81mg/mL。从图中还看出 1.5mg/mL、2.5mg/mL 和 4.5mg/mL 中的部分样本预测相对误差跳出容许极限线。iPLS 模型中，90% β-期望容差区间线在 4.34mg/mL 处移出容许极限线。全部 1mg/mL 水平样本和大部分 3.5mg/mL 水平样本的预测相对误差跳出容许极限线(图 6-46(b))。BiPLS 模型中，90% β-期望容差区间线在 3.37mg/mL 处移出容许极限线。此外，一半以上 1.5mg/mL 水平的样本预测相对误差跳出容许极限线(图 6-46(c))。而 MWPLS 模型中，90% β-期望容差区间线在 2.08mg/mL 处移出容许极限线，仅有几个 1mg/mL 水平的样本预测相对误差跳出容许极限线(图 6-46(d))。以上结果表明 MWPLS 模型性能最优，而 iPLS 模型性能最差。

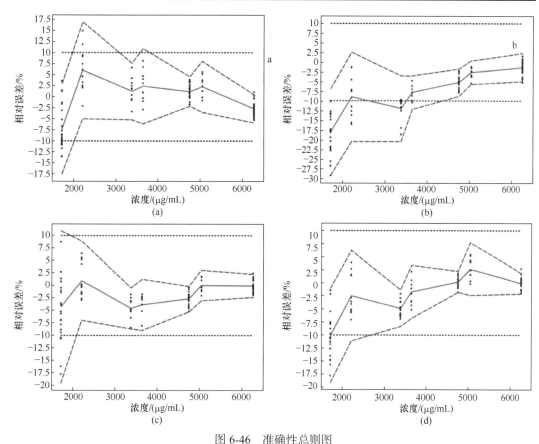

图 6-46　准确性总则图

(a) PLS 模型；(b) iPLS 模型；(c) BiPLS 模型；(d) MWPLS 模型。点线：容许接受线；
虚线：95% β-期望容差区间线；实线：平均偏差线

11) ICH Q2(R1)定量检测参数结果

表 6-39 为 PLS、iPLS、BiPLS 和 MWPLS 四种模型的准确度、精密度、不确定度结果。在准确度方面，在 1714μg/mL 和 2203μg/mL 水平，MWPLS 模型的预测相对偏差分别为−4.27%和 0.95%，风险性分别为 24.27%和 1.98%；而 iPLS 模型的预测相对偏差分别为−17.97%和−8.92%，风险性分别为 92.35%和 42.21%，结果说明 MWPLS 模型准确性最优，iPLS 模型准确性最劣。在精密度方面，四个模型的精密度都较好，BiPLS 模型的精密度略好于 MWPLS 模型。在不确定度方面，虽然 BiPLS 模型的不确定度略微好于 MWPLS 模型，但是模型的不确定度结果没有统计学差异。综上，MWPLS 模型仍然是最理想的模型，而 iPLS 模型性能最劣。

表 6-39　四种模型 ICH Q2(R1)定量检测参数

模型	准确度			精密度		不确定度	
	REB	RTL	RIS	REP	INP	UB	REU
PLS	−7.23	[−17.44，2.98]	29.07	4.83	4.83	16.90	9.87
	5.99	[−5.00，16.98]	22.34	4.79	4.79	30.44	9.96

模型	准确度			精密度		不确定度	
	REB	RTL	RIS	REP	INP	UB	REU
PLS	1.24	[−5.18，7.66]	0.78	2.50	2.72	30.35	5.74
	2.42	[−6.12，10.96]	4.24	2.84	3.46	46.84	7.39
	1.20	[−2.11，4.52]	0.001	1.57	1.57	15.22	3.20
	2.25	[−3.53，8.04]	0.92	1.60	2.22	45.31	4.79
	−2.68	[−5.89，0.52]	0.002	1.52	1.55	18.63	3.15
iPLS	−17.97	[−29.12，−6.81]	92.35	5.28	5.28	18.46	10.77
	−8.92	[−20.45，2.62]	42.21	5.02	5.02	31.95	10.46
	−11.92	[−20.40，−3.45]	70.68	1.88	3.05	44.51	6.65
	−7.78	[−12.11，−3.44]	14.14	1.89	1.89	19.86	3.93
	−5.19	[−8.76，−1.62]	0.53	1.69	1.69	16.40	3.45
	−2.62	[−5.70，0.45]	0.02	1.22	1.31	21.43	2.76
	−1.32	[−4.93，2.30]	0.001	1.70	1.74	21.47	3.55
BiPLS	−10.12	[−19.15，−1.08]	51.05	4.28	4.28	14.95	8.73
	−2.52	[−11.21，6.18]	4.68	3.79	3.79	24.09	7.88
	−4.92	[−8.41，−1.43]	0.42	1.52	1.52	14.80	3.16
	−1.78	[−6.88，3.32]	0.27	2.01	2.17	25.84	4.57
	0.17	[−1.82，2.17]	0.00	0.88	0.93	10.97	1.92
	2.59	[−2.47，7.65]	0.54	1.58	2.01	39.05	4.31
	−0.17	[−2.12，1.79]	0.00	0.95	0.95	9.925	1.93
MWPLS	−4.27	[−19.44，10.91]	24.27	5.10	6.50	38.83	13.77
	0.95	[−6.96，8.85]	1.98	3.44	3.44	21.90	7.17
	−4.57	[−8.67，−0.47]	0.71	1.79	1.79	17.37	3.72
	−3.87	[−8.98，1.25]	1.16	2.23	2.23	23.43	4.64
	−2.67	[−5.22，−0.11]	0.00	1.16	1.20	13.34	2.46
	0.01	[−3.00，3.02]	0.00	1.27	1.30	19.79	2.72
	−0.05	[−2.34，2.25]	0.00	1.11	1.11	11.65	2.26

图 6-47 为 PLS、iPLS、BiPLS 和 MWPLS 四种预测模型的线性参数。PLS 模型回归方程为 $Y=58.75+0.9803X$，$R^2=0.9923$；iPLS 模型回归方程为 $Y=-411.2+1.047X$，$R^2=0.9960$；BiPLS 模型回归方程为：$Y=-204.9+1.038X$，$R^2=0.9973$；MWPLS 模型回归方程为：$Y=$

$-109.5+1.011X$，$R^2=0.9969$。当线性轮廓参数斜率为 1，截距为 0 时，模型的总体误差为 0。由此可知，MWPLS 模型的总体误差最小，而 iPLS 模型的总体误差最大。结果说明 MWPLS 模型是最优模型，而 iPLS 模型性能最差。

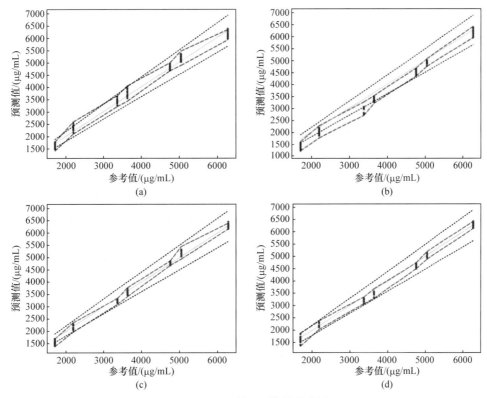

图 6-47　近红外预测线性轮廓图
(a) PLS 模型；(b) iPLS 模型；(c) BiPLS 模型；(d) MWPLS 模型
点线代表容许极限线，虚线代表 90% β-期望容差区间线

　　以上研究以银黄口服液为载体，采用 PLS、iPLS、BiPLS 和 MWPLS 建立 NIR 模型，运用化学计量学指示器与准确性轮廓方法相结合的方法筛选近红外最优模型。四个模型中，RMSEP 和 R^2 参数为评价指标，结果表明 BiPLS 模型性能最优，而 iPLS 模型性能最差；采用 RPIQ 作为模型评价参数，结果表明 MWPLS 模型性能最优，而 iPLS 模型性能最差。以上结果表明化学计量学指示器不能完全评价模型的性能。进一步采用准确性轮廓方法筛选模型，结果表明 MWPLS 模型性能最优，而 iPLS 模型性能最差。以上结果说明准确性轮廓方法适合作为近红外模型筛选新方法。

6.4　方法中模型传递

6.4.1　概述

　　近红外光谱数据虽没有像紫外、红外光谱的特征峰，但通过多元校正方法可以从其中提取到一些化学特征信息。回归方法(如 PLS、PCR)可以将近红外光谱中与被分析物质相关的定量信息提取出来，以实现未知样本含量的测定。

但是当用建好的定量预测模型预测外部样本的含量时，(注意，这里提到的外部样本指的是未在校正集中出现的样本，如在不同的时间用不同的仪器测定的样本或在不同的批次取得样本)由于仪器响应的漂移、仪器间的差异和物料批与批之间微小变异的存在，校正模型可能会失效。因为当这些变异存在时，很难保证定量校正模型的稳健性。校正样本或许可以在新的环境中(条件下)被重新测定，然后建立新的定量预测模型。但这种处理方式的可操作性不强，且重复测定会带来一定的人力、物力的消耗。除此之外，校正样本特别是一些不稳定、比较容易损失的样本的保存也是一个很棘手的问题。考虑到这些，一种更为实际的操作方式是用模型传递技术校正这些变异。

模型传递(或称仪器标准化)是指经过数学处理后，在一台仪器上建立的校正模型能够直接在其他仪器上应用，从而减少重新建模所带来的大量的人力、物力和时间上的消耗。模型传递算法主要用于校正不同仪器间响应误差。除此之外，还可用于校正因数据采集策略的改变、光学元件老化等所导致的响应误差。目前，常用模型传递方法大多是有标传递算法，如 SBC 算法、分段直接校正(PDS))、光谱回归 CCA(canonical correlation analysis)算法等。模型更新作为无标模型传递的方法之一，因不需要标准样本，所以特别适用于中药制剂中间体的分析。另外还有 FIR(finite impulse response)滤波、SST(spectral space transformation)算法等也属于无标校正的范畴。

6.4.2　正交信号回归

正交信号回归(orthogonal signal regression，OSR)法主要用于消除批与批之间的变异，使之能够用原模型进行比较准确的预测。它基于虚拟标准光谱(virtual standardization spectrum，VSS)对新的测量数据进行处理，以消除批间变异。虚拟光谱定义为：经 OSC(orthogonal signal correction)校正的光谱与 q 参考值之比。OSR 的实现过程如下。

首先，用 Westerhuis 的 direct OSC 算法[27]，将光谱中与被测属性无关的信息删除掉。与其他版本的 OSC 算法相比，direct OSC(DOSC)总能找到光谱数据 X 中与 Y 正交的部分，并且该部分信息能够代表 X 中大部分与目标属性无关的变异。

$$X_{corr}=X - tp^{T}X r p^{T}$$

其中

$$r=X^{+}t$$

$$p=X^{T}t(t^{T}t)^{-1}$$

X^{+} 表示光谱矩阵 X 的 Moore-Penrose 逆。如果把 Moore-Penrose 逆替换为广义逆 X^{-}，对上式中正交的限定稍稍放松，模型的预测性能反而会提高很多。这可能是在实验过程中受到随机误差的影响，在 Y 值中也存在一些误差，也就是说正交方向受到误差的影响发生偏移。如果绝对正交可能将光谱中与被分析属性相关的信息删除掉，则模型的预测性能受损。

接着，估计主、从批次样本的虚拟标准光谱。如前所述，虚拟标准光谱的定义为经

OSC 校正的光谱与其参考值之商。计算方法如下：

$$V_i = X^{corr}/y_i$$

其中，X^{corr} 是经 OSC 校正后的第 i 个样本的光谱；y_i 是第 i 个样本的参考值，V_i 是第 i 个样本的虚拟标准光谱。这样将光谱中有关含量的信息扣除掉之后，光谱中主要的变异应该就是批间差异引起的。

然后，用最小二乘建立主批虚拟光谱 vpri 和从批虚拟光谱 vsla 之间的关系，计算回归系数 slope 和常数项 bias 的值就可以用估计的常数对经过 OSC 校正后的光谱进行变换，使之能够用在主批建立的定量校正模型中进行含量的预测。

从上述处理过程可以很明显地看出，OSR 在两个虚拟标准光谱所张成的空间中进行光谱的转换，以消除由于批次的不同而产生的光谱变异。为了描述的方便，将上述处理过程命名为 OSR。在将光谱作一系列转化以后得到虚拟标准光谱，克服了标样在生产过程中无法重现的限制，所以该方法特别适用于标样难以获得或难以保持长时间稳定性和可靠性。

6.4.3　有限脉冲滤波

有限脉冲(FIR)滤波或称移动窗口多元散射校正(moving window multiplicative signal correction, MW-MSC)是一种在保留与被分析属性相关的信息的前提下消除仪器间差异的模型传递方法。它是通过将新仪器上采集的任一光谱对原仪器上采集光谱的平均值进行回归实现对仪器间差异消除的。因此，FIR 对标准药品的依赖大大降低。

对光谱数据 S 中任一光谱 s_j 而言，光谱校正的实现过程如下。

首先定义一个 $2p+1$ 的窗口，然后将待标准化的光谱 s_j 和目标光谱 r 上窗口内的数据点均值中心化，接着将中心化后的 $\bar{s}_j$ 对 $\bar{r}$ 进行回归，计算回归系数 b_{ij}。光谱数据中第 j 条光谱上第 i 点的值可以通过下式计算：

$$s_{ij}^{*} s_{ij}/b_{ij} = \text{mean}(r)$$

其中，$\text{mean}(r)$ 是目标光谱 r 中窗口数据的平均值。

窗口向前移动一个点，把上述的中心化、回归和投影过程再进行一遍，直到光谱上所有的点都被转化时为止。需要强调一点，并不是光谱上所有的点都能够被转化。光谱的前 p 个点和最后 p 个点是不能被转化的，那么，这几个点可以用 MSC 处理或者将光谱收尾的 p 个点各复制一份，然后与原光谱组成一新的光谱对原光谱首尾的 p 个点进行处理。

6.4.4　中药制造批次间近红外模型传递研究

对于中间体分析，特别是制剂过程中间体，上述方法可能会陷入两难的境地，因为校正样本必须能够充分代表中间体。但中间体样本的变异比较大且又不太稳定，这使得对标准样本的保存和维护非常困难。而在生产过程中，很难完全重现中间体样本。为了能够实现模型在不同批次间传递，本节[28]采用一种新的传递方法 OSR，以消除不同批次中间体之间的变异，保持模型预测的准确性。在研究中，采用三个批次的金银花提取物醇沉过程样本数据和一组开源的 API 数据进行方法性能的考察。结果表明，OSR 不仅能用于消除批次间变异所带来的影响，还能用于校正仪器间差异。

1) 实验数据

在本研究中，以金银花提取物醇沉过程数据为研究对象考察 OSR 和其他几种模型传递方法对批间变异的消除能力。醇沉数据包括三个批次各 60 个样本。在半小时的醇沉过程中，每隔 30s 取一个样本，按药典一部(2010 版)规定的方法，用 HPLC 测定其中绿原酸的含量。样本的近红外光谱用热电公司的 Antaris Nicolet FT-NIR 测定。波长范围为 $10000 \sim 4000 \text{cm}^{-1}$。每个样本重复测定三次取平均值，原始近红外光谱如图 6-48 所示。

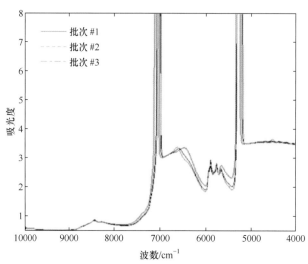

图 6-48　金银花提取物醇沉过程样本原始近红外光谱图

另外，实验中采用一组开源的数据对 OSR 消除仪器间变异的效果进行了考察，并与其他模型传递方法进行了对比。这组开源的数据由 655 个片剂的 1308 条光谱组成。每个样本都用两台光谱仪(Foss NIR systems，silver spring，MD)进行测定。光谱范围为 $600 \sim 1898 \text{nm}$，波长间隔为 2nm。在实验中，仅选择 $780 \sim 1638 \text{nm}$ 这段光谱进行考察。对原始数据，将训练集中离群值 19，122，126，127 号样本删除。另外，测试集中的 11，145，267，295，294，342，313，341，343 号样本也不再考察原始近红外光谱见图 6-49。

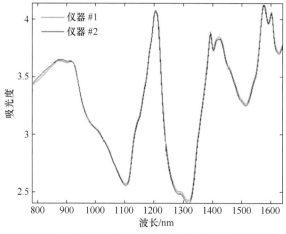

图 6-49　片剂原始近红外光谱图

2) 软件

所有计算均在台式计算机上用 MATLAB7.9(Mathworks，Inc.，Natick，MA)完成。台式机配置：i7 880 处理器，6GB 内存，Win7 Professional 系统。在 MATLAB 环境中，将 PLS_Toolbox 2.1(Eigenvector Research，Inc.，Manson，WA)的 PLS、MU、FIR 函数进行适当修改。DOSC、OSR、Kennard-Stone 算法用自行编写的函数进行计算。

3) 片剂数据

因为 600～780nm 超出了 IUPAC 给出的近红外光谱的范围，所以在实验中未对这部分光谱进行分析。模型最优潜变量因子数(LVs)由十折交叉验证均方根误差(RMSECV)确定。一般选择 RMSECV 最小时的所对应的潜变量因子数为最优的 LVs。如图 6-50 所示，原始数据、FIR 校正数据和 OSR 校正数据 PLS 模型的潜变量因子数分别在 3、3、1 时就基本趋于最小值，那么所得的回归向量就可以用于仪器 #2 上测定样本的含量预测。测试集预测均方根误差(RMSEP)同样可以用上式计算，这时 y_i 为样本 i 的参考值，$\hat{y}_i$ 是在仪器#2 上测定的样本 i 的预测值。

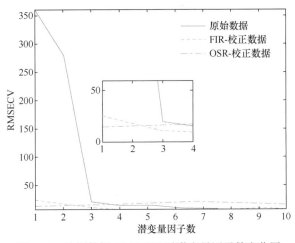

图 6-50　片剂数据 RMSECV 随潜变量因子数变化图

在模型更新过程和 FIR 光谱校正过程中均需要对 LVs 进行优化。为提高计算的效率，实验中用 F-statistic 实现 LVs 的自动优化。

$$F = \frac{\mathrm{RSS}_{l-1}/(I-l)}{\mathrm{RSS}_l/(I-l-1)}$$

其中，RSS 是残差平方和；I 是训练集中组分数；l 是潜变量因子数。当且仅当选到某一潜变量因子数的 F-statistic 大于临界值时，该过程停止。F-statistic 的临界值可以从 F 临界值表中查询。

表6-40所示为用各种模型传递方法对仪器#2上测定的片剂的光谱进行处理后所预测的 API 含量的 RMSEP。原 PLS 模型的预测效果比文献报道稍好，这也在一定程度上表明变量筛选可以提高模型的预测性能。即便如此，该模型对两台仪器上所采集的标样光谱的预测结果还是有显著性差异(a=0.05，p=0.02)。但有一点可以确定，变量筛选可以在

一定程度上消除仪器间的差异。

表 6-40 片剂数据模型传递结果概述

方法	校正集 RMSEP	测试集 RMSEP	验证集 RMSEP
PLS[1]	4.30	6.57	4.61
PDS[1]	3.85	5.67	4.01
FIR[2]	3.62	3.55	4.97
MU[2]	4.17	4.65	4.84
OSR[2]	3.93	3.64	3.50
PLS[3]	3.82	4.96	4.33

注：1 表示仪器#1 光谱建立的 PLS 模型；2 表示仪器#1 建立的模型在仪器#2 光谱中的预测结果；3 表示仪器#2 光谱建立的 PLS 模型。

　　四种变量筛选结果均能在一定程度上消除这种仪器间的差异。然而，即使对 MU 选入的样本数进行进一步的优化，其 RMSEP 仍比在仪器#2 上重建的 PLS 模型的 RMSEP 要大得多(图 6-51)，而对窗口数进行进一步优化后，PDS(窗口，9)和 FIR(窗口，45)的 RMSEP 都比 MU 有很大改善(图 6-52)。在用 OSR 对光谱进行校正后，PLS 模型对训练集、测试集、验证集的预测性能没有根本的差异，但是在用原 PLS 模型对 FIR 校正的验证集数据进行预测时发现模型的预测性能有明显的恶化，这可能是因为 FIR 未能完全体现验证集中的变异。PLS 模型对测试集和验证集的预测结果甚至会优于在仪器#2 上重建的 PLS 模型的预测结果。这些结果表明，OSR 可以将光谱中由于仪器的改变而引起的变异消除掉。虽然 OSC 校正一般不能提高模型的预测性能，但也有文献报道 DOSC 可以在一定程度上改善模型的预测结果。总之，OSR 可以在一定程度上消除不同仪器的近红外光谱之间的变异。

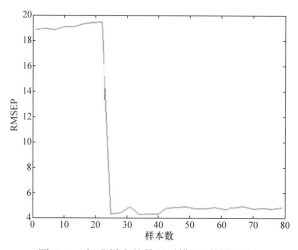

图 6-51 标准样本的数目对模型更新的影响

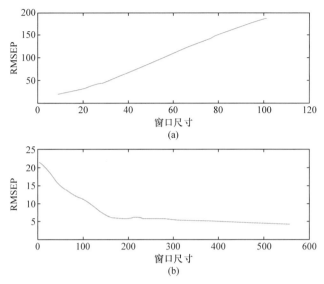

图 6-52　窗口大小对模型预测性能的影响

4) 金银花醇沉数据

近红外在 5149~5353cm^{-1} 和 6958~7162cm^{-1} 处有严重的饱和吸收,对模型没有任何有意义的贡献(图 6-48),所以在实验中有必要将这两段光谱删掉。不同批次间的金银花醇沉过程近红外光谱之间有明显的差异,所以直接用在第一批上建立的模型预测其他批次的醇沉液中绿原酸的含量是不合适的。为了能在不重建模型的前提下直接预测绿原酸的含量,必须对新采集的光谱进行一系列的转换。因为没有标准样本,所以 PDS 在这部分实验中不再适用。

在第一批样本的原始光谱、OSR 校正光谱和 FIR 校正光谱的 PLS 模型分别在 4、1和 3 个潜变量因子处达到最小值(图 6-53)。用所得的回归向量对第 2 批和第 3 批的样本进行预测。第 2 批和第 3 批的样本的预测值和参考值的关系如图 6-54 和图 6-55 所示。表 6-41 是 OSR 和 FIR 校正样本的 RMSEP。FIR(最优窗口 205)对模型的预测性能没有

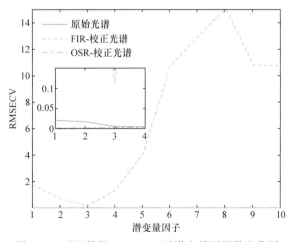

图 6-53　醇沉数据 RMSECV 随潜变量因子数变化图

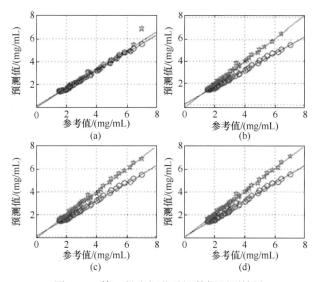

图 6-54　第 2 批金银花醇沉数据预测结果

用圆圈表示 FIR、OSR、MU 和重新拟合的 PLS 模的预测结果，原光谱 PLS 模型的
预测结果分别如图中的五角星所示

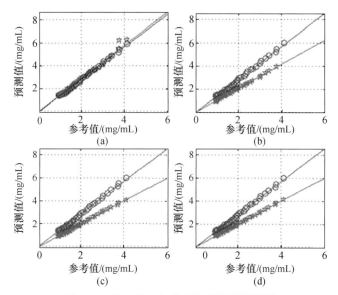

图 6-55　第 3 批金银花醇沉数据预测结果

用圆圈表示 FIR、OSR、MU 和重新拟合的 PLS 模的预测结果，原光谱 PLS 模型的
预测结果分别如图中的五角星所示

多大提高，即使缩小搜索的步长，模型的预测性能也没有实质性的提高，这可能是因为光谱中散射效应不太明显。在新的样本集中选择 5 个样本加入 OSR 模型，足以消除掉批间变异。注意，这里选择的是按样本采集顺序选入的前 5 个样本，使得模型的校正(维护)更加便利。

OSR 中的最小二乘消除了大部分批间变异，使新采集的光谱可以近似看成与建模样本集属于同一个样本总体，所以可以直接用原模型对新的样本进行预测。为了便于比较，在模型更新时选择 5 个样本组成新的训练集重新拟合模型的参数。从图 6-54 和图 6-55 中可以明显看到，在模型更新后，测试集的预测值能够很好地逼近参考值，但模型变得更加复杂，其中表现比较明显的是回归向量和原模型的回归向量之间有显著的差异。仔细对比表 6-41 中 OSR 和 MU 的结果不难发现，与原 PLS 模型相比，OSR 和 MU 均能大幅提高模型的预测性能。这表明 OSR 和 MU 都能对新批次的变异进行解释。此外，对两组数据，OSR 模型的潜变量因子数均为 1，这也在一定程度上表明 OSR 在模型中保留了与被分析物质有关的信息。虽然 OSR 和 MU 的预测性能有了很大提高，但是与在新批次重新建立的模型相比还是有很大差距。

总之，上述结果表明 OSR 可以消除光谱中的批间变异。

表 6-41　金银花醇沉过程模型传递结果概述

方法	批次 2	批次 3
PLS[a]	0.61	0.78
FIR[a]	0.63	0.81
MU[a]	0.15	0.07
OSR[a]	0.13	0.08
PLS[b]	0.08	0.05

a. 表示模型传递后预测结果；b. 表示原始模型预测结果。

以上研究中 OSR 主要设计用于校正近红外光谱中的批间变异。通过与其他两种常用的模型传递方法进行对比，OSR 的优势得到体现。首先，OSR 不需要标样；其次，OSR 能够高效地提取到新的变异信息。与 FIR、MU、PDS 等的结果对比表明，OSR 同样可以用于校正仪器间的光谱差异，提高了预测的精度，减少了重现建模所需的大量人力和物力的消耗。

6.5　方法中模型更新

6.5.1　概述

在理想情况下，建立定量模型的校正集样本应包含所有在测量过程中可能产生的变异信息。然而，在实际生产过程中，由于原料药材的变异、设备性能的扰动和生产环境的波动(如温度、湿度的变化)等影响，在生产过程中往往会出现新的变异，从而导致原有的模型对新的样本具有较大的预测误差。因此，在生产过程中，需对定量模型进行维护，以保持其预测的稳健性。

模型更新，即按一定的规则从新的测量数据中选择适当的样本加入训练集中，然后重新计算模型的参数；这样新建立的模型就既包含原训练集中的变异信息，又包含新样本的变异信息，从而拓宽了模型的适用范围，能准确地预测新的测量数据。但这要求新加入的样本必须能够有效地代表变异来源和变异的范围。那么对不同的数据类型和数据环境，需要选入的样本数也应有所差异。虽然更新后的模型对新批次样本的预测能力和新批次变异的稳健性得到了提高，但是模型变得更为复杂，模型的解释性较差。

　　较好的方式是在新数据加入旧模型之前，首先识别出新数据中包含变异信息的样本，然后将携带变异信息的样本加入旧模型重新校正，从而提高模型更新的效率，如图 6-56 所示。已报道的变异识别算法包括 Kennard-Stone 算法、Duplex 算法、马氏距离法 (Mahalanobis distance，MD)、主成分分析和简单区间计算法(simple interval calculation，SIC)法等。

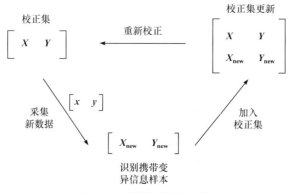

图 6-56　模型更新示意图

　　模型更新方法目前，校正模型的更新可以分为三种方法，即预测修正、模型调整和模型扩张。预测修正，即将原有模型在新的条件下进行使用，根据原有模型的预测值和实际参考值构建一个修正模型，如斜率和偏差标准化(slope and bias standardization，SBC)及光谱空间标准化(spectral space transformation，SST)、系统预测误差修正(systematic prediction error correction，SPEC)、正交投影回归(orthogonal space regression，OSR)等。模型调整，即将模型的参数进行调整，以提高其适用性，如动态正交投影(dynamic orthogonal projection，DOP)。模型扩张，即在新的条件下采集样本，并测定其参考值，将新的样本添加到原始校正集当中，重新校正，建立新的定量模型。

6.5.2　模型更新方法

　　1. 随机选择法

　　随机法选择是最简单的样本选择方法，即从新的样本集中采用随机的方式选择出一定数目的样本。

　　2. KS 选择法

　　KS(Kennard-Stone)选择法基于欧氏距离选择样本。第一个被选择出的样本是距离整个数据集中心最远的样本，距第一个样本的欧氏距离最远的样本作为第二个被选择的样本。重复整个样本选择过程，直到取得规定数目的样本。

　　3. 主成分判别选择法

　　主成分判别(principal component analysis Mahalanobis distance，PCA-MD)选择法基于

PCA 算法和马氏距离进行样本的选择。首先，对新样本的光谱构成的数据集 X 进行 PCA 分析；然后，选择出可以解释大多数光谱变异信息的前 k 个主成分构成得分矩阵 T；最后，计算出每一个样本的马氏距离，计算公式如下：

$$D(t) = \sqrt{(t-\mu)^{\mathrm{T}} S^{-1} (t-\mu)} \tag{6-87}$$

式中，t 是新样本的得分向量；μ 是 T 的均值向量；S 是 T 的协方差矩阵。通过设定 D 的边界值，可以将马氏距离大于该边界值的样本看成变异较大的样本。将其选择出，加入到原有校正集当中，重新构建新的校正模型。

4. 简单区间计算法

传统的多变量校正方法(如 PLS 和 PCR)通常假设误差服从正态分布，与传统方法不同，简单区间计算法(simple interval calculation，SIC)法的前提假设是误差有限性。下文简要介绍 SIC 算法的基本内容。

定义 PLS 回归模型如下：

$$y = Xb + \varepsilon \tag{6-88}$$

式中，y 为样本的浓度；X 为大小为 $n \times p$ 的光谱矩阵，n 为样本数目，p 为波长变量的数目；b 为回归系数，ε 为预测误差。

根据 SIC 算法有限误差的假设，预测误差 ε 存在最大值，即最大误差偏差 β(maximum error deviation，MED)，当给定的校正集(X, y)时，可以建立以下不等式：

$$B = \{b \in R_p, \; y^- < Xb < y^+\}, \quad y_i^- = y_i - \beta, \; y_i^+ = y_i + \beta, \; i = 1, \cdots, n \tag{6-89}$$

式中，B 代表所有可能参数值的范围(region of possible values，RPV)，即 PLS 回归系数空间。当获得了一个新样本的光谱时，样本浓度的预测值$y = x'b$ 必定落在区间 v 内：

$$v = [v^-, \; v^+], \quad v^- = \min(x'b), \; v^+ = \max(x'b) \tag{6-90}$$

当给定 β 值时，通过简单的线性规划算法即可计算 v^- 和 v^+ 值。因此，区间 v 的计算关键在于最大误差偏差 β 的估计。SIC 算法可以对 β 的上限和下限进行估计，本书使用 β 的上限估计 β_{max}，大约相当于 4 倍的 RMSEC 值，可以充分保证任何样本不超过此误差边界。区间 v 和 β_{max} 的估计采用 SIC Toolbox 在 Matalb 平台上实现。

SIC 算法的预测结果可采用两个统计量来评价，即 SIC 残差值和 SIC 杠杆值。其中 SIC 残差值(r)定义为以 β_{max} 标度的样本参考值与区间 v 的中心值之差：

$$r(x, y) = \frac{1}{\beta} \left[y - \frac{v^+(x) + v^-(x)}{2} \right] \tag{6-91}$$

SIC 杠杆值定义为以 β_{max} 标度的区间 v 半宽度值：

$$h(x, y) = \frac{1}{\beta} \left[\frac{v^+(x) - v^-(x)}{2} \right] \tag{6-92}$$

根据上述两个统计量，SIC 算法提出可对校正集合测试集中的样本进行属性分类的策略，即目标状态分类(object status classification，OSC)。根据 OSC 的原则，样本分为

以下类型：内部样本($|r|+|h|<1$)、边界样本($|r|+|h|=1$)、外部样本($|r|+|h|>1$)、绝对外部样本($|h|>1$)和离群样本($|r|-|h|>1$)。

由式(6-92)可以看出，SIC 杠杆值与预测精度有关。从预测的角度来看，较大的 SIC 杠杆值意味着较差的预测结果；而从校正的角度来看，若某样本的 SIC 杠杆值较大，则表明该样本携带了未包括在校正集样本中的变异信息。因此，SIC 杠杆值可用以判断未知样本的变异程度，具有较大 SIC 杠杆值的样本可用以校正模型的更新。

5. 多变量统计过程控制选择法

多变量统计过程控制(MSPC)理论主要用于监控生产过程运行状态和诊断生产过程中的异常。MSPC 方法也可用于识别和选择变异样本。首先，基于初始的校正集可以建立原始的 PLS 模型。根据 PLS 算法，NIR 光谱矩阵可以表示为

$$X = TP^T + E \tag{6-93}$$

式中，T 是光谱矩阵 X 的得分矩阵；P 是光谱矩阵 X 的载荷矩阵；E 是残差矩阵。同时，T 可以由式(6-94)计算得出：

$$T = XW^T \tag{6-94}$$

W 是光谱矩阵 X 的权重矩阵。

然后，利用 Hotelling T^2 控制限选择变异较大的样本。如果新样本的 Hotelling T^2 值大于所设定的控制限，则认为其具有较大的变异。根据 F 分布，Hotelling T^2 控制限可以由式(6-95)计算得出：

$$T_{\lim}^2 = \frac{m(n^2-1)}{n(n-m)} F_{(m,n-m,\alpha)} \tag{6-95}$$

n 是校正集中样本的个数；m 是潜变量的个数；α 是置信水平；$F_{(m,n-m,\alpha)}$ 是 F 分布在 m 和 $n-m$ 自由度下的临界值。新样本的 Hotelling T^2 值可以由式(6-96)计算得出：

$$\text{Hotelling } T^2 = T_{\text{new}}^T P \Lambda P^T T_{\text{new}} \tag{6-96}$$

T_{new} 是新光谱的得分矩阵；Λ 是原光谱得分矩阵 T 的对角矩阵。

6.5.3 基于 MSPC 的中药制造近红外模型更新

在理想情况下，建立定量模型的校正集样本应包含所有在测量过程中可能产生的变异信息。然而，在实际生产过程中，由于原料药材的变异、设备性能的扰动和生产环境的波动(如温度、湿度的变化)等影响，在生产过程中往往会出现新的变异，从而导致原有模型对新的样本具有较大的预测误差。因此，在生产过程中，需对定量模型进行维护，以保持其预测的稳健性。

本节[29]根据多变量统计过程控制(MSPC)理论，提出的一种新样本的选择策略，并且与已有的 KS 算法、马氏距离、主成分分析和简单区间算法进行比较。

1) 仪器与材料

Antaris Nicolet FT-NIR 近红外光谱仪(Thermo 公司)；安捷伦 1100 高效液相色谱仪(美国 Agilent 公司，包括四元泵、真空脱气机、自动进样器、柱温箱、二极管阵列检测器、

ChemStation 数据处理工作站);真空干燥箱(DZF-6050);紫外分光光度计(Agilent-8453);Sartorius BS210S 天平(赛多利斯公司);BT100-1L 型蠕动泵(保定兰格恒流泵有限公司);PALL 层析柱(PALL 公司);超声清洗器(KQ-500B 型)。

京尼平龙胆双糖苷标准品(成都普菲德生物技术有限公司,批号 121120);栀子苷标准品(成都曼斯特,批号 24512-63-8);色谱纯乙腈(Fisher 公司);色谱纯甲醇(Fisher 公司);娃哈哈纯净水(天津公司);其他试剂均为分析纯;X-1 型大孔吸附树脂;自制栀子提取物。

2) 大孔树脂的预处理方法

用 95%的乙醇洗去大孔树脂中残留的少量有机物和致孔剂,再用去离子水洗去乙醇。然后用 2 倍柱体积,质量浓度为 2%的 NaOH 溶液,以 0.5mL/min 流速冲洗,除去树脂中的碱溶性杂质,用去离子水冲洗至流出液 pH 值呈中性。再用 2 倍柱体积浓度为 1moL/L 的 HCL 溶液,以 0.5mL/min 流速冲洗,除去酸溶性杂质。最后用去离子水冲洗至流出液为中性,备用。

3) NIR 光谱采集条件

利用透射模式采集样本的近红外光谱,光程为 8mm,分辨率为 $4cm^{-1}$,扫描范围为 $1000\sim4000cm^{-1}$,扫描次数次 32,增益为 2。为减少测量误差,每个样本平行采集 3 次光谱,以三次光谱的平均值作为最终光谱。

4) 校正模型的建立

采用 SIMCA P+11.5(Umetrics)软件进行光谱预处理,其他算法在 MATLAB 7.0(MathWorks 公司)平台上实现。采用 Kennard-Stone(KS)算法,按照校正集和验证集 3:1 的比例划分样本集,采用 PLS 法建立定量校正模型。模型的性能由相关系数(r)、校正均方根误差(RMSEC)、交叉验证均方根误差(RMSECV)、预测均方根误差(RMSEP)和性能偏差比(RPD)进行评价。

5) 数据描述

采用 6 批大孔吸附树脂纯化过程的实验数据进行定量检测的研究,前三批(批次 1~3)作为初始校正集,批次 4 作为内部验证集,批次 5 和 6 作为外部验证集。

6) 不同模型更新方法比较

将提出的一种新的变异样本选择方法与其他四种方法(随机选择法、KS 选择法、PCA-MD 选择法和 SIC 选择法)进行比较。为了便于清晰说明,将随机选择法命名为方法 1;将 KS 选择法命名为方法 2;将 PCA-MD 选择法命名为方法 3;将 SIC 选择法命名为方法 4;将 MSPC 选择法命名为方法 5。每一种方法分别使用批次 4 和批次 5 的样本进行两次更新,并用批次 6 验证更新后模型的预测性能。一种理想的模型更新策略,应该能够通过选择出较少的代表性样本,提高模型的预测性能。模型的更新结果和相关的信息见表 6-42。

表 6-42 不同模型更新方法所得新模型的性能

模型更新方法	模型更新次数	校正集中样本的数量	校正集				验证集 t			
			r_{cal}	RMSEC	RMSECV	$BIAS_{cal}$	r_{val}	RMSEP	RPD	$BIAS_{val}$
None	None	132	0.9955	0.305	0.391	0.234	0.9970	0.505	7.08	0.467
1	1	147	0.9995	0.312	0.404	0.228	0.9964	0.485	7.37	0.424
	2	162	0.9948	0.330	0.406	0.241	0.9978	0.482	7.42	0.451

续表

模型更新方法	模型更新次数	校正集中样本的数量	校正集				验证集 t			
			r_{cal}	RMSEC	RMSECV	BIAS$_{cal}$	r_{val}	RMSEP	RPD	BIAS$_{val}$
2	1	147	0.9951	0.338	0.407	0.252	0.9972	0.523	6.96	0.470
	2	162	0.9945	0.340	0.399	0.251	0.9969	0.496	7.20	0.446
3	1	143	0.9949	0.322	0.370	0.240	0.9965	0.560	6.38	0.510
	2	161	0.9956	0.314	0.359	0.236	0.9960	0.501	7.14	0.440
4	1	176	0.9944	0.340	0.394	0.246	0.9975	0.355	10.08	0.309
	2	220	0.9946	0.330	0.370	0.240	0.9973	0.378	9.46	0.329
5	1	170	0.9944	0.343	0.400	0.250	0.9977	0.351	10.18	0.308
	2	172	0.9946	0.342	0.397	0.250	0.9978	0.350	10.23	0.309

因为方法 1 和方法 2 没有方法本身的限定值，所以本节中的每次更新均固定从新的样本集中选择出 15 个样本。方法 3 在第一次更新时选择出了 11 个变异样本，在第二次更新时选择出了 18 个变异样本。方法 4 在两次更新中均从新的样本集中选择出 44 个样本。方法 5 中，首先根据式(6-95)，在 99% 置信水平下，Hotelling T^2 控制限为 26.54；然后，根据式(6-96)计算新样本的 Hotelling T^2 值；最后，根据计算出的 Hotelling T^2 值，大于控制限的样本即为变异样本。两个新批次的 Hotelling T^2 控制图如图 6-57 所示。如图 6-57(a)所示，方法 5 第一次更新时选择出了 38 个样本；如图 6-57(b)所示，方法 5 第二次更新时选择出了 2 个样本。

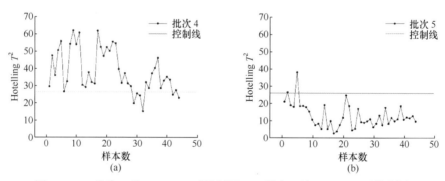

图 6-57　(a)批次 4 的 Hotelling T^2 控制图；(b)批次 5 的 Hotelling T^2 控制图

将选择出变异样本加入原有模型的校正集中，重新构建新的校正模型，更新后模型的预测性能由 r_{val}、RMSEP、RPD 和 BIAS$_{val}$ 进行评价。每种模型更新方法更新后的模型的预测性能简述如下。

方法 1：第一次更新后，模型的 RMSEP 值从 0.505mg/mL 降低到 0.485mg/mL，同时，模型的 RPD 值由 7.08 升高到 7.37。经过第二次更新，RMSEP 值从 0.485mg/mL 降低到 0.482mg/mL。结果表明，更新后模型的预测性能没有显著提高。

方法 2：从表 6-42 中可以看，经过两次更新后，模型的 RMSEP 值由 0.505mg/mL 降低到 0.496mg/mL，RPD 值由 7.08 升高到 7.20。结果显示，更新后的模型的预测性能也没有明显的提高。

方法3：经过方法3更新的模型，其预测性能与经过方法2更新后的模型性能基本相同。经过两次更新后，模型的RMSEP值和BIAS$_{val}$值有所降低，同时模型的RPD值仅有微弱的提高。

方法4：经过第一次更新，模型的RMSEP值从0.505mg/mL降低到0.355mg/mL，RPD值从7.08升高到10.08。然而，经过第二次更新，模型的预测性能有一定程度的下降，其RMSEP值升高到0.378mg/mL，其RPD值降低到9.46。这一现象说明，SIC法从批次5中选择出的变异样本可能影响第一次更新后的模型的稳定，然而第二次更新后模型性能下降的原因需要进一步研究。

方法5：从表6-42中可以看出，方法5可以使模型的性能持续提高。经过第一次更新后，模型的RMSEP值从0.505mg/mL降低到0.351mg/mL，模型的RPD值从7.08升高到10.18。经过第二次更新后，模型的RPD值提升到10.23。同时RMSEP值和BIAS$_{val}$值持续降低。

上述实验结果表明，方法1、2、3不能很好地提升模型的预测性能。相反，方法4和5可以显著地提高模型的预测性能。实际上，在进行变异样本选择的时候，方法1只是随机选择的一个过程，方法2和3只能利用新批次中NIR光谱方面的数据。与此同时，方法4和5可以利用全部的NIR光谱数据及校正集中参考值的数据，也就是说，方法4和5可以更好地识别变异样本。最终，经过两次模型更新后，方法5取得了最低的RMSEP值、BIAS$_{val}$值和最高的RPD值，并且两次更新仅仅将40个变异样本纳入到新的模型中，也表明了新提出的方法5比其他方法具有明显优势。

以上研究基于多变量统计过程控制的理论和方法，成功建立了一种新的模型更新方法。新建的方法充分利用了原始校正集和新样本集中的NIR光谱数据，以及原始校正集中参考值的数据。采用新方法对原始模型进行更新后，模型的定量效果可以利用传统的模型评价指标进行评价。结果表明，本次实验中，新建的模型更新策略优于其他四种模型更新策略。

6.5.4　基于SIC的中药制造近红外模型更新

已报道的中药制药过程近红外定量检测模型的建立，均采用有限批次的过程样本进行建模。众所周知，受产地、采收期、炮制加工等因素影响，中药原料存在一定质量波动；而在生产过程中，人员、环境、设备漂移等变化，亦会影响过程关键质量参数轨迹的重复性；而仪器响应的波动、测试条件的变化等因素，亦会导致NIR分析模型预测性能的退化。因此，采用有限批次样本建立的定量模型，无法包含所有预期的过程信息，当新样本出现时，往往会导致较大的预测偏差。因此，为提高近红外定量检测在中药制药过程中应用的可靠性和稳健性，需对已建立的模型进行更新和维护。

从化学计量学的角度，模型更新需要识别出新的含有变异信息的样本，将其加入原模型的校正集中，重新校正并建立新的模型，以提高模型的信息涵盖范围和适应性，如图6-58所示。

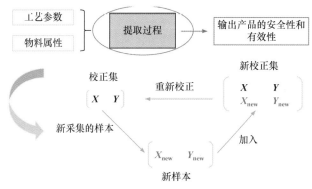

图 6-58 模型更新示意图

本节[30]以中药丹参乙醇提取过程为研究对象，采集多批次过程近红外光谱，建立丹参酮 II A 的近红外定量检测模型，探索将 SIC 算法应用于正常工艺操作条件下中药提取过程含变异信息样本的识别，并实现提取过程定量检测模型的更新，为近红外光谱技术在中药生产过程中的应用提供参考。

1) 丹参提取液制备

丹参提取液制备参照《中华人民共和国药典》一部(2015 版)丹参片提取工艺条件，称取丹参饮片适量置于 2L 三颈圆底烧瓶中，加 8 倍量 90%乙醇，回流提取 1.5 小时，提取温度 80℃，搅拌速度 100r/min。加热升温阶段，间隔 2min 取样；沸腾恒温阶段，间隔 6min 取样。每次取样 1.5mL，样本 9000r/min 离心 10min，取上清液分别测量 NIR 光谱和 HPLC 参考值。

称取丹参饮片 6 份，每份 150g，进行 6 批提取操作，其中第 1、4、5 和 6 批采用批号为 20140308 的丹参饮片，第 2 批采用批号为 20131226 的丹参饮片，第 3 批采用批号为 20130808 的丹参饮片。为增加过程变异性，第 5 批加热升温阶段，间隔 30s 取样；沸腾恒温阶段，间隔 3min。由于各批提取过程中达到沸腾的时间不同，第 1~6 批收集到的样本数分别为 23、23、23、22、62 和 23。批次 1、2 和 3 的样本作为校正集，用于建立初始 PLS 模型，第 4 批样本作为内部验证集，第 5、6 批作为外部预测集。

2) NIR 光谱采集

NIR 测定条件为室温环境下，采用透射方式采集光谱，光程为 8mm，扫描范围为 10000~4000cm^{-1}，分辨率为 4cm^{-1}，扫描次数 32 次。每个样本平行测量 3 次光谱，求平均光谱。

3) 数据处理

分别采用 SG 平滑、一阶导数、二阶导数、多元散射校正、标准正则变换和小波去噪进行预处理，然后采用组合间隔偏最小二乘法(SiPLS)对建模波段进行筛选，建立 PLS 模型。SIC 算法中区间 ν 和 β 的估计采用 SIC Toolbox 在 Matalb 平台上实现。

4) 代表性子集筛选

由于建模的校正集的近红外光谱可能存在冗余谱带信息，在模型更新前，需要将这些冗余的光谱信息的样本剔除，剩余为子集重新建立模型。以丹参酮 II A 作为参考值为例，先计算 SIC 杠杆值和残差值，然后再根据 SIC 算法的 OSC 原则，对初始模型的校正集样本进行分类，结果见图 6-59。图中共有 69 个样本，62 个边界样本(圆形)，7 个内部样本(方形)，内部样本为冗余信息样本，将这些样本剔除，剩余 62 个样本重新建模，以批次 6 作为预测集，结果是：潜变量因子为 9，R_{pre} 为 0.9401，RMSEP 为 0.0060g/L，RPD 为 2.03，$BIAS_{pre}$ 为 0.0069。而未筛选边界值前的模型性能参数，潜变量因子为 9，R_{pre} 为 0.9304，RMSEP 为 0.0089g/L，RPD 为 1.90，$BIAS_{pre}$ 为 0.0074。由此可说明，由代表性子集建立的 PLS 模型的预测性优于初始的 PLS 模型。

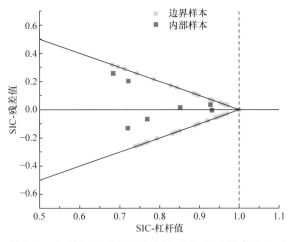

图 6-59 初始模型校正集的 OSC 分类原则(丹参酮ⅡA)

同理，利用 SIC 算法原理对隐丹参酮和丹参酮Ⅰ的原始模型的校正集样本进行分类，结果见图 6-60 和图 6-61。由图 6-60 可知，图中共有 69 个样本，8 个内部样本(方形)，61 个边界样本(圆形)，8 个内部样本为冗余信息样本，将这些样本剔除，剩余 61 个样本重新建模，以批次 6 作为预测集，结果是：潜变量因子为 7，RMSEC 为 0.0016g/L，RMSECV 为 0.0021g/L，RMSEP 为 0.0038g/L，RPD 为 2.85，而未筛选边界值前的模型性能参数，潜变量因子为 7，RMSEC 为 0.0015g/L，RMSECV 为 0.0020g/L，RMSEP 为 0.0028g/L，RPD 为 2.89。

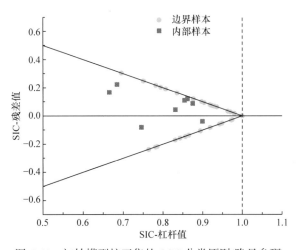

图 6-60 初始模型校正集的 OSC 分类原则(隐丹参酮)

由图 6-61 可见，图中共有 69 个样本，54 个边界样本(圆形)，15 个内部样本(方形)。同理，将这些内部带有冗余信息的样本剔除，剩余 54 个样本重新建模，以批次 6 作为预测集，结果是：潜变量因子为 6，RMSEC 为 0.0042g/L，RMSECV 为 0.0048g/L，RMSEP 为 0.0045g/L，RPD 为 4.02，而未筛选边界值前的模型性能参数，潜变量因子为 6，RMSEC 为 0.0046g/L，RMSECV 为 0.0054g/L RMSEP 为 0.0039g/L，RPD 为 3.89。

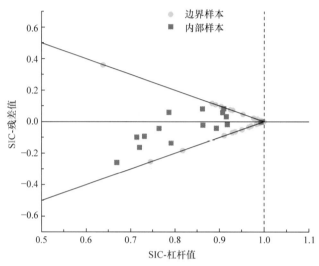

图 6-61　初始模型校正集的 OSC 分类原则(丹参酮 I)

由此可以说明，以隐丹参酮和丹参酮 I 为参考值建立的初始 PLS 模型的预测性能优于由代表性子集建立的 PLS 模型，与丹参酮 II A 的对比结果相反。

5) 模型更新策略

从预测角度看，对具有较大 SIC 杠杆值和残差值样本的预测误差较大的预测效果不佳。但从校正的角度看，较大的 SIC 杠杆值的样本加入到此模型校正集中，有助于该模型涵盖较多的变异信息，提高模型的稳健性。当 $h=0.5$ 时，区间宽度 v 大小为 β_{max}，而 β_{max} 约相当于 4 倍的 RMSEC 值，即 $v=[-2RMSEC，2RMSEC]$，因此，SIC 杠杆值阈值 0.5 可以约 95% 的概率保证筛选出样本的变异性。

基于 SIC 算法的两个统计量，即用 SIC 杠杆值和残差值对不同样本的评估所筛选出的边界样本，并且将 SIC 杠杆值大于 0.5 的样本加入模型校正集中重新建模，去预测新一批样本的模型更新。现有两种更新策略，以丹参酮 II A 指标模型为例：实际提取过程 3 个批次(批次 1、2 和 3)，共有样本 69 个，以 69 个样本建立模型 I，用 SIC 算法筛选出的边界样本 62 个建立模型 A。在此基础上，产生两种模型更新方法。方法一：采集新一批——批次 4 的过程 NIR 光谱和 HPLC 参考值，筛选出 SIC 杠杆值大于 0.5 的样本，并将样本加入模型 A 的校正集重新建模，此模型则为模型 B；同理，对批次 5 进行筛选，筛出 SIC 杠杆值大于 0.5 的样本加入模型 B 的校正集重新建模，此模型为模型 C。方法二：在模型 I 的基础上，采用 RS(random selection)算法从新的批次 4 中挑选 1/3 的代表性样本，将这些样本加入模型 I，重新建模，此模型为 II；同理，采用该算法从批次 5 中选出 1/3 的代表新样本加入模型 II，重新建模，该模型则为 III。

更新方法的模型稳健性和预测性能结果如表 6-43 所示，验证模型性能的批次统一采用批次 6 的数据。由表可见，基于 SIC 更新方法，RMSEC、RMSECV、RPD 值都是逐渐增大的，RMSEP 值呈逐渐减小趋势，而对于 RS 更新方法，除 RMSECV，RMSEC、RPD 值呈先增后降的趋势，RMSEP 值却是先减后增。综上，两种方法更新后的模型预测性能都优于更新前的模型，且经两次更新，SIC 比 RS 更优。

表 6-43　丹参酮 ⅡA 不同模型更新方法的模型性能比较

| 方法 | 模型 | 样本数 | LVs | 校正集 | | | 验证集 | | |
				RMSEC	RMSECV	$BIAS_{cal}$	RMSEP	RPD	$BIAS_{pre}$
SIC	A	62	9	0.0035	0.0058	0.0030	0.0084	2.03	0.0069
	B	84	6	0.0056	0.0062	0.0044	0.0055	3.07	0.0043
	C	146	7	0.0056	0.0068	0.0045	0.0054	3.14	0.0045
RS	Ⅰ	69	9	0.0034	0.0053	0.0027	0.0089	1.90	0.0074
	Ⅱ	76	6	0.0055	0.0060	0.0043	0.0058	2.94	0.0046
	Ⅲ	153	7	0.0050	0.0064	0.0040	0.0068	2.50	0.0057

采用 SIC 算法和 RS 法两种更新策略对隐丹参酮和丹参酮 Ⅰ 的 PLS 模型进行更新，结果见表 6-44 和表 6-45。验证模型性能的批次统一采用批次 6 的数据，由表 6-44 可知，基于 SIC 更新方法，RMSEC、RMSECV 都是逐渐增大，RPD 值呈先增后减趋势，RMSEP 值呈逐渐减小趋势，而对 RS 更新方法，除 RMSECV，RMSEC、RPD 值呈先增后降的趋势，RMSEP 值却是逐渐减小至平缓。说明两种方法更新后的模型预测性能都优于更新前的模型，且经两次更新，RS 比 SIC 更优。

表 6-44　隐丹参酮不同模型更新方法的模型性能比较

| 方法 | 模型 | 样本数 | LVs | 校正集 | | | 验证集 | | |
				RMSEC	RMSECV	$BIAS_{cal}$	RMSEP	RPD	$BIAS_{pre}$
SIC	A	61	7	0.0016	0.0021	0.0012	0.0038	2.85	0.0023
	B	83	6	0.0025	0.0027	0.0019	0.0026	3.08	0.0021
	C	145	7	0.0025	0.0027	0.0020	0.0026	3.07	0.0020
RS	Ⅰ	69	7	0.0015	0.0020	0.0012	0.0028	2.89	0.0023
	Ⅱ	76	6	0.0023	0.0026	0.0017	0.0025	3.19	0.0021
	Ⅲ	97	7	0.0021	0.0025	0.0016	0.0025	3.18	0.0020

对丹参酮 Ⅰ 的 PLS 模型更新结果见表 6-45，应用 SIC 更新策略，RMSEC、RMSECV 值呈先减后增趋势，RPD、RMSEP 值呈降低至平缓趋势；对于 RS 更新策略，RMSEC、RMSECV、RMSEP 值都是呈先降后升趋势，RPD 值呈先升后降趋势，且波动比较大。

综合比较两种更新策略，SIC 比 RS 较优，经过 SIC 和 RS 更新策略后，对比更新前后的模型，两者都是更新模型比初始模型性能参数更优。

表 6-45　丹参酮 I 不同模型更新方法的模型性能比较

方法	模型	样本数	LVs	校正集			验证集		
				RMSEC	RMSECV	BIAS_{cal}	RMSEP	RPD	BIAS_{pre}
SIC	A	54	6	0.0046	0.0054	0.0032	0.0039	3.89	0.0029
	B	76	7	0.0043	0.0049	0.0032	0.0036	4.26	0.0028
	C	138	7	0.0048	0.0051	0.0037	0.0036	4.26	0.0028
RS	I	69	6	0.0042	0.0048	0.0030	0.0038	4.02	0.0028
	II	76	7	0.0040	0.0045	0.0030	0.0034	4.45	0.0028
	III	138	7	0.0046	0.0051	0.0034	0.0041	3.72	0.0027

为进一步阐释 SIC 更新结果，用目标状态图来展示更新结果，以丹参酮 II A 为例，如图 6-62 所示。批次 4、5 的全部样本 SIC 杠杆值都大于 0.5，全部加入模型校正集，用以模型更新，说明批次间差异较大，同样药材生产批次不同会导致产品质量不一样。

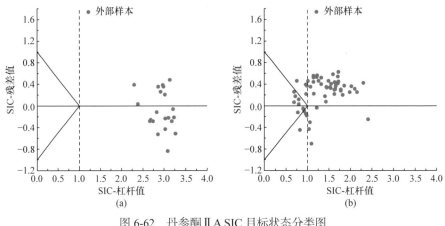

图 6-62　丹参酮 II A SIC 目标状态分类图

(a) 基于模型 A 的批次 4；(b) 基于模型 B 的批次 5

同理，如图 6-63、图 6-64 所示，分别为隐丹参酮、丹参酮 I 的目标状态分类图。从图中可知，两者的批次 4、5 的全部样本的 SIC 杠杆值都大于 0.5，故将全部样本加入模型的校正集中用以模型更新，对比(a)和(b)发现，经一次更新，(b)样本比(a)样本逐渐向内部样本靠近，说明经更新，批次间的差异性逐渐缩小。

以上研究以丹参单次醇提过程为载体，以丹参酮类，即丹参酮 II A、隐丹参酮、丹参酮 I 三种成分为参考值，采用近红外光谱技术对提取过程的样本进行监测得到近红外光谱，利用近红外光谱和三种成分的参考值建立近红外定量模型，采用两种模型更新策略：SIC 算法和 RS 法对 PLS 模型运用不同批次进行更新，三种指标应用两种更新策略后的模型性能参数都优于初始模型；以丹参酮ⅡA、丹参酮Ⅰ为指标的模型更新结果，SIC 更新策略优于 RS 更新策略，而隐丹参酮是 RS 法优于 SIC 法。

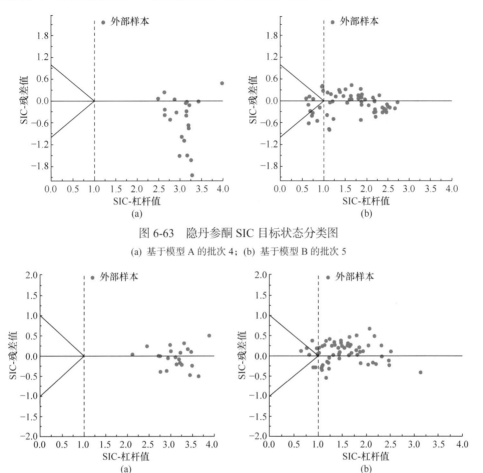

图 6-63　隐丹参酮 SIC 目标状态分类图

(a) 基于模型 A 的批次 4；(b) 基于模型 B 的批次 5

图 6-64　丹参酮Ⅰ SIC 目标状态分类图

(a) 基于模型 A 的批次 4；(b) 基于模型 B 的批次 5

参 考 文 献

[1] 吴志生. 中药过程分析中 NIR 技术的基本理论和方法研究[D]. 北京中医药大学, 2012.

[2] Zhao N, Wu Z S, Cheng Y Q, et al. MDL and RMSEP assessment of spectral pretreatments by adding different noises in calibration/validation datasets [J]. Spectrochimica Acta Part A: Molecular and Biomolecular Spectroscopy, 2016, (163): 20-27.

[3] Wu Z S, Sui C L, Xu B, et al. Multivariate detection limits of on-line NIR model for extraction process of chlorogenic acid from Lonicera japonica [J]. Journal of Pharmaceutical and Biomedical Analysis, 2013, 77: 16-20.

[4] Peng Y F, Shi X Y, Zhou L W, et al. Multivariate detection limit of baicalin in Qingkailing injection based on four NIR technology type [J]. Spectroscopy and Spectral Analysis, 2013, 9: 2363-2368.

[5] Wu Z S, Peng Y F, Chen W, et al. NIR spectroscopy as a process analytical technology (PAT) tool for monitoring and understanding of a hydrolysis process[J]. Bioresource Technology, 2013, 137: 394-399.

[6] 彭严芳, 史新元, 李洋, 等. 基于多变量检测限的模型变量筛选方法研究[J]. 世界科学技术-中医药现代化, 2014, 16(05): 960-965.

[7] Faber K, Kowalski B R. Improved estimation of the limit of detection in multivariate calibration[J]. Fresenius' Journal of Analytical Chemistry, 1997, 357(7):

[8] Marcel B, Miguel C, Antonio P, et al. Determination of low analyte concentrations by near-infrared spectroscopy: Effect of spectral pretreatments and estimation of multivariate detection limits[J]. Analytica chimica acta, 2007, 581(2): 318-323.

[9] 杜晨朝. 基于系统建模的中药 NIR 模型设计与解析方法研究[D]. 北京中医药大学, 2018.

[10] Du C, Dai S, Qiao Y, et al. Error propagation offor partial least squares for parameters optimization in NIR modeling[J]. Spectrochimica Acta Part A: Molecular and Biomolecular Spectroscopy, 2018, (192): 244-250.

[11] Wu Z S, Xu B, Du M, et al. Validation of a NIR quantification method for the determination of chlorogenic acid in Lonicera japonica solution in ethanol precipitation process[J]. J. Pharm. Biomed. Anal., 2012, 62: 1-6.

[12] 薛忠, 徐冰, 刘倩, 等. 不确定度评估在中药近红外定量检测中的应用[J]. 光谱学与光谱分析, 2014, (10): 2657-2661.

[13] ISO/DTS 21748 Guide to the use of repeatability, reproducibility and trueness estimates in measurement uncertainty estimation. ISO, Geneva, 2004.

[14] Guide to the Expression of Uncertainty in Measurement, ISO, Geneva, Switzerland, 1995.

[15] Barwick V J, Ellison L R. VAM Project 3.2.1, Development and Harmonization of Measurement Uncertainty Principles. Part D: Protocol Uncertainty for Evaluation from Validation Data, January 2000. Report No.: LGC/VAM/1998/088.

[16] 薛忠. 中药近红外定量检测可靠性研究[D]. 北京中医药大学, 2016.

[17] Feinberg M, Boulanger B, Dewé W, et al. New advances in method validation and measurement uncertainty aimed at improving the quality of chemical data[J]. Anal. Bioanal. Chem., 2004, 380: 502-514.

[18] 王馨, 徐冰, 薛忠, 等. 中药陈皮提取物粉末中糊精含量近红外分析方法的验证和不确定度评估[J]. 药物分析杂志, 2017, 37(2): 339-344.

[19] Liao C T, Lin T Y, Iyer H K. One- and two-Sided tolerance intervals for general balanced mixed models and unbalanced one-way random models[J]. Technometrics, 2005, 47(3): 323-335.

[20] Hoffman D, Kringle R. Two-sided tolerance intervals for balanced and unbalanced random effects models[J]. J. Biopharm. Stat., 2005, 15: 283-293.

[21] 徐冰, 薛忠, 罗赣, 等. 基于 β-容度容忍区间的血塞通注射液近红外定量检测不确定度评估[J]. 中草药, 2015, 46(6): 832-839.

[22] Xue Z, Xu B, Yang C, et al. Method validation for the analysis of licorice acid in the blending process by near infrared diffuse reflectance spectroscopy[J]. Analytical Method, 2015, 7: 5830-5837.

[23] Xue Z, Xu B, Yang C, et al. Uncertainty profile for NIR analysis of tanshinone I content in tanshinone extract powders[J]. Traditional Medicine Research, 2016, 1(3): 138-148.

[24] Xue Z, Xu B, Shi X Y, et al. Overall uncertainty measurement for near infrared analysis of cryptotanshinone in tanshinone extract[J]. Spectrochimica Acta Part A: Molecular and Biomolecular Spectroscopy, 2017, 170: 39-47.

[25] Wu Z S, Du M, Sui C L, et al. Development and validation of PLS model using low-concentration calibration range: rapid analysis of solution from Lonicera japonica in ethanol precipitation process[J]. Analytical Methods, 2012, 4: 1084-1088.

[26] 吴志生, 史新元, 隋丞琳, 等.清开灵注射液中间体银黄液中黄芩苷含量近红外测定方法的建立和验证[J]. 中华中医药杂志, 2012,27(4): 1021-1024.

[27] Westerhuis J A, de Jong S, Smilde A K. Direct orthogonal signal correction[J]. Chemometrics and Intelligent Laboratory Systems, 2001, 56(1): 13-25.

[28] Lin Z Z, Xu B, Li Y, et al. Application of orthogonal space regression to calibration transfer without standards[J]. Journal of Chemometrics, 2013, 27(11):

[29] 李建宇, 徐冰, 张毅, 等. 近红外光谱用于大孔树脂纯化栀子提取物放大过程的监测研究[J]. 中国中药杂志, 2016, 41(3): 421-426.

[30] 贾帅芸, 徐冰, 杨婵, 等. 基于 SIC 算法的丹参醇提过程近红外定量模型更新研究[J]. 中国中药杂志, 2016, 41(5): 823-829.

第七章　中药制造单元近红外测量控制

药品是特殊商品，其生产、销售和使用都需要严格按照标准执行，如何保证药品的安全、有效、均一、稳定是每一位药学工作者关注的问题。现有的药品质量控制主要依靠实验室离线检测，也就是事后放行检测，存在滞后性，使药品生产效率下降，成本提高。近红外光谱法快速无损，特别适于在线分析和快速质量检测。美国食品药品监督管理局(FDA)早在 1986 年就认可了近红外光谱法，并将近红外光谱法用于测定兽药粒丸中林可霉素含量。随后各国相继发布了近红外光谱法用于药物检测的标准。美国药典(USP, 2002 版)、欧洲药典(EP 5.6 版)和日本药典(JP 15 版)收录了近红外光谱仪通则，中国药典(ChP，2010 版)也将近红外分光光度法收录于第二部附录中。目前，国际知名制药企业Pfizer、Aventis、GSK(GlaxoSmithKline)、MERCK、NOVARTIS、Astra Zeneca International、PHARMACIA、Bristol-Myers Squibb、Lilly 等均已采用近红外光谱技术进行质量控制。

中药是我国医药产业的重要分支，具有较强民族特点和产业优势。现阶段我国中药生产过程质量控制体系的国际公认度较低，与国外存在一定差距。主要原因之一是药品质量控制一般采取抽样离线检测，而不是在线实时监测。质量检测分析耗时耗力，信息反馈滞后，无法获得质量稳定均一的产品。因此，如何提高中药制药生产水平，以适应国际社会对药品质量的需求，已成为我国中药生产厂家共同需要解决的问题。因而，实现中药对实际生产的同步监测和实时反馈，根据中药多靶点多成分协同作用的特性和中药生产环节的特殊性实现对活性成分的快速无损质量控制，解决中药质量的稳定性和均一性，对实现中药生产的工业化和中药产品的国际化具有重大现实意义。近红外光谱技术作为过程分析技术的核心技术，已在国外制药行业得到成功应用。在我国，近红外光谱法也已用于中药制剂制造原料、过程和成品的过程质量控制研究[1-6]。

7.1　中药制造原料单元分析

中药质量控制和质量评价是制约中药现代化发展的关键问题之一，也一直是中医药研究的难点和热点。现行中药质量控制模式是参照国外植物药和化学药品的质量控制模式建立的，由于中药自身的复杂性，所以难以有效地控制和评价中药质量，更难以反映其安全性和有效性。

大部分中药材由于个体表面形状复杂，各部位质地不均匀，因此需要对其进行粉碎处理后进行近红外光谱分析。然而，也有相当一部分中药材或中药饮片形状较规则，且各部位的质地均匀，如山药、枸杞子等。对于这类药材，能否利用其样本表面近红外光谱进行质量分析是值得深入研究的，而且这对于促进近红外光谱法在中药材流通环节中的应用具有重要意义。

7.1.1　贵细药真假近红外定性检测

1. 天然牛黄与人工牛黄近红外定性检测

牛黄为安宫牛黄丸中的君药，是牛科动物牛的胆结石。天然牛黄中主要含有胆汁酸类成分，主要为胆酸、去氧胆酸及微量鹅去氧胆酸、胆红素、氨基酸、矿物质等。由于牛黄用途广泛，但来源少、价格昂贵，故已研制开发其替代品，体外培育牛黄和人工牛黄所占的市场份额呈逐年增长趋势。市场上含有牛黄药材的药品质量良莠不齐，所用的牛黄品种也各不相同。国家食品药品监督管理局作出规定，安宫牛黄丸等 42 种临床急重病症用药不得以人工牛黄替代天然牛黄入药。因此，准确鉴别牛黄药材的品种是确保安宫牛黄丸质量的重要基础。为寻找快速、无损鉴别牛黄的方法，本研究采用微型近红外光谱技术结合化学计量学，建立天然牛黄和人工牛黄快速鉴别方法。

1) 仪器与软件

Spectrum Spotlight 400/400N 傅里叶变换中红外/近红外成像仪(PerkinElmer 公司，英国)，16×1MCT 阵列检测器(PerkinElmer 公司，英国)。

2) 样本与样本制备方法

天然牛黄样本 7 批(北京同仁堂股份有限公司提供)；人工牛黄样本 18 批(北京同仁堂股份有限公司提供)；天然牛黄粉末 7 批，人工牛黄粉末 18 批，每批样本按十字交叉法取样，划分为 3 个样本，共得到 75 个样本。

3) NIR 光谱采集方法

采用漫反射方式，在点模式下采集近红外光谱。光谱条件：以 99% Spectralon 为背景，分辨率为 16cm^{-1}；扫描范围为 7800～4000cm^{-1}；扫描次数为 120 次，像元(pixel)大小为 25μm×25μm；在此像元上选 10 个点，用于光谱扫描，即每个样本采集 10 条光谱，计算平均光谱。

4) 数据处理与分析

考察了在原始光谱、多元散射校正(MSC)、标准正态变量(SNV)校正、一阶导数、二阶导数及 SG 平滑等光谱预处理方式下判别分析模型的预测性能。

本研究首先计算每个样本的主成分得分，然后利用主成分得分建立基于马氏距离的判别分析模型，在建立模型时从天然牛黄和人工牛黄中随机选取 51 个样本(接近 2/3)作为校正集，其余 24 个样本作为验证集。数据预处理与建模均采用 TQ Analyst 软件(美国 Thermo Nicolet 公司)。

5) 原始光谱

天然牛黄和人工牛黄的原始光谱见图 7-1。由图可看出，天然牛黄与人工牛黄的近红外光谱形状相似，但是主要吸收峰的峰值之间存在显著差异，峰位也有差别。主要是因为其主要化学成分相同，但是含量不同；天然牛黄中存在人工牛黄中不含有的成分。利用显微近红外光谱技术对牛黄样本成像，在此像元上选 10 个点，用于光谱扫描，所得光谱可直观、清晰地反映人工牛黄和天然牛黄的近红外吸收情况。

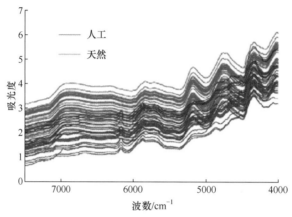

图 7-1　天然牛黄和人工牛黄的原始光谱图

6) 主成分分析

对天然牛黄和人工牛黄样本的原始光谱进行主成分分析，观察各类样本在主成分空间的分布情况，见图 7-2。由图可看出，当主成分数为 3 时，累积贡献率达到 99.92%，即前 3 个主成分可表征原变量 99.92% 的信息，因此判别分析模型只考虑前 3 个主成分。由前 3 个主成分得分图(图 7-3)可以看出，天然牛黄和人工牛黄都可以单独地聚为一类，虽然不同产地的天然牛黄存在一些微小差异，但利用此方法尚不能直观地鉴别出各个产地的天然牛黄。

7) 判别分析模型的建立

以校正集和验证集的判正率为评价指标，分别考察了不同预处理方式下模型的预测性能。牛黄各个品种的判正率等于该组中被正确判别的样本数除以该组样本总数。不同预处理方式下模型的判正率见表 7-1。利用原始光谱建立的判别分析模型见图 7-4，利用基于马氏距离的判别分析法可以准确地将天然牛黄和人工牛黄分类，校正集和验证集的判正率均为 100%。结果表明不同的光谱预处理方式并没有影响模型预测的准确率，原始光谱就可以用来建立判别分析模型，用于未知牛黄品种的预测分类。该方法无需对样本进行前处理，同时也克服了经验鉴别的主观因素，利用原始光谱所建立的模型就可以准确地判别牛黄的种类。

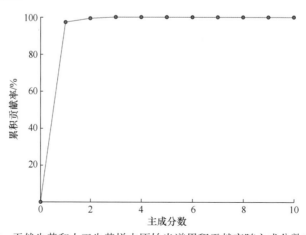

图 7-2　天然牛黄和人工牛黄样本原始光谱累积贡献率随主成分数变化图

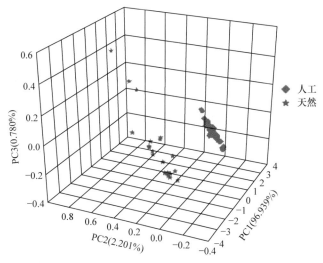

图 7-3　人工牛黄与天然牛黄的主成分得分图

表 7-1　不同预处理方式下模型的判正率

预处理方法	主成分数	校正结果/%		验证结果/%	
		天然	人工	天然	人工
无处理	3	100	100	100	100
多元散射校正	3	100	100	100	100
标准正则变换	3	100	100	100	100
一阶导数+SG(9, 2)平滑	3	100	100	100	100
二阶导数+SG(9, 2)平滑	3	100	100	100	100
多元散射校正+一阶导数+SG(9, 2)平滑	3	100	100	100	100
多元散射校正+二阶导数+SG(9, 2)平滑	3	100	100	100	100

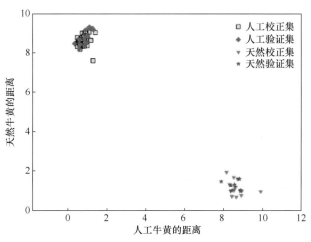

图 7-4　人工牛黄和天然牛黄马氏距离的判别结果

　　牛黄作为传统中药，应用范围十分广泛，但天然牛黄属名贵药材，十分稀少，市场上常出现鱼目混珠的情况，因此选择合适的鉴别方法对于牛黄的鉴别有重要意义。本节结合主成分分析和判别分析两种定性方法对天然牛黄和人工牛黄建立了鉴别模型，在原始光谱和其他光谱预处理方式下建立的模型，其预测的正确率都达到了 100%，表明采用原始光谱就能建立快速、准确地用于天然牛黄和人工牛黄的分类鉴别模型。采用显微近红外光谱技术可以有效地提取牛黄药材中的多种信息，达到快速、无损、整体分析牛黄的目的。

　　2. 红花饮片染色近红外定性检测

　　根据《中国药典》2010 版一部红花标准，来源为菊科植物红花 *Carthamus tinctorius* L. 的干燥花。夏季花由黄变红时采摘，阴干或晒干。别名草红花、刺红花等。红花在全国各地均有栽培，主产于新疆、云南、四川、浙江等省。通过市场调查，目前红花产量较大的为新疆和云南，其中新疆产量最大，占市场份额较大，药材市场中流通的多为新疆红花。

　　根据国家医药管理局、中华人民共和国卫生部制订的《中药材商品规格等级》，将红花分为两个等级。

　　一等：干货。管状花皱缩弯曲，成团或散在。表面深红、鲜红色，微带淡黄色。质较软，有香气，味微苦，无枝叶、杂质、虫蛀、霉变。

　　二等：干货。管状花皱缩弯曲，成团或散在。表面浅红、暗红或黄色。质较软，有香气，味微苦，无枝叶、杂质、虫蛀、霉变。

　　但实际药材市场中流通的红花药材并未按颜色分级，而是按照采集时间集中分批，按照统货出售。

　　对于 NIR 光谱的定性鉴别，由于光谱特征，常常采用模式识别的方法。模式识别方法有很多，分为有监督的模式识别和无监督的模式识别，本节[7]采用无监督的主成分分析(PCA)方法和有监督的偏最小二乘判别分析(PLS-DA)方法对染色红花进行分类。

　　1) 仪器与材料

　　Thermo 近红外光谱仪(Thermo，USA)，采用漫反射方式，分辨率为 8cm^{-1}，扫描范围为 10000～4000cm^{-1}，扫描次数为 64 次，每个样本平行测定 3 次，取平均光谱。30 批红花药材，每批药材中选取 5 个样本，共 150 个样本。

　　2) 光谱采集与数据处理

　　使用近红外光谱仪采集红花药材的近红外光谱,使用 TQ Analyst 和 Unscrambler 9.7 软件对近红外光谱进行处理。使用 MATLAB 2009a 软件对光谱进行主成分分析和偏最小二乘判别分析。

　　3) 主成分分析

　　图 7-5 显示了红花 NIR 光谱前 3 个主成分的得分散点图，前 3 个主成分的累积变量解释率为 99.49%。图中▲代表染色红花，●代表未染色红花。染色红花与未染色红花明显分为两类，其中未染色红花分布较为集中，而染色红花分布较为分散，但仍然与未染色红花分离。染色红花分布分散的原因是性质上的差异，可能是由加入染色剂的种类和染色的方法不同造成的。

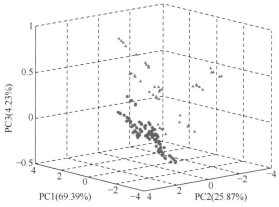

图 7-5　红花 NIR 光谱前 3 个主成分得分散点图

4) 偏最小二乘判别分析

在建立判别模型前,首先从 150 个样本光谱中随机选择 30 条光谱,即总样本量的 20%作为外部验证集,剩余 120 个样本用于建模;然后采用 KS 法对 120 条建模光谱进行样本集划分,划分为校正集和预测集,校正集 80 个样本,预测集 40 个样本。外部验证集用于对所建立的判别模型的分类效果进行验证。样本划分结果见表 7-2。

表 7-2　PLS-DA 判别样本划分结果

类别	模型		外部验证集
	校正集	预测集	
未染色	56	28	21
染色	24	12	9
总计	80	40	30

采用 2DCOS 分析技术,提取市场常见染色剂的特征吸收波段:柠檬黄的特征波段为 $4200\sim4600cm^{-1}$、$5425\sim6020cm^{-1}$、$6030\sim6600cm^{-1}$;金胺 O 为 $4200\sim4600cm^{-1}$、$5991\sim7162cm^{-1}$;日落黄为 $4050\sim4700cm^{-1}$,$5310\sim5960cm^{-1}$、$6015\sim7020cm^{-1}$;金橙 Ⅱ 为 $4050\sim4700cm^{-1}$、$5024\sim5320cm^{-1}$、$5335\sim5970cm^{-1}$、$5990\sim7120cm^{-1}$;胭脂红为 $4125\sim4456cm^{-1}$、$5345\sim5970cm^{-1}$、$6015\sim6760cm^{-1}$;酸性红为 $4080\sim4490cm^{-1}$、$5000\sim5330cm^{-1}$、$5360\sim5950cm^{-1}$、$6015\sim6930cm^{-1}$。总结六种不同染色剂具有差异的特征波段为 $4090\sim4671cm^{-1}$、$4990\sim5360cm^{-1}$ 和 $5900\sim6300cm^{-1}$,分别建立全光谱和不同特征波段的 PLS-DA 模型。结果见表 7-3。

表 7-3　不同波段 PLS-DA 建模结果

筛选波段	LVs	模型			准确度/%
		RMSECV	RMSEC	RMSEP	
全谱	3	0.4763	0.4400	0.4457	95.00
4090~4671	5	0.4634	0.4013	0.3830	97.50
4990~5360	4	0.4473	0.4155	0.4143	97.50
5900~6300	9	0.4604	0.3008	0.4353	97.50

从表中可以看出，波段筛选后建模结果提高。RMSECV、RMESC 和 RMSEP 降低，分类准确度提高，说明特征波段模型的分类效果提高。图 7-6 为不同模型的样本预测的 Y 值，从图中可以看出样本分类效果。与全谱建模结果相比，波段筛选后预测集样本仅有 1 个样本分类错误，分类结果较优。结合 RMSEP 值，RMSEP 值最低的 4090～4671cm^{-1} 所建模型性能最优。

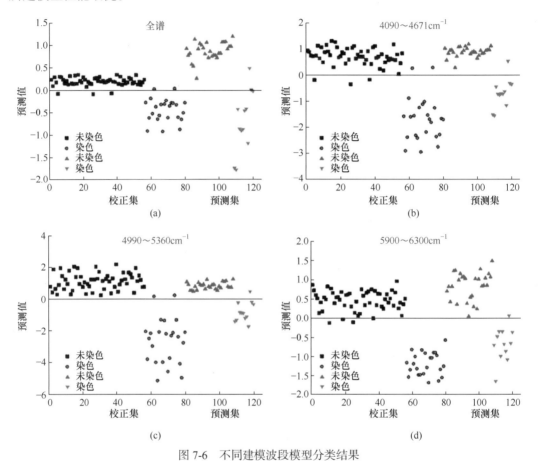

图 7-6　不同建模波段模型分类结果

使用外部验证集样本代入 PLS-DA 判别模型，对模型进行验证。判别结果见表 7-4。外部验证集中共有 21 个未染色样本、9 个染色样本。未染色样本判正率为 100%，所有样本分类正确。染色样本中 2 个样本判错，判正率为 77.78%，模型总判正率为 93.33%。所建模型性能较好，说明 NIR 光谱用于染色鉴别的有效性。

表 7-4　外部验证集判别结果

类别	外部验证集	判错个数	判正率/%
未染色	21	0	100
染色	9	2	77.78
总计	30	2	93.33

以上研究基于近红外光谱技术对染色红花进行了鉴别，首先对 NIR 原始光谱、二阶导数光谱和二维相关光谱进行分析，逐步提高光谱分辨率，放大光谱差异。结果表明染色剂光谱与红花光谱存在明显差异，容易进行鉴别。对于染色剂种类鉴别，不同染色剂的一维原始光谱、二阶导数光谱和二维相关光谱均存在差异，可以通过光谱对比进行鉴别。

在红花中加入不同含量的染色剂，对光谱进行比较分析，当染色剂含量较高时，染色剂的特征峰较为明显，可以通过直观分析确认染色剂的存在。当染色剂含量较低时，染色剂特征峰被掩盖，需要借助模式识别的方法进行鉴别。

采用无监督的 PCA 和有监督的 PLS-DA 方法对红花 NIR 光谱进行分类，主成分分析结果表明未染色红花与染色红花明显分为两类，说明其性质存在差异。PLS-DA 模型的判正率为 97.50%，外部验证的判正率为 93.33%，说明 PLS-DA 模型可以用于染色红花鉴别，满足分类鉴别的要求。

7.1.2　道地药材产地近红外定性检测

1. 怀山药产地近红外定性检测

山药又名薯蓣，为薯蓣科植物薯蓣 *Dioscorea opposita* Thunb.的干燥根茎，是一种药食同源的常用中药。中医自古就认为古怀庆府(今河南省焦作市境内)所产山药最为地道，被称为怀山药。由于生长环境、栽培技术和炮制方法的不同，不同产地山药之间在化学性状、物理性状和生物性状等方面都有较大差异。其中道地药材在疗效、口感、产量、贮藏等方面所体现出来的综合特性优于种内其他非道地药材，因此研究山药产地的快速鉴别对于保证山药质量具有重要意义。同时，山药饮片为类圆形厚片、质地均匀，因此本节[8]进行山药饮片表面近红外光谱在山药产地鉴别中的可行性研究。

1) 仪器与软件

所用仪器为 Antaris I 傅里叶变换近红外漫反射光谱仪(美国 Thermo Nicolet 公司)，配备 RESULT 3.0 光谱采集软件。

2) 样本与样本制备方法

实验用山药饮片分别为河南怀山药、河北山药及广东山药，每个产地各 30 份样本。其中河南山药饮片按照道地栽培与加工炮制技术制备，河北及广东山药按照当地栽培及加工方法进行制备。所有饮片由北京中医药大学东方医院刘志禄副主任药师鉴别为薯蓣科植物薯蓣 *Dioscorea opposita* Thunb.的干燥根茎切制而成。

3) NIR 光谱采集方法

光谱范围：10001.03～3999.64cm^{-1}，共 1557 个变量。具体采集条件为：采集模式为积分球漫反射；累积扫描次数为 32 次；分辨率为 8cm^{-1}。

4) 数据处理与分析

为实现道地山药的鉴别,本书采用 TQ Analyst 8.4 中的判别分析法(DA)建立定性判别模型。判别分析法是一种距离判别法，校正过程首先对光谱数据进行主成分分析，得到每个样本的主成分得分；然后利用主成分得分建立基于马氏距离的判别准则。对未知样本进行预测时，将未知样本与校正集中每个总体的马氏距离进行比较，并将其判定为马

氏距离最小的那个总体。本书在建立模型时从每个产地中随机选取 2/3，共 60 个样本作
为校正集，剩余 30 个样本作为验证集。数据预处理与建模采用 TQ Analyst 8.4(美国 Thermo
Nicolet 公司)。

　　5) 原始光谱

　　三个产地山药饮片的原始光谱见图 7-7。由图可以看出，虽然三个产地山药饮片的原
始光谱有一定的重叠，但仍存有一定的差异，其中河南山药饮片的光谱吸收值明显高于
河北与广东山药，而广东山药在一级倍频区与二级倍频区略高于河北山药。这主要是因
为不同产地山药由于质地的差异而光程有所不同，且化学性质存在一定的差异。

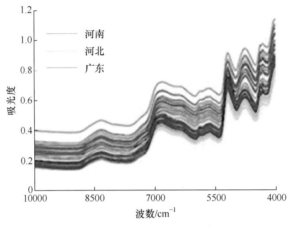

图 7-7　山药饮片的原始光谱图

　　6) 主成分分析

　　首先对原始光谱进行主成分分析，观察各类样本在主成分空间的分布情况。由图 7-8
可看出，当主成分数为 3 时，累积贡献率达到 99.48%，即前三个主成分可表征原变量
99.48%的信息。由前三个主成分得分图(图 7-9)可以看出，三个产地的样本虽有一定的交
叉，但是仍很分明地分为三组，表明了不同产地山药的差异性。其中河南山药混淆的样
本较少，在一定程度上表明了河南山药的独特性。

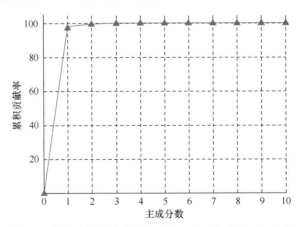

图 7-8　山药饮片原始光谱累积贡献率随主成分数变化图

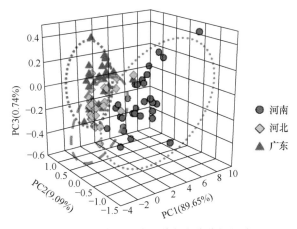

图 7-9 山药饮片原始光谱主成分分析得分图

7) 判别分析结果

在校正过程，首先考察了在不同预处理条件下的模型预测性能。以校正集和验证集的识别率为评价指标，总识别率等于被正确判别的样本数除以样本集总数。山药饮片某一产地的识别率等于该组中被正确判别的样本数除以该组样本总数。不同预处理方式下模型的识别率见表 7-5。

结果表明经数据预处理后，模型的预测性能均有较大提高，对校正集和验证集的识别率均大于 90%，其中多元散射校正结合二阶导数及 SG 平滑的处理结果最好(图 7-10)，其对校正集和验证集的识别率达到 100%。同时对比所建模型对不同产地山药的鉴别结果发现，所有模型对河南山药的识别率都达到 100%，而河北与广东山药一定程度上出现混淆。以上结果表明近红外漫反射光谱技术在道地山药的鉴别中具有较大的可行性。

表 7-5 不同预处理方式下模型的识别率

预处理方法	主成分数	校正结果/%				验证结果/%			
		总体	河南	河北	广东	总体	河南	河北	广东
无处理	3	80	100	80	60	76.7	100	80	50
MSC	3	95	100	95	90	90	100	90	80
SNV	3	95	100	95	90	90	100	90	80
1D+SG(9, 2)平滑	3	83.3	100	90	85	80	100	80	60
MSC+1D+SG(9, 2)平滑	3	96.7	100	100	90	96.7	100	100	80
2D+SG(9, 2)平滑	3	100	100	100	100	100	100	100	100
MSC+2D+SG(9, 2)平滑	3	100	100	100	100	100	100	100	100

注：SG(data points，polynomial order)，表中 SG 平滑参数为优化结果。

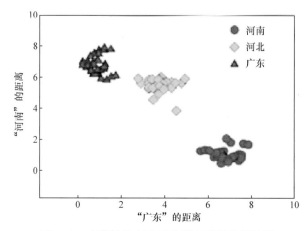

图 7-10　山药饮片产地马氏距离判别分析结果

横坐标为样本离距广东组的马氏距离，纵坐标为样本距离河南组的马氏距离

以上研究结果表明河南、河北和广东山药在物化性质上的综合差异能一定程度上反映在近红外漫反射光谱上，通过主成分分析，这种差异更为明显。对原始数据进行多元散射校正、二阶导数及 SG 平滑处理后，利用判别分析法建立定性模型，可很好地实现道地山药的鉴别，其识别率为 100%。上述结果表明，利用山药表面的近红外漫反射光谱结合化学计量学方法进行山药质量分析具有可行性，可用于山药饮片产地的快速无损鉴别。

2. 宁夏枸杞子产地近红外定性检测

枸杞子为茄科植物宁夏枸杞 *Lyciumbarbarum* L. 的干燥成熟果实，具有滋补肝肾，益精明目等功效，其分布广泛，以宁夏枸杞质量较优。药材质量与其产地密切相关，因此为保证枸杞子的质量与疗效，本书考察近红外光谱法这种方便快速、绿色无损的分析技术，对枸杞子产地进行鉴别。近几年，近红外光谱法在中药材产地鉴别中采用的算法主要有判别分析、判别偏最小二乘、人工神经网络和支持向量机等，其中支持向量机法由于能够较好地解决小样本、非线性、高维数等实际问题而得到人们的关注并进一步开发，多类支持向量机算法已在多类分类中得到大量应用。为拓宽近红外光谱技术在中药材现场分析中的应用，本节[9]考察利用便携式近红外光谱仪采集枸杞子表面光谱用以进行产地鉴别，实现真正快速无损的质量评价。

1) 仪器与软件

Ocean quest256-2.5 便携式近红外光谱仪，配备有 InGaAs 检测器和漫反射光纤探头(光纤长度为 2m)。其波长范围是 870.18～2533.55nm，共 256 个变量。

2) 样本与样本制备方法

枸杞子样本分别产自内蒙古、宁夏和青海，所有药材经北京中医药大学刘春生教授鉴定为茄科植物宁夏枸杞 *Lyciumbarbarum* L.的干燥成熟果实。为增加模型的适用性，从每个产地中随机抽取了不同颜色深浅、不同大小的枸杞子样本。其中内蒙古枸杞子 29 个，宁夏枸杞子 45 个，青海枸杞子 45 个，具体见表 7-6。

表 7-6　枸杞子产地近红外定性检测实验样本

产地	DB	DM	DS	MB	MM	MS	LB	LM	LS	总计
内蒙古	5	0	5	4	0	5	5	0	5	29
宁夏	5	5	5	5	5	5	5	5	5	45
青海	5	5	5	5	5	5	5	5	5	45

注：第一个字母代表枸杞子颜色的深(D)、中(M)、浅(L)；第二个字母代表枸杞子体积的大(B)、中(M)、小(S)。

3) NIR 光谱采集方法

分辨率为 9.5nm；积分时间为 100ms；累积扫描次数 50 次；平滑度为 1。样本光谱采集：将光纤探头垂直于样本表面，每个样本由基部到顶端，等间隔采集 5 个部位的光谱。每个部位采集正反面两点，每点平行采集 3 条光谱，将每个部位正反两面共 6 条光谱取平均值用于后续分析。具体光谱采集部位见图 7-11。

图 7-11　枸杞子表面光谱采集部位

4) 数据处理与分析

为消除枸杞子样本的光程差异，克服杂散光等外界环境的影响，本书首先对光谱数据进行了预处理，并考察了 MSC、SNV、1D+SG 平滑、2D+SG 平滑。光谱预处理采用 The Unscrambler 7.8 软件(CAMO 软件公司，挪威)。光谱数据经优化后，本书采用基于“投票法”策略的一对一多类支持向量机算法(one-versus-one multi-class SVMs，1-v-1 SVMs)进行枸杞子产地的定性判别。该算法采用 Weka 3.6.6 软件实现，其在训练支持向量分类器时采用序列最小优化(sequential minimal optimization，SMO)算法。在建模时本书首先对核函数及其参数进行选择，并以识别率为评价指标进行模型筛选。

5) 原始光谱

不同产地枸杞子的近红外光谱，以及同一样本不同部位的近红外原始光谱均严重重叠，并不能明显区分(图 7-12)。由图可知，枸杞子近红外光谱比较粗糙，这是因为利用光纤探头进行光谱采集时，易受到外界杂散光影响，而且光谱两端波段噪声较大，因此在后续数据分析时采用 950～2450nm 这一波段。

6) 预处理方法选择

从表 7-6 中不同产地的每个类别中随机选出 1 个，共 24 个样本作为验证集(其中内蒙古 6 个，宁夏与青海各 9 个)，剩余 95 个样本作为校正集。不同预处理方法下十折交叉验证及外部验证的结果见表 7-7。

由表 7-7 可看出，数据处理后的建模结果明显优于原始数据，这表明近红外光谱严重受到光程差异、基线漂移和噪声等的影响。经光程校正后，模型的预测准确度明显提高，识别率由(61.05%～70.83%)增加到(81.05%～91.67%)；导数加平滑的方法结果最好，

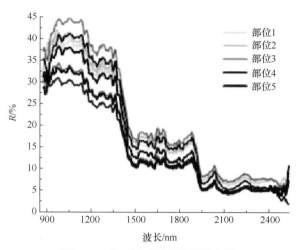

图 7-12　枸杞子不同部位原始光谱

且二阶导数优于一阶导数，其十折交叉验证识别率均大于 93%，外部验证识别率均大于 95%。因此，本书采用 2D+SG(9, 2)平滑作为光谱预处理方法。

表 7-7　不同预处理方法下的建模结果 （识别率单位：%）

预处理方法	部位 1		部位 2		部位 3		部位 4		部位 5	
	10CV	验证	10CV	验证	10CV	验证	10CV	验证	10CV	验证
原始光谱	65.26	70.83	63.16	54.17	61.05	62.50	65.26	66.67	69.47	62.50
MSC	84.21	83.33	82.11	79.17	86.32	87.50	87.37	79.17	88.42	87.50
SNV	83.16	83.33	81.05	75.00	86.32	79.17	89.47	79.17	88.42	91.67
1D+SG	93.68	95.83	91.57	100.00	88.42	91.67	90.53	95.83	92.63	91.67
2D+SG	98.95	95.83	96.84	100.00	93.68	95.83	96.84	100.00	97.89	100.00

7) 核函数的选择

对于支持向量机算法，通过适当选取核函数，可将输入空间中线性不可分的样本在高维特征空间中线性分开或接近线性分开，核函数及其参数的选择直接影响分类结果。本书按照样本集划分方法和数据预处理方法，以部位 1 为例，对多项式核函数(polynomial kernel function)、归一化多项式核函数(normalized polynomial kernel)、PUK 核函数(precomputed kernel matrix kernel function)、RBF 核函数(radial basis function kernel function) 四种核函数进行对比分析。对每种核函数首先进行了参数优化，最优参数下不同核函数支持向量机的建模结果见表 7-8。

表 7-8　核函数对支持向量机分类结果的影响

核函数	参数	10CV 识别率/%	外部验证识别率/%
多项式核函数	$C=1$，Exponent=3	96.84	100.0
归一化多项式核函数	$C=15$，Exponent=2	91.58	95.83
RBF 核函数	$C=3$，Gamma=0.1	90.52	95.83
PUK 核函数	$C=3$，Omega=1，Sigma=4.0	86.32	95.83

　　结果表明四种核函数的建模结果均较好，其中多项式核函数的识别率最高，对外部验证集的识别率达到100%，因此本书选用具有多项式核函数的支持向量机建立枸杞子产地的鉴别模型。

　　8) 不同光谱采集部位的建模结果

　　为对不同部位建模结果进行综合评价，本书将样本集多次重复划分进行多次建模与预测。采用 MATLAB7.9 自编程序进行样本集的划分，从每个产地的样本中随机抽取1/3 作为验证集，剩余样本作为校正集。按照此法每个部位分别建立 50 个判别模型，计算每个模型十折交叉验证和外部验证的识别率，并利用箱式图对其进行描述性分析(图 7-13 和图 7-14)。

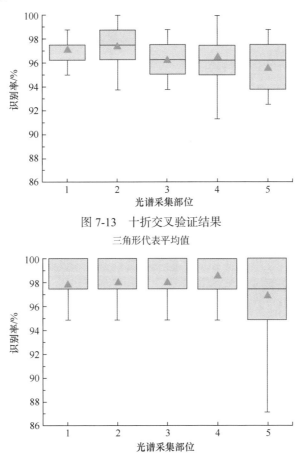

图 7-13　十折交叉验证结果

三角形代表平均值

图 7-14　外部验证结果

三角形代表平均值

　　由图 7-13 和图 7-14 可看出，各个部位十折交叉验证及外部验证识别率的分布有所差异，其中部位 1、2、3、4 的分布较集中，说明这些部位通过随机划分样本集进行建模所得结果较稳定；而部位 5 的稳定性稍差些，这可能是因为枸杞子顶端在光谱采集时受操作偏差的影响相对较大。各个部位十折交叉验证识别率的中位数均大于 96%。由图 7-14 可看出，各个部位外部验证识别率的中位数均大于 97%，这充分证明了利用所建方法进行分类的准确性。实验结果也进一步表明了采用便携式近红外光谱仪采集样本表面光谱用于产地鉴别的可行性。

以上研究采用便携式近红外光谱仪采集枸杞子表面光谱，以多类支持向量机法对枸杞子产地鉴别进行了研究。首先以识别率为评价指标进行光谱预处理方法的选择，然后通过多次建模与预测，利用识别率的统计结果考察各个光谱采集部位的建模结果。

结果表明，尽管表面光谱严重受到基线漂移和噪声等的影响，但经二阶导数+SG(9, 2)平滑处理后，所建模型具有良好的预测性能(外部验证识别率均大于95%)。对比枸杞子样本表面各个部位的建模结果发现，除了枸杞子顶端部位外，其他部位模型的稳定性及准确性均较好。因此在后续应用中，应尽可能采集样本中间区域的近红外光谱，求平均值后用于分析。本研究表明利用便携式近红外光谱仪采集样本表面光谱，结合适宜的化学计量学方法对中药材进行鉴定具有可行性，为中药材流通环节中的质量控制提供了新思路。

7.1.3　中药原料炮制近红外定性检测

葛根硫熏近红外定性检测如下。

葛根为豆科植物野葛 *Pueraria lobata*(Willd.) Ohwi 的干燥根。其饮片呈纵切的长方形厚片或小方块。切面黄白色，质韧，纤维性强。硫黄熏蒸为葛根的常用加工工艺，在 1995 年版和 2000 年版《中国药典》中，葛根均是被收载的需要硫黄熏蒸的中药材。然而在中药材粗加工过程中，滥用或者过度使用硫黄熏蒸会使二氧化硫残留超标，不仅破坏中药材的疗效，还会对人造成胃肠功能紊乱、肺功能降低、肝脏损伤及免疫功能下降等一系列毒害作用。近些年人们深切认识到硫熏的危害性，2005 年版药典删除了所有药材硫熏的内容，国家食品药品监督管理局也于 2011 年组织制订了中药材及其饮片二氧化硫残留限量标准。

保证中药质量和安全有效关系到人们的切身利益，因此加强对硫熏的监控具有重要现实意义。近红外光谱技术具有方便快捷、绿色无损等优点，对流通环节中硫熏中药材的鉴别具有其独特优势。因此，本节[10]以硫熏葛根的鉴别这一关系人们切身利益的问题为研究对象，考察原态样本表面近红外光谱应用到硫熏药材鉴别中的可靠性和有效性。

1) 仪器与软件

所用仪器为 AntarisI 傅里叶变换近红外漫反射光谱仪(美国 Thermo Nicolet 公司)，配备 RESULT3.0 光谱采集软件。

2) 样本与样本制备方法

所用葛根样本收自河北安国。委托当地种植户对同一批葛根药材采用两种不同的干燥方法：将药材仔细挖出后，用清水洗净泥土，除去芦头、尾梢、细须，刮去粗皮，一部分趁鲜切成小方块，然后自然晒干；另一部分趁鲜切成小方块，然后用硫黄熏干。所有药材经北京中医药大学刘春生教授鉴定为豆科植物野葛 *Pueraria lobata* (Willd.) Ohwi 的干燥根。

3) NIR 光谱采集方法

光谱范围：10001.03～3999.64cm^{-1}，共 1557 个变量。具体采集条件为：采集模式为积分球漫反射；累积扫描次数为 64 次；分辨率为 8cm^{-1}。

4) 数据处理与分析

数据预处理与建模采用 TQ Analyst 8.4(美国 Thermo Nicolet 公司)。采用判别分析法(DA)建立定性判别模型，并以识别率为评价指标。

5) 原始光谱

不同炮制加工的柴葛根的近红外原始光谱图见图 7-15。由图可看出，虽然硫黄熏蒸导致柴葛根化学成分发生了改变，但原始光谱图中未体现这种差异。同一柴葛根样本横截面与纵截面的光谱见图 7-16，横截面的吸光度略大于纵截面，这主要是由于不同截面的结构有所不同，因而近红外光与样本的相互作用有所差异，导致不同截面的吸光度不同。

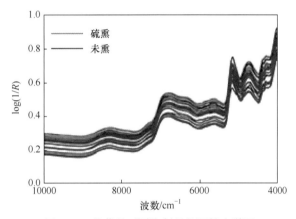

图 7-15　柴葛根不同炮制品的原始光谱图

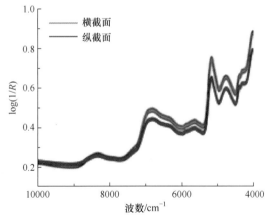

图 7-16　同一柴葛根样本不同横截面与纵截面的近红外原始光谱图

6) 主成分分析

首先对原始光谱进行主成分分析，观察各类样本在主成分空间的分布情况。由图 7-17看出，当主成分数为 3 时，累积贡献率达到 99.2%，即前三个主成分可表征原变量 99.2%的信息。由前三个主成分得分图(图 7-18)可以看出，硫熏柴葛根与未熏柴葛根很明显地分为两类，这表明尽管不同饮片的厚度不同会带来光程差异，但是近红外光谱仍能提取出用以区分样本的有效的化学信息。

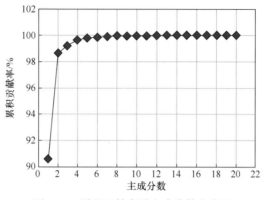

图 7-17　累积贡献率随主成分数变化图

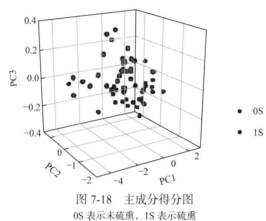

图 7-18　主成分得分图

0S 表示未硫熏，1S 表示硫熏

7) 预处理方法选择

将每个样本横截面与纵截面的 6 条光谱求平均，从硫熏样本和未熏样本中随机抽取 2/3(共 40 个样本)作为校正集，剩余样本作为验证集(共 20 个样本)，采用判别分析法建立模型。预处理方法的考察结果见表 7-9，综合模型对校正集与验证集的预测结果表明，MSC+1D+SG 为最佳的预处理方法，并应用于后续建模。

表 7-9　不同预处理方式下模型的识别率　　　　　　　　　　　(单位：%)

预处理方法	主成分数	校正结果			验证结果		
		总计	硫熏	未熏	总计	硫熏	未熏
无处理	6	95	95	95	85	80	90
MSC	6	95	95	95	90	80	100
SNV	6	97.5	95	100	90	80	100
1D+SG	6	95	95	95	90	90	90
2D+SG	6	92.5	95	95	75	100	90
MSC+1D+SG	6	95	90	95	95	60	90
MSC+2D+SG	6	97.5	100	95	90	90	90

8) 不同光谱采集面对比

由样本的原始光谱可知，样本不同截面的近红外光谱有较大差异，这可能会对模型性能有一定影响。因此，为对比样本不同截面光谱的建模结果，本书将样本集多次重复划分进行多次建模与预测。从硫熏样本和未熏样本中随机抽取 2/3(共 40 个样本)作为校正集，剩余样本作为验证集(共 20 个样本)，按照此法每个截面及样本总光谱(将横截面与纵截面的光谱求平均用于分析，称为总截面)分别建立 50 个判别模型，计算每个模型外部验证的识别率，并利用箱式图对其进行描述性分析(图 7-19)。

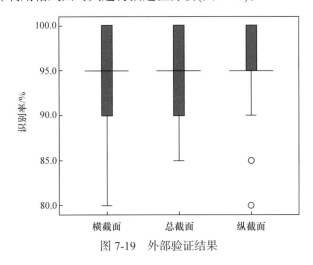

图 7-19　外部验证结果

对于横截面的 50 个模型，其中 95%的模型识别率为(94.4±1.33)%，纵截面的识别率为(95.6±1.50)%，总截面为(95.3±1.29)%。三组识别率的差异并不大，本书进一步采用 SPSS16.0 软件对各组模型的预测性能进行差异性分析。

首先检验每组数据的正态性(表 7-10)，结果显示各组的 $P=0<0.05$，不服从正态分布，因此采用非参数检验，这里选用 Mann-Whitney U 检验法(表 7-11)。由表 7-11 可知，双侧 $P=0.256>0.05$，按 $\alpha=0.05$ 水准认为各总体分布相同，不能认为横截面、纵截面及总截面建模结果不同。

表 7-10　正态性检验结果

组别	Kolmogorov-Smirnova 检验			Shapiro-Wilk 检验		
	Statistic	df	Sig.	Statistic	df	Sig.
横截面	0.271	50	0.000	0.854	50	0.000
纵截面	0.276	50	0.000	0.791	50	0.000
总截面	0.228	50	0.000	0.834	50	0.000

表 7-11　非参检验结果

统计量	识别率
Chi-Square	2.726
df	2
Asymp. Sig.	0.256

以上开展了用柴葛根表面近红外光谱进行炮制方法鉴别的研究，分别采集了柴葛根饮片横截面和纵截面的光谱，利用判别分析法进行硫熏与否的鉴别。样本的原始光谱显示出横截面与纵截面的近红外光谱有一定差异，因此本书利用箱式图及非参数检验对不同截面的判别模型及样本总光谱的判别模型进行了差异性分析。结果表明，不同截面所建模型的预测性能无显著差异，而且所建模型能实现准确鉴别，其中样本总光谱所建模型的识别率为 95.3% ± 1.29%。本研究表明，尽管样本形状及大小的差异会影响近红外光与样本的相互作用并引起光程差异，利用样本表面近红外光谱进行中药材硫熏与否的鉴别具有一定可行性。

7.1.4　中药原料化学成分近红外定量检测

1. 红花 HSYA 和水浸出物近红外定量检测

根据 2010 版《中国药典》红花检查项要求，羟基红花黄色素 A(HSYA) 和水浸出物含量是红花质量控制的重要内容。本节[11]采用 NIR 光谱对红花 HSYA 和水浸出物进行定量检测。

1) 仪器与软件

Thermo 近红外光谱仪(Thermo，USA)，使用 TQ Analyst 和 Unscrambler 9.7 软件对近红外光谱进行处理。使用 MATLAB 2009a 软件对光谱进行主成分分析和偏最小二乘判别分析。

2) 样本

21 批未染色红花药材，每批药材中选取 5 个样本，共 105 个样本。

3) 光谱采集

采用漫反射方式，分辨率为 8cm^{-1}，扫描范围为 10000～4000cm^{-1}，扫描次数为 64 次，每个样本平行测定 3 次，取平均光谱，使用 TQ Analyst 和 Unscrambler 9.7 软件对近红外光谱进行处理。

4) HSYA 定量模型的建立

红花药材的近红外原始光谱见图 7-20。由图可见，不同批次红花饮片的 NIR 光谱趋

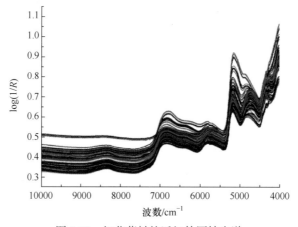

图 7-20　红花药材的近红外原始光谱

势一致。由于 NIR 光谱的特征和红花药材稀疏松散的原因，可见 NIR 光谱严重重叠，且存在基线漂移的现象。

在建模之前，首先对原始光谱进行预处理，可以消除噪声和基线漂移带来的影响，提高模型准确性。书中考察了不同的光谱预处理方法，包括 SG9、SG9+1D、SG9+2D、MSC、SNV 和基线校正方法，分别建立了不同光谱预处理方法的 PLS 模型。在建模过程中，根据交叉验证均方根误差(RMSECV)值选择最佳潜变量因子数，当 RMSECV 值较小且趋于稳定时为最佳。结果见图 7-21。

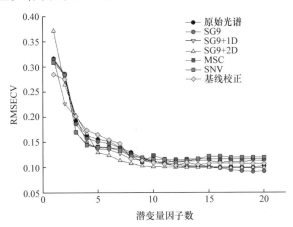

图 7-21　不同预处理方法潜变量因子筛选图

根据不同预处理方法的潜变量因子建立 PLS 模型，建模结果见表 7-12。从表中可以看出，基线校正预处理方法所建模型校正集与预测集 R 较高，均方根误差较小，因此选择基线校正方法作为最佳预处理方法。

表 7-12　不同预处理方法建模结果

方法	LVs	校正集			验证集		RPD
		R_{cal}	RMSEC	RMSECV	R_{pre}	RMSEP	
原始光谱	7	0.9253	0.1155	0.1390	0.8319	0.1447	1.8053
SG9	7	0.9240	0.1158	0.1383	0.8296	0.1468	1.8098
SG9+1D	4	0.9122	0.1361	0.1489	0.4484	0.1499	1.1327
SG9+2D	5	0.9406	0.1114	0.1289	0.4737	0.1709	1.0445
MSC	4	0.8974	0.1368	0.1450	0.8166	0.1416	1.7523
SNV	4	0.8969	0.1355	0.1434	0.8237	0.1430	1.7872
基线校正	8	0.9540	0.0937	0.1167	0.8893	0.1165	2.0681

图 7-22 所示为最佳预处理方法所建模型的预测结果，横坐标为 HPLC 测定的 HSYA 含量(参考值)，纵坐标为 PLS 模型近红外光谱预测值。从图中可以看出，利用基线校正方法对光谱预处理后，校正集和预测集样本分别紧密排列在轴线两侧，说明光谱预处理后模型预测性能提高。

5) 水浸出物定量模型的建立

在建模之前，首先使用不同的光谱预处理方法，包括 SG9、SG9+1D、SG9+2D、

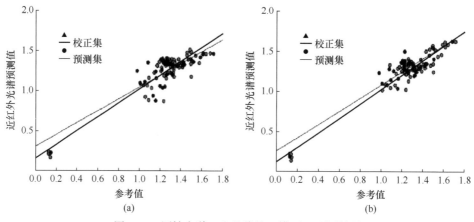

图 7-22　原始光谱(a)和基线校正模型(b)预测结果

MSC、SNV 和基线校正方法，对原始光谱进行预处理，消除噪声和基线漂移带来的影响，提高模型准确性。分别建立不同光谱预处理方法的 PLS 模型。在建模过程中，根据交叉验证均方根误差(RMSECV)值选择最佳潜变量因子数，当 RMSECV 值较小且趋于稳定时为最佳。结果见图 7-23。

根据不同预处理方法的潜变量因子建立 PLS 模型，建模结果见表 7-13。从表中可以看出，与原始光谱所见模型相比，SNV 预处理方法所建模型校正集与验证集 R 较高，均方根误差较小，因此选择 SNV 方法作为最佳预处理方法。

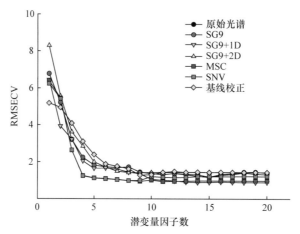

图 7-23　不同预处理方法潜变量因子筛选图

表 7-13　不同预处理方法建模结果

方法	LVs	校正集			验证集		RPD
		R_{cal}	RMSEC	RMSECV	R_{pre}	RMSEP	
原始光谱	5	0.9721	1.4657	1.8282	0.9594	1.7530	3.6313
SG9	5	0.9720	1.4671	1.9254	0.9594	0.7541	3.6291
SG9+1D	5	0.9832	1.3505	1.6463	0.8022	1.2699	1.6475

续表

方法	LVs	校正集			验证集		RPD
		R_{cal}	RMSEC	RMSECV	R_{pre}	RMSEP	
SG9+2D	5	0.9800	1.4674	2.0034	0.5187	2.4773	0.5941
MSC	4	0.9845	1.0962	1.2513	0.9817	1.1729	5.3710
SNV	4	0.9843	1.0948	1.2349	0.9822	1.1868	5.3722
基线校正	6	0.9723	1.4600	1.8848	0.9682	1.6669	3.8666

图 7-24 所示为原始光谱和最佳预处理方法 SNV 所建模型的预测结果，横坐标为测定的水浸出物含量(参考值)，纵坐标为 PLS 模型近红外光谱预测值。从图中可以看出，经过 SNV 方法对光谱预处理后，校正集和预测集样本分别紧密排列在轴线两侧，说明光谱预处理后模型预测性能提高。

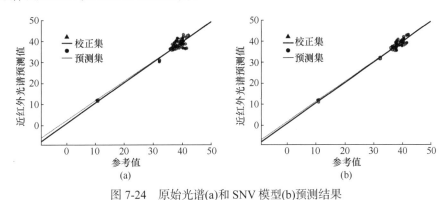

图 7-24　原始光谱(a)和 SNV 模型(b)预测结果

以上研究基于 NIR 光谱建立了红花中的成分 HSYA 和水浸出物含量的定量 PLS 模型，并且使用不同的光谱预处理方法对原始光谱进行处理，消除噪声和基线漂移的影响。结果表明，经过光谱预处理后，所建 PLS 模型 RPD 值增高，模型预测性能较好，说明 NIR 光谱可以用于红花有效成分的定量检测。

2. 地龙总氮近红外定量检测

地龙为钜蚓科动物参环毛蚓 *Pheretima aspergillum*(E. perrier)、通俗环毛蚓 *Pheretima vulgaris* Chen、威廉环毛蚓 *Pheretima guillelmi*(Michaelsen)或栉盲环毛蚓 *Pheretima pectinifera* Michaelsen 的干燥体。前一种习称"广地龙"，后三种习称"沪地龙"。地龙中化学成分种类众多，其中所含的蛋白质不但种类丰富，而且是其活性成分，也是近年的研究热点。本节[12]采用 NIR 光谱对地龙总氮进行定量检测。

1) 材料与仪器

Antaris 傅里叶变换近红外光谱仪(美国 Thermo Nicolet 公司)配有 InGaAs 检测器、积分球漫反射采样系统、Result 操作软件、TQ Analyst V6 光谱分析软件及 MATLAB 软件工具(Mathwork Inc.)。地龙药材购自全国。

2) 凯氏定氮法测定

采用传统的凯氏定氮法测定地龙药材中总氮的含量。

3) NIR 扫描条件

采用积分球漫反射检测系统；NIR 光谱扫描范围为 10000~4000cm^{-1}；扫描次数为 16；分辨率为 16cm^{-1}；增益为 2，以内置背景为参照。每批样本平行测定三次，取均值。

4) 校正模型的评价参数

对 NIR 原始光谱进行适当的预处理后，运用 SMLR 法建立 NIR 光谱的多元校正模型，以模型的 R、RMSECV、RMSEC、RMSEP 为指标，评价方法的优劣及优化建模的参数。

5) 地龙总氮含量测定结果

以凯氏定氮法测定地龙中总氮的含量测定结果见表 7-14。

表 7-14　地龙中总氮的含量测定结果　　　　　　　(单位：mg/g)

样本编号	总氮含量	样本编号	总氮含量
1	81.26	26	63.06
2	86.23	27	61.77
3	90.42	28	67.54
4	70.68	29	58.21
5	91.13	30	58.39
6	105.00	31	69.85
7	105.54	32	58.67
8	129.35	33	79.19
9	68.21	34	59.20
10	71.64	35	62.10
11	57.73	36	52.95
12	68.53	37	62.47
13	67.80	38	52.62
14	59.44	39	55.95
15	62.99	40	62.34
16	68.64	41	59.12
17	78.36	42	102.70
18	67.74	43	67.44
19	80.92	44	64.84
20	77.65	45	67.02
21	81.44	46	64.88
22	79.28	47	62.12
23	71.48	48	65.56
24	79.82	49	67.18
25	81.26	50	60.79

6) 地龙 NIR 光谱的测定

地龙药材 NIR 原始光谱见图 7-25。

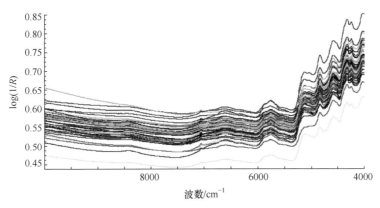

图 7-25　地龙药材 NIR 原始光谱图

7) 建模方法的选择

分别以 SMLR 法、PLS 法、PCR 法进行模型的建立，通过比较模型的性能参数，确定建模方法为 SMLR 法。结果见表 7-15。

表 7-15　不同建模方法的选择结果

建模方法	R	RMSECV
SMLR	0.7049	11.0
PLS	0.4894	13.8
PCR	0.3610	14.5

8) 光谱预处理方法的选择

以光程校正法(MSC 法、SNV 法)、导数光谱法(1D 法、2D 法)和平滑法(SG 平滑法、ND 平滑法)相结合，对 NIR 光谱进行预处理，比较后确定以 MSC 法与 2D 法结合作为其模型建立的预处理方法，结果较好。结果见表 7-16。

表 7-16　不同预处理方法的选择结果

光谱类型	平滑	MSC		SNV	
		R	RMSECV	R	RMSECV
原谱	no	0.2714	15.1	0.1750	16.2
	SG	0.2011	15.4	0.1697	16.4
1D	no	0.5497	13.0	0.5224	13.4
	SG	0.5689	12.8	0.5605	12.9
	ND	0.2942	15.1	0.3448	14.8
2D	no	0.7049	11.0	0.7031	11.6
	SG	0.6176	11.1	0.7004	11.1
	ND	0.6503	11.8	0.5907	12.6

9) 入选变量数的选择

SMLR 法建立多元校正模型，需要确定最佳入选变量数，以避免"欠拟合"和"过拟合"现象的发生，本实验最终确定其最佳入选变量数为 5。比较结果见表 7-17。

表 7-17　不同入选变量数的选择结果

入选变量数	R	RMSEC	RMSEP	｜RMSEC–RMSEP｜
2	0.7736	9.83	8.99	0.84
3	0.8320	8.61	6.97	1.64
4	0.8656	7.77	7.94	0.17
5	0.8911	7.04	6.80	0.24
6	0.9117	6.38	7.08	0.70
7	0.9281	5.78	7.85	2.07

10) 模型的建立

以优化条件得到的光谱预处理方法，将原始光谱进行处理后，地龙总氮含量采用 SMLR 法建立模型，总氮的多元线性回归方程为

$$C_{总氮}(mg/g) = 1.8553 \times 10^2 - 0.8046 \times 10^7 D^{(2)}_{4952.30cm^{-1}} + 2.4290 \times 10^7 D^{(2)}_{5816.26cm^{-1}}$$
$$- 0.1800 \times 10^7 D^{(2)}_{9464.92cm^{-1}} + 0.6876 \times 10^7 D^{(2)}_{6302.23cm^{-1}}$$
$$- 0.5340 \times 10^7 D^{(2)}_{4921.45cm^{-1}}, \quad r = 0.8911(48.78mg/g \leqslant C \leqslant 133.19mg/g)$$

地龙中总氮的 NIR 预测值与实验测定值的相关图见图 7-26。结果表明，所建模型的预测性能较好，该方法可用于地龙中总氮的快速定量。

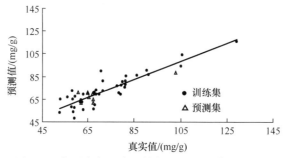

图 7-26　凯氏定氮法实测值与 NIR 预测值的相关图

7.1.5　中药原料粉末粒径近红外定量检测

目前最常用的中药粉末粒径测量的方法有很多，如激光法、扫描电子显微镜法、筛分法、库尔特法、沉降法等。这些方法都具有费时或者需要很贵的特定的设备、需要样本前处理、离线分析等缺点而导致在生产过程中的检测滞后。因此，为充分利用 NIR 漫反射光谱技术实时检测，并且获得样本的物理属性的特点，应将是 NIR 漫反射光谱技术应用到中药粉末粒径研究中。

本节[13,14]以党参和玄参作为研究对象，采集粒径不同的党参和玄参近红外光谱信息。以激光粒径仪测量指标 D10、D50、D90 值作为参考方法，对比不同预处理方法结合 PLS 和 LS-SVM 建模方法结果，为实现近红外快速测定中药粒径提供科学合理的手段。同时结合 Kubelka-Munk 理论阐释建模方法选择的合理性。

1. 党参和玄参粉末粒径近红外 PLS 定量测定

1) 仪器与试剂

XDS Rapid Solid Content Analyzer 近红外光谱仪(瑞士万通中国有限公司)，VISION 工作站(瑞士万通中国有限公司)；BT-2001 激光粒径分布仪(丹东百特仪器有限公司)，包括粒径仪、BT-901 干法分散进样系统、空压机、打印机。

2) 样本来源及制备

共收集道真县 10 个批次的党参和玄参样本(购自贵阳道真县药材基地)。每个批次分别取约 100g 党参和玄参药材，粉碎过 10 目、24 目、50 目、65 目、80 目、100 目、120 目、150 目标准筛，得到粒径大小不同的样本，每个批次取 3 个样本，党参和玄参药材分别有 210 个样本。

3) 近红外光谱的采集

将粒径大小不同的样本分别取出 3 份(体积相同)用于近红外测量。采用积分球漫反射模式采集光谱，以仪器内部的空气为背景，扫描范围为 780~2500nm，分辨率为 0.5nm，每个样本平行测定 3 次，计算平均光谱。

4) 样本粒径指标的测定

基于光散射理论，采用干法激光粒径测试法测定党参和玄参样本的粒径及粒径分布。从党参和玄参每份样本中平行称取 3 份样本，取待测党参和玄参样本粉末约 3g，置于 BT-2001 型激光粒径测试仪干法进样器金属盒上，选择已建立的工作方法，分散介质为压缩空气，折射率设为 1.502，选择干法测试，进样方式为电磁振动进样，测试时间小于 1min/次，测定粉末的粒径及粒径分布，得到累积粒径 D10、中粒径(D50)、D90，求其平均值。

5) 光谱数据处理

数据处理均在 Unscrambler 数据分析软件(version9.6，CAMO 软件公司)和 MATLAB (version7.0，Math Works 公司)软件上完成。MATLAB 相关工具包：PLS Toolbox 2.1 (Eigenvector Research Inc.，USA)。采用 KS 算法将 210 样本分为校正集和验证集两部分，其中 140 个样本作为校正集，剩余 70 个样本为验证集。由于在 NIR 漫反射光谱的采集过程中，仪器状态、样本状态与测量条件的差异会造成 NIR 光谱的偏差或旋转，可采用适当的预处理方法予以校正。故对不同的数据预处理方法进行考察，所使用的预处理方法有多元散射校正(MSC)，标准正则变换(SNV)，扩展多元散射校正(EMSC)，SG 平滑，SG 平滑+一阶导数(SG 1st)，SG 平滑+二阶导数(SG 2nd)，正则化变换和基线校正。利用偏最小二乘(PLS)建立定量模型。最优潜变量因子数目由留一交叉验证法(LOO)和预测误差平方和(PRESS)获得。评价参数为相对预测偏差(RPD)、偏差(BIAS)，校正均方根误差(RMSEC)、交叉验证均方根误差(RMSECV)、预测均方根误差(RMSEP)及其相应相关系数 r。

6) 样本粒径指标的测定

样本的物理质量属性粒径常用 D50、D10、D90 表示，D50 指一个样本的累积粒径分布百分数达到 50%时所对应的粒径。D50 也叫中位径或中值粒径，常用来表示粉体的平均粒径。D10 指一个样本的累积粒径分布数达到 10% 时所对应的粒径。D90 指一个样本的累积粒径分布达到 90% 时所对应的粒径，常用来表示粉体粗端的粒径指标。表 7-18

和表 7-19 表示的是党参样本和玄参样本的 D50、D10 及 D90 的值。

表 7-18 党参样本的 D50、D10 及 D90 的值

质量属性	批次	最小值/μm	最大值/μm	平均值/μm
粒径大小(D50)	1	40.72	372.30	191.29
	2	37.40	415.50	182.01
	3	50.97	385.60	218.60
	4	36.20	390.80	200.42
	5	48.27	404.60	225.59
	6	43.01	379.80	217.70
	7	40.73	374.00	196.74
	8	44.67	378.60	202.99
	9	47.84	377.40	204.36
	10	49.26	393.30	214.13
D10	1	9.53	171.4	77.27
	2	8.55	209.9	72.94
	3	10.02	191.6	95.74
	4	7.58	191.6	88.44
	5	10.02	196.5	95.50
	6	8.99	186.7	90.27
	7	8.69	181.8	83.58
	8	10.60	178.6	85.59
	9	10.09	176.8	87.39
	10	10.34	185.8	91.29
D90	1	102.3	626.5	385.8
	2	93.15	670.8	359.0
	3	131.8	632.9	417.1
	4	119.4	659.6	381.8
	5	144.5	666.1	439.0
	6	122.7	659.0	428.6
	7	100.0	651.6	379.9
	8	119.4	629.7	398.4
	9	108.8	629.1	381.3
	10	125.3	661.3	406.1

表 7-19 玄参样本的 D50、D10 以及 D90 的值

质量属性	批次	最小值/μm	最大值/μm	平均值/μm
粒径大小(D50)	1	57.86	550.5	226.0
	2	71.21	383.0	187.8
	3	50.49	376.4	199.0
	4	62.13	317.1	158.5
	5	66.04	380.1	202.2
	6	63.20	371.7	191.8
	7	58.14	356.1	184.3

续表

质量属性	批次	最小值/μm	最大值/μm	平均值/μm
粒径大小(D50)	8	63.24	540.4	222.8
	9	63.15	368.8	186.5
	10	62.40	344.0	193.9
D10	1	15.00	393.2	110.4
	2	17.36	194.7	70.0
	3	9.20	181.3	81.1
	4	10.38	102.0	46.4
	5	17.81	172.2	78.4
	6	17.75	147.2	68.3
	7	12.79	167.8	77.0
	8	19.66	391.8	104.9
	9	19.27	163.3	76.5
	10	11.01	155.8	78.2
D90	1	115.4	717.0	384.3
	2	153.6	631.2	370.6
	3	120.4	628.5	372.1
	4	162.6	605.7	329.1
	5	136.0	630.9	377.0
	6	111.5	627.2	361.3
	7	132.1	617.0	359.1
	8	19.66	391.8	104.9
	9	19.27	163.3	76.5
	10	11.01	155.8	78.2

7) 样本近红外漫反射光谱特征

图 7-27 和图 7-28 是党参和玄参样本的原始光谱图,图中每条光谱代表的是一个样本。由图可以看出,不同粒径的样本的光谱之间的形状相同,但是粒径对于近红外的光谱主要的影响是基线偏移。

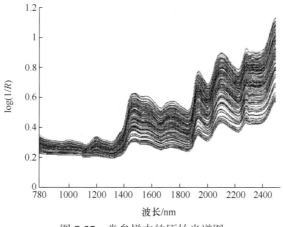

图 7-27　党参样本的原始光谱图

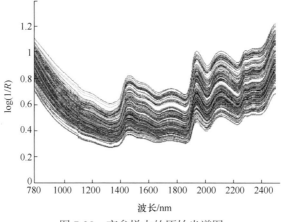

图 7-28　玄参样本的原始光谱图

8) 党参 D50、D10、D90 光谱预处理方法的选择

图 7-29～图 7-31 分别为党参 D50、D10、D90 的 PRESS 值图。由图可以看出，对于党参 D50 和 D10 不采用预处理方法所建的 PLS 模型 PRESS 值相对较小，所得结果较其他方法理想，对于党参 D90 采用预处理方法 SG 结合一阶导数所建 PLS 模型的 PRESS 值相对较小。故对于 D50 和 D10 采用原始光谱建模，D90 采用 SG+一阶导数建模。

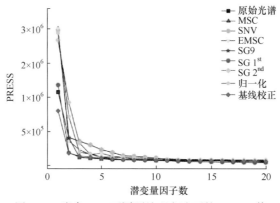

图 7-29　党参 D50 不同预处理方法下的 PRESS 值

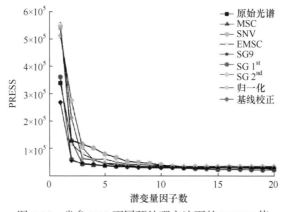

图 7-30　党参 D10 不同预处理方法下的 PRESS 值

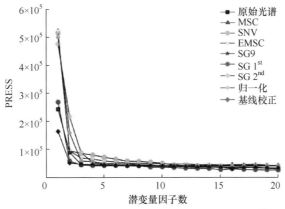

图 7-31　党参 D90 不同预处理方法下的 PRESS 值

9) 玄参 D50、D10、D90 光谱预处理方法的选择

图 7-32～图 7-34 分别为玄参 D50、D10、D90 的 PRESS 值图。由图可以看出,对于玄参 D50 和 D10 采用预处理方法 SG+二阶导数所建的 PLS 模型 PRESS 值相对较小,所得结果较其他方法理想,对于玄参 D90 采用预处理方法 SG 结合一阶导数所建 PLS 模型的 PRESS 值相对较小。故对于 D50 和 D10 采用 SG+二阶导数建模,D90 采用 SG+ 一阶导数建模。

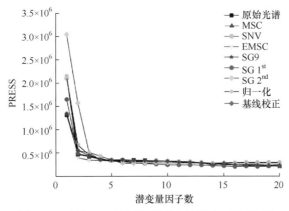

图 7-32　玄参 D50 不同预处理方法下的 PRESS 值

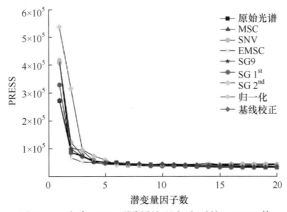

图 7-33　玄参 D10 不同预处理方法下的 PRESS 值

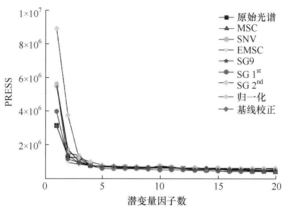

图 7-34 玄参 D90 不同预处理方法下的 PRESS 值

10) 党参模型建立与预测

原始光谱预处理后，采用 PLS 建立党参 D50、D10 和 D90 校正模型，PLS 模型的潜变量因子数通过留一交叉验证法进行了优化，党参 D50、D10、D90 在 3 个潜变量时，PRESS 值变化已基本稳定，因此选取潜变量因子数为 3 建立 PLS 模型。采用内部样本集对模型预测性能进行验证，模型评价参数如下：党参 D50 校正均方根误差(RMSEC)为 28.7813、交叉验证均方根误差(RMSECV)为 29.5417、预测均方根误差(RMSEP)为 28.0970、校正集相关系数 r_{cal} 为 0.9401、验证集相关系数 r_{pre} 为 0.9427、校正集偏差(BIAS$_{cal}$)为 23.19、预测集偏差(BIAS$_{pre}$)为 22.99，以及相对预测偏差(RPD)值为 4.3；党参 D10 校正均方根误差 (RMSEC)为 16.7053、交叉验证均方根误差(RMSECV)为 17.1523、预测均方根误差 (RMSEP)为 17.6831、校正集相关系数 r_{cal} 为 0.9634、验证集相关系数 r_{pre} 为 0.9628、校正集偏差(BIAS$_{cal}$)为 13.30、预测集偏差(BIAS$_{pre}$)为 13.76，以及相对预测偏差(RPD)值为 3.6；党参 D90 校正均方根误差(RMSEC)为 53.5577、交叉验证均方根误差(RMSECV)为 55.9324、预测均方根误差(RMSEP)为 51.8493、校正集相关系数 r_{cal} 为 0.9604、验证集相关系数 r_{pre} 为 0.9630、校正集偏差(BIAS$_{cal}$)为 43.46、预测集偏差(BIAS$_{pre}$)为 43.24 以及相对预测偏差(RPD)值为 3.7。党参 D50、D10 和 D90 的 NIR 漫反射光谱预测值与参考值的相关图见图 7-35～图 7-37。

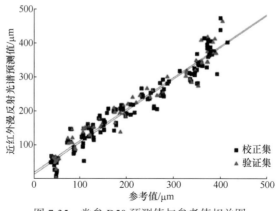

图 7-35 党参 D50 预测值与参考值相关图

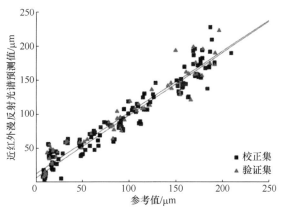

图 7-36 党参 D10 预测值与参考值相关图

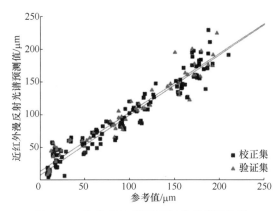

图 7-37 党参 D90 预测值与参考值相关图

11) 玄参模型建立与预测

原始光谱预处理后，采用 PLS 建立玄参 D50、D10 和 D90 校正模型，PLS 模型的潜变量因子数通过留一交叉验证法进行了优化，玄参 D50、D10 在 6 个潜变量时，PRESS 值变化已基本稳定，因此选取潜变量因子数为 6 建立玄参 D50、D10 的 PLS 模型，而玄参 D90 在 5 个潜变量时，PRESS 值变化已基本稳定，因此选取潜变量因子数为 5 建立玄参 D90 的 PLS 模型。采用内部样本集对模型预测性能进行验证，模型评价参数如下：玄参 D50 校正均方根误差(RMSEC)为 23.6704、交叉验证均方根误差(RMSECV)为 43.9823、预测均方根误差(RMSEP)为 39.3524、校正集相关系数 r_{cal} 为 0.9812、验证集相关系数 r_{pre} 为 0.9473、校正集偏差(BIAS$_{cal}$)为 18.70、预测集偏差(BIAS$_{pre}$)为 29.76，以及相对预测误差(RPD)值为 3.1；玄参 D10 校正均方根误差(RMSEC)为 9.5486、交叉验证均方根误差(RMSECV)为 17.2422、预测均方根误差(RMSEP)为 13.9807、校正集相关系数 r_{cal} 为 0.9843、验证集相关系数 r_{pre} 为 0.9646、校正集偏差(BIAS$_{cal}$)为 7.25、预测集偏差(BIAS$_{pre}$)为 11.07，以及相对预测误差(RPD)值为 3.8；玄参 D90 校正均方根误差(RMSEC)为 57.9080、交叉验证均方根误差(RMSECV)为 62.8727、预测均方根误差(RMSEP)为 59.8503、校正集相关系数 r_{cal} 为 0.9563、验证集相关系数 r_{pre} 为 0.9540、校正集偏差(BIAS$_{cal}$)为 46.76、预测集偏差(BIAS$_{pre}$)为 47.44，以及相对预测误差(RPD)值为 3.4。玄参 D50、D10 和 D90 的 NIR

漫反射光谱预测值与参考值的相关图见图 7-38～图 7-40。

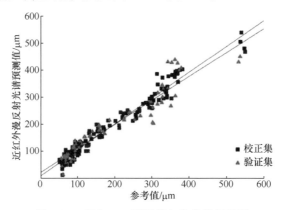

图 7-38　玄参 D50 预测值与参考值相关图

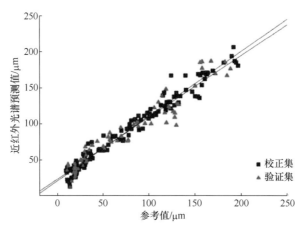

图 7-39　玄参 D10 预测值与参考值相关图

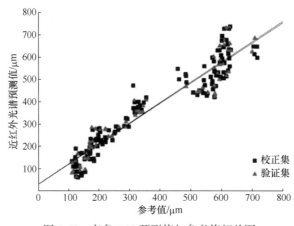

图 7-40　玄参 D90 预测值与参考值相关图

　　以上研究结果表明，应用近红外漫反射光谱结合 PLS 建模方法在一定程度上可以实现粒径的快速测定，但是近红外定量的基础是 Kubelka-Munk 理论，只有当散射系数 s 不变时，$f(R_\infty) = k/s = \varepsilon c/s = bc$，其中 b 与样本的散射系数有关，样本的粒径大小影响样本的散射系数，从而影响近红外漫反射光谱对于样本有效成分的定量。PLS 建模方法主要是在解释变量空间里寻找某些线性组合，故在后续文中考虑自变量和因变量之间的非线性关系，考察非线性建模方法，从而为 NIR 漫反射光谱的中药的粒径快速准确的测定提供方法学参考。

2. 党参和玄参粉末粒径近红外 LS-SVM 定量测定

支持向量机是由 Vapnik 在统计学习理论的基础上建立起来的一种非常有力的机器学习方法，最初用于模式识别，目前在信号处理、系统辨识与建模、先进控制和软测量等领域都得到了广泛的应用。最小二乘支持向量机(LS-SVM)作为支持向量机(SVM)的一种类型，并且作为一种新颖的人工智能技术，已越来越广泛地运用于各个学科领域。因此，本节探讨 LS-SVM 方法结合近红外漫反射光谱技术快速测定党参和玄参的粒径的可行性。

1) 光谱预处理方法的选择

对多种光谱预处理方法进行了考察，为了优化光谱，应用了三种散射校正方法，包括 MSC、SNV 和 EMSC。与此同时，应用了一阶导数和二阶导数解决样本光谱基线偏移和漂移以强化谱带特征，接着应用了 SG 平滑算法以降低有可能被导数法放大的噪声水平，以及应用归一化和基线校正消除光程变异带来的光谱变动，从而建立最小二乘-支持向量机(LS-SVM)模型。

2) 党参光谱预处理方法的选择

表 7-20～表 7-22 为党参 D50、D10、D90 的不同预处理方法的 LS-SVM 建模结果比较。由表可以看出，对于党参 D50 采用预处理方法 SG+一阶导数所建的 LS-SVM 模型所得结果较其他方法理想，D10 和 D90 采用预处理方法 SG 所建 LS-SVM 模型较好，故对于 D50 采用 SG+一阶导数建模，D10 和 D90 采用 SG 建模。

表 7-20　党参 D50 不同预处理方法结果

预处理方法	gam	Sig²	校正集			验证集			
			r_{cal}	RMSEC	BIAS$_{cal}$	r_{pre}	RMSEP	RPD	BIAS$_{pre}$
原始光谱	23879.5	71.4	0.9976	8.2732	6.20	0.9943	13.1209	9.1	10.36
MSC	198.2	1.9	0.9963	10.1868	7.56	0.9927	20.8389	5.7	16.26
SNV	232.9	60.9	0.9963	10.2629	7.63	0.9926	14.5063	8.2	11.18
EMSC	463.4	1.1	0.9960	10.6910	8.09	0.9925	30.7977	3.9	24.9
SG9	23742.6	69.6	0.9983	6.8481	5.15	0.9943	13.0732	9.1	10.36
SG 1st	112.4	6.3×10⁻⁴	0.9988	5.8899	4.08	0.9947	12.4089	9.6	9.51
SG 2nd	296245.8	9.1×10⁻⁶	0.9999	0.0264	0.02	0.9772	25.2428	4.7	20.71
归一化	283.5	1.0×10⁻⁶	0.9980	7.6030	5.49	0.9931	14.1499	8.4	11.17
基线校正	4317.1	18.5	0.9980	7.5683	5.46	0.9933	14.0494	8.5	10.78

表 7-21　党参 D10 不同预处理方法结果

预处理方法	gam	Sig²	校正集			验证集			
			r_{cal}	RMSEC	$BIAS_{cal}$	r_{pre}	RMSEP	RPD	$BIAS_{pre}$
原始光谱	12160.4	29.0	0.9979	4.0604	2.76	0.9933	7.8893	8.0	5.29
MSC	51.4	0.9	0.9946	6.4924	4.97	0.9918	16.1937	3.9	12.79
SNV	45.5	24.8	0.9948	6.3636	4.85	0.9920	8.1214	7.8	6.35
EMSC	196.5	1.0	0.9930	7.3647	5.89	0.9914	15.8797	4.0	13.10
SG9	9495.0	26.8	0.9985	3.4518	2.35	0.9933	7.8850	8.0	5.32
SG 1st	101.5	$2.5×10^{-4}$	0.9938	6.9130	5.37	0.9885	9.5672	6.6	7.41
SG 2nd	$1.6×105$	$7.2×10^{-6}$	0.9999	1.0228	1.02	0.9740	14.2199	4.4	11.20
归一化	294.2	$1.6×10^{-6}$	0.9953	6.0331	4.68	0.9917	8.2329	7.6	6.80
基线校正	4702.2	84.2	0.9927	7.5106	5.77	0.9894	9.1811	6.9	6.83

表 7-22　党参 D90 不同预处理方法结果

预处理方法	gam	Sig²	校正集			验证集			
			r_{cal}	RMSEC	$BIAS_{cal}$	r_{pre}	RMSEP	RPD	$BIAS_{pre}$
原始光谱	981.1	2.7	0.9998	3.3476	2.08	0.9938	21.2054	9.0	16.17
MSC	134.4	0.6	0.9970	14.8369	9.59	0.9921	67.5028	2.8	59.81
SNV	137.5	0.6	0.9971	14.5626	9.41	0.9921	68.7604	2.7	61.01
EMSC	59.3	0.1	0.9977	12.8976	8.93	0.9917	170.2825	1.1	148.54
SG9	1181.4	2.7	0.9999	2.7051	1.68	0.9938	21.1856	9.0	16.11
SG 1st	82.6	$4.0×10^{-5}$	0.9986	10.1625	6.76	0.9922	23.7349	8.0	18.41
SG 2nd	4672.5	$9.2×10^{-6}$	0.9998	3.4581	2.79	0.9674	48.1405	3.9	40.93
归一化	441.0	$4.5×10^{-7}$	0.9993	7.3286	4.86	0.9920	23.9129	7.9	18.17
基线校正	1669.9	14.0	0.9963	16.4047	11.44	0.9905	26.0521	7.3	19.34

3) 玄参光谱预处理方法的选择

表 7-23～表 7-25 分别为玄参 D50、D10、D90 的不同预处理方法的 LS-SVM 建模结果比较。由表可以看出，对于玄参 D50 采用预处理方法基线校正所建的 LS-SVM 模型所得结果较其他方法理想，D10 采用预处理方法 SG 所建 LS-SVM 模型较好，D90 采用预处理方法 SNV 所建 LS-SVM 模型较好。故对于 D50 采用基线校正建模，D10 采用 SG 建模，D90 采用 SNV 建模。

表 7-23　玄参 D50 不同预处理方法结果

预处理方法	gam	Sig^2	校正集			验证集			
			r_{cal}	RMSEC	BIAS$_{cal}$	r_{pre}	RMSEP	RPD	BIAS$_{pre}$
原始光谱	208.9	145.8	0.9551	36.3506	24.14	0.9625	36.3506	3.7	22.16
MSC	4.7×10^6	291.9	0.9927	14.8287	11.26	0.9820	23.4945	5.3	18.02
SNV	304.2	45.6	0.9956	11.4839	6.35	0.9830	22.9685	5.4	14.64
EMSC	19604.5	2.9	0.9952	12.1020	8.68	0.9865	20.2158	6.1	15.50
SG9	454.8	187.7	0.9571	35.5682	23.57	0.9647	32.7039	3.8	21.16
SG 1st	1.6×10^5	2.0×10^{-3}	0.9998	2.3589	1.80	0.9806	24.6504	5.0	16.57
SG 2nd	1.6×10^{15}	2.4×10^3	0.9999	2.0221	1.02	0.9392	42.2736	2.9	31.95
归一化	43.3	3.2×10^{-7}	0.9884	18.7852	12.24	0.9776	25.8932	4.7	17.03
基线校正	10244.9	27.7	0.9942	13.3053	8.98	0.9882	18.8386	6.6	12.59

表 7-24　玄参 D10 不同预处理方法结果

预处理方法	gam	Sig^2	校正集			验证集			
			r_{cal}	RMSEC	BIAS$_{cal}$	r_{pre}	RMSEP	RPD	BIAS$_{pre}$
原始光谱	2.0×10^8	6091.1	0.9968	4.3072	3.14	0.9788	11.0751	4.8	7.84
MSC	2.7×10^6	266.2	0.9931	6.3568	4.49	0.9816	10.1741	5.2	7.83
SNV	6.7×10^6	8887.1	0.9966	4.4688	3.21	0.9813	10.3003	5.1	7.79
EMSC	2.0×10^4	3.5	0.9947	5.5800	3.72	0.9814	18.8439	2.8	16.08
SG9	2067.1	52.9	0.9864	8.9028	5.37	0.9894	7.8032	6.8	5.32
SG 1st	8609.5	5.0×10^{-4}	0.9992	2.1472	1.55	0.9845	9.5028	5.6	6.74
SG 2nd	8.5×10^{15}	2440.7	0.9999	1.0081	1.01	0.9601	14.8574	3.6	11.79
归一化	2.9×10^7	2.2×10^{-5}	0.9999	1.0145	1.01	0.9819	10.1376	5.3	8.29
基线校正	2.3×10^6	221.6	0.9998	1.1524	1.83	0.9835	9.7046	5.5	6.91

表 7-25　玄参 D90 不同预处理方法结果

预处理方法	gam	Sig^2	校正集			验证集			
			r_{cal}	RMSEC	BIAS$_{cal}$	r_{pre}	RMSEP	RPD	BIAS$_{pre}$
原始光谱	2409.3	50.0	0.9916	25.5989	18.77	0.9911	26.6480	7.5	20.13
MSC	2.1×10^5	45.7	0.9924	24.4666	17.72	0.9840	102.3530	2.0	97.23
SNV	55.9	46.9	0.9923	26.5565	17.32	0.9912	26.5565	7.6	19.41

续表

预处理方法	gam	Sig²	校正集			验证集			
			r_{cal}	RMSEC	$BIAS_{cal}$	r_{pre}	RMSEP	RPD	$BIAS_{pre}$
EMSC	3274.3	1.7	0.9931	23.2761	16.22	0.9881	99.0146	2.1	78.60
SG9	2281.6	49.1	0.9916	25.7240	18.87	0.9911	26.5963	7.5	20.12
SG 1st	2.9×10^4	1.2×10^{-3}	0.9988	9.7657	7.16	0.9862	33.2945	6.0	24.45
SG 2nd	2.6×10^{18}	8.1×10^{-4}	0.9999	1.1605	1.69	0.9416	67.2808	3.0	54.81
归一化	3.1×10^4	7.6×10^4	0.9987	10.0497	7.52	0.9889	29.7320	6.7	24.22
基线校正	3299.2	17.96	0.9940	21.7493	15.72	0.9911	26.8119	7.5	19.67

4) 党参模型建立与预测

原始光谱经最佳光谱预处理后,采用 LS-SVM 建立党参 D50、D10 和 D90 校正模型,LS-SVM 的两个超参数通过交叉验证进行了优化,模型评价参数如下:党参 D50 校正均方根误差(RMSEC)为 5.8899、预测均方根误差(RMSEP)为 12.4089、校正集相关系数 r_{cal} 为 0.9988、验证集相关系数 r_{pre} 为 0.9947、校正集偏差($BIAS_{cal}$)为 4.08、预测集偏差($BIAS_{pre}$)为 9.51,以及相对预测偏差(RPD)值为 9.6;党参 D10 校正均方根误差(RMSEC)为 3.4518、预测均方根误差(RMSEP)为 7.8850、校正集相关系数 r_{cal} 为 0.9985、验证集相关系数 r_{pre} 为 0.9933、校正集偏差($BIAS_{cal}$)为 2.35、预测集偏差($BIAS_{pre}$)为 5.32,以及相对预测偏差(RPD)值为 8.0;党参 D90 校正均方根误差(RMSEC)为 2.7051、预测均方根误差(RMSEP)为 21.1856、校正集相关系数 r_{cal} 为 0.9999、验证集相关系数 r_{pre} 为 0.9938、校正集偏差($BIAS_{cal}$)为 1.68、预测集偏差($BIAS_{pre}$)为 16.11,以及相对预测偏差(RPD)值为 9.0。党参 D50、D10 和 D90 的 NIR 光谱预测值与参考值的相关图见图 7-41～图 7-43。由图可以看出样本紧密地分散在直线两侧。

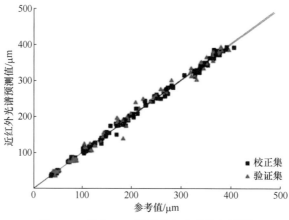

图 7-41　党参 D50 预测值与参考值相关图

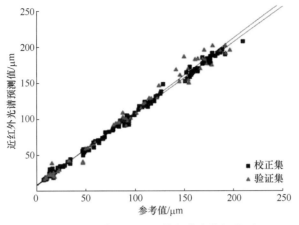

图 7-42　党参 D10 预测值与参考值相关图

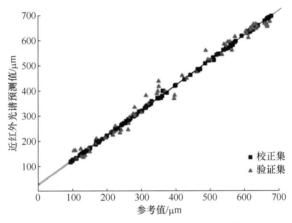

图 7-43　党参 D90 预测值与参考值相关图

5) 玄参模型建立与预测

对原始光谱经最佳光谱预处理后，采用 LS-SVM 建立玄参 D50、D10 和 D90 校正模型，LS-SVM 的两个超参数通过交叉验证进行了优化，模型评价参数如下：玄参 D50 校正均方根误差(RMSEC)为 13.3053、预测均方根误差(RMSEP)为 18.8386、校正集相关系数 r_{cal} 为 0.9942、验证集相关系数 r_{pre} 为 0.9882、校正集偏差(BIAS$_{cal}$)为 8.98、预测集偏差(BIAS$_{pre}$)为 12.59，以及相对预测偏差(RPD)值为 6.6；玄参 D10 校正均方根误差(RMSEC)为 8.9028、预测均方根误(RMSEP)为 7.8032、校正集相关系数 r_{cal} 为 0.9864、验证集相关系数 r_{pre} 为 0.9894、校正集偏差(BIAS$_{cal}$)为 5.37、预测集偏差(BIAS$_{pre}$)为 5.32，以及相对预测偏差(RPD)值为 6.8；玄参 D90 校正均方根误差(RMSEC)为 26.5565、预测均方根误(RMSEP)为 26.5565、校正集相关系数 r_{cal} 为 0.9923、验证集相关系数 r_{pre} 为 0.9912、校正集偏差(BIAS$_{cal}$)为 17.32、预测集偏差(BIAS$_{pre}$)为 19.41，以及相对预测偏差(RPD)值为 7.6。玄参 D50、D10 和 D90 的 NIR 光谱预测值与参考值的相关图见图 7-44～图 7-46。由图可以看出样本紧密地分散在直线两侧。

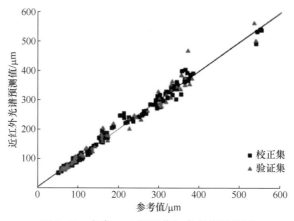

图 7-44　玄参 D50 预测值与参考值相关图

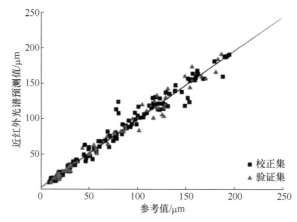

图 7-45　玄参 D10 预测值与参考值相关图

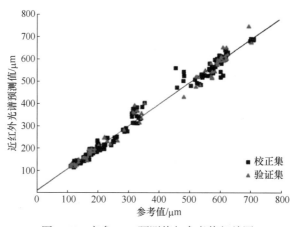

图 7-46　玄参 D90 预测值与参考值相关图

　　以上研究结果表明应用近红外漫反射光谱结合 LS-SVM 建模方法可以准确快速地进行中药的粒径测定。

3. 党参和玄参粉末粒径近红外 PLS 和 LS-SVM 定量测定结果比较

以党参和玄参物理性质粒径为研究对象,对比 LS-SVM 模型和 PLS 模型的建模效果。对于党参和玄参的物理性质 D50、D10 和 D90,其 PLS 模型参数及 LS-SVM 模型参数见表 7-26 和表 7-27。对于党参 D50、D10 及 D90,LS-SVM 模型的预测均方根误差(RMSEP)分别从 28.0970、17.6831 和 51.8493 下降至 12.4089、7.8850 和 21.1856;预测集相关系数 r_{pre} 分别从 0.9730、0.9628 和 0.9630 提升至 0.9947、0.9933 和 0.9938;相对预测偏差(RPD)值分别从 4.3、3.6 和 3.7 提升至 9.6、8.0 和 9.0。对于玄参 D50、D10 及 D90,LS-SVM 模型的预测均方根误差(RMSEP)分别从 39.3524、13.9807 和 59.8503 下降至 18.8386、7.8032 和 26.5565;预测集相关系数 r_{pre} 分别从 0.9473、0.9646 和 0.9540 提升至 0.9882、0.9894 和 0.9912;相对预测偏差(RPD)值分别从 3.1、3.8 和 3.4 提升至 6.6、6.8 和 7.6。对于建模预测结果而言,预测集的相关系数越大,越接近 1,预测均方根误差越小,相对预测偏差越大,表明模型预测性能越好。故党参与玄参粒径建模结果相同,表明 LS-SVM 的预测性能相比 PLS 模型均有不同程度的提高。Chauchard F 研究指出,LS-SVM 模型由于考虑到自变量和因变量之间的非线性关系,所以 LS-SVM 模型相比 PLS 模型改善了其预测性能,其建模结果的提高也表明 NIR 光谱与粒径之间可能存在着非线性关系。

表 7-26　党参 PLS 和 LS-SVM 建模预测结果比较

质量属性	PLS 模型			LS-SVM 模型		
	r_{pre}	RMSEP	RPD	r_{pre}	RMSEP	RPD
D50	0.9730	28.0970	4.3	0.9947	12.4089	9.6
D10	0.9628	17.6831	3.6	0.9933	7.8850	8.0
D90	0.9630	51.8493	3.7	0.9938	21.1856	9.0

表 7-27　玄参 PLS 和 LS-SVM 建模预测结果比较

质量属性	PLS 模型			LS-SVM 模型		
	r_{pre}	RMSEP	RPD	r_{pre}	RMSEP	RPD
D50	0.9473	39.3524	3.1	0.9882	18.8386	6.6
D10	0.9646	13.9807	3.8	0.9894	7.8032	6.8
D90	0.9540	59.8503	3.4	0.9912	26.5565	7.6

近红外漫反射光谱定量检测样本时,常用 Kubelka-Munk 方程表示 NIR 漫反射吸光度,即 $A = -\lg[1 + k/s - \sqrt{(k/s)^2 + 2(k/s)}]$,而 Kubelka-Munk 方程可以表示为 $f(R_\infty) = k/s = \varepsilon c/s = bc$,其中 b 与样本的散射系数有关,样本的粒径大小影响样本的散射系数,表明 NIR 光谱与粒径存在非线性关系。同时通过 PLS 和 LS-SVM 结果比较,发现 LS-SVM 建模结果明显优于 PLS 建模结果,也证实了 NIR 光谱与粒径之间存在着非线性关系,故可以通过 Kubelka-Munk 理论进一步阐释 LS-SVM 建模结果优于 PLS 建模结果的原因。

7.2 中药制造提取过程单元分析

提取环节是大多数中药制药生产的起始点，提取液的质量直接影响后续诸多制剂工艺。目前，对提取环节的质量控制缺乏有效的实时监测手段。实际生产中提取工艺确定后，基本不考虑原料药材质量差异和工况波动导致的提取终点变化，因而易造成不同批次提取液质量存在差异，降低能源利用率、企业效益等。因此，研发对中药提取过程的实时快速在线检测方法，有助于解决提取过程中关键工艺环节的质量控制问题，从制剂生产源头确保中药产品质量均一稳定。近年来中药提取过程在线近红外检测研究成为国内学者的研究热点，并为工业化在线检测提供指导。

在中药提取过程在线近红外光谱分析中旁路采样方式最为常见，且能够实现多种有效成分快速测定。然而，目前，对于在线近红外光谱技术在中药提取过程中的应用研究还有待进一步深入，主要原因可归纳如下。

第一，由于中药成分复杂，物质化学基础研究还比较薄弱，能够表征中药质量的化学物质尚不明确，造成近红外定量检测对象的缺失；加之，能够表征中药质量的物质含量过低，或在提取过程中物化性质发生变化，也为定量检测带来困难。

第二，作为间接分析方法，建立近红外校正模型需足量有代表性的样本，选择校正集样本必须考虑不同产地、种植、采摘、炮制、储藏和运输方式等诸多因素对所建模型预测能力的影响，一个可移植、可拓展的数学模型应不断收集代表性样本，并修正更新模型的覆盖范围。

第三，从实际过程分析应用的研究中发现，相当数量的故障问题和错误结果由采样系统设计失败所导致，为此，合理设计开发适合中药特色的在线采样系统，并进一步优化系统性能，对中药制剂生产过程中的质量控制起到举足轻重的作用。

本研究将结合中药生产的特点，发展中药制剂过程中符合近红外光谱的特征信息提取和处理技术，提升过程分析系统性能作为主要研究内容，以期拓展近红外光谱在线检测技术在中药领域中的应用。

7.2.1 黄柏和甘草水提过程近红外定量检测

间歇生产是现代工业生产中常见的生产方式，广泛应用于医药、化妆品、染料、生物制品等高附加值产品的生产中。中药生产的多个环节均为间歇操作过程，深入分析生产过程的每一个子时段，可以更好地阐释过程变量对最终的制剂产品的影响效果，并加以改进控制。对于中药生产过程中的关键环节提取过程，利用时段间歇思想可以深入分析提取过程的每一个子时段，有助于加强对提取过程的理解。本节[15,16]通过将化工生产过程中的间歇过程研究方法借鉴到中药提取过程中，探索性地对中药提取过程进行时段划分研究，目的是通过在线近红外技术以窗口的形式对提取过程进行监控，对提取过程进行更精细的控制。

1) 实验材料

夹套式 100L 多功能提取罐(天津隆业中药设备有限公司); XDS Rapid Liquid Analyzer 近红外光谱仪及其透射光纤(美国 Foss 公司),三孔圆底烧瓶+智能温控电热套(巩义市瑞德仪器设备有限公司); VISION 工作站(美国 Foss 公司); Waters 2695 高效液相色谱仪及其 Waters2996 二极管阵列检测器(美国 Waters 公司), Agilent 1100 高效液相色谱仪及二极管阵列检测器(美国 Agilent 公司),十万分之一天平(德国赛多利斯公司)。

黄柏药材(购自北京本草方源药业有限公司,批号 20130820);盐酸小檗碱标准品(中国食品药品检定研究院,批号 110713-201212);甘草药材(统货甘肃瓜州);甘草酸铵标准品(中国食品药品检定研究院,批号: 110731-201116);甘草苷标准品(中国食品药品检定研究院,批号: 111610-201005);乙腈(色谱纯,美国 Fisher 公司);甲醇(色谱纯,美国 Fisher 公司);磷酸(分析纯,北京化工厂);娃哈哈纯净水(杭州娃哈哈集团有限公司);提取用水为自制高纯水。

2) 样本制备

(1) 黄柏样本制备。称取黄柏饮片 7kg 置于 100L 夹套式多功能提取罐中,提取两次,第 1 次加 12 倍水,提取 2h,第 2 次加 10 倍水,提取 2h。样本采集时间间隔为 5min,按样本采集时间编号共得 65 个样本。

(2) 甘草样本制备。称取甘草饮片 8kg 置于 100L 夹套式多功能提取罐中,提取两次,第 1 次加 10 倍水,提取 2h,第 2 次加 10 倍水,提取 2h。样本采集时间间隔为 5min。以相同的工艺重复三批(批次 1,2,3)。

(3) 在线 NIR 采集光谱。光谱采集条件: 在光程 2mm 下,采用透射模式在线采集提取液吸收光谱,光谱范围为 800~2200nm,扫描次数为 32 次,分辨率为 0.5nm,实验采用空气作为参比,采集的近红外光谱图见图 7-47。

3) 数据分析

软件数据处理均在 Unscrambler 数据分析软件(version9.7,CAMO 软件公司)和 MATLAB (version7.0,Math Works 公司)及 Orange 软件上完成。采用 Kennard-Stone(KS) 法将样本集划分为校正集与验证集。采用不同的光谱预处理方法,运用留一交叉验证法,以交叉验证均方根误差(RMSECV)作为评价指标,选出最优预处理方法,建立偏最小二

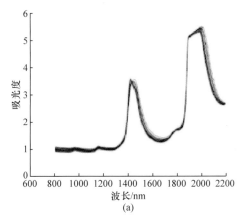

(a)

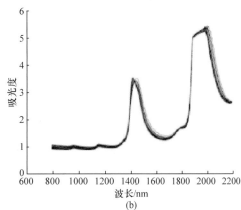

(b)

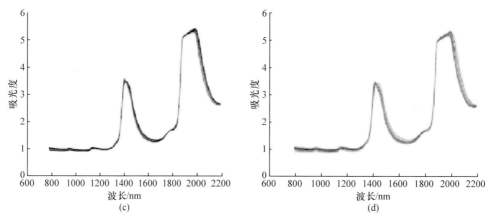

图 7-47 黄柏、甘草中试在线近红外原始光谱图

(a)、(b)、(c)、(d)分别为黄柏、甘草重复第一批、甘草重复第二批、甘草重复第三批

乘(PLS)模型。采用组合间隔偏最小二乘法(SiPLS)对建模波段进行筛选,建立最优波段的偏最小二乘模型,以校正均方根误差(RMSEC)、校正集决定系数 R_c^2、预测均方根误差(RMSEP)、预测集相关系数 r_{pre} 等参数作为评价模型性能的指标。

4) 黄柏中盐酸小檗碱近红外校正模型的建立

近红外光谱受环境因素影响较大,温度、湿度等变化都会使其基线漂移噪声增大,因此在对近红外光谱进行分析之前,需要对原始光谱进行预处理来消除基线漂移,提高信噪比。本实验比较了 SG 平滑法,标准正则变换(SNV),多元散射校正(MSC),一阶导数(1D),归一化处理(normalize)及其组合。采用留一交叉验证法,通过考察潜变量因子数对预测残差平方和(PRESS)的影响,确定最佳预处理方法,如图 7-48 所示。表 7-28 为各预处理方法所建立的模型的性能指标。对于本书中黄柏提取液,原始光谱与 SG 平滑处理所得结果无明显差异,为方便后续数据处理,选择原始光谱进行建模。

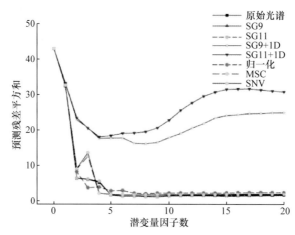

图 7-48 盐酸小檗碱不同光谱预处理方法的预测残差平方和与潜变量因子数的相关关系图

表 7-28　盐酸小檗碱不同光谱预处理方法的定量模型的性能指标

方法	LVs	R_c^2	RMSEC	RMSECV	R_p^2	RMSEP
原始光谱	5	0.9914	0.5875	1.3124	0.9804	0.8865
SG9	5	0.9900	0.6325	1.2871	0.9839	0.8058
SG11	5	0.9899	0.6374	1.2783	0.9841	0.7828
SG9+1D	4	0.9289	1.6901	4.4104	0.4149	4.8526
SG11+1D	4	0.9251	1.7004	4.2029	0.4774	4.5858
SNV	4	0.9731	1.0389	1.4764	0.9737	1.0280
MSC	4	0.9733	1.0363	1.4740	0.9724	1.0538
归一化	4	0.9724	1.0660	1.6970	0.9788	0.9237

(1) 建模波段选择。近红外光谱通常谱峰重叠严重，冗余信息过多，影响最终的建模结果。因此，需要对建模波段进行筛选以消除干扰因素。本书采用组合间隔偏最小二乘法(SiPLS)对黄柏提取液中盐酸小檗碱的建模波段进行筛选，间隔数 20，最大潜变量因子数 10，组合数 3。筛选出的最优波段为 1080～1150nm，1290～1360nm，1710～1780nm，如图 7-49 所示。

(2) 模型的建立与校正。以原始光谱作为最佳预处理方法，SiPLS 筛选出的最优波段为建模波段，运用偏最小二乘法建立盐酸小檗碱的近红外定量模型，采用内部样本集对建立的模型的预测性能进行验证。盐酸小檗碱 NIR 预测值与 HPLC 测定值的之间的线性关系良好，如图 7-50 所示。所建立模型参数如下：交叉验证均方根误差(RMSECV)为 0.9524，校正均方根误差(RMSEC)为 0.7429，预测均方根误差(RMSEP)为 0.9614，校正集决定系数 R_c^2 为 0.9866，预测集决定系数 R_p^2 为 0.9770，表明所建立的模型预测性能良好。

5) 甘草中甘草苷与甘草酸近红外校正模型的建立

如上所述，本书比较了 SG 平滑法，标准正则变换(SNV)，多元散射校正(MSC)，

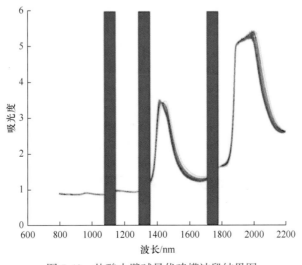

图 7-49　盐酸小檗碱最优建模波段结果图

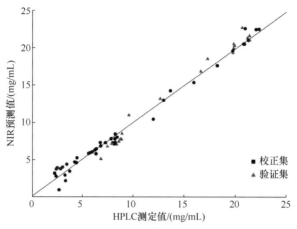

图 7-50　盐酸小檗碱 NIR 预测值与 HPLC 测定值相关关系图

一阶导数(1D)，归一化处理及其组合。采用留一交叉验证法，通过考察潜变量因子数对预测残差平方和的影响，确定最佳预处理方法，如图 7-51～图 7-53 所示。

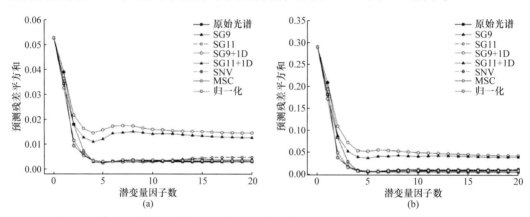

图 7-51　第一批甘草不同预处理方法的预测残差平方和与潜变量因子数的相关关系图

(a) 甘草苷；(b) 甘草酸

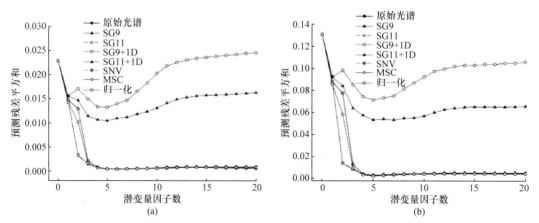

图 7-52　第二批甘草不同预处理方法的预测残差平方和与潜变量因子数的相关关系图

(a) 甘草苷；(b) 甘草酸

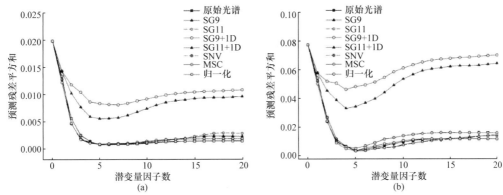

图 7-53　第三批甘草不同预处理方法的预测残差平方和与潜变量因子数的相关关系图

(a) 甘草苷；(b) 甘草酸

由图可知，三批甘草中甘草苷与甘草酸的最佳预处理方法多为 SG9 平滑与 SG11 平滑，与原始光谱无明显差异，为了方便数据的处理，本部分以原始光谱进行建模处理。

(1) 建模波段选择。为消除近外光通常谱峰重叠严重，冗余信息过多的影响，本书采用组合间隔偏最小二乘法(SiPLS)对黄柏提取液中盐酸小檗碱的建模波段进行筛选，间隔数 20，最大潜变量因子数 10，组合数 3。三个重复批次所筛选的最佳建模波段如表 7-29 所示。

表 7-29　三个重复批次中甘草苷与甘草酸 SiPLS 波段筛选结果

成分	批次	最佳波段组合
甘草苷	一	1150～1220nm，1290～1360nm，1780～1850nm
	二	1220～1290nm，1290～1360nm，1570～1640nm
	三	940～1010nm，1500～1570nm，1710～1780nm
甘草酸	一	1500～1570nm，1640～1710nm，1780～1850nm
	二	1290～1360nm，1500～1570nm，1640～1710nm
	三	1150～1220nm，1640～1710nm，1710～1780nm

(2) 模型的建立与校正。以原始光谱作为最佳预处理方法，SiPLS 筛选出的最优波段为建模波段，运用偏最小二乘法建立盐酸小檗碱的近红外定量模型，采用内部样本集对建立的模型的预测性能进行验证。建模结果如图 7-54～图 7-56 所示，同时采用 RMSEC、

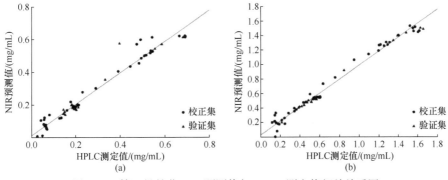

图 7-54　第一批甘草 NIR 预测值与 HPLC 测定值相关关系图

(a) 甘草苷；(b) 甘草酸

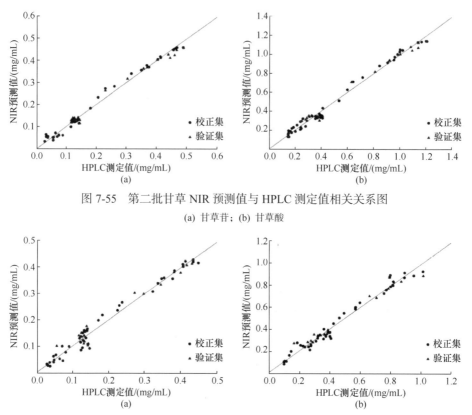

图 7-55　第二批甘草 NIR 预测值与 HPLC 测定值相关关系图

(a) 甘草苷；(b) 甘草酸

图 7-56　第三批甘草 NIR 预测值与 HPLC 测定值相关关系图

(a) 甘草苷；(b) 甘草酸

RMSECV 及其对应的决定系数 R^2 评价建模结果。采用近红外光谱技术对甘草的中试提取过程进行实时监测，建立了相应的近红外定量模型用于快速分析甘草苷与甘草酸的含量变化，所得的模型预测性能良好。

表 7-30　不同建模波段下模型评价参数

成分	重复批次	R_c^2	RMSEC	RMSECV	R_p^2	RMSEP
甘草苷	一	0.9988	0.0079	0.0337	0.9544	0.0375
	二	0.9887	0.0157	0.0189	0.9870	0.0164
	三	0.9910	0.0257	0.0337	0.9774	0.0355
甘草酸	一	0.9890	0.0555	0.0670	0.9797	0.0605
	二	0.9910	0.0335	0.0407	0.9905	0.0344
	三	0.9707	0.0235	0.0275	0.9546	0.0247

以上研究以黄柏、甘草为载体，进行中试过程提取，采用在线 NIR 分析技术，实时监测中试提取过程中指标成分的变化，并通过偏最小二乘法建立在线近红外定量模型。结果表明：黄柏中试提取过程中盐酸小檗碱以原始作为预处理方法，SiPLS 进行波段筛

选，校正集决定系数 R_c^2 为 0.9866，预测集决定系数 R_p^2 为 0.9770，所建立的模型结果良好；甘草中试提取过程中甘草苷与甘草酸均以原始光谱作为预处理方法，SiPLS 进行波段筛选，三次结果中校正集决定系数 R_c^2 与预测集决定系数 R_p^2 均大于 0.95 所建立的模型结果良好，表明通过预处理方法筛选、建模波段筛选等分步优化可以满足中试提取过程中在线 NIR 模型的建模要求。

7.2.2 丹参醇提过程近红外定量检测

丹参(*Radix Salvia miltiorrhizae*)是唇形科鼠尾草属植物丹参(*Salvia miltiorrhiza Bunge*)的干燥根及根茎，为我国应用最早而且最广泛的中药草之一，具有祛瘀止痛、活血调经、养心除烦的功效。始载于《神农本草经》，历代本草著作均有收载，被列为上品，故研究丹参具有重要意义。

丹参制剂过程中绝大多数都要经过提取工序，而提取过程影响因素众多，故提取过程的过程监控越发显得重要，则采用偏最小二乘方法建立丹参醇提过程模型势在必行。

本节[17]以丹参饮片醇提环节为载体，研究以 NIR 为主的 PAT 技术在中药提取单元中的应用，利用过程 NIR 数据，充分探索并挖掘中药提取过程工序的特征，提出过程分析与控制策略，为多阶段过程研究奠定基础。

1) 仪器与试剂

Agilent1100 液相色谱仪(安捷伦公司)，Antaris 傅里叶变换近红外光谱仪(Thermo Nicolet 公司)，中药实验室型动态提取机组(北京神泰伟业仪器设备有限公司)。

丹参饮片三批(均购自北京本草方源药业有限公司，批号为：20140308、20131226、20130808，产地：山东)，对照品丹参酮ⅡA、隐丹参酮(均购自中国食品药品检定所，批号为：110766-200619，110852-200806)，丹参酮Ⅰ(购自北京方成生物技术有限公司，批号：150105)，乙腈、甲醇(色谱纯，Fisher 公司)，娃哈哈纯净水(杭州娃哈哈集团有限公司)，提取用水为自制高纯水，其他试剂均为分析纯。

2) 丹参提取液制备

参照《中华人民共和国药典》一部(2015 版)丹参片提取工艺条件，称取丹参饮片适量置于2L 三颈圆底烧瓶中，加 8 倍量 90%乙醇，回流提取 1.5 小时，提取温度80℃，搅拌速度 100r/min。加热升温阶段，间隔 2min 取样；沸腾恒温阶段，间隔 6min 取样。每次取样 1.5mL，样本 9000r/min 离心 10min，取上清液分别测量 NIR 光谱和 HPLC 参考值。

称取丹参饮片 6 份，每份 150g，进行 6 批提取操作，其中第 1、4、5 和 6 批采用批号为 20140308 的丹参饮片，第 2 批采用批号为 20131226 的丹参饮片，第 3 批采用批号为 20130808 的丹参饮片。为增加过程变异性，第 5 批加热升温阶段，间隔 30s 取样；沸腾恒温阶段，间隔 3min。由于各批提取过程中达到沸腾的时间不同，第 1 至 6 批收集到的样本数分别为 23、23、23、22、62 和 23。批次 1、2 和 3 的样本作为校正集，用于建立初始 PLS 模型，第 4 批样本作为内部验证集，第 5、6 批作为外部预测集。

3) NIR 光谱采集

NIR 测定条件为室温环境下，采用透射方式采集光谱，光程为 8mm，扫描范围为

10000~4000cm^{-1}，分辨率为 4cm^{-1}，扫描次数为 32 次。每个样本平行测量 3 次光谱，求平均光谱。

4) 数据处理和软件

分别采用 SG 平滑(9 点)、一阶导数(1st)、二阶导数(2nd)、多元散射校正(MSC)、标准正则变换(SNV)和小波滤噪(WDS)进行预处理，基于全谱偏最小二乘(PLS)模型，以校正集相关系数 R_{cal}、校正均方根误差(RMSEC)和交叉验证均方根误差(RMSECV)为评价指标，选出最优预处理方法。然后采用组合间隔偏最小二乘法(SiPLS)对建模波段进行筛选，建立 PLS 模型，评价参数为交叉验证均方根误差(RMSECV)、预测均方根误差(RMSEP)及相应的相关系数 r。

采用 Thermo Scientific RESULT 软件采集近红外光谱。光谱预处理采用 SIMCAP+11.5 (Umetrics，Sweden)软件，PLS 算法使用 PLS Toolbox 2.1(Eigenvector Research Inc.)，SiPLS 算法采用 iToolbox 工具包，均在 Matalb 软件平台上实现。

5) 提取液中丹参酮ⅡA、丹参酮Ⅰ和隐丹参酮的含量测定结果

建立丹参酮ⅡA 标准曲线，方程为 $y=6116.7x+51.729(R^2=0.9995，n=8)$，线性范围为 0.0809~1.6176μg，作为校正集批次 1~3 的丹参酮ⅡA 浓度为 0.0233~0.0867g/L，作为测试集批次 4、5 和 6 丹参酮ⅡA 浓度分别为 0.0246~0.0849g/L、0.0169~0.0873g/L 和 0.0269~0.0813g/L。结果表明除批次 5 浓度外，其他批次丹参酮ⅡA 浓度均都落在校正集范围内。

建立丹参酮Ⅰ 标准曲线，方程为 $y = 2011.9 x + 14.805(R^2 = 0.9999，n = 8)$，线性范围为 0.1194~2.388μg，作为校正集批次 1~3 的丹参酮Ⅰ 浓度为 0.0198~0.0841g/L，作为测试集批次 4、5 和 6 丹参酮Ⅰ 浓度分别为 0.0218~0.0720g/L、0.0165~0.0808g/L 和 0.0234~0.0712g/L。结果表明除批次 5 浓度外，其他批次丹参酮Ⅰ 浓度均都落在校正集范围内。

建立隐丹参酮标准曲线，方程为 $y=5668.2x+7.7072(R^2=0.9999，n=8)$，线性范围为 0.0396~0.7928μg，作为校正集批次 1~3 的隐丹参酮浓度为 0.0133~0.0415g/L，作为测试集批次 4、5 和 6 隐丹参酮浓度分别为 0.0125~0.0406g/L、0.0107~0.0389g/L 和 0.0173~0.0435g/L。结果表明除批次 5、6 浓度外，只有批次 4 的隐丹参酮浓度落在校正集范围内。

6) 光谱预处理和变量筛选

以批次 1 为例，近红外原始光谱图如图 7-57(a)所示。10000~7100cm^{-1} 属于近红外短波吸收的二级倍频区，7100~5000cm^{-1} 为一级倍频区，5000~4000cm^{-1} 为组合频区，将采集的原始光谱以丹参酮ⅡA 为参考值进行建模，建模结果：R_{cal} 为 0.8981，RMSEC 为 0.0078g/L，RMSECV 为 0.0110g/L。由于二级倍频区的吸收强度较弱，5150cm^{-1} 处的强吸收是水分子反对称伸缩振动和弯曲振动的组合频谱带，出现在 4550cm^{-1} 附近的吸收饱和峰主要是乙醇的 OH 伸缩振动和 OH 弯曲振动的组合频引起，为提高模型性能，选择波数 7000~4000cm^{-1} 原始光谱，并去除饱和峰波数 5290~5116cm^{-1} 和 4590~4499cm^{-1} 后(图 7-57(a)虚线矩形部分)进行建模，建模结果：R_{cal} 为 0.9153，RMSEC 为 0.0071g/L，RMSECV 为 0.0086g/L，与全谱的原始光谱比较，建模效果有所提高。

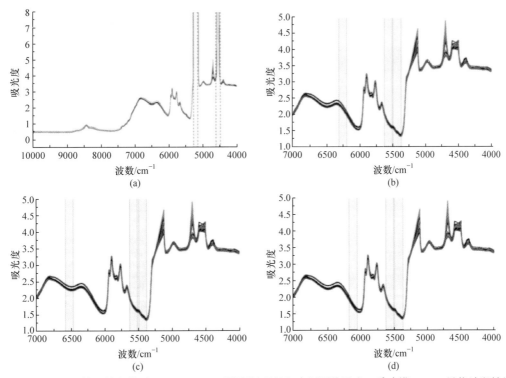

图 7-57　(a)近红外原始光谱图；(b)～(d)SG 平滑预处理的组合间隔偏最小二乘建模(SiPLS)最优波段结果

(b) 丹参酮ⅡA；(c) 隐丹参酮；(d) 丹参酮Ⅰ

同理,以丹参酮Ⅰ和隐丹参酮为参考值所建的模型为提高模型性能,选择波数 7000～4000cm^{-1} 原始光谱,并去除饱和峰波数 5290～5116cm^{-1} 和 4590～4499cm^{-1} 后(图 7-57(a) 虚线矩形部分)进行建模,建模结果分别为：R_{cal} 为 0.9153,RMSEC 为 0.0071g/L,RMSECV 为 0.0086g/L；R_{cal} 为 0.9190, RMSEC 为 0.0031g/L,RMSECV 为 0.0037g/L, 故对不同光谱预处理方法进行比较,结果见表 7-31～表 7-33,可见 SG 平滑预处理法建立丹参酮ⅡA、丹参酮Ⅰ和隐丹参酮 PLS 模型均为较优模型,丹参酮ⅡA 的 R_{cal} 为 0.9551, RMSEC 为 0.0052g/L, RMSECV 为 0.0081g/L, 丹参酮Ⅰ的 R_{cal} 为 0.9639, RMSEC 为 0.0021g/L, RMSECV 为 0.0032g/L, 隐丹参酮的 R_{cal} 为 0.9564, RMSEC 为 0.0015g/L, RMSECV 为 0.0023g/L, 三种模型成分的模型性能均有较大提高。

表 7-31　丹参酮ⅡA 不同光谱预处理方法的比较

方法	LVs	校正集				验证集			
		R_{cal}	RMSEC	RMSECV	BIAS$_{cal}$	R_{pre}	RMSEP	RPD	BIAS$_{pre}$
原始光谱	7	0.9153	0.0071	0.0086	0.0530	0.4487	0.0212	0.84	0.0120
1st	7	0.8855	0.0082	0.0135	0.0062	0.1434	0.0327	0.54	0.0196
2nd	10	0.9970	0.0014	0.0179	0.0011	−0.1412	0.0580	0.31	0.0340
MSC	9	0.9660	0.0045	0.0087	0.0036	0.5574	0.0178	1.00	0.0107
SNV	9	0.9661	0.0045	0.0087	0.0036	0.5565	0.0177	1.00	0.0107
WDS	10	0.9441	0.0058	0.0072	0.0048	0.5367	0.0284	0.63	0.0235
SG	10	0.9551	0.0052	0.0081	0.0040	0.8097	0.0136	1.31	0.0090

表 7-32 隐丹参酮不同光谱预处理方法的比较

方法	LVs	校正集				验证集			
		R_{cal}	RMSEC	RMSECV	$BIAS_{cal}$	R_{pre}	RMSEP	RPD	$BIAS_{pre}$
原始光谱	7	0.9175	0.0021	0.0026	0.0016	0.5084	0.0097	0.92	0.0033
1st	9	0.9748	0.0012	0.0040	9.5304×10^{-4}	0.1042	0.0096	0.55	0.0059
2nd	5	0.7842	0.0033	0.0047	0.0024	−0.1087	0.0102	0.52	0.0065
MSC	9	0.9674	0.0013	0.0024	0.0010	0.6950	0.0042	1.26	0.0027
SNV	9	0.9675	0.0013	0.0024	0.0010	0.6940	0.0042	1.26	0.0027
WDS	8	0.9214	0.0021	0.0025	0.0017	0.4203	0.0074	0.71	0.0051
SG	10	0.9564	0.0015	0.0023	0.0012	0.8654	0.0028	1.86	0.0019

表 7-33 丹参酮 I 不同光谱预处理方法的比较

方法	LVs	校正集				验证集			
		R_{cal}	RMSEC	RMSECV	$BIAS_{cal}$	R_{pre}	RMSEP	RPD	$BIAS_{pre}$
原始光谱	7	0.9190	0.0031	0.0037	0.0023	0.3925	0.0093	0.85	0.0065
1st	9	0.9749	0.0017	0.0058	0.0014	0.0469	0.0149	0.53	0.0113
2nd	5	0.7833	0.0048	0.0068	0.0035	−0.1711	0.0148	0.54	0.0107
MSC	7	0.9312	0.0028	0.0036	0.0022	0.4543	0.0097	0.81	0.0072
SNV	7	0.9311	0.0028	0.0036	0.0022	0.4538	0.0097	0.82	0.0072
WDS	10	0.9485	0.0025	0.0030	0.0020	0.4912	0.0110	0.72	0.0082
SG	10	0.9639	0.0021	0.0032	0.0016	0.7602	0.0056	1.41	0.0041

采用间隔偏最小二乘法(SiPLS)算法进行特征波段筛选，SiPLS 参数设置为：间隔数 20，最大潜变量因子数 10，组合数 3，丹参酮 IIA 筛选出的最优波段为 5365~5500cm^{-1}，5502~5637cm^{-1} 和 6187~6322cm^{-1}，如图 7-57(b)所示(虚线矩形部分)。利用最佳波段组合进行建模：R_{cal} 为 0.9811，RMSEC 为 0.0034g/L，RMSECV 为 0.0053g/L，R_{pre} 为 0.9431，RMSEP 为 0.0016g/L，RPD 为 3.30。同理，隐丹参酮筛选出的最优波段为 5365~5500cm^{-1}，5502~5637cm^{-1} 和 6050~6185cm^{-1}，如图 7-57(c)所示(虚线矩形部分)。利用最佳波段组合进行建模：R_{cal} 为 0.9809，RMSEC 为 0.0015g/L，RMSECV 为 0.0020g/L，R_{pre} 为 0.8883，RMSEP 为 0.0039g/L，RPD 为 2.05。同样，丹参酮 I 筛选出的最优波段为 5365~5500cm^{-1}，5502~5637cm^{-1} 和 6460~6595cm^{-1}，如图 7-57(d)所示(虚线矩形部分)。利用最佳波段组合进行建模：R_{cal} 为 0.9591，RMSEC 为 0.0042g/L，RMSECV 为 0.0048g/L，R_{pre} 为 0.9578，RMSEP 为 0.0045g/L，RPD 为 3.33。三种成分所建模型性能参数 RMSEC、RMSECV、RMSEP 值都有所降低，相关系数 r 和 RPD 值有所提高，尤其是 RPD 值提高比较显著。

7) 校正模型的建立与预测

本书对 3 批丹参提取液样本分别以丹参酮 IIA、隐丹参酮和丹参酮 I 为参考值进行 PLS 建模，由图 7-58(a)可知，RMSEC、RMSECV 和 PRESS 值在 6 个潜变量因子数时逐渐趋于平稳，而 RMSEP 值在 9 时最低，后逐渐增大。综合各指标变化趋势，选择潜变量因子数为 9，建立丹参酮ⅡA 校正模型。此条件下校正模型校正集和预测集中的 HPLC 参考值与 NIR 预测值如图 7-58(b)所示，表明丹参酮ⅡA 模型校正和预测性能良好。同理，由图 7-59(a)可知，RMSEC、RMSECV 和 PRESS 值在 7 个潜变量因子数时逐渐趋于平稳，随着潜变量个数的增多，曲线也再无大的起伏，则选择 7 个潜变量因子数建立隐丹参酮校正模型，校正模型校正集和预测集中的 HPLC 参考值与 NIR 预测值如图 7-59(b)所示，由图可见，隐丹参酮模型校正和预测性能比较优良。同样，丹参酮Ⅰ的 RMSEC、RMSECV 和 PRESS 值的曲线图在潜变量因子数为 6 时趋于平缓，如图 7-60(a)所示，故选择潜变量因子数 6 建立丹参酮Ⅰ的校正模型，从该校正模型校正集和预测集中的 HPLC 参考值与 NIR 预测值图 7-60(b)中可见，丹参酮Ⅰ的模型的校正和预测性能良好。

丹参酮ⅡA、隐丹参酮和丹参酮Ⅰ分别为参考值建立的 PLS 模型对批次 4、5、6 的验证结果见表 7-34~表 7-36。由表 7-34 可知，批次 4 的 RPD 值均大于 5、6 批的，RMSEP 和 $BIAS_{pre}$ 值均小于批次 5、6；由表 7-35 可见，批次 4 的 RPD 值均大于批次 5、6 的，RMSEP 值大于批次 5、6；由表 7-36 可见，批次 4 的 RPD 和 RNSEP 值居于批次 5、6 之间，表明丹参提取过程中不仅存在批间差异，也存在不同指标性成分所建模型预测性能差异。

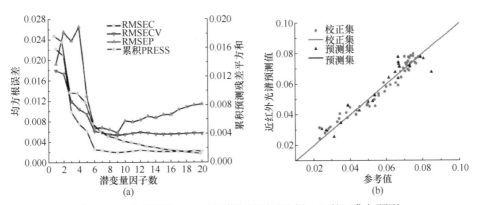

图 7-58　丹参酮ⅡA:(a)最优潜变量因子选择；(b)校正集与预测集中参考值与预测值(预测集为批次 4)

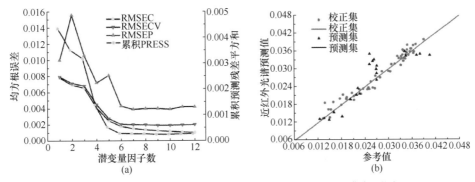

图 7-59　隐丹参酮:(a)最优潜变量因子选择；(b)校正集与预测集中参考值与预测值(预测集为批次 4)

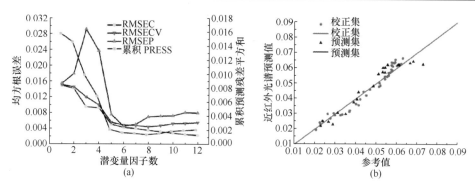

图 7-60　丹参酮Ⅰ:(a)最优潜变量因子选择；(b)校正集与预测
集中参考值与预测值(预测集为批次 4)

表 7-34　丹参酮ⅡA 批次 4、5、6 的验证结果

批次	LVs	校正集				验证集			
		R_{cal}	RMSEC	RMSECV	$BIAS_{cal}$	R_{pre}	RMSEP	RPD	$BIAS_{pre}$
4	9	0.9811	0.0034	0.0053	0.0027	0.9431	0.0058	3.06	0.0044
5	9	0.9811	0.0034	0.0053	0.0027	0.8886	0.0105	1.94	0.0088
6	9	0.9811	0.0034	0.0053	0.0027	0.9304	0.0089	1.90	0.0074

表 7-35　隐丹参酮批次 4、5、6 的验证结果

批次	LVs	校正集				验证集			
		R_{cal}	RMSEC	RMSECV	$BIAS_{cal}$	R_{pre}	RMSEP	RPD	$BIAS_{pre}$
4	7	0.9809	0.0015	0.0020	0.0012	0.8883	0.0039	2.05	0.0029
5	7	0.9809	0.0015	0.0020	0.0012	0.9338	0.0029	2.68	0.0024
6	7	0.9809	0.0015	0.0020	0.0012	0.9535	0.0028	2.89	0.0023

表 7-36　丹参酮Ⅰ批次 4、5、6 的验证结果

批次	LVs	校正集				验证集			
		R_{cal}	RMSEC	RMSECV	$BIAS_{cal}$	R_{pre}	RMSEP	RPD	$BIAS_{pre}$
4	6	0.9591	0.0042	0.0048	0.0030	0.9578	0.0045	3.33	0.0036
5	6	0.9591	0.0042	0.0048	0.0030	0.9502	0.0071	2.33	0.0060
6	6	0.9591	0.0042	0.0048	0.0030	0.9752	0.0038	4.02	0.0028

　　以上研究以丹参为载体，成功建立了丹参酮类成分丹参酮ⅡA、隐丹参酮和丹参酮Ⅰ为参考值的校正及预测模型，表明此三类成分模型性能良好，但对批次 5、6 的预测性能因指标性成分的不同而有所不同，以丹参酮Ⅰ为指标建立的模型对批次 5、6 的预测性能较佳，而其他两种指标成分模型对批次 5、6 的预测性能较差，说明原有的模型无法涵盖提取过程中新的变异信息，需对原模型进行更新维护。

7.3　中药制造水解过程单元分析

7.3.1　水牛角水解过程近红外定量检测

　　清开灵注射液中的臣药水牛角为牛科动物水牛 Bubalus bubalis linnacus 的角。性味苦寒，归心肝经，有清热凉血，解毒，定惊的功效。主要用于温病高热，神昏谵语，发斑发疹，吐血衄血，惊风，癫狂等症。本节[18]以清开灵注射液水牛角水解过程为例建立了一种 NIR 光谱在线检测与质量控制的方法，并且分别考察了波段范围、预处理方法对建模方法的模型性能的影响，实现了清开灵注射液生产过程中水牛角水解过程的实时、快速的在线分析。

　　1) 仪器与试剂

　　Agilent 1100 高效液相色谱仪，DAD 检测器(美国安捷伦公司)；PHS-3C 型酸度计(上海雷磁仪器厂)；氨基酸混标(天津博纳艾杰尔科技公司)；色氨酸(中国食品药品检定研究所)；甲醇(色谱纯)、乙腈(色谱纯)(美国飞世尔科学世界公司)；异硫氰酸苯酯(美国 sigma 公司)；三乙胺、乙酸钠、乙酸、氢氧化钡、正己烷(均来自北京化工厂)，水牛角粉(亚宝(北中大)制药有限公司)。

　　2) 水牛角水解过程样本制备

　　取氢氧化钡 315g 于反应釜中，加入沸腾的去离子水 1000mL，搅拌溶解，然后加入水牛角粉 70g 搅拌均匀，微沸水解 13h，水解过程中不同时间点取样 5mL，然后补足失去的水分，共取样 38 个，冷凝后过滤，滤液用于对水牛角水解过程的分析。重复 3 次水解实验，共获得 121 个样本。将第二、三次实验的水解液液样本作为校正集，第一次水解样本作为验证集。

　　3) NIR 光谱检测

　　对水解过程中所取的 121 个样本，利用 Thermo Fisher Sientific 公司的 Antaris 傅里叶变换近红外光谱仪以透射模式采集其光谱，光谱范围为 11000～4000cm^{-1}，波数间隔 8cm^{-1}，每个样本扫描 32 次，取平均光谱。所得 NIR 光谱见图 7-61。

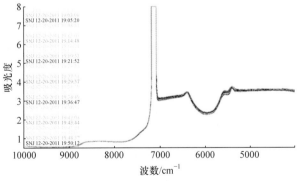

图 7-61　水牛角水解过程 NIR 光谱图

4) 近红外定量模型校正与评价

采用 Thermo Fisher Scientific 公司 TQ 化学计量学软件的对 NIR 光谱和各种氨基酸的含量进行回归分析,选择合适的波段及光谱预处理方法对模型进行优化,运用模型评价参数 R^2、RMSECV、RMSEC 和 RMSEP 为指标对模型进行评价。一个好的模型具有小的 RMSRCV 与 RMSEP 值,以及合适的主成分数。

经过模型的优化,发现 6410.37～5410.57cm^{-1} 波段范围内的光谱经过一阶求导与 Norris 平滑后,用偏最小二乘法(PLS)建立的定量模型,除天冬氨酸(Asp),谷氨酸(Glu),丝氨酸(Ser),甘氨酸(Gly)由于相关性或模型评价参数较差外,其余 8 种氨基酸的近红外定量校正模型的性能均较优。各氨基酸近红外模型评价参数见表 7-37。

表 7-37　各氨基酸近红外模型评价参数

氨基酸	LVs	校正集		验证集	
		R_c^2	RMSEC	R_p^2	RMSEP
Asp	3	0.7083	0.514	0.0408	0.763
Glu	10	0.9816	0.264	0.8968	0.718
Ser	8	0.9179	0.109	0.8205	0.228
Gly	10	0.9781	0.140	0.6946	0.254
Ala	8	0.9654	0.201	0.8762	0.240
Pro	10	0.9847	0.0817	0.9496	0.207
Tyr	10	0.9866	0.126	0.9263	0.336
Val	9	0.9765	0.0524	0.9036	0.131
Leu	10	0.9794	0.146	0.9345	0.381
Phe	10	0.9854	0.0463	0.9241	0.106
Trp	9	0.9813	0.226	0.9075	0.544
Lys	10	0.9820	0.0447	0.9155	0.152

以上研究结果表明在 6410.37～5410.57cm^{-1} 波段范围内的光谱的经过一阶求导与 Norris 平滑后,用 PLS 建立的定量校正模型,除天冬氨酸、甘氨酸、丝氨酸与谷氨酸外的 8 种氨基酸的预测值与参考值有较高的相关性,说明近红外能够用于水牛角过程的在线质量控制,但需要进一步的研究。

7.4　中药制造浓缩过程单元分析

7.4.1　乳块消浓缩过程近红外定量检测

乳块消浓缩液是提取液混合后,经醇沉、收醇、浓缩得到的,其呈稠膏状。本节[12]以积分球漫反射结合反射方式采集 NIR 光谱,建立了乳块消浓缩液中丹参素、原儿茶醛、橙皮苷和丹酚酸 B 含量的 NIR 定量检测方法。

1) 材料与仪器

丹参素(批号：110855-200507)、原儿茶醛(批号：110810-200506)、橙皮苷(批号：110721-200512)、丹酚酸 B(批号：111562-200504)(纯度均大于 98%)购自中国食品药品检定研究所。浓缩液样本由指定药厂提供，甲醇为色谱纯，水为娃哈哈纯净水，其他试剂均为分析纯。

Agilent-1100 高效液相色谱仪：包括在线脱气机，四元泵，自动进样器，柱温箱，DAD 二极管阵列检测器，Agilent Chemstation。Sartorius BP211D 型电子天平。Antaris 傅里叶变换近红外光谱仪(美国 Thermo Nicolet 公司)配有 InGaAs 检测器、积分球漫反射采样系统、Result 操作软件、TQ Analyst V6 光谱分析软件及 MATLAB 软件工具(Mathwork Inc.)。

2) NIR 扫描条件

采用积分球漫反射检测系统；NIR 光谱扫描范围为 $10000\sim4000cm^{-1}$；扫描次数为 32；分辨率为 $16cm^{-1}$；增益为 4，以内置背景为参照。每批样本重复测定 3 次，取均值。

3) 含量测定

分别考察了冷浸法和超声提取法，并考察了提取溶剂(甲醇，70%乙醇溶液，3%醋酸甲醇溶液)，提取时间(20min，30min，45min)，溶剂体积(25mL，50mL，75mL)。得到最优化的提取方法为 3%醋酸甲醇溶液 25mL，超声提取 30min。含量测定结果见表 7-38。

表 7-38 浓缩液中 4 种主要成分的含量测定结果 (单位：mg/g)

	丹参素	原儿茶醛	橙皮苷	丹酚酸 B
$\bar{x}\pm s$	1.8029±0.3373	0.2909±0.0622	2.8240±0.3838	8.1374±1.0154
最大值	2.5026	0.4129	3.5182	10.3785
最小值	1.2874	0.2004	1.9441	5.4574
range*	1.2152	0.2125	1.5741	4.9211

* range 代表最大值–最小值

4) NIR 光谱图

浓缩液的 NIR 漫反射原始光谱见图 7-62。

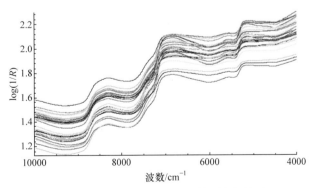

图 7-62 浓缩液的 NIR 漫反射原始光谱图

5) 建模方法的选择

本研究中分别对丹参素、原儿茶醛、橙皮苷和丹酚酸 B 的 NIR 模型的建立方法进行了考察，结果见表 7-39，确定丹参素、橙皮苷、丹酚酸 B 建模方法为 SMLR 法，原儿茶醛为 PLS 法。

表 7-39　不同建模方法的比较

	方法	R	RMSECV
丹参素	SMLR	0.3964	0.361
	PLS	0.0423	0.360
	PCR	0.2486	0.323
原儿茶醛	SMLR	0.7445	0.0424
	PLS	0.7637	0.0414
	PCR	0.7633	0.0413
橙皮苷	SMLR	0.1589	0.388
	PLS	0.1124	0.405
	PCR	0.2321	0.462
丹酚酸 B	SMLR	0.2790	0.985
	PLS	0.1049	1.06
	PCR	0.0340	1.15

6) 光谱预处理方法的选择

分别对 NIR 原始光谱进行了导数光谱法(1D 法、2D 法)和平滑法(SG 平滑法、ND 平滑法)预处理，比较它们对模型性能的影响，结果见表 7-40。

表 7-40　不同预处理方法的比较

光谱类型	平滑	丹参素		原儿茶醛		橙皮苷		丹酚酸 B	
		R	RMSECV	R	RMSECV	R	RMSECV	R	RMSECV
原谱	no	0.3964	0.323	0.7622	0.0415	0.1647	0.388	0.3844	0.938
	SG	0.3854	0.325	0.7637	0.0414	0.1589	0.388	0.2790	0.985
1D	no	0.6790	0.252	0.6434	0.0489	0.7160	0.265	0.6590	0.758
	SG	0.7152	0.241	0.6541	0.0483	0.6239	0.297	0.6226	0.788
	ND	0.6166	0.307	0.7032	0.0452	0.5628	0.313	0.4231	0.920
2D	no	0.6910	0.250	0.3189	0.0601	0.6686	0.283	0.6383	0.775
	SG	0.6854	0.249	0.5904	0.0511	0.7046	0.268	0.6551	0.762
	ND	0.5514	0.289	0.6558	0.0479	0.7114	0.266	0.8120	0.586

7) 入选变量数的选择

浓缩液中原儿茶醛以 PLS 法建立模型，其潜变量因子数为 5，结果见表 7-41。丹参素、橙皮苷和丹酚酸 B 以 SMLR 法进行模型建立，因而需要确定其模型建立所需的入选变量数。通过比较 R 及 RMSEC 和 RMSEP，确定其最佳入选变量数，比较结果见表 7-42，分析可知丹参素、橙皮苷、丹酚酸 B 的入选变量数分别为 3、2、3。

表 7-41 原儿茶醛模型潜变量因子数的确定

潜变量因子数	R	RMSEC	RMSEP	∣RMSEC–RMSEP∣
4	0.8365	0.0346	0.0428	0.0082
5	0.8543	0.0329	0.0398	0.0069
6	0.9410	0.0214	0.0370	0.0156

表 7-42 不同入选变量数的比较

	变量数	R	RMSEC	RMSEP	∣RMSEC–RMSEP∣
	2	0.7873	0.210	0.125	0.085
	3	0.8629	0.172	0.0984	0.0736
丹参素	4	0.9152	0.137	0.211	0.074
	5	0.9496	0.107	0.241	0.134
	2	0.8120	0.219	0.303	0.084
	3	0.9088	0.157	0.382	0.225
橙皮苷	4	0.9451	0.123	0.344	0.221
	5	0.9617	0.103	0.302	0.199
	6	0.9766	0.0809	0.314	0.233
	2	0.8202	0.540	0.647	0.107
	3	0.8632	0.477	0.698	0.221
丹酚酸 B	4	0.8977	0.416	0.461	0.045
	5	0.9186	0.373	0.423	0.05
	6	0.9443	0.311	0.530	0.219
	7	0.9647	0.249	0.777	0.528

8) 模型的建立

NIR 原始光谱经预处理后，丹参素、橙皮苷、丹酚酸 B 均采用 SMLR 法建立模型，原儿茶醛以 PLS 法建立模型。四者的 HPLC 参考值与 NIR 预测值相关图见图 7-63。

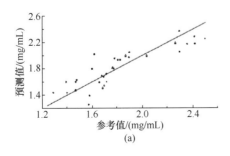
(a)

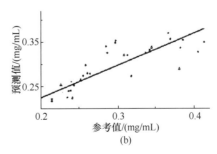
(b)

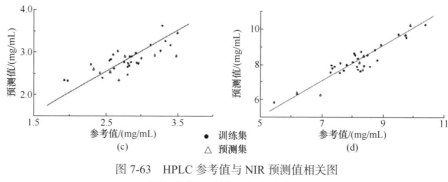

图 7-63　HPLC 参考值与 NIR 预测值相关图

(a)～(d)分别为丹参素、原儿茶醛、橙皮苷、丹酚酸 B

7.5　中药制造醇沉过程单元分析

水提取乙醇沉淀法(简称醇沉法)是中药制剂精制过程中常用的方法。然而，醇沉法正处在中药关键技术去与留的十字路口。一方面，醇沉能够纯化提取液，被视为中药制剂提取精制的"通则"；另一方面，醇沉过程造成中药有效成分的流失，影响中药制剂的有效性和安全性，并且存在工艺参数难以控制、能源材料损耗大等问题。研究表明[19]，近红外光谱结合偏最小二乘法可以测定乳块消片醇沉液中丹参素和橙皮苷含量。因此，审视中药醇沉技术的应用范围，将近红外光谱分析技术与醇沉工艺相结合，对于发挥醇沉技术优势、发展中药提取纯化技术、稳定产品质量具有十分重要的意义。

7.5.1　金银花醇沉过程近红外定性检测

基于 NIR 光谱技术的过程终点检测与判断是中药制药过程分析的重要内容之一。目前，文献报道的中药制药过程终点检测方法可分为定量和定性检测两类。定量终点分析的方法需要使用离线样本建立在线定量校正模型，其优点是可以实时反映过程中有效成分或指标性成分含量的变化，缺点是费时费力，且模型维护成本较高；定性检测的方法，如移动块标准偏差法，用于评价连续光谱之间的波动情况，其优势是简单方便，无需定量模型，即可分析过程终点，但缺点是存在一定检测延时，且准确度较低。

本节[20]以金银花醇沉加醇过程为载体，将 QbD 中"设计空间"的理念和方法引入中药制药过程分析，从设计层次保证过程终点检测的质量，同时集成主成分分析、移动块相对标准偏差和多变量统计过程控制等多种化学计量学手段，建立了一种新的基于 QbD 设计空间的灵敏、准确的过程终点检测方法，为中药制药过程终点分析提供新的思路。

1) 仪器与材料

ANTARIS 傅里叶变换近红外光谱仪(Thermo Nicolet Corporation)；Agilent 1100 高效液相色谱仪(美国 Agilent 公司，包括：四元泵、真空脱气泵、自动进样器、柱温箱、二极管阵列检测器、ChemStation 数据处理工作站)。RW20 数显机械搅拌器(德国 IKA)；YZ1515X 基本型蠕动泵(保定兰格恒流泵有限公司)；YP10002 型电子天平(上海越平科学仪器有限公司)。

金银花药材(北京本草方源药业有限公司，批号：20110116，产地：河南)，经北京中医药大学中药学院李卫东副研究员鉴定为忍冬科植物忍冬 *Lonicerae Japonicae* Thunb.的干燥花蕾。木犀草苷(批号：111720-200905)和绿原酸(批号：110753-200413)对照品购自中国食品药品检定研究所。医用酒精(95%)、乙腈(色谱纯，美国 Fisher 公司)、甲醇(色谱纯，Fisher 公司)、乙酸(分析纯，北京化工厂)、甲酸(分析纯，Sigma 公司)、娃哈哈纯净水。

2) 样本制备和 NIR 光谱采集

取一定量的金银花药材，加水煎煮两次，第一次加水 15 倍，第二次 10 倍，每次 0.5小时。合并提取液，滤过，浓缩至指定密度(25℃)。取 400mL 浓缩液置于 3000mL 烧杯中，在 500r/min 的转速下，以 75mL/min 速度加入 95%乙醇，不同批次加入不同量的乙醇。乙醇加入完毕后继续搅拌至 30min 以使各批次获得等时间跨度。每隔 30s 取样 1.5mL，9000r/min 离心 10min，取上清液分别测量 NIR 光谱和参考值。NIR 测定条件为室温环境下，采用透射方式采集光谱，光程为 8mm，分辨率为 4cm^{-1}，扫描范围为 10000～4000cm^{-1}，扫描次数为 16 次，增益为 4，每个样本平行采集 3 次光谱。近红外光谱采集与处理采用 Thermo Scientific RESULT 软件。

3) 基于设计空间的过程终点分析策略

人用药品注册技术国际协调会(ICH)在其指南文件 ICH Q8(R2)中将设计空间定义为：可以确保产品质量的输入变量和工艺参数之间的多维结合与相互作用。在设计空间内变更工艺参数不会改变产品质量。对化学药品和生物制品的生产过程建立设计空间时，通常采用实验设计和多变量统计分析的方法确定过程关键工艺参数和产品关键质量属性之间的关系模型，基于过程模型开发设计空间。

与化学药品不同，中药因具有来源多样性和成分复杂性等特点，其产品多采用固定工艺参数模式生产。但过程输入的原料药材的波动，以及生产过程中不可避免的扰动，会导致不同正常操作条件(normal operating conditions，NOCs)下的中药制药过程之间往往存在一定差异。当批次间差异不影响最终产品质量时，积累一定数量的 NOCs 批次就相当于在一定范围内获得了过程输入、过程扰动和终产品质量之间的相互作用关系，而这种关系与设计空间是一致的。据此，本书提出了基于 NIR 过程分析技术和设计空间的中药制药过程终点检测方法，如图 7-64 所示，该方法主要包括以下 3 个步骤。

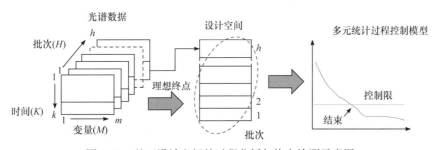

图 7-64　基于设计空间的过程分析与终点检测示意图

(1) 采集一个制药过程多个 NOCs 批次 NIR 光谱数据，构成三维光谱矩阵 $X_{H×K×M}$(H

代表批次，K 代表时间，M 代表变量)。

(2) 采用主成分分析结合移动块相对标准偏差(PCA based moving block relative standard deviation，PCA-MBRSD)法，确立各个批次中的理想终点(desired end-points，DEPs)光谱数据，由各批 DEPs 光谱样本构成过程终点设计空间。

(3) 基于过程终点设计空间，建立 MSPC 模型，采用 MSPC 模型进行过程终点检测。

将过程光谱矩阵 $X_{H×K×M}$ 按照变量方向重组成矩阵 $X_{HK×M}$，对光谱矩阵 $X_{HK×M}$ 进行 PCA 分析，选取前 A 个可以解释光谱数据中大部分变化的主成分，分别在每一批次光谱数据的主成分空间中，由式(7-1)计算每一时间点的光谱和第 1 时间点光谱之间的欧氏距离：

$$d_i = \mathrm{sqrt}\left[\sum_{j=1}^{A}(t_{ij} - t_{1j})^2\right] \tag{7-1}$$

式中，t_{ij} 为第 i ($1 \leqslant i \leqslant k$) 时间点对应的第 j 个主成分的得分值。

对于第 h 批的过程光谱数据，可以连续获得 k 个距离值(d_1 至 d_k)。基于欧氏距离值，采用移动块相对标准偏差法评价该批中第 $1 \sim k$ 时间点的光谱的波动情况。MBRSD 值可由式(7-2)~式(7-4)计算：

$$\mathrm{MBRSD} = \frac{SD}{\bar{d}} \tag{7-2}$$

$$SD = \mathrm{sqrt}\left[\frac{1}{w-1}\sum_{i=1}^{w}(d_i - \bar{d})^2\right] \tag{7-3}$$

$$\bar{d} = \frac{1}{w}\sum_{i=1}^{w}d_i \tag{7-4}$$

式中，w 为窗口宽度。对于第 h 批，可以获得 $k-w+1$ 个连续 MBRSD 值。通过合理设置 MBRSD 阈值，可以实现过程终点的判断。选择各批中低于 MBRSD 阈值的光谱数据(即 DEPs)，并重新排列为矩阵 $X_{n×m}$(n 为样本个数，m 为变量数)，则矩阵 $X_{n×m}$ 中包含的信息代表了正常操作模式下过程终点的设计空间。

4) 设计空间的构建

采用 11 批数据构成光谱矩阵 $X_{660×365}$(即 11×60 个光谱样本，365 个变量)。对 $X_{660×365}$ 进行 PCA 分析，结果前 2 个主成分可以解释原始数据 99.98%的信息。因此选择前两个主成分，将窗口大小 w 设置为 6，对各批次中的样本按照上述方法计算 MBRSD 值。以批次 1、5 和 9 为例，3 个批次的 MBRSD 曲线如图 7-65 所示。随着加醇过程的进行，MBRSD 值呈降低趋势。参考经典 HPLC 法的验证标准，将 RSD 的阈值设置为 1%，可以发现 PCA-MBRSD 法虽然简便，但终点判断效果并不稳定，例如批次 1 中第 36 时间点 MBRSD 值小于 1%，但随后又超过阈值。因此，本例中以连续 5 点的 MBRSD 值低于 1%时确定为终点状态，此 MBRSD 区间对应的样本为理想终点样本。

从前 11 个批次中共选出了 119 个 DEPs，其在原始光谱确立的主成分空间中的位置如图 7-66 中灰色三角形所示。此 119 个样本所包含的信息构成金银花醇沉过程终点检测的设计空间，如图 7-66 中灰色置信椭圆所示。基于过程终点设计空间可建立相应的终点分析与控制策略，并用于过程终点判断。

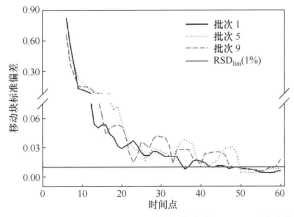

图 7-65　PCA-MBRSD 法确定正常操作条件下的过程终点数据

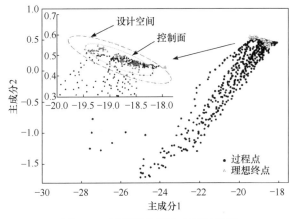

图 7-66　过程终点设计空间示意图

5) MSPC 模型的建立和应用

由 119 个 DEPs 组成终点光谱矩阵 $X_{119\times365}$，对其进行均值标准化处理。以 15 折交叉验证和 PRESS 统计量优选主成分，并确定主成分数为 4。基于 PCA 分析的结果，将检验水平 α 设置为 0.95，计算 D 统计量控制限为 10.1425，计算 Q 统计量控制限为 0.0389。然后分别建立多变量 D 统计量控制图和 Q 统计量控制图。在对新的批次进行监控前，首先将新批次的过程光谱数据以矩阵 $X_{119\times365}$ 的均值和标准差进行标准化预处理，再计算相应 D 统计量和 Q 统计量。

醇沉批次 12 为正常操作批次，其加醇过程终点检测如图 7-67 所示。在第 38 个时间点时该批次的 D 统计量和 Q 统计量均低于控制限，因此第 38 时间点为批次 12 的加醇终点。在达到过程终点后，第 49 时间点的 D 值超过控制限，而 Q 值未超过控制限，可初步判断该点可能为偶然测量误差所致。

醇沉批次 13 中，加快了蠕动泵的转速，即输送乙醇的速度加快。结果发现 D 控制图和 Q 控制图可以灵敏、准确地检测到过程终点的改变，如图 7-68 所示，第 34 时间点为加醇过程终点，并且终点后的各点的 D 统计量和 Q 统计量均处于受控状态。

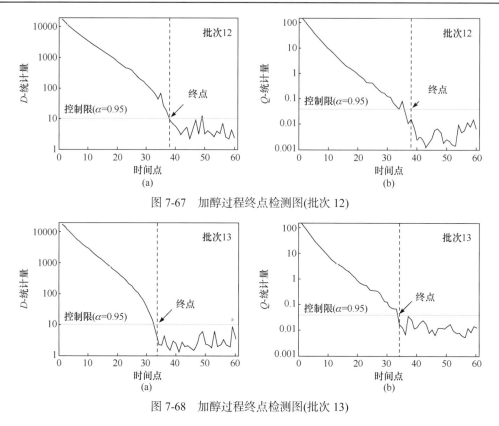

图 7-67　加醇过程终点检测图(批次 12)

图 7-68　加醇过程终点检测图(批次 13)

　　醇沉批次 14 模拟加醇量过多的故障批次，即在正常加醇操作后继续加醇，使最终醇沉浓度为 77%。结果，D 控制图和 Q 控制图可以检测到加醇终点(时间点 38)，如图 7-69 所示。而随着乙醇的继续加入，D 统计量从 44 点开始超过控制限，同时 Q 统计量保持正常，表明过程出现异常，但 MSPC 模型仍然适用。

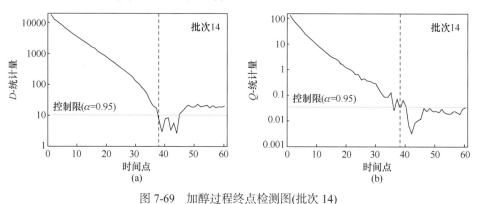

图 7-69　加醇过程终点检测图(批次 14)

　　醇沉批次 15 模拟加醇量不足的故障批次，即未达到指定加醇量。结果如图 7-70 所示，无论是 D 控制图还是 Q 控制图均无法检测到过程终点，提示过程存在异常。
　　醇沉批次 16 模拟过程输入的异常，即药液浓度密度高于正常批次，结果如图 7-71 所示。虽然 D 控制图可以检测到过程终点(时间点 39)，但各时间点的 Q 统计量均高于控

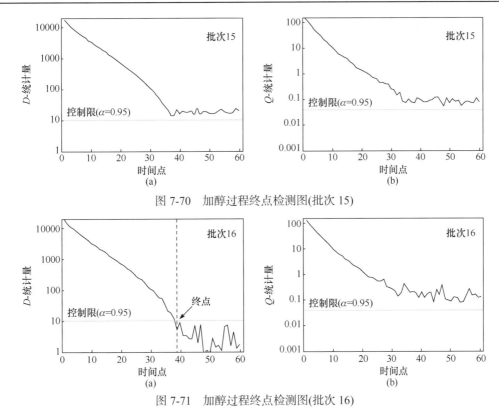

图 7-70 加醇过程终点检测图(批次 15)

图 7-71 加醇过程终点检测图(批次 16)

制限, 表明正常光谱变量所代表的关系结构已发生根本性的改变, MSPC 监控模型已不再适用, 并且过程出现异常。

6) HPLC 法验证

采用高效液相色谱法, 对批次 12 和批次 13 中各时间点的样本绿原酸含量进行定量检测, 以验证过程终点检测的可靠性, 结果如图 7-72 所示。在第 12 批中, MSPC 模型确定的过程终点(第 38 时间点)对应的浓度为 1.50mg/mL, 终点之后的 23 个时间点绿原酸浓

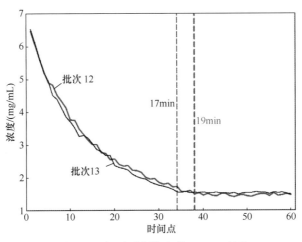

图 7-72 加醇过程终点的 HPLC 验证

度的 RSD 值为 2.37%；在第 13 批中，MSPC 模型确定的过程终点(第 34 时间点)对应的浓度为 1.56mg/mL，之后的 27 个时间点绿原酸浓度的 RSD 值为 1.30%，表明使用本书所建方法进行金银花醇沉加醇过程终点检测时，不仅终点判断准确，而且没有时间延时。

本研究在对金银花醇沉过程 NIR 光谱进行 PCA 分析的基础上，建立可对醇沉过程状态进行监控的 MSPC 模型，通过多变量 Hotelling T^2 和 SPE 控制图对醇沉过程进行定性检测。与定量检测相似，在对新的正常批次进行监控时，MSPC 监控结果出现了较多的误报情况，这与中药制药过程的批间差异有关。通过对 MSPC 模型的更新，可改变模型的控制范围，并有效应对批间差异。

另外，本节将 PAT 和 QbD 技术集成，并成功应用于中药制药过程终点检测。采用 NIR 光谱技术对多批次醇沉加醇过程进行快速分析，建立了 PCA-MBRSD 法，从正常加醇过程 NIR 数据中获得理想终点样本，由理想终点样本构成加醇过程终点设计空间。在设计空间确定的范围内，采用 MSPC 的方法，建立了过程终点检测的 Hotelling T^2 和 SPE 控制图，对正常批次和异常操作条件下批次过程进行终点监控，结果表明本书所建方法可以灵敏和准确地对加醇过程终点进行判断，且无延时，实施本方法后可以节省约 1/3 的加醇操作时间。

7.5.2 金银花醇沉过程近红外定量检测

本节[21]以金银花醇沉环节为载体，研究以 NIR 为主的 PAT 技术在中药制剂单元中的应用，利用过程 NIR 数据，实现金银花醇沉过程近红外定量检测。

1) 数据描述

采用 6 批醇沉操作数据(批次 1~6)进行过程定量检测研究。前三批(批次 1~3)作为初始校正集，批次 4 作为内部测试集，批次 5 和 6 作为外部测试集。批次 3、4、5 和 6 的水提液浓缩密度为 1.10，醇沉浓度为 75%。为了扩大校正集的样本覆盖范围，批次 1 和 2 中水提液浓缩的密度分别为 1.15 和 1.05，加醇量均为 1711mL(即醇沉浓度为 77%)。

HPLC 定量检测显示校正集样本的绿原酸浓度范围为 0.932~7.747mg/mL。作为测试集的批次 4、5 和 6 的绿原酸浓度范围分别为 1.410~6.464mg/mL，1.495~6.580mg/mL 和 1.482~6.527mg/mL。结果表明校正集样本的绿原酸浓度具有较宽的分布范围，3 批测试集样本的绿原酸浓度均在校正集范围以内。

2) 定量模型建立

NIR 原始光谱如图 7-73 所示。由表 7-43 可见，采用原始光谱建立的 PLS 模型的校正和预测性能良好，采用小波去噪后的光谱建立的 PLS 模型性能与原始光谱相当，因此本研究中采用原始光谱建立模型。在 MWPLS 算法中，窗口大小设置为 21，每一窗口对应的最优 RMSECV 值如图 7-74 所示。具有较低的 RMSECV 值的波段 8500~7300cm^{-1} 被选择建立 PLS 模型。

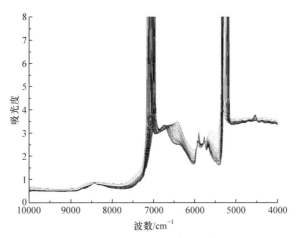

图 7-73　NIR 原始光谱图(批次 3)

表 7-43　不同光谱预处理方法的比较

方法	LVs	校正集				测试集			
		r_{cal}	RMSEC	RMSECV	BIAS$_{cal}$	r_{val}	RMSEP	RPD	BIAS$_{val}$
原始光谱	4	0.8997	0.606	0.640	0.482	0.9968	0.228	5.80	0.168
SG	7	0.9287	0.515	0.613	0.398	0.9871	0.297	4.46	0.251
1st	6	0.8808	0.658	0.730	0.517	0.9937	0.343	3.85	0.290
NG-2nd	6	0.8718	0.684	0.889	0.499	0.9117	0.656	2.01	0.500
MSC	3	0.8859	0.644	0.672	0.507	0.9967	0.300	4.41	0.228
SNV	4	0.8884	0.637	0.672	0.509	0.9973	0.285	4.64	0.225
WDS	4	0.8997	0.606	0.640	0.482	0.9969	0.228	5.80	0.168
基线校正	4	0.8884	0.638	0.673	0.506	0.9963	0.295	4.48	0.245

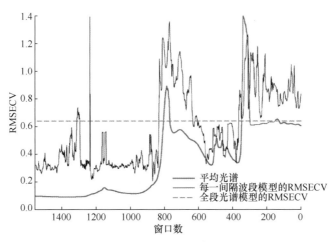

图 7-74　移动窗口偏最小二乘(MWPLS)回归

粗实线代表以纵坐标为标度的平均光谱，短划线代表使用全段光谱建立的 PLS 模型
(4 个潜变量因子)的 RMSECV 值，细实线代表采用每一间隔波段建立的 PLS 模型的 RMSECV 值

3) 定量模型的校正和验证

由图 7-75(a)可以发现，RMSEC、RMSECV、RMSEP 和 PRESS 在 6 个潜变量因子时趋于稳定，因此选择 6 个潜变量因子建立校正模型。批次 4、5 和 6 的验证结果见表 7-44，可以发现批次 5 和 6 的 RMSEP 和 BIAS 值大于批次 4，而 RPD 值小于批次 4，并且在本

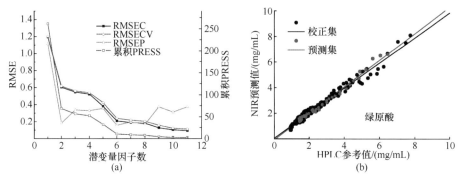

图 7-75　(a)最优潜变量因子数的选择；(b)校正集和预测集中
参考值和预测值的相关关系图(预测集为批次 4)

例中发现批次 5 和 6 的预测结果存在残差漂移现象(图 7-76)，表明批次 5 和 6 的光谱存在变异，导致变异的原因可能为批次 5 和 6 中包含了新的样本。上述结果表明，随着批处理生产过程的进行，校正模型需要更新以应对新的过程变异。

表 7-44　批次 4、5 和 6 的验证结果

批次	r_{val}	RMSEP	RPD	$BIAS_{val}$
4	0.9940	0.156	8.45	0.111
5	0.9962	0.377	3.61	0.313
6	0.9944	0.320	4.04	0.279

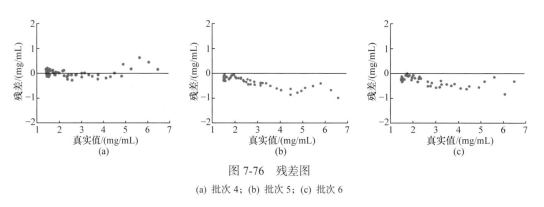

图 7-76　残差图
(a) 批次 4；(b) 批次 5；(c) 批次 6

4) 代表性校正子集的选择

用于建立初始模型的校正集中可能包含冗余光谱信息，因此在模型更新前，可以将包含无用信息的样本剔除并建立代表性子集。本例中代表性子集样本来自 OSC 分类策略中的边界样本，计算校正集样本的 SIC 残差值和 SIC 杠杆值，并按照 OSC 原则对所有样

本进行分类, 结果如图 7-77 所示。180 个样本中, 51 个样本(绿色空心圆)属于边界样本, 这部分样本对于 PLS 模型的建立具有重要贡献, 其余样本(黑色正方形)可以视为冗余信息从校正集中剔除。

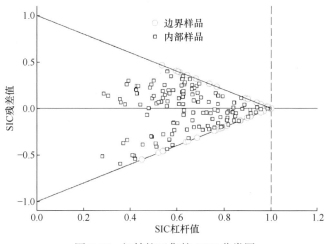

图 7-77 初始校正集的 OSC 分类图

由上述 51 个边界样本重新建立 PLS 模型, 潜变量因子数为 6, 采用批次 4 验证模型的预测性能。结果 RMSEP 为 0.134, $BIAS_{val}$ 为 0.101, RPD 为 9.89, 表明由代表性子集建立的 PLS 模型的预测精度优于初始 PLS 模型。

5) 模型更新

假设在生产实际中进行了三批生产实验(批次 1、2 和 3), 则由 180 个样本建立的初始模型以"模型 I"表示, 由 51 个样本组成的代表性子集建立的模型以"模型 A"表示。则模型更新可采用以下两种策略。

策略 1: 当采集了一个新的生产批次(如批次 4)的过程 NIR 光谱, 该批次所有样本的 SIC 杠杆值可以由光谱数据计算。将批次 4 中 SIC 杠杆值大于 0.5 的样本选择出来, 并进行 HPLC 定量检测。随后, 将这些选出的样本加入模型 A, 重新建立校正模型, 并命名为模型 B。同样, 模型 C 由选自批次 5 的样本和模型 B 中的样本构建。将 SIC 杠杆值的阈值设置为 0.5, 可近似将预测误差大于 2 倍的 RMSEC 值的样本选出, 并用以模型更新。

策略 2: 采用 Kennard-Stone(KS)算法从新的批次挑选代表性子集。本例中, 每次从新的批次中采用 KS 算法选择 20 个样本, 并加入旧模型进行更新。例如, 模型 II 由模型 I 中的 180 个样本和从批次 4 中选出 20 个样本构建。

随着生产过程的进行, 初始模型(模型 I 和模型 A)不断进行更新, 并可产生两个系列的模型。本例中模型 I 和模型 A 被更新 2 次, 批次 6 用以验证更新后的模型性能。两系列模型中校正集样本的数目, 以及模型的校正和预测性能结果如表 7-45 所示。在每个模型系列中, 更新后的模型性能都优于更新前的模型, 表现为逐渐增长的 RPD 值和逐渐降低的 RMSEC、RMSECV、RMSEP 和 BIAS 值。模型更新策略 1 中使用较少的校正样本, 并且更新策略 1 的效果优于策略 2。

表 7-45　不同模型更新策略产生的模型性能比较

策略	模型	校正集样本数	LVs	校正集			验证集		
				RMSEC	RMSECV	BIAS_cal	RMSEP	RPD	BIAS_val
1	A	51	6	0.330	0.399	0.263	0.268	4.82	0.224
	B	111	6	0.249	0.279	0.175	0.261	4.95	0.221
	C	163	6	0.255	0.272	0.188	0.199	6.49	0.174
2	I	180	6	0.209	0.239	0.157	0.320	4.04	0.279
	II	200	6	0.211	0.230	0.159	0.314	4.12	0.277
	III	220	6	0.233	0.246	0.183	0.283	4.57	0.250

　　进一步采用 SIC 分析解释模型更新结果(表 7-46)。模型更新的效果以目标状态图(object status plots，OSP)的方式展示(图 7-78)。结果显示，随着模型更新的进行，批次 6 中越来越多的样本被分类为内部样本，并且经过两次更新后，绝对外部样本消失。从图 7-78 中发现，在模型更新过程中，批次 6 中的样本逐渐向 Y 轴移动，与表 7-46 中 SIC 杠杆值均值(h_{mean})的减小相对应。SIC 预测区间的均值(w_{mean})也不断减小，表明随着模型的更新，预测不确定性逐渐降低。在模型系列 A～C 中，β_{max} 呈降低趋势，而在模型系列 I～III 中，此趋势不明显。总之，与模型更新策略 2 相比，模型更新策略 1 中的模型因具有较小的 h_{mean} 和 w_{mean} 值，以及较多的被划分为 insider 类型的样本，因而模型更新策略 1 的效果优于策略 2。

表 7-46　不同模型更新策略的结果分析

策略	模型	β_{max}	β_{max}/RMSEC	w_{mean}	h_{mean}	内部样本数	外部样本数	绝对外部样本数	边界样本数
1	A	1.0197	4.87	1.2217	0.5991	45	13	2	51
	B	1.1112	5.27	1.3495	0.6072	46	12	2	59
	C	0.8512	3.65	0.7474	0.4391	53	7	0	41
2	I	1.2241	3.71	1.908	0.7793	44	13	3	49
	II	1.1452	4.60	1.5244	0.6699	46	12	2	45
	III	0.8717	3.41	0.7292	0.4183	58	2	0	34

　　注：w_{mean} 和 h_{mean} 分别代表批次 6 中所有样本的 SIC 区间和杠杆值的均值；内部样本、外部样本、绝对外部样本数指根据相应模型对批次 6 中的样本进行 OSC 分类的结果；边界样本数指相应模型校正集中样本的 OSC 分类结果。

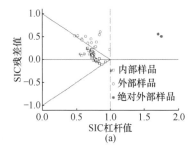
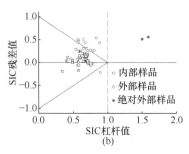

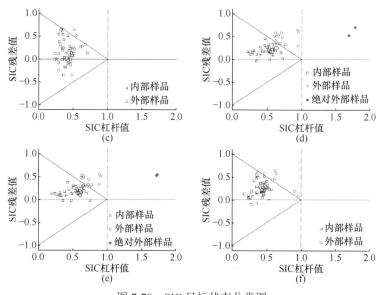

图 7-78 SIC 目标状态分类图

(a) 基于模型 A；(b) 基于模型 B；(c) 基于模型 C；(d) 基于模型 I；(e) 基于模型 II；(f) 基于模型 III

在模型更新策略 1 中，第一次和第二次更新分别使用了 60 和 52 个样本，大于模型更新策略 2 中每次使用的 20 个样本。然而，如果模型更新继续进行，将从批次 6 中选择样本进行更新。采用策略 1，仅需从批次 6 中选择 9 个样本进行更新即可，即由 172 个样本建立模型 D。可在新的正常操作批次 7 上测试模型 D 的预测性能，效果良好，结果如图 7-79 所示。

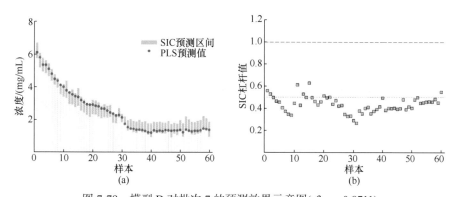

图 7-79 模型 D 对批次 7 的预测效果示意图(β_{max}=0.8711)

(a) PLS 预测值(红色实心圆)和 SIC 预测区间(灰色柱形条带)；(b) 批次 7 的 SIC 杠杆值

基于 PAT 理念和 NIR 技术，以上研究成功建立了对金银花醇沉过程中绿原酸含量测定的 PLS 模型。然而，由于存在批间变异(batch-to-batch variations)，已建立的定量模型对于新批次的预测性能有所下降，并出现预测残差漂移，表明即便在相同的工艺参数下，中药制药单元过程的批次间并不稳定一致，存在一定的不确定性。

为应对批间差异，在线 NIR 定量模型需要不断更新。本节基于 SIC 理论和方法，建立了一种新的 NIR 定量模型更新策略。与已报道的模型更新方法(即随机选择新样本更新或仅利用光谱数据更新)不同，本节所建策略充分利用了校正集和验证集的光谱数据，以及校正集参考值测定数据，模型更新过程可用目标状态图(OSP)展示。采用新策略后 PLS 模型定量效果可以利用传统的模型评价指标，以及 SIC 分析指标进行评价。结果表明，采用本节所建策略优于采用 KS 法的模型更新策略。

7.6　中药制造干燥过程单元分析

素片的含水量是影响片剂质量的重要因素之一。素片含水量过高时，水分容易渗入到粉衣层，糖衣片由内向外逐步渗透吸湿，糖衣层潮解易造成隔离作用减弱，甚至发生吸潮霉变或胀片爆裂的现象。素片水分过少时硬度较差，在滚转时易引起素片的破碎或片粉的脱落。如果素片水分分布不均匀，则会造成局部隔离层潮解，导致出现花斑现象，所以在素片干燥过程中及时监测其含水量是十分有必要的。目前，水分测定的药典方法为干燥失重，分析时间较长，且具有破坏性，不适用于工业现场的在线分析。而近红外光谱技术无损快速，可用于其快速检测。为此，本研究[22]先采用支持向量机建立素片水分的定性模型，用来判断其含水量合格与否；再采用偏最小二乘法建立合格素片近红外光谱与含水量的回归模型，用来预测其含水量，以期实现对素片干燥进行及时监测与反馈的目的。

7.6.1　乳块消颗粒干燥过程水分近红外定量检测

1) 不同含水量样本制备

取乳块消颗粒样本，过 100 目筛，置于干燥箱中 40℃干燥，并于不同时间取样，作为待测样本。

2) 测定方法

取适量颗粒样本，精密称定，平铺于干燥至恒重的扁形称量瓶中，精密称定后，打开盖，在 100～105℃干燥 5h，将瓶盖盖好，移至干燥器中，冷却 30min，精密称定重量，再干燥 1h，冷却称量，两次称重差异不超过 5mg 为止，根据减失的重量计算样本中含水分的百分数。测得水分数据见表 7-47。

表 7-47　水分测定结果

样本编号	水分/%								
1→9	6.56	6.36	6.4	6.41	6.84	6.68	6.4	9.9	9.67
10→18	8.99	8.65	9.69	8.84	8.09	9.55	10.03	8.63	8.45
19→27	8.97	8.09	5.08	5.58	5.43	4.98	5.06	4.85	5.03
28→36	5.36	5.29	5.15	9.22	9.11	8.88	8.55	8.86	7.44
37→45	8.27	5.89	5.68	5.39	5.87	5.69	5.91	5.89	6.95
46→54	6.51	8.73	6.59	6.89	6.48	7.51	5.45	5.27	5.47
55→58	5.46	5.93	5.88	5.65					

3) 近红外光谱采集

取约 5g 过筛后的样本放入石英样本杯中，按下述实验条件进行扫描。采样方式：积分球漫反射检测系统；扫描范围：10000～4000cm⁻¹；分辨率：8cm⁻¹；扫描次数：64 次；以内置背景为参照，每份样本重复测定 3 次，取均值。图 7-80 为颗粒样本的近红外光谱图。

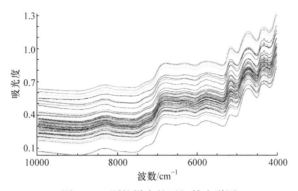

图 7-80 颗粒样本的近红外光谱图

4) SPXY 法选取校正集

采取 BiPLS 对颗粒中丹参素、原儿茶醛、橙皮苷和丹酚酸 B 进行建模，选择有代表性的训练集不但可以减少建模的工作量，而且直接影响所建模型的适用性和准确性。本书共 58 个批次的样本，编号依次为 1 至 58。取其中的 2/3 作为训练集，1/3 作为预测集。表 7-48 是通过 SPXY 法依次挑选出 15 个预测集的样本号。

表 7-48 SPXY 法样本划分结果

	样本编号							
	1	2	3	4	6	7	8	9
	10	11	12	13	14	15	16	18
训练集	20	21	23	25	26	30	31	32
	34	35	36	37	38	39	40	41
	42	45	46	47	49	50	51	53
	54	57	58					
预测集	5	17	19	22	24	27	28	29
	33	43	44	48	52	55	56	

5) 划分区间数的确定

采用 BiPLS 建模，整个光谱被等分为若干个等宽的子区间，由于不同的子区间对应于不同的波数，所含的建模信息不同，子区间的个数对模型的预测能力有影响。本书比较了不同区间划分个数对模型的影响，如表 7-49 所示，分别将全谱划分为 40、50、60、70、80 个区间，分别比较了最优组合区间的 RMSECV 和 RMSEP 值，确定最佳区间数是 70。

表 7-49　不同区间划分个数对模型的影响

间隔数	RMSECV	RMSEP
40	0.2482	0.3946
50	0.2703	0.4429
60	0.2286	0.4530
70	0.2461	0.3872
80	0.2142	0.4751

6) 光谱数据预处理

本书比较了平滑(SG)、中心化(centering)、自标度化(autoscaling)及这几种预处理相互结合的其他方法。各种光谱预处理方法所得到模型的 RMSECV 和 RMSEP 见表 7-50，可知经平滑与自标度化结合处理后效果较好。

表 7-50　不同光谱预处理对模型的影响

预处理方法	RMSECV	RMSEP
SG	0.2303	0.3799
中心化	0.2473	0.3951
自标度化	0.2296	0.4054
SG+中心化	0.2384	0.3773
SG+自标度化	0.2385	0.3739

7) 光谱波段的筛选

通过向后间隔偏最小二乘法来筛选波段，得到的水分模型最佳光谱组合区间如图 7-81 所示。

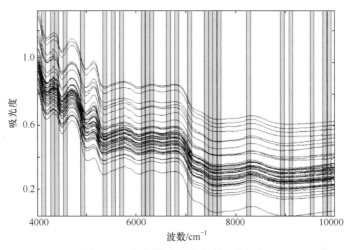

图 7-81　水分模型最佳光谱组合区间

8) 建立模型及预测

光谱经平滑和自标度化预处理后，在波数 $4088.35 \sim 4173.20 \mathrm{cm}^{-1}$，$4265.76 \sim 4439.33 \mathrm{cm}^{-1}$，

$4531.88 \sim 4616.75 \mathrm{cm}^{-1}$，$4886.73 \sim 4971.58 \mathrm{cm}^{-1}$，$5330.28 \sim 5415.12 \mathrm{cm}^{-1}$，$5507.70 \sim$
$5588.69 \mathrm{cm}^{-1}$，$5677.40 \sim 5758.40 \mathrm{cm}^{-1}$，$6101.67 \sim 6352.37 \mathrm{cm}^{-1}$，$6610.78 \sim 6691.77 \mathrm{cm}^{-1}$，
$6780.48 \sim 6861.48 \mathrm{cm}^{-1}$，$7035.05 \sim 7116.04 \mathrm{cm}^{-1}$，$7374.45 \sim 7710.01 \mathrm{cm}^{-1}$，$8222.98 \sim$
$8303.97 \mathrm{cm}^{-1}$，$8901.80 \sim 8982.79 \mathrm{cm}^{-1}$，$9071.50 \sim 9152.50 \mathrm{cm}^{-1}$，$9495.77 \sim 9576.77 \mathrm{cm}^{-1}$，
$9750.33 \sim 9916.17 \mathrm{cm}^{-1}$ 的组合区间，采用 BiPLS 法建立水分最优的校正模型并进行预测。
结果见图 7-82，RMSECV 为 0.2385，RMSEP 为 0.3739，预测集的 R 值为 0.9625。

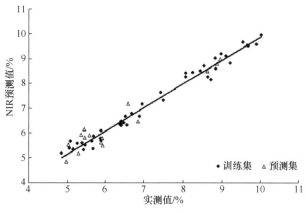

图 7-82　实测值与 NIR 预测值相关图

以上研究建立了颗粒水分快速测定方法。向后间隔偏最小二乘算法有效地剔除了干扰谱区，得到最佳的组合区间，有效地提高了模型的精度和预测性能。将向后间隔偏最小二乘法应用于颗粒的近红外光谱数据分析，为水分含量建立定量校正模型，取得了满意的效果。校正模型确立后，NIR 光谱完成 1 次测量只需 30s(扫描 64 次)，而传统的干燥失重法完成 1 次测量至少需要 7h，适用于快速检测等实时性问题。

7.6.2　乳块消素片干燥过程水分近红外定量检测

1) 仪器与软件

Antaris 傅里叶变换近红外光谱仪(美国 Thermo Nicolet 公司)配有 InGaAs 检测器，积分球漫反射采样系统；TQ Analyst V6 光谱分析软件；DZF-6050 真空干燥箱(上海一恒科技有限公司)；Sartorius BP211D 型电子天平(Sartorius 公司)；MATLAB7.1 软件工具(Mathwork Inc.)。SiPLS 工具包由 Nørgaard 等提供的网络共享(http://www.models.kvl.dk/source/iToolbox/)。

2) 样本与样本制备方法

乳块消素片样本由北京中医药大学药厂提供。为了扩大样本范围，将合格素片合样本放置 40℃烘箱内干燥 6h，干燥不同时间获取低水分样本。

3) NIR 光谱采集方法

采用积分球漫反射检测系统，NIR 光谱扫描范围为 10000～4000cm⁻¹；扫描次数为 64；分辨率为 4.0cm⁻¹；以内置背景为参照。

4) 水量干燥失重法

按照干燥失重法(《中华人民共和国药典》2005 年版一部：附录ⅡD)测定其含水量，即取适量素片样本，粉碎，精密称定，平铺于干燥至恒重的扁形称量瓶中，精密称定后，打开盖，在 100～105℃干燥 5h，将瓶盖盖好，移至干燥器中，冷却 30min，精密称定重量，再干燥 1h，冷却称量，两次称重差异不超过 5mg 为止，根据减失的重量，计算样本中含水分的百分数。

5) 近红外水分定量模型的建立方法

采用偏最小二乘法建立素片水分的近红外定量模型，此外，为保证模型输入数据的代表性和有效性，在建立定量模型之前，需要对数据进行初步的分析处理，包括采用变量筛选，训练集选取和光谱预处理。

6) 训练集样本的选取

采用 SPXY 法选取 63 个样本作为训练集，剩余 31 个样本作为预测集，图 7-83 给出了经 SPXY 法选取的训练集样本和预测集样本在二维主成分空间的分布情况。前两个主成分的贡献率在 99.9%以上，说明这两个主成分可以很好地表征原始信息，故样本在二维主成分空间的分布情况可以用来表征其在原谱样本空间的分布情况。从图中可以看出，所有预测集样本均落在训练集样本范围内。

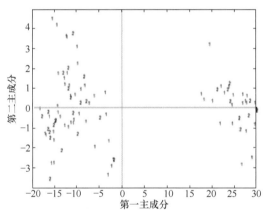

图 7-83　训练集样本和预测集样本在主成分空间的分布

1 为训练集样本，2 为预测集样本

7) 光谱预处理方法的筛选

考察了均值中心化法、标准化法和多元散射校正法等预处理常用方法对近红外光谱的影响。与定性模型分析结果相近，采用标准化法或多元散射校正法处理后模型效果均有较大改善。光谱经标准化后，消除了共有信息，仅保留特有光谱，增强了样本之间的可比性。标准化法结果优于均值中心化法，推测可能对样本之间差异贡献相同的特征峰吸收强度不同，波段优选结果也证明了此推测。原始光谱存在明显的谱带漂移，特别是定量模型的样本，采用多元散射校正法处理后，谱图之间的距离缩小，减少了因噪声而干扰模型判断的谱带差异。

考察了近红外光谱常用的三种预处理方法——均值中心化法、标准化法和多元散射校正法三种方法和其组合对模型产生的影响，结果见表 7-51，最终确定采用标准化法对全部样本的原始光谱数据进行预处理。

表 7-51 经不同方法预处理后的建模结果比较

预处理方法	R	RMSECV(n=94)
原始光谱	0.8649	0.0102
标准化	0.8889	0.0093
均值中心化	0.8880	0.0093
MSC	0.8678	0.0101
MSC+标准化	0.8681	0.0100
MSC+均值中心化	0.8670	0.0101

8) 特征变量的筛选

采用组合间隔法筛选变量，首先将样本整个光谱划分为 10～100 个区间，任意两个区间组合，经计算，区间个数为 40 时，建模效果最好，见图 7-84。然后，比较不同区间个数组合时交叉验证均方根误差。四个区间组合建模时，交叉验证均方根误差最小，此时对应的光谱范围为 5052～5201cm^{-1}，5654～5803cm^{-1} 和 8512～8811cm^{-1}，交叉验证均方根误差为 0.0087。

9) 偏最小二乘定量模型的建立

采用偏最小二乘法建立素片含水量的定量模型，结果见图 7-85，模型的潜变量个数确定为 7，此时交叉验证均方根误差较小。在模型评价时，除了主要指标交叉验证均方根误差外，还要对训练集样本考察其均方根误差和相关系数 r，对预测集样本考察其均方根误差和相关系数 r，结果见图 7-86 和图 7-87。预测集样本和训练集样本的相关系数 r 接近于 1，训练集样本的预测均方根误差和预测集样本的预测均方根误差均较小且接近。

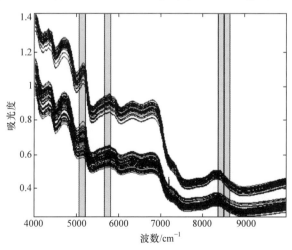

图 7-84 乳块消素片干燥过程水分建模波段优化结果

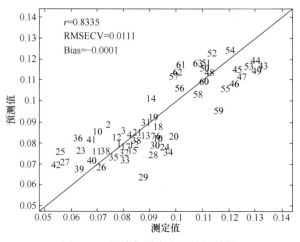

图 7-85　训练集样本交叉验证结果

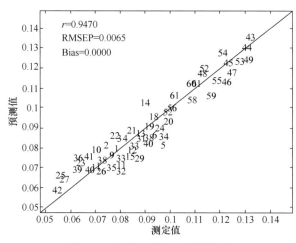

图 7-86　训练集样本的预测结果

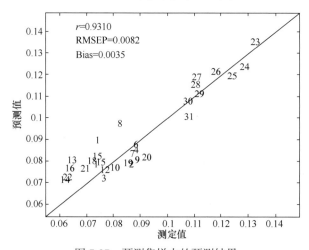

图 7-87　预测集样本的预测结果

10) 训练集选取方法的筛选

分别采用 SPXY 法和 KS 法从中选取 63 个样本作为训练集，建立偏最小二乘回归模型，剩余 31 个样本作为预测集，结果见表 7-52。这两个模型的训练集样本预测均方根误差和预测集样本预测均方根误差较小，训练集样本的相关系数和预测集样本的相关系数较大。较 KS 法，SPXY 法的训练集样本预测均方根误差和预测集样本预测均方根误差较小，SPXY 法所建模型预测能力更好，适应性更强，此法选取的训练集样本更具代表性。原因可能是 SPXY 法将因变量和自变量同时考虑在内，保证了训练集样本在以光谱数据和含水量为变量的整体空间均匀分布，故最终确定为 SPXY 法。

表 7-52　SPXY 法和 KS 法的比较

取样方法	预测集 RMSEP(n=31)	预测集 r(n=31)	训练集 RMSEP(n=63)	训练集 r(n=63)
KS 法	0.0107	0.8888	0.0037	0.9819
SPXY 法	0.0082	0.9310	0.0065	0.9470

以上研究建立了一种应用于片剂的快速检测含水量的方法。采用近红外光谱法采集了素片样本信息，对原始光谱进行预处理，以主成分分析法或组合间隔法优选波段，以 KS 法或 SPXY 法选取训练集样本，建立支持向量机定性模型和偏最小二乘回归模型。定性模型用来判断素片含水量合格与否，定量模型用来预测合格素片的水分值。所建模型的精度基本满足工业生产的要求，调整后可推广用于片剂含水量的快速质量评价。

7.7　中药制造混合过程单元分析

传统中药制剂组方复杂，含有化学成分较多，且多为药材原粉入药，生产过程混合均匀度控制至关重要，原料药混合均匀性不仅影响中药制剂的色泽外观，还严重影响制剂的安全性及药物的疗效。粉末混合是中药固体制剂生产的重要工序之一，混合过程决定药材有效成分及辅料的混合均匀度，直接影响产品的质量，进而影响其有效性和安全性，所以有必要通过对粉末均匀度的测定和控制来保证药品质量。

混合通常是指将两种或两种以上不同成分或成分相同而粒径不同的粉末混合以达到均匀状态的操作，是制备散剂、颗粒剂、片剂、胶囊剂、滴丸剂等中药固体剂型的必要步骤。混合均匀度是指混合物中各成分均匀分布的程度，即混合物中单位体积内所含某种组分的浓度与其平均含量的接近程度。混合过程中粉末的混合和分离同时发生，混合和分离达到动态平衡的状态即为混合终点。

粉末混合过程机制复杂，主要有对流混合、扩散混合和剪切混合三种。

(1) 对流混合：物料对混合机表面的相对运动，粒子在混合机做相对流动，位置发生改变产生的整体流动称为对流混合。

(2) 扩散混合：粒子以分子扩散形式向周围做无规律运动，达到均匀分布的混合过程称为扩散混合。

(3) 剪切混合：由于物料中粒子相互间形成剪切面的滑移和冲撞作用，引起物料局部混合，称为剪切混合。

在混合过程中，上述三种混合方式往往同时存在，表现程度随混合设备及混合物料而异。

影响粉末混合过程的因素主要分为两类：混合设备型号及混合物料性质。其中，混合设备相关参数包括：混合机的类型、转速、填充系数(即装料量、装料体积与混料筒容积之比)、混料时间等；影响混合过程的物料性质包括：粒径、密度、流动性等。

混合过程分析的前提是对混合过程有正确直观的了解，这就需要适当的分析监测技术作为支撑。在线技术出现之前，对于混合过程的监测主要依赖于对离线样本的分析。离线取样即为在混合过程中于预设时间点停机，使用取样器在料筒内各取样位置取样。所使用的粉末取样器主要分为侧端取样器和末端取样器两种。由于取样过程中需将取样器置于物料中，改变物料状态，离线取样对混合过程有很大干扰。而且，由于取样过程中粉末颗粒相对位置发生改变，离线取样不能保证样本是否具有代表性。末端取样器由于尖端物料较少受取样干扰，取样误差较小(取样原理见图 7-88)。

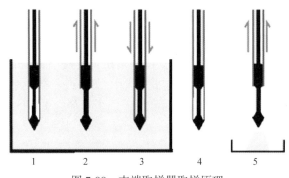

图 7-88　末端取样器取样原理

7.7.1　中药粉体混合终点近红外定性检测

2010 版《中国药典》中散剂项下关于药粉混合均匀性的控制方法为"取供试品适量，置光滑纸上，平铺约 5cm^2，将其表面压平，在两处观察，应色泽均匀，无花纹与色斑。"此方法虽在一定程度上能够控制药粉混合均匀性，但是对于两种颜色相近或相同的药材粉体混合均匀性判断比较困难；同时，由于缺乏客观定量评价指标，评价过程主观因素影响较大，无法真实反映药粉混合均匀度。

传统的混合过程均匀度检测方法是人工采集混合过程中不同混合时间和部位的若干个样本，按质量规程主要利用高效液相色谱法或紫外-可见分光光度法等方法测定混合粉体中指标性成分的含量。此种方法主要是在混合过程中不同时间点、不同部位采集样本，以混合样本中某一指标成分含量无变化或变化较小为混合终点。这种混合均匀度判断方法样本经过复杂前处理，存在滞后性。

NIR 光谱技术凭借其快速、无损、信息丰富等诸多优势，在药物混合过程在线监控领域的应用报道最多。无线传输技术的发展可使 NIR 光谱技术实现远程分析；另外，混合过程采集的过程 NIR 光谱富含丰富的混合过程的动态信息，为生产过程先进控制策略的实施奠定了良好基础。

1. 中药粉体混合终点判断方法

混合过程终点判断是混合过程在线分析的重要任务，其实现需要结合适当的化学计量学方法对过程数据进行解析，这些方法可分为有校正模型和无校正模型两类。

1) 无校正模型方法

无校正模型方法主要比较2张或n张连续光谱间的差异，差异随时间的变化而变化，当差异低于设定的阈值时，认为样本混合均匀。该类方法易受噪声或奇异样本的影响，终点判断缺乏稳健性甚至导致误判。主要方法有连续光谱间均方差法(mean square differences between consecutive spectra，MSD)、移动块标准偏差法(moving block standard deviation，MBSD)和移动块相对偏差法(moving block relative standard deviation，MBRSD)。其中，MSD 方法比较的是连续 2 张光谱间的差异，而 MBSD 或 MBRSD 法以设定移动窗口内的连续光谱数量 n，更加真实可靠地反映混合状态的变化，在研究中应用得较多。

该类方法中应用最为普遍的是移动块标准偏差法(MBSD)，其原理是通过比较连续模块间的"平均 SD 值"判定混合终点，当该值持续小于阈值时即认为达到了混合终点[23,24]。由于该方法计算简单，对于一些有效成分含量较低的混合过程其测量结果趋势不明显。杨婵等[25]创新性地将移动窗 F-test 算法引入到乌梅和糊精的混合过程的监测中，该方法的测量结果与经典方法一致，且该方法设置统计界值 $F_{\frac{\alpha}{2},w-1,w-1}$ 为阈值，避免了 MBSD 算法中阈值设置的人为性和随机性。

(1) 移动块标准偏差法。移动块标准偏差法(MBSD)就是选择 n 张连续的光谱并且计算在这 n 张光谱的每个波长点的偏差，计算各波长点偏差的平均值最终得到光谱整体偏差。具体计算步骤如下：

$$\text{MBSD}=\frac{\sum_{i=1}^{m}S_i}{m},\ S_i=\sqrt{\frac{\sum_{j=1}^{n}(A_{ij}-\overline{A}_i)^2}{n-1}} \tag{7-5}$$

其中，i 为波长值；m 为波长总数；j 为光谱数；n 为连续的光谱总数。S_i 为选取 n 个连续吸光度谱，分别计算各个波长 i 处吸光度的标准偏差(SD)。

接下来，窗口随时间移动到下一位置，重复上述计算。S 的变化作为时间函数来考察样本混合均匀度，$S \leq 0.3‰$ 时视为到达混合终点，物料混合均匀。计算原理见图 7-89。

(2) 主成分-移动块标准偏差法。主成分分析可有效提取光谱中的有效信息，因此可将光谱降维处理后再进行差异比较。该类方法利用光谱数据在潜变量空间投影得分值的聚集程度或通过构造相应的统计指标来判定终点，如主成分-移动块标准偏差法(PCA-MBSD)，将主成分分析与均方差连续差分检验相结合，通过判断当前变化是否为随机性变化来判定终点。

主成分分析计算步骤如下。

假设样本观测数据矩阵为

$$X = \begin{bmatrix} x_{11} & x_{12} & \cdots & x_{1p} \\ x_{21} & x_{22} & \cdots & x_{2p} \\ \vdots & \vdots & & \vdots \\ x_{n1} & x_{n2} & \cdots & x_{np} \end{bmatrix}$$

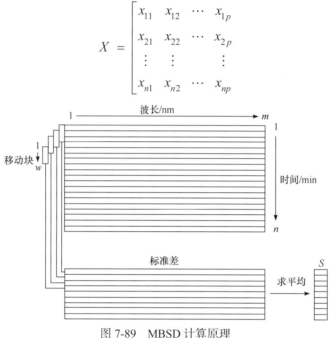

图 7-89　MBSD 计算原理

第一步：对原始数据进行标准化处理。

$$x_{ij} = \frac{x_{ij} - \overline{x}_j}{\sqrt{\text{var}(x_j)}} \quad (i = 1, 2, \cdots, n,\ j = 1, 2, \cdots, p) \tag{7-6}$$

其中

$$\overline{x}_j = \frac{1}{n} \sum_{i=1}^{n} x_{ij}$$

$$\text{var}(x_j) = \frac{1}{n-1} \sum_{i=1}^{n} (x_{ij} - \overline{x}_j)^2 \tag{7-7}$$

第二步：计算样本相关系数矩阵。

假定原始数据标准化后仍用 X 表示，则经标准化处理后的数据的相关系数为

$$r_{ij} = \frac{1}{n-1} \sum_{t=1}^{n} x_{ti} x_{tj} \tag{7-8}$$

第三步：用雅可比方法求相关系数矩阵 **R** 的特征值 $(\lambda_1, \lambda_2, \cdots, \lambda_p)$ 和相应的特征向量 $\alpha_i = (\alpha_{i1}, \alpha_{i2}, \cdots, \alpha_{ip})$, $i = 1, 2, \cdots, p$。

第四步：选择重要的主成分，并写出主成分表达式。

主成分分析可以得到 p 个主成分，但是，由于各个主成分的方差是递减的，包含的信息量也是递减的，所以实际分析时，一般不是选取 p 个主成分，而是根据各个主成分累积贡献率的大小选取前 k 个主成分。这里贡献率指某个主成分的方差占全部方差的比重，实际上也就是某个特征值占全部特征值合计的比重，即

$$贡献率 = r_i / \sum_{i=1}^{p} r_i \tag{7-9}$$

贡献率越大，说明该主成分所包含的原始变量的信息越强。主成分个数 k 的选取，主要根据主成分的累积贡献率来决定，即一般要求累积贡献率达到 85% 以上，这样才能保证综合变量能包括原始变量的绝大多数信息。

第五步：计算主成分得分。

根据标准化的原始数据，按照各个样本，分别代入主成分表达式，就可以得到各主成分下的各个样本的新数据，即为主成分得分。具体形式如下：

$$\begin{bmatrix} F_{11} & F_{12} & \cdots & F_{1k} \\ F_{21} & F_{22} & \cdots & F_{2k} \\ \vdots & \vdots & & \vdots \\ F_{n1} & F_{n2} & \cdots & F_{nk} \end{bmatrix}$$

PCA-MBSD 计算原理

$$S_i = \sqrt{\frac{\sum_{j=1}^{n}\left(F_{ij} - \overline{F_i}\right)^2}{n-1}}, \; S = \frac{\sum_{i=1}^{n} S_i}{m}$$

将 F_{ij} 代入 MBSD 计算公式中，即

$$\text{MBSD} = \frac{\sum_{i=1}^{m} S_i}{m}, \; S_i = \sqrt{\frac{\sum_{j=1}^{n}(A_{ij} - \overline{A_i})^2}{n-1}} \tag{7-10}$$

F_{ij} 为光谱 j 在波长 i 的吸光度；$\overline{A_i}$ 为 n 张光谱在同一波长 i 的平均吸光度。

(3) 自适应算法。与传统的固定或静态建模技术不同，自适应算法可显著降低在操作条件变化条件下重建模型的概率。自适应算法是批次独立型的，可避免固定模型的定期重新校准。其核心思想是，采用两个窗口在数据上同时移动。利用其中一个窗口建立 PCA 模型及相应的控制限，对另一个窗口内的数据进行监控，即利用过程过去最近的变化来判断过程当前变化是否是"正常"。

如图 7-90 所示，在近红外光谱矩阵上，建立两个同时移动的窗口矩阵，选择其中一个矩阵建立 PCA 模型及相应的控制限，对另一个窗口矩阵内的数据进行监控并计算超限样本数。当混合没有达到混合终点时，该窗口中的数据不在建模窗模型范围内，会由相应的统计量计算出不在建模窗模型范围内样本个数；当混合达到混合终点时，该窗口中的数据在建模窗模型范围内，由相应的统计量计算出不在建模窗内样本个数应趋近于 0，从而达到指示终点的目的。自适应算法应用于中药混合过程监控具有诸多优势：①该算法结合了 PCA，可有效提取光谱中对终点判断的主要影响因素，排除干扰，有助于更全面、快速、准确地分析混合过程；②该方法属于批次内建立模型，在操作条件发生变化时，如填料系数、转速发生改变等，无需重新校准模型；③根据统计界值设置阈值，避免了常规 MBSD 法阈值设定的随机性和模糊性。缺点为目前尚未有商业集成的软件，以用于在线分析。

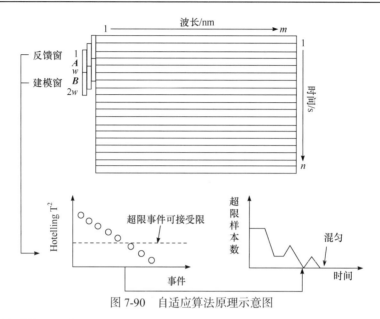

图 7-90　自适应算法原理示意图

该算法的计算过程如下。

Part1:在近红外光谱矩阵上，设置并行的两个样本矩阵 A(大小为 $w×m$)和 B(大小为 $w×m$)，在并行窗口移动的过程中对窗口内数据进行实时的动态预处理。

Part2:在动态预处理后的并行样本矩阵中，选择其中一个样本矩阵建立 PCA 模型及相应的控制限，对另一个矩阵内的数据进行监控，并计算超限样本数。

(1) 如矩阵 B 用于建立主成分分析模型:

$$B = TP^T + E \tag{7-11}$$

式中，$T(w×k)$为得分矩阵，$P(m×k)$为载荷矩阵，$E(w×m)$为残差矩阵，k 表示主成分数。

(2) 在主成分分析模型的基础上，按照式(7-12)建立控制限 D_{crit}:

$$D_{crit} = \frac{k(w^2-1)}{w(w-k)}F_{(k,w-k,\alpha)} \tag{7-12}$$

式中，$F_{(k, w-k, \alpha)}$为在自由度 k 和($w-k$)下的 F 分布临界值，α 为检验水平。

(3) 将矩阵 A 中的样本数据按照载荷 P 的方向投影在主成分空间内，并计算矩阵 A 的得分矩阵 $T_{new}(w×k)$:

$$T_{new} = AP \tag{7-13}$$

(4) 分别计算矩阵 A 中每一个样本的 $d_i(i=1, 2, \cdots, w)$值

$$d_i = (t_i - mu)S^{-1}(t_i - mu)^T \tag{7-14}$$

式中，$t_i(1×k)$为矩阵 T_{new} 中样本 i 的得分向量；mu 为矩阵 B 的均值向量；S 为矩阵 B 的协方差矩阵。

(5) 将 d_i 和 D_{crit} 进行比较，并统计矩阵 A 中超过 D_{crit} 限的样本的个数。

Part3:随混合过程的进行，记录每一时刻生成的超限样本数，并显示在监控图中。设置迟滞时间(LT)，在 LT 区间内，超限样本个数均为 0 时，可认为混合达到了终点。

2) 有校正模型方法

有校正模型方法是通过建立定量或定性校正模型对混合过程进行监控，该类方法需要以标准样本或参考样本为对照，并根据混合对象和混合操作的变化定期对模型进行更新或维护，以满足模型长期的适用性。

(1) 定性校正模型方法。该类方法大致可分为两类，其中一类为将混合过程采集的过程光谱与规定的标准终点样本光谱进行比较，当差异值接近于 0 时，表明混合达到了平衡状态。该类方法主要有谱间差异法，是在对光谱进行 PCA 分析的基础上，计算欧氏距离或马氏距离的方法。另一类方法是将混合均匀时采集的一批光谱作为训练集，通过比较过程光谱信息与训练集光谱信息来判断终点。该类方法的稳健性和可靠性在很大程度上依赖于所建立的训练集质量，当混合环境和条件发生改变时其预测性能也会下降。混合过程为动态过程，因此理想终点样本的获得也是限制该类方法的因素之一。

(2) 定量校正模型方法。定量方法监测混合过程较定性方法费时费力，其优势是在混合过程中可实时监测有效成分含量随混合过程的变化。该类方法需预先收集一定量代表性样本建立定量校正模型，通过模型实时预测混合过程成分含量的变化，当该值接近于目标值时即认为达到了混合终点。定量方法中应用最为普遍的是偏最小二乘法(PLS)。通过 PLS 建立定量模型的优点是强调与待测组分信息相关的波段，而忽略了不包含此信息的光谱区域。定量监测混合过程，不同的样本不同的批次需建立不同的模型且在日常使用过程中需对模型定期校准，较大的工作量是该类方法发展的主要限制。

2. 中试规模中药粉体混合过程终点近红外定性检测

混合过程是配方颗粒生产过程的关键环节之一，混合均匀度不仅影响配方颗粒的外观，而且影响颗粒内在质量的均一性和稳定性，进而影响产品疗效的发挥，因此有必要对混合过程中中药浸膏粉和糊精的均匀度进行实时测定和分析，来保证配方颗粒产品的安全、有效。目前的制药企业普遍采用停机取样，离线 QC 测试的方法来计算混合均匀度，这种方法需要较长的检测时间和较高的检测费用，且不能实时有效地反映混合过程的动态变化并及时反馈至生产过程，不利于中药配方颗粒生产过程自动化的实施。

1) 中药配方颗粒混合过程在线分析平台

实现中药配方颗粒混合过程在线监测，需搭建完整的在线监控平台。一套完整的在线监控平台包括在线数据采集分析通路、过程终点判断方法的建立和实时监控软件的开发。本课题组[26]搭建的在线分析平台示意图见图 7-91。

Antaris ™ target 在线混合分析仪通过特制接口安装在混合罐上，混合过程中随混合罐转动，通过其自带的重力传感器自动检测仪器位置，该仪器在合适的旋转角度通过蓝宝石视窗采集光谱，采集的光谱数据通过无线传输设备传输给电脑。

在电脑上安装 Thermo Nicolet 公司的 RESULT 软件，通过 RESULT 软件接收混合分析仪发出的无线数据信号。RESULT 软件仅提供基于 SD 或 MBSD 的混合均匀度计算方法，光谱预处理和相关计算方法有限，软件可扩展性差，不适合混合过程多变的中药配方颗粒混合过程在线监测。在 MATLAB 软件平台上，可实现各种适用于 NIR 在线分析与控制的算法的编写。不同在线分析方法的实用性和有效性也可在 MATLAB 软件平台上

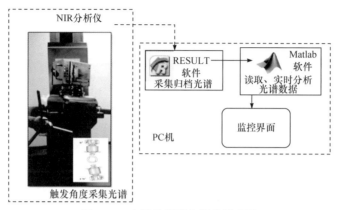

图 7-91　在线监控平台搭建示意图

得到方便快捷的验证。利用 MATLAB 软件编制图形用户界面(GUI)形式的在线分析与控制界面，可实现实验人员的在线分析与控制。

　　基于上述技术的支持，本研究将自适应算法编制成 MATLAB 通用的格式文件("m"文件)，将 RESULT 软件的数据采集、归档功能和 MATLAB 软件读取数据及分析功能集成，设计并建立 MATLAB 图形用户界面，使自适应算法实时的测量结果直观地呈现在图形用户界面上。实验人员可通过该界面实现生产现场混合过程均匀度分析和终点监控。该软件平台具备以下特性：①基于 Windows 平台；②权限管理和控制；③面向对象的界面开放，提供友好监控界面；④可实现不同监控算法的选择及不同监控算法中的关键参数设置；⑤导出数据形成符报表。图 7-92 为本研究的混合过程在线监控界面。

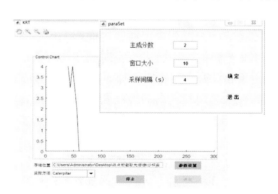

图 7-92　混合过程在线监控界面

　　2) 仪器试剂与软件

　　乌梅浸膏粉(北京康仁堂药业有限公司，批号：GY1300236)，糊精(北京康仁堂药业有限公司，批号：14070114062)。Antaris 傅里叶变换近红外光谱仪(美国 Thermo Nicolet 公司)，柱式料斗混合机(武汉恒达昌机械设备有限公司，混合罐规格 75L)，粉末末端取样器(昆山莱曼设备有限公司)。近红外光谱采集采用 RESULT(Thermo Nicolet 公司，USA)软件，光谱预处理采用 SIMCA-P +11.5(Umetrics，Sweden)软件，主成分分析及自适应算法计算在 MATLAB 2015a (Mathwork，USA)软件平台上完成。

3) 样本制备

将 15.80kg 乌梅浸膏粉和 1.54kg 糊精先后置于 75L 柱式混合机料斗中,填料系数约 66.0%,混合机转速设置为 14r/min。停机取样方案:0 转停机取样;1~150 转,间隔 5 转停机取样;151~250 转,间隔 10 转停机取样;251~430 转,间隔 15 转停机取样。模拟混合时间总计约 30min。每次停机均选用粉末末端取样器于 6 个预设取样位点取样,取样位点分布如图 7-93 所示。由于乌梅浸膏粉、糊精的流动性较差,停机后粉体床呈现斜坡状态,其中,取样位点 1 代表粉体床上层,取样位点 2 和 3 代表罐体死角,取样位点 4 和 5 代表粉体床中层,取样位点 6 代表粉体床下层和罐体死角。以各取样位点间乌梅浸膏粉中的指标性成分枸橼酸含量的 RSD 值作为混合均匀度的评价指标。对转数为 0、15、30、40、60、80、100、120、135、150、190、210、280、310、370、430 时停机采集的 96 个粉体样本进行枸橼酸含量测定。

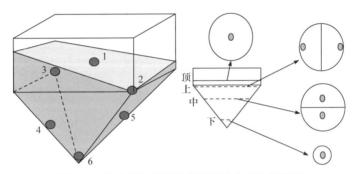

图 7-93　混合罐内部粉体床取样位点分布示意图

4) 近红外光谱采集

采用 Antaris 傅里叶变换近红外光谱仪,以空气做背景,采用积分球漫反射模式以旋转样本杯法采集光谱,分辨率为 8cm^{-1},光谱扫描范围为 10000~4000cm^{-1},增益为 2,每份样本扫描 16 次后取平均值。

5) 光谱预处理

乌梅浸膏粉-糊精混合过程采集的 NIR 原始光谱图见图 7-94(a),受粒径分布不均匀及粉体颗粒大小不同产生的散射对光谱的影响,可导致 NIR 光谱基线漂移。本研究在应用 NIR 光谱前采用 SNV 预处理方法,以消除由于颗粒散射及光程差异给光谱带来的影响,经 SNV 预处理后的 NIR 光谱见图 7-94(b)。

6) 自适应算法终点判断结果

对混合过程中 6 个取样位点采集的粉体样本的 NIR 光谱,分别采用自适应算法进行分析,各取样点的测量结果见图 7-95。如图 7-95 所示,各取样位点在 5min 后超限样本数为 0,10min 左右又出现了波动,5min 后又重新趋于稳定。取样位点 1、2、3 在 23min 后分别出现了不同程度的波动。自适应算法监测模型预测结果与 HPLC 测量结果基本一致,即乌梅浸膏粉-糊精混合体系在 5min 左右达到混匀状态,10~15min 出现过混现象,23min 左右出现了过混现象后又逐渐趋于稳定。

经典分析方法,仅通过各取样位点间 API 含量的 RSD 值判定混合终点,其测量结果

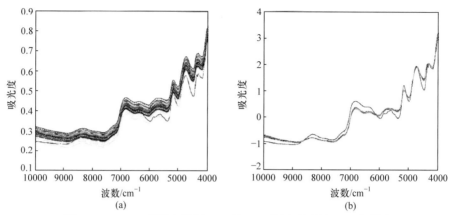

图 7-94　(a)NIR 原始光谱图；(b)经 SNV 预处理后的 NIR 光谱图

只能在一定程度上呈现 API 的混合情况，其终点判断结果具有滞后性和局限性，而 NIR
光谱技术结合自适应算法判定混合终点，能够更加全面、快速、准确地判定混合终点。

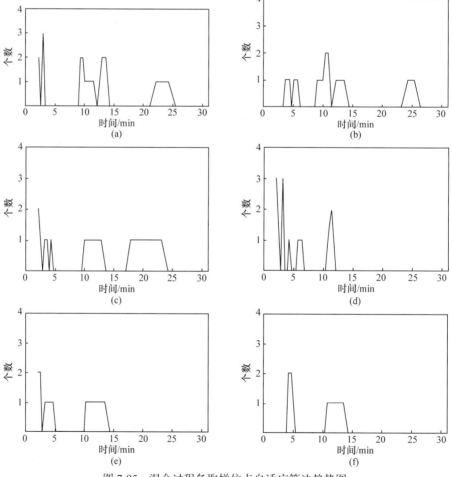

图 7-95　混合过程各取样位点自适应算法趋势图

(a)～(f)分别代表取样位点 1～6

7) MBSD 算法终点判断结果

本书对混合过程中 6 个取样位点采集的 NIR 光谱，分别采用 MBSD 法进行分析，各取样点的测量结果见图 7-96。如图 7-96 所示，各取样位点在 15min 后波动趋于平缓，取样位点 1 在 20~25min 时 S 值出现了波动，取样位点 2 和取样位点 3 的 S 值在 25min 后出现了急剧升高。可见 MBSD 法分析结果与 HPLC 测量结果有一定差异。取样位点 5 和取样位点 6 中 SD 值的波动趋势不明显，将过多依赖"将来"的信息判定混合终点。

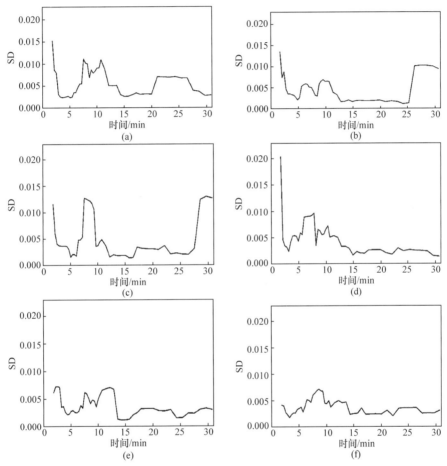

图 7-96　混合过程各取样位点 MBSD 算法计算结果趋势图

(a)~(f)分别代表取样位点 1~6

以上研究以乌梅配方颗粒的混合过程为研究对象，采用 NIR 光谱技术结合自适应算法判定混合终点。其测量结果显示乌梅配方颗粒的混合过程在 5min 时已达到混匀状态，10~15min，23min 左右出现了不同程度的过混现象。采集过程 NIR 光谱，采用自适应算法对混合过程混合均匀度变化情况进行分析，结果显示自适应算法计算结果趋势明显且判定的混合终点与经典分析方法一致，说明 NIR 光谱技术结合自适应终点监控算法的分析方法可用于中药配方颗粒的混合过程的均匀度分析。

3. 生产规模中药粉体混合过程终点近红外定性检测

本节[26]将 NIR 在线监测平台和自适应算法参数优化结果应用到实际生产规模,以考察该平台在实际生产过程中的适用性。由于不同批次不同品种的中药配方颗粒生产规模不同,因此实际生产过程中混合罐规模不同。为了充分反映该分析方法的适用性,选择规格最大的混合罐,其规模为 3000L。

1) 仪器试剂与软件

烫狗脊浸膏粉(北京康仁堂药业有限公司,批号:J1601774)、制远志浸膏粉(北京康仁堂药业有限公司,批号:J1601902)、小蓟浸膏粉(北京康仁堂药业有限公司,批号:J1601841)、赤芍浸膏粉(北京康仁堂药业有限公司,批号:J1601588)、乌梅浸膏粉(北京康仁堂药业有限公司,批号:J1601679)、黄芩浸膏粉(北京康仁堂药业有限公司,批号:J1601750)、墨旱莲浸膏粉(北京康仁堂药业有限公司,批号:J1601771)、蒲公英浸膏粉(北京康仁堂药业有限公司,批号 J1601803)、白芍浸膏粉(北京康仁堂药业有限公司,批号 J1602072)、泽泻浸膏粉(北京康仁堂药业有限公司,批号:J1601527)、糊精(北京康仁堂药业有限公司,批号:16010220160102)。

Antaris TM Target 在线混合分析仪(Thermo Nicolet 公司,USA),柱式料斗型混合机(武汉恒达昌机械设备有限公司,混合罐规格为 3000L),折叠型粉末取样器(武汉恒达昌机械设备有限公司)。

近红外光谱采集和归档采用 Thermo Scientific RESULT 软件,主成分分析采用 MATLAB 2015a(Mathwork,USA)软件,光谱数据分析和终点判断均在搭建的在线监控平台上完成。

2) 样本制备

以 9 个品种的中药配方颗粒混合过程为研究对象。9 个混合实验的糊精比例分布为 2.98%~22.00%,其中 4 批为低比例混合(糊精比例<5%),1 批为中比例混合(5%<糊精比例<10%),4 批为高比例混合(糊精比例>10%)。9 个混合实验的样本信息见表 7-53。

表 7-53 中药浸膏粉-糊精混合实验样本信息

品种	浸膏粉质量/kg	糊精质量/kg	糊精比例/%
烫狗脊	658.48	22.77	3.34
制远志	232.84	7.16	2.98
小蓟	311.50	8.50	2.66
赤芍	885.88	38.12	4.13
黄芩	195.00	16.80	7.93
墨旱莲	962.70	121.44	11.20
蒲公英	200.00	23.66	10.58
白芍	802.40	164.19	16.99
泽泻	797.00	224.25	22.00

3) 近红外光谱采集

先后将中药浸膏粉和调节当量用的糊精置于 3000L 柱式混合机料斗中,将 Antaris TM Target 在线混合分析仪安装在混合罐进料口,随混合罐转动,转速为 14r/min,通过直径为 40mm 的蓝宝石视窗采集光谱。分析仪随混合罐转动到 170°(采集窗口朝下为 0°)时，仪器被触发，采集光谱，采集的光谱通过无线传输设备传入到电脑，并由 Result 软件(Thermo Nicolet 公司，USA)接收存储。在线监测平台判定混合终点后即停机，采用经典分析方法对其判定混合终点的准确性和可靠性进行验证。

Antaris TM Target 在线混合分析仪参数设置：吸光度数据格式：log(1/R)；光谱扫描范围：7100~5500cm^{-1}；扫描次数：8 次；分辨率：4cm^{-1}，增益：625X；以仪器内部黄金基准为背景。

在线监测平台参数设置：窗口大小设置为 10，主成分 k 设置 2，设定 Dcrit 控制限计算公式中 F 值检验水平 α=0.05，采样间隔设置为 4s，混合终点判断的迟滞时间 LT 设置为 300s。

4) 在线监测平台测量结果

9 个品种混合实验的自适应算法在线分析结果见图 7-97。烫狗脊浸膏粉-糊精混合过程

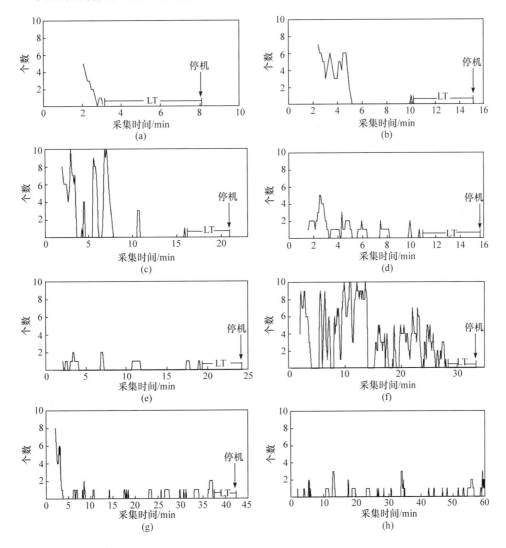

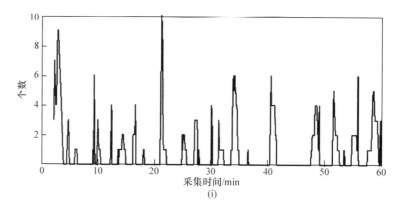

图 7-97　混合过程自适应算法在线分析结果趋势图

趋势图在 3.06～8.06min 内超限样本数持续为 0,即烫狗脊浸膏粉-糊精混合体系在 3.06min
已达到混匀状态;制远志浸膏粉-糊精混合过程趋势图在 10.10～15.10min 内,超限样本数
持续为 0,即制远志浸膏粉-糊精混合体系在 10.10min 时已达到混匀状态;泽泻浸膏粉-糊
精混合过程趋势图在 16.25～21.25min 内,超限样本数持续为 0,即泽泻浸膏粉-糊精混合
体系在 16.25min 时已达到混匀状态;小蓟浸膏粉-糊精混合过程趋势图在 10.78～15.78min
内,超限样本数持续为 0,即小蓟浸膏粉-糊精混合体系在 10.78min 时已达到混匀状态。
赤芍浸膏粉-糊精混合过程趋势图在 19.04～24.04min 内,超限样本数持续为 0,即赤芍浸
膏粉-糊精混合体系在 19.04min 时已达到混匀状态。

　　蒲公英浸膏粉-糊精混合过程趋势图在 28.88～33.88min 内,超限样本数持续为 0,
即蒲公英浸膏粉-糊精混合体系在 28.88min 时已达到混匀状态。墨旱莲浸膏粉-糊精混
合过程趋势图在 37.25～42.25min 内,超限样本数持续为 0,即墨旱莲浸膏粉-糊精混合
体系在 37.25min 时已达到混匀状态。黄芩浸膏粉-糊精混合过程趋势图在 60min 内持
续处于波动状态,即黄芩浸膏粉-糊精混合体系在 60.00min 时还未达到混匀状态。白芍
浸膏粉-糊精混合过程趋势图在 60min 内持续处于波动状态,即白芍浸膏粉-糊精混合
体系在 60.00min 时还未达到混匀状态。

　　5) 自适应算法分析结果分析

　　制远志浸膏粉-糊精混合实验、烫狗脊浸膏粉-糊精混合实验分别在 3min 和 10min 左
右达到混匀状态,分析其原因可能是以下因素导致的采样不充分而使自适应算法终点判
定结果提前:①混合罐规模庞大(3000L);②糊精比例极低(<3%);③在线近红外混合分
析仪为单视窗采集方式,且其仅可采集粉体床表层的样本信息。但这一结论尚待采用多
探针的在线 NIR 光谱技术进行验证。

　　白芍浸膏粉-糊精和黄芩浸膏粉-糊精混合趋势图在 60min 内持续处于波动状态,即
混合在 60min 时仍未达到混匀状态,而液相测量结果显示混合在 60min 时均已达到混
匀状态。

　　白芍浸膏粉-糊精、黄芩浸膏粉-糊精混合过程主成分得分图见图 7-98,其中不同的时
间段以不同的颜色表示。从图中可以看出,不同时间段采集光谱的主成分得分值均随机
分布,无明显的聚集状态,即从光谱上分析,这两个混合在 60min 时的确未达到混匀状

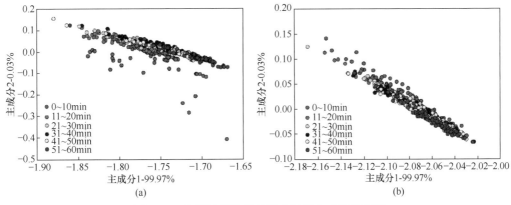

图 7-98　中药浸膏粉-糊精混合过程主成分得分图

态。其原因可能是中药浸膏粉黏性大，混合罐倒置过程受整罐混合粉重力的压力，致使粉体床底层的粉体黏附在采集视窗上，在混合过程中持续处于黏附脱落的状态，使混合过程采集的光谱信息并不是混合罐内的混合信息，而是采集视窗上浸膏粉的黏附信息，导致终点误判。

6) 经典分析方法验证

烫狗脊浸膏粉-糊精混合实验中混合均匀度的评价指标为不同取样位点间原儿茶酸含量的 RSD 值。在线监测平台判定混合终点处，11 个取样位点原儿茶酸含量及测量结果见表 7-54。

表 7-54　11 个取样位点原儿茶酸含量及测量结果

取样位点	1/(mg/g)	2/(mg/g)	3/(mg/g)	均值/(mg/g)	RSD/%	RSD*/%
1	0.92	0.91	0.90	0.91	1.30	
2	0.90	0.93	0.93	0.92	1.90	
3	0.92	0.92	0.90	0.91	1.40	
4	0.91	0.92	0.90	0.91	1.20	
5	0.88	0.96	0.92	0.92	4.20	
6	0.91	0.91	0.90	0.91	0.68	
7	0.90	0.91	0.91	0.91	0.19	
8	0.91	0.93	0.92	0.92	0.93	
9	0.91	0.93	0.90	0.91	1.40	
10	0.94	0.91	0.92	0.92	1.50	
11	0.94	0.92	0.92	0.93	0.90	1.70

注：RSD*为 11 个取样位点 33 个样本间指标性成分含量的 RSD 值。

制远志浸膏粉-糊精混合实验中混合均匀度的评价指标为不同取样位点间 3，6-二芥子酰基蔗糖含量的 RSD 值。在线监测平台判定混合终点处，11 个取样位点 3，6-二芥子酰基蔗糖含量及分析结果见表 7-55。

表 7-55　11 个取样位点 3，6-二芥子酰基蔗糖含量及分析结果

取样位点	1/(mg/g)	2/(mg/g)	3/(mg/g)	均值/(mg/g)	RSD/%	RSD*/%
1	7.43	7.39	7.17	7.33	1.90	
2	7.50	6.97	7.39	7.28	3.90	
3	7.38	6.83	7.30	7.17	4.10	
4	7.39	7.40	7.34	7.38	0.49	
5	7.27	7.29	7.39	7.32	0.86	
6	7.34	7.55	7.50	7.46	1.40	
7	7.38	7.40	7.32	7.37	0.53	
8	7.24	7.28	7.22	7.24	0.40	
9	7.24	7.20	7.22	7.22	0.28	
10	7.32	7.57	7.55	7.48	1.90	
11	7.6	7.3	7.25	7.37	2.20	2.10

注：RSD*为 11 个取样位点 33 个样本间指标性成分含量的 RSD 值。

小蓟浸膏粉-糊精混合实验中混合均匀度的评价指标为不同取样位点间蒙花苷含量的 RSD 值。在线监测平台判定混合终点处，11 个取样位点蒙花苷含量及分析结果见表 7-56。

表 7-56　11 个取样位点蒙花苷含量及分析结果

取样位点	1/(mg/g)	2/(mg/g)	3/(mg/g)	均值/(mg/g)	RSD/%	RSD*/%
1	3.56	3.58	3.59	3.57	0.34	
2	3.59	3.57	3.81	3.66	3.70	
3	3.56	3.66	3.59	3.60	1.50	
4	3.55	3.63	3.54	3.57	1.40	
5	3.56	3.54	3.66	3.59	1.80	
6	3.67	3.57	3.58	3.61	1.40	
7	3.57	3.55	3.64	3.59	1.40	
8	3.55	3.81	3.56	3.64	4.00	
9	3.54	3.54	3.55	3.54	0.12	
10	3.64	3.56	3.54	3.58	1.50	
11	3.56	3.40	3.67	3.54	3.80	2.10

注：RSD*为 11 个取样位点 33 个样本间指标性成分含量的 RSD 值。

赤芍浸膏粉-糊精混合实验中混合均匀度的评价指标为不同取样位点间芍药苷含量的 RSD 值。在线监测平台判定混合终点处，11 个取样位点芍药苷含量及分析结果见表 7-57。

表 7-57　11 个取样位点芍药苷含量及分析结果

取样位点	1/(mg/g)	2/(mg/g)	3/(mg/g)	均值/(mg/g)	RSD/%	RSD*/%
1	93.65	92.57	93.87	93.37	0.74	
2	93.73	93.86	93.45	93.68	0.22	
3	92.98	93.82	94.17	93.66	0.65	
4	93.85	93.79	92.42	93.35	0.87	

取样位点	1/(mg/g)	2/(mg/g)	3/(mg/g)	均值/(mg/g)	RSD/%	RSD*/%
5	93.93	93.91	93.90	93.90	0.02	
6	93.78	88.22	94.50	92.17	3.70	
7	93.58	93.91	93.35	93.61	0.30	
8	90.97	93.57	93.82	92.79	1.70	
9	94.12	94.91	93.88	94.30	0.57	
10	94.24	94.30	94.48	94.34	0.13	
11	94.36	93.69	94.85	94.30	0.62	1.30

注：RSD*为 11 个取样位点 33 个样本间指标性成分含量的 RSD 值。

黄芩浸膏粉-糊精混合实验中混合均匀度的评价指标为不同取样位点间黄芩苷含量的 RSD 值。在线监测平台判定混合终点处，11 个取样位点黄芩苷含量及分析结果见表 7-58。

表 7-58　11 个取样位点黄芩苷含量及分析结果

取样位点	1/(mg/g)	2/(mg/g)	3/(mg/g)	均值/(mg/g)	RSD/%	RSD*/%
1	189.75	188.53	186.56	188.28	1.60	
2	189.49	189.80	190.08	189.79	0.29	
3	190.69	190.37	191.98	191.01	0.85	
4	189.60	190.16	189.89	189.88	0.28	
5	189.48	190.72	190.64	190.28	0.70	
6	189.04	190.53	189.93	189.83	0.75	
7	189.13	189.68	190.35	189.72	0.61	
8	190.89	190.20	189.55	190.21	0.67	
9	190.62	192.07	190.29	191.00	0.95	
10	191.98	191.66	191.75	191.80	0.17	
11	190.09	189.96	191.52	190.52	0.87	0.58

注：RSD*为 11 个取样位点 33 个样本间指标性成分含量的 RSD 值。

墨旱莲浸膏粉-糊精混合实验中混合均匀度的评价指标为不同取样位点间蟛蜞菊内酯含量的 RSD 值。在线监测平台判定混合终点处，11 个取样位点蟛蜞菊内酯含量及分析结果见表 7-59。

表 7-59　11 个取样位点蟛蜞菊内酯含量及分析结果

取样位点	1/(mg/g)	2/(mg/g)	3/(mg/g)	均值/(mg/g)	RSD/%	RSD*/%
1	0.77	0.76	0.76	0.76	0.50	
2	0.77	0.77	0.76	0.77	0.68	
3	0.78	0.78	0.77	0.78	0.34	
4	0.77	0.77	0.78	0.78	0.73	
5	0.78	0.79	0.78	0.78	0.36	
6	0.78	0.79	0.78	0.79	0.18	
7	0.78	0.79	0.78	0.79	0.48	
8	0.79	0.78	0.78	0.78	0.41	

续表

取样位点	1/(mg/g)	2/(mg/g)	3/(mg/g)	均值/(mg/g)	RSD/%	RSD*/%
9	0.78	0.78	0.82	0.79	2.23	
10	0.80	0.79	0.79	0.79	1.19	
11	0.81	0.81	0.81	0.81	0.20	1.70

注：RSD*为 11 个取样位点 33 个样本间指标性成分含量的 RSD 值。

　　蒲公英浸膏粉-糊精混合实验中混合均匀度的评价指标为不同取样位点间咖啡酸含量的 RSD 值。在线监测平台判定混合终点处，11 个取样位点咖啡酸含量及分析结果见表 7-60。

表 7-60　11 个取样位点咖啡酸含量及分析结果

取样位点	1/(mg/g)	2/(mg/g)	3/(mg/g)	均值/(mg/g)	RSD/%	RSD*/%
1	1.34	1.34	1.34	1.34	0.05	
2	1.35	1.35	1.35	1.35	0.15	
3	1.35	1.37	1.36	1.36	0.99	
4	1.37	1.37	1.37	1.37	0.18	
5	1.36	1.36	1.36	1.36	0.12	
6	1.35	1.36	1.37	1.36	0.78	
7	1.36	1.36	1.35	1.36	0.35	
8	1.35	1.36	1.36	1.36	0.34	
9	1.36	1.37	1.37	1.37	0.27	
10	1.36	1.36	1.37	1.36	0.28	
11	1.35	1.36	1.35	1.35	0.44	0

注：RSD*为 11 个取样位点 33 个样本间指标性成分含量的 RSD 值。

　　白芍浸膏粉-糊精混合实验中混合均匀度的评价指标为不同取样位点间芍药苷含量的 RSD 值。在线监测平台判定混合终点处，11 个取样位点芍药苷含量及分析结果见表 7-61。

表 7-61　11 个取样位点芍药苷含量及分析结果

取样位点	1/(mg/g)	2/(mg/g)	3/(mg/g)	均值/(mg/g)	RSD/%	RSD*/%
1	63.73	63.41	64.58	63.91	0.94	
2	67.79	62.90	64.45	65.05	3.90	
3	63.31	63.22	64.80	63.78	1.40	
4	64.03	64.05	63.65	63.91	0.36	
5	63.79	64.20	64.11	64.03	0.34	
6	63.54	62.82	63.45	63.27	0.62	
7	63.59	62.80	63.18	63.19	0.62	
8	63.36	63.46	63.28	63.36	0.14	
9	62.95	63.43	63.38	63.25	0.42	
10	62.63	62.98	63.22	62.94	0.48	
11	63.17	63.71	62.94	63.27	0.63	1.40

注：RSD*为 11 个取样位点 33 个样本间指标性成分含量的 RSD 值。

泽泻浸膏粉-糊精混合实验中混合均匀度的评价指标为不同取样位点间 23-乙酰泽泻醇含量的 RSD 值。在线监测平台判定混合终点处，11 个取样位点 23-乙酰泽泻醇含量及分析结果见表 7-62。

表 7-62　11 个取样位点 23-乙酰泽泻醇含量及分析结果

取样位点	1/(mg/g)	2/(mg/g)	3/(mg/g)	均值/(mg/g)	RSD/%	RSD*/%
1	0.53	0.53	0.50	0.52	2.90	
2	0.50	0.52	0.51	0.51	1.70	
3	0.50	0.50	0.52	0.51	2.30	
4	0.51	0.52	0.52	0.52	1.50	
5	0.53	0.51	0.53	0.52	1.70	
6	0.50	0.50	0.50	0.50	0.40	
7	0.52	0.53	0.52	0.53	1.10	
8	0.51	0.53	0.53	0.53	2.60	
9	0.53	0.53	0.52	0.53	1.10	
10	0.52	0.52	0.52	0.52	0.15	
11	0.52	0.51	0.53	0.52	2.20	2.0

注：RSD*为 11 个取样位点 33 个样本间指标性成分含量的 RSD 值。

从表 7-54～表 7-62 可知，在在线平台判定的混合终点处，11 个取样位点所取的 33 个样本间指标性成分含量的 RSD 均低于 3%，即在在线判定的混合终点处，各实验中中药浸膏粉和糊精在整体水平上已达到混匀状态。

每个取样位点重复取样 3 次，3 个样本间指标性成分含量的 RSD 值代表该位点局部的混合情况。由表 7-54～表 7-62 可知，在判定的混合终点处，绝大多数取样位点内的 RSD 值低于 3%，即在判定的混合终点处在各取样位点的局部也已达到了混匀状态。

而在烫狗脊浸膏粉-糊精混合实验中，取样位点 5 的 RSD=4.2>3%；在制远志浸膏粉-糊精混合实验中，取样位点 3 的 RSD=4.1>3%；在小蓟浸膏粉-糊精混合实验中，取样位点 2 的 RSD=3.7>3%、取样位点 8 的 RSD=4.0>3%、取样位点 11 的 RSD=3.8>3%；赤芍浸膏粉-糊精混合实验中，取样位点 6 的 RSD=3.7>3%；白芍浸膏粉-糊精混合实验中，取样位点 2 的 RSD=3.8>3%。上述数据说明，在这些取样位点的局部还未达到混匀状态，而由于本研究采用的在线 NIR 光谱仪的局限性和中药配方颗粒混合过程自身的特点，这些局部不均匀未被检测到。

以上研究在生产规模(混合罐规模 3000L)，以 9 个品种的中药配方颗粒混合过程为研究对象，考察了在线监控平台和自适应算法参数优化结果在实际生产规模中的适用性，结果表明该方法在实际生产规模中依然适用，但是对于一些糊精比例较低的品种，可能会由于采样不充分，监测终点提前。在混合罐倒置过程中，由于底层混合粉压力大和中药浸膏粉自身黏性较大，部分粉体持续黏附在采集窗口上，使在线监控平台无法判断混合终点。

各混合实验在在线平台判定的混合终点处,11 个取样位点所取的 33 个样本间指标性成分含量的 RSD 均低于 3%，说明在在线平台判定的混合终点处各实验在整体水平上均已达到了混匀状态，因此在线监控平台和自适应算法参数优化的结果在生产规模中依然适用。

　　由于混合罐规格庞大(3000L)，糊精比例较低，而本研究采用的是单视窗 NIR 光谱仪，所以一些局部不混匀未被及时检测到。

7.7.2　中药粉体混合过程近红外定量检测

　　固体制剂是中药制剂的主要剂型，包括散剂、颗粒剂、片剂、胶囊剂、滴丸剂等。《中国药典》(一部，2010 版)共收载成方制剂和单味制剂 1062 种，其中，固体制剂 900 种，占总制剂种类的 84.7%。粉体混合是中药固体制剂生产的重要工序之一，混合过程决定药材有效成分及辅料的混合均匀度，直接影响产品的质量，进而影响其有效性和安全性，所以有必要通过对粉体均匀度的测定和控制来保证药品质量。

　　近红外光谱法目前已广泛应用于化学药品粉体混合过程在线监控，由于中药成分复杂，近红外测定时影响因素较多，有必要对中药粉体混合过程近红外测量进行研究。本节[27,28]选择丹参提取物-糊精粉体六一散及作为研究对象，建立糊精及甘草酸含量定量模型；对近红外定量检测方法的真实性、准确性及线性等进行方法学验证，并结合不确定度计算法进行近红外定量检测不确定度评价。

　　1. 丹参提取物混合过程糊精近红外定量检测

　　1) 仪器试剂与软件

Antaris 傅里叶变换近红外光谱仪(美国 Thermo Nicolet 公司)，ZNW-10 型三维混合机(北京兴时利和有限公司)，81030A-600 型粉体取样器(昆山莱曼公司)，BS124 型电子天平(德国 Sartorius 公司)，XW-80A 型涡旋仪(海门市其林贝尔仪器制造有限公司)。丹参提取物(西安鸿生生物技术有限公司，20110418～20131025)，药用糊精(辽宁东源药业有限公司，批号：20100036)。SIMCA-P 11.5(美国 Umetrics 公司)及 Unscrambler 7.0(挪威 CAMO公司)软件对光谱进行预处理，采用 MATLAB 7.0(美国 Mathwork 公司)软件进行样本集划分及模型计算。

　　2) 样本制备

　　将实验中所使用的 30 个批次的丹参提取物随机编号，每种提取物使用两次，精密称取一定量糊精，混合均匀，使丹参提取物与糊精混合物中糊精含量为 0.1%～26%，制备总重约为 5.00g 的样本 60 份(表 7-63)。

表 7-63　丹参提取物样本信息

样本编号	丹参批号	理论糊精含量/%	糊精量/g	样本量/g	实际糊精含量/%
1	3	0.1	0.0053	5.0002	0.106
2	17	0.2	0.0097	5.0001	0.194
3	30	0.3	0.0157	5.0003	0.314
4	26	0.4	0.0209	5.0003	0.418
5	7	0.5	0.0246	5.0001	0.492
6	1	0.6	0.0304	5.0010	0.608

续表

样本编号	丹参批号	理论糊精含量/%	糊精量/g	样本量/g	实际糊精含量/%
7	28	0.7	0.0346	5.0008	0.692
8	7	0.8	0.0396	5.0002	0.792
9	8	0.9	0.0457	5.0008	0.914
10	18	1.0	0.0505	5.0005	1.01
11	16	1.5	0.0745	5.0000	1.49
12	16	2.0	0.1002	4.9995	2.00
13	20	2.5	0.1241	4.9991	2.48
14	14	3.0	0.1494	4.9995	2.99
15	15	3.5	0.1747	5.0001	3.49
16	23	4.0	0.1996	5.0010	3.99
17	12	4.5	0.2248	5.0001	4.50
18	15	5.0	0.2502	4.9998	5.00
19	13	5.5	0.2755	4.9995	5.51
20	29	6.0	0.2997	5.0001	5.99
21	24	6.5	0.3245	4.9998	6.49
22	29	7.0	0.3492	4.9998	6.98
23	27	7.5	0.3746	5.0010	7.49
24	30	8.0	0.3992	5.0002	7.98
25	9	8.5	0.4243	5.0000	8.49
26	20	9.0	0.4493	4.9997	8.99
27	14	9.5	0.4744	5.0003	9.49
28	23	10.0	0.5002	4.9996	10.0
29	25	10.5	0.5252	5.0009	10.5
30	8	11.0	0.5502	5.0006	11.0
31	3	11.5	0.5746	4.9997	11.5
32	2	12.0	0.6007	5.0006	12.0
33	25	12.5	0.6255	5.0007	12.5
34	11	13.0	0.6496	4.9997	13.0
35	24	13.5	0.6750	5.0009	13.5
36	6	14.0	0.7005	4.9997	14.0
37	19	14.5	0.7256	5.0008	14.5
38	28	15.0	0.7501	4.9997	15.0
39	1	15.5	0.7752	5.0004	15.5
40	22	16.0	0.7999	5.0009	16.0
41	10	16.5	0.8249	5.0001	16.5
42	18	17.0	0.7848	5.0010	15.7
43	21	17.5	0.8756	4.9996	17.5
44	22	18.0	0.8999	5.0007	18.0
45	11	18.5	0.9246	5.0002	18.5

样本编号	丹参批号	理论糊精含量/%	糊精量/g	样本量/g	实际糊精含量/%
46	4	19.0	0.9509	5.0007	19.0
47	19	19.5	0.9759	5.0006	19.5
48	10	20.0	1.0006	5.0001	20.0
49	5	20.5	1.0256	5.0003	20.5
50	21	21.0	1.0497	5.0003	21.0
51	27	21.5	1.0742	5.0007	21.5
52	5	22.0	1.1006	5.0002	22.0
53	13	22.5	1.1254	5.0006	22.5
54	6	23.0	1.1496	5.0003	23.0
55	9	23.5	1.1753	5.0007	23.5
56	17	24.0	1.2009	5.0006	24.0
57	12	24.5	1.2252	4.9995	24.5
58	2	25.0	1.2506	5.0005	25.0
59	4	25.5	1.2748	5.0006	25.5
60	26	26.0	1.3000	5.0005	26.0

3) 近红外光谱采集

采用 Antaris 傅里叶变换近红外光谱仪，以空气做背景，采用积分球漫反射模式采集光谱，分辨率为 8cm^{-1}，光谱扫描范围为 10000～4000cm^{-1}，使用旋转样本杯法进行扫描，每个样本扫描 64 次。

4) 近红外定量模型校正与验证

使用 KS 法将 100 个样本划分为校正集(65 个)和验证集(35 个)。对丹参提取物样本近红外光谱使用以下预处理方法进行校正。各光谱预处理方法建模结果见表 7-64。

表 7-64　不同光谱预处理方法比较

预处理方法	因子数	校正集				验证集			
		r_{cal}	RMSEC	RMSECV	BIAS$_{cal}$	r_{cal}	RMSEC	RMSECV	BIAS$_{cal}$
原始光谱	10	0.9919	1.117	4.230	0.831	0.9812	1.705	3.94	1.414
SG	9	0.9687	2.184	4.227	1.640	0.9704	1.608	4.18	1.257
基线校正	10	0.9926	1.065	4.241	0.804	0.9745	1.918	3.50	1.368
1st	8	0.9935	0.998	2.373	0.839	0.9871	1.085	6.19	0.900
2nd	7	0.9916	1.137	4.416	0.912	0.9772	1.899	3.54	1.572
SG +1st	10	0.9928	1.051	2.080	0.855	0.9843	1.336	5.03	1.080
MSC	10	0.9936	0.992	1.996	0.791	0.9828	1.426	4.71	1.185
SNV	10	0.9919	1.117	4.230	0.831	0.9812	1.705	3.94	1.414

由表 7-64 可以看出，数据处理后的建模结果明显优于原始数据，经光程校正后，模

型的预测准确度明显提高，与原始光谱相比，RPD 由 3.94 增加到 6.19，且 MSC 与 SNV 具有相近的建模结果；一阶导数处理方法结果最好，预测集相关系数 r_{val} 及预测均方根误差 RMSEP 分别为 0.9871 和 1.085，因此本书采用一阶导数处理方法作为光谱预处理方法。

将 10000～4000cm^{-1} 波段分为 2～70 个间隔，选取其中最佳波段采取一阶导数光谱预处理方法，使用 8 个潜变量因子建立回归模型，绘制模型 RMSECV 变化趋势图(图 7-99)。结合图 7-99 可知，经过波段筛选，模型预测性能未见明显提升，故选择全谱建模。

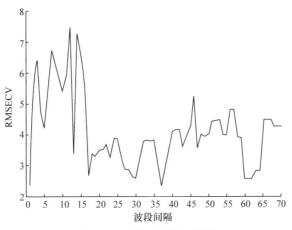

图 7-99　建模波段筛选结果

采取一阶导数光谱预处理方法，分别使用 1～20 个潜变量因子建立回归模型，绘制模型预测性能随潜变量因子变化的曲线图(图 7-100)。结合图 7-100 可知，当潜变量因子数为 8 时，预测集 RMSEC、RMSECV 及累积 PRESS 基本不再变化，因此选择潜变量因子数为 8 建立回归模型。

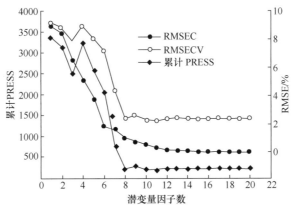

图 7-100　各潜变量因子下模型预测性能

综合光谱预处理结果、潜变量因子选取及波段筛选结果，最终选择一阶导数作为光谱预处理方法，最佳潜变量因子数为 8 进行全谱建模，预测集相关系数 r_{val} 及 RMSEP 分别为 0.9871 和 1.085。所建 PLS 模型校正集与预测集相关关系如图 7-101 所示。

　　以上研究以丹参提取物-糊精混合过程辅料糊精定量检测为载体，最佳光谱预处理方法为一阶导数，定量波段为 $10000 \sim 4000 cm^{-1}$，RMSEC 和 RMSEP 值分别为 0.998 和 1.085，表明所建 NIR 定量模型具有良好的校正和预测性能。

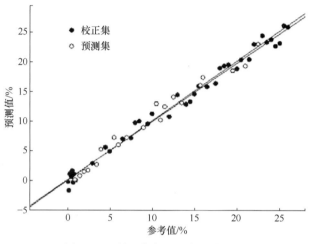

图 7-101　校正集与预测集相关关系

2. 六一散混合过程甘草酸近红外定量检测

1) 光谱采集条件

　　采用 Antaris 近红外光谱仪，以内置空气为背景，采用积分球漫反射模式合并旋转样本杯模式进行六一散样本原始近红外光谱的采集，分辨率为 $8cm^{-1}$，光谱扫描范围为 $10000 \sim 4000 cm^{-1}$，每个样本扫描 64 次后取平均值作为最终的样本近红外光谱。

2) 甘草酸含量测定所需样本的制备

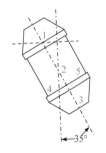

图 7-102　混合设备和预设取样点

　　将甘草细粉与滑石粉以质量比 1:6 的比例投置于 10L 的三维混合机(ZNW-10，中国)中进行混合实验。总共进行两批次混合实验，其中填料系数 70%，旋转速度 13r/min，在混合过程中停机 10 次，分别在混合开始后的第 5、7、9、11、12、13、14、15、17、19(min)停机，并在 5 个预设取样点进行取样(图 7-102)，取样 5g，将采集到的样本使用涡旋仪使滑石粉和甘草粉充分混合均匀，两次实验共采集得到 100 个样本。之后，对每个样本分别进行 NIR 光谱测量和 HPLC 测定。

3) 验证实验样本的制备

　　采用六一散混合过程中由低到高五种甘草酸含量样本(0.78mg/g、1.56mg/g、2.34mg/g、3.12mg/g 和 3.89mg/g)对测定 NIR 方法进行验证。为方便称量，将甘草酸含量换算为甘草质量，五种甘草酸含量所对应的甘草质量为 0.025g、0.050g、0.075g、0.100g 和 0.125g，选取 3×5×3 的析因实验设计方案，即实验分三天进行，每天一次，每次实验包含五个浓度水平，每个浓度水平进行三次平行实验。

4) 数据处理

采用 SIMCA-P 11.5(美国 Umetrics 公司)及 Unscrambler 7.0(挪威 CAMO 公司)软件对光谱进行预处理,采用 MATLAB 7.0(美国 Mathwork 公司)软件进行样本集划分、数据预处理及不确定度计算。

5) 近红外定量检测方法的开发

近红外定量模型建立之前,近红外定量检测方法开发的第一步是异常值检测,希望能够通过该步骤提高模型的定量性能。首先,对 100 个六一散混合样本的 100 条近红外原始光谱进行主成分分析法(PCA)。如图 7-103 所示,其中第一主成分能够解释样本 87.21%的变量信息并且前两个主成分能够解释样本 99.8%的变量信息。因此,采用样本的前两个主成分构建得分图,并用来鉴别光谱簇和揭示样本的空间分布(图 7-103)。

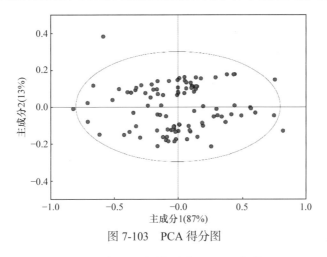

图 7-103 PCA 得分图

在 95%置信度下的 Hotelling T^2 可用来辨别潜在的异常值,见图 7-104。从图中得出,有 4 个异常值的存在,因此,这 4 个异常样本被移除。而剩下的 96 个样本被 KS 方法划分为校准集(56 个)和验证集(40 个样本),用于接下来的进一步处理过程。

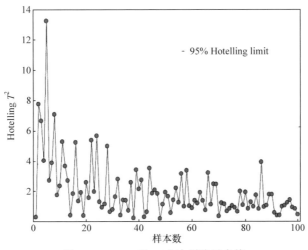

图 7-104 Hotelling T^2 检剔除异常值

　　近红外测量方法开发的第二步是光谱预处理。为了提高模型的预测性能，本研究比较了不同的光谱预处理方法。多元散射校正(MSC)和标准正则变换(SNV)预处理方法能够消除各批次间样本粒径分布不均匀及粉体颗粒大小不同产生的散射对光谱的影响；对光谱数据进行一阶导数(1st)与二阶导数(2nnd)处理可以消除近红外光谱的基线漂移、强化谱带特征、克服谱带重叠；采用 SG 平滑法和小波去噪(WDS)预处理方法对光谱数据进行平滑处理，可以有效平滑高频噪声，提高信噪比，减少噪声影响。

　　对于 SG 平滑，滤光宽度被设定为 9 个波数并且多项式次序为 2，然后使用留一交叉验证方法优化潜变量的最佳选择。常规化学计量学参数对于校准集和验证集的相关系数 r、RMSEC、RMSECV、RMSEP 和 RPD 用以评价选择最佳型。

　　如表 7-65 所示，光谱预处理后，模型的预测准确性没有很大的提高。与其他预处理方式相比，1st+SG 预处理方法使用相对较小的偏最小二乘因子，r 值(0.9959)更接近 1，RMSEC 值(0.066)相对较小，RMSECV(0.160)值同样表明了 NIRS 方法的良好定量性能。RPD 的值为 3.1 大于 3，表明所建立的近红外的定量模型预测性能良好。

表 7-65　各预处理建模结果比较

预处理	LVs	校正集				验证集			
		r_{cal}	RMSEC	RMSECV	$BIAS_{cal}$	r_{val}	RMSEP	RPD	$BIAS_{val}$
origin	9	0.9932	0.085	0.134	0.068	0.9509	0.138	3.08	0.108
SG	9	0.9921	0.092	0.136	0.072	0.9524	0.135	3.13	0.106
1st	5	0.9956	0.068	0.162	0.056	0.9473	0.140	3.03	0.105
2nd	3	0.9757	0.160	0.187	0.118	0.9199	0.173	2.45	0.139
SG +1st	8	0.9986	0.039	0.166	0.032	0.9495	0.139	3.06	0.099
1st+SG	5	0.9959	0.066	0.160	0.053	0.9492	0.137	3.10	0.101
MSC	9	0.9925	0.089	0.180	0.073	0.9464	0.144	2.95	0.114
SNV	9	0.9921	0.092	0.179	0.076	0.9462	0.144	2.95	0.115
WDS	10	0.9871	0.117	0.153	0.088	0.9431	0.141	3.00	0.108

　　注：origin 表示原始光谱，SG+1st 表示光谱先进行 SG 平滑再进行 1st 预处理；1st+SG 表示光谱先进行 1st 预处理再进行 SG 平滑处理。

　　此外，光谱预处理后需要进行光谱变量筛选，但是经过变量筛选后模型的性能没有提高。所以，选择 1st+SG 预处理方法建立偏最小二乘回归模型。图 7-105(a)表示模型随着潜在变量因子的改变而改变。潜变量值从 5 往后，RMSEC 值和 RMSEP 值并没有明显改变，因此选择潜变量因子数 5 建立 PLS 模型。PLS 回归模型的校正集和验证集的相关关系图如图 7-105(b)所示。

　　6) NIR 方法的新 AP 验证

　　为了与 ICH Q2 指南保持一致，计算了分析程序典型的验证指标，如准确值、精确度、有效范围和线性，并且建立了准确度曲线。由于传统中药的质量控制与生物产品相似，

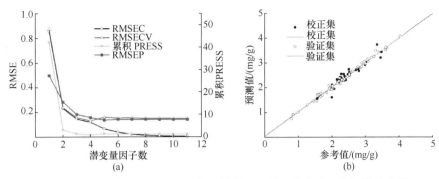

图 7-105 (a)各潜变量因子下的模型性能；(b)校正集和验证集相关关系图

中药近红外方法验证的可接受限$(-\lambda, +\lambda)$设为±20%。为了计算β-容度，γ-置信容许区间、建立准确度曲线，当前的工作选择被 FDA 用来验证生物分析过程的 4-6-λ 规则，并且这个规则被 Hoffman 和 Kringle 转化为 β=66.7%和 γ=90%。

(1) 准确度。准确度表达的是总误差：系统误差和随机误差的总和，与验证结果相关。如表 7-66 和图 7-106 所示，β-容度，γ-置信容许区间的上下限在浓度水平为 1.56mg/g(-1.82，8.37)、2.34mg/g(-12.2，17.1)、3.12mg/g(-6.20，2.29)、3.89mg/g(-19.4，4.00)时，在可接受限±20%范围之内。所以，方法被认为在浓度 1.56mg/g 与 3.89mg/g 之间是有效的。然而，在浓度为 0.78mg/g 准确度在可接受限之外。结果可以解释为：随着浓度降低，系统误差和随机误差也会随之增加。

表 7-66 NIR 方法 ICH Q2(R1)验证

水平/(mg/g)	均值	真实性/%		精密度/%		准确度	
		相对偏差	回收率	重复性	中间精密度	β-CTI/%	Abs β-CTI
0.78	0.65	−16.8	83.2	9.82	11.7	[−48.9，15.3]	[0.40，0.90]
1.56	1.61	3.28	103.3	2.87	2.87	[−1.82，8.37]	[1.53，1.69]
2.34	2.40	2.47	102.5	2.45	4.53	[−12.2，17.1]	[2.05，2.74]
3.12	3.06	−1.96	98.0	1.40	1.60	[−6.20，2.29]	[2.93，3.19]
3.89	3.59	−7.68	92.3	1.51	3.50	[−19.4，4.00]	[3.14，4.05]

注：β-CTI 是相对 β-容度，γ-置信容许区间；Abs β-CTI 是绝对 β-容度，γ-置信容许区间。

(2) 精密度。精密度通过两个水平来评价：五个浓度水平下的重复性和中间精密度。由表 7-66 的结果可知，数据的中间精密度比重复性差，表示存在着重要的操作或者日期的影响。由图 7-103 可发现，1.56mg/g、2.34mg/g、3.12mg/g 及 3.89mg/g 浓度水平下的数据结果分布较好，因而重复性和中间紧密度数值也较好。然而，随着浓度降低，重复性和中间产物精密度明显降低。在浓度水平为 0.78mg/g 时，精确度的数值太大，无法满足分析要求。

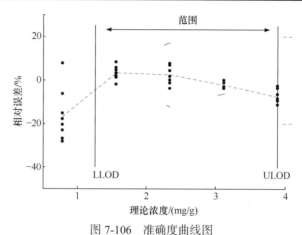

图 7-106 准确度曲线图

虚线相对偏差；短实线为 β-容度容许区间；短虚线为可
接受限(±20%)；每个浓度下的 9 个黑点为每个预测值的相对偏差

(3) 有效范围。准确度曲线和可接受限的交集定义最低定量限(lower limit of quantification，LLOQ)和最高定量限(upper limit of quantification，ULOQ)。最高定量限和最低定量限定义了分析方法能够准确定量的范围。如果 β-容度-γ-置信容许区间没有越出可接受限，LLOQ 和 ULOQ 表示所研究浓度范围的起点和终点。在本实验中，通过插值法计算得到 LLOQ 值是 1.26mg/g，ULOQ 值是 3.89mg/g，所以定量有效范围为 1.26～3.89mg/g。

(4) 线性。分析方法的线性是它在一定范围内得到的结果直接正比于被分析物的浓度(量)的能力。所以，线性模型是拟合了验证集所有的计算浓度。近红外预测值和理论值之间的关系可以被以下线性方程评价：$y=0.9426×x+0.0572$，其相关系数 R^2 为 0.9820。截距、斜率和相关系数值表明近红外预测值和理论值有很好的一致性。为了证明方法的线性，绝对 β-容度-γ-置信容许区间被应用。因为甘草酸浓度含量在 1.56～3.89mg/g 时，绝对 β-容度-γ-置信容许区间(γ = 90%)在绝对可接受限内，如图 7-107 所示，所以证明甘草酸浓度含量在 1.56～3.89mg/g 的线性良好。

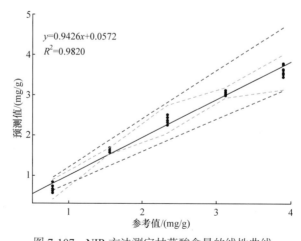

图 7-107 NIR 方法测定甘草酸含量的线性曲线

灰色虚线是绝对 β-容度容许区间(γ=90%)；黑色短虚线代表可接受限(±20%)；黑色实线：$y=x$

以上研究通过 NIR 方法定量检测六一散混合过程中混合样本的甘草酸含量。实验样本来自混合过程的停机取样，采用 NIR 漫反射采集样本光谱，经过光谱预处理后建立 PLS 模型。方法建立完成后，通过验证集样本的预测值数据信息建立新 AP。本章中通过采用 β-容度容许区间代替 β-期望容许区间来建立新的 AP，降低了测量估计的风险，同时给出了验证标准信息，如真实性、精密度、准确度、有效范围、最低定量限等。结果表明所建立的 NIR 方法适合分析甘草酸含量。

7.8　中药制造制粒过程单元分析

制粒是把粉末、熔融液、水溶液等状态的物料加工制成一定形状与大小的粒状物，是固体制剂生产过程的中间环节。制粒具有如下优点：
(1) 改善流动性，便于分装、压片；
(2) 防止各成分因粒径密度差异出现离析现象；
(3) 防止粉尘飞扬及器壁上的黏附；
(4) 调整堆密度，改善溶解性能；
(5) 改善片剂生产中压力传递的均匀性；
(6) 便于服用，方便携带，提高商品价值。

根据其是否使用黏合剂可以将制粒分为干法制粒和湿法制粒。中药制剂生产中湿法制粒较为常用。由于科学技术的发展，中药湿法制粒已经摒弃了原始的手工操作，取而代之的是现代的机器操作，设备由摇摆式制粒机发展为高速剪切制粒机和流化床制粒机，制造技术上逐步成熟。高速剪切湿法制粒机可以实现混合、制粒在一台设备上完成，与其他制粒方式相比，具有制粒时间短、黏合剂使用较少、适用于高黏性的物料、制备的颗粒致密不易破碎、颗粒粒径分布较均匀、重复性较高、产尘量较少、物料暴露时间少等优点，由于不能直接观察到颗粒成型的情况，高速剪切制粒的难点之一在于对搅拌时间终点的判断。

7.8.1　高速剪切湿法制粒过程近红外定量检测

对于高速剪切湿法制粒过程，现阶段主要以经验控制为主，生产过程中各因素对产品质量的影响作用还不清楚，而通过建立过程模型可以有效地理解生产过程中各因素对产品质量的影响，从而达到控制产品质量的目的。本节[29]以经典方法结合近红外光谱技术，检测粉体-颗粒相关物理、化学性质，建立高速剪切湿法制粒过程的快速评价方法。

1. 粉体化学和物理质量属性近红外定量检测

1) 仪器与试剂

Antaris 傅里叶变换近红外光谱仪(Thermo Nicolet Corporation，USA)。安捷伦 1100 高效液相色谱仪(美国 Agilent 公司，包括：四元泵、真空脱气泵、自动进样器、柱温箱、二极管阵列检测器、ChemStation 数据处理工作站)，赛多利斯 MA-35 快速水分分析仪 (Sartorius AG，Geman)，3H-2000A 全自动比表面积分析仪(贝士德仪器科技(北京)有限公司)，BT-2001 激光粒径分析仪(丹东百特仪器有限公司)，HY-100 粉末密度测试仪(丹东恒宇仪器有限公司)，BEP2 流动性测试仪休止角附件(Copley Inc.，England)。DZF-6050 型真空干燥箱(上海一恒科技有限公司)。

丹参饮片(北京本草方源药业有限公司，批号：20120402，产地：山东)，隐丹参酮(批号：1110852-200806)，丹参酮 IIA(批号：110766-200619)购买自中国食品药品检定研究院，色谱纯乙腈、磷酸(Fisher scientific，USA)，纯净水(杭州娃哈哈集团有限公司)，其他试剂均为分析纯。

2) 丹参酮提取物的制备

30 批丹参酮提取物购自 5 个不同的厂家，根据中心点复合设计(central composite design，CCD)自制 20 批丹参酮提取物。CCD 因素水平和实验安排如表 7-67 所示。自制丹参酮提取物的提取过程根据《中国药典》2010 版 1 部丹参酮提取物项下制法进行。

表 7-67　丹参醇提取物 CCD 实验安排

实验	因素 A	因素 B	因素 C
1	90.00	9.00	1.75
2	80.00	6.00	0.50
3	90.00	6.00	1.75
4	100.00	12.00	0.50
5	100.00	6.00	0.50
6	90.00	9.00	1.75
7	100.00	12.00	3.00
8	90.00	9.00	1.75
9	90.00	9.00	1.75
10	80.00	12.00	3.00
11	90.00	9.00	1.75
12	100.00	9.00	1.75
13	90.00	12.00	1.75
14	80.00	12.00	0.50

3) 丹参酮提取物化学质量属性的测定

HPLC 测定：隐丹参酮、丹参酮ⅡA 的含量。水分含量测定：量取约 2g 丹参酮提取物置于测试盘上，快速水分分析仪测试条件设置为：加热温度 105℃，加热 10min，每份样本测试 3 次，取平均值作为其水分含量。

4) 丹参酮提取物物理质量属性的测定及相关分析

对丹参酮提取物的比表面积进行测定。采用固体标样参比法测试，吹扫温度：60℃，吹扫时间：60min，吹扫介质和吸附质：氮气，载气：氦气，测试可得粉体的比表面积。

采用干法激光粒径测试法测定丹参酮提取物的粒径及粒径分布。取待测粉体约 3g 于 BT-2001 型激光粒径测试仪干法进样器金属盒上，选择已建立的工作方法，以空气为分散媒介，颗粒折射率设为 1.502，测定粉体的粒径及粒径分布，得到累积粒径 D10、D50、D90 和均齐度。

称取质量 m 约为 5g 的丹参酮提取物于 25mL 量筒中，读取松装体积 V_b，将量筒置于密度测试仪上，振实 1250 次，读取振实体积 V_t，每份样本测试 3 次，取平均值。

称取质量约为 100g 的待测粉体，从流动性测试仪休止角附件的顶部缓慢倒下，在底部直径 d 为 100mm 的托盘上形成粉锥，记录粉锥的高度 h，休止角 $\theta=\arctan(2h/d)$，每份样本测试 3 次，取平均值。

定义化学质量属性组为 X，包括隐丹参酮含量、丹参酮 IIA 含量和水分含量，三者分别命名为 $X1$，$X2$，$X3$；定义物理质量属性组为 Y，包括比表面积、D10、D50、D90、均齐度、松装密度、振实密度、豪斯纳比率、压缩度指数和休止角，分别命名为 $Y1\sim Y10$。利用 SPSS v16.0 对两组变量进行相关性分析。

5) 丹参酮提取物质量属性的快速测定

NIR 测定条件为：采用积分球漫反射方式采集光谱，分辨率为 8cm^{-1}，扫描范围为 10000~4000cm^{-1}，扫描次数 64 次，增益为 2，每个样本平行采集 3 次光谱，计算平均光谱用于 NIR 分析。近红外光谱采集与处理均采用 Thermo Scientific RESULT 软件。对不同的数据预处理方法进行考察，所使用的预处理方法有正则化变换，基线校正，SG 平滑，SG 平滑+一阶导数，SG 平滑+二阶导数，光谱变换，多元散射校正，标准正则变换(SNV)和小波去噪(WDS)。利用偏最小二乘(PLS)法建立定量模型。

6) 化学质量属性结果

HPLC 含量测定结果如表 7-68 所示。水分含量测定结果如表 7-69 所示，由表可知，二样本组的水分含量并无明显差异。除自制样本组内的 2 个样本，其他所有样本的水分含量均在 5%以下。

表 7-68　隐丹参酮和丹参酮 IIA HPLC 含量测定结果

名称	类型	范围/(mg/g)	均值/(mg/g)	标准差/(mg/g)	相对标准偏差 RSD
自制样本	隐丹参酮	3.1~84	21	22	1.0
	丹参酮 IIA	3.2~1.0×10²	25	27	1.1
购买样本	隐丹参酮	2.8~88	18	18	1.0
	丹参酮 IIA	0.85~1.4×10²	12	28	2.3

表 7-69　丹参酮提取物中水分含量测定结果

类型	范围/%	均值/%	标准差/%	相对标准偏差 RSD
自制样本	1.25~5.64	3.01	1.22	0.405
购买样本	1.66~4.79	3.21	0.846	0.264

7) 物理质量属性结果

由表 7-70 可知,无论自制样本组还是购买样本组,各指标的相对标准偏差均小于 0.5,而隐丹参酮和丹参酮 II A 含量的相对标准偏差均大于 1.0,可见各物理性质指标的波动范围小于丹参酮类成分含量的波动范围。本研究比表面积的测试结果显示所有丹参酮提取物的比表面积均小于 0.500m²/g,这表明提取物粉体内部并不存在大量的微孔结构,粉体本身相对较致密。自制和购买两样本组在松装密度、振实密度两指标并没有呈现出较大的差异,但由表 7-71 可知,结合成分含量发现不同的成分组成的样本可能会有相同的松装/振实密度,成分含量类似的样本可能会有不同的松装/振实密度。除自制样本中的 2 样本之外,其余所有样本的休止角均大于 30°,样本组中所有样本的压缩度指数均大于 0.20,最大值接近最小值的 2 倍,表明粉体的流动性较差,而且存在着较大的质量波动。

表 7-70　物理性质测定结果

类型	名称	范围	均值	标准差	相对标准偏差
自制样本	比表面积/(m²/g)	0.107～0.358	0.240	0.0663	0.276
	D10/μm	7.367～29.98	12.05	5.335	0.4427
	D50/μm	35.52～83.33	52.52	12.36	0.2353
	D90/μm	95.52～165.4	126.1	19.20	0.1523
	均齐度	1.625～2.668	2.218	0.2581	0.1164
	松装密度/(g/cm³)	0.40～0.60	0.48	0.044	0.093
	振实密度/(g/cm³)	0.61～0.83	0.72	0.064	0.089
	豪斯纳比率	1.3～1.7	1.5	0.13	0.088
	压缩度指数	0.21～0.42	0.32	0.060	0.18
	休止角/(°)	28.33～51.60	41.49	4.731	0.1140
购买样本	比表面积/(m²/g)	0.206～0.404	0.317	0.0546	0.1722
	D10/μm	4.630～10.90	6.917	1.466	0.2119
	D50/μm	15.34～57.17	27.49	11.57	0.4209
	D90/μm	32.40～171.9	101.0	31.20	0.3089
	均齐度	1.673～4.387	3.521	0.7547	0.2143
	松装密度/(g/cm³)	0.35～0.55	0.49	0.043	0.087
	振实密度/(g/cm³)	0.47～0.81	0.73	0.071	0.098
	豪斯纳比率	1.3～1.7	1.5	0.094	0.063
	压缩度指数	0.23～0.40	0.33	0.043	0.13
	休止角/(°)	36.12～48.08	45.52	1.278	0.02808

表 7-71　成分含量与密度对比例证

样本编号	隐丹参酮含量/(mg/g)	丹参酮 II A 含量/(mg/g)	松装密度/(g/cm³)	振实密度/(g/cm³)
1	3.4	1.5	0.50	0.74
2	37	2.5	0.48	0.74
3	33	28	0.53	0.74

续表

样本编号	隐丹参酮含量/(mg/g)	丹参酮ⅡA含量/(mg/g)	松装密度/(g/cm³)	振实密度/(g/cm³)
4	4.0	2.0	0.53	0.70
5	4.3	2.9	0.52	0.77

8) NIR 快速测定结果

最佳预处理方法选择：对于隐丹参酮的含量，其最佳的预处理方法是正则化变换。对于丹参酮ⅡA含量、比表面积、D10、D50和水分含量，最佳的光谱预处理方法均为SG平滑+一阶导数；而对于D90和振实密度，最佳光谱预处理方法分别是光谱变换和小波去噪。所有质量属性指标的最佳预处理方法及模型相关参数如表7-72所示。

表 7-72　针对不同质量属性指标 NIR 光谱的最佳预处理方法及 PLS 模型性能表

指标	预处理	潜变量	校正集				验证集			
			r_{cal}	RMSEC	RMSECV	$BIAS_{cal}$	r_{pre}	RMSEP	RPD	$BIAS_{pre}$
隐丹参酮	正则化变换	11	0.9963	0.0018	0.0033	0.0013	0.9969	0.0013	8.9	0.0011
丹参酮ⅡA	SG1st	8	0.9953	0.0029	0.0060	0.0021	0.9957	0.0019	6.2	0.0015
比表面积	SG1st	11	0.9591	0.021	0.045	0.017	0.8282	0.025	1.7	0.020
D10	SG1st	12	0.9867	0.74	2.4	0.56	0.9720	0.76	2.8	0.54
D50	SG1st	5	0.9392	6.0	7.1	4.6	0.9561	4.1	3.3	3.28
D90	光谱变换	11	0.9477	10	16	7.5	0.9058	8.7	2.5	6.3
振实密度	WDS	10	0.8830	0.034	0.038	0.027	0.8940	0.023	1.9	0.019
水分含量	SG1st	12	0.9679	0.26	0.68	0.18	0.9191	0.33	2.6	0.25

定量检测模型建立：如表7-72和图7-108~图7-115所示，PLS模型对隐丹参酮、丹参酮ⅡA、水分含量，D10、D50、D90均表现出了良好的预测性能，但对于比表面积和振实密度(RPD<2.0)，PLS模型的预测性能较差。

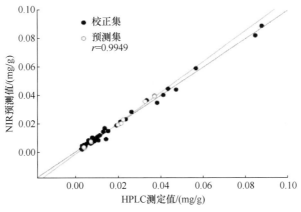

图 7-108　隐丹参酮含量 HPLC 测定值与 PLS 模型预测值的相关关系图

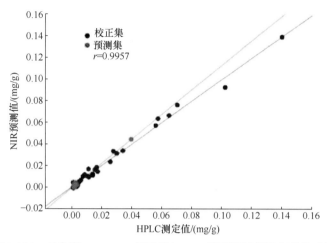

图 7-109　丹参酮 IIA HPLC 测定值与 PLS 模型预测值的相关关系图

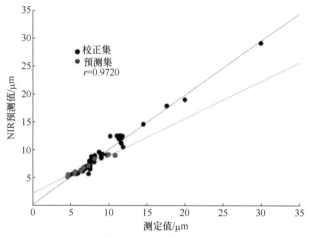

图 7-110　D10 测定值与 PLS 模型预测值的相关关系图

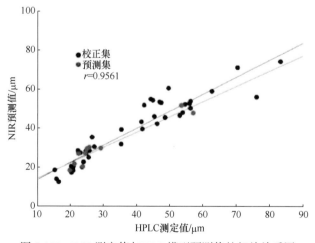

图 7-111　D50 测定值与 PLS 模型预测值的相关关系图

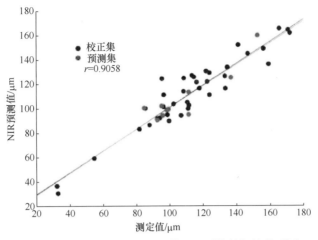

图 7-112　D90 测定值与 PLS 模型预测值的相关关系图

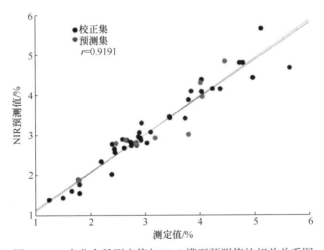

图 7-113　水分含量测定值与 PLS 模型预测值的相关关系图

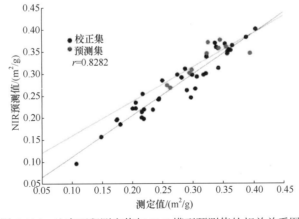

图 7-114　比表面积测定值与 PLS 模型预测值的相关关系图

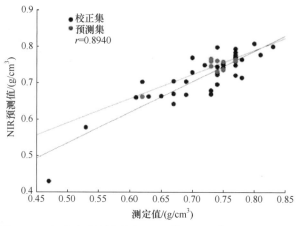

图 7-115　振实密度测定值与 PLS 模型预测值的相关关系图

　　使用 LS-SVM 模型进行建模分析，并对比 LS-SVM 模型和 PLS 模型的建模效果。LS-SVM 模型的两个超参数通过交叉验证进行了优化，如图 7-116 所示。对于不同的质量属性，其相关预处理方法及 LS-SVM 模型参数见表 7-73，相关图见图 7-117～图 7-124。对于 PLS 模型无法良好预测的比表面积和振实密度，LS-SVM 是一种更好的建模选择。对于比表面积和振实密度，相比 PLS 模型，LS-SVM 模型的 RPD 值分别从 1.7 和 1.9 提升至 2.5 和 2.2，暗示 NIR 光谱与两者之间可能存在着一些非线性关系。

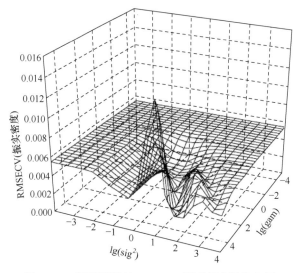

图 7-116　振实密度的 LS-SVM 模型超参数优化图

表 7-73　各质量属性指标建立的 LS-SVM 模型性能及相应的最佳预处理方法

	预处理	gam	sig²	r_{cal}	BIAS$_{cal}$	r_{pre}	RMSEP	RPD	BIAS$_{pre}$
隐丹参酮	SG1st	2299.6	50195	0.9980	9.3×10^{-4}	0.9985	0.0020	15	6.5×10^{-4}
丹参酮 IIA	SG 平滑	15042	5963.3	0.9996	6.9×10^{-4}	0.9978	0.0010	12	7.2×10^{-4}
比表面积	正则化变换	11.1920	4603.2	0.9207	0.023	0.9661	0.017	2.5	0.016
D10	SG1st	212.18	4476.9	0.9908	0.42	0.9723	0.67	3.2	0.49

续表

	预处理	gam	sig^2	r_{cal}	BIAS$_{cal}$	r_{pre}	RMSEP	RPD	BIAS$_{pre}$
D50	原始光谱	25.830	2222.9	0.9604	3.9	0.9795	3.1	4.3	2.7
D90	正则化变换	1928.5	2106.5	0.9835	3.8	0.9276	7.8	2.7	5.8
振实密度	SG 平滑	6.9355	111.63	0.9851	0.011	0.8875	0.020	2.2	0.018
水分含量	基线校正	2042.3	1970.5	0.8900	0.28	0.9336	0.30	2.9	0.25

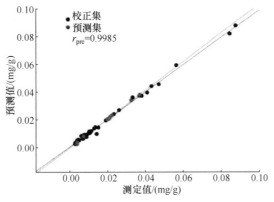

图 7-117　隐丹参酮 HPLC 测定值与 LS-SVM 模型预测值的相关图

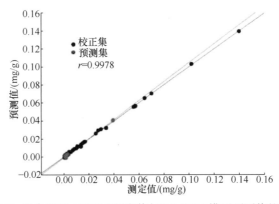

图 7-118　丹参酮 II A HPLC 测定值与 LS-SVM 模型预测值的相关图

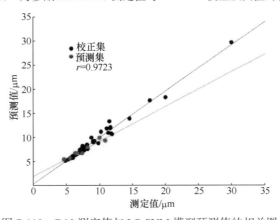

图 7-119　D10 测定值与 LS-SVM 模型预测值的相关图

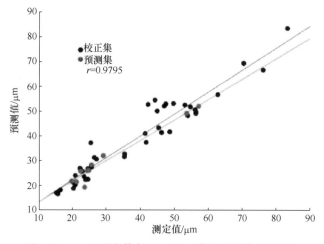

图 7-120 D50 测定值与 LS-SVM 模型预测值的相关图

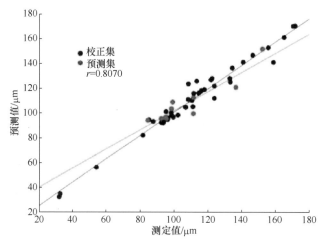

图 7-121 D90 测定值与 LS-SVM 模型预测值的相关图

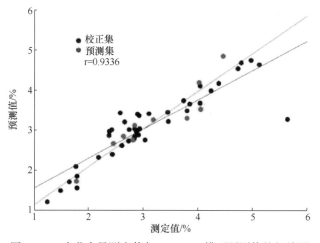

图 7-122 水分含量测定值与 LS-SVM 模型预测值的相关图

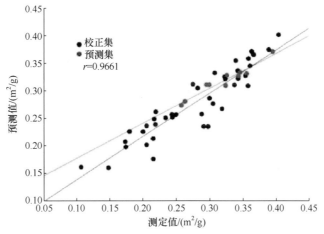

图 7-123　比表面积测定值与 LS-SVM 模型预测值的相关图

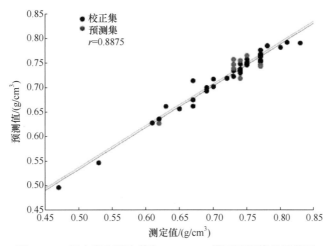

图 7-124　振实密度测定值与 LS-SVM 模型预测值的相关图

NIR 快速测定研究结果显示，NIR 光谱在经过数据预处理之后，对于隐丹参酮、丹参酮 II A、水分含量和 D10、D50、D90 所建立的 PLS 定量检测模型在校正和预测方面均展示出了良好的性能。而 PLS 建模效果不理想的比表面积和振实密度，LS-SVM 建模改善了模型的预测性能。利用近红外光谱可以实现固体粉体样本的物理化学性质的定量检测。

2. 颗粒化学和物理质量属性近红外定量检测

1) 仪器与试剂

ZNW-10 型三维混合机(北京兴时利和科技发展有限公司)，SHK-4 型实验室用高速剪切湿法制粒机(西安润天制药机械有限公司)，BT00-100M 型蠕动泵(保定兰格恒流泵有限公司)，ZNS-300 型振荡筛(北京兴时利和科技发展有限公司)，电热鼓风干燥箱(上海一恒科学仪器有限公司)。Antaris 傅里叶变换近红外光谱仪(Thermo Nicolet Corporation，USA)。赛多利斯 MA-35 快速水分分析仪(Sartorius AG，Geman)，HY-100 型粉末密度测试仪(丹东恒宇仪器有限公司)。

丹参酮提取物(批号：131210，购自西安鸿生生物科技有限公司)，糊精(批号：20140220，购自国药集团化学试剂有限公司)，分析纯乙醇(北京化工厂)。微晶纤维素(Microcrystalline Cellulose，MCC)(批号：140126，购自安徽山河药用辅料股份有限公司)，去离子水。

2) 高速剪切湿法制粒过程制备颗粒

将丹参酮提取物和糊精按照一定配比进行三维混合，然后转移至制粒锅内，进行干混，干混时搅拌桨、切割刀的转速均设置为 500r/min，然后调整二者转速，利用蠕动泵将黏合剂乙醇以一定的流速在一定的时间内泵入制粒锅内，当乙醇加入完成，制粒过程结束，将所制得的粗颗粒转移至干燥箱内，60℃干燥。干燥完成后经过筛分，将所制混合物分为三部分：被 1 号筛截留的称为团块，2 号至 5 号筛之间的称为颗粒，其余的称为细粉。

将 100g MCC 置于制粒锅内，开启搅拌桨和切割刀进行干混，保持干混时的搅拌桨和切割刀转速不变，通过蠕动泵将黏合剂(去离子水)泵入制粒锅内。加入黏合剂后，调节搅拌桨和切割刀的转速，进行湿混与制粒，制得的湿颗粒以 60℃鼓风干燥备用。干燥后的粗颗粒置于振荡筛上振荡 5min，记录每个筛网上截留的粗颗粒的质量，并将粗颗粒分为三级：团块、颗粒和细粉，无法通过 1 号筛的部分称为团块，2 号与 5 号筛之间的部分称为颗粒，剩余部分称为细粉。

3) 颗粒质量属性常规测定

量取约 2g 颗粒置于测试盘上，快速水分分析仪测试条件设为：加热温度105℃，加热 10min，每份样本测试 3 次，取平均值作为其水分含量。根据振荡后每个筛网上截留的粗颗粒的质量，计算每一批粗颗粒的累积分布粒径 D10，D50，D90 和均齐度。筛分后的颗粒密度利用粉体密度测试仪测定。将待测颗粒约 10g 置于 100mL 量筒中，读取松装体积 V_b，将量筒放于密度测试仪上，振实 1250 次，读取振实体积 V_t，每份样本测试 3 次，取平均值。

4) 颗粒中径粒 D50、含水量、密度测定结果

两种颗粒的中值粒径均在 255～350μm，此粒径范围内的颗粒外观形态相对较好。相比 MCC 颗粒，丹参颗粒的粒径相对较小，且波动幅度较大。结果见表 7-74。

表 7-74　颗粒中值粒径 D50 测定结果

	均值/μm	SD/μm	RSD/%
丹参颗粒	3.67	1.07	29.26
MCC 颗粒	5.04	6.07	120.5

MCC 颗粒由于其黏合剂是去离子水，用量较大，且不同批次的水用量有着较大的区别，故其水分含量波动较大。由于丹参颗粒的黏合剂是乙醇，且加入量较小，故水分含量相对 MCC 颗粒较低，且波动范围小于 MCC 颗粒的水分含量波动范围。结果见表 7-75。

表 7-75　颗粒含水量结果

	均值/μm	SD/μm	RSD/%
丹参颗粒	3.67	1.07	29.26
MCC 颗粒	5.04	6.07	120.5

由于颗粒经过振动后，原有的松装结构被破坏，空隙体积被颗粒所占据，不论丹参颗粒还是 MCC 颗粒，振实密度均比松装密度更大。丹参颗粒的松装密度和振实密度的数值比 MCC 颗粒要小，且波动幅度也要小于 MCC 颗粒。两种颗粒密度和水分的测定结果所呈现出的趋势类似，可能与其制作工艺有关，MCC 颗粒的黏合剂是水，且加入量较多，较好地渗入到颗粒内部，黏结了较多的 MCC 粉体结构较为致密；而丹参颗粒的黏合剂是乙醇，且加入量较小，相对黏结粉体较少，结构相对疏松。结果见表 7-76。

表 7-76　颗粒密度测定结果

	松装密度			振实密度		
	均值/(g/cm³)	SD/(g/cm³)	RSD/%	均值/(g/cm³)	SD/(g/cm³)	RSD/%
丹参颗粒	0.45	0.041	9.1	0.56	0.039	7.1
MCC 颗粒	0.56	0.080	14	0.69	0.075	10

5) NIR 快速测定结果

PLS 模型对颗粒含水量呈现出了较好的校正和预测性能，其 RPD 值高于 3.0。而对于颗粒中值粒径、松装密度和振实密度，其预测性能相对较差，可能是由于光谱与颗粒属性之间存在着一定的非线性关系。接下来使用 LS-SVM 模型挖掘其非线性关系，尝试改善模型的预测性能。

经过 LS-SVM 建模后，各质量属性 LS-SVM 模型的最佳处理方法和模型参数如表 7-77 所示，测定值与 LS-SVM 模型预测值的相关关系见图 7-125～图 7-128，表明 LS-SVM 模型的校正和预测性能均得到了不同程度的提升，暗示颗粒质量属性与 NIR 光谱之间确实存在着一定的非线性关系，而这种非线性关系可以被 LS-SVM 模型捕捉到。PLS 模型对颗粒含水量的预测已达到定量检测的标准(RPD>3)，LS-SVM 模型复杂，无需再用 LS-SVM 建模预测颗粒含水量。而对于 PLS 模型预测较差的颗粒中值粒径 D50、松装密度和振实密度，LS-SVM 建模可能是较好的选择。

表 7-77　颗粒各质量属性 LS-SVM 模型的最佳预处理方法及模型参数

指标	预处理	gam	sig²	校正集			验证集		
				r_{cal}	$BIAS_{cal}$	r_{pre}	RMSEP	RPD	$BIAS_{pre}$
水分含量/%	正则变换	334.104	1787.70	0.9992	0.1627	0.9572	0.3227	3.4	0.2581
D_{50}/μm	基线校正	93.2672	20500	0.8652	53.8127	0.6932	117.5879	1.4	68.2326
松装密度/(g/cm³)	光谱变换	8.8743	710.501	0.9436	0.0226	0.6138	0.048	1.0	0.0412
振实密度/(g/cm³)	光谱变换	4.8563	298.9485	0.9644	0.0218	0.7719	0.0429	1.4	0.0345

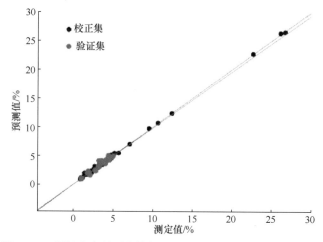

图 7-125　颗粒含水量测定值与 LS-SVM 模型预测值相关关系图

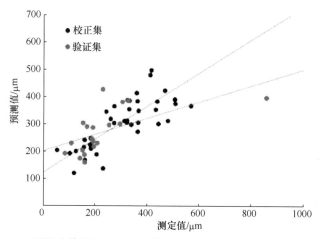

图 7-126　颗粒中值粒径 D50 测定值与 LS-SVM 模型预测值相关关系图

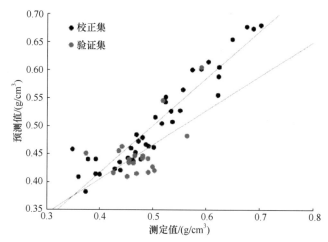

图 7-127　颗粒松装密度测定值与 LS-SVM 模型预测值相关关系图

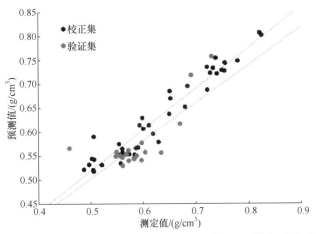

图 7-128　颗粒振实密度测定值与 LS-SVM 模型预测值相关关系图

NIR 快速测定研究结果显示，NIR 光谱在经过预处理后建立的 PLS 模型对颗粒含水量呈现出了良好的校正和预测性能，而 PLS 模型预测欠佳的颗粒中值粒径 D50、松装密度和振实密度，LS-SVM 模型由于捕捉到了光谱与参考值之间的非线性关系，从而提升了预测性能，表明对于 PLS 模型预测较差的颗粒质量属性，LS-SVM 模型改善了模型预测性能。利用近红外光谱可以实现固体颗粒的物理性质的快速分析。

7.9　中药制造包衣过程单元分析

包衣过程是中药片剂、丸剂、颗粒剂制备过程中的关键环节。为增加稳定性，掩盖药物不良臭味或改善片剂外观等，常对压制而成的药片包糖衣，以避免吸潮、氧化、微生物污染等。包衣质量不仅直接影响隔离效果，影响药物储存过程的稳定性，而且影响其在体内的溶出。为了达到良好的包衣效果，蔗糖和滑石粉用量和比例要适当，厚度要在最佳的范围内，外观上不能出现花斑、龟裂等。所以在生产过程中，需对包衣层各项指标进行整体评价。合适的薄膜包衣厚度可控制膜的渗透性，使所包药物在体内扩散释放，达到定时、定位给药的目的。在薄膜包衣过程中，包衣厚度是其质量控制的重要指标，直接影响药物品质。目前药典对包衣质量无明确检验方法。常用方法主要是通过包衣时间和包衣液的用量来估算包衣厚度，前者过分依赖技术人员，测量结果的客观性差；后者分析时间长，不适用于工业现场快速分析。因此，迫切需要发展药品包衣厚度的快速测量体系，能够对包衣情况及时做出分析评价。而近红外光谱技术无损快速可用于其快速检测。本节[30,31]以乳块消片为载体，先采用支持向量机建立近红外快速定性模型对糖衣片的包衣情况作整体评价，再采用偏最小二乘法建立近红外快速定量模型测量合格品包衣厚度，以期实现包衣质量的全面评价的目的。

7.9.1　乳块消片包衣过程近红外定性检测

1) 仪器与软件

Antaris 傅里叶变换近红外光谱仪(美国 Thermo Nicolet 公司)配有 InGaAs 检测器，积分球漫反射采样系统，Result 操作软件，TQ Analyst V6 光谱分析软件；libsvm-2.89，由台湾大学林智仁教授编制的支持向量机软件；MATLAB7.1，Mathwork Inc.。

2) 样本制备

乳块消片糖衣片成品(包衣厚度及完整度均采用传统方法检测合格)归为合格类(60片)，包衣过程中间体(60 片)和破损的包衣片(60 片)归为不合格类。其中合格品和包衣过程中间体由北京中医药大学药厂提供，不同程度的破损片由实验室制备。

3) NIR 光谱采集方法

采用积分球漫反射检测系统，NIR 光谱扫描范围为 10000～4000cm⁻¹；扫描次数为32；分辨率为 8cm⁻¹；以内置背景为参照。

4) 近红外定性模型的建立方法

采用支持向量机建立素片包衣质量近红外定性模型。此外，为保证模型输入数据的代表性和有效性，在建立 SVM 定性模型之前，需要对数据进行初步分析处理，包括采用光谱预处理、变量筛选和训练集选取。

5) 糖衣片的近红外光谱

180 个样本的近红外光谱如图 7-129 所示，原始光谱图重叠严重，无法直接区分出合格品和不合格品，乳块消片在 7500～4000cm⁻¹ 范围内有较强的近红外吸收。其中 7104～6881cm⁻¹ 可能属于水分 O —H 伸缩振动的一级倍频吸收谱带，5392～4948cm⁻¹ 可能属于水分 O —H 组合频吸收谱带。

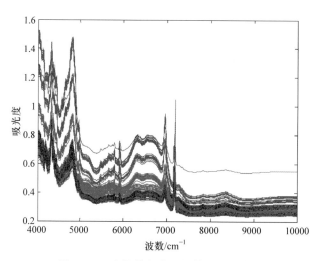

图 7-129　全部糖衣片近红外原始光谱图

黑色：合格品；灰色：不合格品

6) 光谱预处理方法的筛选

比较标准化、均值中心化、多元散射校正及其组合对优选波段所建模型性能的影响，结果见表 7-78。在所有预处理方法中，采用多元散射校正、标准化二者组合建模效果最好，优于单独使用多元散射校正或标准化的模型。多元散射校正消除了样本内部不均匀性对光谱的影响，减少了背景干扰，起到了减少噪声的作用；再采用标准化处理，使得所有数据具有相同的基点和变化范围，增强了样本之间的可比性，起到了放大信号的作用。

表 7-78　不同预处理方法建模的比较

预处理方法	交叉验证正确率(n=210)
原始光谱	94.29%
标准化	94.76%
均值中心化	94.29%
MSC	95.24%
MSC+标准化	96.19%
MSC+均值中心化	95.24%

7) 训练集样本的选取

采用 KS 法从 180 个候选样本中选取了 120 个样本作为训练集，结果见表 7-79。图 7-130 给出了经 KS 法选取的训练集样本和预测集样本在主成分空间的分布情况。前两个主成分累积方差贡献率大于 90%，说明这两个主成分可以很好地表征原始信息，故样本在二维主成分空间的分布情况可以用来表征其在原谱样本空间的分布情况。由图可以看出，所有预测集样本均落在训练集样本范围内，实现了训练集样本在整体样本空间均匀分布，经 KS 法选取的训练集样本具有很好的代表性。

表 7-79　KS 法计算结果

	不合格品		合格品	总计
	中间体样本	破损样本		
训练集	40	49	31	120
预测集	20	11	29	60

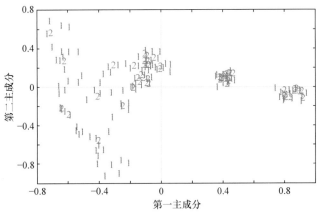

图 7-130　训练集样本和预测集样本在主成分空间的投影

1：训练集样本；2：预测集样本

8）支持向量机定性模型的建立

采用网格搜索法结合 5 折交叉验证法优化 RBF 核函数的参数 γ 和惩罚因子 C。最终确定 0.5 作为径向基核函数的参数 γ 输入值，选择 512 作为惩罚因子 C 的输入值，模型的交叉验证正确率为 95.83%。为考察模型性能，对 120 个训练集样本进行预测，正确率为 97.50%，判错样本为中间体、破损片和合格品；对 60 个预测集样本进行预测，正确率为 98.33%，判错样本为破损片。

7.9.2　乳块消片包衣过程近红外定量检测

1）仪器与试药

不同厚度的包衣片样本由北京中医药大学药厂提供。Antaris 傅里叶变换近红外光谱仪(美国 Thermo Nicolet 公司)配有 InGaAs 检测器，积分球漫反射采样系统，Result 操作软件，TQ Analyst V6 光谱分析软件；螺旋测位仪(安徽量具刃具厂)；MATLAB 7.1 软件工具(Mathwork Inc.)。支持向量机软件 libsvm-2.89，台湾大学林智仁教授编制的；SiPLS 工具包由 Nørgaard 等提供的网络共享(http://www.models.kvl.dk/source/iToolbox/)。

2）包衣厚度的检测

首先测量包衣片正中顶端厚度，然后剥去一侧外层包衣，测量片心正中顶端厚度，两厚度之差即为该片包衣厚度。

3）NIR 光谱的采集

采用积分球漫反射检测系统，NIR 光谱扫描范围为 $10000\sim4000\text{cm}^{-1}$，扫描次数为 64，以内置背景为参照，并比较不同分辨率对光谱的影响。

4）建立包衣厚度定量模型的方法

采用偏最小二乘法建立包衣厚度的近红外定量模型。此外，为保证模型输入数据的代表性和有效性，在建立定量模型之前，需要对数据进行初步的分析处理，包括采用变量筛选、训练集选取和光谱预处理。

5）包衣片包衣厚度测定

本研究共测定了 90 个样本，厚度为 $(0.518\pm0.069)\text{mm}$，见图 7-131。

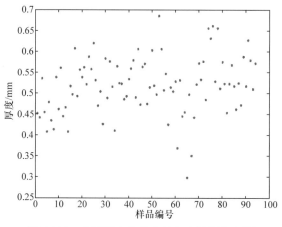

图 7-131　全部糖衣片样本的包衣厚度分布图

6) 近红外测定结果

扫描次数是影响近红外光谱质量的重要参数，近红外光谱仪按次数采集光谱，并自动取平均值，次数设置越多，信噪比越高。定量模型对数据要求比定性模型高，结合采集时间的需要，故选择扫描 64 次。

分辨率同样影响近红外光谱质量，分辨率越高，光谱中的信息量越多，但是信噪比有可能降低，故需要结合样本进行考察。图 7-132 给出了分辨率为 4.0cm^{-1} 与 8.0cm^{-1} 时的近红外光谱图，分辨率为 4.0cm^{-1} 时，近红外光谱图在 5900～5100cm^{-1} 和 7500～7000cm^{-1} 噪声信号明显增加，而且采集时间延长，故选择以 8.0cm^{-1} 为分辨率。本研究以 8.0cm^{-1} 的分辨率采集包衣片样本光谱，其近红外原始光谱见图 7-133。

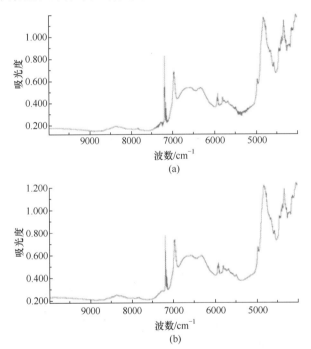

图 7-132　分辨率分别为 4.0cm^{-1}(a)与 8.0cm^{-1}(b)时的近红外光谱图

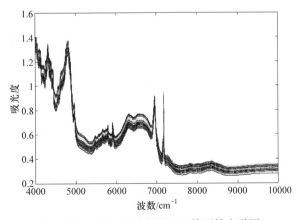

图 7-133　包衣片样本的近红外原始光谱图

7) 光谱数据的预处理

比较标准化、均值中心化、多元散射校正及其组合对优选波段所建模型性能的影响，结果见表 7-80。结果表明，经不同方法预处理后所得到的模型的稳健性和相关系数均存在一定差异，其中多元散射校正-标准化法的结果最好。

表 7-80　不同光谱预处理对所建模型性能的影响

预处理方法	RMSECV(n=94)
原始光谱	0.0554
标准化	0.0553
均值中心化	0.0557
MSC	0.0540
MSC +标准化	0.0535
MSC+均值中心化	0.0540

8) 数据变量的筛选

采用组合间隔法对光谱响应的特征区域进行分析，确定较高信噪比波段是 4342~4277cm^{-1} 和 7902~7841cm^{-1}，其交叉验证均方根误差为 0.03299，见图 7-134。

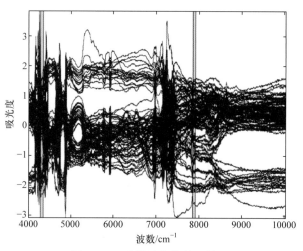

图 7-134　建模波段的筛选结果

9) 训练集的选择

采用 KS 法选取 60 个样本作为训练集样本，剩余 30 个样本作为预测集样本。图 7-135 给出了训练集样本和预测集样本在二维主成分空间的分布情况。前两个主成分的贡献率在 97.63%以上，说明这两个主成分可以很好地表征原始信息，故样本在二维主成分空间的分布情况可以用来表征其在原谱样本空间的分布情况。从图上可以看出，所有预测集样本均落在训练集样本范围内，经 KS 法选取的训练集样本具有很好的代表性。

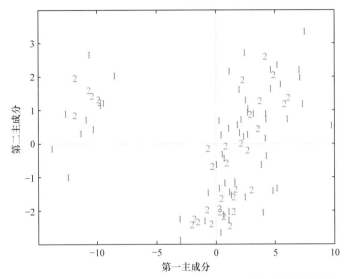

图 7-135　训练集样本和预测集样本在二维主成分空间的投影图

1 为训练集样本；2 为预测集样本

10) 偏最小二乘定量模型的建立

采用偏最小二乘法建立包衣厚度的定量模型，结果见图 7-136，模型的潜变量个数确定为 9，此时交叉验证均方根误差较小。在模型评价时，除了主要指标交叉验证均方根误差外，还要对训练集样本考察其预测均方根误差和相关系数，对预测集样本考察其预测均方根误差和相关系数，结果见图 7-137 和图 7-138。预测集样本和训练集样本的相关系数均较大，训练集样本的预测均方根误差和预测集样本的预测均方根误差接近且较小。

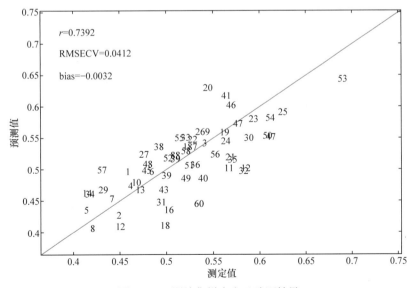

图 7-136　训练集样本交叉验证结果

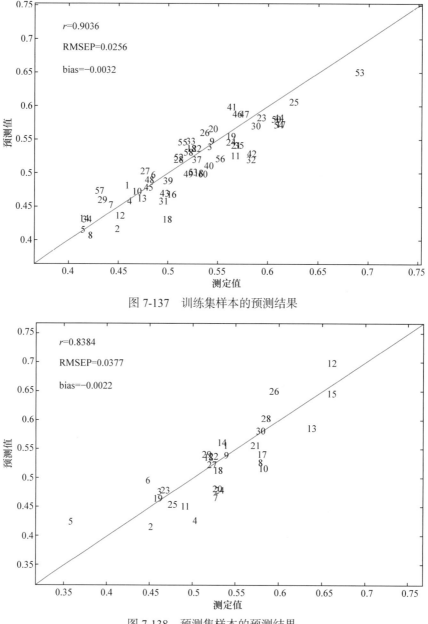

图 7-137　训练集样本的预测结果

图 7-138　预测集样本的预测结果

11) 训练集选取方法的筛选

　　本书分别采用 SPXY 法和 KS 法从中选取 60 个样本作为训练集，建立偏最小二乘回归模型，剩余 30 个样本作为预测集，结果见表 7-81。较 SPXY 法，KS 法的训练集样本预测均方根误差与预测集样本预测均方根误差值较小，KS 法所建模型预测能力更好，适应性更强，此法选取的训练集样本更具代表性，故最终确定为 KS 法。

表 7-81　SPXY 法和 KS 法的比较

取样方法	预测集 RMSEP($n=60$)	预测集 R($n=60$)	训练集 RMSEP($n=30$)	训练集 R($n=30$)
KS 法	0.0256	0.9036	0.0412	0.7392
SPXY 法	0.0273	0.9159	0.0416	0.7621

以上研究以乳块消片的糖衣层为研究对象，采集其包衣过程中的近红外光谱数据，以 KS 法选取训练集样本，以主成分分析法或组合间隔法筛选变量，建立支持向量机定性模型和偏最小二乘回归模型，并对不同的光谱预处理方法进行了比较。本书取样范围包括不同厚度和不同破损程度的糖衣片，所建模型不仅能表达包衣厚度与近红外光谱之间的相关性，又能体现包衣完整与否对其近红外光谱的影响，实现了对包衣质量进行较全面的评价。

7.10　中药制造纯化过程单元分析

在中药生产过程中，纯化过程是中药精制的主要环节，纯化的结果直接影响最终产品质量的均一性和稳定性。近红外光谱技术以其快速、无损、操作方便、样本处理简单等优点，已广泛应用于中药制药过程的在线监测中。采用近红外技术采集样本的近红外光谱，并将近红外光谱数据和参考值数据相结合，应用化学计量学方法建立定量校正模型，可以实时反映纯化过程运行的状态，解释纯化过程，达到质量过程控制的目的。

一般来说，大孔吸附树脂的纯化过程分为三个阶段，即上样阶段、水洗脱阶段和醇洗脱阶段。大孔吸附树脂的纯化效果与多种因素有关，比如，所用树脂的比表面积、树脂的孔径、氢键的作用和表面的电性等。大孔吸附树脂的纯化结果与洗脱过程的终点密切相关，然而洗脱过程的终点较难判断。目前为止，有三种方式判断洗脱过程的终点。第一种是观察洗脱液的颜色，当洗脱液无色时，可以认为洗脱完全，这种方式只能判断有色成分的洗脱终点，而无法判断无色物质的终点。第二种是固定洗脱时间或洗脱溶剂的体积。然而，这种方式可能导致洗脱不完全或者洗脱过度。第三种方式是使用 HPLC 分析判断洗脱终点。但是，HPLC 法是一种离线检测方式，当取得检测结果后，该纯化过程已经完成，无法达到控制洗脱终点的目的。

本节[32]以大孔吸附树脂技术纯化栀子提取物的过程作为研究对象，采用近红外光谱分析技术，对其纯化的乙醇洗脱阶段进行监测。采用主成分分析结合移动块标准偏差法两种分析方法对乙醇洗脱阶段栀子苷的洗脱终点进行判断。收集洗脱液样本，扫描近红外光谱，与参考值相结合，建立定量校正模型，并使用该模型对新批次的实验进行预测。

7.10.1　大孔树脂纯化过程洗脱终点近红外检测

1) 仪器与材料

Antaris Nicolet FT-NIR 近红外光谱仪(Thermo 公司)；安捷伦 1100 高效液相色谱仪(美国 Agilent 公司，包括：四元泵、真空脱气机、自动进样器、柱温箱、二极管阵列检测器、ChemStation 数据处理工作站)；真空干燥箱(DZF-6050)；紫外分光光度计(Agilent-8453)；

Sartorius BS210S 天平(赛多利斯公司)；BT100-1L 型蠕动泵(保定兰格恒流泵有限公司)；PALL 层析柱(PALL 公司)；超声清洗器(KQ-500B 型)。

京尼平龙胆双糖苷标准品(成都普菲德生物技术有限公司，批号 121120)；栀子苷标准品(成都曼斯特，批号 24512-63-8)；色谱纯乙腈(Fisher 公司)；色谱纯甲醇(Fisher 公司)；娃哈哈纯净水(天津公司)；其他试剂均为分析纯；X-1 型大孔吸附树脂；自制栀子提取物。

2) 大孔树脂的预处理方法

采用 95%的乙醇洗去大孔树脂中残留的少量有机物和致孔剂，再用去离子水洗去乙醇；然后用 2 倍柱体积，质量浓度为 2%的 NaOH 溶液，以 0.5mL/min 流速冲洗，除去树脂中的碱溶性杂质，用去离子水冲洗至流出液 pH 值呈中性；再用 2 倍柱体积浓度为 1moL/L 的 HCL 溶液，以 0.5mL/min 流速冲洗，除去酸溶性杂质；最后用去离子水冲洗至流出液为中性，备用。

3) NIR 光谱采集条件

采用透射模式采集样本的近红外光谱，光程为 8mm，分辨率为 4cm^{-1}，扫描范围为 10000~4000cm^{-1}，扫描次数次 32，增益为 2。为减少测量误差，每个样本平行采集 3 次光谱，以三次光谱的平均值作为最终光谱。

4) 校正模型的建立

采用 SIMCA P+11.5(Umetrics) 软件进行光谱预处理，其他算法在 MATLAB 7.0(MathWorks 公司)平台上实现。采用 Kennard–Stone(KS)算法，按照校正集和验证集 3:1 的比例划分样本集，采用 PLS 法建立定量校正模型。模型的性能由相关系数(r)、RMSEC、RMSECV、RMSEP 和 RPD 进行评价。

5) 数据描述

采用 6 批大孔吸附树脂纯化过程的实验数据进行定量检测的研究，前三批(批次 1~3)作为初始校正集，批次 4 作为内部验证集，批次 5 和 6 作为外部验证集。

6) 定性检测方法

主成分分析结合移动块标准偏差法，即先对光谱进行主成分分析，得出可以代表原来众多的变量的主成分，这些主成分可以尽可能地代表原来众多变量的信息量，而且彼此之间互不相关。然后将代表每张光谱的主成分按照 MBSD 法进行计算。主成分分析结合移动块标准偏差法的原理简述如下：假设采集到的光谱数据构成一个矩阵 X。首先，对原始的光谱矩阵进行 PCA 分析，得到该光谱矩阵的得分矩阵；然后，根据 PCA 分析的结果，选择尽可能多的解释光谱变异的 k 个主成分；最后，将 k 个主成分构成一个新的矩阵，以此代表原有的光谱矩阵。采用 MBSD 法对这个新的矩阵进行计算。

7) 定量检测方法

采用定量检测方法对过程终点进行判断。首先建立定量校正模型，然后用定量校正模型对新的批次中目标成分的浓度进行预测，当预测的浓度低于设定的值时，可以认为洗脱达到终点。

8) PCA-MBSD 法判断栀子苷洗脱过程终点

本节采用主成分分析结合移动块标准偏差法对栀子苷的洗脱终点进行判断。首先，对近红外的原光谱进行主成分分析，选择能够解释光谱变异 99.9%以上的 k 个主成分；然后，利用移动块标准偏差法对其进行分析。

由图 7-139 可以看出，光谱的 SD 值在 40min 左右趋于稳定，但 HPLC 所测定的栀子苷浓度在 60min 左右才达到稳定，即洗脱完全，二者所决定的终点不相符。

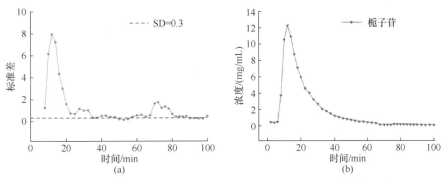

图 7-139　第一批实验栀子苷洗脱终点判断：(a)各取样点光谱 SD 值
随时间变化趋势图；(b)栀子苷浓度变化趋势图

由图 7-140 可以看出，光谱的 SD 值在 40min 左右趋于稳定，但 HPLC 所测定的浓度在 60min 左右才达到稳定，二者所决定的终点不相符。

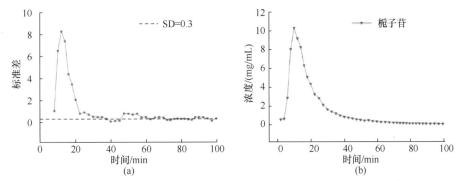

图 7-140　第二批实验栀子苷洗脱终点判断：(a)各取样点光谱 SD 值
随时间变化趋势图；(b)栀子苷浓度变化趋势图

由图 7-141 可以看出，光谱的 SD 值在 30min 左右趋于稳定，但 HPLC 所测定的浓度在 60min 左右才达到稳定，二者所决定的终点不相符。

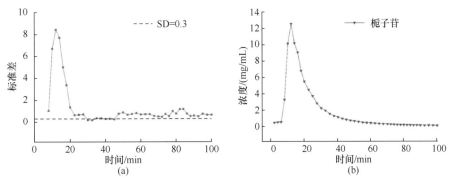

图 7-141　第三批实验栀子苷洗脱终点判断：(a)各取样点光谱 SD 值
随时间变化趋势图；(b)栀子苷浓度变化趋势图

由图 7-142 可以看出，光谱的 SD 值在 24min 左右趋于稳定，但 HPLC 所测定的栀子苷浓度在 65min 左右才达到稳定，二者所决定的终点不相符。

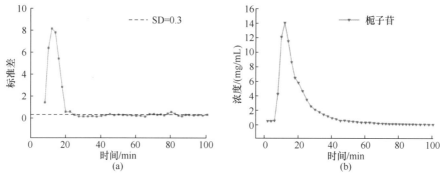

图 7-142 第四批实验栀子苷洗脱终点判断：(a)各取样点光谱 SD 值随时间变化趋势图；(b)栀子苷浓度变化趋势图

由图 7-143 可以看出，光谱的 SD 值在 24min 左右趋于稳定，但 HPLC 所测定的栀子苷浓度在 60min 左右才达到稳定，二者所决定的终点不相符。

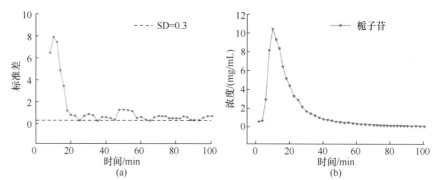

图 7-143 第五批实验栀子苷洗脱终点判断：(a)各取样点光谱 SD 值随时间变化趋势图；(b)栀子苷浓度变化趋势图

由图 7-144 可以看出，光谱的 SD 值在 30min 左右趋于稳定，但 HPLC 所测定的栀子苷浓度在 60min 左右才达到稳定，二者所决定的终点不相符。

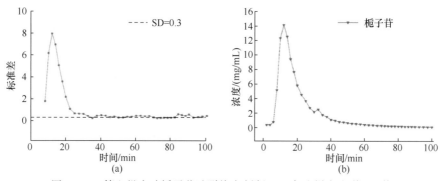

图 7-144 第六批实验栀子苷洗脱终点判断：(a)各取样点光谱 SD 值随时间变化趋势图；(b)栀子苷浓度变化趋势图

综上所述，由于影响液体近红外光谱的因素较多，且近红外光谱反映的是洗脱液的整体性质，所以只对 NIR 光谱进行定性检测，无法准确预测洗脱终点。所预测的六批洗脱终点均较 HPLC 测定值提前。

9) 预处理方法的筛选

选择七种预处理方法对光谱进行预处理，分别为 SG 平滑法(SG)，一阶导数法(1st)、二阶导数法(2nd)、多元散射校正法(MSC)、标准正则变换法(SNV)、小波去噪法(WDS)、一阶导数法+多元散射校正法。将预处理的 NIR 光谱与栀子苷的浓度建立 PLS 模型，从表 7-82 中可以看出，一阶导数法为最优的光谱预处理方法，其模型的 RMSEP 值和 RPD 值分别为 1.377 和 2.33。

表 7-82　不同光谱预处理方法的比较

方法	LVs	校正集				验证集			
		r_{cal}	RMSEC	RMSECV	$BIAS_{cal}$	r_{val}	RMSEP	RPD	$BIAS_{val}$
origin	9	0.8724	1.573	2.008	1.074	0.7340	4.056	0.79	3.542
SG	10	0.9096	1.338	1.662	0.997	0.9655	3.495	0.92	3.180
1st	8	0.8397	1.748	2.011	1.131	0.9005	1.377	2.33	1.052
2nd	6	0.7776	2.025	2.889	1.494	0.3904	3.208	1.00	2.669
MSC	7	0.8773	1.545	1.957	1.148	0.7570	3.980	0.81	3.474
SNV	9	0.8909	1.391	1.756	1.148	0.7139	4.109	0.78	3.591
WDS	10	0.9214	1.251	1.658	0.843	0.9102	1.768	1.81	1.296
1st+MSC	8	0.7807	2.012	2.199	1.522	0.7783	5.754	0.56	5.355

注：origin 指原光谱；SG 指 SG 平滑法处理的光谱；1st 指一阶导数法处理的光谱；2nd 指二阶导数法处理的光谱。

10) 不同预处理方法建模波段筛选结果

波段筛选方法为组合间隔偏最小二乘法(SiPLS)。该方法的基本原理为：首先，将整张光谱分为 20 个区间段；然后，将任意不同的三个区间段进行组合，分别建立 PLS 模型，当所建立的校正模型 RMSECV 值最小时，所选取的三个组合波段即为最佳的建模波段。表 7-83 为对预处理过的光谱进行波段筛选后与栀子苷浓度所建 PLS 模型的评价参数。从表 7-83 中可以看出，经过 SNV 法预处理，再进行波段筛选的光谱与栀子苷浓度所建立的模型效果最好，其模型的 RMSEP 值和 RPD 值分别为 0.464 和 6.90。该模型的性能优于一阶导数法处理光谱，再进行波段筛选所建立模型的性能。

这一现象表明，最佳处理方法所得的光谱进行波段筛选后，不一定取得最佳的建模结果。因此，当只进行光谱预处理的光谱所建的模型不能达到要求时，不能仅仅对最佳方法预处理的光谱进行波段筛选，而应对所有预处理的光谱均进行波段筛选，选择出最优的建模方法组合。

表 7-83　SiPLS 法筛选波段后的建模结果

方法	LVs	校正集				验证集			
		r_{cal}	RMSEC	RMSECV	$BIAS_{cal}$	r_{val}	RMSEP	RPD	$BIAS_{val}$
origin	9	0.9968	0.257	0.324	0.193	0.9910	0.825	3.89	0.748
SG	10	0.9966	0.264	0.330	0.196	0.9831	0.591	5.43	0.399
1st	8	0.9954	0.307	0.373	0.341	0.9929	0.639	5.59	0.530
2nd	10	0.9921	0.404	0.936	0.327	0.9605	0.976	3.66	0.759
MSC	10	0.9968	0.256	0.334	0.196	0.9926	0.799	4.48	0.715
SNV	9	0.9955	0.305	0.391	0.234	0.9936	0.464	6.90	0.363
WDS	10	0.9834	0.585	0.648	0.406	0.9404	2.413	1.33	2.229
1st+MSC	8	0.9201	0.121	1.662	0.912	0.8801	8.567	0.37	8.360

注：origin 指原光谱；SG 指 SG 平滑法处理的光谱；1st 指一阶导数法处理的光谱；2nd 指二阶导数法处理的光谱。

11) 模型验证结果

最后选择建模方法为 SNV 法预处理的光谱，再进行波段筛选后与栀子苷浓度所建立的定量校正模型。图 7-145 中的阴影部分即为 SiPLS 法选择出的三个最优的建模波段，其波数分别为 6102～5805cm^{-1}、7606～7309cm^{-1} 和 8208～7911cm^{-1}。校正结果显示(图 7-146(a))当潜变量因子数为 10 时，其模型的累积 PRESS 为 20.148，可以满足需要。相关关系图说明 HPLC 测定值和近红外定量校正模型的预测值之间相关关系良好。从图 7-146(b)中可以看出，验证集(批次 4)的样本较好地落在校正集的范围内，说明所建的模型能够对新的样本进行准确预测。此外，用 4、5、6 批次的数据对所建立的模型进行验证，验证结果见表 7-84。

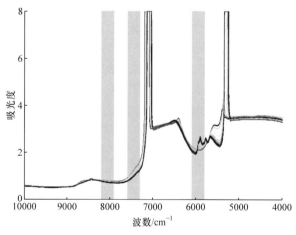

图 7-145　原始 NIR 光谱图

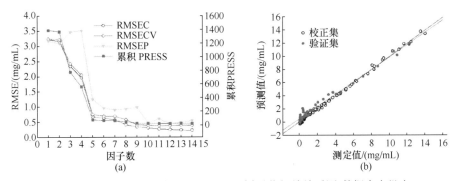

图 7-146　(a)校正性能与潜变量因子；(b)栀子苷相关关系图(数据来自批次 4)

表 7-84　批次 4、5、6 的验证结果

批号	r_{val}	RMSEP	RPD	$BIAS_{val}$
4	0.9936	0.464	6.90	0.363
5	0.9949	0.317	9.88	0.229
6	0.9970	0.505	7.08	0.467

12) 定量检测法判断栀子苷洗脱的终点

通过所建立的定量校正模型对小试第 4、5 和 6 批实验中栀子苷的浓度进行预测，并与 HPLC 检测结果进行对比，结果如图 7-147 所示。

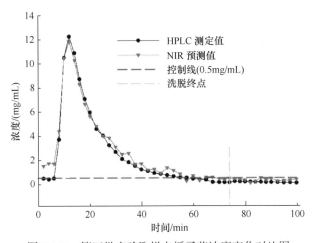

图 7-147　第四批实验取样点栀子苷浓度变化对比图

由图 7-147 可以看出，近红外光谱定量模型可以准确地预测第四批实验栀子苷洗脱过程中的浓度变化。如果近红外预测的值连续三个点的值低于 0.5mg/mL，则认为该洗脱过程达到终点，洗脱终点为第 74min。

由图 7-148 可以看出，近红外光谱定量模型可以准确地预测第五批实验栀子苷洗脱过程中的浓度变化。如果近红外预测的值连续三个点的值低于 0.5mg/mL，则认为该洗脱过程达到终点，洗脱终点为第 65min。

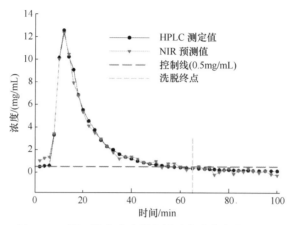

图 7-148　第五批实验取样点栀子苷浓度变化对比图

　　以上研究将 NIR 分析技术结合定量检测模型用于大孔吸附树脂纯化过程的乙醇洗脱阶段终点的判断。以大孔吸附树脂纯化栀子提取物的醇洗脱过程为研究对象，采用定性和定量两种方法判断醇洗脱过程中栀子苷的洗脱终点。结果表明，定量方法通过建立校正模型可以准确判断栀子苷的洗脱终点。该方法可以有效地监测大孔树脂纯化过程中栀子苷的浓度变化，同时判断栀子苷的洗脱终点，达到保证纯化过程稳定、缩短洗脱时间、保证洗脱完全和节省洗脱溶剂的目的。

参 考 文 献

[1] Ma L J, Liu D H, Du C Z, et al. Novel NIR modeling design and assignment in process quality control of honeysuckle flower by QbD[J]. Spectrochimica Acta Part A: Molecular and Biomolecular Spectroscopy, 2020, 242: 118740.

[2] Ma L J, Li Y, Lei L T, et al. Real-time process quality control of ramulus cinnamomi by critical quality attribute using microscale thermophoresis and on-line NIR[J]. Spectrochimica Acta Part A: Molecular and Biomolecular Spectroscopy, 2020, 224: 117463

[3] Wu Z S, Ma Q, Lin Z Z, et al. A novel model selection strategy using total error concept[J]. Talanta, 2013, 170: 248-254.

[4] Miao X S, Cui Q, Wu H, et al. New sensor technologies in quality evaluation of Chinese materia medica: 2010–2015[J]. Acta Pharmaceutica Sinica B, 2017, 3(7): 137-145.

[5] Li X Y, Wu Z S, Feng X, et al. Quality-by-Design: Multivariate model for multicomponent quantification in refining process of honey[J]. Pharmacognosy Magazine, 2017, (13149): 193.

[6] Yu F, Zhao N, Wu Z S, et al. NIR rapid assessments of blumea balsamifera(Ai-na-xiang)in China[J]. Molecules, 2017, 22(10): 1730.

[7] 徐曼菲. 中药红花辨色论质方法学研究[D]. 北京中医药大学, 2016.

[8] 杜敏, 吴志生, 巩颖, 等. 基于近红外光谱技术的道地山药快速无损分析[J]. 世界中医药, 2013, (11): 1277-1279.

[9] 杜敏, 巩颖, 林兆洲, 等. 样品表面近红外光谱结合多类支持向量机快速鉴别枸杞子产地[J]. 光谱学与光谱分析, 2013, (5): 1211-1214.

[10] 吴志生, 杜敏, 潘晓宁, 等. 硫磺熏蒸的葛根横纵截面快速判别分析[J]. 中国中药杂志, 2015, 40(12): 2336-2339.

[11] Lin L, Xu M F, Ma L J, et al. A rapid analysis method of safflower(Carthamus tinctorius L.)using combination of computer vision and near-infrared[J]. Spectrochimica Acta Part A: Molecular and Biomolecular Spectroscopy, 2020, 236.

[12] 展晓日. 乳块消片生产过程快速质量评价方法学研究[D]. 北京中医药大学, 2008.

[13] Dai S Y, Pan X N, Ma L J, et al. Discovery of the linear region of near infrared diffuse reflectance spectra using the kubelka-munk theory[J]. Frontiers in Chemistry, 2018, 6: 154.

[14] 潘晓宁. 基于 Kubelka-Munk 理论的中药近红外漫反射定量研究[D]. 北京中医药大学, 2016.

[15] 周正, 吴志生, 史新元, 等. Bagging-PLS 的黄柏中试提取过程在线近红外质量监测研究[J]. 世界中医药, 2015, (12): 1939-1942.

[16] Zeng J, Zhou Z, Liao Y, et al. System optimisation quantitative model of on-line nir: A case of glycyrrhiza uralensis fisch extraction process[J]. Phytochemical Analysis, 2020, 32(9): 1-7.

[17] 贾帅芸. 中药丹参提取过程多源信息融合建模方法研究[D]. 北京中医药大学, 2016.

[18] 程伟. 清开灵注射液水牛角水解液质量控制与近红外方法学研究[D]. 北京中医药大学, 2012.

[19] 刘冰, 毕开顺, 孙立新, 等. 近红外光谱结合不同偏最小二乘法测定乳块消片醇沉液中丹参素和橙皮苷含量[J]. 世界科学技术: 中医药现代化, 2009, (3): 388-394.

[20] 徐冰, 罗赣, 林兆洲, 等. 基于过程分析技术和设计空间的金银花醇沉加醇过程终点检测[J]. 高等学校化学学报, 2013, 34(10): 2284-2289.

[21] Xu B, Wu Z S, Lin Z Z, et al. NIR analysis for batch process of ethanol precipitation coupled with a new calibration model updating strategy[J]. Analytica Chimica Acta, 2012, 720: 22-28.

[22] 宰宝禅. 乳块消片生产过程分析方法研究[D]. 北京中医药大学, 2010.

[23] 薛忠, 徐冰, 张志强, 等. 药物粉末混合过程在线监控技术研究进展[J]. 中国药学杂志, 2016, 51(2): 91-95.

[24] 林兆洲, 杨婵, 徐冰, 等. 中药混合过程终点在线判定方法研究[J]. 中国中药杂志, 2017, (6): 1089-1094.

[25] 杨婵, 徐冰, 张志强, 等. 基于移动窗 F 检验法的中药配方颗粒混合均匀度近红外分析研究[J]. 中国中药杂志, 2016, (19): 3557-3562.

[26] 杨婵. 中药配方颗粒总混均匀度智能在线控制研究[D]. 北京中医药大学, 2016.

[27] 刘倩, 徐冰, 罗赣, 等. 丹参提取物中辅料糊精的近红外快速定量分析[J]. 世界中医药, 2013, 8(11): 1287-1289.

[28] Xue Z, Xu B, Yang C, et al. Method validation for the analysis of licorice acid in the blending process by near infrared diffuse reflectance spectroscopy[J]. Analytical Method, 2015, 7: 5830-5837.

[29] Luo G, Xu B, Shi X Y, et al. Rapid characterization of tanshinone extract powder by near infrared spectroscopy[J]. International Journal of Analytical Chemistry, 2015, 9: 135-137.

[30] 宰宝禅, 史新元, 乔延江, 等. 基于支持向量机的中药片剂包衣质量分析[J]. 中国中药杂志, 2010, 35(6): 699-702.

[31] 刘冰, 陈晓辉, 史新元, 等. 近红外光谱法快速测定乳块消糖衣片的包衣厚度[J]. 药物分析杂志, 2009, (9): 1435-1439.

[32] 李建宇, 徐冰, 张毅, 等. 近红外光谱用于大孔树脂纯化栀子提取物放大过程的监测研究[J]. 中国中药杂志, 2016, 41(3): 421-426.

后　记

　　吴志生研究员传承了岐黄学者乔延江教授的学术思想，并加以领悟提高，创新提出了"中药制造测量学"交叉学科，恰逢乔延江教授从教 40 周年之际，同道勉励，以书为礼，致敬恩师，特著此书！

彩 图

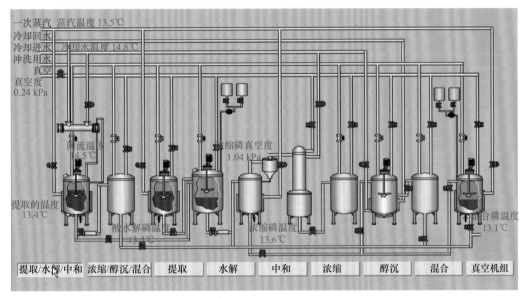

一次蒸汽 蒸汽温度 13.5℃
冷却回水
冷却进水 冷却水温度 14.8℃
冲洗用水
真空
真空度
0.24 kPa

回流温度
14.5℃

浓缩磷真空度
1.04 kPa

提取的温度
13.4℃

醇水解磷温度
13.4℃

浓缩磷温度
13.6℃

混合磷温度
13.1℃

| 提取/水解/中和 | 浓缩/醇沉/混合 | 提取 | 水解 | 中和 | 浓缩 | 醇沉 | 混合 | 真空机组 |

图 1-1　清开灵注射液工艺单元流程总貌

光纤
旁路系统
流通池
在线光谱仪
提取罐
单向阀
隔膜泵
过滤器
计算机

图 3-12　提取过程在线近红外光谱测量平台

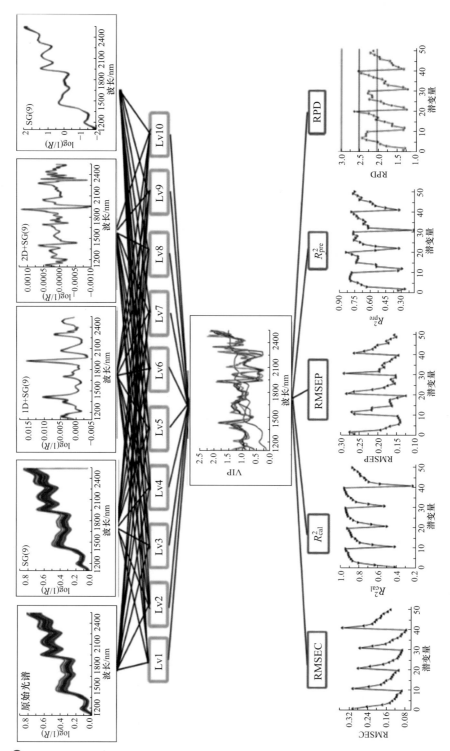

(a)

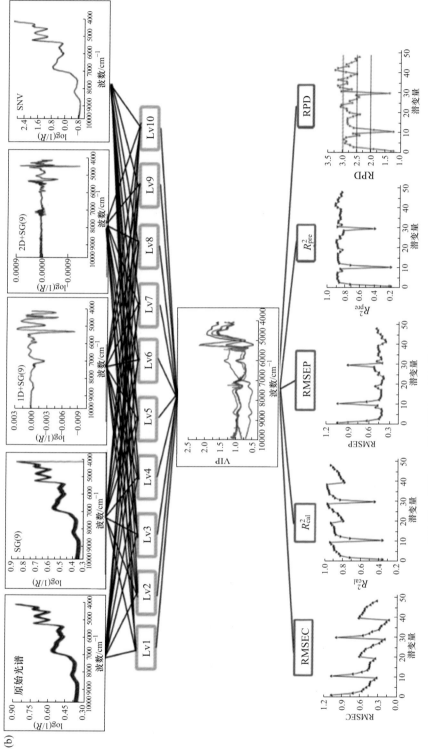

(b)

图4-72 玉米(a)、银黄颗粒(b)过程轨迹定量模型建立评价示意图

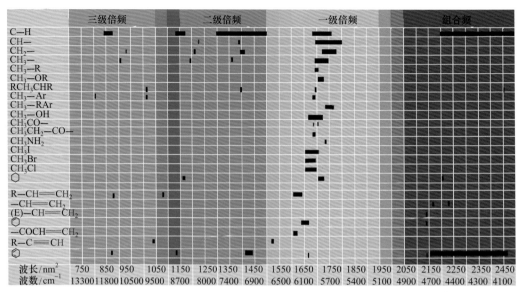

图 5-51　饱和烷烃、不饱和烯烃、炔烃和苯环的 C—H 近红外吸收波段归属图

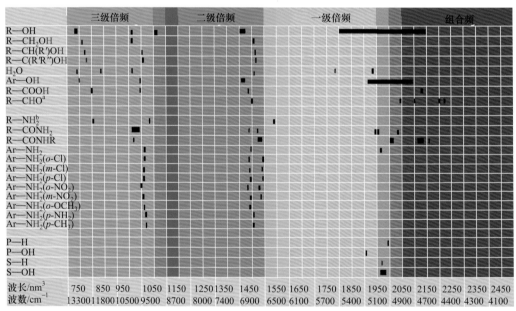

图 5-52　O—H、N—H、S—H、P—H 的近红外吸收波段